"十二五"普通高等教育本科国家级规划教材

矿物资源加工技术与设备

胡岳华　冯其明　主编

科学出版社
北京

内 容 简 介

本书系统地介绍了矿物资源加工的主要工艺技术与设备。全书共九章，以介绍矿物资源加工技术的发展历史和前景为起点，逐一详细地阐述了矿物资源加工各个分支领域的主要工艺技术与设备，包括矿物资源加工技术及其发展、物料粉碎加工、重选和复合物理场分选、磁电选、浮选、化学分选、固液分离、粉体造块、矿物粉体材料等。

本书是为适应矿物加工专业教学改革需要而编写的新教材，力求适应新规划的学科体系所确定的人才培养目标。在教学思路、教材的编排形式等方面作了一些探索与创新；教材内容力求全方位地反映本学科技术与设备的现状和最新发展方向。

本书可用作高等院校矿物加工工程专业学生的专业课教材，也可作为冶金、化工等专业的教学参考书，对有关研究院所的科研人员和厂矿工程技术人员也有参考价值。

图书在版编目(CIP)数据

矿物资源加工技术与设备／胡岳华，冯其明主编.北京：科学出版社，2006

"十二五"普通高等教育本科国家级规划教材

ISBN 978-7-03-017470-3

Ⅰ.矿… Ⅱ.①胡… ②冯… Ⅲ.①选矿-高等学校-教材 ②选矿机械-高等学校-教材 Ⅳ.①TD9 ②TD45

中国版本图书馆 CIP 数据核字(2006)第 067801 号

责任编辑：杨向萍　赵晓霞／责任校对：刘亚琦
责任印制：赵　博／封面设计：陈　敬

斜学出版社 出版
北京东黄城根北街 16 号
邮政编码：100717
http://www.sciencep.com

北京市金木堂数码科技有限公司印刷
科学出版社发行　各地新华书店经销

*

2006 年 9 月第　一　版　　开本：720×1000 1/16
2025 年11月第十二次印刷　　印张：35 1/2
字数：674 000

定价：98.00 元
(如有印装质量问题，我社负责调换)

《矿物资源加工技术与设备》
编委会

主　编　胡岳华　冯其明

编　委（按姓氏笔画排序）

王毓华　邓海波　冯其明

刘玉生　庄剑鸣　杨华明

肖金华　宋晓岚　范晓慧

胡岳华　柳建设　姜　涛

顾帼华

主编简介

胡岳华,1962年生,1989年获博士学位,现任中南大学教授、博士生导师。中国青年科技奖及国家杰出青年基金获得者,入选教育部长江学者奖励计划——特聘教授。

主要研究方向:浮选溶液化学、硫化矿浮选电化学、氧化矿反浮选、硫化矿生物冶金等。出版著作4部,发表论文271篇,其中SCI、EI收录129篇。曾获国家科技进步一、二等奖和省部级科技一、二等奖。

胡岳华

冯其明

冯其明,1962年生,1989年获博士学位,现任中南大学教授、博士生导师。中国青年科技奖获得者。

主要研究方向:硫化矿浮选电化学、复杂细粒矿分选新技术、化学提取及矿物材料加工技术、环境工程。出版著作2部,发表论文105篇。曾获国家科技进步二等奖和省部级科技一等奖。

前 言

《矿物资源加工技术与设备》是中南大学国家重点学科矿物加工工程专业申报获得的国家级教改项目成果的组成部分。本书是在《矿物加工学》、《烧结球团学》、《矿物加工材料学》等教材的基础上，为适应矿物加工工程专业教学改革的需要而编写的新教材，在以下几个方面体现创新特色。

(1) 研究对象多样化。这一领域的传统教科书，主要针对矿物的基本性质及矿石的分选。由于社会经济的发展，人类对矿物资源的开发和日益增加的消耗，正面临矿物资源短缺的危机。一些以往难于利用的"贫、细、杂"矿产资源、非传统矿产资源(如海洋矿产资源、工业灰渣等)和二次资源的加工利用变得越来越重要。国内外在这方面已开展了许多研究工作。本书针对矿物资源特点的变化，把一些新的知识介绍给学生。

(2) 改革教学思路。传统的矿物加工教科书，是按照矿物加工流程(如破碎-磨矿-重选-磁电选-浮选、烧结-球团等)来编写教学内容，原理、技术、设备混在一起。本书与"普通高等教育'十五'国家级规划教材"《资源加工学》(科学出版社，2004)相结合，试图以单元过程为框架，介绍矿物资源加工的工艺与设备，使学生全面掌握适合于不同物料分离、选别和深加工等加工过程的基本原理、设备、工艺流程和单元工艺操作等方面的知识内容。

(3) 更新教学内容。本书除保留传统矿物加工教科书中一些经典的工艺与设备外，更新了许多内容，把近十年来矿物加工的科学研究和技术进展的新工艺、新设备、新成果、新知识编进了教材，使学生有更扎实的基础和更丰富的知识面。

(4) 系统介绍矿物资源加工工艺技术与设备知识。本书系统地介绍了矿物资源加工知识，包括：矿物资源加工技术及其发展、物料粉碎加工、重选及复合物理场分选、磁电选、浮选、化学分选、固液分离、粉体造块、矿物粉体材料等。

胡岳华教授、冯其明教授拟定本书大纲和编写框架，并任主编，中南大学资源加工与生物工程学院学术梯队的众多同志参加了编写工作，具体分工为：胡岳华(第1章)，刘玉生(第2章)，邓海波(第3章，6.1节，6.4节)，肖金华(第4章)，王毓华、冯其明(第5章)，姜涛(6.2节)，柳建设(6.3节)，顾帼华(第7章)，庄剑鸣(8.1节，8.2节)，范晓慧(8.3节，8.4节)，杨华明(9.1节)，宋晓岚(9.2节，9.3节)。全书内容由冯其明、邓海波审定，邓海波负责修改和插图清绘，胡岳华审阅全书并最终定稿。

限于篇幅,本书参考文献主要列举了图书专著,大量的学术期刊文章和企业网页资料未能一一列举,在此向文献作者一并致谢。由于时间和水平关系,书中难免存在不当之处,欢迎读者批评指正。

作　者

2006 年 8 月

于长沙岳麓山

目 录

前言

第1章 矿物资源加工技术及其发展 (1)
1.1 概述 (1)
1.2 矿物资源加工技术的发展 (2)
1.2.1 古代的矿物加工 (2)
1.2.2 近代的矿物加工工业 (5)
1.2.3 新中国的矿物加工工业 (6)
1.2.4 矿物资源加工技术应用领域的扩展 (14)
1.3 矿物资源加工基本过程与基本概念 (17)
1.3.1 矿物、矿石性质与矿物加工 (17)
1.3.2 矿物资源加工基本过程 (22)
1.3.3 矿物资源加工常用的术语、工艺指标及计算 (24)

习题 (26)

参考文献 (26)

第2章 粉碎技术与设备 (27)
2.1 概述 (27)
2.2 破碎与筛分 (29)
2.2.1 粗碎破碎机 (29)
2.2.2 中、细碎破碎机 (34)
2.2.3 筛分设备 (42)
2.2.4 影响破碎机和筛分机工作过程的因素 (46)
2.2.5 破碎工艺流程 (48)
2.2.6 破碎筛分工艺设备配置 (50)
2.3 磨矿与分级 (51)
2.3.1 球磨机 (51)
2.3.2 棒磨机 (55)
2.3.3 自磨机 (56)
2.3.4 砾磨机、离心磨机、行星磨机、振动磨机和螺旋搅拌磨机 (57)
2.3.5 螺旋分级机 (58)
2.3.6 水力旋流器 (60)

  2.3.7 细筛 ………………………………………………………… (62)
  2.3.8 复式流化分级机 ………………………………………… (64)
  2.3.9 影响磨矿分级过程的因素 ……………………………… (65)
  2.3.10 磨矿分级工艺流程 …………………………………… (72)
习题 ……………………………………………………………………… (77)
参考文献 ………………………………………………………………… (78)

第3章 重选及复合物理场分选设备与工艺 …………………………… (79)
3.1 重选设备 ……………………………………………………… (79)
  3.1.1 水力分级 ………………………………………………… (79)
  3.1.2 重介质分选 ……………………………………………… (81)
  3.1.3 跳汰分选 ………………………………………………… (85)
  3.1.4 溜槽分选 ………………………………………………… (93)
  3.1.5 摇床分选 ………………………………………………… (100)
  3.1.6 洗矿 ……………………………………………………… (106)
  3.1.7 风力分选 ………………………………………………… (107)
3.2 复合物理场分选方法与设备 ………………………………… (110)
  3.2.1 概述 ……………………………………………………… (110)
  3.2.2 磁流体分选 ……………………………………………… (111)
  3.2.3 空气重介质流化床分选 ………………………………… (113)
  3.2.4 磁团聚分选 ……………………………………………… (114)
  3.2.5 重力浮选 ………………………………………………… (114)
  3.2.6 摩擦弹跳分选 …………………………………………… (115)
  3.2.7 涡流分选 ………………………………………………… (116)
  3.2.8 光电拣选 ………………………………………………… (117)
3.3 重选工艺 ……………………………………………………… (117)
  3.3.1 重选生产过程 …………………………………………… (117)
  3.3.2 锡矿的重选 ……………………………………………… (118)
  3.3.3 黑钨矿的重选 …………………………………………… (120)
  3.3.4 钛矿的重选 ……………………………………………… (122)
  3.3.5 稀土砂矿的重选 ………………………………………… (123)
  3.3.6 稀散金属矿的重选 ……………………………………… (123)
  3.3.7 含金冲积砂矿的重选 …………………………………… (124)
  3.3.8 铝土矿的重选 …………………………………………… (125)
  3.3.9 铁矿的重选 ……………………………………………… (126)
  3.3.10 锰矿的重选 …………………………………………… (127)

  3.3.11 化工及非金属矿的重选 ··· (128)
  3.3.12 煤的洗选 ··· (129)
  3.3.13 固体废弃物中二次资源的重选和重选在其他领域的应用 ········· (131)
 习题 ··· (134)
 参考文献 ··· (134)

第4章 磁电选设备与工艺 (135)
 4.1 磁选机概述 ·· (135)
 4.2 弱磁选机 ··· (136)
  4.2.1 磁力滚筒(磁滑轮) ··· (136)
  4.2.2 湿式永磁圆筒磁选机 ··· (137)
  4.2.3 磁力脱泥槽 ··· (139)
  4.2.4 磁选柱 ·· (140)
  4.2.5 磁场筛选机 ··· (141)
  4.2.6 预磁器和脱磁器 ·· (141)
  4.2.7 干选永磁筒式磁选机 ··· (143)
 4.3 强磁选机 ··· (144)
  4.3.1 强磁选机的磁系与结构 ··· (144)
  4.3.2 圆盘式强磁选机 ·· (144)
  4.3.3 感应辊式强磁选机 ··· (146)
  4.3.4 琼斯式强磁选机 ·· (147)
  4.3.5 环式强磁选机 ··· (149)
 4.4 高梯度磁选机 ·· (151)
  4.4.1 周期式高梯度磁选机 ··· (151)
  4.4.2 连续式高梯度磁选机 ··· (153)
  4.4.3 脉动高梯度磁选机 ··· (153)
 4.5 超导磁选机 ·· (155)
  4.5.1 往复列罐式超导高梯度磁选机 ··· (155)
  4.5.2 圆筒式超导磁选机 ··· (157)
 4.6 磁选工艺应用 ·· (157)
  4.6.1 黑色金属矿的磁选 ··· (157)
  4.6.2 有色金属重选粗精矿的强磁精选 ··· (161)
  4.6.3 非金属矿和煤的强磁选 ··· (162)
 4.7 电选机 ··· (163)
  4.7.1 鼓筒型高压电选机的电极结构 ··· (163)
  4.7.2 DXJ Φ320mm×900mm 高压电选机 ··· (165)

  4.7.3 YD型高压电选机 ……………………………………………… (166)
  4.7.4 卡普科高压电选机 ………………………………………………… (167)
 4.8 电选实际应用 ………………………………………………………… (168)
  4.8.1 金属矿石的电选 …………………………………………………… (168)
  4.8.2 非金属矿物及其他物料的电选 …………………………………… (171)
  4.8.3 电收尘 ……………………………………………………………… (172)
 习题 …………………………………………………………………………… (173)
 参考文献 ……………………………………………………………………… (173)

第5章 浮选工艺与设备 ……………………………………………………… (175)

 5.1 浮选药剂 ……………………………………………………………… (175)
  5.1.1 捕收剂 ……………………………………………………………… (175)
  5.1.2 起泡剂 ……………………………………………………………… (185)
  5.1.3 调整剂 ……………………………………………………………… (186)
 5.2 浮选流程 ……………………………………………………………… (196)
  5.2.1 浮选原则流程的选择 ……………………………………………… (196)
  5.2.2 浮选流程内部结构 ………………………………………………… (200)
  5.2.3 浮选流程图 ………………………………………………………… (201)
  5.2.4 浮选流程指标计算 ………………………………………………… (202)
 5.3 浮选工艺影响因素 …………………………………………………… (203)
  5.3.1 矿石性质 …………………………………………………………… (203)
  5.3.2 粒度 ………………………………………………………………… (203)
  5.3.3 矿浆浓度(质量分数w_B) ………………………………………… (205)
  5.3.4 矿浆酸碱度、水质、温度和调浆 …………………………………… (206)
  5.3.5 浮选药剂的使用与调节 …………………………………………… (208)
  5.3.6 调泡 ………………………………………………………………… (213)
 5.4 浮选新工艺及选择 …………………………………………………… (215)
  5.4.1 选择性絮凝 ………………………………………………………… (215)
  5.4.2 分支浮选工艺 ……………………………………………………… (216)
  5.4.3 载体浮选 …………………………………………………………… (218)
  5.4.4 硫化矿电化学浮选工艺 …………………………………………… (219)
  5.4.5 闪速浮选 …………………………………………………………… (220)
  5.4.6 团聚浮选 …………………………………………………………… (221)
  5.4.7 微泡浮选 …………………………………………………………… (221)
 5.5 浮选机 ………………………………………………………………… (222)
  5.5.1 浮选机性能的基本要求 …………………………………………… (222)

5.5.2　浮选机充气搅拌原理 ………………………………………………… (222)
　　5.5.3　浮选机分类 …………………………………………………………… (224)
　　5.5.4　浮选机的发展 ………………………………………………………… (234)
　　5.5.5　浮选辅助设备 ………………………………………………………… (235)
　　5.5.6　浮选车间设备配置 …………………………………………………… (237)
5.6　有色金属硫化矿浮选生产实践 ………………………………………………… (239)
　　5.6.1　硫化铜矿浮选分离实践 ……………………………………………… (239)
　　5.6.2　硫化铅锌矿浮选分离实践 …………………………………………… (247)
　　5.6.3　复杂多金属硫化铜铅锌矿浮选分离实践 …………………………… (250)
　　5.6.4　硫化钼矿浮选分离实践 ……………………………………………… (253)
　　5.6.5　硫化镍矿浮选分离实践 ……………………………………………… (255)
　　5.6.6　硫化锑矿浮选分离实践 ……………………………………………… (257)
　　5.6.7　含金、银贵金属硫化矿物的浮选 …………………………………… (258)
　　5.6.8　砷、铋、汞、钴、铁的硫化矿浮选分离实践 ……………………… (259)
5.7　有色金属氧化矿浮选实践 ……………………………………………………… (262)
　　5.7.1　氧化铜矿的浮选 ……………………………………………………… (263)
　　5.7.2　氧化铅、锌矿的浮选 ………………………………………………… (266)
　　5.7.3　锡矿的浮选 …………………………………………………………… (268)
　　5.7.4　钨矿的浮选 …………………………………………………………… (270)
　　5.7.5　铝土矿浮选 …………………………………………………………… (272)
　　5.7.6　锂矿浮选 ……………………………………………………………… (273)
　　5.7.7　铍矿浮选 ……………………………………………………………… (275)
　　5.7.8　钽铌矿浮选 …………………………………………………………… (276)
5.8　黑色金属矿浮选实践 …………………………………………………………… (277)
　　5.8.1　铁矿浮选 ……………………………………………………………… (277)
　　5.8.2　锰矿浮选 ……………………………………………………………… (281)
5.9　非金属矿、能源矿产浮选实践和浮选在其他领域中的应用 ……………… (282)
　　5.9.1　磷矿浮选 ……………………………………………………………… (282)
　　5.9.2　萤石浮选 ……………………………………………………………… (283)
　　5.9.3　石英浮选 ……………………………………………………………… (285)
　　5.9.4　长石浮选 ……………………………………………………………… (286)
　　5.9.5　可溶性盐浮选 ………………………………………………………… (287)
　　5.9.6　煤泥浮选 ……………………………………………………………… (288)
　　5.9.7　浮选在其他领域中的应用实践 ……………………………………… (289)
习题 ……………………………………………………………………………………… (292)

参考文献 ··· (293)

第6章 化学分选工艺与设备 ·· (294)
6.1 化学分选过程与设备 ··· (294)
6.1.1 化学分选过程 ·· (294)
6.1.2 焙烧作业设备 ·· (302)
6.1.3 浸出作业设备 ·· (304)
6.1.4 固液分离与洗涤作业设备 ·· (307)
6.1.5 分离净化与富集作业设备 ·· (307)
6.1.6 制取化合物或金属作业设备 ·· (310)
6.2 金矿石的化学分选 ·· (314)
6.2.1 金的矿物与矿石类型 ·· (314)
6.2.2 金矿石的分选富集 ··· (316)
6.2.3 金矿的氰化浸出提取 ·· (316)
6.2.4 难浸金矿的预处理和强化浸出 ·· (326)
6.2.5 含氰废水的处理 ·· (332)
6.3 难选低品位铜矿石的化学分选 ··· (334)
6.3.1 概述 ·· (334)
6.3.2 难选氧化铜矿及低品位铜矿石的浸出-萃取-电积工艺 ················· (336)
6.4 其他矿物原料的化学分选 ··· (343)
6.4.1 黑色金属矿物原料和海洋锰结核的化学分选 ······························ (343)
6.4.2 难选有色金属矿石和中矿的化学选矿 ······································· (346)
6.4.3 稀土金属矿石原料的化学分选 ·· (350)
6.4.4 稀有金属锂、铍、铌、钽、铟、铼的化学分选和提取 ················· (353)
6.4.5 含钒原料的化学分选 ·· (353)
6.4.6 铀矿石原料的化学分选 ·· (356)
6.4.7 非金属矿原料的化学分选 ·· (358)
习题 ··· (360)
参考文献 ··· (361)

第7章 固液分离 ·· (362)
7.1 固液分离概述 ··· (362)
7.1.1 液相和固相性质及对固液分离的影响 ······································· (363)
7.1.2 固液分离工艺 ·· (365)
7.2 重力沉降浓缩 ··· (367)
7.2.1 非均相混合物中颗粒的实际沉降过程 ······································· (367)

7.2.2 沉降池 …………………………………………………………………… (372)
7.2.3 耙式浓缩机 ……………………………………………………………… (373)
7.2.4 高效浓缩机 ……………………………………………………………… (374)
7.2.5 深锥浓缩机 ……………………………………………………………… (375)
7.2.6 多层倾斜板浓缩机 ……………………………………………………… (376)
7.3 过滤 …………………………………………………………………………… (378)
7.3.1 过滤的基本概念 ………………………………………………………… (378)
7.3.2 过滤理论 ………………………………………………………………… (384)
7.3.3 真空过滤机 ……………………………………………………………… (385)
7.3.4 压滤机 …………………………………………………………………… (392)
7.3.5 加压过滤机 ……………………………………………………………… (394)
7.3.6 陶瓷过滤机 ……………………………………………………………… (395)
7.4 干燥 …………………………………………………………………………… (399)
7.4.1 圆筒干燥机 ……………………………………………………………… (399)
7.4.2 流化床干燥器 …………………………………………………………… (402)
7.5 尾矿堆存 ……………………………………………………………………… (403)
7.5.1 尾矿堆存的意义 ………………………………………………………… (403)
7.5.2 尾矿库 …………………………………………………………………… (404)
7.5.3 尾矿水的循环使用 ……………………………………………………… (407)
习题 ………………………………………………………………………………… (408)
参考文献 …………………………………………………………………………… (408)

第8章 粉体造块工艺与设备 …………………………………………………… (409)
8.1 粉体造块基础 ………………………………………………………………… (409)
8.1.1 造块的基本概念 ………………………………………………………… (409)
8.1.2 烧结球团法的发展 ……………………………………………………… (411)
8.1.3 烧结球团造块法比较 …………………………………………………… (413)
8.1.4 烧结球团原料 …………………………………………………………… (414)
8.1.5 造块工艺的技术经济指标 ……………………………………………… (422)
8.2 烧结工艺 ……………………………………………………………………… (428)
8.2.1 烧结工艺与分类 ………………………………………………………… (428)
8.2.2 烧结原料准备与配料 …………………………………………………… (431)
8.2.3 烧结料的混合与制粒 …………………………………………………… (436)
8.2.4 混合料烧结 ……………………………………………………………… (440)
8.2.5 烧结矿处理 ……………………………………………………………… (451)

        8.2.6 烧结矿工艺的发展 ··· (455)
    8.3 球团生产工艺 ··· (455)
        8.3.1 球团生产工艺概述 ··· (455)
        8.3.2 球团原料的准备 ·· (458)
        8.3.3 配料、混合、造球、筛分和布料设备 ···································· (459)
        8.3.4 竖炉法焙烧球团矿 ··· (462)
        8.3.5 带式焙烧机法焙烧球团矿 ·· (470)
        8.3.6 链篦机-回转窑法焙烧球团矿 ·· (477)
        8.3.7 球团矿生产发展方向 ·· (486)
    8.4 其他球团方法和球团矿直接还原 ·· (489)
        8.4.1 其他球团方法 ·· (489)
        8.4.2 铁精矿冷固球团回转窑直接还原新工艺 ································· (490)
    习题 ··· (492)
    参考文献 ·· (492)
第9章 矿物粉体材料 ··· (493)
    9.1 粉体物理制备方法与设备 ··· (493)
        9.1.1 粉体制备概述 ·· (493)
        9.1.2 超细粉碎设备 ·· (494)
        9.1.3 气体蒸发法超细粉体制备方法与设备 ····································· (498)
        9.1.4 超细粉体的分级设备 ·· (502)
        9.1.5 超细粉体的集料收尘设备 ·· (505)
        9.1.6 超细粉碎工艺类型 ··· (506)
        9.1.7 超细粉碎工艺应用 ··· (507)
    9.2 粉体化学合成方法与设备 ··· (510)
        9.2.1 粉体化学合成反应器 ·· (510)
        9.2.2 气相化学反应法 ·· (511)
        9.2.3 气相化学反应工艺技术 ·· (516)
        9.2.4 液相化学反应法 ·· (517)
        9.2.5 液相化学反应工艺技术 ·· (520)
        9.2.6 粉体制备技术的研究与发展 ··· (522)
    9.3 矿物粉体材料表面改性 ··· (524)
        9.3.1 概述 ··· (524)
        9.3.2 矿物粉体材料表面改性设备 ··· (525)
        9.3.3 矿物粉体材料表面改性工艺 ··· (530)

9.3.4 矿物粉体材料表面改性应用实例 …………………………… (536)

9.3.5 水煤浆生产 ……………………………………………………… (548)

习题 …………………………………………………………………………… (549)

参考文献 ……………………………………………………………………… (550)

第1章 矿物资源加工技术及其发展

1.1 概　　述

人类文明的发展,是建立在人类利用其智慧及所创造的工具对周围的自然资源进行开发利用的基础之上的,其中对矿产资源的开发利用尤为重要。从人类发展初期的石器时代,到早期的青铜时代、铁器时代,近代的钢铁时代和现代的新材料时代,一个个里程碑式的文明时代命名充分地说明了矿产资源开发对人类文明发展的推动作用。图1-1为湖南衡阳出土的商代(公元前1600~前1046年)青铜牛尊。

图1-1　湖南衡阳出土的商代青铜牛尊

今天,有色金属及黑色金属矿产工业为我们提供了制造各种工具、机器和生活用器的金属材料;能源矿产工业为我们提供了必需的能源如煤、石油、铀等;非金属矿产工业为我们提供了建设家居的水泥材料和化工化肥生产所需要的原料等。可以说,矿产开发与矿物加工工程行业在国民经济发展中具有极重要的基础地位。

矿物资源加工,是用物理、化学的方法对天然矿物资源和其他资源进行加工(包括分离、富集、提纯、提取、深加工等),以获取有用物质的科学技术。矿物资源加工包括四大学科领域:矿物加工(mineral processing);矿物材料加工(mineral material processing);二次资源加工(secondary material processing);金属提取加工(metal metallurgical processing),可简称为4-MP。

(1) 矿物加工。用物理、化学的方法,对天然矿物资源(通常包括金属矿物、非金属矿物、煤炭等)进行选别、分离、富集其中的有用矿物,其目的是为冶金、化工等行业提供合格原料。主要选矿技术方法包括破碎、磨矿、重选、磁电选、浮选、化学分选、特殊分选、固液分离等。

(2) 矿物材料加工。通过提纯、超细粉碎、表面改性、掺杂等物理和化学方法,对天然及非传统矿物资源进行分离、纯化、改性、复合等加工,制备矿物材料、矿物复合材料、矿物-聚合物复合材料、功能矿物材料等。

(3) 金属提取加工。金属提取加工是根据矿物加工、冶金工程、化学工程、生物工程等学科知识,针对选精矿、复杂难处理低品位矿石、海洋资源等进行化学溶出、生物提取、离子交换、溶剂萃取、还原焙烧等加工处理,获得有用物质的方法,如铁精矿煤基回转窑直接还原、生物浸出等一般可生产出高纯金属。

(4) 非传统矿物资源和二次资源的加工利用技术。非传统矿物资源包括工业固体废弃物,如冶炼化工废渣、尾矿、废石;海洋矿产如锰结核、钴结壳、海水中金属、海底热液硫化矿床;盐湖中的金属盐、重金属污泥。二次资源包括废旧电器,如废电脑、手机、电视机、冰箱、废电池、废旧汽车;废旧金属制品如电缆、电线、易拉罐;城市垃圾如废纸、废塑料、油污水、油污土壤等。二次资源加工是利用矿物加工分选原理和技术,对二次资源进行分选分离回收各种有用物质。

1.2 矿物资源加工技术的发展

1.2.1 古代的矿物加工

人类利用矿物资源已有数千年历史,如自然金、自然铜、滑石、朱砂等的开采与利用。无论是公元前几千年的古埃及,还是中世纪的罗马帝国时代,或者是中国古代,由于科学技术水平整体落后,社会生产力低,对矿物资源的需求少,人类利用的矿物资源主要是通过手工作业从天然矿石中得到。我国是最早使用金属器具的国家之一,在古代金属原料的来源除了部分来自富矿床外,还有大量来自河溪海边的砂锡、砂金和砂铁矿床,这些砂矿都要经过洗、选富集才能进行冶炼。

考古工作者曾从河南安阳发掘到重18.8kg的大块孔雀石矿物,根据考证,是已经挑选过的。推断为商代炼铜的原料,说明我国商朝已有矿石拣选技艺。

最早使用的淘洗工具是一种特殊的木盘,湖北铜录山古矿冶遗址出土的船形木斗就是两千多年前淘洗工具的代表,见图1-2。

图1-2 铜录山古矿冶遗址出土的淘洗木斗

宋代(960～1279年)大量使用木制溜槽。朱彧在成书于北宋宣和元年(公元1119年)的《萍州可谈》卷二中记载:"登、莱金坑户止用大木锯剖之,留刃痕,投砂其上,泛以水,沙去,金蓄锯纹中,甚易得。"至明清年间,洗选工具又有发展,清代严如熤1823年所著《三省边防便览·卷9·山货》中,记载了南郑(汉中)用淘床选金的情况:淘床用木做成,四周有边框,淘床上面放置一圆竹筐,将沙倒入筐内,一面注水,一面掀簸沙筐,金从筛底细缝透下,落在淘床上,淘床上安置有刻槽的木板,进一步将金粒选出。

西汉初年淮南王刘安(公元前179—前122年)及门客李尚、苏飞、伍被等共同编著《淮南子·万毕术》里就有"曾青得铁则化为铜"的记载。曾青成分是$2CuCO_3 \cdot Cu(OH)_2$，易溶于苦酒(醋)，又叫白青、空青。东汉时现存最早的中药经典著作《神农本草经》也有："石胆……能化铁为铜"的描述，石胆或胆矾，成分是$CuSO_4 \cdot 5H_2O$。这种认识大约到唐末、五代(907～960年)间就应用到生产中。宋代更有发展，成为大量生产铜的重要方法之一，即胆水浸铜-铁置换铜粉-流槽富集法生产铜的水法炼铜工艺，称为"胆铜法"。宋代文献记载，当时南方用"水法炼铜"的约有十一处，其中以饶州德兴、信州铅山和韶州岑水规模最为宏大。北宋每年产胆铜达一百万至一百七十八十万斤，占当时铜总产量的15%～20%。

清康熙年间的顾祖禹(1631—1692年)所著《读史方舆纪要》一书中，记载了铅山场的作业情况是："有沟槽77处，各积水为池，随地形高下深浅用木板闸之，以茅席铺底。取生铁击碎，入沟排砌，引水通流浸杂，俟其色变，锤之则为铜。"可见这是将铁置换铜的化学选矿与流槽重选巧妙结合的选矿工艺。

明代宋应星(1587—1661年)著《天工开物》卷14中记载了砂锡的洗选："凡锡有山锡、水锡两种。水锡衡永出溪中，广西则出南丹州河内，其质里包粉碎，南丹河出者，居民旬前从南淘至北，旬后又从北淘至南，愈经淘取，其砂百处不竭。"这说明了当时采锡的盛况及资源的丰富。图1-3为《天工开物》中山锡开采淘洗的插图。《天工开物》中还有砂铁的采选记

图1-3 《天工开物》插图之一：河池山锡

载："燕京遵化与山西平阳则皆砂铁之薮也。凡砂铁一抛土膜即现其形，到来淘洗，入炉蒸炼。"这是砂铁矿的擦洗-重选作业。至于古代的浮选法选矿，在《天工开物》中也有记载："凡金箔粘物，他日敝弃之时，刮削火化，其金仍藏，灰内滴清油数点，伴落聚底，淘洗入炉，毫厘无差。"这可看成是选择性团聚分离的技术。

中国是世界上利用铁最早的国家之一。春秋战国时代(公元前770～前221年)，据《山海经·五藏山经》记载产铁之山有37处。西汉(公元前206～公元25年)时汉武帝(公元前119年)在49个产铁地区设置铁官。西汉时期还发明了"炒钢法"，即利用生铁"炒"成熟铁或钢的新工艺，产品称为炒钢。同时，还兴起"百炼

钢"技术。东汉（25~220年）汉光武帝时，发明了水力鼓风炉，即"水排"。1975年在郑州附近古荥镇曾发现和发掘出汉代冶铁遗址，场址面积达120 000m²，发掘出两座并列的高炉炉基，高炉容积约50m³。汉代以后，发明了灌钢方法。《北齐书·綦母怀文传》称为"宿钢"，后世称为灌钢，又称为团钢。这是中国古代炼钢技术的又一重大成就。唐代（618~907年），按《新唐书·地理志》记载，当时全国产铁之山104处。著名的河北沧州铁狮子铸于后周广顺三年（公元953年），重约40t。宋、元时期已普及用煤炼铁。到明代（1368~1644年）已能用焦炭冶炼生铁。公元14~15世纪，铁的年产量曾超过2000万斤，折合约为1.2万吨。

我国是世界上发现、利用煤炭最早的国家。我国古代曾称煤炭为石涅，或石炭。先秦时期的地理著作《山海经》就有3处有关石涅的记载：一处见于该书的《西山经》，"女床之山，其阳多赤铜，其阴多石涅"；另两处见于《中山经》，"岷山之首，曰女几之山，其上多石涅"，"又东一百五十里，曰风雨之山，其上多白金，其下多石涅"。据有关专家考证，女床之山，女几之山，风雨之山，分别位于今陕西凤翔、四川双流、什邡和通江、南江、巴中一带。古今对照，以上各地均有煤炭产出。隋、唐至元代，煤炭开发更为普遍，用途更加广泛，冶金、陶瓷等行业均以煤作燃料，煤炭成了市场上的主要商品。同时，唐代用煤炼焦开始萌芽，到宋代，炼焦技术已臻成熟。

图1-4 《论冶金》书中的插图——欧洲16世纪的水力驱动捣矿机和重选溜槽

在欧洲，随着哥伦布发现美洲（公元1492年）、麦哲伦环球航行（1519~1522年），地理大发现推动了西方的扩张和经济发展。欧洲经过文艺复兴时期（The Renaissance，1490~1620年）绘画、音乐和文艺的发展，特别是科学和民主思想冲破宗教和封建专制的束缚，欧洲终于来到一个新的大发展年代，对矿物和金属材料的需求量猛增。被誉为矿物学之父的德国矿物学家阿格里科拉（Agricola Georgius）（1494—1555年）用20年时间用拉丁文写成《论冶金》一书。书中关于矿山开采和金属冶炼的生产过程叙述颇为详细。该书于1556年问世，立即引起了人们的极大兴趣，先后被译成意、德、英、日文本。1621年传到中国，由西方传教士汤若望等人于1640年全文译出，书名为《坤舆格致》。图1-4是《论冶金》中有关矿物加工的插图之一。

1.2.2 近代的矿物加工工业

19世纪末至20世纪20年代,世界工业生产快速发展,对矿物原料的需求增大,加上18世纪产业革命的推动,使机械化成为可能,造成了"选矿"技术从古代的手工作业向工业技术的真正转变。近代大部分的选矿工艺与设备属于这一时期选矿领域的技术发明,如颚式破碎机、球磨机、机械分级机,重选、电磁选的设备与工艺及浮选药剂工艺与设备等。特别是20世纪20年代初,黄药、黑药在浮选硫化矿中的工业应用,使选矿技术(包括破碎、筛分、磨矿、重选、电选、磁选、浮选等)能处理大部分天然矿物原料。从那时起,选矿技术已成为一门人类从天然矿石中选别、富集有用矿物原料的成熟的工业技术,并得到广泛应用。

中国近代的矿物加工工业始于清代末期的洋务运动。开平煤矿是直隶总督李鸿章1876年命唐廷枢等筹建的,1881年建成唐山矿,以后又建成林西、西山等矿,到1894年,平均日产煤达到1500t。1890年,湖广总督张之洞主持兴建湖北汉阳铁厂(图1-5)和大冶铁矿,它的建设标志着中国近代钢铁工业的兴起。1908年,汉阳铁厂、大冶铁矿和萍乡煤矿联合组成汉冶萍煤铁厂矿公司。这是中国近代第一个钢铁联合企业。

图1-5 1894年7月3日张之洞视察汉阳铁厂

我国的采选工业到了清代已有相当发展,形成了规模颇大的作坊式生产,但是在封建制度下生产技术难得进步,到了20世纪初仍多用手工生产。如锡矿山选锑,江西各钨矿的选矿仍是用手拣富矿,并采用目选、锤选、桶选、槽选等方法,全部工艺由手工操作。

1909年(清宣统元年),湖南水口山建成我国第一座机选厂,即机械重力选矿厂,用以处理手工选矿所不能处理的铅锌混杂砂,原矿品位铅锌分别为5%和20%,日处理能力为200t,旧厂于1916年塌陷,次年重建。新厂是顺着山坡建筑起来的六阶梯厂房,面积共 2500m²,主要设备有 250mm×500mm 和 300mm×600mm 颚式破碎机各 2 台,Φ950mm×350mm 和 Φ900mm×300mm 对辊破碎机各 2 台,圆筒回转筛 14 台,淘选箱 20 台,威尔夫洗床 12 台。重力选矿工艺过程包括两段跳汰及尾矿淘洗作业,分选出铅精矿、锌精矿、硫铁矿、中矿和尾矿等 5 种产品。每年可产铅精矿 800~900t,锌精矿 1100~2600t。1917 年辽宁青城子建成铅锌浮选厂。

民国时期,由于长年的军阀混战和帝国主义压迫,我国的民族工业发展缓慢。1936 年中国钢产量约 5 万吨;而同期日本的钢产量为 531 万吨。1931 年"九·一八"事变后,日本帝国主义占领了中国东北地区;1937 年"七·七"事变后,又侵占了华北、华中、华东等广大地区,给中国人民造成了惨重的伤害。外国侵略者在我国开办一些技术原始的选厂,对我国矿产资源进行掠夺性开采。1935 年日伪在辽宁锦西杨家杖子建铅锌选厂,生产能力 100t/d,1940 年确认含钼后,改为钼选厂。辽宁本溪是我国有名的煤铁城,既产煤又有铁,在日伪期间建立了一座选煤厂,采用规模较大的跳汰机回收块煤。日本帝国主义在我国东北地区新建了鞍山钢铁厂,开办了辽宁鞍山、吉林马鹿沟、夹皮沟和辽宁岫岩、桓仁等 16 座采选厂,掠夺我国的铁、煤、铜、铅、锌、金、银等矿产资源。但直到新中国成立前,我国机械化选厂只有 20 来家,年入选金属矿石约 30 多万吨,选矿工业极不发达。

在选矿科技研究工作方面,20 世纪 30 年代中国成立了资源委员会,其中矿室即从事采选研究,这是我国最早的研究机构,1937 年矿室改为矿冶研究所,有美国丹佛公司制的选矿试验装置和进口药剂,可进行重选、浮选、磁选等试验,进行过铁矿的可选性研究。此后筹建过赣州试验所,安装有选矿装置,是从美国进口的设备。

1946 年,我国东北解放区夹皮沟金矿局,创办了选矿技术训练班,培养了新中国第一批选矿技术干部。

1.2.3 新中国的矿物加工工业

1. 有色金属

1949 年新中国成立后,矿物加工工业得到迅速发展,兴建了一大批矿山、冶金企业。20 世纪 50 年代早期苏联援建我国的重点项目中包括了一批钨、锡、铜选矿厂。60~70 年代我国独立自主地建设了相当数量的遍布各种金属矿的国有选厂,基本满足了当时国民经济的需求。80 年代中期以后国家放宽了矿业开采政策,随着我国改革开放的深入和社会主义市场经济的建立,大批国有、地方、集体、私营的选矿厂如雨后春笋般建成,我国有色金属年产量也逐年攀升。部分有色金属如锑、钼、钨、铅、锌、稀土已成为出口创汇的大宗产品。我国有色金属年产量由1949年的1.33万吨发展到2005年的1635万吨(图1-6),已连续五年位居世界第一。

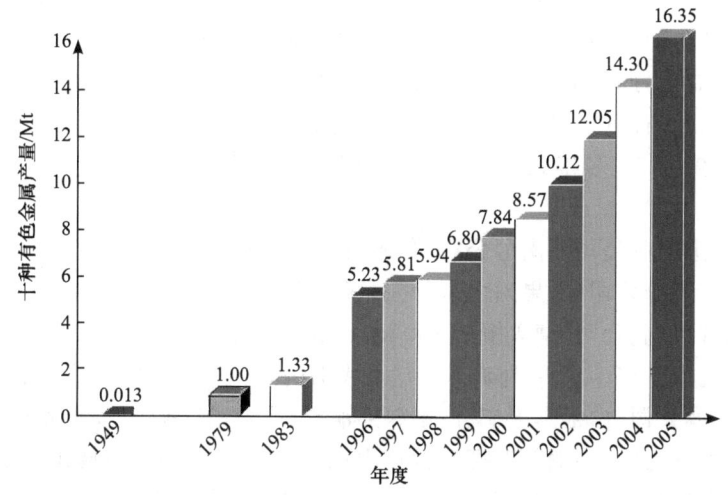

图1-6 新中国建国和改革开放以来十种主要有色金属产量的飞速发展

我国的有色金属资源品种齐全,世界上已知的150多种矿产,我国都有一定的蕴藏量,在已探明的储量中,居世界首位的有:钨工业储量约占世界总储量的43.1%,锑约占世界的51.8%,钛约占世界的60%,稀土约占世界的80%。属世界第二位的有锡、锌、钼、锂等矿产资源。此外,金属汞、铜、镍、铅、钽、铍等金属储量也居世界前列。

但我国有色金属矿产资源富矿少,贫矿多;粗颗粒少,细颗粒多;单一矿少,共生矿多,共生矿占矿产资源的80%。在我国矿产资源中,共生铜占铜总储量的25.7%;伴生钨占钨总储量的33%;伴生锡占锡总储量的27.6%,伴生钴占钴总储量的80%;伴生金占金总储量的44.2%;伴生银占银总储量的87%;伴生在金川镍矿中的铂族元素占我国铂元素总储量的80%。因此,虽然我国许多资源储量在世界名列前茅,但人均拥有资源量,则排名较后。我们应当走资源节约型的发展道路,重视资源的综合利用。

20世纪70~90年代,全国许多科研单位和大专院校,针对金川铜镍多金属矿、攀枝花钒钛磁铁矿、包头稀土共生矿、云锡和大厂含锡多金属矿、柿竹园含钨多金属矿、海南的海滨砂矿以及大洋多金属结核等一大批多金属共生矿坚持不懈地进行了综合利用研究,组织了跨行业、跨部门、跨学科的联合科技攻关,取得了一系列重大科技成果。在选矿理论上,形成了硫化矿浮选电化学、非硫化矿浮选溶液化学、浮选剂分子设计、细粒浮选理论、复合物理场选矿理论等理论成果。在选矿工艺上,开发了处理不同矿石类型的优先浮选、等可浮、混合浮选等各种浮选工艺流程,重介质预选、重选、磁选、浮选相互联合以及选冶联合等各种联合选矿工艺。在选矿设备上,开发了 SF、KYF 型等系列大型浮选机,高梯度磁选机,系列湿式强磁选机,系列各种加药机,各种碎磨设备及选矿自控设备等。在锡矿细粒选矿设备研制开发及应用方面,更有一系列成果,独具中国特色,取得优良选别效果。这些科研成果为我国有色金属矿物资源加工提出了可靠的技术保证。

新中国建国 50 多年来,全国范围内建立了许多重要的有色金属矿物加工基地。

铝 中国铝业公司河南分公司(郑州市上街区被誉为"中国铝都")、山西分公司(河津)、广西分公司(平果);山东分公司(淄博)。

铜 江西铜业公司[德兴铜矿 100 kt/d(包括 40kt/d 泗洲选矿厂和 60kt/d 大山选矿厂,见图 1-7)、永平铜矿 10 kt/d、武山铜矿、东乡铜矿、银山铅锌矿];甘肃白银有色金属公司(白银露天矿、白银深部铜矿、厂坝铅锌矿);安徽铜陵有色金属公司(铜陵被誉为"中国铜都",拥有铜官山铜矿、狮子山铜矿、凤凰山铜矿、金口岭铜矿、安庆铜矿);湖北大冶有色金属公司(新冶铜矿、铜录山矿、丰山铜矿、铜山口铜矿);甘肃金川有色金属公司;山西中条山有色金属公司(铜矿峪铜矿、胡家峪铜矿)。正在开发建设的有新疆哈密铜矿;西藏玉龙铜矿。

图 1-7 我国最大的选矿厂——江西德兴铜矿 60kt/d 大山选矿厂

镍 金川有色金属公司所属的金川铜镍矿是世界上著名的多金属共生的大型硫化镍矿之一,其金属储量 548 万吨镍,占我国的 70% 以上,伴生的钴与铂族金属也十分丰富。镍和铂族金属的产量分别占全国的 80% 和 90% 以上,享有"中国镍都"之称。此外,还有吉林磐石镍矿、新疆喀拉通克铜镍矿、云南沅江红土镍矿等。

铅锌 广东凡口铅锌矿(我国目前最大的铅锌矿,选矿能力 5500t/d,年产铅锌精矿金属量18万吨);青海西部矿业公司锡铁山铅锌矿(3000 t/d);甘肃厂坝铅锌矿;湖南水口山矿务局(建矿于1896年,被誉为"世界铅都");湖南黄砂坪铅锌矿;内蒙古白音诺尔铅锌矿;黑龙江西林铅锌矿;广西泗顶铅锌矿;云南蒙自矿冶公司;云南兰坪铅锌矿(铅锌金属储量1427万吨,被誉为"中国锌都")。

锑 湖南锡矿山矿务局,锑品年生产能力3.5万吨,锑矿储量、锑品产销量均居世界之冠,被誉为"世界锑都"。

钼 陕西金堆城钼业公司、河南洛阳栾川钼业公司(钼金属储量219万吨,2006年被中国矿业联合会授予"中国钼都"称号)。

锡 广西柳州华锡集团(大厂铜坑矿、巴里选厂、长坡选厂、车河选厂),位于南丹县;云南锡业公司(个旧、大屯、黄茅山、新冠、卡房选厂),位于个旧市,二者并称为"中国锡都"。

钨 湖南柿竹园多金属矿(被誉为"世界有色金属博物馆");江西钨业公司(包括大吉山、西华山、盘古山、浒坑、岿美山、铁山垅、画眉坳等钨矿,江西省大余县被誉为"世界钨都");广西珊瑚矿。

钒钛 四川攀枝花钒钛磁铁矿。

稀土 内蒙古包头市白云鄂博矿,享有"世界稀土之都"美誉。

稀有稀散金属 新疆可可托海矿务局;江西宜春钽铌矿;广东、海南、广西海滨砂矿。

贵金属 山东招金集团(招远),称为"中国金都";河南、陕西交界的小秦岭金矿区;黑龙江砂金矿区。金川镍矿为我国铂族金属生产基地。

2. 黑色金属

黑色金属主要包括铁和锰。铁是世界上发现最早,利用最广,用量也是最多的一种金属,其消耗量约占金属总消耗量的95%左右。在现代工业中,锰及其化合物应用于国民经济的各个领域。其中钢铁工业是最重要的领域,用锰量占90%~95%,主要作为炼铁和炼钢过程中的脱氧剂和脱硫剂,以及用来制造合金。其余的锰用于其他工业领域。

中国钢铁工业自改革开放以来发展迅猛,1996年钢产量突破1亿吨,位居世界第一,此后连续九年都位居世界第一。2004年钢产量达2.72亿吨,2005年钢产量达3.52亿吨。新中国建国和改革开放以来钢产量的飞跃发展见图1-8。

炼铁用的铁矿原料,一般需先选矿富集到含铁60%以上的品位,再加工制成具有一定强度的块状烧结矿或球团矿,然后送进高炉冶炼生铁,铁水再送进转炉炼钢。现在中国的烧结球团矿年产量在2.7亿吨以上。图1-9是武汉钢铁公司第四烧结厂435m^2烧结机工程图。

我国主要的钢铁矿物加工和冶金基地有:湖北武汉钢铁公司(大冶铁矿、程潮

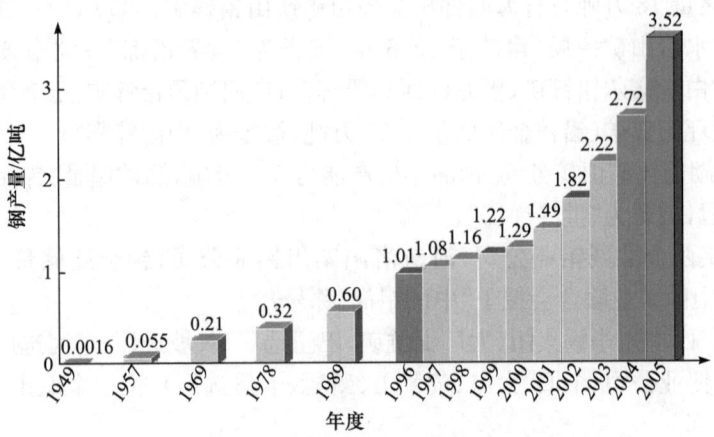

图1-8 新中国建国和改革开放以来钢产量的飞跃发展

图1-9 武汉钢铁公司第四烧结厂435m² 烧结机工程

铁矿);上海宝钢集团公司(梅山铁矿);辽宁鞍山钢铁公司(齐大山、大孤山、东鞍山铁矿);辽宁本溪钢铁公司(南芬、歪头山、北台、弓长岭铁矿);首都钢铁公司(水厂、大石河、密云铁矿和球团厂);安徽马鞍山钢铁公司(南山、姑山、桃冲铁矿);四川攀枝花钢铁公司(攀枝花钒钛磁铁矿);内蒙古包头钢铁公司(白云鄂博矿);甘肃酒泉钢铁公司(镜铁山铁矿);江苏南京钢铁公司;山西太原钢铁公司(峨口铁矿);山东济南钢铁公司;山东莱芜钢铁集团有限公司;河北邯郸钢铁公司(邯郸铁矿);河北石家庄钢铁公司;河北邢台钢铁公司(邢台铁矿);广西柳州钢铁公司;广东韶关钢铁公司(大宝山矿);江西新余钢铁公司(新余铁矿);新疆八一钢铁公司;河南安阳钢铁公司(舞阳铁矿);湖南华菱钢铁集团公司。

我国主要的锰矿物加工和冶金基地有:湖南湘潭锰矿;贵州遵义锰矿;广西大新锰矿等。

3. 煤

煤炭是植物遗体埋藏在地下经过漫长复杂的生物化学、地球化学和物理化学作用转化而成的一种固体可燃矿产。它不仅是工农业和人民生活不可缺少的主要燃料,而且还是冶金、化工、医药等领域的重要原料。据统计,在我国能源生产和消费构成中,煤炭一直居主导地位,生产和消费都占75%左右。1996年中国煤炭产量达1.374×10^9t,居世界第一,2005年达2.190×10^9t。

我国的重点煤矿有:山西省大同、平朔、阳泉、霍州、晋城等;内蒙古自治区扎赉诺尔、伊敏、大雁、霍林河等;陕西省铜川等;新疆维吾尔自治区乌鲁木齐、哈密等;贵州省水城、六枝等;宁夏石咀山等;安徽省淮北、淮南等;河南省鹤壁、焦作、平顶山等;山东省肥城、兖州、枣庄等;黑龙江省鹤岗、双鸭山、七台河、鸡西等;河北省开滦、邢台、邯郸、峰峰、井陉等;江苏省徐州等;辽宁省北票、阜新、铁法、南票、抚顺等;江西省萍乡、丰城、乐平;四川省攀枝花等;广西壮族自治区合山等;湖南省涟源等。

开采出的原煤需要进行加工分选。煤的矿物加工包括筛分和选煤。原煤先进行筛分,按粒度大小进行分级,并排除大块矸石和杂物。然后利用煤炭与其他矿物的密度,沉降速度和表面张力等性质的不同加工分选煤,分选出低灰分精煤及其他各种规格的产品。

根据分选介质的不同,将选煤分为湿法选煤及干法选煤,以前者为主,其所包括的作业有破碎、筛分、跳汰选、重介选、浮选、特殊选、煤泥水处理、脱水、除尘、干燥等环节。这些工艺环节相互配合,构成种种不同的工艺流程。图1-10是世界最大的选煤厂——中国山西省平朔矿务局安家岭煤矿选煤厂(15Mt/a)。

图1-10 世界最大的选煤厂——中国山西省平朔矿务局安家岭选煤厂(15Mt/a)

洗精煤可进一步深加工成新型的低污染洁净燃料——水煤浆(图1-11)。将低灰分的洗精煤研磨成微细煤粉,按煤70%,水30%,加少量化学添加剂配制而成的煤水混合稳定悬浮物。水煤浆易于储运,可以雾化燃烧,燃烧效率高。水煤浆质量取决于煤种、磨矿粒级配合及添加剂三个要素。制备工艺要通过磨矿粒级配合使水洗精煤煤料达到最佳的粒度分布,使煤的大小颗粒间能有最高的堆积效率,常用的方法有湿法磨矿,高浓度磨制和中浓度磨制。所使用的化学添加剂有阴离子型表面活性剂、非离子型表面活性剂和高分子化合物及无机盐类。目前已建成安徽淮南和北京延庆两处添加剂厂,年生产3000t。水煤浆的应用效益显著,首先是代油效益,1.8~2.1t水煤浆可代替1t燃料油,目前我国一些燃油电厂已纷纷改用水煤浆,一般在发电厂就近制备水煤浆;其次是节能效益,水煤浆燃烧效率比粉煤提高5%~10%,同时SO_2和NO_x排放量减少20%~30%,具有环保效益。图1-12为水煤浆生产厂的磨矿车间。

图1-11 水煤浆

图1-12 水煤浆生产厂的磨矿车间

4. 非金属矿和建材粉体材料

非金属矿产资源是指那些除燃料矿产、金属矿产外,在当前技术经济条件下,可供工业提取非金属化学元素、化合物或可直接利用的岩石与矿物。此类矿产少数是利用化学元素、化合物,多数则是以其特有的物理和化学性能利用整体矿物或岩石。由此,世界一些国家又称非金属矿产资源为"工业矿物与岩石"。非金属矿产资源按工业用途可分为冶金辅助原料、化工原料和建筑原料与其他三类。

(1) 冶金辅助原料非金属矿产资源。包括蓝晶石、夕线石、红柱石、菱镁矿、萤石、石灰岩(含熔剂、化工、建材用亚种,在其他矿组中不再另列,下同)、白云岩、砂岩、黏土、砂、脉石英、铁矾土、橄榄岩、石英岩、耐火黏土和蛇纹岩等16个矿种。

(2) 化工原料非金属矿产资源。包括自然硫、钠硝石、明矾石、硫铁矿、芒硝、重晶石、毒重石、天然碱、含钾砂页岩、泥炭、盐矿、钾盐、镁盐、碘、砷、溴、硼、磷矿等18种矿产。

(3) 建筑原料与其他非金属矿产资源。包括金刚石、石墨、水晶、刚玉、硅灰石、滑石、石棉、蓝石棉、云母、长石、石榴子石、叶蜡石、透辉石、透闪石、蛭石、沸石、石膏、方解石、冰洲石、宝石、玉石、玛瑙、颜料矿物、泥灰岩、白垩、粉石英、天然油石、硅藻土、页岩、高岭土、陶瓷土、凹凸棒石黏土、海泡石黏土、伊利石黏土、累托石黏土、膨润土、泥岩、角闪岩、辉长岩、玄武岩、辉绿岩、安山岩、闪长岩、花岗岩、珍珠岩、浮石、霞石正长岩、凝灰岩、粗面岩、大理岩、火山灰、火山渣、板岩和片麻岩等54种矿产。

目前非金属矿产资源中,生产加工量最大的是用于生产水泥的石灰质原料(石灰岩、大理岩等)。水泥是一种应用广、用量大的现代建筑材料,在国民经济建设中具有重要地位。1949年全国只能生产水泥66万吨。新中国成立和实行改革开放政策以后,水泥工业得到蓬勃发展(图1-13),1987年全国生产水泥为18 625万吨,跃居世界首位,2005年为106 000万吨。目前全国建有石灰岩生产矿山近6000处。生产水泥的天然原料主要为石灰质原料(石灰岩、大理岩等),占原料组成的70%~90%,硅酸盐水泥熟料的有益成分主要为CaO、SiO_2、Al_2O_3、Fe_2O_3,有益成分形成熟料中的硅酸三钙($3CaO \cdot SiO_2$)、硅酸二钙($2CaO \cdot SiO_2$)、铝酸三钙($3CaO \cdot Al_2O_3$)、铁铝酸四钙($4CaO \cdot Al_2O_3 \cdot Fe_2O_3$)四种矿物。$CaO$主要来自石灰质原料,$SiO_2$、$Al_2O_3$、$Fe_2O_3$主要来自黏土质原料,不足的由硅质原料、铝质原料、铁质原料补给。

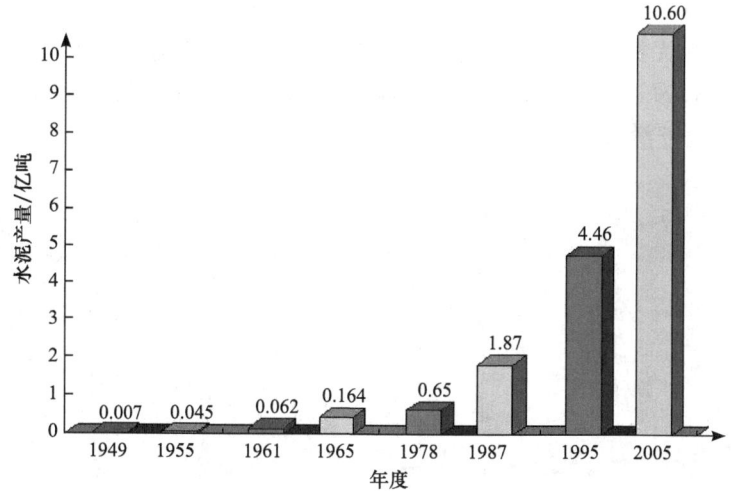

图1-13 新中国建国和改革开放以来水泥产量的飞跃发展

水泥生产是将原料矿物经加工破碎、预均化、配料,经粉磨后制备成生料,入回转窑或立窑中煅烧而成水泥熟料,熟料经粉磨后加入石膏和不同的混合材料,可生产不同品种的水泥。图1-14是江西贵溪科华2500t/d水泥厂厂区图。

图1-14　江西贵溪科华2500t/d水泥厂

1.2.4　矿物资源加工技术应用领域的扩展

1. 粉体材料与纳米材料

超细颗粒与纳米颗粒(图1-15)作为一种近代开发的新材料,可用于提高功能材料的性能、改善应用产品的性能。粉体制备技术已成为改造油漆、涂料、洗涤剂、化妆品等传统化工产业,以及促使信息记录介质、精细陶瓷、电子技术等高新产业发展的基础。与此同时,粉体技术与化学、物理、机械、生物、信息、电子等学科的交叉融合形成了新的学科生长点,促进了相关学科的迅速发展。

物理法是无机非金属矿物粉体制备的重要方法,最先被考虑实施的是机械粉碎法。通过改进传统的矿物加工机械粉碎技术,形成规模化的工业化生产。图1-16是超细滑石粉生产厂。

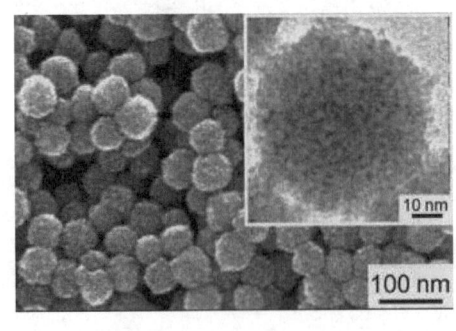

图1-15　纳米颗粒

图1-16　超细滑石粉生产厂

2. 工业废渣和废水的综合利用

工业废弃物主要包括:①各类矿山在开采过程中,会产生大量的剥离废石、表外矿；②在金属矿选矿过程中，经过碎磨分选过程，回收了大部分有色金属矿物或黑色金属矿物，但少部分金属矿物和绝大部分脉石矿物（伴生非金属矿物）排入了尾矿，未能利用；③火力发电厂、钢铁厂、有色金属冶炼厂、化工厂等排出的废渣废水。

工业废弃物若不处理直接排放，会占用土地、污染环境和水源。若能良好地分选处理利用，将是宝贵的资源。利用传统的矿物加工分选技术，在解决工业废弃物综合利用问题方面将是大有作为的。

2005年中国发电量为24 747亿千瓦时。中国发电用煤占到全部用煤量的60%以上，每年约12亿吨。火力发电厂和其他燃煤锅炉会产出大量的粉煤灰，经分选分级后可作为良好的建材和水泥原料。图1-17是粉煤灰分选流程和分选设备配置。

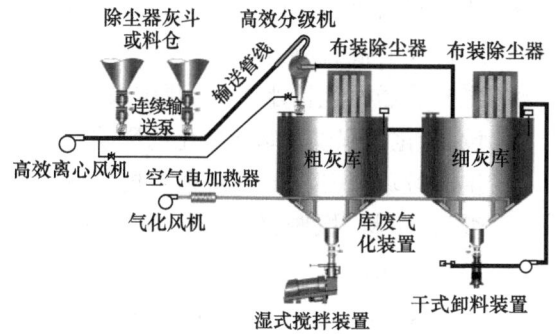

图1-17　粉煤灰分选流程和分选设备配置

3. 电子废弃物的分选利用

电子废弃物，包括废旧电脑、通信设备、家用电器以及被淘汰的各种电子仪器仪表等。2005年我国彩色电视机产量为8283万台、电冰箱2986万台、房间空调器6765万台、个人电脑8084万台、移动电话30 354万部。据国家统计局统计，目前我国各类电器的社会保有量已经是非常庞大的数字。随着时间的推移，这些电子设备会逐渐过时、老化、失效而被淘汰，成为垃圾。报废电器属于固体废弃物，含有大量的

图1-18　江苏南京金泽50kt/a电子垃圾处理厂预拆解车间

汞、镉、铬、铅等多种有害化学物质。如果处理不当，不仅会对环境造成严重污染，而且会对人体健康和社会经济发展产生巨大的危害。报废的电器的组成原料中有塑料、铜、铁、铝、铅、锡、镍、锑、金、稀有金属等，以及一些仍有使用价值的零部件。在解决电子废弃物综合回收利用问题方面可以利用矿物加工分选技术。图1-18是江苏南京金泽50kt/a电子垃圾处理厂预拆解车间。

4. 城市垃圾的分选利用

随着经济发展和人口增加，我国城市的数量及规模也迅速增加和扩大，相应产生的城镇生活垃圾也猛增。预计到2010年，城镇生活垃圾总量将为2.3亿吨。城镇生活垃圾主要是由居民生活垃圾、商业、服务业垃圾和少量建筑垃圾等废弃物所构成的混合物，成分比较复杂，其构成主要受居民生活水平、能源结构、城市建设、绿化面积以及季节变化的影响。城镇生活垃圾成分主要有厨余有机物、炉灰、纸品、塑料、橡胶、纺织品、纤维草木、玻璃、金属等。

图1-19 内蒙古自治区呼和浩特市生活垃圾处理厂的筛分分选车间

我国的城市生活垃圾处理技术起步较晚，目前的主要处理方法是卫生填埋。采用分选技术分选回收利用城市生活垃圾中的有用二次资源，前景广阔。图1-19是呼和浩特市生活垃圾处理厂的筛分分选车间。该车间可分选出塑料、纸品等可燃物，厨余有机物可生产有机堆肥。

5. 海洋多金属结核的开发利用

海洋多金属结核是蕴藏在深海（水深3000～6000m）海底表面的金属矿产资源，它是一种铁-锰-铜-镍氧化物在深海中的沉积物，由生长核心和同心圆状的沉积物层两部分组成，见图1-20。其主要金属平均品位为：Mn 24%，Fe 14%，Ni 0.99%，Cu 0.53%，Co 0.35%。据调查多金属结核分布在太平洋、印度洋、大西洋中，总储量约为3万亿吨。这些多金属结核还在不断地沉积生长。我国已于1991年向联合国国际海底管理局筹委会申请在太平洋夏威夷群岛东南公海国际海底登记到一块面积为15万平方千米的多金属结核矿区，经过科学考察后，获得7.5万平方千米的优质保留矿区（即合同区）。

图1-21是我国北京矿冶研究总院海洋多金属结核分选提取实验室。开采深海多金属结核，分选提取其中的有价金属，将成为我国未来的一项新型产业。

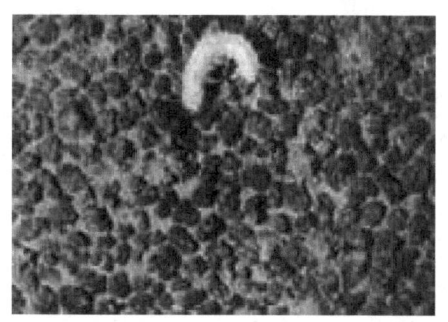

图 1-20 海洋多金属结核

图 1-21 北京矿冶研究总院海洋多金属结核分选提取实验室

1.3 矿物资源加工基本过程与基本概念

1.3.1 矿物、矿石性质与矿物加工

自然界蕴藏着极为丰富的矿产资源。地壳是由岩石(rock)组成的,岩石是在各种不同的地质作用下,由一种或多种矿物组成的矿物集合体。岩石按成因不同分为三大类:岩浆岩、沉积岩、变质岩。矿物就是在地壳中由于自然的物理化学作用或生物作用所生成的具有固定化学成分和物理性质的天然化合物或自然元素。矿物的种类繁多,目前已知的矿物种类有 3500 多种,常见并得到利用的仅 200 多种。常见矿物见表 1-1。

表 1-1 常见矿物表

矿物名称	分子式	主要元素含量/%	密度/(g/cm^2)	莫氏硬度
磁铁矿	$Fe_3O_4(FeO \cdot Fe_2O_3)$	72.4Fe	5.2	5.5~6.5
赤铁矿	Fe_2O_3	70.0Fe	4.9~5.3	5.5~6.5
褐铁矿	$2Fe_2O_3 \cdot 3H_2O$	59.9Fe	4.9~5.0	6.0~6.5
菱铁矿	$FeCO_3$	48.3Fe	3.9	3.5~4.0
褐锰矿	$3Mn_2O_3 \cdot MnSiO_3$	63.6Mn	4.75~4.82	6~6.5
黝锰矿	MnO_2	63.2Mn	4.8~4.9	6~6.5
水锰矿	$Mn_2O_3 \cdot H_2O$	62.5Mn	4.2~4.4	3.5~4.0
菱锰矿	$MnCO_3$	47.8Mn	3.3~3.6	3.5~4.5
铬铁矿	$FeO \cdot Cr_2O_3$	68Cr_2O_3	4.3~4.6	5.5~7.0
辉铜矿	Cu_2S	79.8Cu	5.5~5.8	2.5~3.0
黄铜矿	$CuFeS_2$	34.5Cu	4.1~4.3	3.5~4.0
斑铜矿	Cu_5FeS_4	63.3Cu	4.9~5.0	3

续表

矿物名称	分子式	主要元素含量/%	密度/(g/cm^2)	莫氏硬度
铜蓝	CuS	66.4Cu	4.6~6.0	1.5~2.0
孔雀石	$CuCO_3 \cdot Cu(OH)_2$	57.5Cu	3.7~4.1	3.5~4.0
硅孔雀石	$CuSiO_3 \cdot 2H_2O$	36.2Cu	2~2.2	2~4.0
黑铜矿	CuO	79.85Cu	5.82~6.25	3.0~4.0
赤铜矿	Cu_2O	88.8Cu	5.8~6.2	3.5~4.0
针硫镍矿	NiS	66.7Ni	5.3~5.7	3~3.5
硫铁镍矿	$(Fe \cdot Ni)S$	18~40Ni	4.6~5.1	3.4~4.0
硫砷镍矿	NiAsS	35.4Ni	5.6~6.2	5.5
砷镍矿	$NiAs_2$	28.1Ni	6.4~6.6	5.5~6.0
方铅矿	PbS	86.6Pb	7.4~7.6	2.5~2.75
白铅矿	$PbCO_3$	77.5Pb	6.4~6.6	3.0~3.5
硫酸铅矿	$PbSO_4$	68.3Pb	6.1~6.4	2.7~3.0
闪锌矿	ZnS	67Zn	3.9~4.1	3.5~4.1
菱锌矿	$ZnCO_3$	52Zn	4.1~4.5	5.0
异极矿	$H_2Zn_2SiO_5$	54Zn	3.3~3.6	4.5~5.0
硫镉矿	CdS	77.7Cd	4.9~5.0	3.0~3.5
硫钴矿	Co_3S_4	57.9Co	4.8~5.0	5.5
砷钴矿	$CoAs_2$	28.2Co	6.4~6.6	5.5~6.0
钴土矿	$CoMn_2O_5 \cdot 4H_2O$	25Co	3.15~3.29	1~2.0
硫铜钴矿	Co_2CuS_4	38Co	4.85	5.5
铝土矿	$Al_2O_3 \cdot 2H_2O$	73.9Al_2O_3	2.4~2.6	1~3.0
刚玉	Al_2O_3	52.9Al	3.95~4.1	9
菱镁矿	$MgCO_3$	47.6MgO	2.9~3.1	3.5~4.5
辉锑矿	Sb_2S_3	71.4Sb	4.55~4.62	2
黄锑矿	Sb_2O_4	78.9Sb	4.1	4~5
锑华	Sb_2O_3	88.3Sb	5.57	2.5~3.0
泡铋矿	Bi_2S_3	81.2Bi	6.4~6.5	2.0~2.5
锡石	SnO_2	78.6Sn	6.8~7.1	6~7
黝锡矿	Cu_2FeSnS_4	27.5Sn 29.5Cu	4.3~4.5	4
钨锰铁矿	$(FeMn)WO_4$	76.5WO_3	7.8	5~5.5
钨铁矿	$FeWO_4$	76.3WO_3	7.5	5
钨锰矿	$MnWO_4$	76.6WO_3	7.2	4.0~4.5

续表

矿物名称	分子式	主要元素含量/%	密度/(g/cm²)	莫氏硬度
白钨矿	$CaWO_4$	80.6WO_3	5.9~6.2	4.5~5.0
钼铅矿	$PbMoO_4$	26Mo	6.3~7	2.75~3.0
辉钼矿	MoS_2	60Mo	4.7~5.0	1~1.5
金红石	TiO_2	60Ti	4.1~5.2	6~6.5
钛铁矿	$FeTiO_3$	31.6Ti	4.5~5.5	5~6.0
绿硫钒矿	VS_4 或 V_2S_5	19±V	2.65~2.71	2.5
钒铅矿	$Pb_5Cl(VO_4)_3$	19.4V_2O_5	6.7~7.2	2.8~3.0
自然金	Au	99Au	16~19	2.5~3.0
碲金矿	$AuTe_2$	44.03Au	9.1~9.35	2.5
自然银	Ag	72~100Ag	10.1~11.1	2.5~3.0
辉银矿	Ag_2S	87.1Ag	7.2~7.33	2~2.5
辰砂	HgS	86.2Hg	8~8.2	2.0~2.5
黄铁矿	FeS_2	53.4S	4.95~5.1	6~6.5
毒砂	FeAsS	46As	5.9~6.2	5.5~6
锂辉石	$LiAl(SiO_3)_2$	8.4Li_2O	3.1~3.2	6~7
石英	SiO_2	46.7Si	2.65	7
方解石	$CaCO_3$	56Ca	2.70	3
萤石	CaF_2	48.9F	3~3.25	4
磷灰石	$Ca_5F(PO_4)_3$	56.5PO_4	3.2	5
重晶石	$BaSO_4$	65.7BaO	4.3~4.7	2.5~3.5
白云石	$(Ca,Mg)CO_3$		2.8~2.9	3.5~4.0
石膏	$CaSO_4 \cdot 2H_2O$		2.2~2.4	1.5~2.0
明矾石	$K_2O \cdot 3Al_2O_3 \cdot 4SO_4 \cdot 6H_2O$		2.6~2.8	3.5~4.0
正长石	$KAlSi_3O_8$		2.3~2.6	6~6.5
硅灰石	$CaSiO_3$		2.8~2.9	4~5
白云母	$H_2KAl(SiO_4)_3$		2.76~3.1	2.0~2.5
高岭土	$H_4 \cdot Al_2O_3 \cdot 2SiO_3$		2.2~2.6	2.0~2.5
蛇纹石	$H_4Mg_3Si_2O_9$		2.5~2.8	4
滑石	$H_2Mg_3(SiO_4)_3$		2.5~2.8	1~1.5

在众多的矿物中,能为人类利用的称有用矿物(valuable minerals)。在当前的技术经济条件下,人们能够将含有有用矿物的岩石中的某些组分加以富集并利用,这类岩石就称为矿石。在矿石中,除有用矿物外,还含有目前无法富集或尚不能利用的一些矿物,这些无用的矿物称为脉石(gangue),煤炭行业称为矸石(coal gangue 或 coal waste)。图 1-22 为几种常见矿物图。

图 1-22 几种常见矿物图

矿石的种类很多，按所含元素的性质可分为金属矿石和非金属矿石；按所含金属种类可分为单金属矿石和多金属复合矿石；按有价成分存在形态可分为单质自然矿石、硫化矿石、氧化矿石、混合矿石；按有价成分的含量可分为贫矿和富矿；按矿物间的嵌布特性还可分为粗粒嵌布、细粒嵌布、均匀嵌布和不均匀嵌布矿石。

矿物加工技术是利用矿物的物理或化学性质的差异，借助各种矿物加工设备将矿石中的有用矿物与脉石矿物分离，并达到使有用矿物相对富集的过程。矿石的性质包括矿石的化学成分、矿物组成、结构构造（如颗粒和集合体的大小、形状、分布以及颗粒间的连晶等）、矿石中金属元素的赋存状态、矿石的物理化学性质等。它们都与选矿密切相关。例如，根据矿石的化学成分及矿物组成，可以确定应该回收哪些有用成分（矿物及元素），应该去除哪些有害杂质（矿物及元素）；根据矿石的结构构造及有用成分的赋存状态，可以判定磨矿的单体解离粒度，矿石的可选性以及综合利用有用成分的可能性；根据矿石的物理化学性质，可以初步分析宜采用哪些矿物加工方法；选择最有效的矿物加工流程以及了解可能影响选别过程的因素等。

各种矿物的物理性质、表面物理化学性质及化学性质存在着差异。直接与矿物加工有关的矿物性质主要有润湿性、密度、磁性、导电性等。润湿性是指矿物能被水润湿的性质。易被水润湿的矿物称为亲水性矿物（如石英、方解石等），反之称为疏水性矿物（如辉钼矿、石墨等）。矿物的自然润湿性主要取决于矿物的结晶构造，不同润湿性的矿物具有不同的可浮性，因此，润湿性是浮选的基本依据之一。密度是指单位体积矿物的质量，矿物间密度差异大小是重选的基本依据。矿物的磁性是它被磁铁吸引程度的性质，一般矿物可分为强磁性矿物（如磁铁矿等）、弱磁性矿物（如赤铁矿等）和非磁性矿物（如金刚石、赤铜矿等），矿物间磁性差异大小是磁选的基本依据。导电性是指矿物的导电能力，一般矿物可分为导体、半导体和非导体，矿物间导电性差异大小是电选的基本依据。

矿物加工实践中，往往需采取人为的方法来扩大矿物之间的物理化学性质差异，以提高分选效率。例如，用各种浮选药剂改变矿物的自然润湿性；用磁化焙烧的方法改变矿物磁性；用酸和盐类处理矿物表面，选择性地改变矿物的导电性等。除此之外，矿物的形状、粒度、硬度、颜色、光泽等也往往是某些特殊选矿方法的依据。

1.3.2 矿物资源加工基本过程

选矿是经典的、现在仍广泛应用的矿物资源加工技术，它是将矿石破碎，使之彼此解离，然后，将有用矿物加以富集与分离，抛弃无用的脉石。根据不同的矿石类型和对选矿产品的要求，在实践中可采用不同的选矿方法。常用的选矿方法有浮选法、重选法、磁选法和电选法，其中浮选法应用最广。重选法广泛地应用于黑色、有色、稀有金属和煤的分选；磁选法多用于黑色金属和稀有金属的分选，也可用于从非金属矿物原料中除去含铁杂质，还可用于净化生产、生活用水以及重介质选煤中磁铁矿的回收；电选法用于有色金属矿石和稀有金属矿石、黑色金属（铁、锰、铬）矿石的分选，还用于非金属矿石（如煤粉、金刚石、石墨、石棉、高岭土和滑石等）的分选。除上述常用的四种选矿方法外，还有光电选矿法、化学选矿法及其他特殊选矿法。各种选矿方法有时单独使用，有时是几种方法的联合应用。

矿石的选矿处理过程是在选矿厂中完成的。一般都包括以下三个最基本的工艺过程。

（1）分选前的准备作业。包括原矿（原煤）的破碎、筛分、磨矿、分级等工序。本过程的目的是使有用矿物与脉石矿物单体分离，使各种有用矿物相互间单体解离，此外，这一过程还为下一步的选矿分离创造适宜的条件。有的选矿厂根据矿石性质和分选的需要，在分选作业前设有洗矿和预选抛废石作业。

（2）分选作业。借助于重选、磁选、电选、浮选和其他选矿方法将有用矿物同脉石分离，并使有用矿物相互分离获得最终选矿产品（精矿、尾矿，有时还产出中矿）。分选作业中，开头的选别称为粗选（rougher）；将粗选得到的富集产物作进一步选别以获得高质量的最终产品精矿的选别作业称为精选（cleaner）；将粗选后的贫产物作进一步选别，分出中矿返回粗选或单独处理，以获得较高回收率的选别作业称为扫选（scavenger），扫选后的贫产物即为尾矿。

（3）选后产品的处理作业。包括各种精矿、尾矿产品的脱水，细粒物料的沉淀浓缩、过滤、干燥和洗水澄清循环复用等。常见的选矿生产流程见图1-23。

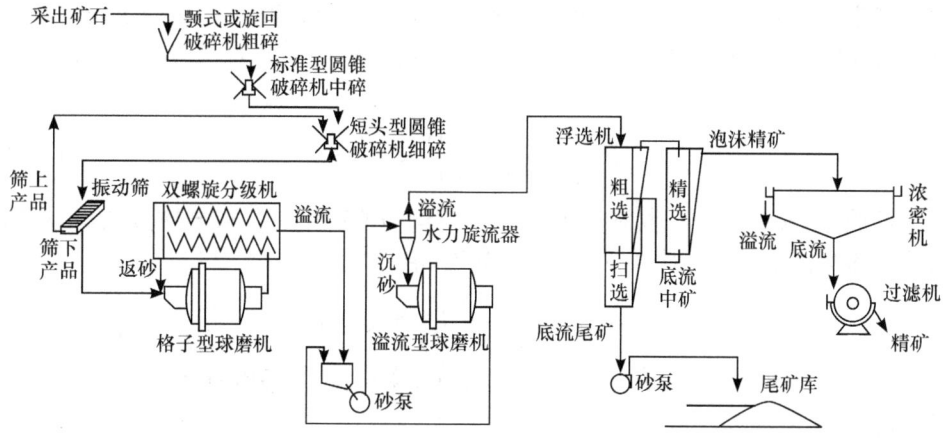

图1-23 选矿厂常用的三段一闭路破碎、两段闭路磨矿、一粗一扫一精浮选、浓缩过滤流程

非传统矿物资源和二次资源的加工利用及矿物材料的加工技术，有许多类似于选矿过程，但也有其特殊的工艺过程和设备，如低品位矿物资源的生物提取；复杂矿

物资源、海洋矿物资源、工业废水等的溶剂萃取、离子交换、膜分离、化学浸出等化学分离；表面改性、涂层等制备功能矿物材料；细颗粒的聚集与分散，水煤浆制备等。

团矿也是重要的矿物资源加工技术。选矿所得的精矿主要是提供给冶金工业作为原料。为高温冶金（主要是生铁高炉、铅鼓风炉）提供的炉料，必须有一定的粒度大小、适宜的粒度分布和机械强度，否则冶金炉将难以保持良好的燃烧还原工作状况。过大的炉料需破碎，过小的粉末需造块，以适应高温冶炼的需要。团矿，也称造块，是在不完全熔化的条件下，将粉状物料（主要是选别精矿）变成块状物料的过程。造块方法主要为烧结法与球团法。

矿物粉体材料加工也是重要的矿物资源加工技术。它是通过对天然及非传统矿物资源进行分选提纯、超细粉碎、表面改性等方法进行加工制备。

1.3.3 矿物资源加工常用的术语、工艺指标及计算

1. 选矿

原矿(ore 或 run of mine ore)　所处理的给入原料矿石。

精矿(concentrate)　经分选后富集了有价成分的最终分选产品。

中矿(middling)　分选过程中产出的中间未完成产品，需要返回原分选流程中处理或单独处理。

尾矿(tailing)　经过分选后残余的可弃去的物料。

品位(grade)　给矿或产品中有价成分的质量分数，常以百分数表示。原矿的品位常以 α 表示；精矿品位以 β 表示；尾矿品位以 ϑ 表示。

产率(yield)　产物对原矿计的质量分数，常以百分数表示，通常以 γ 表示。设 Q_H、Q_K、Q_X 分别为原矿的质量、精矿的质量、尾矿的质量(t)，对单一有用矿物的精矿产率 γ，有

$$\gamma = \frac{Q_K}{Q_H} = \frac{(\alpha-\vartheta)}{(\beta-\vartheta)} \times 100\% \tag{1-1}$$

回收率(recovery)　精矿中有价成分质量与原矿中有价成分质量之比，总的回收率通常以 ε 表示。对单一有用组分矿石，有

$$\varepsilon = \frac{\beta\gamma}{\alpha} = \frac{\beta(\alpha-\vartheta)}{\alpha(\beta-\vartheta)} \times 100\% \tag{1-2}$$

多种有用组分矿石和多个分选产物的回收率计算，常采用列表计算法、行列式计算法、计算机编程计算法等，请参阅例 5-2。

有用成分回收率是评定分选过程（或作业）效率的一个重要指标。回收率越高，表示选矿过程（或作业）回收的有用成分越多。所以，选矿过程中应在保证精矿质量的前提下，力求提高有用成分回收率。

富集比(enrichment ratio)　精矿品位 β 对原矿品位 α 的比值，即选矿过程中

有用成分的富集程度。

选别比(ratio of concentration)　原矿质量与精矿质量的比值,即选得1t精矿所需原矿的吨数,以 K 表示。

金属平衡(metal balance 或 materiel balance)　选矿厂入厂原矿中金属含量和出厂精矿与尾矿中的金属含量之间具有的平衡关系。

理论金属平衡是根据平衡计算期间内的原矿、精矿和尾矿的化验品位算出的理论精矿产率和理论金属回收率。实际金属平衡是根据平衡计算期间内所处理的原矿实际数量、获得的精矿实际数量和化验品位算出的实际精矿产率和实际金属回收率。理论回收率与实际回收率的差值反映了选矿过程的金属流失,以及取样、化验、计量方面的误差。差值愈大,说明在生产与技术管理方面问题愈多。

金属平衡常用表格形式列出。金属平衡表就是选矿生产报表,它是根据选矿生产的数量和质量指标按班、日、月、季、年编制的。这些指标包括原矿处理量、原矿品位、精矿量、精矿品位、金属含量、回收率、尾矿量、尾矿品位等。根据金属平衡表可以评价选矿厂的生产情况,同时也是现场生产班组进行生产评比的基本资料。

2. 团矿

评价造块产品的质量指标主要有:化学成分及其稳定性(见表8-11)、粒度组成与筛分指数、转鼓强度、落下强度、低温还原粉化性、还原性、软熔性等。

评价团矿过程的技术经济指标有:

(1) 造块设备利用系数。指在造块设备单位容量、单位时间内生产成品矿的质量。

$$利用系数 = \frac{q}{F} \qquad (1-3)$$

式中:q 为造块设备台时产量,t/h;F 为造块设备有效容量,带式烧结机、球团带式焙烧机、竖炉球团以单位面积表示:m^2;回转窑球团以单位容积表示:m^3。

(2) 烧结、球团成品率。烧结成品率为干烧结料(其中包括返矿)的成品烧结矿产出率;球团成品率,为干球团料(其中包括返矿)的成品球团矿产出率。

$$P = \frac{Q_2}{Q_1} \times 100\% \qquad (1-4)$$

式中:P 为烧结料或球团料的成品率,%;Q_2 为成品烧结矿或球团矿的质量,t;Q_1 为干烧结料或干球团料的质量,t。

烧结料和球团料的成品率,实为二者的收得率。在铁矿石造块工艺操作稳定的条件下,返矿量基本不变,P 值大小仅与烧结料或球团料的烧损量有关,配入烧损量大的物料多,P 值小;反之,P 值大。因此,造块配料的矿石种类、燃料和熔剂的质量,对 P 值都有直接影响。在原料条件和造块成分确定之后,烧损量变化不大，P 值取决于造块工艺操作水平，凡能提高烧结矿和球团矿强度和降低返矿量的操作，都将使 Q_2 增加，Q_1 减少，P 值升高。提高烧结料和球团料的成品率，是提高二者生产率和降低能耗的重要途径之一。此外，还可以用 P 值变化情况检验操作制度的合理性。

除烧结料成品率外，还有烧结矿成品率的指标，即单位质量烧结饼（即全部烧结残存物）中成品烧结矿的数量。它同烧结矿强度直接有关。

3. 矿物粉体材料

矿物超细粉体与常规颗粒材料相比较具有一系列优良的物理、化学性质。对矿物进行分选提纯、超细粉碎、表面改性等处理，不仅能达到深加工升值目的，更是获得功能矿物材料的重要途径。

评价粉体产品的质量指标主要有：粉体纯度、粒度与粒度组成、白度、颗粒形状、比表面积和表面性质等。

粉体的粒度及其粒度分布是其主要形态特征。多数粉体产品的应用领域不仅对其平均粒径，而且对其粒度分布，如最大颗粒的粒度，60%、90%通过特定筛子网目的粒度都有严格的要求。许多领域还要求粉体保持其独特的晶形或晶体结构。

习　题

1. 矿物加工学学科包括哪些组成部分？
2. 简要评述矿物加工技术的发展。
3. 矿物加工学在国民经济建设中的地位和作用如何？
4. 评价矿物加工学的工艺指标有哪些？如何计算？

参 考 文 献

查尔斯·辛格等.2003.技术史.第Ⅲ卷(文艺复兴至工业革命).上海:上海科技教育出版社
国家统计局.2006.中华人民共和国 2005 年国民经济和社会发展统计公报
胡岳华等.1999.矿物加工学科的发展——历史、现状与未来.矿冶工程,19(1):3～6
宋应星(明).2002.天工开物.长沙:岳麓书社
汪旭光等.2001.21 世纪中国有色金属工业可持续发展战略.北京:冶金工业出版社
王淀佐等.2003.矿物加工学.徐州:中国矿业大学出版社
王淀佐,邱冠周,胡岳华.2005.资源加工学.北京:科学出版社
有色金属进展编委会.1995.有色金属进展.北京:冶金工业出版社
中国统计年鉴编辑部.2004．中国统计年鉴 2004.北京:中国统计出版社
中国冶金百科全书编辑委员会.2000.中国冶金百科全书·选矿卷.北京:冶金工业出版社

第2章 粉碎技术与设备

2.1 概　　述

粉碎(comminution, or size-reduction)是大块物料在机械力作用下粒度变小的过程。粉碎是矿物加工生产中的重要环节。根据颗粒粉碎过程中所形成的产品粒度特征及这一过程中所用粉碎设备施力方式的差别,可将物料粉碎分为四个阶段:破碎(crushing)、磨矿(grinding)、超细粉碎(supperfine grinding)、超微粉碎(micropowering);各个阶段的粒度特征如表2-1。

表2-1　粉碎各阶段产品粒度特征

阶段		给料最大块粒度/mm	产品最大块粒度/mm	粉碎比
破碎	粗碎	1500～300	350～100	3～15
	中碎	350～100	100～10	3～15
	细碎	100～40	30～5	1～20
磨矿	一段磨矿	30～10	1～0.3	1～100
	二段磨矿	1～0.3	0.1～0.075	1～100
超细粉碎		0.1～0.075	0.075～0.0001	1～1000
超微粉碎		0.075～0.0001	－0.0001	1～1000

粉碎过程是高能耗的作业,据统计磨矿作业的能耗一般占选矿厂总能耗的40%～60%。相对而言,冲击挤压破碎的能耗要比研磨磨碎的能耗低得多。因此,在粉碎过程中的一个基本原则是"多碎少磨"。

将粉碎后粒度不同的混合物料分成若干不同粒度级别的过程,称为筛分(screening)和分级(classification)。

本章介绍破碎、磨矿、筛分和湿式分级的内容,有关超细粉碎和风力分级的内容见第9章。

1) 粉碎

粉碎作业在矿物加工行业和其他行业中应用所起的主要作用是:

(1) 分选前共生物料中有用成分的解离。通过对原矿的粉碎,使原矿中共生的有价矿物成分与脉石成分解离成相对独立的单体,或多种有价成分之间及与脉石之间解离成相对独立的单体,并使物料粉碎加工至适宜特定选别方法与设备的粒度组成范围。同时,还要尽量减少过粉碎现象,即尽量减少无法分选回收的-0.01mm泥化颗粒的生成。

(2) 原料制备。如烧结、球团、水煤浆制备、陶瓷、玻璃、粉末冶金等部门,要求把原料粉碎到一定粒度供下一步处理、加工之用。

(3) 增加物料的比表面。增大物料同周围介质的接触面积,提高反应速率,如催化剂的接触反应、固体燃料的燃烧与气化、物料的溶解、吸附与干燥以及强化粉末颗粒流化床的大接触面积传质与传热效率等。

(4) 粉体材料的加工与表面改性。如一些功能材料,复合矿物材料的制备中,就利用了粉碎过程中所产生的机械化学效应,引起的粉末材料的晶体变形和型变来进行表面改性。

(5) 环境保护。如城市垃圾的处理、二次资源的利用中,要将它们预先碎解。

粉碎过程进行的程度可以用粉碎比 i,即被粉碎物料粉碎前的粒度 D_{max} 与粉碎产物粒度 d_{max} 的比值来表示。粉碎过程中,每个阶段达到的粉碎比称为部分粉碎比或阶段粉碎比,用 i_n 表示。相应地,整个粉碎过程中达到的粉碎比叫总粉碎比,显然

$$i = i_1 \times i_2 \times i_3 \times \cdots \times i_n = D_{max}/d_{max} \quad (2-1)$$

2) 筛分和分级

将粒度不同的混合物料,通过单层或多层筛子分成若干不同粒度级别的过程,称为筛分。筛分作业广泛用于选矿、冶金、建筑、化工、磨料等工业部门。按照应用目的和使用场合不同,筛分作业可以分为若干种:

独立筛分——当筛分产品作为最终产品供给用户使用时;

准备筛分——当筛分作业是为下一道工序提供不同粒级的原料时;

辅助筛分——当筛分与粉碎设备配合使用时;

预先筛分——当筛分作业用于粉碎前将粒度合格的物料预先分出时;

检查筛分——筛分作业用于控制粉碎产品粒度时。

湿式分级是利用颗粒在液体介质流中沉降的速度差,或运动轨迹的不同进行分级的过程。湿式分级所用的介质最常用的是水,所以又称为水力分级。工业生产中水力分级一般用来处理1mm以下的细粒级物料。

生产实践中,粉碎产品的粒度分布要比后继作业所要求的粒度范围更宽,不能满足最终产品粒度特性的要求,因此生产中破碎设备一般与筛分和分级设备组合使用。

实践中,把破碎设备与筛分设备配合并且不合格的粗粒产品返回破碎机进行再次破碎的破碎系统称为闭路破碎系统。破碎产品不经筛分或不返回破碎的破碎系统称为开路破碎系统。

同样,磨矿设备通常与分级设备配合使用。

磨矿产物的细度通常用产物中小于 0.075mm(-200 目)的粒级所占百分比来表示,其对应于产物中最大的粒度见表 2-2。实际矿石分选中取用的磨矿细度,由工艺矿物学研究所得的有用矿物与脉石间的嵌布粒度大小或分选试验确定。

表 2-2　磨矿分级溢流产品中小于 0.075mm 粒级含量与粒度分布的关系

分级机溢流产物的粒度/mm	分级机溢流中小于 0.075mm 级别的含量/%
95%小于 0.4	35～45
95%小于 0.3	45～55
95%小于 0.2	55～65
95%小于 0.15	70～80
95%小于 0.10	80～90
95%小于 0.074	95

2.2　破碎与筛分

2.2.1　粗碎破碎机

1. 颚式破碎机

粗碎破碎机主要有颚式破碎机(jaw crusher)和旋回破碎机(gyratory crusher)两种。

颚式破碎机出现于 1858 年。由于具有构造简单,工作可靠,制造容易,维修方便等优点,在冶金矿山、非金属矿山、建筑材料、化工及其他工业部门广泛应用。

颚式破碎机按可动颚板的运动特性分为两种类型:双肘板简单摆动型(简称简摆型)颚式破碎机[图 2-1(a)]和单肘板复杂摆动型(简称复摆型)颚式破碎机[图 2-1(b)]。

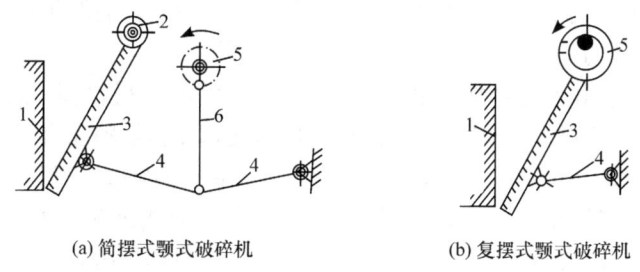

(a) 简摆式颚式破碎机　　　　(b) 复摆式颚式破碎机

图 2-1　颚式破碎机的主要类型
1. 固定颚板;2. 动颚悬挂轴;3. 可动颚板;4. 前(后)推力板;5. 偏心轴;6. 连杆

图 2-2 是简摆型颚式破碎机。机架 1 的前壁是固定颚，其上装有齿条形的衬板 2，动颚 5 悬挂在轴心 6（又称悬挂轴）上，其上装有齿条形衬板 4，偏心轮 8 由主轴承支承，连杆 9 装于偏心轴上，连杆下方有一凹槽，肘板支座 14 装于凹槽中，前肘板 15 和后肘板 13 分别支承于支座上。

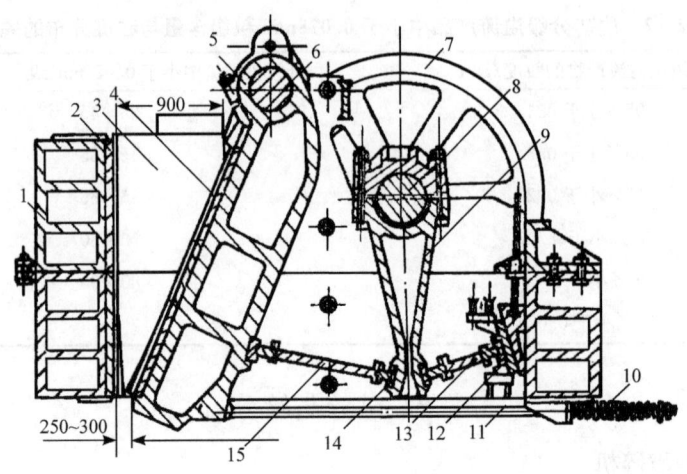

图 2-2　简摆型颚式破碎机（尺寸单位：mm）
1. 机架；2、4. 破碎齿板；3. 侧面衬板；5. 可动颚；6. 轴心；7. 飞轮；8. 偏心轮；9. 连杆；10. 弹簧；
11. 拉杆；12. 楔块；13. 后推力板；14. 肘板支座；15. 前推力板

偏心轴的两端分别装有皮带轮和飞轮。电动机通过皮带带动皮带轮及偏心轴旋转，驱动连杆上下运动，从而推动动颚前后摆动。飞轮于空转时储存能量，压碎矿石时放出能量，从而能调节、平衡负荷，保证电动机功率较稳定。

拉杆 11 的一端连接于动颚下方，另一端通过弹簧支撑在机架的后壁上，动颚以轴心 6 为中心前后摆动，弹簧的作用力能克服动颚及肘板的惯性，使动颚、肘板、连杆保持接触而不脱离。

垫板 12 用来调节排矿口宽度，以控制破碎产品粒度。后肘板设计成整个机器运动部件中最薄弱的部件，作为该设备的保护装置。

固定颚、动颚和两侧壁构成破碎腔，进入破碎腔的物料，当动颚向定颚靠拢方向运动时受挤压而破碎，当动颚向离开定颚方向运动时，物料靠自重向下运动直到排出，动颚每摆动一个周期，物料受到一次挤压，并向下排送一段距离。

图 2-3 是复摆型颚式破碎机，其构造与简摆型颚式破碎机大体相似，不同的是少了连杆和轴心，肘板也只有一块。因此，构造比简摆型破碎机简单，紧凑，质量小（在生产能力相等时，大约轻 20%～30%）。但动颚的质量和破碎力全部集中在一根轴上，主轴受力太大。动颚通过滚动轴承直接悬挂在偏心轴上，下端由肘板支承。由电动机通过三角皮带轮带动偏心轴转动，使动颚作复杂摆动，破碎腔中的物

料受到破碎,并靠自重向下排送。图2-4为常见的颚式破碎机外观图。

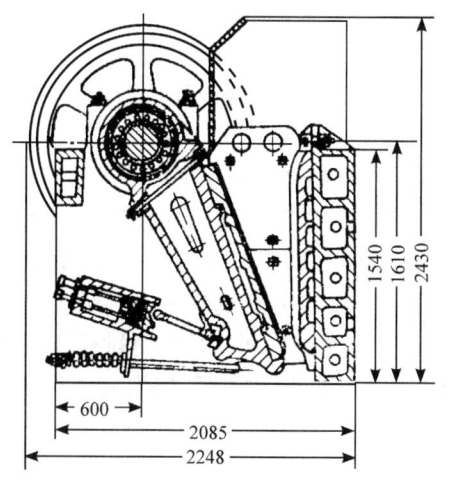

图2-3 复摆型颚式破碎机(尺寸单位:mm)

图2-4 颚式破碎机外观图

简摆型和复摆型颚式破碎机的运动轨迹如图2-5所示。简摆型颚式破碎机的动颚以轴心为中心摆动,动颚上各点的运动轨迹均为圆弧线,且下部的摆幅较大,上部的较小。致使在破碎腔上部大块物料得不到破碎所必需的压缩量,从而降低了破碎机的生产能力,但下部摆幅大,有利物料排出。复摆型颚式破碎机动颚上部的运动轨迹近似为圆形,中部的运动轨迹近似为椭圆,最下端受肘板约束,轨迹近似为弧形。水平方向的行程上部大于下部,有利破碎大块物料。垂直方向的行程较大,对物料有磨剥作用,且有利排出物料,但导致衬板磨损加剧。动颚上、下部分相对固定颚的运动不同步,交替进行压碎和排矿,因而功率消耗均匀。

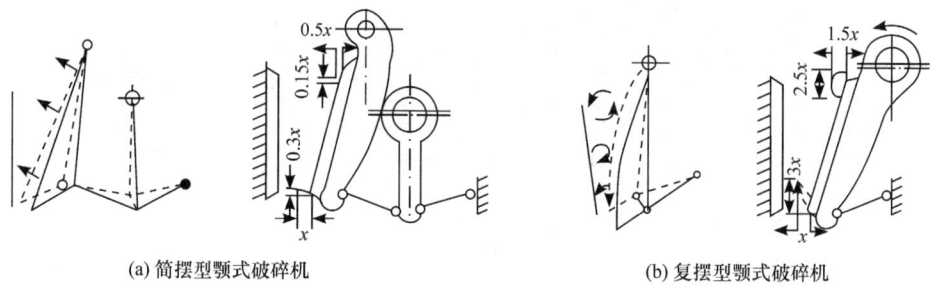

(a) 简摆型颚式破碎机　　　　　　　　(b) 复摆型颚式破碎机

图2-5 颚式破碎机的动颚运动轨迹分析

液压颚式破碎机,构造与颚式破碎机基本相同,区别在于以液压油缸为保险装置和排料口调节装置,替代原有的保险装置和调整装置。颚式破碎机的规格以给料口的宽度乘以长度表示。

2. 旋回破碎机

旋回破碎机也称粗碎圆锥破碎机，于1878年问世。主要在大、中型金属矿山使用。按排料方式分为侧面排料型和中心排料型，前者因易堵塞，已不再生产，目前广泛应用的是中心排料型旋回破碎机。

图2-6是中心排料型旋回破碎机。主要由工作机构、传动机构、调整装置、保险装置和润滑系统组成。工作机构是由可动圆锥32（即破碎锥）和固定锥10（即中部机架）构成。物料就在可动锥和固定锥形成的空间（即破碎腔）被破碎。固定锥为倒置截头圆锥，其工作表面装有锰钢衬板11，衬板与中部机架之间必须浇铸锌合金或水泥。可动锥为正立截头圆锥，外表面装有锰钢衬板33，为使衬板与锥体紧密结合，两者之间必须浇铸锌合金。衬板上端需用螺帽8压紧，螺帽上装有锁紧

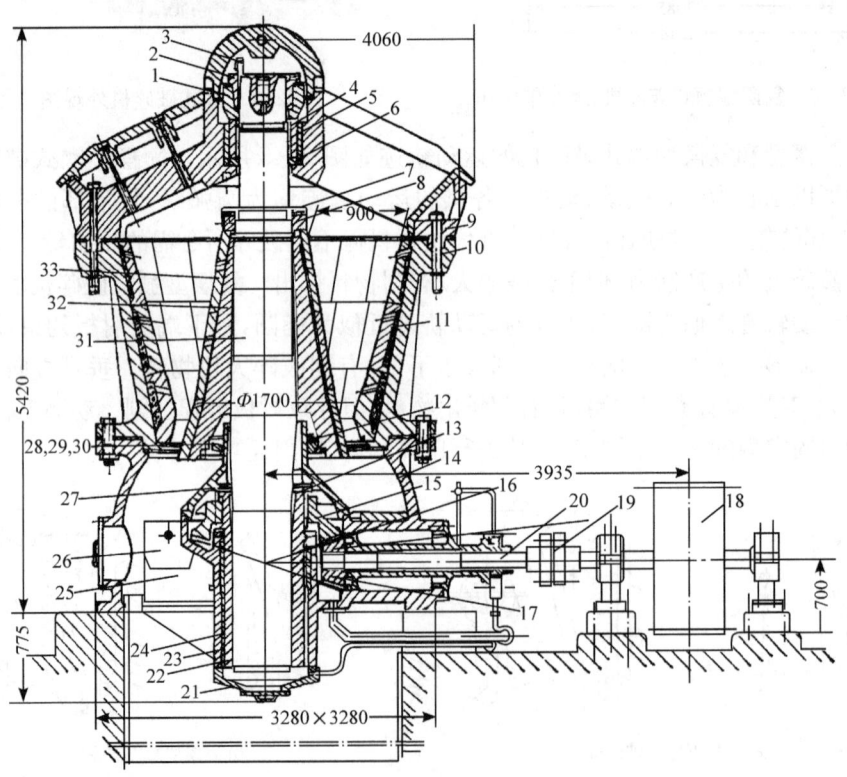

图2-6 中心排料型旋回破碎机（尺寸单位：mm）

1. 锥形压紧套；2. 锥形螺帽；3. 楔形键；4、23. 衬套；5. 锥形衬套；6. 支承环；7. 锁紧板；8. 螺帽；9. 横梁；10. 固定圆锥；11、33. 衬板；12. 挡油环；13. 止推圆盘；14. 下机架；15. 大圆锥齿轮；16、26. 护板；17. 小圆锥齿轮；18. 三角皮带轮；19. 弹性联轴节；20. 传动轴；21. 机架下盖；22. 偏心轴套；24. 中心套筒；25. 筋板；27. 压盖；28、29、30. 密封套环；31. 主轴；32. 可动

板 7，以防螺帽松动。可动锥装在主轴 31（即竖轴）上，主轴上端部通过锥形螺帽 2（开口螺母）、锥形压套 1、衬套 4 和支承环 6 等装置悬挂在横梁 9 当中，主轴和可动锥的整个质量由横梁中的锥形轴承来支承。衬套 4 下端与锥形衬套 5 的内表面均为圆锥面，故能保证衬套沿支承环与锥形衬套滚动，满足了主轴运动的要求。主轴的下端插入偏心轴套 22 的偏心孔中，该孔的中心线与旋回破碎机的轴线略成偏心。偏心轴套的内外表面都要浇铸（或熔焊）一层巴氏合金，但外表面只浇铸 3/4 的巴氏合金。当偏心轴套旋转时，可动锥的主轴就以横梁上的悬挂点为锥顶点作圆锥运动，从而破碎物料。同时，已碎物料在自重作用下向下移动，直到从排料口排出。为了防止排料时灰尘落入偏心轴套内，在动锥底部装有防尘装置。

应该指出，旋回破碎机的可动锥，除由传动机构推动围绕固定锥的轴线转动外，还有因偏心套与主轴之间的摩擦力矩而围绕本身轴线的自转运动，运动状况与陀螺相似，都是旋回运动。当破碎机空载运转时，作用在主轴上的摩擦力矩 M 可使动锥绕本身的轴线回转，其方向与偏心轴套转动方向相同；有载运转时，除有摩擦力矩 M_1 的作用外，可动锥由于破碎力作用又产生一个摩擦力矩 M_2。因为摩擦力 $F_2 > F_1$（摩擦系数 $f_2 > f_1$），回转半径 $r_2 > r_1$，所以 $M_2 > M_1$，因而使可动锥的自转方向与偏心轴套回转方向相反。这种自转运动，使破碎产品粒度更加均匀，且使可动锥衬板磨损均匀。

传动机构的作用是传递动力。当电动机转动时，通过三角皮带轮 18，联轴节 19，小圆锥齿轮 17，带动固定在偏心轴套 22 上的大圆锥齿轮 15 旋转，从而使动锥作旋摆运动。另外，在大圆锥齿轮与中心套筒 24 之间，装有三片止推圆盘 13。

锥形螺帽 2 的作用是调整装置。转动该锥形螺帽，使主轴和可动锥上升或下降，从而调整排料口的大小，保证破碎产品粒度。

皮带轮上的削弱断面轴销是旋回破碎机的保险装置。当大块非破碎物进入破碎腔时，该轴销首先被剪断，破碎机停止运转，从而使机器其他零件免遭损坏。

液压旋回破碎机与上述旋回破碎机不同之处在于：或者在主轴悬挂点的支环处安装液压缸，使动锥质量和破碎力作用在液压缸上，或者在主轴底部设置液压缸，使主轴直接支承在液压缸上。用压力升降液压缸的液面，可方便地改变排料口的大小。同时，液压缸也是保险装置。旋回破碎机的规格用"给料口宽度(mm)/排料口宽度(mm)"表示。

3. 颚式破碎机与旋回破碎机的比较

颚式破碎机的优点是：结构简单，高度小，质量小，维修方便，不易堵塞，工作可靠；但生产能力低，要求均匀给料，需配备给料机，产品粒度不均匀。

与颚式破碎机相比，旋回破碎机的优点是：破碎腔深度大，工作连续，因而生产能力大，单位电耗低，且工作较平稳，可以挤满给料，无需设置料仓和给料机，产品粒度均匀；但也存在以下缺点：机身较高，要求厂房高度增大，构造复杂，质量较大，安装、维修较复杂，不适合破碎潮湿和黏性物料。

2.2.2 中、细碎破碎机

用于中、细碎的破碎机的种类较多，颚式破碎机、圆锥破碎机、锤式破碎机、反击式破碎机、辊式破碎机、高压辊磨机等均可作中、细碎破碎机。

1. 中、细碎弹簧型圆锥破碎机

图 2-7 是弹簧型圆锥破碎机（cone crusher）的结构。

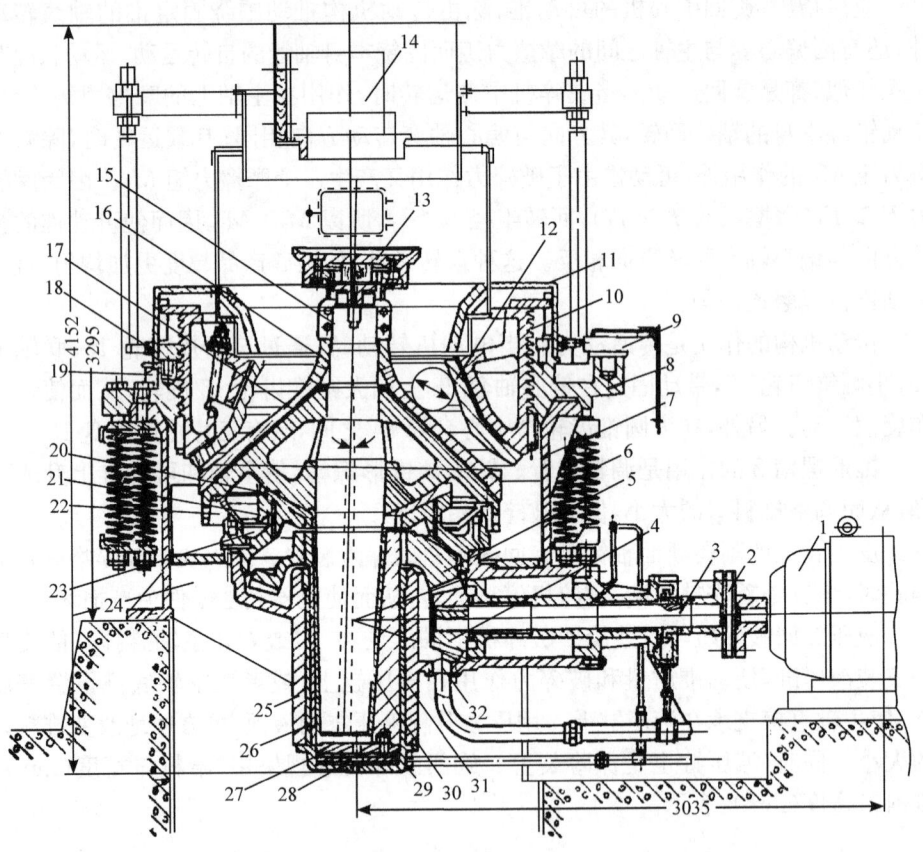

图 2-7 弹簧型圆锥破碎机（尺寸单位：mm）

1. 电动机；2. 机架；3. 传动轴；4. 小圆锥齿轮；5. 大圆锥齿轮；6. 保险弹簧；7. 机架；8. 支承环；9. 推动油缸；10. 调整环；11. 防尘罩；12. 固定锥衬板；13. 给料盘；14. 给料箱；15. 主轴；16. 可动锥衬板；17. 可动锥体；18. 锁紧螺母；19. 活塞；20. 球面轴瓦；21. 球面轴承座；22. 球形颈圈；23. 环形槽；24. 筋板；25. 中心套筒；26. 衬套；27. 止推圆盘；28. 机架下盖；29. 进油孔；30. 锥形衬套；31. 偏心轴承；32. 排油孔

中、细碎破碎机的规格用可动锥底部直径 D 表示。中、细碎圆锥破碎机的工作原理与旋回破碎机基本相似,但结构上还是有区别的,主要区别是:

(1) 旋回破碎机的两个圆锥形状都是急倾斜的,可动锥是正立截头圆锥,固定锥是倒立截头圆锥,这主要是为了增大给料口。中、细碎圆锥破碎机的两个圆锥均为缓倾斜正立截头圆锥,且两锥体之间具有一定长度的平行碎料区(平行带),这是为了控制产品粒度。因为中、细碎破碎机的设计是以破碎产品质量和生产能力作为首要因素考虑的。

(2) 旋回破碎机的可动锥悬挂在机器上部的横梁上,中、细碎圆锥破碎机的可动锥支承在下部的球面轴承上。

(3) 旋回破碎机采用干式防尘装置,中、细碎圆锥破碎机采用水封防尘装置。

(4) 旋回破碎机利用可动锥的上升或下降调整排料口的大小,中、细碎圆锥破碎机则通过调节固定锥(调节环)的高度位置来实现排料口宽度的调整。

依据排料口调整装置和保险装置方式不同,中、细碎圆锥破碎机分为弹簧型和液压型圆锥破碎机。弹簧型圆锥破碎机的工作机构是由带锰钢衬板的可动锥和固定锥组成。可动锥压装在主轴 15 上,主轴一端插入偏心轴套的锥形孔内,当偏心轴套转动时就带动可动锥作旋摆运动。为了保证可动锥作旋回运动的要求,可动锥的下部表面要做成球面,并支承在球面轴承上,可动锥体和主轴的全部质量都由球面轴承和机架承受。

该机的保险装置就是装设在机架周围的弹簧,当大铁块等非破碎物料进入破碎腔时,支承在弹簧上的支承环和调整环被迫向上抬起而压缩弹簧,从而增大可动锥与固定锥之间的距离,增大排料口,排出非破碎物,避免机件损坏。然后在弹簧的弹力作用下,支承环和调整环迅速恢复原位,重新进行破碎。

中、细碎圆锥破碎机依破碎腔形式分为:标准型(中碎用)、中间型(中、细碎用)和短头型(细碎用)三种。其中以标准型和短头型应用最广泛。它们的主要区别在于破碎腔的剖面形状和平行带的长度不同,见图 2-8。标准型的动锥倾斜较陡,平行带短;短头型的动锥倾斜较缓,平行带较长,中间型介于二者之间。

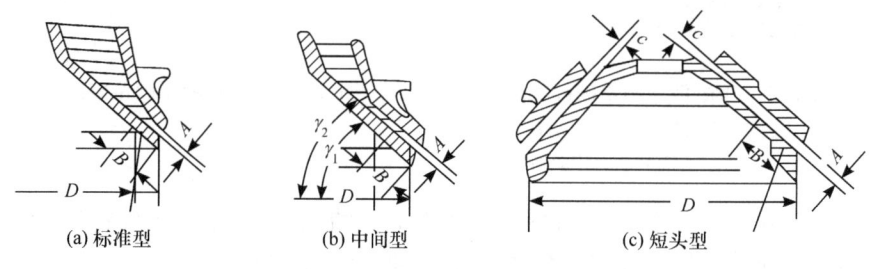

图 2-8 中、细碎圆锥破碎机的破碎腔形式

2. 中、细碎液压型圆锥破碎机

液压圆锥破碎机有单缸式和多缸式两种。单缸式结构简单,应用广泛。图 2-9 所示是单缸液压圆锥破碎机。它是在主轴下面设有一个液压缸,升降动锥即可调节排料口大小。铁块等非破碎物通过破碎腔时,液缸放油,起到保险作用。

液压圆锥破碎机的调整装置和锁紧机构,实际上都是固定锥的一部分,主要由调整环、支承环、锁紧螺帽、推动油缸和锁紧油缸等组成。其中调整环和支承环则构成排料口尺寸的调整装置。支承环安装在机架上部,并借助于破碎机周围的弹簧和机架贴紧。支承环上部装有锁紧油缸和活塞,支承环与调整环的接触面处均刻有锯齿形螺纹。两对拨爪和一对推动油缸分别装在支承环上。破碎机工作时,高压油通入锁紧缸使活塞上升,将锁紧螺帽和调整环稍微顶起,使两者的锯齿形螺纹呈斜面紧密贴合。调整排料口时,需将锁紧缸卸载,使锯齿形螺纹放松,然后操纵液压系统,使推动缸动作,带动调整环向左或向右转动,使固定锥上升或下降,实现排料口的调整。

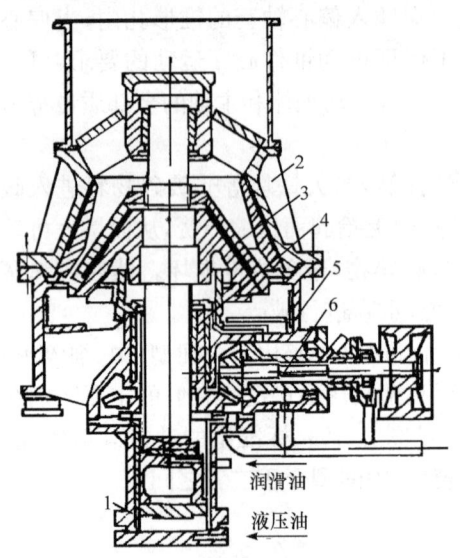
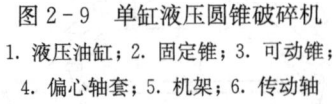

图 2-9　单缸液压圆锥破碎机　　　　图 2-10　多缸液压圆锥破碎机
1. 液压油缸；2. 固定锥；3. 可动锥；
4. 偏心轴套；5. 机架；6. 传动轴

图 2-10 是多缸液压圆锥破碎机,机架周围的液压缸,可调节排料口大小,同时当铁块等非破碎物通过破碎腔时,液缸放油,起到保险作用。

在矿物加工工程领域,"多碎少磨"的原则受到较大重视。近年来,各种产品粒度小于 10mm 的液压圆锥破碎机在细碎作业中获得了推广应用。

3. 冲击式破碎机

冲击式破碎机是利用冲击作用进行破碎,属于这一类破碎机的主要有反击式破碎机(impact mill)、锤式破碎机(hammer mill)和笼式破碎机等。反击式破碎机的规格用"转子直径×转子长度"表示。

反击式破碎机问世于1945年。按转子个数分为单转子和双转子反击式破碎机。单转子反击式破碎机如图2-11所示。

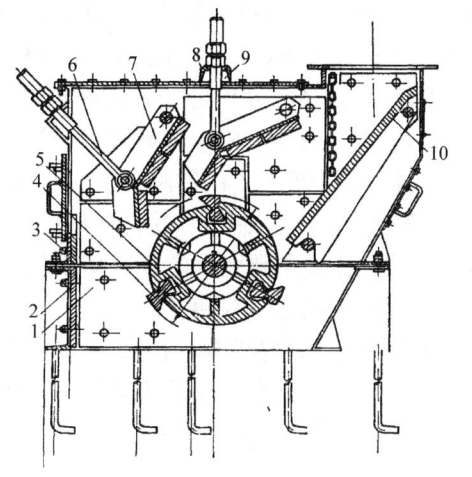

图2-11 Φ500mm×400mm 单转子反击式破碎机

1. 机体护板;2. 下机体;3. 上机体;4. 打击板;
5. 转子;6. 拉杆螺栓;7. 反击板;8. 球面垫圈;
9. 锥面垫圈;10. 给料溜板

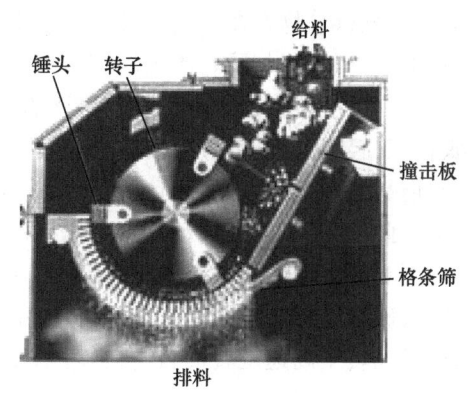

图2-12 锤式破碎机

该机主要由转子5、打击板4、反击板7和机体等组成。转子固定在主轴上,转子上面装有若干块打击板,转子与打击板多呈钢性联结,打击板用耐磨高锰钢或其他合金制作。反击板一端通过悬挂轴铰接在上机体3上,另一端由拉杆螺栓6利用球面垫圈支承在机体的锥面垫圈9上,故反击板在机内呈自由悬挂状态。当破碎机中进入非破碎物时,反击板受到较大的反作用力时,迫使拉杆螺栓"自动"后退抬起,排出非破碎物,保证设备安全。通过调节拉杆螺栓上面的螺母,可改变打击板与反击板之间的间隙大小。

电动机通过皮带带动转子5高速转动,进入机内的物料受到转子上的打击板的高速冲击而破碎,且受冲击后的物料沿打击板的切线方向高速抛向第一级反击板,经反击板的冲击作用,再次被破碎。从第一级反击板返回的大块物料,又受到打击板的二次冲击破碎。二次冲击后的物料又可抛向第二级反击板,再次被二级反击板冲击、破碎。物料在打击板和反击板之间往返途中,除受打击板和反击板的主冲击作用外,物料颗粒之间还发生撞击,产生粉碎作用。上述过程反复进行,直到物料破碎到小于排料口尺寸,经排料口排出成产品。

反击式破碎机具有以下优点:①破碎比大,一般为30~40,最大可达150,而一般破碎机的破碎比最大不超过10,因此,可以简化流程,节省投资和管理费用。②由于一般矿石的抗冲击强度比抗压强度小十几倍,当矿石受到打击板高速旋转的冲击作用和多次打击后,沿着节理界面和组织脆弱的地方首先被击裂,因此,破碎效率高,能耗低。③由于这种破碎机是利用动能破碎物料的,每颗(块)物料的动能大小与质量成正比,因此,在破碎过程中,大颗(块)受到较大程度的破碎,而小颗(块)物料在一定条件下可能不被破碎,故产品粒度均匀。④在冲击破碎过程中,有用矿物与脉石首先沿着节理面破裂,有利于有用矿物单体解离和选择性破碎。⑤适应性较强。特别适合破碎脆性、纤维性和中硬以下的物料,故在非金属矿、化工、轻工部门应用广泛。⑥体积小,质量轻,结构简单,制造容易,维修方便。

但是,破碎硬物料时,打击板和反击板的磨损大,故在硬度大的金属矿山应用较少。此外,由于高速转动且靠冲击破碎物料,要求零件加工精度高。

图2-12为锤式破碎机,其结构工作原理与反击式破碎机基本相同,不同之处是锤式破碎机的转子与锤头呈活动联结,锤头冲击能力更大。环锤式破碎机的环锤还可随转子高速旋转而自身旋转,适用于破碎各种脆性材料的矿物。

4. 辊式破碎机

辊式破碎机(crushing rolls)于1806年问世,由于构造简单,产品粒度均匀,现仍在非金属矿山、水泥、硅酸盐等工业部门应用。但占地面积大,生产能力低,金属矿山很少采用。

辊式破碎机按辊面形状分为光面辊式和齿面辊式两种破碎机。按辊数分为单辊、双辊(对辊)、三辊和四辊四种破碎机。

双辊式破碎机(图2-13)由破碎辊、调整装置、弹簧保险装置、传动装置和机架组成。

破碎辊是在水平轴上平行安装的相向回转的两个辊子,其中一个辊子的轴是不可移动的,另一个是可移动的。破碎辊由轴、轮毂和轮皮构成。辊皮用高锰钢、高铬白口铸铁等耐磨材料制成,磨损后可更换。

通过增减两辊子的轴承之间的垫片数,或利用蜗轮调整机械来调整两个辊子之间所产生的作用力,以保持排料口间隙,使产品粒度均匀。

当破碎机进入非破碎物时,弹簧被压缩,迫使可移动辊后退,增大排料口,保证机器不致损坏。非破碎物排除后,弹簧恢复原状,机器照常工作。

电动机通过皮带轮或齿轮带动两辊主轴相向转动,或由两台电动机分别带动

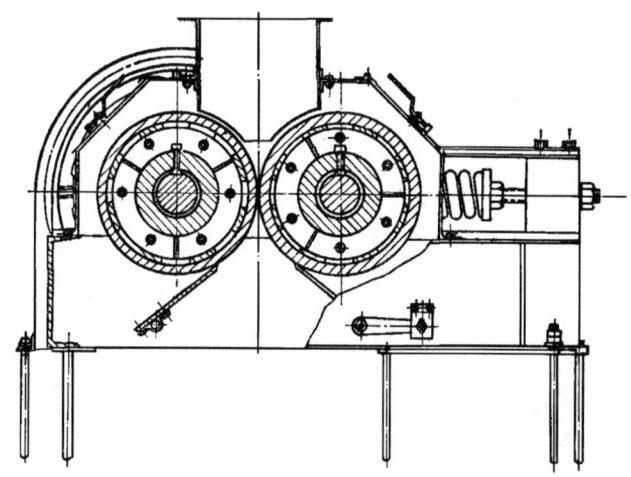

图 2-13 双辊式破碎机

两辊转动。物料靠自重和与辊面之间的摩擦力进入破碎机内破碎并排出。机架用铸铁铸造,也可用型钢焊接或铆接。

单辊破碎机是由一个旋转辊子和一个颚板组成,故又称颚辊破碎机。

辊式破碎机的规格用"辊子直径×辊子长度"表示。

5. 高压辊压机

高压辊压机(hydraulic roller press, or HRP),又称高压辊磨机(high pressure roller grinding)、挤压磨,是 20 世纪 80 年代中期发展起来的一种新型破碎设备。如图 2-14(a),从外形看很像普通的对辊机,两个相向转动的辊子组成破碎区,物料在两辊之间受液压驱动高压辊的压力而被粉碎。但二者的破碎机理又有所不同,普通对辊机基本上呈单颗粒破碎,产品粒度较粗。如图 2-14(b),高压辊压机是以料层粉碎方式破碎的,产生大量细粒,且颗粒有众多裂缝,随后可更易进行单体解离。这样一来,可大大节约后继磨矿作业的单位能耗。所以,应用高压辊压机符合"多碎少磨"的原则,很有推广前景。目前,高压辊压机已在水泥工业获得较广应用,在金属矿山也有应用。

为了保证高压辊压机以料层粉碎方式进行破碎,给矿装置必须具有一定的高度,有的在料斗中加设螺旋压力装置,以保证物料挤满连续均衡进入工作辊间的压力区。普通对辊机的破碎压力较小,高压辊磨机破碎压力大,小型机由弹簧提供压力,大型机则由液压系统提供足够的压力。

辊子间间隙宽度与生产能力密切相关。辊子间间隙宽度与辊子直径之比值[图 2-14(b)中的 S/D]称为相对间隙宽度,一般的比值范围为 0.01～0.02。给料中大于辊子间隙宽度的颗粒含量应小于20%,辊子直径与最大给料粒度的比值应大于30～40。

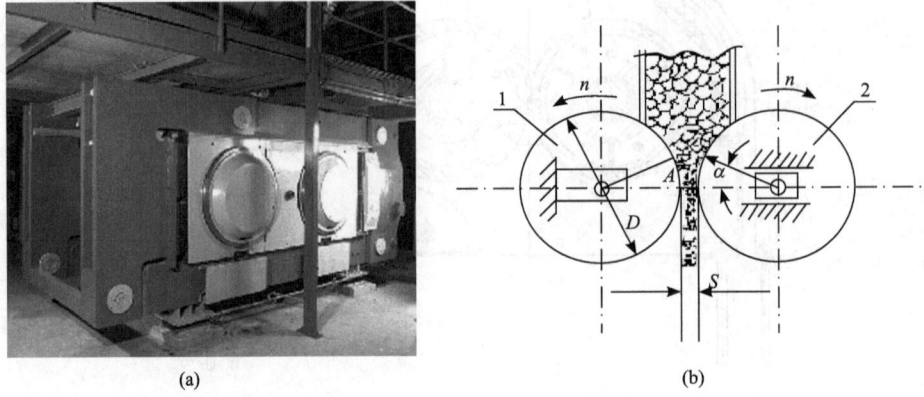

图2-14 高压辊压机的外观图(a)和工作原理示意图(b)
1. 固定辊;2. 活动辊

高压辊压机的规格用"辊子直径×辊子长度"表示。

6. 双腔回转破碎机

双腔回转破碎机是我国专利产品,是一种按照"多碎少磨"和"层压破碎"现代高能破碎理论研制成功的高效节能型细碎设备。其破碎腔型设计运用了新的啮角原理,极大地改善了咬料能力。同时,在挤满式给料条件下,寓磨于碎,效果更为理想。

如图2-15,普通机型双腔回转破碎机工作部件为一个偏心回转的圆辊机构,圆辊与固定对称设置在其两侧的棘齿凹面形破碎板耦合,形成两个高效曲线形破

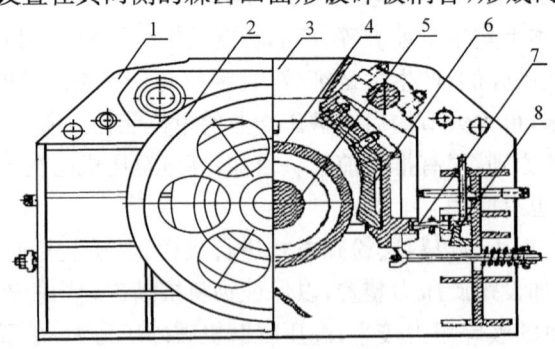

图2-15 普通机型双腔回转破碎机结构示意图
1. 机体;2. 皮带轮;3. 料斗;4. 回转破碎辊;5. 偏心轴;6. 齿板;7. 保险板;8. 调整机构

碎腔。腔底有大倾角非阻塞式排料口。物料从给料口同时进入两个破碎腔，借助于偏心回转辊的旋摆运动，而依次被压缩、磨削及劈裂，在三者的综合作用下被破碎。破碎工作在两个破碎腔内交替进行，每个破碎腔都能高效破碎并将产品迅速排出。

双腔回转破碎机的特点是节能显著，破碎电耗仅为 0.3～0.5 kWh/t，较传统破碎机降低 50% 以上。更重要的是能多碎少磨，由于产品受层压破碎，产品粒度分布中细粒级含量高，如细碎型双腔回转破碎机产品中小于 6mm 占 50%，且颗粒有众多裂缝，可提高磨矿效率 10%～20%。

由于有以上诸多优点，该机自 20 世纪 90 年代问世以来，获得了迅速的推广应用。图 2-16 是 XPc 双腔回转超细碎破碎机的外观图。

图 2-16　XPc 双腔回转超细碎破碎机

图 2-17　柱磨机

7. 柱磨机

柱磨机（图 2-17）是一种采用连续反复中压力辊压原理的新型立式磨机。该机上部传动，带动主轴旋转，使滚轮在环锥形内衬中转动（辊、衬之间间隙可调，不接触），物料从上部给入后，靠自重和上部推料作用在滚轮与衬板之间形成料层，受到滚轮的反复滚动碾压而成粉末，最后从磨机的下部自动卸料。由于滚轮只作规则的公转和自转，并可随着料层的厚度及物料颗粒大小而柔性波动，且其作用力主要来自于挤压力及弹性装置给予的压力，从而避免了滚轮与衬板因撞击而产生的磨损及能耗。

柱磨机的出磨物料，最大粒径可小于 5mm，其中小于 0.08mm 的占 30% 左右，故作水泥预粉磨可以明显改善后继球磨机工作状态，降低其破碎和研磨负担，提高系统生产能力，增产幅度在 50% 以上，其粉磨效果与高压辊压机相当。

但对于选矿行业,由于其出磨物料过粉碎泥化现象明显,有可能对后继分选作业有不利影响,故只在细微粒嵌布铁矿的选矿中有应用。

2.2.3 筛分设备

1. 固定筛

固定筛(grizzly)是由平行排列的钢条或钢棒组成,钢条和钢棒称为格条,格条借横杆联结在一起,格条间的缝隙大小即为筛孔尺寸。

固定筛分为格筛和条筛两种。格筛安装在原矿仓顶部,一般水平安装,用来保证粗碎破碎机的入料粒度要求,筛上的大块需要另行破碎,以使其通过格筛。条筛主要用于粗碎和中碎前作预先筛分,一般为倾斜安装,倾角大小应能使物料沿筛面自动滑下,即筛条倾角应大于物料对筛面的磨擦角,一般为 40°~50°倾角,对大块矿石,倾角可小些,对黏性矿石,倾角应稍大些。

条筛筛孔尺寸约为筛下粒度的 1.1~1.2 倍,一般不小于 50mm。条筛的宽度决定于给矿机、运输机以及破碎机的给矿口宽度,并应大于给矿中最大块粒度的 2.5 倍。条筛的长度 L 一般为宽度 B 的 2 倍左右。

2. 惯性振动筛

振动筛(vibrating screen)是工业中普遍采用的一种筛子。它具有以下突出的优点:①筛体以低振幅,高振次作强烈振动。消除物料堵塞现象,从而有较高的筛分效率和生产能力;②动力消耗少,构造简单,操作维护检修方便;③由于生产能力和效率高,故所需的筛网面积比其他筛子小,可节省厂房面积和高度;④应用范围广,适用于中、细碎的预先筛分和检查筛分。

振动筛根据筛框运动轨迹特点,可分为圆运动振动筛和直线运动筛两类。前者包括单轴惯性振动筛、自定中心振动筛和重型振动筛;后者包括双轴惯性振动筛和共振筛,按筛网层数还可分为单层筛和双层筛两类。

国产惯性振动筛有座式和吊式之分。图 2-18 是 SZ 型(座式)惯性振动筛外形和工作原理示意图。筛网 2 固定在筛箱上,筛箱安装在两椭圆形板簧组上,板簧组底座与倾斜角为 15°~25°的基础固定。振动器的两个滚动轴承 5 固定于筛箱中部,振动器的主轴 4 安装在滚动轴承 5 中,振动器主轴的两端装有偏重轮 6,偏重块 7 在偏重轮上的位置可调节。固定机座上的电动机,通过皮带轮 3 带动主轴旋转,使振动器的偏重轮回转,从而产生离心惯性力(称为激振力),并传给筛箱,激起筛子振动。筛子中部的运动轨迹为圆,因板簧的作用筛子两端运动轨迹为椭圆。筛上物料受筛面向上运动的作用力而被向前抛起,前进一段距离后,再落回筛面,进而完成松散、分层和透筛的整个筛分过程。调节偏重块在偏重轮上的位置,可得到不同的惯性力,从而调整筛子的振幅。

 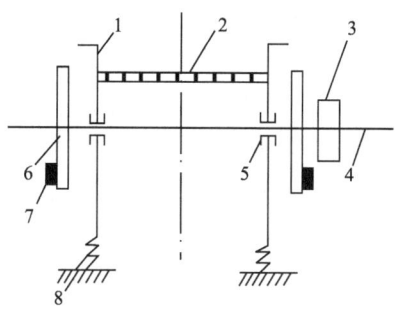

图 2-18 SZ 型惯性振动筛外形和工作原理示意图
1. 筛箱；2. 筛网；3. 皮带轮；4. 主轴；5. 轴承；6. 偏轮；7. 重块；8. 板簧

惯性振动器安装在筛箱上，轴承中心线与皮带轮中心线一致，随着筛箱上下振动，引起皮带轮振动，这种振动会传给电机，影响电机的使用寿命。此外，由于振动次数高，使用过程中必须特别注意它的轴承的工作情况。

惯性振动筛由于振幅小而筛次高，适用于筛分中、细物料。由于振幅随给料量变化而改变，故要求给料均匀，否则会导致筛分效率降低。由于筛分粗粒物料需要较大的振幅才能使物料松散，且筛分粗粒时，很难保证给料均匀，故惯性振动筛不适合筛分粗粒物料，其粒度一般不超过 100mm。同时筛子不宜制造得太长，只有中小型厂才宜采用。

3. 自定中心振动筛

国产自定中心筛的型号为 SZZ，根据筛层数不同分为 SZZ1（单层）和 SZZ2（双层）。一般为吊式筛，但也有座式筛。

图 2-19 是 SZZ1250mm×2500mm 自定中心振动筛外形图。它主要由筛箱、振动器、弹簧等组成。振动器主轴的中间部分偏心，且两端还装有可调节配重的皮带轮和飞轮。与惯性振动筛一样，电动机经由三角皮带带动振动器的主轴旋转，振动器从而产生振动，并使整个筛子振动。

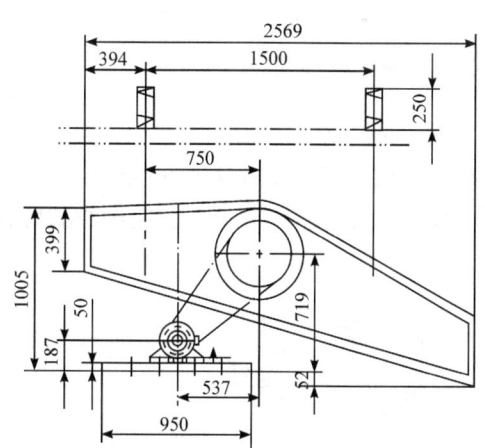

图 2-19 SZZ 1250mm×2500mm 自定中心振动筛（尺寸单位：mm）

图 2-20 是自定中心振动筛结构示意图，它与惯性振动筛的主要区别在于惯性振动筛的传动轴与皮带轮是同心安装的，而自定中心振动筛的皮带轮与主轴不同心。

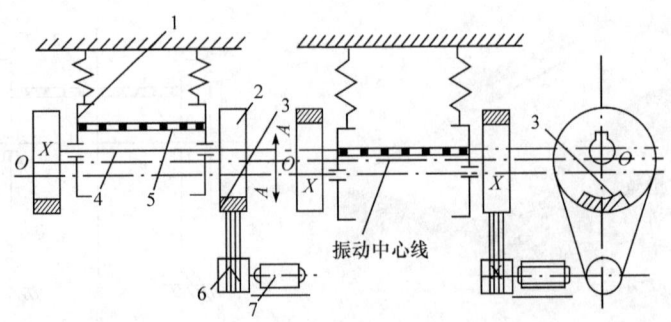

图 2-20 皮带轮偏心式自定中心振动筛示意图
1. 筛箱；2. 皮带轮；3. 偏心重块；4. 传动轴；5. 筛网；6. 皮带轮；7. 电动机

自定中心振动筛皮带轮上的轴孔中心在偏心重块 3 的对方,偏离皮带轮几何中心一个偏心距 A,等于振动筛正常工作时的振幅。当主轴转动时,主轴偏心所产生的离心惯性力使筛箱系统(含主轴)作圆运动。调整偏重块质量,使偏重轮及偏重块产生的离心惯性力能够平衡筛体旋转时所产生的离心惯性力,使皮带轮的中心线在空间不发生位移,实现皮带轮"自定中心",使大小两皮带轮的中心距保持不变,从而消除皮带时紧时松现象。自定中心振动筛由于振动能自定中心,改善了电机和皮带的工作条件,因此,与惯性振动筛相比,振幅可大一些,振次可低一些,从而给料粒度可粗一些(最大可达 150cm),筛子可做得大些。但工作中,给料量不能波动太大。一般适用于大、中型厂的中、细粒物料筛分。

4. 重型振动筛

重型振动筛的外形如图 2-21 所示。型号为 SZX,根据筛网分为 SZX1(单层)和 SZX2(双层),其原理与自定中心振动筛相似,但振动器的主轴完全不偏心,而以皮带轮的轴孔偏心来达到运转时自定中心的目的。振动器的结构如图 2-22 所示。

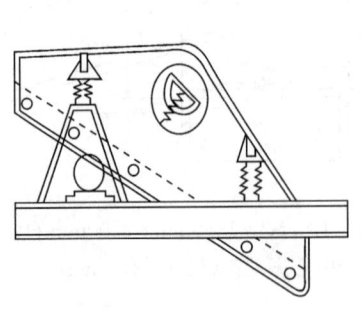

图 2-21 重型振动筛结构示意图

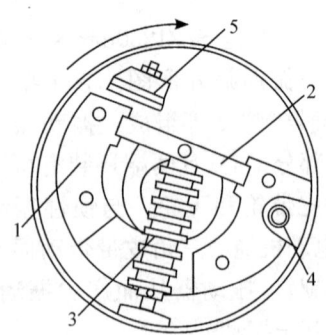

图 2-22 重型振动筛的自动调整振动器
1. 重锤；2. 卡板；3. 弹簧；4. 小轴；5. 撞铁

装有偏心重块的重锤 1 由卡板 2 支承在弹簧 3 上,重锤可在小轴 4 上自由转动,因此振动器的重块是可以自动调整的。这种自动调整作用,可以减缓启动(或停车)时的共振,筛子在启动(停车)时,主轴转速较低,重锤产生的离心力也很小,不足以使弹簧 3 受到压缩,重锤对回转中心不发生偏离,因此产生的激振力很小,这时筛子不产生振动,可以平稳地克服共振转速。这样就可以在启动(或停车)过程中达到共振转速时,避免由于振幅急剧增加而损坏支承弹簧。启动后,转速高于共振转速,重锤产生的离心力大于弹簧的作用力,弹簧被压缩,重锤开始偏离回转中心,产生激振力,使筛子振动。撞铁是由一组铁片和胶皮垫片组合而成,在筛子起动和停车过程中,重锤打开及收回时对撞铁有冲击力,这时撞铁对冲击力起缓冲作用。可通过增、减重锤上偏心重块的质量来调节筛子振幅,改变小皮带轮的大小来调节振次。

重型振动筛结构比较坚固,能承受较大的冲击负荷,适用于筛分大块度、相对密度大的物料,最大给粒度可达 350mm。主要用于中碎前作预先筛分,此外,对含水、含泥量高的物料,可在中碎前进行预先筛分及洗矿,筛上物入中碎机,筛下物进入洗矿脱泥系统。

5. 共振筛

共振筛也称弹性连杆式振动筛,其工作原理图如图 2-23 所示。

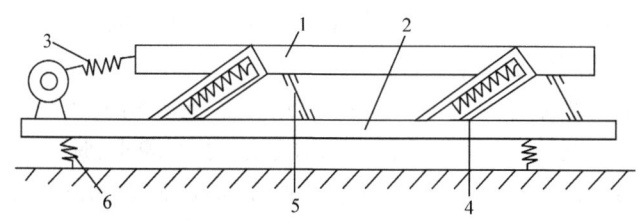

图 2-23 共振筛的原理示意图
1. 上筛箱;2. 下机体;3. 传动装置;4. 共振弹簧;5. 板簧;6. 支承弹簧

电动机通过皮带带动下机体上的偏心轴转动,轴上的偏心使连杆作往复运动。连杆通过其端部弹簧将作用力传给筛箱,同时下机体受到相反方向的作用力,使筛箱和下机体沿倾斜方向振动,但它们的运动方向相反,动力达到平衡。筛箱和弹簧装置组成一个弹性系统。该弹性系统有自己的自振频率,传动装置的强迫振动频率接近弹性系统的自振频率,使筛子在接近共振状态下工作,称为共振筛。振动过程中,筛箱的动能与弹簧的位能相互转化,所以在每一次振动中只补充克服阻力所需的能量就能使筛子连续运转,因此,筛子虽大,但功耗却很小。

共振筛振幅大,筛分效率高,处理能力大,电耗小,结构紧凑。但制造工艺比较复杂,机器质量大,振幅难稳定,调整比较复杂,橡胶弹簧容易老化。这种筛子在选煤厂应用广泛,其他选矿厂用得不多。

6. 直线振动筛

筛框作直线运动的筛子较多,这里介绍的是双轴惯性振动筛。它的结构示意图及双轴振动器的工作原理如图 2-24 所示。

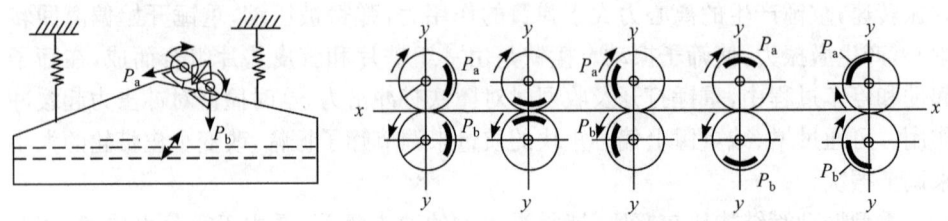

图 2-24 直线振动筛及双轴振动器的工作原理图

它主要由筛箱、箱型振动器、吊拉减振装置、驱动装置等组成。电动机经三角皮带带动主轴旋转,主轴中部有齿轮副,带动从动轴向相反方向转动。主轴和从动轴上设有相同偏心距的重块,激振器工作时,两个轴上的偏心重块相位角一致,产生的离心惯性力的 x 方向分力促使筛子沿 x 方向振动,y 方向分力则大小相等、方向相反,相互抵消。因此,筛子只在 x 方向振动,称为直线振动筛。振动方向角常选择 45°,物料在筛面上的移动,不是依靠筛面倾斜,而是取决于筛子的振动方向角。故直线振筛的筛面是水平安装的。

直线振动筛的激振力大,振幅大,振动强烈,筛分效率高,生产率大,可筛分粗块物料。由于水平安装,安装高度小,直线往返运动,对脱水、脱泥和重介质选矿脱介质有利。但结构比较复杂,两根轴的旋转速度高,故制造和润滑要求高,振幅不易调整。

2.2.4 影响破碎机和筛分机工作过程的因素

1. 影响破碎机工作的因素

(1) 矿石性质的影响。矿石硬度大者难碎,破碎它的生产能力低,可用可碎性系数 K_1 表示硬度对破碎的影响。矿石密度大者,按给矿计的生产能力大,以密度系数 K_2 表示密度对破碎的影响。在相同破碎产品粒度下,给矿的最大粒度或平均粒度粗,破碎机的生产能力低,工艺计算时,用粒度系数 K_3 表示粒度对破碎的影响。此外,矿石结构松散及解理发育良好的容易破碎,含水量含泥量大的矿石容易黏结及堵塞破碎腔,对破碎过程影响较大。

(2) 破碎机工作参数的影响。破碎机性能及结构因素对破碎影响很大。破碎机的类型及规格,转速与行程,排矿口大小及啮角等都对破碎有较大的影响。

同一破碎作业采用不同类型的破碎机,其生产能力不同。在给矿和产品粒度相同的情况下,旋回破碎机的生产能力为同规格颚式破碎机的 2~3 倍,同类颚式破碎机中复摆型比简摆型的生产率大 20%~30%,同类型的破碎机,规格尺寸大的生产率大。

随着转速增加破碎机的生产率稍有增加,但功耗增加大,转速过高还会导致生产率下降及破碎机堵塞,特别是中、细碎圆锥破碎机,转速过高会使物料离心力增大而跳起来堵塞破碎腔。通常不用增加转速的办法来增加生产率。

破碎机的动颚和动锥的行程一般是设计设备时确定,规格大的行程大,处理硬而脆的矿石选用小行程,软而黏的矿石选取大行程。排矿口大生产率大,但破碎比下降,破碎作用减弱,排矿口小,破碎比大,但生产率降低。破碎机工作时,应同时考虑破碎比和生产率,二者兼顾,选择及调节好排矿口的大小。

颚式破碎机与圆锥破碎机,以其排矿口最小时的两个工作面之间的夹角称为啮角,辊式破碎机则以矿块与辊子的接触点引出的切线的夹角称为啮角。破碎机的啮角是决定破碎机能否顺利破碎物料的重要条件,啮角愈小,排矿口愈大,生产率也愈大,破碎比就愈小。啮角过大,破碎时,将使物料向上跳动而不能被破碎,甚至会发生安全事故,啮角过小,则破碎比太小,难以满足工艺过程的要求,故破碎机的啮角要适当。破碎机的最大(极限)啮角由破碎物料与破碎机工作面间的摩擦系数决定,可以用力的分析方法求得。各种破碎机啮角大小,可在一定范围调节,调节范围在破碎机设计和制造时就已经确定。生产中,调节排矿口大小,也就改变了啮角大小。

(3) 操作因素的影响。在影响破碎过程的诸多操作因素中,重要的是给料的连续性和均匀性。连续均匀给料既能使生产正常,又能提高生产率。

2. 影响筛分机工作的因素

(1) 物料性质的影响。实际表明,物料粒度小于筛孔尺寸的 3/4 的颗粒容易透过筛孔,称为易筛粒。大于筛孔尺寸 3/4 的颗粒,因透筛困难,称为难筛粒。物料粒度为筛孔尺寸的 1~1.5 倍的颗粒称为阻碍粒。

可以采取增加辅助筛分的方法,用筛孔尺寸较大的辅助筛,预先排出筛上产物过粗的级别,然后筛分含有大量细级别的较细物料。物料颗粒最大容许尺寸与筛孔尺寸之间的一定比例关系没有明确的规定,一般认为最大粒度不应大于筛孔尺寸的 2.5~4 倍。

物料中所含的表面水分在一定程度内增加,黏滞性也就增大,物料的表面水分能使细粒互相黏结成团,并附着在大颗粒上,黏性物料也会把筛孔堵住。这些原因使筛分过程进行较难,筛分效率将大大降低。

如果物料中含有易于结团的黏性物质(如黏土等),即使在水分很少时,也会黏结成团,使细泥混入筛上产物;此外,也会很快堵塞筛孔。此时应考虑预先洗矿。

物料颗粒形状如果是圆形,则透过方孔和圆孔较容易。破碎产物大多是多角形,透过方孔和圆孔不如透过长方孔容易,条状、板状、片状物料难以透过方孔和圆孔,但较易透过长方形孔。

(2) 筛分机工作参数的影响。主要有以下 6 个影响因素。

① 筛面种类。筛子的工作面通常有钢棒、钢丝、冲孔钢板、橡胶、聚氨酯等。它们对筛分效率的影响,主要和它们的有效面积有关。此外,各种材料的耐磨损程度也不同。

② 筛孔形状。方形或长方形筛孔应用较好。

③ 筛孔尺寸。应联系破碎机的工作和对产品的要求来选择。

④ 筛子的运动状况。各种筛子的筛分效率大致如下:振动筛大于 90%;摇动筛 70%~80%;转筒筛 60%;固定条筛 50%~60%。可视情况选择。

⑤ 筛子的宽度和长度。一般认为筛子的宽度和长度之比为 1:2.5~1:3。

⑥ 筛面的倾角。振动筛的倾角一般在 0°~20°,固定条筛的倾角 40°~45°。

(3) 操作因素的影响。为保持较高的筛分效率,给料要均匀和连续,给料量应适中。

2.2.5 破碎工艺流程

在许多工业部门,破碎与磨矿占企业总能耗的 40%~70%,而破碎的能耗通常只有磨矿能耗的三分之一。因此,"多碎少磨",对节省能耗,提高经济效益有重大作用。

破碎的目的在于:①按照"多碎少磨"的原则,供给棒磨、球磨等磨机最合理的给料粒度,或为自磨、砾磨提供合格的磨碎介质;②对为分离准备物料者,使粗粒嵌布的矿物初步单体解离,以便用粗粒选矿方法进行分选;③使物料达到一定要求的粒度,供用户直接使用,如建筑用石料的准备。

1. 破碎段数

破碎段是破碎流程的最基本单元,它由破碎或破碎与配套工作的筛分组合构成。基本形式如图 2-25 所示。(a)为单一破碎作业的破碎段;(b)为带有预先筛分作业的破碎段;(c)为带检查筛分作业的破碎段;(d)和(e)均为带有预筛分和检查筛分作业的破碎段;其区别仅在于前者是预先筛与检查筛分分别在于不同的筛分机上进行,后者是在同一筛分机上进行,故(e)可视为(d)的变形。因此,破碎段实际上只有四种形式。

两段以上的破碎流程是不同破碎段形式的各种组合,故有许多可能的方案。合理的破碎流程,可以根据需要的破碎段数,以及应用预先筛分和检查筛分的必要

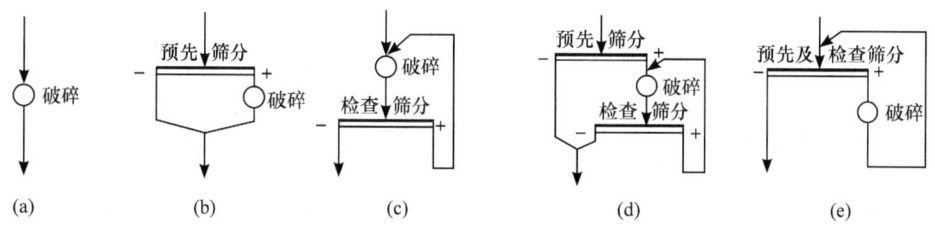

图 2-25 破碎段的基本形式

性等加以确定。

给料粒度与产品粒度之比称为破碎比 i。需要的破碎段数取决于给料的最大粒度和要求的产品粒度,以及各破碎段所能达到的破碎比,即取决于总破碎比和各段的破碎比。

预先筛分是在该段破碎之前筛出其给料中的合格粒级,减少进入破碎机的物料,提高破碎机的生产能力,同时防止过粉碎。在处理含水较高和粉料较多的物料时,潮湿的粉料会堵塞破碎机,并显著降低破碎机的生产能力,采用预先筛分除去湿而细的粉料,可为破碎机创造正常工作的条件。因此,预先筛分的应用主要根据给料中细粒级(小于该段破碎机排矿口宽度的粒级)的含量来决定。多数情况下,物料的粒度特性曲线呈凹形,采用预先筛分是合算的。但采用预先筛分要增加厂房高度,当破碎机生产能力有富余,或增高厂房有困难时,可不设预先筛分。各种破碎机的破碎产品都存在一部分大于排矿口宽度的粗粒级,检查筛分的目的就是筛出破碎机排料中的不合格粗粒级,控制产品粒度。同时将不合格粗粒级返回破碎机,有利于充分发挥破碎机的生产能力。但设置检查筛分,会使车间配置复杂化,增加投资,故一般只在最后破碎段采用检查筛分,而且常与预先筛分合并构成预先-检查筛分闭路循环。

2. 常用破碎流程

(1) 一段破碎流程。一段破碎流程一般用来为自磨机提供合适的给料,常与自磨机构成系统。该流程工艺简单,设备少,厂房占地面积小。

(2) 两段破碎流程。两段破碎流程多为小型厂采用。

基本形式如图 2-26 所示,图中第一段都有预先筛分。(a)为两段开路流程,开路破碎的产品粒度较粗,只在简易小型厂或工业性试验厂采用。(b)为两段-闭路流程,这种流程能保证破碎产品粒度合于要求。

(3) 三段破碎流程。三段破碎流程的基本形式有三段开路和三段-闭路两种,如图 2-27 所示。图中前两段均有预先筛分,但某些情况下,第一段或第二段没有预先筛分。

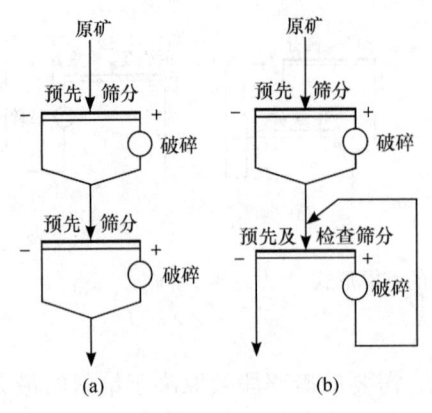

图 2-26 两段破碎流程

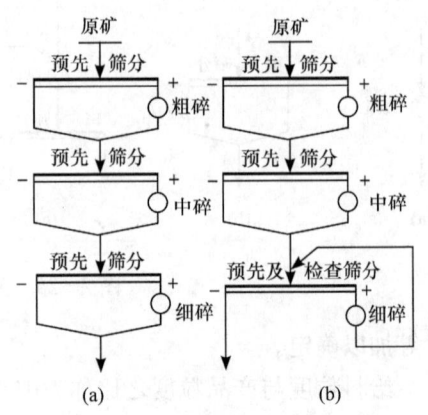

图 2-27 三段破碎流程

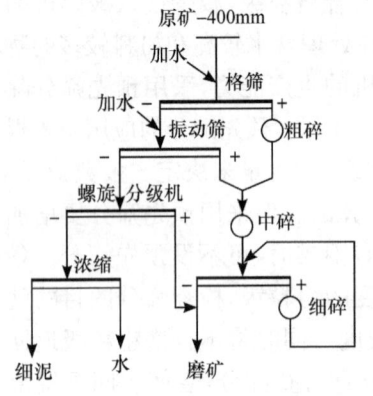

图 2-28 带洗矿作业的破碎流程

三段-闭路破碎流程,作为磨矿的准备作业,获得了广泛应用。三段开路破碎流程与三段-闭路相比,所得破碎产品的粒度较粗,但它可简化破碎车间配置,节省投资。因此,当磨矿的给料粒度要求不严或磨矿段的粗磨采用棒磨时,以及处理含水分较高的泥质物料和受地形限制等情况下,可采用这种流程。

(4) 带洗矿作业的破碎流程。图2-28为某矽卡岩型铜矿的带洗矿作业的三段-闭路破碎流程。当给料含泥(-3mm)量超过5%~10%和含水量大于5%~8%时,细粒级会结成团,会恶化破碎过程的生产条件,严重时使生产无法进行。此时,应在破碎流程中增加洗矿作业。洗矿作业一般设在粗碎前后。由于原料性质不同,洗矿方式和洗出的细泥处理不同,因而流程多种多样。

2.2.6 破碎筛分工艺设备配置

图2-29(a)是选矿厂常用的三段-闭路破碎车间平面配置图,图2-29(b)是破碎车间Ⅰ-Ⅰ剖视图。破碎机与筛分机分别配置在两个厂房内。这种设备配置形式是把破碎机集中配置在一个厂房内,把筛分机配置在另外一个单独的厂房内,或把筛分机直接坐落在粉矿仓顶上,两个厂房之间用胶带运输机通廊连接。

这种配置形式可以把破碎机配置得很紧凑,生产操作、管理均较方便,同时又避免了筛分机产生的粉尘影响。

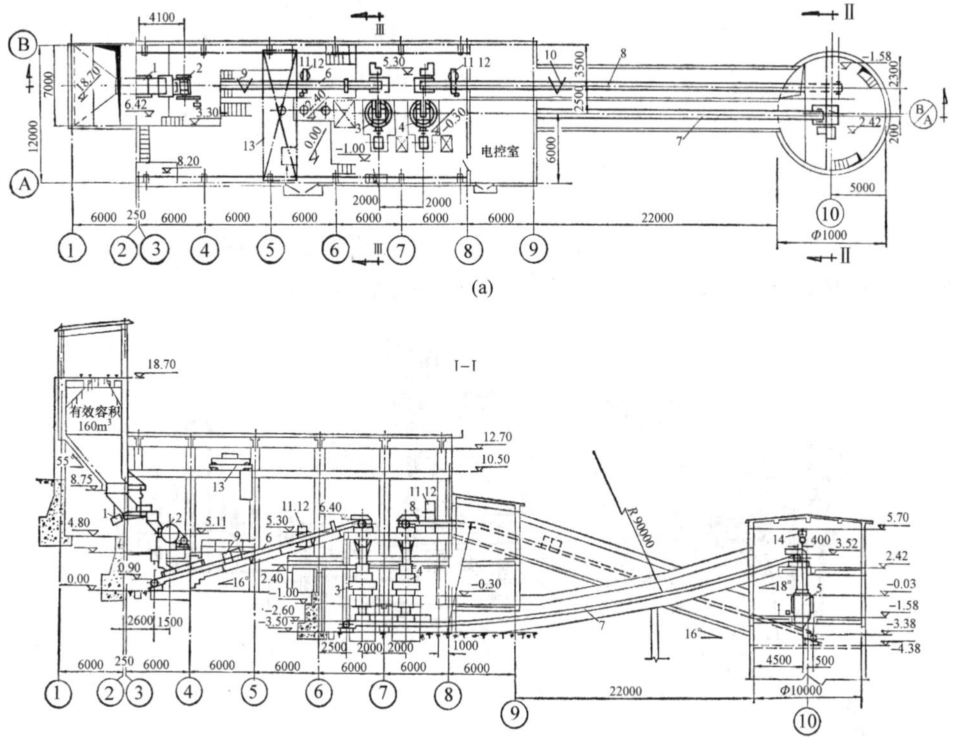

图 2-29 三段-闭路破碎车间平面配置图(a)和Ⅰ-Ⅰ剖视图(b)(尺寸单位:mm,高程单位:m)

1. DZ₉ 1500×2400mm 电磁振动给料机；2. PEF600×900mm 颚式破碎机；3. Φ1200mm 标准圆锥破碎机；4. Φ1200mm 短头圆锥破碎机；5. ZD1540 矿用单轴振动筛；6. 8050 1# 胶带运输机；7. 6550 2# 胶带运输机；8. 6550 3# 胶带运输机；9. B=800 金属探测器探测线圈；10. B=650 金属探测器探测线圈；11. 除铁小车；12. MW₁-6 悬挂磁铁；13. L_K=10.5m, H=16m, Q=8t 通用电动桥式起重机；14. CD₂-24 电动葫芦

2.3 磨矿与分级

2.3.1 球磨机

球磨机(ball mill)外形为一钢筒,内装各种直径的钢球作为研磨介质,见图 2-30。

在磨矿过程中,磨矿机以一定转速旋转,处在筒体内的研磨介质由于旋转时产生离心力,致使它与筒体之间产生一定摩

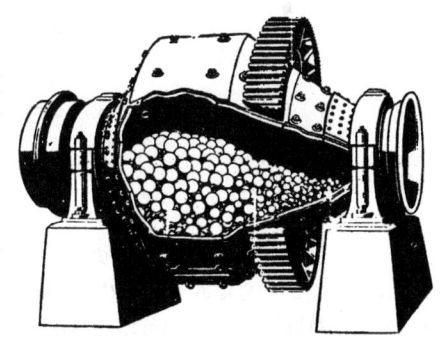

图 2-30 球磨机和内部的钢球研磨介质

擦力。摩擦力使研磨介质随着筒体旋转,并到达一定的高度。当研磨介质的自身重力的向心分力大于离心力时,研磨介质就脱离筒体抛射下落,从而击碎矿石。同时,在磨矿机转动过程中,研磨介质还会有滑动现象,对矿石产生研磨作用。所以,矿石在研磨介质产生的冲击力和研磨力联合作用下得到粉碎。

1. 格子型球磨机

球磨机的规格用筒体直径 D 和长度 L 表示。格子型球磨机的构造如图 2-31 所示,由筒体、两个中空轴颈端盖、给矿器、传动装置等组成。

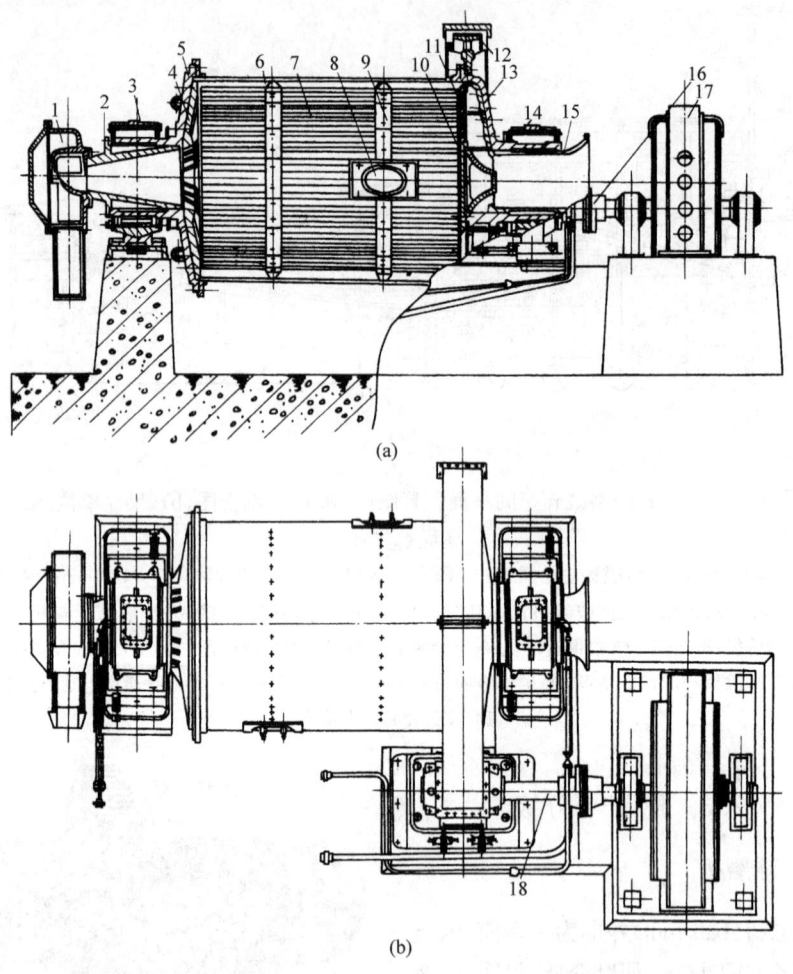

图 2-31　Φ2700mm×3600mm 格子型球磨机

1. 联合给料器;2. 中空轴颈;3. 主轴承;4. 扇形衬板;5. 端盖;6. 筒体;7. 衬板;8. 人孔盖;9. 楔形压条;10. 中心衬板;11. 格子衬板;12. 大齿圈;13. 端盖;14. 主轴承;15. 中空轴颈;16. 弹性联轴节;17. 电动机;18. 传动轴

球磨机的传动几乎都采用边齿轮传动方式。大型磨机用低速同步电机 17 通过联轴节 16 带动与磨机筒体上的大齿轮 12 相啮合的小齿轮;小型磨机采用异步电动机及减速器传动,现代大型磨机已有无齿轮传动。

给料器 1 固定在轴颈内套端部,其形式有鼓式、蜗式及联合式三种(图 2-32)。鼓型给料器端部为截头锥形盖子,筒体内壁装有螺旋,其端部与截锥形盖子联结,筒体与盖子之间有带扇形孔的隔板,物料通过隔板经螺旋送入中空轴颈后给入磨机内。它用于开路磨矿机的给料。蜗式给料器有单勺和双勺两种,螺旋形的勺子将物料舀起,通过侧壁上的孔送入中空轴颈后给入磨机内,它用于两段磨矿的第二段磨机。联合给料器是鼓式和蜗式的组合,适用于第一段闭路磨矿机给料。

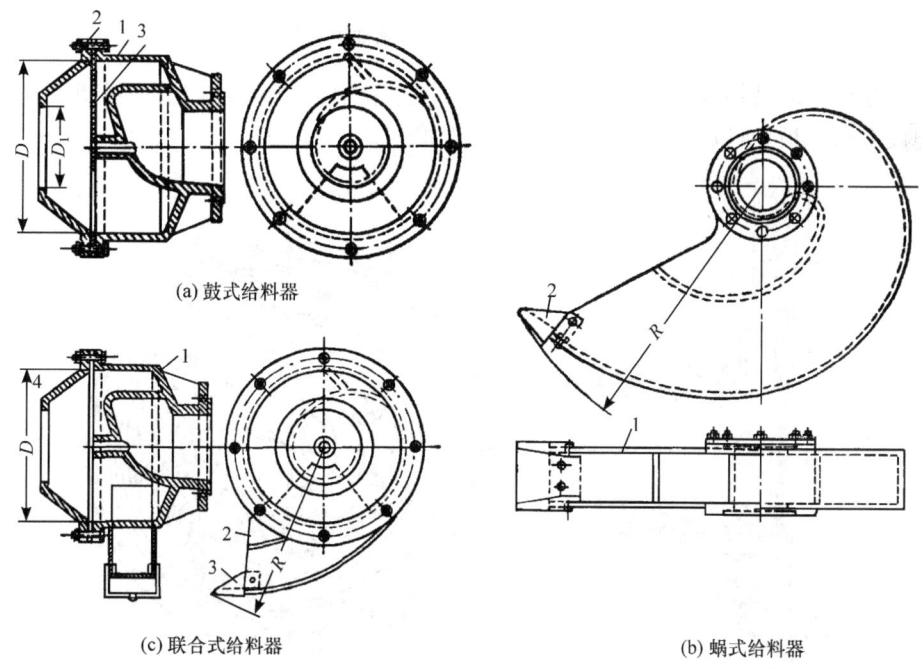

图 2-32 给料器的构造
1. 给料器机体;2. 螺旋形勺子;3. 勺头;4. 盖

筒体 6 用 15~36mm 厚的钢板卷制焊接而成,两端焊有法兰盘。筒体上开有人孔 8,供检修用。中空轴颈内表面有螺旋叶片轴颈内套,它起着保护轴颈和输送给料的作用。给矿端的端盖内壁装有平的扇形锰钢衬板 4。筒体通过法兰盘与端盖 5 和 13 连接。端盖与中空轴颈 2 和 15 焊接在一起。筒体通过中空轴颈支承在主轴承 3 和 14 上。主轴承 3 和 14 采用自位调心滑动轴承分别支承着磨机两端的中空轴颈。主轴承受力很大,大型磨机采用集中循环润滑,小型磨机采用油杯滴油润滑。

筒体内壁装有可更换的用锰钢、橡胶制成的耐磨衬板 7,用楔形压条 9 固定。

各种不同形状断面的衬板见图 2-33。

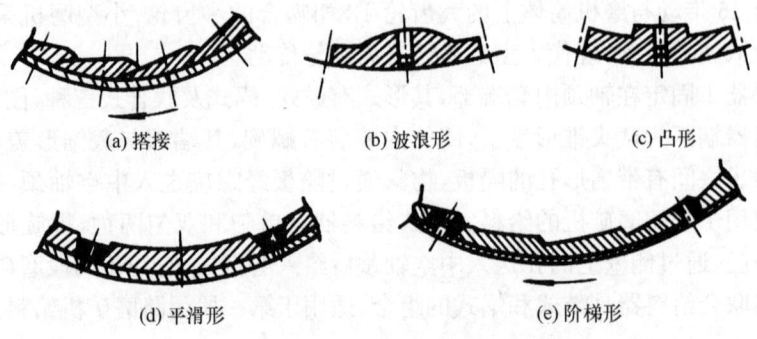

图 2-33　各种不同形状断面的衬板

排矿端的结构如图 2-34。由格子板、端盖和中空轴组成,端盖与磨机筒体之间设有格子板,所以这种球磨机叫格子型球磨机。

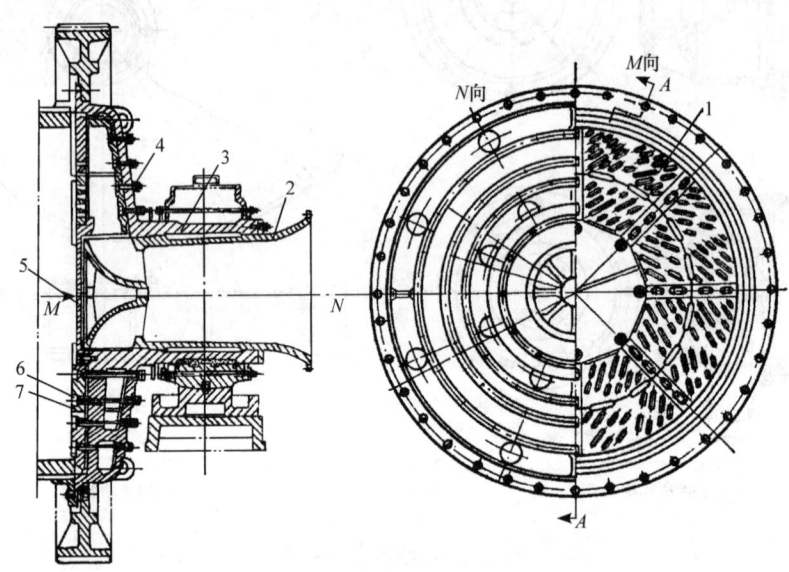

图 2-34　球磨机排料端盖
1.格子衬板;2.轴承内套;3.中空轴颈;4.簸箕形衬板;5.中心衬板;6.筋条;7.楔铁

2. 溢流型球磨机

Φ2700mm×3600mm 溢流型球磨机的构造如图 2-35,除排矿端外,其他都和格子型球磨相似。因其排矿是靠矿浆本身高过中空轴的下缘而自流溢出,无需另外装设沉重的格子板。此外,为防止磨机内的小球和过大粗颗粒同矿浆一起排出,在中空轴颈衬套表面装有与磨机转动方向反向的螺旋叶片。

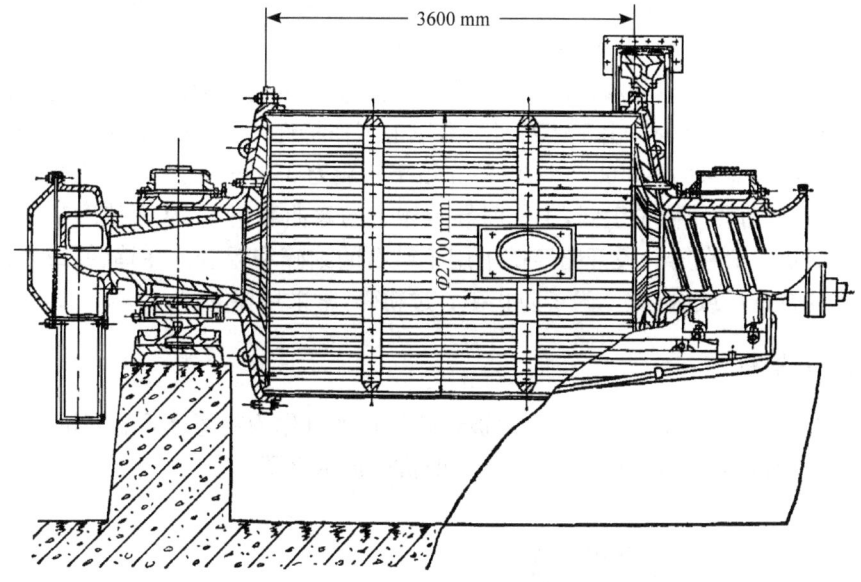

图 2-35　Φ2700mm×3600mm 溢流型球磨机

格子型磨机与溢流型磨机相比,前者是低料浆排料,已磨细的颗粒能及时排出,减少了物料过粉碎,装球量大,磨矿效率高,生产能力大,但结构复杂,质量大,价格较贵。常用于第一段磨矿,产品粒度上限为 0.2～0.3mm。后者结构简单,易于维修,产品粒度较细(一般小于 0.2mm)。但排料液面较高,物料在磨机中停留时间长,生产能力比同规格格子型磨机低 10%,易产生过粉碎,适用于粒度较细的场合。

2.3.2　棒磨机

棒磨机(rod mill)的磨碎介质是长圆棒,有溢流型和开口型两种,后者已很少见。溢流棒磨机与溢流型球磨机相似,主要区别在于:一是锥形端盖曲率较小,排料中空轴直径比同规格球磨机大,大型棒磨机的排矿口可达 1200mm,这是为了降低磨机中的料浆水平,加速料浆通过磨机;二是筒体长度与直径之比一般为 1.5～2.0,而一般球磨机的这一比值仅略大于 1。

棒磨机是采用圆棒作为研磨介质,见图 2-36。棒的直径通常为 40～100mm,棒的长度一般比筒体长度短 25～50 mm。为了防止筒体旋转时钢棒歪斜而产生乱棒现象,棒磨机的锥形端盖敷上衬

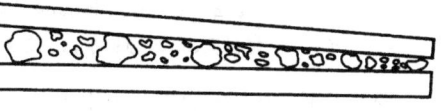

图 2-36　棒磨过程

板后的内表面是平的。棒磨机主要是利用棒滚动时产生磨碎和压碎的作用将矿石破碎的。当棒磨机转动时,棒只是在筒体内互相转移位置。棒磨机的粉碎介质与被碎物料呈线性接触。首先磨碎粗颗粒,而后才磨碎较小颗粒。当棒随筒体转动上升过程中,其间夹着粗粒,类似棒条筛,让细粒从棒的缝间通过。因此,棒磨的产物粒度均匀,过粉碎少。由于棒磨机具有以上工作特性,通常取其转速比球磨机的低一些,约为临界转速的60%~70%;充填率一般为35%~40%;给矿粒度不宜大于25mm,否则会使棒子歪斜,工作时导致棒子的弯曲和折断,从而使磨矿效果恶化。棒磨机一般在第一段开路磨矿中用于矿石的细碎和粗磨。在钨、锡或其他稀有金属的重选厂或磁选厂,为了防止矿石过粉碎,常采用棒磨机。

2.3.3 自磨机

自磨机(autogeneous mill)是以被粉碎物料本身作为粉磨介质的磨机,有干式和湿式两种自磨机。图2-37是湿式自磨机构造示意图。

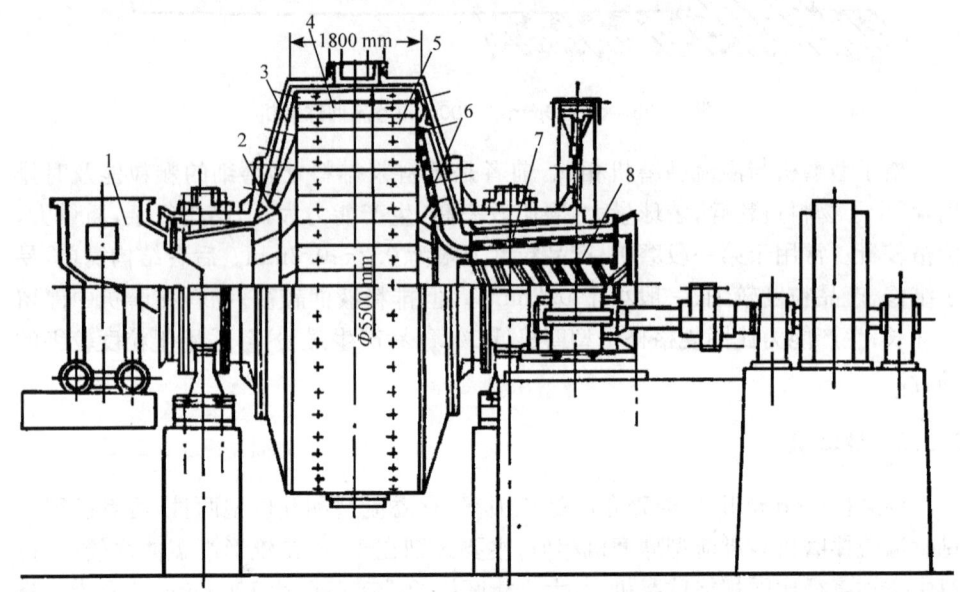

图2-37 Φ5500mm×1800mm湿式自磨机结构示意图
1.给料小车;2.波峰衬板;3.端盖衬板;4.筒体衬板;5.提升衬板;6.格子板;7.圆筒筛;8.自返装置

湿式自磨机筒体的直径与长度之比一般在2.6~4.6之间。端盖为锥形,上面有一圈波形衬板,它对下落物料有弯折作用,使返回粗粒物料抛向筒体中部。排矿端有格子板,以控制排矿粒度。在排矿中空轴内同心装有一个圆筒筛,圆筒筛的排矿端有一返砂勺,圆筒筛内装有反向螺旋返砂管,从格子板孔流出的料浆经过圆筒筛筛出，筛上物由返砂勺推入返砂管，返回磨机内再磨，筛下物经中空轴排出。干式自磨机的构造与湿式自磨机不同，其端盖与筒体垂直。磨细的产品借助气流从磨机内排出。

与球（棒）磨机相比，自磨机的给矿粒度大，一般为 200～300mm，破碎比大，能取代中、细碎及一段磨矿，简化碎磨流程。物料自磨，节省金属消耗，选择性碎磨作用强，过粉碎颗粒少。

当今，世界上安装的最大规格自磨机已达到 Φ12.19m×6.70m（电动机功率为 19 388kW）。我国最大的自磨机为 Φ7.5m×2.8m，功率 2500kW，应用于德兴铜矿。

2.3.4 砾磨机、离心磨机、行星磨机、振动磨机和螺旋搅拌磨机

这里主要介绍以下几种类型的磨机。

（1）砾磨机。砾磨机的构造与格子型球磨机相似，也是通过格子板排矿。由于砾石的密度比钢球低得多，故功率相同的砾磨机其筒体容积比球磨机大得多。砾磨机中设有提升衬板，可以减少砾石滑动，使砾石处于瀑落式工作状态，提高碎磨效率。

早期的磨矿介质是砾石，后来用待磨矿石的合适粒级作磨矿介质，随着自磨机的推广应用，砾磨机也得到新的发展。目前如果磨矿粒度要求较细，常常在自磨机后面配上砾磨机作二段磨。砾磨机用的磨矿介质是自磨机中排出的顽石。这样，既消除了自磨机的顽石积累，大幅度提高自磨机生产效率，又解决了砾磨介质的来源。

（2）离心磨机。该磨机的磨矿室围绕某一固定轴，以某一预先确定的频率和振幅作机械振动，一般是采用 10～12 倍重力加速度的一种离心磨矿方法。作为矿物原料的微细磨矿和超细磨矿，产能效率高。俄罗斯采用 Φ500mm×300mm 离心磨机取代精矿或中矿再磨的常规球磨机，收到了增产和减少泥化的效果。

图 2-38　MZL 卧式行星磨机　　　　图 2-39　MZT 立式行星磨机

（3）行星磨机。我国武汉津江超细粉体有限公司的专利产品 MZL 卧式行星磨机，见图 2-38。磨机由多管磨筒（3～4 个）平行对称地固定在磨筒两端的圆形

架板上。磨机前端采用箱式中心轴传动,磨尾装有行星轮系。磨机启动后,磨筒围绕着共同的中心轴线旋转(公转),同时磨筒又围绕自身轴心旋转(自转),公转与自转运动方向相反。磨筒内研磨体在正反回转速度产生的离心力作用下形成巨大的剪切力和摩擦力,将不断通过的物料研磨、粉碎。该磨机采用质量较小的研磨球体,管体内的介质不受临界转速的约束,可提高生产率和产品质量启动和运转能耗低。MZL 卧式行星磨机属通用磨机,适用于各种物料大产量粉磨和水煤浆生产。2004 年该公司还开发了 MZT 立式行星磨机,见图 2-39,应用于水煤浆生产,成品具有更细的细度,可达 $D_{95}<0.045mm$(325 目)。

图 2-40　4MZD-1200 多功能振动研磨机

(4) 振动磨矿机。见图 2-40,其主轴略微偏心,筒体支承在弹簧上,当主轴旋转时,筒体以 1000～1500 次/分的振动频率振动。主要靠磨矿介质如钢球、钢棒在筒体中作高频率的强烈冲击和研磨作用而将矿料粉碎。它的独特优点是,振动强度(振动加速度)高,为 3～10g(g 为重力加速度);磨介充填率高,可在 65% 以上;单位筒体容积的生产量大;无需采用分级机进行闭路磨矿,生产流程大为简化。主要用作矿物精矿浸出前的微细磨矿和超细磨矿,也可用于水煤浆的生产。

(5) 立式螺旋搅拌磨矿机,又称塔式磨矿机。这是一种对湿式和干式磨矿均有重要意义的超细磨矿设备,它是一种立式筒形球磨机,筒体主轴上装有慢速转动的螺旋搅拌器,搅动筒体内的磨矿介质和被磨矿料产生研磨作用而实现磨矿的。它与常规球磨机比较的特点是,磨矿产品细度为 0.1mm 以下时,单位能耗降低 50%～60%。塔式磨矿机在黄金矿山应用较多,用于金矿浸出前的细磨。在钼矿浮选中用于粗精矿或中矿再磨。

2.3.5　螺旋分级机

螺旋分级机(spiral classifier)多与磨矿机组成闭路工作,借以及时分出粒度合格产品,少数设备用于洗矿或对矿浆脱泥、脱水。机内安装有提升运输沉砂的装置。

螺旋分级机的规格用直径表示。根据螺旋个数可分单螺旋分级和双螺旋分级机。按分级液面的高低,螺旋分级机又分为高堰式、浸入式(或称沉没式)和低堰式三种。

图 2-41 是 Φ2400mm 浸入式双螺旋分级机。它由槽体、螺旋、传动装置和螺旋提升机构组成。槽体是底部呈半圆形的矩形倾斜槽子,下端设有溢流堰,槽中装

有2个螺旋,连续螺旋叶片固定在空心轴上,空心轴支承在上下两端的轴承内,传动装置安装在槽体的上端,电动机经伞齿轮带动螺旋转动。下端轴承安装在提升机构的底部,提升机构可使螺旋下端升降,以调节螺旋离槽底的距离。同时,停车时将螺旋抬起,以防止沉砂沉积埋压螺旋。

螺旋分级机工作时,矿浆从槽的旁侧进入,在槽的下部形成沉降分级区,粗粒沉到槽底被螺旋向上部推送排出。细粒则随矿浆经溢流堰排出。

高堰式分级机的溢流堰高于下端螺旋轴的中心,而低于螺旋叶片的上缘。分级液面的长度不大,液面可直接受到叶片的搅动作用,故适于较粗粒矿石的分级,分级粒度多在0.15mm以上。浸入式分级机的下端螺旋叶片完全浸入在液面以下,分级面积大而又平稳,适于细粒级分级,分级粒度在0.15mm以下。低堰式螺旋分级机,其分级液面低于下端螺旋轴承,液面很小,受搅动作用大,主要用于含泥矿石的洗矿。

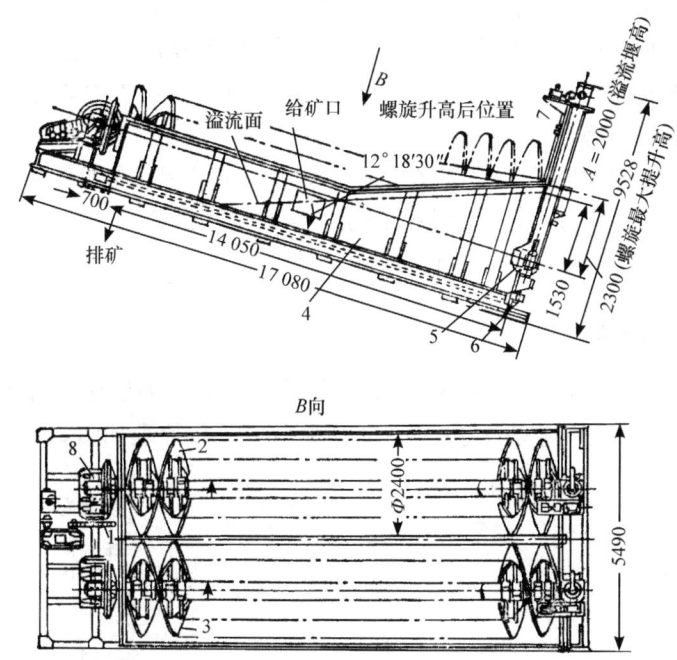

图2-41 Φ2400mm浸入式双螺旋分级机(尺寸单位:mm)
1.传动装置;2.左螺旋;3.右螺旋;4.水槽;5.下部支座;6.放水阀;7.升降机构;8.上部支承

影响分级机工艺效果的因素主要有设备结构、矿石性质和操作条件。设备结构方面,螺旋分级机槽内分级面积的大小是影响分级机处理量和分级粒度的决定性因素。分级面积与溢流体积处理量成正比、与分级粒度成反比。如图2-42所示,当分级槽内的液面长为L,槽宽为B,下端高为h,倾角为α,分级面积为A,则有

$$A = B \times L = \frac{Bh}{\sin\alpha} \qquad (2-2)$$

式(2-2)表明了影响分级面积的参数。生产中能够调整的参数为溢流堰高度 h。习惯上该高度按从下端螺旋轴中心线到溢流堰顶端的斜高计算,对于高堰式分级机为 400~800mm,浸入式分级机为 930~2000mm。

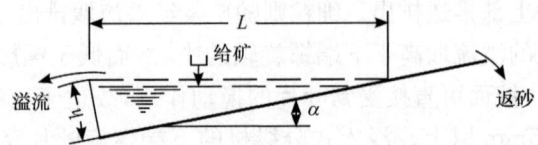

图 2-42 分级面积与斜槽尺寸、倾角的关系

矿石性质对分级的影响,主要表现在矿石密度、粒度组成和含泥量等方面。矿石密度接近正比地影响设备处理能力。给矿粒度组成和含泥量则通过沉降速度和矿浆黏度表现其影响。当给矿粒度细、含泥量大时,颗粒沉速度减小,从而导致设备处理能力降低,同时分级粒度变粗、分级效率下降。所以在给矿的含泥量高时,需预先洗矿脱泥处理。

操作条件方面的影响,分级机在生产中能够调节的因素是给矿浓度,常在磨机排矿口加水调节。实际生产中控制分级机的给矿浓度是控制分级溢流粒度的有效手段。同时,给矿浓度又制约着处理能力。

2.3.6 水力旋流器

水力旋流器(hydrocyclone)的上部呈圆柱形,下部呈圆锥形,圆柱体的中央插入一根溢流管,上部外侧有一与其相切的进浆管。工作原理如图 2-43 所示。

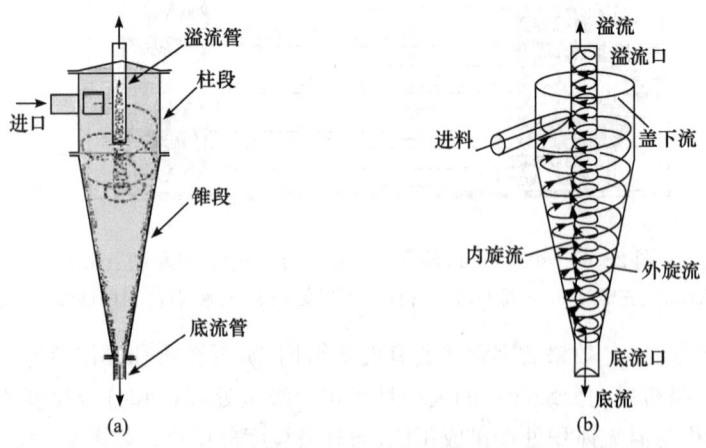

图 2-43 水力旋流器的构造和工作原理示意图

水力旋流器的规格用圆柱体的内径 D(mm)表示。料浆在 0.4～3.5 个大气压作用下,从进浆管沿线方向进入旋流器内,作高速回转运动。在离心力和重力的作用下,粗粒被抛向器壁,向下作螺旋运动,从底部排砂口排出,细粒向器壁运动速度小,被朝中心并向上呈涡流流动的液体携带从溢流管排出。

影响水力旋流器工作的参数大体如下。从设备结构方面来讲,旋流器的直径 D 是主要参数。旋流器的直径对分离粒度和处理量有重要影响,一般而言,矿浆体积处理量 Q 和分离粒度 d_{50} 与水力旋流器直径 D 的大致关系为

$$Q \propto D^2 \tag{2-3}$$

$$d_{50} \propto D^{1/2} \tag{2-4}$$

生产中常用大直径旋流器处理粗粒分级,小直径旋流器处理细粒分级。一般 D 在 350～700mm 之间。当需获得 0.010mm 以下的溢流粒度时,可采用 $D=$ 10～15mm 的旋流器组。

旋流器的给料口面积当量直径 D_f、溢流管内径 d_{ov}、沉砂口直径 d_s 对旋流器工作影响较大。d_s/d_{ov} 称为旋流器的排口比,其倒数 d_{ov}/d_s 称做角锥比,它是影响溢流和沉砂体积产率和分级粒度的重要参数。沉砂口是旋流器中最易磨损的部件,常因磨损而使沉砂口面积变大,造成沉砂量过多,浓度下降。

锥角大小关系到矿浆向下流动的阻力和分级面大小。细分级或脱泥时应当用较小的锥角(10°～15°),粗分级或浓缩时用较大锥角(25°～40°)。

在操作因素方面,给料压力直接影响着处理能力,对分级粒度影响较小。一般来说,采用较高压力(150～300kPa)可获得稳定的操作结果,但带来的问题是磨损增大。给料方式可采用稳压箱或砂泵直接给料,从节能和稳定操作角度看后者效果较好。给料浓度对分级效率有影响。处理微细物料应采取给矿浓度。据云锡公司的经验,当分级粒度为 0.075mm 时浓度以 10%～20% 为宜,而分级粒度为 0.019mm 时,浓度应取 5%～10%。

水力旋流器的优点是:构造简单,廉价,无运动部件,生产率高,占地面积小,分级效率较高;缺点是:磨损较严重,要求给矿浓度、粒度、压力稳定,否则对工作指标影响较大。

水力旋流器广泛用于分级粒度为 0.003～0.25mm 的湿式分级作业,常与二段溢流型球磨机构成闭路磨矿作业,图 2-44 是二段闭路磨矿作业中使用的旋流器组。在大型选矿厂中也有用作与一段球磨机构成闭路磨矿作业。水力旋流器也可用作分级粒度小于 15μm 的浓缩脱水作业,如煤泥脱水和浮选前的矿浆浓缩。此外,还可用于非金属矿物原料如高岭土的分级选别,图 2-45 是用于非金属矿物原料分级的小直径旋流器组。

图2-44 二段闭路磨矿作业中使用的旋流器组

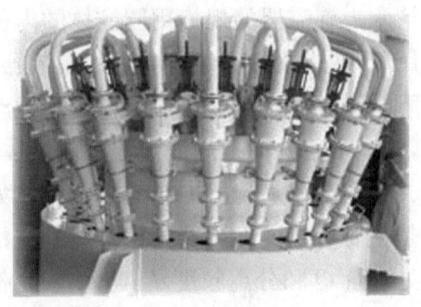
图2-45 小直径旋流器组

2.3.7 细筛

细筛应用于磨矿分级回路中的分级作业,分级效率和精度高,可大幅度降低筛上产物中合格粒级含量,从而降低磨矿分级循环负荷、提高磨机处理能力和减少磨矿产品的过磨泥化。另一方面,筛分过程对筛下产物粒度控制严格,可消除过粗的未单体解离矿粒对精矿质量的不利影响,有利于提高精矿品位。

1. 平面细筛

(1) 击振细筛。图2-46是平面击振细筛结构示意图。它由给料器1、筛面2、敲打装置3、筛框4和筛体5等组成。给料器由一个缓冲箱和一个均分器构成,保证给料稳定而均匀流过筛面。筛面用不锈钢或尼龙材料编成,筛条排列与矿浆流动方向垂直,装有筛面的筛框用弹簧悬挂在筛体上。筛面呈45°~65°安装,筛框背面有击振装置,周期性振动筛子,防止筛孔堵塞。

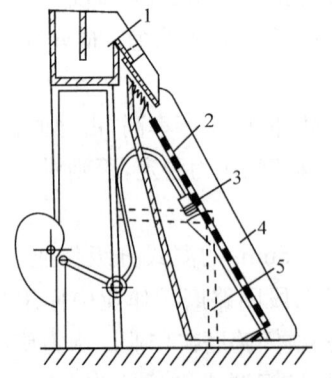

图2-46 平面细筛结构示意图
1. 给料器;2. 筛面;3. 击振装置;4. 筛框;5. 筛体

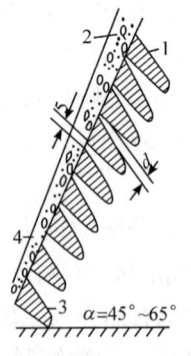

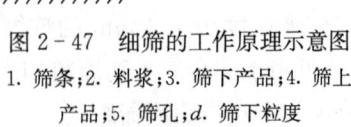

图2-47 细筛的工作原理示意图
1. 筛条;2. 料浆;3. 筛下产品;4. 筛上产品;5. 筛孔;d. 筛下粒度

图 2-47 是平面细筛工作原理示意图。矿浆流均匀地与筛面相切(平行)给入,在矿浆流速 v 与颗粒重力沉降加速度的作用下产生一个合速度 x,当颗粒与筛孔的筛条边棱 k 相遇时,若合速度 x 方向滞后于边棱 k 的后方,颗粒则被筛条"切割"进入筛下,成为筛下物;若合速度 x 方向在边棱 k 的前方,颗粒不被"切割",越过筛孔,成为筛上物。筛下颗粒的大小近似筛孔的水平投影值。分离粒度与筛孔、给矿粒度、给矿量、矿浆流速及边棱的锋利程度等有关。根据实践经验得出分离粒度与筛孔大小关系为

$$d = \frac{1}{2}sk \tag{2-5}$$

式中: d 为分离直径,mm; s 为筛孔尺寸,mm; k 为系数,一般为 $0.75 \sim 1.25$。

这种细筛具有结构简单、磨耗低、生产能力大、分离精度高,便于操作等优点。分级粒度细,可小于 200~325 目。常用作分级设备。

(2) 高频振动细筛。GPS 高频振动细筛由长沙矿冶研究院研制,采用能连续运转的高频振动器振动细筛,并用橡胶弹簧支承筛框来隔振吸声,使用效果比击振细筛好。

(3) MVS 陆凯高频细筛,我国唐山陆凯公司生产,见图 2-48。筛子含三层筛网,包括不锈钢丝工作网、不锈钢丝底网和聚氨酯托网。筛网由电磁激振器带动以 3000 次/米的高频振动而筛体基本不动,同时配有瞬时强振和筛面喷水以辅助合格粒级透筛和清除筛孔堵塞,在我国铁矿选厂应用较多。

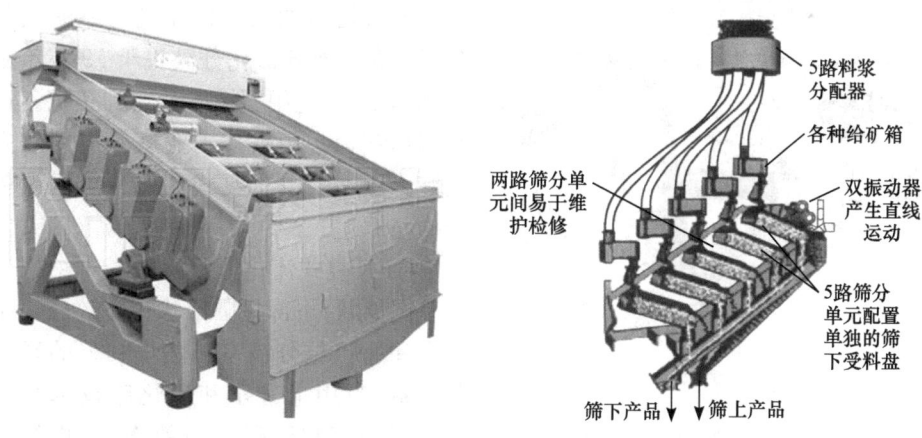

图 2-48 MVS 陆凯高频细筛　　图 2-49 德瑞克重叠式高频振动细筛

(4) 美国德瑞克(Derrick)高频振动细筛,见图 2-49,其结构采用重叠式多路给料,占地面积小,筛分能力高。筛网采用拥有专利的可张紧耐磨防堵聚酯筛网,筛孔尺寸可细达 0.10mm(140 目),筛面开孔率高,可达 35%~45%。我国包钢等

地已应用。

2. 弧形筛

弧形筛的结构和工作原理与平面细筛相似,不同的是筛面呈曲面形,没有敲打装置。矿浆可以自流或加压力沿筛面切向给入。弧形筛按筛面弧度分为45°、60°、90°、180°和270°五种。对于弧度大于等于180°的弧形筛常采用压力给矿。弧形筛的规格以筛面的曲率半径(R)、筛面宽度(B)和弧度(α)表示,即$R \times B \times \alpha$表示。它具有生产能力大,占地面积小,无运动部件,磨损少,从而生产费用低。分级粒度在0.15~0.5mm之间,国内的选煤和水泥工业中应用比较多。

3. 滚筒细筛

将多块细筛筛网装于滚筒上即构成滚筒细筛,其用于与磨矿机配套构成分级回路,克服了平面细筛易堵易坏现象,可将已达细度的磨矿产品尽快分出送入选别作业,较大程度上避免了过磨泥化恶化分选过程的现象,常用于钨、锡矿重选厂。

2.3.8 复式流化分级机

复式流化分级机思路新颖,构想巧妙,设计理念独特,是世界矿物分级专业领域的新技术,也是世界上继螺旋分级机和水力旋流器后的第三代先进可靠的最新分级设备。复式流化分级机于1991年获得德国专利,应用领域不断得到拓宽。在我国本钢歪头山铁矿工业试验应用效果良好。图2-50为复式流化分级机设备结构与原理。

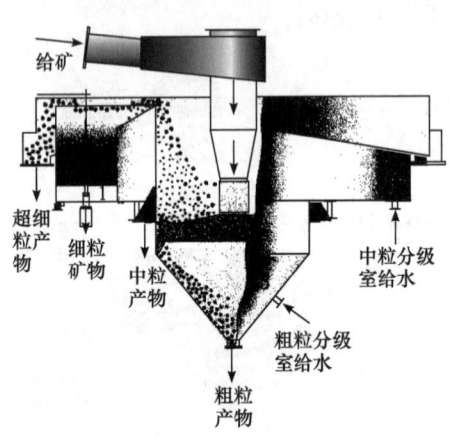

图2-50 复式流化分级机设备结构与原理

AFX复式流化分级机的基本结构上部呈圆筒状,下部呈圆锥状。高效分级是在中间的粗粒分级室和围绕其外的环形分级室,应用上升水和流化床技术来完成,其特点包括:①分级效率高,指标优越。细粒分级室的分级过程是在层流状态下完成,等降因素对分级效率影响很小。②处理量大,电耗低。AFX-2000的矿浆处理量最高达2500m³/h,固体量可达1000t/h,且无运动部件,电耗低。同时可一机多用,1台设备完成两段分级作业,生成3种产物,而且粗粒和细粒物料的分级过程相对独立,可分别进行调节和优化。③包括给水和排料在内的整个运行过程全部自动控制,工艺指标、产物粒度组成稳定。控制系统对给矿性质及参数(如流量、浓度、粒度等)的变化适应性很强,且反应灵敏,调整及时,可确保分级指标。④适应性强。在不改变矿浆体积的前提下,矿石处理量可以在 30% 左右的范围内波动而不会影响分级效率。

2.3.9　影响磨矿分级过程的因素

1. 磨机生产率

磨机的生产率,一般用磨机单位容积处理量来表示。常用的方法为按新生成的级别(一般用 -0.075mm 粒级)计算,见式(2-6)。

$$q_0 = \frac{Q_0(\beta_2 - \beta_1)}{V} \tag{2-6}$$

式中:q_0 为生产中使用的磨机按新生成的级别(一般用 -0.075mm 粒级)计算的单位容积处理量,t/(m³·h);Q_0 为生产中使用的磨机原矿处理量,t/(台·h);β_1 为磨机给矿中小于 0.075mm 粒级的含量,%;β_2 为磨机产品中小于 0.075mm 粒级的含量,%;V 为磨机有效容积。

磨机的生产率与给矿的硬度、给矿的粒度特性和磨矿产品细度有关。给矿粒度愈粗,磨到规定的细度需要的时间愈长,功耗也越多,生产率也较小。由于物料在同等条件下的磨碎能耗大于破碎能耗,所以应推行"多碎少磨"。

磨机的生产率还与研磨介质填充率 φ、磨机结构和工作条件有关。

2. 待磨物料性质的影响

将矿石由某一粒度磨碎至规定粒度的难易程度,称为该矿石的可磨性。不同的矿石具有不同的可磨性。可磨性可以在实验室条件下用不同试验方法进行测定,也就可以用不同的方法表示出来。

可磨性的相对单位表示法,是用相对单位表示待磨矿物与标准矿物的可磨性比值。还可以用绝对单位表示物料的可磨性,即磨机每转一周所产生的产物克数,或用磨机每升容积每分钟产生的产物克数来表示。应该指出,物料的可磨性随测定条件、测定方法及磨矿粒度而不同,这是应用可磨性指标时应该考虑的。

我国和俄罗斯常采用相对可磨性系数来表示矿石的可磨性。欧美国家通常采用测定矿石的磨矿功指数来表示其可磨性,并指导磨机选择设计。

磨机的生产率与可磨性成正比。不同矿石具有不同的可磨性,矿石越硬,可磨性越差,磨机的生产率也越低。反之,矿石软时,可磨性好,磨机的生产率高。

在自磨磨矿过程中,矿石既是被磨对象也是磨矿介质,因此,给矿粒度特性变化对自磨影响极大。若给矿粒度不大及大块比例少,则磨矿冲击力不足,不仅降低磨矿效率,而且容易在磨机中出现顽石积累现象。过大的给矿粒度及过多大块比例,会使磨至规定细度的时间延长,降低磨矿效率。自磨机的最大给矿粒度受磨机规格的限制,一般为250~300mm。为了使自磨机能高效率工作,给矿的粒度组成要适合自磨的需要,而且应保持稳定,因此,自磨机给矿应进行配矿。

给矿的矿物组成对磨矿过程有明显影响,构成矿石的几种矿物的机械力学性质相差越大,越有利于磨碎,特别有利于选择性磨碎。矿石中有黏土质存在时,矿浆黏度增大,介质表面黏着一层粒子,介质的有效性增加;若黏土质含量过多,矿浆黏度过大,介质的冲击力受到缓冲,有效性反而降低。自磨中矿石的成分和密度有明显影响,密度大,作为介质的冲击力大,有利提高磨矿效率。

3. 磨机结构的影响

不同类型的磨机,其性能不同,生产能力也不同。格子型球磨机的排矿端设有格子板,能及时排出合格产品,磨矿效率较高。通常,在规格相同的情况下,棒磨机的生产率比格子型球磨机的小15%,比溢流型球磨机的小5%左右;溢流型球磨机比格子型的小10%~15%。

同类型的磨机,其功率消耗及生产率与直径和长度有一定的函数关系。磨机的直径影响矿浆的流动路线及通过能力,长度影响磨矿时间,即影响磨矿细度,磨机的长度与直径之比应适宜。国产球磨机的长度与直径之比为0.78~2,棒磨机为1.5~2,过去自磨机的径长比为3.3左右,现在有增大长度的趋势。大型磨机利用系数(比生产率)高,筒体质量与介质质量之比小,克服摩擦阻力所耗的功也较小,在处理矿石量相同的情况下,大型磨机台数少,占地面积小,看管方便,磨矿成本低,所以大规模的工厂趋向使用大型磨机。衬板形状影响介质运动状况,不平滑衬板的生产率比平滑衬板的大。衬板过厚会降低磨机的有效容积,从而降低磨机的生产率。衬板磨损后,磨机直径增大,这时若不增加装球量,则介质填充率显得偏低,使生产率减小,此时应适当增加装球量,以增加生产率。

4. 磨机工作条件的影响

磨机工作条件包括磨机的转速、介质填充率和介质补加制度、磨矿浓度和分级机的工作情况等。

(1) 磨机的临界转速 n_c 和转速率 ψ。如图2-51,研磨介质在磨矿机中的运动形态基本上有三种,主要与筒体转速、介质充填率和衬板摩擦系数有关。

磨矿机在泻落式工作状态下,研磨介质从筒体的上部下落到底部时的冲击作用较小,物料主要由研磨介质互相滑动时产生压碎和研磨作用而粉碎。棒磨机和管磨机通常在泻落式运动状态下工作。磨矿机在抛落式工作状态下,物料主要靠研磨介质群落下时产生的冲击力而粉碎,同时也靠部分研磨作用。球磨机就是在抛落式状态下工作的。随着磨矿机旋转速度的进一步提高,研磨介质也就随着筒壁上

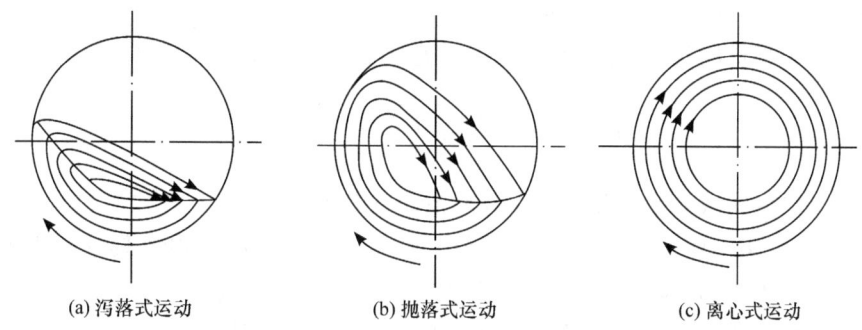

图 2-51 研磨介质在磨矿机中的运动形态

升得更高。当磨矿机旋转速度超过一定值时,研磨介质就在离心力的作用下不脱离磨矿机筒壁。磨矿机在研磨介质作离心式运动状态下工作,就不产生磨矿作用。因此,离心式运动状态是应该避免发生的。

如图 2-52,当磨机以线速度 v 带着钢球升到 A 点时,由于钢球质量 G 的法向分力 N 和离心力 C 相等,钢球即作抛物落下。如果磨机的速度增加,钢球开始抛落的点也就提高。到了磨机的转速增加到某一值 v_c,离心力大于钢球的质量,钢球升到磨机顶点 Z 不再落下,发生了离心运转。由此可见,离心运转的临界条件是

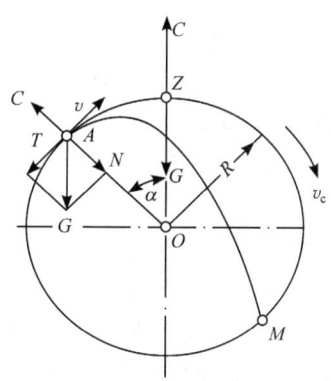

图 2-52 球磨机内钢球
运动受力分析

$$C \geqslant G \tag{2-7}$$

令 m 为球的质量,g 为重力加速度,n 为磨机每分钟的转数,R 为球的中心到磨机中心的距离,α 为球脱离圆轨迹时连心线 OA 与垂直轴的夹角。当磨机的线速度为 v,钢球升到 A 点时,$C=N$,即

$$\frac{mv^2}{R} = mg\cos\alpha \tag{2-8}$$

因为 $v = \pi R n$,$\pi = 3.1614$,$g = 9.81 \text{m/sec}^2 \approx \pi^2$,代入得到

$$n = \frac{30}{\sqrt{R}}\sqrt{\cos\alpha} \text{ (转/min)} \tag{2-9}$$

当转速为 v_c;相应的每分钟转数为 n_c 时,钢球上升到顶点 Z,不再落下,发生了离心化。n_c 称为磨机的临界转速。此时,$C=G$,$\alpha=0°$,$\cos 0°=1$,从而

$$n_c = \frac{30}{\sqrt{R}} = \frac{42.3}{\sqrt{D}} \text{ (转/min)} \tag{2-10}$$

式中：D 为磨机直径（m），$D=2R$。

设 n 为磨机的实际转速，它和临界转速 n_c 的比值叫做转速率 ψ，即

$$\psi = \frac{30}{\sqrt{R}}\sqrt{\cos\alpha} \bigg/ \left(\frac{30}{\sqrt{R}}\right) = \sqrt{\cos\alpha} \qquad (2-11)$$

角 α 标志钢球开始抛落时已升到的位置，叫做脱离角。公式（2-11）指出，转速率愈高，脱离角愈小，钢球上升到的位置愈高。当脱离角为 0°时，转速率为 1，即实际转速已等于临界转速，钢球到了磨机的顶点，要开始离心化了。

用磨机内最外层球具有最大落下高度来推导磨机转速，可导出 $\alpha = 54°44'$，此时

$$\psi = 76\% \qquad (2-12)$$

设想磨机内全部球荷的质量集中在某一层球，此层球可代表全部球荷。它的球层半径 R_0 就是全部球荷绕磨机中心 O 作圆周运动的回转半径，可根据扇形对点的极转动惯量半径的求法求得。用球荷质量中心层（R_0 具有最大落下高度）来推导磨机转速，可导出

$$\psi = 88\% \qquad (2-13)$$

在临界转速以内工作时，当介质填充率一定时，随着转速率增加，磨机内的介质将由泻落式转为抛落式，磨机消耗的功率逐渐增大，生产率也逐渐增加，而且有一对应最大有用功率（生产率也最大）的转速率。适当提高转速率是提高生产率的措施之一，但提高转速率，磨损加剧，振动也会出现，应考虑传动部件的强度及电机负荷等情况。目前磨机制造厂规定的球磨机转速率大致在 66%～85%，从单位能耗具有最大生产能力的观点看转速率在 65%～78%为宜。

棒磨机和管磨机通常在泻落式运动状态下工作，转速率大约在 50%～70%。

自磨机的转速较高时，物料的抛射作用和冲击力强，有利于大、中颗粒的破碎，但研磨作用较小。通常自磨机的转速率为 70%～80%，砾磨机的转速率常为 77%～85%。

(2) 研磨介质填充率 φ 和料球比 φ_m。研磨介质充填率是指磨机静止时磨机内研磨介质的几何容积（包括介质间空隙在内）占磨机有效容积的百分数。如图 2-53，当

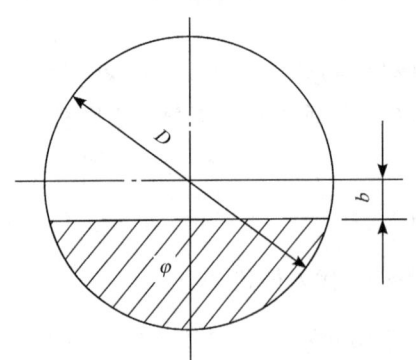

图 2-53　研磨介质填充率 φ 的计算

工作磨机静止时，研磨介质将自动堆积在磨机筒体下部，此时测定研磨介质表面层的到磨机中心线的高差 b，再代入式（2-14）即可求出磨机的实际研磨介质充填

率 $\varphi(\%)$ 值。

$$\varphi = 50 - 127 \frac{b}{D} \qquad (2-14)$$

研磨介质充填率反映研磨介质在磨机中充填量的多少。对于不同的磨矿方式、磨机结构、操作条件和研磨介质形状，研磨介质充填率均有一适宜范围，过高或过低，均影响磨矿效果。不同转速率有不同的极限装球率，装球过多时中心部位的球只作蠕动，不能有效工作。通常球磨机的装球率为 40%～50%，棒磨机为 35%～45%。自磨机的磨矿介质是矿石本身（为了破碎难磨粒子可加少许钢球），填充率过大，不但生产率下降，而且还会出现"涨肚"现象，通常填充率为 25%～40%。砾磨机的填充率为 43%左右。

料球比 φ_m 是指磨机内物料体积 V_m 与研磨介质体积 $V_介$ 之比。

$$\varphi_m = V_m/V_介 \qquad (2-15)$$

棒磨机和球磨机都应有适宜的料球比。料球比太小，说明磨机中被磨物料太少，这不仅会降低磨机处理量，而且还增加介质之间、介质与衬板之间的直接冲击和研磨，从而增加无益的钢耗；料球比过大，说明磨机中物料过多，这会影响研磨介质的运动和物料在磨机中的流通，从而也会降低磨机处理量。适宜的料球比根据被磨物料性质及其他磨矿作业参数（例如介质充填率、磨机转速率、研磨介质尺寸配比、矿浆浓度等）来决定。通常适宜的料球比约 0.8～1.6；棒磨机略高些。

(3) 合理配球与合理补球。荷量一定时，直径小则个数多，球落下的打击次数多，研磨的面积也大，但每个球的打击力小；直径大则个数少，球落下的打击次数少，研磨面积也少，但每个球的打击力较大。磨粗粒物料宜用大球，磨细粒物料宜用小球，物料中有粗细不等的各个粒级，应配以直径不同的钢球，且各种球的质量比例应与适合于它磨细的那一粒级物料量的比例相当。矿粒直径 d(mm) 与其所需要的钢球直径 D(mm) 之间的关系可用 F.C. 榜德公式计算

$$D = 25.4\sqrt{d} \qquad (2-16)$$

表 2-3 是可供参考的实际资料。

表 2-3　钢球直径 D(mm) 与给矿粒度直径 d(mm) 之间的关系

钢球直径 D/mm	120	100	90	80	70	60	50	40
适合处理的矿粒直径 d/mm（东北某些厂）	12～18	10～12	8～10	6～8	4～6	2～4	1～2	0.3～1
适合处理的矿粒直径 d/mm（云南某些厂）	20	10	7.5	5	2.5	1.2	0.6	0.3

最初装球时的合理配球计算，一般可按下列步骤进行：①测定分级机的返砂比，并将球磨的新给矿和返砂进行筛析，计算出球磨机的全给矿的粒度组成，作为计算钢球直径的原始资料。②从全给矿的粒度组成中，扣除不需要再磨细的粒级，再把剩余的粒级换算出新的百分率。然后把新换算出的百分率适当地分为几组，每一组都按公式(2-16)和表 2-2 找出应当用的钢球直径，并确定各种球的比例。各种直径球的质量分数，大致和计算它们所根据的各组矿粒百分率相当。③根据已求出各种球的比例和应装入球的总质量，计算各种球的装入质量。

现在用东北某铜矿为例列表计算如表 2-4，例题中的返砂比是 300%。

表 2-4　最初加球计算表（返砂比为 300%）

粒度 /mm	新给矿筛析 粒级分布率/%	返砂筛析 粒级分布率/%	全给矿筛析 累积粒级分布率/%	扣去小于 0.147mm 后换算出的新筛析 粒级分布率/%	累积粒级分布率/%	钢球的筛析 直径/mm	粒级分布率/%	累积粒级分布率/%
12	49.5	—	$\frac{49.5}{4}=12.375$	17.90*	17.90	100	15	15
10	26.5	—	$\frac{26.5}{4}=6.625$	9.50	27.40	80	15	30
8.6	4.0	—	$\frac{4.0}{4}=1.0$	1.44	24.44			
6.4	15.0	—	$\frac{15.0}{4}=3.75$	5.42	34.26	70	10	40
4.0	6.0	—	$\frac{5.0}{4}=1.25$	1.80	36.06			
0.991	—	20.0	$20\times\frac{3}{4}=15.00$	21.70	57.76	60	15	55
0.47	—	11.0	$11\times\frac{3}{4}=8.25$	11.90	69.66	50	15	70
0.295	—	16.7	$16.7\times\frac{3}{4}=12.525$	17.98	87.64	40	15	85
0.206	—	9.3	$9.3\times\frac{3}{4}=6.975$	10.16	97.80	30	15	100
0.147	—	2.0	$2.0\times\frac{3}{4}=1.50$	2.20	100.00			
<0.147	—	41.0	$41.0\times\frac{3}{4}=30.75$	—				
合　计	100.00	100.00	=100.00	100.00				

* 本列数据的算法，例如

$$17.90=\frac{12.375}{100-30.75}$$

由该例子，最初应装入七种球，它的效果比只装入二、三或四种球都好。但某些选矿厂总结最初装球的经验时，也提出了另一种主张，只需装三或四种，理由是球的种类多了将增加管理和操作的复杂性。

磨矿时，磨矿介质被磨损，其量逐渐减少，必须定时添加几种尺寸的球，以保持介质量和原来的配球比稳定不变。一般是在磨矿机工作正常时,停下磨机,清理测定称量磨机内的钢球,算出其粒级分布,找出各级别钢球的磨损规律,再计算并结合经验调整。

(4)圆柱形或圆台形钢锻磨矿介质。在水泥工业中广泛应用圆柱形钢锻磨矿介质,见图2-54。某些金属矿山选矿厂也曾应用圆台形钢锻磨矿介质,或将钢球与圆台形钢锻磨矿介质混合使用,可提高磨矿效率。

(5)磨矿浓度。磨矿浓度对磨矿影响也较大。浓度通常用磨机中矿石的质量占整个矿浆质量的百分数来表示。矿浆愈浓,黏性愈大,流动性较小,通过磨机的时间较长。在浓矿浆中,介质受到的浮力较大,它的有效密度较小,打击效果也较差。浓矿浆中的固体颗粒较多,物料被打击的概率大。稀矿浆的情形则相反。磨矿浓度一般通过调节入磨补加水量来调节,一般添加在分级机返砂口,见图2-55。

图2-54 圆柱形钢锻磨矿介质

图2-55 磨矿过程补加水的调节和对过程的影响

浓度对不同类型的磨机的影响不同。矿浆浓度愈浓,其中粗粒沉降愈慢,溢流型磨机排矿的粒度则愈粗。浓度对格子型磨机的影响较小。矿浆浓度随矿石性质而定,给矿粗、硬度大、密度大的矿石应当用高浓度,中等转速的磨机,粗磨矿(产品粒度>0.15mm)或磨密度大的矿石,浓度较大,约75%~82%,细磨矿(产品粒度0.1~0.075mm)或磨密度较小的矿石时,浓度应低一些,约为65%~75%。磨机转速高时矿浆浓度应稍低些。自磨矿浆浓度较球磨和棒磨低些,一般为70%左右,细粒自磨为66%左右。

(6) 分级循环返砂比

与磨机成闭路工作的分级机对磨矿过程的影响很大。分级效率高,磨机生产率也高。返砂少了起不了多大作用,返砂太多会使磨机阻塞。球磨机的返砂比为 100%～400%,常为 200%～350%,棒磨机的返砂不超过 200%,一般为 150%～200%。分级循环返砂比一般通过调节磨机排矿补加水量来调节,见图 2-43。

磨机给矿应连续均匀,给矿量少时,磨机内空打现象多,磨损大,过粉碎严重。给矿过多时,易形成磨机"胀肚"。

干式磨矿时,磨机中产品的运输及产品粒度控制均由风力完成,同时,风还能冷却机内物料,改善物料的可磨性,及时排出机内的水蒸气,降低格子板和筚子板堵塞。风量大,单位时间输送的物料多,产量高,产品也随之变粗。对干式自磨,过大的风量可能扰乱物料的运动轨迹,影响物块下落的动能,从而降低生产能力。

以上诸因素中,一般矿石的可磨性是不改变的,磨机一经制造出来其结构参数也是固定的,通常只有磨机的工作条件是可以改变的。

2.3.10 磨矿分级工艺流程

1. 球磨、棒磨流程

由磨碎或磨碎与配套工作的分级组成磨矿段。分级按作用分为预先分级、检查分级和溢流控制分级。预先分级的目的是将磨碎给料中的合格粒级预先分出来,以免造成过粉碎;检查分级是将磨碎产品中不合格粒级分出来,返回磨机再磨,以保证产品细度符合要求;溢流控制分级是对前一检查分级的溢流再分级,以获更细的溢流,从而更严格控制分级粒度。

影响磨矿段数的因素主要有:物料的可磨性和矿物的嵌布特性,磨机给料粒度,磨碎产品的要求粒度,生产规模,砂和泥分别处理的必要性,及进行阶段分离的必要性等。实践证明,对选矿而言,采用一段或两段磨矿,便可经济地把矿石磨至选别所需要的任何粒度。两段以上的磨矿,通常是由进行阶段选别的要求决定的。

一段和两段磨矿流程相比较,一段磨矿流程的主要优点是:设备少,投资低,操作简单,不会因一个磨矿段停机影响到另一磨矿段的工作,停工损失小。但磨机的给矿粒度范围宽,合理装球困难,不易得到较细的最终产物,磨矿效率低。当要求最终产物最大粒度为 0.2～0.15mm(即 60%～70%-200 目,参看表 2-2)时,一般都采用一段磨矿流程。小型工厂,为简化流程和设备配置,当磨矿细度要求 80%-200 目时,也可用一段磨矿流程。

一段磨矿流程有如图 2-56 所示几种形式。(a)为一段开路磨矿流程,该流程的产品粒度范围宽且效率不高,除对产品粒度要求较粗的情况,或采用棒磨机一段开路外,一般很少采用。(b)为一段闭路磨矿加预先分级流程,只有当磨机给料中合格粒级在15%以上时才采用。(c)是应用最广泛的一段闭路磨矿流程。当要在一段磨矿条件下得到较细的产物,对产品细度要求严格,将采用带控制分级的闭路流程(d)。

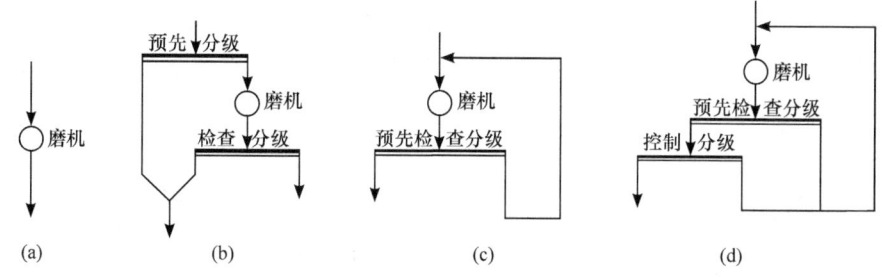

图2-56 一段磨矿流程

图2-57是陕西金堆成钼业公司20000 t/d百花岭选矿厂的一段闭路磨矿作业所使用的MQG Φ3600mm×4000mm格子型球磨机与双螺旋分级机。

图2-58是我国最大的选矿厂:江西铜业公司德兴铜矿60000 t/d大山选矿厂的一段闭路磨矿作业所使用的Φ5.5m×8.5m球磨机和Φ660mm×6水力旋流器机组。

图2-57 金堆成钼业公司2万吨/d百花岭选矿厂 Φ3600mm×4000mm球磨机与双螺旋分级机

图2-58 德兴铜矿6万吨/d大山选矿厂 Φ5.5m×8.5m球磨机和Φ660mm×6水力旋流器组

两段磨矿的突出优点是能够得到细的产品,能在不同磨碎段进行粗磨和细磨,特别适用于阶段处理。在大、中型工厂,当要求磨碎细度小于0.15mm(即80%-200

目,参看表2-2)时,采用两段磨矿较经济,且产品粒度组成均匀,过粉碎现象少。

根据第一段磨机与分级机连接方式不同,两段磨矿流程可分为三种类型:①第一段开路;②第一段全闭路;③第一段局部闭路,第二段总是闭路工作的磨矿流程。

第一段开路的两段磨矿过程,应用较广的几种形式如图2-59所示。该类流程的优点在于没有溢流再分级,所需分级面积较小,没有两段料量的分配问题,调节较简单。第一段磨碎采用棒磨时,破碎流程可以不闭路。同时磨矿产品的粒度组成分布也会较好。图2-60是我国最大的镍矿甘肃金川有色金属公司选矿厂的棒磨-球磨配置。

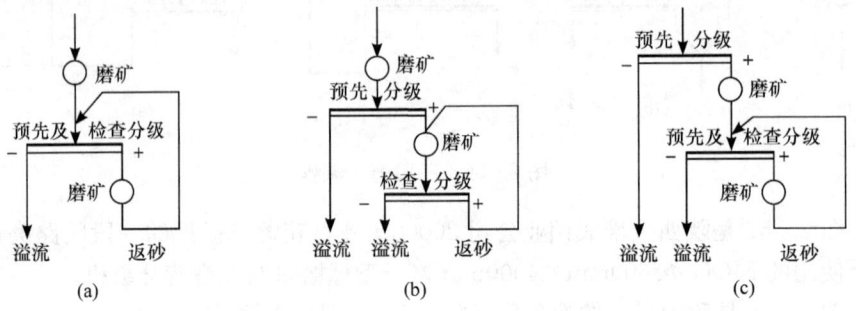

图2-59 第一段开路的两段磨矿流程

图2-60 金川公司6000t/d二选车间的Φ2700mm×3600mm
棒磨机-Φ2700mm×3600mm球磨机配置

在水泥等非金属行业,第一段也可采用锤式破碎机(干式系统),其缺点是:第二段磨机容积大于第一段;由于第一段开路,产品粒度粗,浓度大,必须用较陡的自流运输溜槽,或专门的运输装置,才能将第一段的排料传送到第二段磨机。一般该类流程产物中 -0.075mm 平均含量只能达到65%左右。

第一段全闭路的两段磨矿流程,常见形式如图 2-61 所示。这类流程常用于处理硬度较大,矿物嵌布粒度较细的矿石,以及要磨碎细度小于 0.15mm 的大、中型工厂,产品粒度能达到 -0.075mm 占 80%～85%。该流程的优点是可以实现细磨,两段磨机可安装在同一水平,设备配置较第一段开路时简单。缺点是两段之间负荷难平衡,总分级面积大,设备投资较高。

第一段局部闭路的两段磨碎流程,常用形式如图 2-62 所示。该类流程的优点是没有两段间的负荷分配问题,调节简单,各段均得到任何数量的循环负荷;产品较两段全闭路流程粗。缺点是第一段的物料向第二段运输较困难。

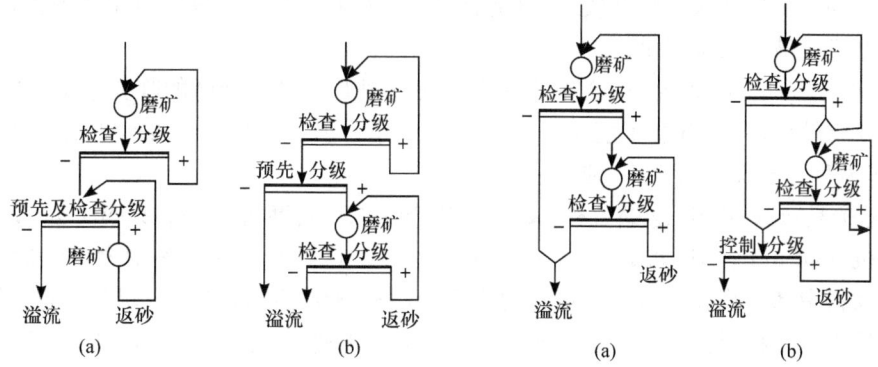

图 2-61 第一段全闭路的两段磨碎流程　　图 2-62 第一段局部闭路的两段磨碎流程

2. 自磨流程

自磨工艺有干磨和湿磨两种。选矿厂多采用湿磨。为了解决自磨中的难磨粒子问题,提高磨碎效率,在自磨机中加入少量钢球,这时称为半自磨。

自磨常与细碎、球磨、砾磨等破磨设备联合工作,根据其联结方式可组成很多种工艺流程,常用的湿式自磨流程有(a)～(f)共 6 种,图 2-63 示出了(a)～(c)。

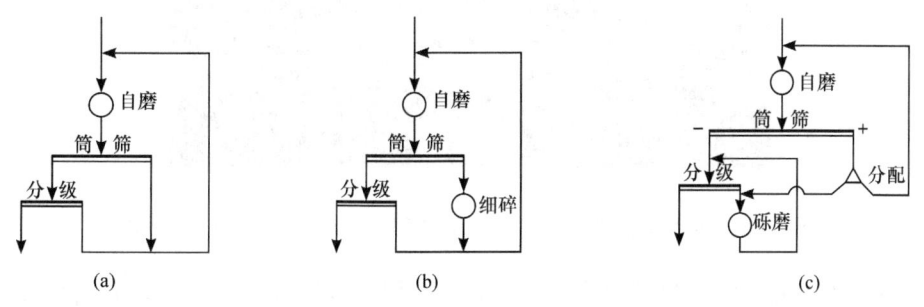

图 2-63 常用湿式自磨流程

(a) 为一段闭路自磨(半自磨)流程。通常自磨排料分级,除设有检查分级外,还带有控制分级。检查分级的设备为筛分机和螺旋分级机,控制分级设备为水力旋流器和螺旋分级机。这种流程简单,产品粒较粗,－0.075mm 占 60% 左右。当磨碎中硬以下矿石,且产品粒度要求较粗时,可以采用该工艺流程。

(b) 是自磨-细碎流程。该流程的特点是将自磨中的难磨粒级引出破碎,消除它在循环负荷中积累,提高磨机生产能力和降低能耗,因而适合磨碎易产生顽石的矿石。

(c) 是自磨-砾磨流程。该流程的产品粒度大致与常规两段磨矿流程相当,适合于处理有用矿物嵌布粒度较细,且适合自磨的矿石。第二段砾磨机用的砾石,可由自磨机或破碎系统提供。

(d) 是自磨-球磨流程。当物料的性质处于适用自磨与球磨的临界值上,产品粒度要求较细,一段自磨不能满足产品细度要求,同时,不能产生足够数量的"砾石"作为第二段砾磨的介质,则可采用此流程。

(e) 是自磨-细碎-球磨流程,又称 ABC 流程(A,自磨机,autogeneous mill;B,球磨机,ball mill;C,圆锥破碎机,cone crusher)。其特点是在回路中增设细碎机破碎物料中部分临界顽石。该流程适用于处理浸染粒度细,硬度大,韧性强的物料的大型工厂。物料性质变化不会对流程引起较大的被动,生产稳定,各设备都能发挥其最大效益。德兴铜矿泗洲选矿厂有一个系列采用了 ABC 流程,图 2-64 为其中的 $\Phi 7.5 \text{m} \times 2.8 \text{m}$ 自磨机,生产能力为 5000t/d。

图 2-64　德兴铜矿泗洲选矿厂 ABC 流程中的 $\Phi 7.5 \text{m} \times 2.8 \text{m}$ 自磨机

(f) 是自磨-细碎-砾磨流程,又称 APC 流程(P,砾磨机,pebble mill)。其特点是:在流程中增设细碎破碎机破碎回路中的过量砾石以及消除返回自磨的物料中小于砾石尺寸的难磨粒子,细碎机的破碎产品返回自磨机。适用于处理硬度较高,结构致密,有用矿物嵌布很细的物料。

3. 高压辊压(磨)工艺流程

与传统的碎磨工艺相比,高压辊压(磨)工艺能提高能量利用率,降低能耗,同时提高系统的生产能力。根据高压辊压机在粉磨系统中的位置、给料特点和排料去向,高压辊磨流程主要有四种类型:预压流程、终压流程、半终压流程和混合压流程。

(1) 预压流程。图 2-65(a)是预压流程。高压辊压机(见图 2-14)布置在球磨前面,其给料或者全是新给料,或者再返回高压辊压机中一部分已挤压过的物料,其产品(料坯)进入球磨机,球磨机与分级设备构成闭路。

(2) 终压流程。图 2-65(b)是终压流程。该流程的明显特点是高压辊压机是粉磨系统中唯一的粉磨设备。新料送入高压辊压机,从高压辊压磨机产出的料坯,通过专门的打散设备进行分散后,进入分级机分级,分出合格产品。分级后的不合格物料返回高压辊压机进行循环闭路粉磨。

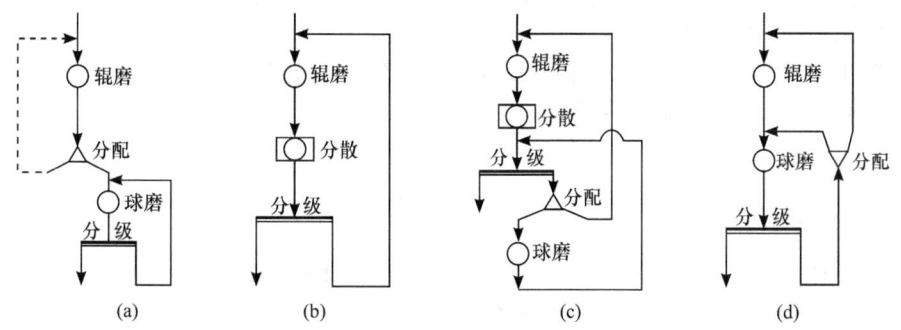

图 2-65 常用高压辊压(磨)流程

(3) 半终压流程。半终压流程中高压辊压机配置在球磨机回路内。新给料经高压辊压机辊压后,料坯经分散作业后进入选粉机,分出合格产品,分级后的不合格粗粒物料一部分返回高压辊压机,一部分则进入球磨机,球磨机亦需与分级机成循环闭路。图 2-65(c)是半终压流程一种形式。

(4) 混合压流程。如图 2-65(d),混合压流程中,高压辊压机配置在球磨机回路内,新给料送入高压辊压机辊压,其排料坯进入球磨机再磨,球磨机排料送选粉机分级,分出合格产品后,粗粒物料一部分返回高压辊压机,一部分返回球磨机。

习 题

1. 粉碎在工业中的主要作用是什么?粉碎作业如何分类?

2. 粉碎过程的基本原则有哪些?
3. 什么是粉碎比? 部分粉碎比和总粉碎比的关系如何?
4. 破碎为什么要分段进行?
5. 粗碎作业使用什么类型的破碎机? 试比较颚式破碎机和旋回破碎机的结构与工作原理。
6. 简述中碎、细碎圆锥破碎机的结构和工作原理。
7. 高压辊压设备的特点和其应用于碎磨作业中的优势如何?
8. 筛分在破碎作业中有何作用? 试简要画图说明自定中心振动筛的结构和工作原理。
9. 画出选矿生产中常用的破碎流程。
10. 简述球磨机的基本结构和工作原理。
11. 简述自磨机的基本结构、工作原理和使用范围。
12. 分级在磨矿作业中有何作用? 试简要画图说明螺旋分级机、水力旋流器的结构和工作原理。
13. 细筛应用于闭路磨矿分级过程有何特点和优势? 细筛的工作原理如何?
14. 影响磨矿分级的主要因素有哪些? 试说明球磨机下列工作参数的意义:①临界转数;②工作转数;③研磨介质填充率;④磨矿浓度;⑤分级循环返砂比。
15. 球磨机为什么要进行初装球合理配球和工作阶段合理补球? 举例说明最初装球时的合理配球计算步骤和公式。
16. 常用的磨矿流程有哪些? 如何根据工艺要求选择确定磨矿流程?
17. 自磨 ABC 流程的结构和应用特点如何?

参 考 文 献

李本辉等. 1997. 双腔回转破碎机———一种新型细碎设备. 冶金矿山设计与建设,29(2):51~54
李启衡. 1980. 破碎与磨矿. 北京:冶金工业出版社
刘常诗等. 1994. 选矿厂设计. 北京:冶金工业出版社
王淀佐,邱冠周,胡岳华. 2005. 资源加工学. 北京:科学出版社
王耀华等. 1989. 选矿厂设计. 北京:冶金工业出版社
吴一善. 1993. 粉体学概论. 武汉:武汉工业大学出版社
曾凡等. 2001. 矿物加工颗粒学. 徐州:中国矿业大学出版社
中国冶金百科全书编辑委员会. 2000. 中国冶金百科全书・选矿卷. 北京:冶金工业出版社
周龙廷. 1999. 选矿厂设计. 长沙:中南工业大学出版社
邹健等. 2006. AFX-100 复式流化分级机的开发及工业试验研究. 金属矿山,3:32~36

第3章 重选及复合物理场分选设备与工艺

重选(gravity concentration)适用于密度差异较大的不同物料颗粒间的分离。利用重选方法对物料进行分选的难易程度可简易地用待分离物料的密度差判定,即

$$E = \frac{\delta_2 - \rho}{\delta_1 - \rho} \tag{3-1}$$

式中:E 为重选可选性判断准则;δ_1 为轻物料的密度;δ_2 为重物料的密度;ρ 为介质的密度。

一般认为,当 $E > 2.5$ 时,属极易选;$2.5 > E > 1.75$ 时,易选;$1.75 > E > 1.5$ 时,可选,$1.5 > E > 1.25$ 时,难选;$E < 1.25$ 时,极难选。

重选的优势在于能够低成本地处理各种粒度的矿石,处理粗粒(大于 25mm)、中粒(25~2mm)及细粒(2~0.075mm)矿石的设备,其处理能力大、能耗少而且造价一般较低,故在可能条件下均乐于采用。处理微细粒级(小于 0.075mm)的重选设备处理能力低,分选效果差,但在其他选矿方法难以奏效时,重选仍是可用的方法。

在选矿生产中重选的应用大致有如下几方面:①进行矿石的预选,在粗、中粒以至细粒条件下提早选出部分最终尾矿,以减少细磨深选的矿量,降低生产费用;②分选含高密度矿物的矿石如黑钨矿、锡石、稀有金属(铌、钽、钛、锆等)、贵重金属、铁锰矿石等,同时也是分选低密度矿物如煤的主要方法;③与其他选矿方法如浮选、磁选组成联合流程,进行粗、细粒分选或综合回收有用成分;④作为其他选矿工艺的补充作业,回收伴生的重矿物或对主要成分进行补充回收。重力选矿的应用范围目前还在继续扩大,在工业废渣处理、环境工程中也有它的用场。

3.1 重选设备

3.1.1 水力分级

1. 概述

分级(classification)是根据颗粒在介质中沉降速度的不同,将宽级别粒群分成两个或多个窄级别粒群的作业。分级和筛分的作业目的一样,均是要求按粒度差分离。但筛分是按筛孔的几何尺寸分开,而分级则是按颗粒的沉降速度差分开。若原料中含有不同密度的颗粒,受等降性的影响,分级产物的粒度是不会均匀的。

分级产物的粒度常以该粒级中最大与最小的颗粒尺寸量度,例如－1＋0.5mm。有时也用某特定粒级的含量表示(例如－0.075mm 占 80％)。分级的界限尺寸常用实际产物在沉砂和溢流中数量分配率各占 50％的某极窄粒级的尺寸表示,称做分离粒度,写成 d_{50}。

分级主要用于处理细粒和微细粒级,因为此时筛分作业效率不高,故用分级代替。分级主要用于:①在某些重选作业(摇床、溜槽等)之前,将入选原料分成窄粒级,以便于选择适宜操作条件,此时分级产物的粒度特性将有助于进行析离分层;②与磨矿作业组成闭路工作,及时将粒度合格的颗粒分出,减少过磨现象;③对原料或选矿产品脱泥或脱水;④测定微细物料(－0.075mm)的粒度组成,即进行水力分析。

2. 云锡式分级箱

该种设备用在重选厂将原料分成多个粒级,以便实行分级入选。结构见图 3-1,外观呈倒立的角锥形,底部的一侧接有压力水管,另一侧设沉砂排出管。分级箱常是 4～8 个串联工作,中间用流槽连接起来,箱的上表面($B×L$,mm×mm)尺寸有 200×800、300×800、400×800、600×800、800×800 等 5 种规格。主体箱高约 1000mm,安装时由小到大排列。

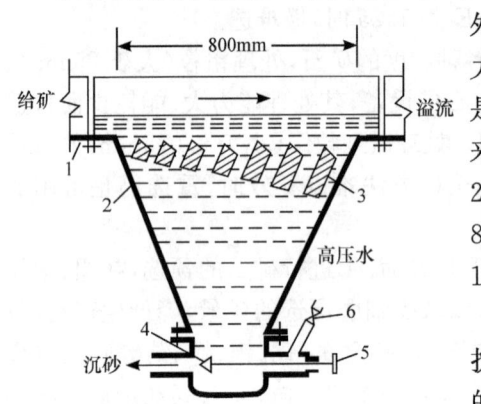

图 3-1 云锡式分级箱示意图
1. 矿泥溜槽;2. 分级箱;3. 阻砂条;
4. 砂芯塞;5. 手轮;6. 阀门

为了减小矿浆进入分级箱内引起的扰动,并使箱内上升液流均匀分布,在箱的上表面垂直于流动方向安有阻砂条,阻砂条缝隙宽约 10mm。从矿浆中沉落的矿粒经过阻砂条的缝隙时,受到上升水流的冲洗,细颗粒被带到下一个分级箱中,粗颗粒在分级箱内大致按干式沉降规律分层,最后由沉砂口排出。沉砂的排出量用手轮旋动砂芯来调节。给水压力应稳定在 300kPa 左右。用阀门控制给水量,从首箱至末箱依次减小。

分级箱通常一对一地配置在摇床上方,同时担负着分配矿量的任务。通常调节沉砂量,达到在数量上和浓度上均适应摇床分选的要求。云锡式分级箱的优点是结构简单、不耗动力、可与摇床配置在同一台阶上和便于操作。缺点是耗水量较大(5～6m^3/t),矿浆在箱内易受扰动,分级效率低。该设备适用粒度不大于 1mm。

3. 分泥斗

这是一种简单的分级、脱泥及浓缩用的设备，又称圆锥分级机，外形为一倒立的圆锥，如图 3-2 所示。在液面中心设给矿圆筒，圆筒底缘没入液面以下不太深处。矿浆沿切线方向给入中心圆筒，经缓冲后由底缘流出，然后向周边溢流堰流去。在这一过程中，沉降速度大于液流上升分速度的粗颗粒将沉降到槽内，最后经底部沉砂口排出。携带细颗粒的矿浆流到溢流槽内。给矿粒度一般小于 2mm，分级粒度为 74μm 或更细些。

分泥斗的锥角取 55°～60°，国产分泥斗有 D=1000、1500、2000、2500、3000mm 等 5 种规格。分泥斗具有结构简单、易于制造且不耗动力等优点，在流程中还有缓冲矿量的作用，故在选厂广泛应用。它主要用在水力分级前对原矿进行脱泥，亦可用在水力分级后，从溢流中再回收部分粗砂送摇床送别。

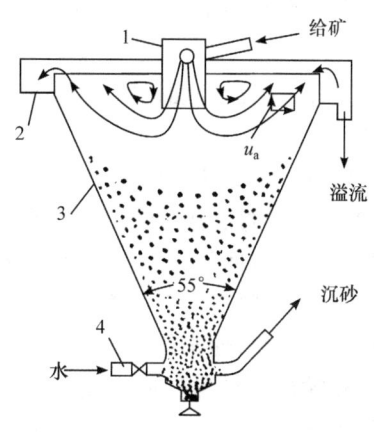

图 3-2 分泥斗示意图
1. 给矿圆筒；2. 环形溢流槽；
3. 锥体；4. 备用高压水管

还常常安装在磨矿设备前对矿浆进行浓缩、脱水，以提高给矿浓度。此外，还常用在各种矿泥分选设备前控制给矿浓度和矿量。它的主要缺点是分级效率低、安装高差大、设备配置不方便。

3.1.2 重介质分选

1. 概述

重力分选过程是在一定的介质中进行的，若所使用的分选介质密度大于水的密度(1000kg/m³)，则称为重介质。物料在这种介质中进行选择性选别即重介质分选(heavy medium separation，HMS)。

重介质有重液和重悬浮液两类，通常所选用的重介质密度介于矿石中轻矿物与重矿物密度之间，即

$$\delta_1 < \rho < \delta_2$$

因而在这样的介质中，轻矿物上浮，重矿物下沉，实现选别的目的。

由于重液的价格昂贵且常有毒，生产中几乎没有应用。工业上应用的重介质都是重悬浮液。重悬浮液是由细粉碎的高密度固体颗粒与水构成的悬浮体。高密度固体颗粒起着增加介质密度的作用，称为加重质。悬浮液是一种两相体系，其密度与均质液体有所不同。悬浮液的密度等于加重质(固体颗粒)和分散相(液体)密

度的加权平均值,即

$$\rho_{su} = \lambda\delta + (1-\lambda)\rho \qquad (3-2)$$

式中:ρ_{su}为悬浮液密度,kg/m³;λ为悬浮液固体容积浓度,%(以小数表示);δ,ρ分别为固体和液体的密度,kg/m³。

若分散相为水(密度为 1000 kg/m³),则悬浮液密度为

$$\rho_{su} = \lambda(\delta - 1000) + 1000 \qquad (3-3)$$

工业上所用的加重质根据要求配制的重悬浮液密度不同而不同,常用的有以下几种。

硅铁 含 Si 量为 13%~18%,密度为 6800 kg/m³,可配制成密度为 3200~3500 kg/m³ 的重悬浮液。硅铁具有耐氧化、硬度大、带强磁性等特点,使用后经筛分和磁选可以回收再用。根据制造方法的不同,硅铁又分为磨碎硅铁、喷雾硅铁和电炉刚玉废料(属含杂硅铁)等。其中喷雾硅铁外表呈球形,在同样浓度下配制的悬浮液黏度小,便于使用。

磁铁矿 纯磁铁矿密度为 5000 kg/m³ 左右,用含 Fe 60%以上的铁精矿配制的悬浮密度最大可达 2500kg/m³。磁铁矿在水中不易氧化,可用弱磁选法回收。

此外,还可用选矿厂的副产品如砷黄铁矿、黄铁矿等作加重质。

重介质分选方法首先应用在选煤上,目前,重介质选煤已经成为重要的选煤方法之一,尤其是处理难选煤。世界主要产煤国的选煤工业中,重介质选煤已占有相当大的比例(25%~70%左右)。重介质选矿也已应用于金属矿石、非金属矿石和其物料(如城市垃圾等)的分选上。重介质分选设备主要有:圆锥形重介质分选机、圆筒形(鼓形)重介质分选机、重介质振动溜槽、重介质旋流器、斜轮重介质分选机等。

2. 圆锥形重介质分选机

圆锥形重介质选矿机的设备结构如图 3-3 所示,机体为一倒置的圆锥形槽 2,在它的中心装有空心的回转轴 1,由电动机 5 带动旋转。空心轴同时又作为排出重产物的空气提升管。中空轴外面有一个穿孔的套管 3,上面固定有两扇三角形刮板 4,以每分钟 4~5

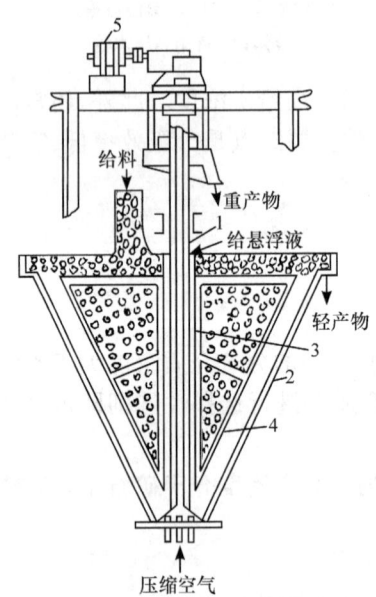

图 3-3 Φ2400 内部提升式圆锥形重介质分选机
1. 回转轴;2. 圆锥形槽;3. 套管;
4. 三角形刮板;5. 电动机

转的速度转动,借以保持上下层悬浮液密度均匀,并防止矿石沉积。入选原料由上方表面给入。轻矿物浮在悬浮液表层经四周溢流堰排出,重矿物沉向底部。与此同时压缩空气由中空轴 1 的底部给入,在中空轴内重矿物、重悬浮液和空气组成气-固-液三相混合物。当其综合密度低于外部重悬浮液的密度时,在静压强作用下即沿管向上流动,从而将矿物提升到高处排出,重悬浮液是经过套管 3 给入,穿过孔眼流入分选圆锥内。

这种分选机槽体较深,分选面积大,工作稳定;适于处理轻产物排出量大的原料;分选精确度较高。主要缺点是要求使用细粒加重质;介质的循环量大,增加了介质制备和回收的工作量;而且需要配备专门的压气装置。

设备规格按圆锥直径计为 2~6m,锥角 50°,给矿粒度范围一般为 50~5mm。

3. 重介质振动溜槽

重介质振动溜槽的工作过程如图 3-4 所示。给矿粒度一般为 75~6mm。矿石由槽的首端上方给入,重悬浮液由介质锥斗给入,于是在槽内形成厚约 250~350mm 的床层。在槽体振动和槽底压力水的作用下,床层具有较大的流动性。矿物按本身密度不同在床层内分层,密度大的重矿物分布在床层下部,由分离隔板的下方排出,轻矿物分布在床层上部。由分离隔板的上方流出。两种产物分别落在振动筛上脱出介质,然后通过皮带运输机运走。筛下介质则由砂泵运回到介质锥斗中循环使用。

这种设备的工作特点是床层能够较好地松散,可以使用较粗粒的加重质,粒度达到 -1.5+0.15mm。加重质在床层内也发生分层,底层容积浓度达到 55%~60%,而黏度仍较小。这样就可采用较低

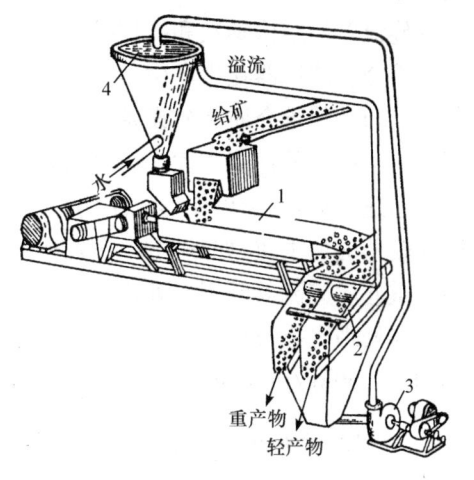

图 3-4 重介质振动溜槽工作示意图
1. 振动溜槽;2. 脱重介质筛;3. 悬浮液循环泵;4. 储放悬浮液圆锥

密度的加重质,借高的容积浓度获得高的分离密度。例如在一般分选机内用磁铁矿作加重质只能配制成密度为 2500kg/m³ 的悬浮液,而在这里可达到 3300 kg/m³。加重质的粒度增大后,便于回收净化。而且混入的矿泥量多一些对分选效果影响也不大。重介质振动溜槽处理粗粒矿石,处理能力很大。我国用它来选别铁矿石和锰矿石,从地下开采的原矿中除去混入的围岩。

4. 重介质旋流器

重介质旋流器的结构与普通水力旋转流器相同。在旋流器内加重质颗粒在离心力及重力作用下向器壁及底部沉降,因而发生浓缩现象。悬浮液的密度自内而外自上而下地增长,形成密度不同的层次。

矿石连同悬浮液以一定的压力给入旋流器内。在回转运动中矿物颗粒依自身密度不同分布在重悬浮液相应的密度层内。同水力旋流器中的流速分布一样,在重介质旋流器内也存在一个轴向零速包络面。包络面内的悬浮液密度小,在向上流动中随之将轻矿物带出,故由溢流中可获得轻产物。重矿物分布在包络面外部,在向下回转运动中由沉砂口排出。但是在整个包络面上,悬浮液的密度分布并不一致,而是由上往下增大,位于上部包络面外的矿粒在向下运动中受悬浮液密度逐渐增长的影响,又不断地得到分选。其中密度较低的颗粒又被推入包络面内层,从上部排出。故分离密度基本上决定于轴向包络面下端的悬浮液密度,其大小可借改变旋流器的结构参数和操作条件予以调整。

重介质旋流器在生产中多采用倾斜或竖直的安装方式,亦可作横卧或倒立的安装。与其他重介质选矿设备相比,重介质旋流器借离心力作用加快了分层过程,因此单位面积处理能力大,给矿粒度下限降低,最低达到 0.5mm。悬浮液在旋流器内急速回转,很少可能形成结构化。所以加重质可达到很高的容积浓度。采用密度较低的加重质,如磁铁矿、黄铁矿等,仍可获得足够高的分离密度。

重介质旋流器已用来处理钨、锡、铁矿石。例如湘东钨矿用 $\varPhi$430mm 重介质旋流器处理含钨石英矿石;围岩为花岗岩,以黄铁矿石为加重质,配制悬浮液密度 2300~2450kg/m^3,给矿粒度 13~3mm,可丢弃 50% 尾矿。

5. 斜轮重介质分选机

该设备主要用于选煤。煤的密度比矸石小,故悬浮物为精煤。

法国研制的德鲁鲍依重介质分选机的结构如图 3-5 所示,分选槽 1 由两块倾角各为 25° 的铁板 2 和 3 构成。分选槽下接一管子给入悬浮液,并形成上升流。在铁板 3 和轴 4 上安装带叶板 6 的斜轮 5。沉物由叶板 6 捞起带到排矸口排出。斜轮的轴承 7 和 8 不接触悬浮液以减少磨损。在入料口下面接一管子输入悬浮液,形成水平流。浮物随水平流前移,用带链条或链板 9 的六角轮 10 刮出。悬浮液通过溢流堰 11 和筛板 12 排出。

我国自制的 LZX 型斜轮分选机与德鲁鲍依重介质分选机机械结构类似。

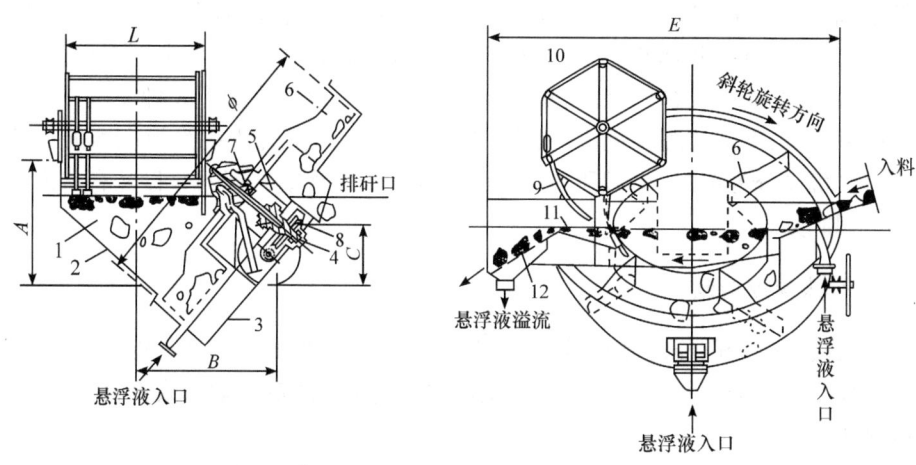

图 3-5 德鲁鲍依斜轮重介质分选机

1. 分选槽；2、3. 铁板；4. 轴；5. 斜轮；6. 叶板；7、8. 轴承；9. 链板；10. 六角轮；11. 溢流堰；12. 筛板

3.1.3 跳汰分选

1. 跳汰机的分类

跳汰（jig）分选是在垂直交变水流中使轻重物料分层分选的方法。迄今已经制成了多种结构形式的跳汰机，如图 3-6。

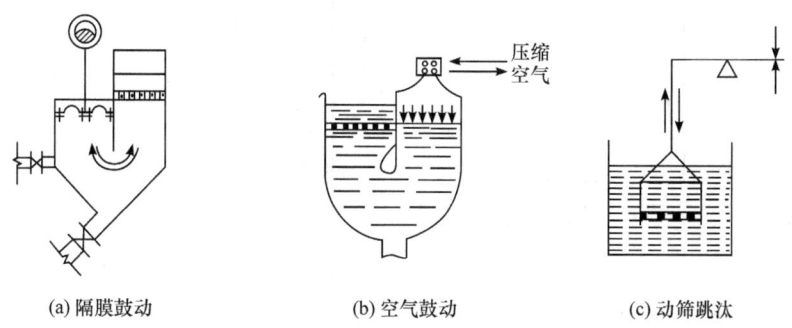

(a) 隔膜鼓动　　(b) 空气鼓动　　(c) 动筛跳汰

图 3-6 跳汰机中推动水流运动的形式

最早的活塞跳汰机又称哈兹跳汰机。它采用偏心连杆机构带动活塞运动，结构简单，但由于活塞四周漏水，后来改用橡胶隔模代替。20 世纪 30 年代隔膜跳汰机大量推广，成为目前处理金属矿石的主要机型。选煤用跳汰机需要有大的筛板面积，以获得高的处理能力，1892 年制成了用风力推动水流运动的跳汰机，取消了原有的活塞，故称为无活塞跳汰机，又叫鲍姆跳汰机，至今仍大量用于选煤厂。水

力鼓动跳汰机是通过阀门间歇地鼓入上升水流进行选别,目前应用已不多。动筛跳汰机与上述筛板固定的跳汰机不同,这里水体不动,而让筛框作上下振动。

选矿用的隔膜跳汰机又因隔膜安装位置的不同,而分成如下 3 种类型,即旁动式隔膜跳汰机、下动式隔膜跳汰机、侧动隔膜跳汰机。按跳汰室筛板表面的形状,隔膜跳汰机又分为矩形、梯形和圆形跳汰机等。依跳汰室并列的数目又有单列、双列和三列之分。

2. 跳汰周期曲线

有关跳汰分选的原理已在《资源加工学》(科学出版社,2005)中介绍。在一个跳汰周期内垂直交变水流速度随时间变化的曲线称为跳汰周期曲线。常见有如下几种跳汰周期曲线形式。

(1) 正弦跳汰周期。采用如图 3-7 所示的偏心连杆机构推动跳汰机隔膜,从而推动水流运动,即可形成正弦跳汰周期曲线,如图 3-8 所示。典型的正弦跳汰周期是具有相同的上升和下降水速度及作用时间。由于床层颗粒总是相对于水向运动,故在这种周期内常使床层过早紧密,缩短了有效分层时间;且由于水流被隔膜推动强制运动,与颗粒间形成较大的相对速度及过分强烈的吸入作用,因而降低了分选精确性,其处理能力也因有效松散期短而被减小。故正弦周期并不是很好的跳汰周期曲线。

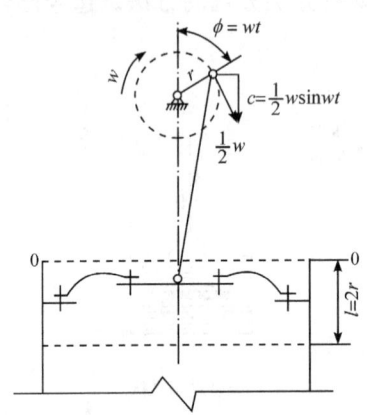

图 3-7　偏心连杆机构运动示意图

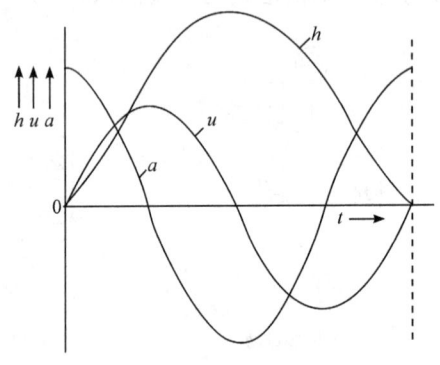

图 3-8　正弦跳汰周期曲线

u. 水流速度曲线;*a*. 加速度曲线;*h*. 位移曲线

(2) 上升水速大、作用时间长的不对称跳汰周期,如图 3-9 所示,在正弦周期的跳汰机内由筛下连续补加等速上升水流,即变成了这种周期形式。它的特点是上升水速大、作用时间长,下降水速小、作用时间短。因此介质与矿粒间的相对速度大,床层较松散,设备处理能力大,下降水流的吸入作用减弱,不适于处理含细粒级多的物料,而适合处理中粗粒的窄级别物料。

(3) 上升水速大于下降水速,而作用时间相等的不对称跳汰周期,如图 3-10 所示,在正弦周期的水流下降阶段,利用分水阀间断地补加筛下水,即可得到这种跳汰周期。与正弦周期相比,上升水速的作用力未变,但下降水流的速度降低且变化缓慢,吸入作用不是很强,故适于处理细粒级物料。

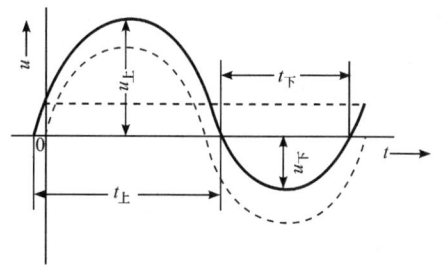

图 3-9　上升水速大、作用时间长的不对称跳汰周期

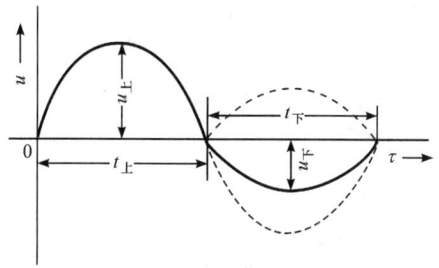

图 3-10　上升水速大于下降水速,而作用时间相等的不对称跳汰周期

(4) 上升水速大、作用时间短,下降水速小、作用时间长的不对称跳汰周期。利用凸轮杠杆的机械传动,或以凸轮推动油缸柱塞的机械-液压传动,以及压缩空气驱动水流运动的传动方式都可以得到这种周期。它的基本形式如图 3-11 所示。在每一周期开始,急加速上升水流将床层鼓起必要的高度;接着是一段长而缓的下降水流,在此期间床层得到充分松

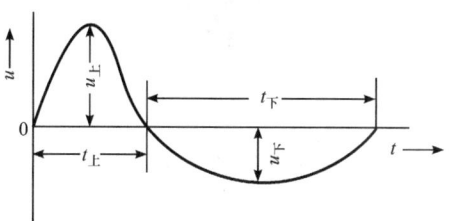

图 3-11　上升水速大但作用时间短的不对称跳汰周期

散,而矿粒与介质间又具有较小的相对速度,故有利于按密度分层;当床层落到筛面以后又有适当的吸入作用,使重矿物细颗粒能较好地进入底层。实践证明,具有这种周期曲线的跳汰机可以选别宽级别物料,对细粒级也有较高的回收率,选别砂矿的圆形跳汰机和选煤的无活塞跳汰机即采用这种类型的周期曲线。

实践证明跳汰周期曲线形式是获得良好选别效果的重要因素之一。合理的跳汰周期曲线应与被选物料性质相适应,使床层呈适宜的松散状态,颗粒主要借重力加速度差相对运动,这是选择跳汰周期曲线的基本原则。

3. 跳汰产品的排出方式

跳汰分层后,轻产品即随上部水流越过末端堰板排出,重产品则有多种排出方式。

(1) 透筛排料法。此法是让重矿物透过筛孔排入底箱,如图 3-12 所示。在排料粒度较细,而且筛孔尺寸不能过分小的情况下使用,为了控制排料速度,需在筛面上铺置另外一层料石。它们由接近或略大于重矿物的矿块组成,有时也采用金属球,粒度为筛孔尺寸的 1.2~2 倍,称做人工床层。人工床层也随水流的升降而作起伏运动,重矿物穿过床石的曲折通道下落,犹如通过排矿闸门一样。改变床石的粒度、密度或铺置厚度,即可调节重产品排出的数量和质量。排入底箱的重产品根据数量多少,可以连续地或间断地通过阀门放出。这种方法原是处理粒度为数毫米以下的矿石时使用,但近年来在处理粒度达十几毫米的铁矿石和煤矿时也有采用。

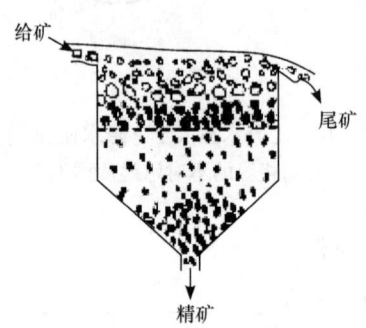

图 3-12 透筛排料法

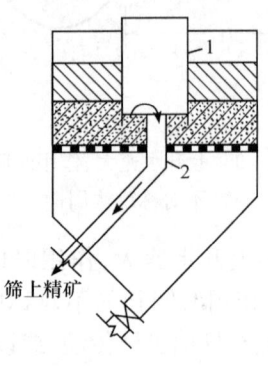

图 3-13 中心管排料法
1. 外套筒;2. 内套筒

(2) 中心管排料法。此法主要用于小型跳汰机,可排放粗粒精矿,过程如图 3-13 所示,在跳汰室中心线靠近尾矿端设置排料管。排料管的上口高出筛面一定距离,外面装有套管。套管底缘距筛面有一定的高度并可调节。聚集在管外的重矿物借助床层压力进入套管内,然后转入中心管排到机箱外面。调节套管下缘距筛面高度,即可改变产品的排放数量和质量。这种方法只适用于精矿产率不大的情况。

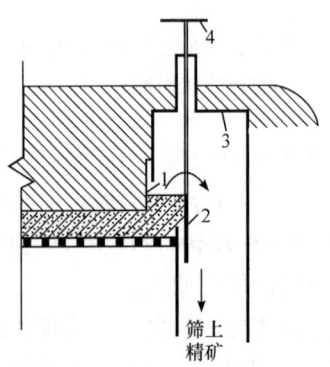

图 3-14 一端排料法
1. 外阀门;2. 内阀门;
3. 套板;4. 手轮

(3) 一端排料法。这是跳汰室末端筛面上或端壁上沿横向开口以排出重产品的方法。为了控制排出速度,常在开口设置各种排料装置,如图 3-14 所示简单的垂直闸门。图中外闸门的作用是防止轻矿物进入到重产品中,内闸门则用以控制排料速度,两者均可调节。闸门上方的盖板开孔,以便内部压力与大气相通,便于物料流动。

4. 几种主要的跳汰机

跳汰机主要有旁动隔膜跳汰机、矩形侧动式隔膜跳汰机、梯形侧动式隔膜跳汰机、圆形跳汰机等。

(1) 旁动隔膜跳汰机。如图 3-15 所示,该机又称丹佛(Denver)型跳汰机。

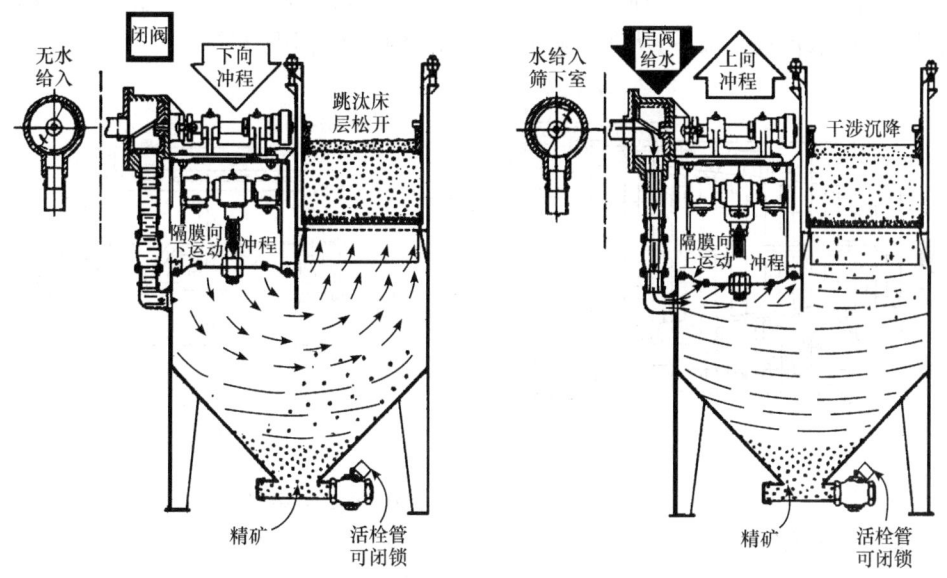

图 3-15 丹佛型旁动隔膜跳汰机

它的结构小巧而简单,由机架、传动机构、跳汰室及底箱 4 部分组成。筛板面积 $B \times L = 300mm \times 450mm$,共两室,串联工作。为了配置方便,设备有左、右式之分,从给矿端看传动机构在跳汰室左侧的为左式,反之为右式。上部电动机带动偏心轴转动,通过摇臂杠杆和连杆推动两个隔膜交替上下运动。隔膜呈椭圆形,四周与机箱作密封连接。在隔膜室下方设补加水管。偏心轴采用双偏心套结构,在内偏心轴外面套一个偏心环,两者的偏心距均为 9mm。转动偏心环,可使摇臂杠杆端点的冲程在 0~36mm 之间变化。经过摇臂杠杆长度折算,设备的机械冲程可调范围是 0~25mm。冲次改变则需更换皮带轮,设计值为 320 和 420 次/min。

上述冲程、冲次调节方法适宜于其他型式跳汰机。

旁动隔膜跳汰机在我国中、小型钨、锡选矿厂应用较多。该机的最大给矿粒度为 12~18mm,最小回收粒度可达 0.2mm,水流接近正弦曲线运动。给矿在入选前应适当地按粒度分级。该设备的主要缺点是耗水量较大,在 3~4 m^3/t 矿以上,给水压力应达 0.15~0.2MPa,处理能力波动在 2~5t/(台·h)。

(2) 梯形侧动式隔膜跳汰机。该机基本结构示于图 3-16 中。全机共有 8 个跳汰机,分作两列,用螺栓在侧壁上连接起来形成一个整体。每两个对应大小的跳汰室为一组,由一个传动箱中伸出通长的轴带动一组跳汰室两侧垂直的外隔膜运动。全机共两台电机,每台驱动两个传动箱。传动箱内装有偏心连杆机构。补加水由两列跳汰室中间的水管给入到各室中。在水流的进口处设有弹性的盖板。当隔膜推进时,借助水的压力使盖板遮住进水口,水不再能充分进入。当隔膜后退时盖板打开,水流进入筛下,从而减弱了下降水流的吸入作用。

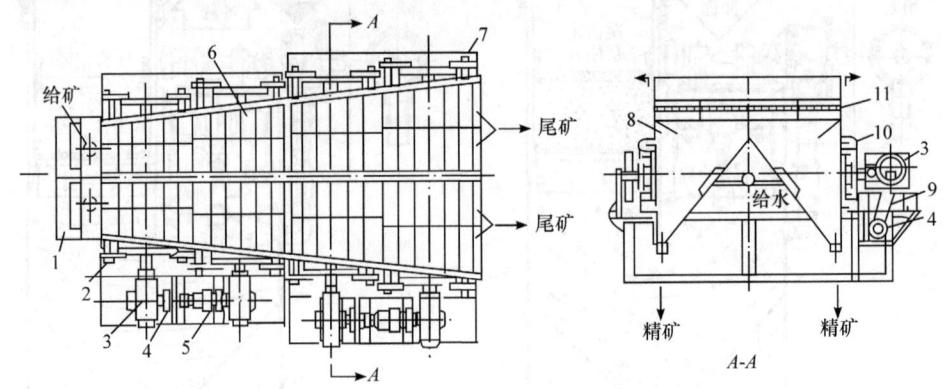

图 3-16　900mm×(600~1000)mm 梯形侧动式隔膜跳汰机
1. 给矿箱;2. 前鼓动箱;3. 传动箱;4. 三角皮带;5. 电动机;6. 后鼓动箱;7. 后鼓动盘;8. 跳汰室;9. 三角皮带;10. 鼓动隔膜;11. 筛板

梯形跳汰机规格,用单个室的"纵长×(单列上端宽~下端宽)"表示。例如一台给矿端全宽 1200mm、排矿端全宽 2000mm、纵长 3600mm 的双列 8 室梯形跳汰机,设备规格表示为 900mm×(600~1000)mm。各跳汰室的冲程、冲次可两两进行调节,筛下水量则可单独变化。为使水流沿整个筛面均匀分布,在筛板下方设有倾斜导水板。

梯形跳汰机和其他具有梯形筛面的跳汰机一样,可使矿浆的流速由给矿端向排矿端逐渐变缓,同时,由于矿层逐渐减薄而有利于细粒重矿物的回收。该设备的处理能力比较大,一台 900mm×(600~1000)mm 的梯形跳汰机的处理能力可到 15~30t/h。梯形跳汰机常用于选别-5mm 矿石,适合于处理钨、锡、金及铁、锰矿石。

(3) 圆形跳汰机。圆形跳汰机可认为是由多个梯形跳汰机合并而成的。近代的圆形跳汰机由荷兰 MTE 公司首先研制成功,于 1970 年推出了带旋转耙的液压圆形跳汰机(I.H.C-Cleavelandjig),设备外形见图 3-17。自此开创了液压技术在选矿设备中应用的先例。

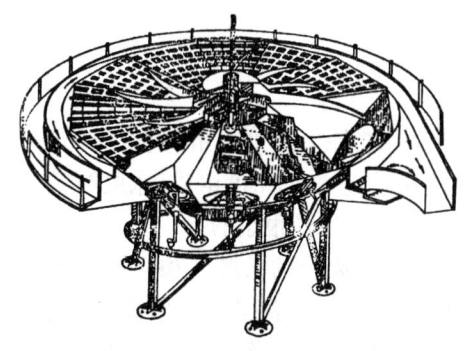 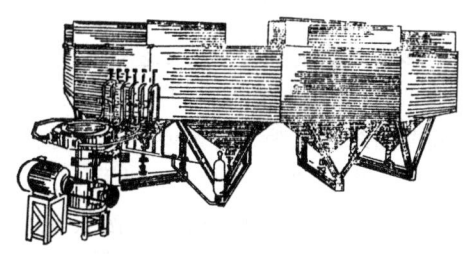

图 3-17　圆形跳汰机　　　　图 3-18　六室 PYTA-7750 型径向跳汰机

我国于 20 世纪 80 年代初开始研究圆形跳汰机,首批制成的 YT-7750 型跳汰机于 1984 年通过技术鉴定。该机共有 12 个梯形跳汰室,直径(按最大边棱对角线计)为 7750mm,每室筛板面积为 3.3m^2、整机共 39.6m^2。矿浆由中心给入,然后向四周作辐射状流动。重产品采用透筛排料法排出。该机亦可由三室(90°)、6 室(180°)或 9 室(270°)组成机组工作。图 3-18 示出了国产六室 PYTA-7750 型径向跳汰机的外形。

跳汰机隔膜的位移曲线被设计成锯齿波形,相应的速度周期曲线则是矩形波形(图 3-19)。这样的运动足以将床层迅速抬起,而后缓慢下落,床层的松散时间长,水流与矿粒间的相对速度小,故能达到有效地按密度分层。

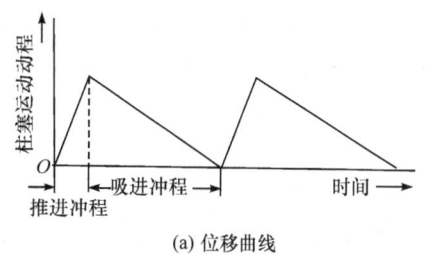 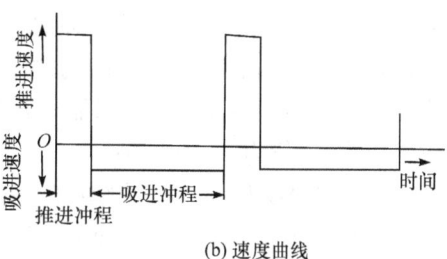

(a) 位移曲线　　　　　　　　　　　(b) 速度曲线

图 3-19　圆形跳汰机的隔膜运动曲线

该机的优点是单位筛面的处理能力大[可达 7~9t/(m^2·h)],回收粒度下限低且能以宽级别入选,筛下补加水量也比其他跳汰机大幅度减少。一台九室的 Φ7750mm 跳汰机,处理量按原砂计达到 135m^3/h(220t/h),给矿粒度在 25mm 以下可以不分级入选,回收粒度下限达 0.05mm(按石英计)。处理每吨矿石的筛下补加水量为 1.2m^3,比普通隔膜跳汰机节水 60%~70%。圆形跳汰机用于砂金矿粗选,经一次选别即可抛弃 80%~90% 废弃尾矿。目前,这种跳汰机在我国采金船上应用较多。

5. 跳汰选矿的工艺影响因素

影响跳汰选别指标的工艺因素包括冲程、冲次、筛下补加水量、人工床层组成及给矿量,这些是生产中的可调因素。此外,给矿的粒度和密度组成、床层厚度、跳汰周期曲线形式等亦有重要影响,但操作中其可调余地是很小的。

(1) 冲程、冲次的影响。冲程、冲次直接关系到床层的松散度和松散方式,对分层有重要影响。床层的最佳松散方式应该是:在上升水流开始时将床层迅速抬起,在上层矿粒保持向上运动的同时,下层矿粒逐层向下剥落,出现了松散波向上推进运动;随后整个床层向下塌落,水流也应转向下,以最小的相对速度流动,整个床层表现为,两端松散,中间较紧密。这种松散方式对按密度分层是很有利的。如果冲次太大,床层将来不及松散扩展,而变得比较紧密,冲次太小又会造成松散迟缓,两者均会使松散度降低。

冲程(一般用机械冲程 l 表示)的影响与冲次相似,但主要应与床层厚度和矿粒相适用,并与冲次配合调整。这项工作主要在试车时进行。生产中操作人员要随时用探杆或手检查床层的松散度,通过改变筛下水量作适当的调整。

随着床层厚度的增大或给矿粒度变粗(滞后于水流速度增大),冲程应加大,与此同时,冲次则要减小,以适应分层的时间要求。

(2) 筛下补加水和给矿水的影响。跳汰选矿的总水耗,依矿石性质和设备不同波动在 $3\sim8m^3/t$ 矿之间。给矿水用来预先润湿矿石并便于均匀地给矿。给矿浓度一般不超过 25%～30%。筛下补加水是生产中调节床层松散度的主要方法,要随时注意控制。如前所述,由筛下水造成的上升水速并不大,约在 0.2～0.6cm/s 范围内。按干涉沉降速度计算只能举升起 0.5mm 的石英颗粒。筛下水应有稳定的供水压力,一般为 100～200kPa。

(3) 床层厚度和人工床石的影响。床层厚度(包括人工床层)用筛面至尾矿堰板高度计算。用隔膜跳汰机处理中等粒度以至细粒度矿石时,床层总厚度不应小于给矿最大颗粒的 5～10 倍,一般在 120～300mm 之间。处理粗粒矿石时床层厚度可达到 500mm。

人工床层是控制筛下排料的主要手段。所用床石要能保证经常保持在床层的底层。生产中常常使用原矿中的重矿物粗颗粒,有时也采用铸铁球、磁铁矿或高密度的卵石等材料作床石。床石的粒度应达到入选矿石最大粒度的 3～6 倍以上,并比筛孔大 1.5～2 倍。床石的铺置厚度直接影响筛下精矿的数量和质量。我国钨、锡选矿厂处理细粒级的跳汰机人工床层厚为 10～50mm;选别铁矿石时为最大给矿粒度的 4～6 倍。

(4) 给矿性质、给矿量和跳汰周期曲线的影响。给矿的粒度范围是影响分选精确性的重要因素,但同时也与周期曲线特征和待分选的矿密度有关。以正弦跳汰周期曲线处理钨、锰、铁及有色金属硫化矿时,常需以窄级别入选,而以矩形跳汰周期曲线分选金矿石和煤炭时则可以宽级别或不分级的原料入选。近年来采用矩形跳汰周期曲线的设备受到人们重视,如大厂锡矿巴里选厂1997年采用了北京矿冶研究总院研制的"JT-S锯齿波"跳汰机,锡回收率较原用侧动型跳汰机高3%,且节省75%的筛下补加水。

跳汰机的处理能力随给矿粒度、矿物密度差、作业要求和设备规格而有很大变化。为了便于对比,常用单位筛面的处理能力$[t/(m^2 \cdot h)]$表示。

3.1.4 溜槽分选

在斜槽中借助于斜面水流选矿的方法称为溜槽(launder)选矿。溜槽选矿可以处理各种不同粒度的矿石,给矿最大粒度可到百余毫米,最小为0.1mm以下,当然这是要在不同的设备上处理。选别2~3mm以上粒级的溜槽称为粗粒溜槽;处理2~0.075mm的溜槽为矿砂溜槽;处理给矿粒度小于0.075mm的称为矿泥溜槽。此外还有叠加了离心力作用的螺旋溜槽和离心溜槽。溜槽选矿法广泛地用于处理金、铂、钨、锡以及某些稀有金属矿石,在铁、锰矿石选矿中亦有应用。此方法在处理低品位砂矿方面有重要地位。

1. 粗粒溜槽

这是用木板或钢板制成的直线形长槽。槽底设置挡板或铺面物,用以造成的涡流并阻留重矿物。工作过程如图3-20所示。

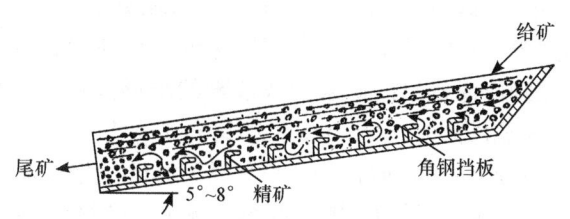

图3-20 选金用粗粒溜槽示意图

矿浆由槽的一端给入,矿物颗粒在斜面水流的扰动下松散,接着按密度分层。金粒和其他高密度矿粒进入最底层,聚集在木板的凹陷处,大量的轻矿物则随水流排出槽外,经过一段时间,重矿物聚集较多时,即停止给矿,进行人工清溜清洗。清洗时先放水冲走上层轻矿物,然后降低水量,提起挡板,用耙子自槽末端向上耙动沉积物,除去混杂的轻矿物,最后得混合的重砂精矿。有的采金船则采用吊车将槽面整体侧向翻转,御下重产品,然后再作精选处理。选金溜槽的清洗周期随矿石含金量及其他重矿物含量不同而不同。陆地溜槽可间隔 4～5 天清洗一次；采金船上的横向溜槽每天清洗一次，纵向溜槽每 5 天左右清洗一次。

槽内设置的挡板型式有很多种，按排列方式可分作直条挡板、横条挡板和网络状挡板等。直条挡板是沿水流方向平行排列，横条挡板垂直于水流方向放置，可用木条或角钢制作。为了避免重矿物细颗粒被水流带走损失掉，还常在挡板下面铺设一层粗糙铺面物，常用者有苇席、毛毡、长毛绒等。

2. 分选矿砂用的尖缩溜槽

尖缩溜槽(pinched sluices)的构造如图 3-21 所示。槽底为一光滑的平面，槽子宽度从给矿端向排矿端呈直线收缩。槽体倾斜放置，倾角为 10°～20°。给入的高浓度矿浆(达到 55%～65%)在沿槽流动过程中发生分层，重矿物逐渐聚集在下层，以较低速度沿槽底流动，轻矿物以较高速度在上层流动。同时，随着槽面的收缩，矿流厚度不断增大，矿流流速增大。当流到端部窄口排出时，上层矿浆冲出较远，而下层近于垂直落下，矿浆呈扇形面展开。借助截取器即

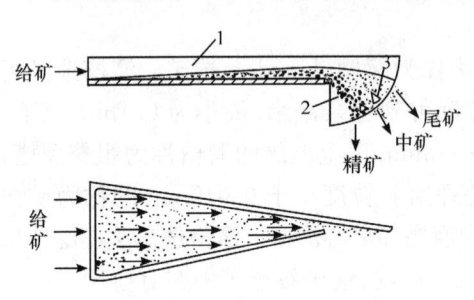

图 3-21 尖缩溜槽工作示意图
1. 槽体；2. 扇形板；3. 分矿契形块

可在不同位置得到重矿物、轻矿物及中间产物。这种溜槽以扇形面排矿为特征，又称其为扇形溜槽。

影响尖缩溜槽选别的结构因素有：尖缩比(排口端宽度与给矿端宽度之比)、溜槽长度、底面粗糙度等。适宜的给矿端宽度应保证矿浆在较长的区段内成层流流动，而排矿口的宽度则应使排出的矿浆形成清晰的扇形分带。一般给矿端宽度是 125～400mm，排矿端宽度为 10～25mm，尖缩比介于 1/10～1/20 之间。溜槽的长度影响矿粒在槽中的分层时间，通常为 1000～1200mm。槽底材料以具有不大的粗糙度为宜，但又需耐磨。现用的制造材料有木材、玻璃钢、铝合金、聚乙烯塑料等。

影响尖缩溜槽的操作因素包括给矿浓度、溜槽坡度、给矿量等。给矿浓度是影响选别的最重要因素。当浓度较低时，矿浆流动的紊动度大，回收率将下降；当浓度过大时，分层速度降低，将引起回收率和精矿品位同时下降。给矿浓度的适宜介于 50%～65%。给矿量可在较大范围内波动而对选别指标影响不大。尖缩溜槽单位处理能力为 4～6t/m²。尖缩溜槽具有较大的坡度，一般为 16°～20°。与高浓度给矿互为制约和补充。前者保证了矿浆不发生沉积，而后者可降低矿浆的紊动度，保持较大程度的层流流动。尖缩溜槽有效处理粒度 2.5～0.038mm，主要用于

选别含泥少的海滨或湖滨砂矿。该设备具有结构简单,不需动力和处理量较大的优点。适于作为粗选设备。

3. 圆锥选矿机

圆锥选矿机(reichert cones)是从尖缩溜槽演变而成,20 世纪 60 年代在澳大利亚用于工业。将圆形配置的尖缩溜槽侧壁去掉,形成一个倒置的锥面,便构成了圆锥选矿机的工作面。由于消除了尖缩溜槽侧壁对矿浆流动的阻碍效应,因而改善了分选效果并提高了单位槽面处理能力。

单层或双层圆锥选矿机的结构和工作原理见图 3-22。分选锥的直径约为 2m,分选带长 750~850mm,锥角 146°,锥面坡度 17°。在分选锥面的上方设置一正锥体,用于向下面的分选锥分配矿浆,称为分配锥。高浓度的矿浆从分配锥均匀流下,通过分配锥与分选锥之间的周边间隙进入分选锥。矿浆在分选锥面的分层过程与尖缩溜槽相同。进入底层的重矿物由环形孔缓缓流入精矿管中,上层含轻矿物的较高速矿浆流则越过精矿孔口进入中心尾矿管。借助转动手轮调节中心管截料喇叭口的高度,即可改变轻、重产品的数量与质量。

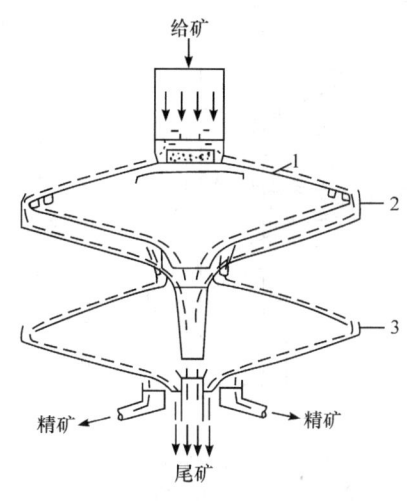

图 3-22 圆锥选矿机工作原理示意图
1. 分配锥;2. 双层分选锥;3. 单层分选锥

现在应用的圆锥选矿机多为垂直多层配置,在一台设备上实现连续的粗、精、扫选作业。粗选和扫选圆锥为双层,精选圆锥为单层,由精选圆锥得到重产品再在尖缩溜槽上精选。这样由一个双层锥、一个单层锥和一组尖缩溜槽组成的组合体称做一个分选段。

圆锥选矿机处理能力大而生产成本低廉,适合于处理数量大的低品位矿石,甚至用于再选堆存的老尾矿仍然有利可图。近年我国广州有色金属研究院研制的三段七锥圆锥选矿机,澳大利亚研制了直径 3m 的圆锥选矿机,处理能力达 200~300 t/(台·h)。

4. 螺旋溜槽

将一个窄的长槽绕垂直轴线弯曲成螺旋状,便构成螺旋选矿机或螺旋溜槽,两者的主要区别在于槽断面的形状不同,螺旋选矿机适用于处理 -2mm 矿石,而螺旋溜槽侧适于处理 -0.2mm 的更细粒级。相应地其他结构参数亦有所不同。

(1) 螺旋选矿机(spiral concentrator)。该机主体工作部件是一螺旋形槽体,外形如图3-23所示,断面见图3-24(a)。

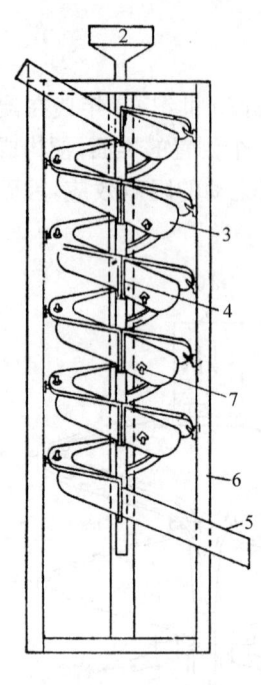

图3-23 螺旋选矿机
1. 给矿槽;2. 冲洗水导槽;
3. 螺选槽;4. 法兰盘;5. 轻矿物槽;6. 机架;7. 重矿物排出管

早年螺旋选矿机较多采用铸铁制造;亦曾应用废旧的汽车轮胎,去掉一个侧面横向切断再连接制成。近年则多用玻璃钢制造,这样材料质轻耐用。螺旋圈数对于易选的矿砂有3~4圈即够用,对于难选的矿石则需有5~6圈。螺旋槽的断面轮廓线为二次抛物线或椭圆的1/4部分。槽底除沿纵向(矿流方向)有坡度外,沿横向(径向)亦有相当的向内倾斜。矿浆自上部给入后,在沿槽流动过程中粒群发生分层。进入底层的重矿物颗粒沿槽底的横向坡度向内缘移动,位于上层的轻矿物则随回转流动的矿浆沿着槽的外侧向下运动,最后由槽的末端排出,成为尾矿。沿槽内侧移动的重矿物颗粒速度较低,通过槽面上的一系列排料孔排出。在排料孔上安有刮板式截料器。由上而下从第1和第2个排料孔得到的重产品可作为最终精矿,以下各孔产品的质量降低,可作为中矿返回处理。从槽的内缘给入冲洗水,可提高重产品的质量。

螺旋选矿机的结构因素有螺旋直径、断面形状、螺距等。螺旋直径D是螺旋选矿机的基本参数,代表了其规格。螺旋槽的横断面形状在处理-2mm粗粒级时常用椭圆形;处理-0.2mm细粒级时常用二次抛物线形。螺距h/D决定了螺旋槽的纵向坡度,常称为距径比,以0.4~0.8为宜,相应的螺旋槽外缘的倾角为7°~15°。对大螺距,可将双层螺旋嵌镶叠装,制成双层螺旋选矿机。

在操作条件方面,给矿浓度和给矿体积是重要的参数,浓度过低或过高均将引起回收率下降,浓度适用值一般为15%~35%。给矿体积影响矿浆层的厚度和流速,但在较宽范围内分选指标影响也不大。在螺旋槽内缘加入的冲洗水用量介于0.05~0.2L/s。

螺旋选矿机的最大给矿粒度允许到12mm,但其中重矿物颗粒则不宜超过2mm,有效回收粒度范围是7~0.075mm,最低可到0.04mm。

螺旋选矿机在加拿大、美国和新西兰曾大量用于选别砂铁矿石。在前苏联则用于处理低品位的有色和稀有金属矿石。我国用于选别砂锡矿石、红铁矿和稀有金属砂矿。

(2) 螺旋溜槽。螺旋溜槽的结构特点是断面呈立方抛物线形状,如图3-24(b)。其底面更为平缓,且选别中不加冲洗水。分选时在槽的末端分段截取精、中、尾矿。

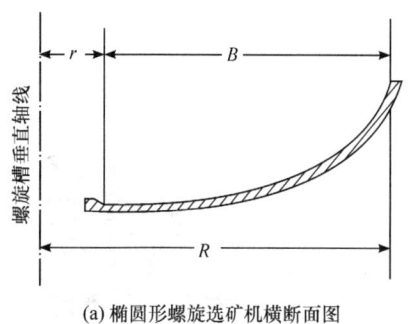
(a) 椭圆形螺旋选矿机横断面图

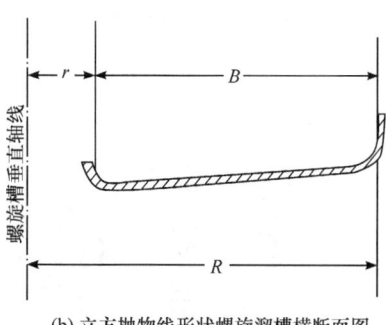
(b) 立方抛物线形状螺旋溜槽横断面图

图3-24 螺旋选矿机和螺旋溜槽的横断面形状

矿浆在槽面上的流动特性和分选原理与上述螺旋选矿机基本相同,差别只在于螺旋溜槽有更大的平缓槽面宽度,在那里矿浆呈层流流动,因此更适合于处理微细粒级的矿石,回收粒度下限可达0.020～0.030mm。螺旋圈数为4～6圈,常用者为5圈。生产中常将3～4个螺旋槽组装在一起,成为多头螺旋溜槽。距径比可在0.4～0.8之间变化,给料粒度细时取小值。随着螺旋直径的增大,回收粒度下限略有升高,但处理能力则急剧增大。

我国已制成直径为400、600、900、1200mm的螺旋溜槽,1989年北京矿冶研究总院又制成了Φ2000mm的螺旋溜槽,材质均为玻璃钢,内表面涂以耐磨衬里,通常是聚氨酯橡胶或渗混金刚砂的环氧树脂。Φ1200mm四头螺旋溜槽的生产能力约4～6t/h。

螺旋溜槽在我国较多地用于处理弱磁性铁矿石,在有色和稀有金属选矿厂亦有应用。处理铁矿石时粗选的给矿浓度为30%～40%,精选时40%～60%。鞍钢弓长岭铁矿选矿厂用于处理大于0.040mm的水力旋流器沉砂,给矿品位为26%Fe,经一次粗选、一次精选,可获得精矿品位66.20%、尾矿品位11.60%、作业回收率80.5%的分选指标。大厂锡矿车河选厂应用Φ2m螺旋溜槽作为圆锥粗精矿的精选和尾矿扫选,当给矿含锡1.48%时,获得含锡4.6%,回收率68%的锡精矿,一台螺旋溜槽可取代原6～8台摇床。

(3) 旋转螺旋溜槽。我国新疆冶金研究所研制,见图3-25。螺旋共有三圈,绕垂直的竖轴低速回转,转动方向与矿浆流动方向相同。生产中并由槽的内缘补加冲洗水。

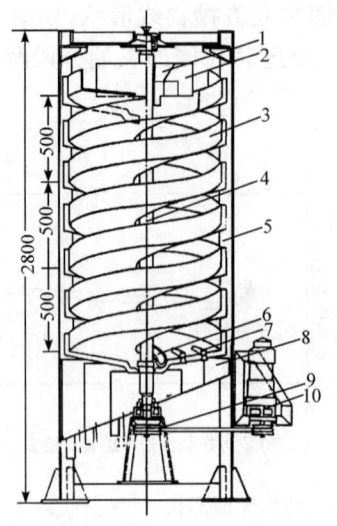
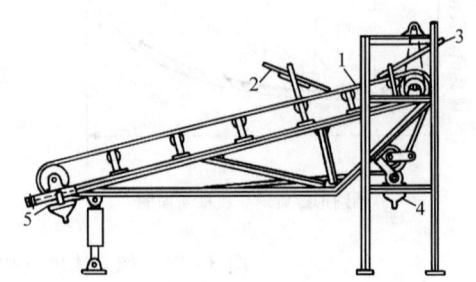

图 3-25 旋转螺旋溜槽(尺寸单位:mm)
1. 给水斗；2. 给矿斗；3. 螺旋溜槽；4. 竖轴；
5. 机架；6. 冲洗水槽；7. 截料器；8. 接料槽；
9. 皮带轮；10. 调速电机

图 3-26 矿泥皮带溜槽
1. 带面；2. 给矿匀分板；3. 给水匀
分板；4. 精矿槽；5. 尾矿槽

5. 矿泥皮带溜槽

矿泥皮带溜槽外形类似于倾斜的橡胶传送带,如图 3-26 所示。皮带表面平滑,带长 3000mm,带面宽 1000mm,约以 300mm/s 的速度逆矿流的流动方向向上运动。矿浆从给矿均分板给入带面,在向下流动过程中发生分层。轻矿物沿皮带斜面流至尾矿槽,重矿物则沉积在带面上不断运至上方排出。

皮带溜槽流膜薄,基本属层流流动,上部又很少受脉动水流干扰,有效回收粒度下限可达 0.020mm。底部速度梯度很大,床层松散较好,析离作用强。但处理量很低,仅适宜作精选设备,精选处理量为 0.9～1.2t/(台·h)。

6. 离心溜槽

离心溜遭,也称离心选矿机(centrifugal concentrator),是借离心力进行流膜选矿的设备,离心力强度 i(离心加速度与重力加速度之比)约为 40～50。矿浆松散分层原理与重力溜槽基本一样,但受离心力作用而强化。

标准型的 Φ800mm×600mm 离心选矿机的结构见图 3-27。分选是截锥形的转鼓 4 中进行。它的矿端直径 800mm,向排矿端直线增大,坡度(半锥角)为 3°～5°,转鼓垂长 600mm。借锥形底盘 5 将其固定在中心轴上,由电动机 12 带动旋转。上给矿嘴 3 和下给矿嘴 13 伸入到转鼓的不同深度处。矿浆顺着转鼓转动的方向喷出,随即附着在鼓壁上,在随着转鼓作回转运动的同时,并沿鼓壁的轴向坡度流动,在空间构成螺旋形运动轨迹。分层是在矿浆相对于鼓面流动中发生。作用原理与重力场中的流膜选矿相同。重矿物沉积到底层,轻矿物在上层随矿浆流通过转鼓与底盘间的裂隙(约14mm)排出。当重矿物沉积到一定厚度时停止给矿,由冲矿嘴2喷射出高压水,将沉积物冲洗下来,即得到精矿。

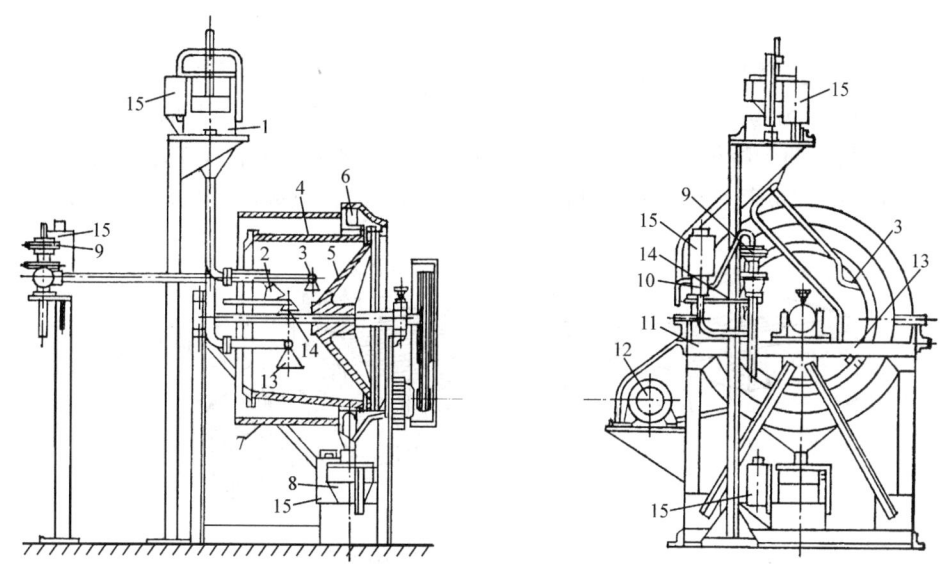

图3-27 Φ800mm×600mm卧式离心选矿机
1. 给矿斗;2. 冲矿嘴;3. 上给矿嘴;4. 转鼓;5. 底盘;6. 接矿槽;7. 防护罩;8. 分矿器;
9. 皮膜阀;10. 三通阀;11. 机架;12. 电动机;13. 下给矿嘴;14. 洗涤水嘴;15. 电磁铁

离心选矿机间断工作,但断矿、冲矿和分排精矿却是由指挥和执行机构自动进行的。指挥机构为一时间继电器,按规定时间向执行机构通入或切断电流。执行机构包括给矿斗中的断矿管、控制冲矿水的三通阀10和皮膜阀9、精尾矿换向排送的分矿器8。它们分别由电磁铁带动动作。当达到规定的选别时间时,断矿管摆动的回流管的一侧,矿浆不再进入转鼓内。与此同时三通阀将低压水路切断,皮膜阀上部的封闭水压被撤除,于是高压水即通过皮膜阀进入转鼓内。此时下部的分矿器也摆动到精矿管一侧,将冲洗下来的精矿导致精矿管道内。待冲洗完了(约2~3s),各执行机构分别恢复原位,继续进行给矿选别。

卧式离心选矿机由我国云锡公司研制。与重力矿泥溜槽相比,处理能力和工艺指标均有大幅度的提高,目前已成为我国钨、锡矿泥粗选的主体设备。也用于处理微细粒级的弱磁性铁矿石。在处理锡矿泥时,标准型的离心选矿机给矿粒度一般小于0.075mm,粗选生产能力1.2~1.5t/h,精选0.6~0.8t/h。回收粒度下限可到0.010mm(按石英计)。

立式离心选矿机由我国昆明冶金研究所于1979年制成。该机属于低离心强度的设备,离心力强度i可取6～12倍。此种设备结构简单、质量轻,可以组装在砂金的洗选机组中,也可安装在脉金选厂的摇床或浮选设备前,用以回收粗粒金。

3.1.5 摇床分选

1. 摇床分选原理

(1) 概述。摇床(shaking table)是分选细粒物料时应用最广泛的一种重力选矿法。也属于流膜选矿。它是由早期的振动式溜槽发展而来。与细粒平面溜槽相比,摇床具有两个特征,一是沿床面的纵向设置了床条(或刻槽);二是床面作往复不对称运动。摇床主要由床面、机架和传动结构三部分组成,结构如图3-28。

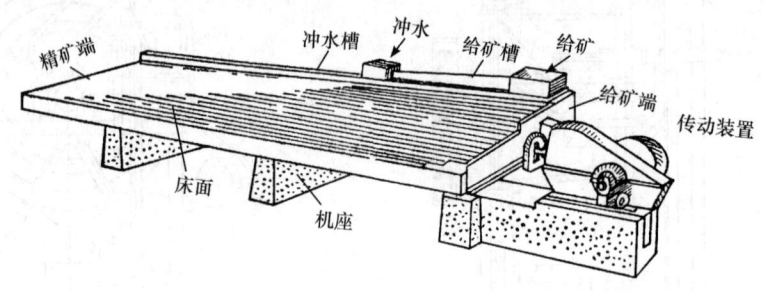

图3-28 摇床的外形结构

床面近似呈矩形或菱形,横向有明显倾斜。在倾斜上方布置给矿槽和给水槽。床面上沿纵向布置有床条。物料由给矿槽流到床面上台,在水流和床面振动作用下发生松散、分层。分层后,上层轻矿物受更大的水流推动,沿床面的横向倾斜向下运动,成为尾矿。位于下层的重矿物受床面不对称往复运动的推动,纵向移动到传动端对面,成为精矿。矿粒密度和粒度不同,其运动方向不同,矿粒群在床面上呈扇形分带(图3-29)。

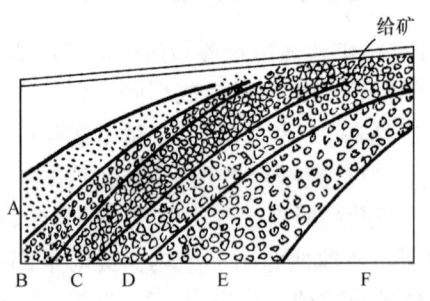

图3-29 矿粒群在床面上分选后的扇形分带

与圆锥选矿机、螺旋选矿机等细粒分选设备相比,摇床的处理能力较低。但它具有富集比高、经一次选别即可得到最终精矿、适用范围广等突出优点。处理金属矿石时的有效选别粒度范围为3～0.04mm,选煤时粒度上限可达10mm。

(2) 粒群在床面床条沟中的松散分层。床层松散是在横向水流和床面纵向摇动作用下发生的。横向水流沿斜面流动越过床条,激起比较强烈的漩涡,在各床条间形成上升流,推动矿粒松散,但其作用深度有限。在床层的大部分厚度内是借床面的摇动来松散矿粒及析离分层,如图 3-30 所示。紧贴床面的矿粒受摩擦作用相对运动较少,上层矿粒则因惯性力滞后于下层,层间出现了剪切速度差。矿粒在错动中自身发生翻滚,并向四周挤压,

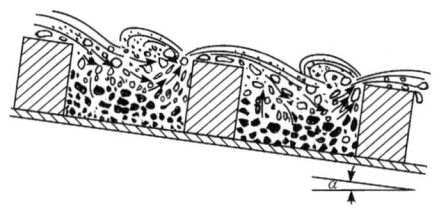

图 3-30 粒群在床条沟内分层示意图

增大了床层的松散度。松散作用力相当于拜格诺层面惯性剪切斥力。在剪切松散层中,分层表现为明显的析离分层。重矿物因压强较大,始终有转入底层的趋势,而细粒重矿物因转移中受机械阻力较小,进入到了最底层。同样地细粒轻矿物则分布到粗粒轻矿物的下面。

矿石的入选前经过水力分级,重矿物颗粒平均小于轻矿物颗粒,更有利于析离分层的进行。

(3) 矿粒在床面上的移动与分离。矿粒在床面上松散分层的同时还在移动。横向水流的作用使矿粒沿床面横向运动,床面的往复运动造成矿粒沿床面纵向移动,矿粒的最终移动方向与矿粒本身的性质有关。

矿粒沿床面横向的运动遵循颗粒在斜面流中的运动规律,即密度相同的颗粒,粒度大者移动速度大;粒度相同颗粒,密度大者移动速度小。矿粒在床条中的分层结果增大了它们在横向运动的速度差。位于上层的轻矿物粗颗粒在较强的上层横向水流作用下,获得较高的横向运动速度,首先被冲走。而底层的重矿物细颗粒则受水流作用小,横向运动速度较低。

下面讨论矿粒在纵向的运动,如图 3-31 所示。矿粒在床面上沿纵向移动是由床面作不对称往复运动造成的。床面从传动端开始以较低的正向加速度向前运动,到了冲程的中点附近,速度达到最大,而加速度降为零。接着负向加速度急剧增大,使床面产生急回运动,再返回到中点。接着改变加速度方向,以较低的正向加速度使床面折回,如此进行差动往复摇动。床面的加速度带动其上的颗粒也要作加速度运动,于是颗粒相应产生一惯性力。惯性力 P_{in} 的方向与床面加速度 a_X 方向相反,但可与速度方向相同或相反,可写为

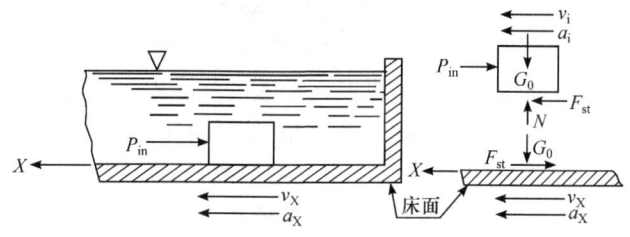

图 3-31 颗粒在床面上的受力分析

$$P_{in} = -ma_x = -V\delta a_x \tag{3-4}$$

颗粒在床面上沿纵向受摩擦力 F 作用。设颗粒密度为 δ，与床面的静摩擦力为

$$F_s = G_0 f_s = V(\delta-\rho)g f_s$$

则颗粒在床面上发生相对运动的临界条件为

$$P_{in} = G_0 f_s$$

即

$$V\delta a_{cr} = V(\delta-\rho)g f_s$$

或

$$a_{cr} = [(\delta-\rho)/\delta]g f_s \tag{3-5}$$

式中：f_s 为静摩擦系数；V 为矿粒体积；δ 为颗粒密度；ρ 为介质密度；a_{cr} 为颗粒的临界加速度，数值上等于颗粒开始在床面作相对运动时床面具有的加速度。

由此可见，床面的不对称往复运动，造成颗粒在一个方向与床面一起运动（在该方向床面加速度小），而在相反方向与床面产生相对滑动（在该方向床面加速度大），从而实现矿粒在纵向的搬运，为了说明不同性质矿粒在纵向搬动的距离，还需分析水流特征。

假定两矿粒的粒度相同、形状也相似，只是密度 $\delta_1 < \delta_2$，它们的临界加速度分别为 a_{cr1} 和 a_{cr2}，开始时，同在床面的 A 点。由于轻矿物的临界加速度 a_{cr1} 较小，在床面上既向前作相当大距离滑动，又向后作相应距离滑动，而其差值却较小；重矿物颗粒的临界加速度 a_{cr2} 较大，前后滑动的距离均较小，但其差值却要比前者为大，于是经过一个周期密度大的颗粒移动到了床面的 C 点，而密度小的颗粒移动到 B 点，两者出现了距离差。

在床面运动过程中，靠近下层的重矿物颗粒，受到较大的水流阻力作用，与床面相对滑动速度小，随床面一起运动距离长，而上层轻矿物颗粒则受水流阻力作用小，与床面滑动速度大，随床面一起运动距离短。这样就实现了一个方向不同性质矿粒搬动分离。摇床床面不对称往复运动的特点是，慢进急回，即前进期时间长，加速度小；后退期时间短，加速度大。因而，在前进期被搬运重矿物颗粒，在床面后退期由于较高床面加速度，使这些矿粒与床面发生滑动，从而实现了向床面一侧搬运的目的，而上层矿物颗粒在空间移动距离很小。

粒群经过分层后，位于底层贴近床面的重矿物颗粒具有最大的摩擦系数，在床面的带动下，向前滑动距离亦最大。由此向上，颗粒层间的摩擦系数愈小，受床面推动的作用愈弱，因而在更大程度上表现为摆动运动，实际向前运动的距离依次减小，这样便进一步扩大了轻重矿粒沿纵向移动的速度差。

矿粒在床面上最终运动方向为纵向运动速度与横向运动速度的向量和。矿粒实际运动方向与床面纵轴的夹角称为偏离角 β。由前述不同密度和粒度颗粒的运动差异可以知道，轻矿物的粗颗粒具有最大的偏离角，而重矿物的细颗粒则具有最小的偏离角。其他轻矿物的细颗粒和重矿物的粗颗粒偏离角介于两者之间，如图 3-32 所示，这样便在床面上构成扇形分带，图 3-29 示出扇形分带结果，分别得

不同性质的产品。

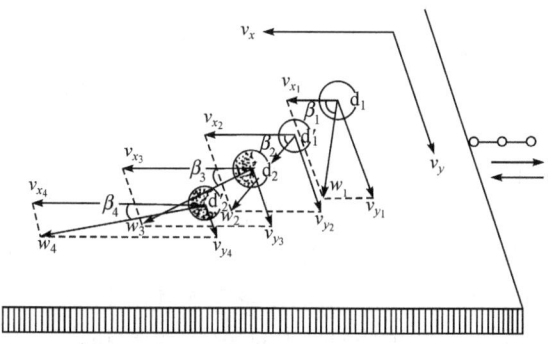

图 3-32　不同密度和粒度颗粒在摇床面上的偏离角
d_1、d_1'. 轻矿物的粗颗粒和细颗粒；d_2、d_2'. 重矿物的粗颗粒和细颗粒

2. 摇床的构造

(1) 摇动机构。摇动机构又称床头，是带动床面作往复运动的机构。常采用的有偏心连杆式(如 6-S 摇床)、凸轮杠杆式(云锡式摇床)、惯性弹簧式(弹簧摇床)和新型的多偏心惯性轮式。

偏心连杆式床头结构如图 3-33 所示。电动机经大皮带轮 14 带动偏心轴 7 旋转,摇动杆 5 随之上下运动。由于肘板座 4(即调节滑块)是固定的,当摇动杆向下运动时,肘板 6 的端点向后推动,后轴 11 和往复杆 2 随之向后移动,弹簧 9 被压

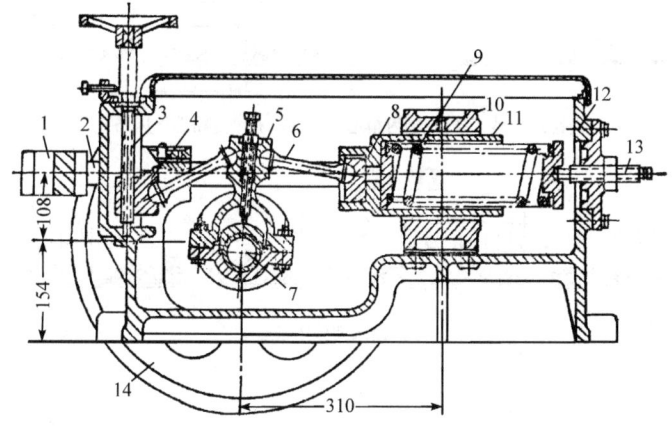

图 3-33　偏心连杆式床头(尺寸单位:mm)
1. 连动座；2. 往复杆；3. 丝杆；4. 肘板座；5. 摇动杆；6. 肘板；7. 偏心轴；8. 肘板座；9. 弹簧；
10. 轴承座；11. 后轴；12. 箱体；13. 螺旋；14. 大皮带轮

缩,通过连动座1和往复杆2带动整个床面向后移动;当摇动杆向上移动时,肘板间的夹角减小,受弹簧的伸张力推动,床面随之向前运动。床面向前运动期间,肘板间的夹角是由大向小变化。肘板端点的水平移动速度则由小向大变化,故床面的前进运动由慢而快。反之在床面后退时,床面则由快而慢,这样便造成了床面的差动运动。

丝杆3与手轮相连,转动手轮,上下移动滑块4即可调节冲程。转动螺旋13可以改变弹簧的压紧程度。床面的冲次则需借改变皮带轮的直径调节。

(2) 床面。床面的外形有矩形、梯形和菱形三种。矩形床面存在无矿带,床面利用率较低。切去无矿带则形成菱形床面,菱形床面利用率高,且分选效率也提高了,菱形床面在国外应用较广。我国普遍采用的是介于矩形和菱形之间的梯形床面。

床条(riffle)形状由分选物料性质确定,常用的有五种,如图3-34所示。矩形床条适用于处理粗砂,三角形床条适用于处理细砂和矿泥,这两种床条钉在或粘贴在床面上。另一类是刻槽床条,即在床面上刻槽,这种床条适于处理矿泥。还有一类为楔形刻槽和梯形凸条结合起来的床条,称为云锡式床条,适于处理粗、中粒。床条的高度均由传动端到精矿逐渐降低,直到尖灭。重矿物颗粒沿纵向运动到精矿的无床条平面上精选。床面上床条数量一般为44~50根,刻槽床面有45~65条槽。床条用塑料或橡胶制造。

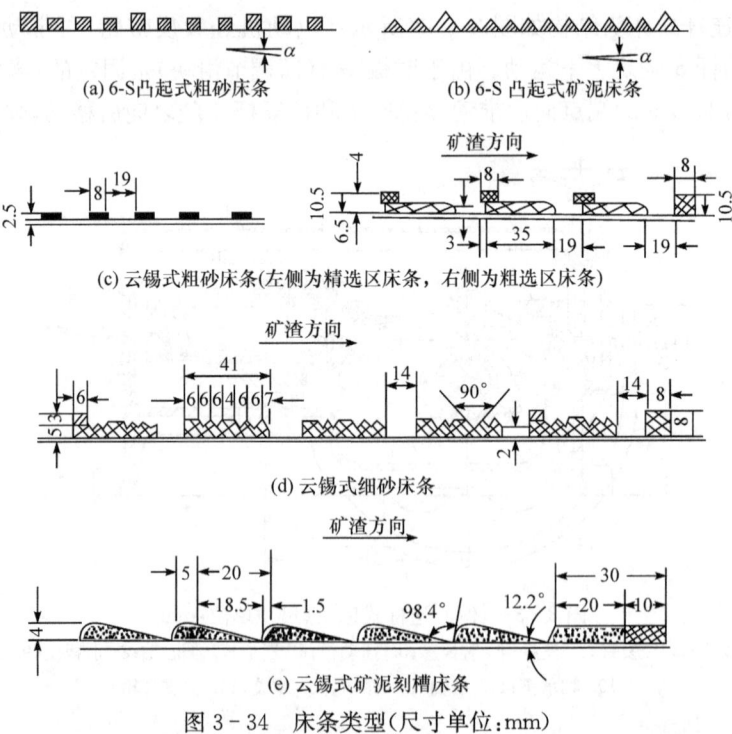

图3-34 床条类型(尺寸单位:mm)

3. 摇床选矿工艺因素

(1) 床面的运动特性。床面运动的不对称程度是影响床层松散分层和纵向搬运的主要因素。床面的不对称程度以不对称系数 E 表示,它是指床面前进行程时间与后退行程时间之比,E 值愈大,不对称程度愈高。一般来说,床面的不对称程度愈大,愈有利于矿粒纵向移动。选别矿泥时,微细颗粒与床面间黏结力大,不易相对移动,应选用不对称程度较大的摇床,在选别粗粒矿石时,可采用不对称程度稍低的摇床,此时,矿粒分层快,重矿物颗粒可迅速搬运。床面的不对称性可通过床头调整机构作适当改变。

(2) 冲程和冲次。床面的冲程和冲次的大小综合地决定了床面运动的加速度、矿粒在床面上的运动速度、床层的松散度和析离分层的强度。床面应有足够的运动速度和适当的正负加速度。冲程和冲次的适宜值主要与入选物料的粒度有关。床面运动速度与冲程 l 和冲次 f 的乘积成正比。只要改变冲程或冲次都可得到不同的 fl 值。一般在处理粗粒物料时,应采用较大的冲程和较低的冲次,若冲程不足时,物料易产生堆积且松散不好。处理细砂和矿泥时,摇床条件正好相反,一般要求用较大的冲次和较小的冲程,如果冲次不足,细泥容易黏附在床面上,影响分层。最佳的冲程和冲次一般根据试验加以确定。我国常用摇床的冲程、冲次范围见表 3-1 所列。

表 3-1 我国常用摇床的适宜冲程、冲次范围

6-S 摇床			云锡式摇床			弹簧摇床			
给料种类	冲程/mm	冲次/(次/min)	给料种类	冲程/mm	冲次/(次/min)	给料粒级/mm	冲程/mm	冲次/(次/min)	传动轮偏心距/mm
矿砂	18~24	250~300	粗砂	16~20	270~290	0.5~0.2	13~17	300	32
矿泥	8~16	300~340	细砂	11~16	290~320	0.2~0.074	11~15	315	29
			矿泥	8~11	320~360	0.074~0.037	10~14	330	26
			(刻槽床面)			<0.037	8~13	360	22

(3) 冲洗水和床面横向坡度。冲洗水和床面的横向坡度均是生产中随时调节的因素,它们影响床面横向水流速度。冲洗水由给矿水和洗涤水两部分组成。增大横向坡度,矿粒的下滑作用力增大,可减少冲洗水的水量,但扇形分带将变窄;反之增大水量,调小坡度,也可使矿粒具有同样的横向运动速度,但分带变宽。生产中为节约水耗常在粗选时采用"大坡小水",而在精选中采用"小坡大水"的操作制度。

粗砂摇床的床条较高,它所用的横向坡度较大。而细砂及矿泥摇床的横向坡度较小。例如云锡公司各选矿厂的摇床实际应用的横向坡度范围是:粗砂摇床为 2.5°~4.5°、细砂摇床为 1.5°~3.5°、矿泥摇床为 1°~2°。与其他选矿方法相比,摇床的水耗

是较大的,单位水耗可达 $3\sim10m^3/t$。给矿粒度愈小,单位给矿量的水耗愈大。

(4) 入选前的分级准备和给矿性质影响。摇床选别中析离分层占主导地位,所以给矿最佳粒度组成是所有密度大的矿粒粒度均小于密度小的矿粒粒度,故物料入选前常利用水力分级机预先分级。

摇床的给矿量在一定范围内变化对生产指标影响不大。过大或过小的给矿量将降低分选效果,但总的来说摇床的处理能力是很低的。适宜的给矿量与物料的可选性和给矿粒度组成有关,单层粗砂摇床为 $2\sim3t/(台·h)$,单层矿泥摇床仅 $0.3\sim0.5t/(台·h)$。

3.1.6 洗矿

1. 洗矿作用及黏土性质影响

洗矿(ore washing)是处理与黏土胶结在一起或含泥量大的矿石的一种工艺方法。它包括碎散和分离两项作业,大都在同一洗矿设备(如洗矿筛)中完成,也可在不同设备上分别完成。

洗矿多是设在选别前作为预处理作业使用。在处理砂锡矿时,利用洗矿方法分离出粗粒的不含矿废石,所得细粒级再经脱泥入选,可以减少处理矿量。手选或光电分选为便于识别,亦常常需要洗矿。某些含泥多的矿石经洗矿后可避免在操作中堵塞破碎机、筛分机及矿仓等,保证流程畅通。有些矿石的原生矿泥和矿块在可选性上(如可浮性、磁性等)有很大差别,用洗矿方法将泥砂分开,分别进行处理,可以获得更好的选别指标。这种情况下,洗矿虽然仍是一项辅助作业,但对整个生产过程却有重大影响。

某些坡积或残坡积氧化严重的氧化锰矿石、褐铁矿石、铝土矿物,在胶结物-黏土中含有用矿物很少,在洗矿之后作为最终尾矿丢弃,所得块状矿石品位高,即可作为最终产品应用。这时的洗矿便成为独立的选别作业。

矿石的可洗性与黏土塑性、含水量、膨胀性、渗透性以及矿石黏土与颗粒数量之比有关。黏土塑性愈小,膨胀和渗透性愈强,则矿石愈易洗,矿石中块状物料含量愈多,在洗矿中产生冲击搅拌作用将愈大,亦能加速过程的进行。表 3-2 列出了矿石按可洗性的分类,可供评定时参考。

表 3-2 矿石可洗性分类

矿石类别	黏土的性质	黏土的塑性指数	必要的洗矿时间/min	单位电耗/(kW·h/t 矿)	一般可用的洗矿方法
易洗矿石	砂质黏土	1~7	<5	<0.25	振动筛冲水
中等可选性矿石	黏土在手上能擦碎	7~15	5~10	0.25~0.5	圆筒或槽式洗矿机
难洗矿石	黏土黏结成团,在手上很难擦碎	>15	>10	5~1.0	槽式洗矿机洗两次或水力洗矿与擦洗机联合

2. 洗矿设备

固定格筛、振动筛和辊轴筛等筛分机械,当装上压力喷水管时,即可作为洗矿设备使用,借助于矿粒在筛上翻滚和水力冲洗,可以将黏附在大块矿石上的细泥洗掉。固定格筛可用于筛洗粗碎前的原矿;辊轴筛用于筛洗中碎前的矿石;而振动筛则可用于处理中碎或细碎前矿石。冲洗水压力一般为 0.2~0.3MPa,水耗为 1~2m³/t 矿。当原矿含泥量不很大、黏结性不强时,利用这类设备即可达到洗矿的要求。

当矿石需要作不太强的擦洗以进行碎散时,可以应用圆筒洗矿筛,设备结构如图 3-35 所示。筛分圆筒是由冲孔的钢板或编织筛网制成,筒内沿纵向设有高压冲洗水管。借助筒筛的旋转,促使矿块相互冲击,再加上水力冲刷而将矿石碎散,洗下的泥砂透筛排出。

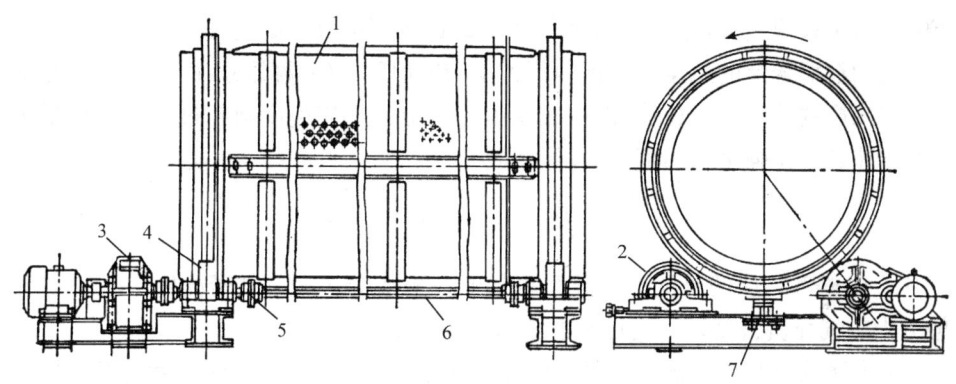

图 3-35 圆筒洗矿筛
1. 筛筒;2. 托辊;3. 传动装置;4. 主传动轮;5. 离合器;6. 传动轴;7. 支承轮

槽式洗矿机设备结构类似螺旋分级机,在一个半圆形的斜槽中装置两根长轴,上面有不连续的搅拌叶片,具有较强的切割、擦洗能力,对小泥团的碎散能力也较强,适合于处理含泥较多的难洗矿石,处理能力大。

低堰式的螺旋分级机亦可用作洗矿设备,但因其碎散能力不太强,故主要用于处理其他洗矿设备排出泥砂产品,从中进一步脱出泥质部分。

3.1.7 风力分选

1. 风力分选的特点

风力分选(air separation)是在空气介质中分选,其基本方式为:将原料给到倾斜安装的固定的或可动的多孔表面上,借助间断或连续给入的上升气流推动粒群悬浮,并促其按密度差分层。根据给入气流的方式和设备运动方向的不同,风力分选照样有跳汰、摇床和溜槽等工艺之分,但选别过程则与在水介质中的分选有很大不同。

矿粒在分选表面上被气流吹动呈"沸腾"状态,颗粒间的距离较大,位于同一层次的颗粒粒度之比接近或略大于自由沉降等降比。但在空气中的自由沉降等降比则由比在水中小得多,近似可用式(3-6)表示。

$$e = \frac{d_1}{d_2} = \frac{\Psi_1 \delta_2}{\Psi_2 \delta_1} \tag{3-6}$$

例如,对于煤($\delta_1 = 1350 \text{kg/m}^3$)与矸石($\delta_2 = 2000 \text{kg/m}^3$),在粗粒条件下在水中的等降比为3,而在空气中则降为1.5。由于等降比的减小和难以形成高浓度密集的床层,使风力选矿不能有效地按静力作用关系分层,这是风力选矿精确性不高的主要原因。为了改善分选结果,原料在入选前应按适当的窄级别进行分级。生产中为避免粒级过多,选矿时筛比常取作2,选煤时可取4或更大些。

吹动粒群悬浮的总压力包括静压力P_{st}和动压力P_{dy}两部分,静压力的大小应达到与床层的重力压强相等,而构成动压力的上升气流速度则超过使粒群松散的最低流速。总压强可以用下式表示。

$$\sum P = P_{st} + P_{dy} = h\lambda\delta g + \frac{u_{up}^2 \rho}{2} \tag{3-7}$$

式中:h为松散料层的厚度;λ为松散料层的容积浓度;δ为物料密度;g为重力加速度;ρ为空气介质密度;u_{up}为使粒群松散的空气最低流速。

风力跳汰机和风力摇床所需气体压力介于1.5~3kPa。气流速度与粒群的干涉沉降速度相等。这时自由沉降速度小的颗粒悬浮在上层,松散度较大;沉降末速大的颗粒则悬浮在下层,具有较小的松散度。经过窄分级的入选原料中,重矿物的平均沉降速度较大,因而富集到底层。在这里悬浮体密度增大对排除轻矿物也有一定的作用。气流速度在分选表面分布均匀与否对分选精确性有很大影响。原料中含水分对作业也很敏感,当水分超过4%~5%时,颗粒间易发生黏结,分选效率和设备处理能力会急剧下降。

2. 简单的风力分选装置

塑料的密度与水接近,往往低于其他城市固体废弃物的密度,对此类废料可以采用简单的风力分选方法将塑料从其他的废弃物中分选出来。图3-36为水平式风力分选机示意结构图。图3-37为用于废料分选的锯齿形风力分选机示意结构图。

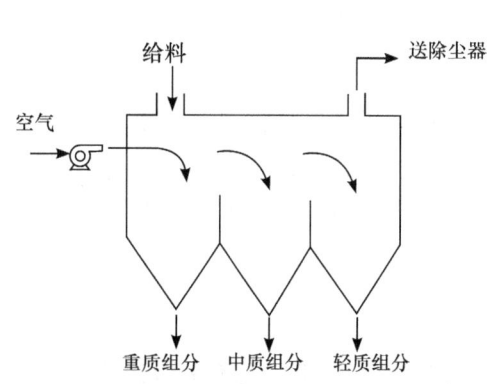
图 3-36 水平式风力分选机示意结构图

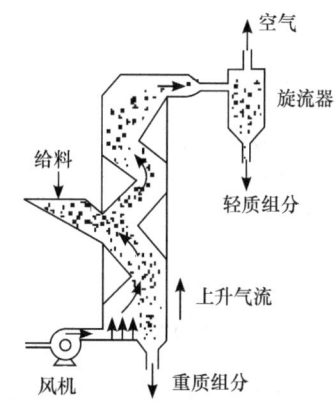
图 3-37 锯齿形风力分选机示意结构图

3. 风力跳汰机

图 3-38 所示为鲍姆-1 型风力跳汰机,主要用于选煤。机中有两段固定的多孔分选筛面。由鼓风机送来的空气通过旋转闸门间断地通过筛板,形成鼓动气流。原料由筛板的一端给入,在气流的推动下间断地松散悬浮,并随即按密度发生分层。在第一段筛板上分出最重的矸石,经卸料滚轮排出。轻矿物进入第二段筛板即选出精煤和中煤。整个跳汰机由特制的罩子封闭,分层情况由侧观察孔探视。

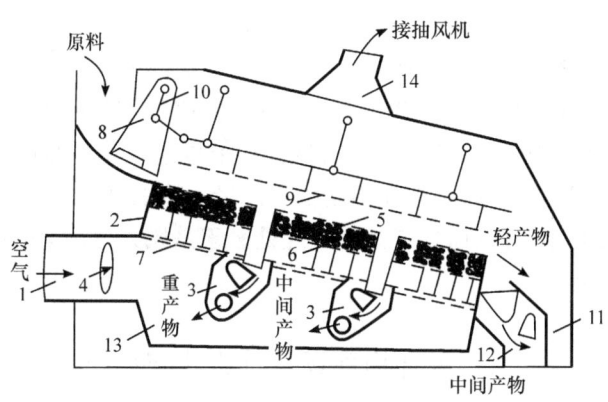

图 3-38 鲍姆-1(ΠOM-1)型风力跳汰机

1.送风道;2.倾斜机架;3.重产物排料装置;4.间歇供风活门;5.上层格筛;6.下层格筛;7.双层进风控制筛板;8.扇形给料机;9.限定上部料面的筛板;10.曲柄机构;11.轻产物送流槽;12.重产物排送流槽;13.空气室;14.抽风管道

原煤应预先筛分成 0.5~3、3~10、10~25、25~40 和 40~70mm 粒级。选别效果最佳的为 10~25mm 粒级。小于该粒度的颗粒受气流分布不均匀性的影响显著,分选效果不佳;更粗的粒级,因所需上升气流速度过大,分层易被搅乱,分选结果也不好。

4. 风力摇床

风力摇床的结构与水力摇床类似,但在风力摇床上矿粒则靠连续上升或间断上升的气流推动松散分层的,而不是借斜面水流的作用。这种设备在风力选矿中应用比较广泛,类型也不少,主要用来处理粗粒级煤,也常用于分选某些金属脉矿和含稀有金属的砂矿。

5. 风力尖缩溜槽

这是一种与湿式尖溜槽结构类似的风选装置,由英国瓦伦·斯普林(Warren Spring)试验室研制成功。槽面由微孔材料制成,槽面下面有一个空气室。低压空气由槽的一端引入,通过多孔表面向上流动。原料从槽的上端给入,在气流吹动下形成沸腾床,在沿槽面向下运动中发生分层。分层后的轻、重矿物的槽的末端排出时利用截器分开。对该设备亦可装置电磁振动器使槽面作振动,以强化风选过程。

风力尖缩溜槽亦可像湿式尖缩溜槽那样,由多个单溜槽拼成圆锥面工作。一台直径 1.7m 的组合溜槽处理能力可达 15~30t/h。

风力选矿在 20 世纪初以选煤为主导曾有相当大的发展,主要是因为风选可以获得干的产品,免去脱水作业。对于煤炭来说虽然干选的精煤质量低一些,但因为含水分低,仍可保持热能的有效利用。不过风力选矿的效率总不如湿式选矿高,且在生产中需有复杂的集尘系统,作业也易受污染,这些不利因素曾限制了它的发展。近年来,随着矿产资源广泛被开发利用,在干旱地区建立的选矿厂日益增多,某些需用干法处理的矿物原料也在不断扩大产量。特别是在废纸和废塑料等二次资源的分选回收利用方面,风选有其独到之处。于是风力分选又引起人们的注意,并得到较大的发展。

3.2 复合物理场分选方法与设备

3.2.1 概述

事实上,大多数分选方法均采用复合力场(compound forces field)。古老的摇床对颗粒的分选作用是在大约垂直于重力场的床面上实现的,它综合利用了重力、介质阻力、摩擦力及惯性力的作用,使颗粒在床面上的流膜层中按粒度及密度分带,从而进行分选。

有关重力场与离心力场、惯性振动力场等复合力场分选,是经常采用的分选方法,也是重选设备发展的重要方向,诸如离心分选机、旋转螺旋溜槽、重介质旋流器、振摆皮带溜槽、摇床等。

近年来,应用复合力场实现物料分选引起了更广泛的重视,产生了一系列新的复合力场分选方法。例如旋转螺旋溜槽利用了重力、介质阻力、离心力、惯性力在内的复合力场。再如磁流体分选法,它采用了磁场、电场及重力场的复合作用场。还有见诸报道的电场浮选、磁场絮凝等。常见的复合力场是用离心力场强化重力场,用惯性振动力场叠加到重力场、磁场等。

有关复合力场的计算分析通常采用场强叠加的方法。

3.2.2 磁流体分选

1. 磁流体

磁流体分选是综合利用了重力场、磁场、电场的复合力场分选的新工艺。一些特殊流体构成的磁流体,如经表面活性剂处理的磁铁矿胶粒悬浮液以及电解质溶液,在磁场或磁场与电场的联合作用下能够磁化,呈现出似加重现象,从而对位于其中的颗粒群产生浮沉分离。似加重后的磁流体其黏性和流动性较原来变化不大。似加重后的磁流体密度称为视在密度,它可以高于磁流体原密度的数倍,故可分选密度范围较广的物料。

磁流体静力分选采用的分选介质常为水基铁磁流体胶粒悬浮液,或顺磁性电解质溶液。据报道,用氧化-水解法,在$FeSO_4 \cdot 7H_2O$和NaOH的混合溶液中通

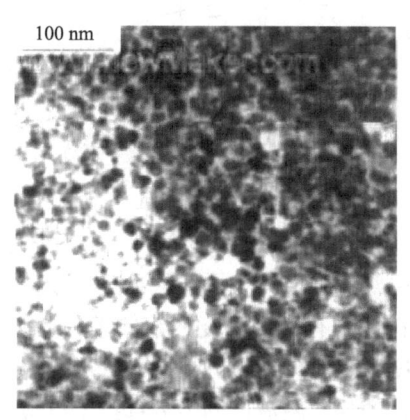

图 3-39 磁流体的 TEM 显微照片

入适量的空气,制备出磁铁矿(Fe_3O_4)微细纳米颗粒,再水洗干净,然后加入热油酸钠,再加入十二烷基苯磺酸钠(SDBS)搅拌分散,即可制出水基磁流体,见图 3-39。磁铁矿表面第二层吸附的表面活性剂 SDBS 呈反定向物理吸附,使磁流体维持着高分散性,在较宽的 pH 范围内保持稳定且黏度低,因此很适于作分选介质。

在完成分选作业后,对分选产品进行筛分水洗,即可回收磁流体。此时磁流体被稀释,对其浓缩再生以便循环使用是实用上不可缺少的,其技术经济效果也是值得重视和研究的问题。一种浓缩过程方法是:加酸使表面活性剂 SDBS 的一部分变成中性分子,从而使磁铁矿微细颗粒凝聚。然后,添加絮凝剂可改善沉降过滤性质。沉降过滤后再加碱调 pH 到 7 左右,最后添加过滤中损失的表面活性剂并搅拌就可得到较浓稠的磁流体。

磁流体动力分选采用的分选介质为电解质溶液。

2. 磁流体静力分选

磁流体静力分选是在不均匀磁场中,以磁流体为工作介质,分选弱磁性或非磁性物料的一种分选技术。

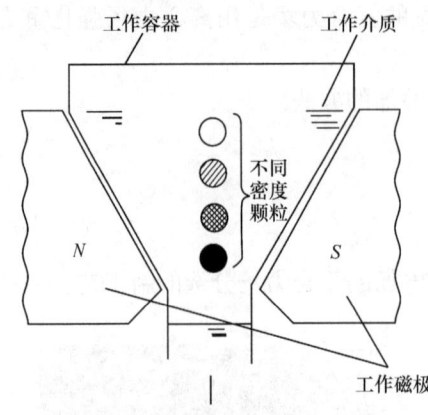

图 3-40 磁流体静力分选示意图

如图 3-40 所示,用于分选的磁场,由激磁线圈通以直流电产生。磁场中最高磁场强度,是位于底部排料口处,并向上递减。工作介质受磁场作用并磁化,其磁性也表现为底部最大并向上递减。将颗粒置于工作介质中,其既受自身的重力作用和工作介质的浮力作用,又受磁极和工作介质磁化后所产生的磁场力的磁推力作用和磁浮力作用,于是矿粒将按照这些力的合力方向运动而分离。

磁流体作为工作介质本身密度并不大,还不到 $2000 kg/m^3$,但其受强磁场磁化后视在密度最大可达 $21\,000\ kg/m^3$。所以磁流体是一种黏度小、密度大且可调的特殊重液。磁流体因受周围不均匀磁场的影响,上下各层将出现不同的磁推力和磁浮力,最终表现为上下各个分层出现不同的视在密度。颗粒位于其中就好像处在一个有密度梯度的液体中一样。如果给料合适,排料均匀,颗粒就根据其自身密度和比磁化系数的不同而分层,并悬浮在工作介质中某一定位置上。这样,可获得多种产品。磁流体静力分选技术已应用于地质工作中的重砂分析、某些矿石的分选实验研究;并已应用于金刚石的工业分选、报废汽车解体碎片中各种金属的分选。

磁流体静力分选的原理是,当介质为磁流体时,在不均匀磁场中,单位体积介质将受磁力作用(式中黑体字母表示矢量,下同)

$$F_m = x_o \cdot H \cdot \mathrm{grad} H \qquad (3-8)$$

如磁场梯度方向与重力场方向一致,则单位体积介质同时受重力 $F_g = \rho_0 \cdot g$ 及磁力 F_m 的作用,相当于介质加重

$$\rho = \rho_0 + x_o \cdot H \cdot \mathrm{grad} H \cdot g^{-1} \qquad (3-9)$$

固体单元在磁体流中的受力状态为

$$F = (\rho - \rho_0)g + (x - x_o) \cdot H \cdot \mathrm{grad} H \qquad (3-10)$$

当分选颗粒为非铁磁性特质时,与磁流体相比,x 很小,可忽略不计,则有

$$F = (\rho - \rho_s)g \qquad (3-11)$$

颗粒完全按密度分选。当分选颗粒之一为铁磁性物质时,同时按密度及磁性分选。

3.2.3 空气重介质流化床分选

固体颗粒本身没有流动性,若采取某种措施使颗粒像流体一样呈流动状态,这种操作过程就称为固体颗粒流态化。目前,流态化技术已在许多领域得到了广泛应用。

流化床主要由气体分布器、床体、流化床层、内部构件等组成,有的还辅以外来能量(如振动力、磁场等)。气固两相流化床在一定气速操作下的鼓泡床阶段具有流体的特性,具体表现为:

(1) 两连通床层能自动调整至同一水平面;
(2) 当容器倾斜时,床层上表面仍保持水平;
(3) 床层中任意两点压力差大致等于此两点间的床层静压头;
(4) 具有像流体一样的流动性,如在容器壁上开孔,颗粒将从孔口流出;
(5) 小于床层密度的物体将浮于床面,反之,则沉于床底,基本符合阿基米德定律。
(6) 适合于矿物,特别是煤炭分选的气固两相流化床,要求床层密度在三维空间均匀稳定,固相加重质宏观返混小。这就要求流化床要在低流化数气速下操作、在加重质粒度级配合理的微泡状态下工作,以充分发挥其分选特性。因此,适用于矿物(煤炭)分选的流化床是浓相高密度流化床。

空气重介质流化床分选的原理,与湿式重介质分选原理相类似,请参看 3.1.2。

空气重介质流化床的床层分选密度,由流化床层的孔隙率、固相加重质的密度决定。对选煤来说,其可在 1300~2300 kg/m^3 内任意调节。

图 3-41 为 50t/h 空气重介质流化床干法分选机示意图。入选原煤(50~60mm)采用振动给料机给入分选机,在均匀稳定的流化床中,入选物料按床层密度分层,轻密度物料(精煤)上浮,重密度物料(煤矸石)下沉。无级刮板输送机分别将浮物和沉物排出机外,完成分选过程。

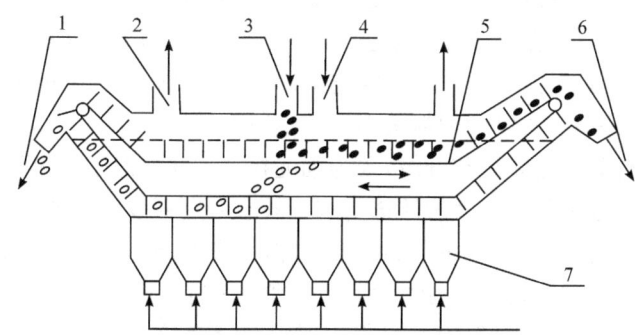

图 3-41 空气重介质流化床干法分选机示意图
1. 尾煤;2. 除尘口;3. 50~60mm 入选煤;4. 加重质;5. 输送链;6. 精煤;7. 气体分布器

3.2.4　磁团聚分选

磁团聚分选是在外加磁场的作用下,强磁性或弱磁性细颗粒物料有选择性地自行团聚成链状或团状磁聚体,在重选水流作用下与不团聚的脉石颗粒相分离。磁团聚分选方法分为如下三种。

(1) 单纯的选择性磁团聚分选。它是在分选区内加入一个外加磁场,磁性细颗粒物料自行团聚成链状或团状磁聚体,在水流作用下与不团聚的脉石细颗粒相分离。外加磁场的场强一般较低,只有 $5\sim16kA/m$。

(2) 与疏水性絮凝复合的选择性磁团聚分选。如果在外加磁场条件下进行疏水性絮凝,则细颗粒磁性物料既受磁力作用产生团聚,又受疏水性絮凝作用产生絮凝,将产生体积较大、结构致密的磁聚体沉降。

(3) 磁种分选。它是利用人工合成的或细磨后的铁磁性颗粒(微米级或亚微米级)作为磁种,在特定捕收剂的配合下,与目的物料发生疏水聚集作用,形成约 $100\sim200\mu m$ 大小的磁团聚体,再用磁选机分选。

磁团聚分选较早用于细粒强磁性物料如磁铁矿,近年推广到细粒弱磁性物料,如赤铁矿、菱铁矿、菱锰矿等与石英、长石的分离上。磁团聚分选设备有磁团聚重选机等。

3.2.5　重力浮选

重力浮选是在重选设备上同时进行重选和絮团状颗粒浮选的一种特殊分选工艺。它的分选原理,是根据物料间表面物理化学性质的不同,依靠表面张力作用使疏水性物料表面聚集许多细小气泡,再相互结成絮团状颗粒(称为团粒)而浮于水面,亲水性物料则沉于水底,并用重选方法分离。

重力浮选所用设备全部为重选设备,其中以使用摇床居多,常称为枱浮;其次是溜槽。枱浮是经过改造后的摇床,包括床面结构改造和在床面上加设充气管。

如图 3-42 所示,在普通摇床床面上方增加一个小型辅助床面,其倾角大于普通摇床床面 $11°\sim12°$,并增加若干斜置床条。加设充气管是在辅助床面上方位置,目的是不断向料浆充气,以增加料浆中空气泡数量。

待分选物料首先需脱泥和分级,因为细泥在重力浮选时不仅得不到分选,而且还会影响粗颗粒分选和消耗大量浮选药剂。较窄级别粒度范围的分级可提高分选效果。然后,添加相应的浮选捕收剂使目的物料表面疏水,并配合高浓度充气调浆。调浆完毕的高浓度料浆,经稀释后给入枱浮。当已充气的料浆沿辅助床面流到分选床面时产生紊流,引起较大的搅动,带入更多的空气。从搅拌桶出来已初步形成絮团的疏水颗粒,会再混入较多的小气泡,形成更轻更大的絮团,漂浮与分选床面水面之上,并顺着斜面从摇床原来排轻物料一侧排出。亲水性物料则沉于水

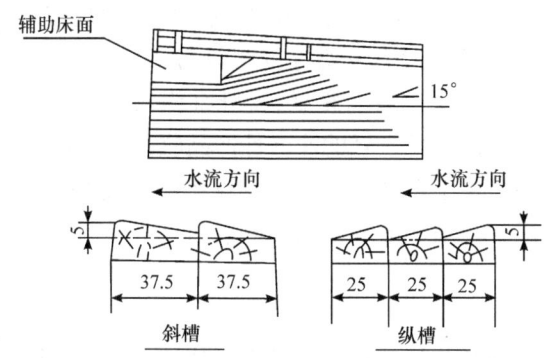

图 3-42 重力浮选摇床(枱浮)床面示意图(尺寸单位:mm)

底从摇床原来排重物料一侧排出。增加的斜置床条可搅动水流,延长分选时间,增加分选效果。

重力浮选的粒度范围,最适宜的为 1.6～2.3mm,最大可达 6mm,最小可达 0.075mm。所以它适宜处理粒度比较粗、可浮性又比较好,用普通重选或浮选又比较难于分选的物料。例如从重选粗钨锡精矿中除去硫化矿。

3.2.6 摩擦弹跳分选

摩擦弹跳分选是根据物料间摩擦系数和碰撞弹性系数的差异,在与斜面碰撞弹跳时,产生不同的下滑运动速度和弹跳轨迹,从而实现分选的一种方法。

图 3-43 为斜板皮带分选示意图,分选皮带与水平面成 20°～30°安装。城市固体废料从斜板下半部的上方给入,其中的铁块、饮料罐、玻璃、砖瓦等与斜板面产生弹性碰撞,向板面下部弹跳排入重的弹性产物收集仓,并进一步用磁选、涡流选和风选等方法分离。而废纸、废纤维织物、木屑等与斜板为塑性碰撞,不产生弹跳,因而随斜板皮带向上运动排入轻的非弹性产品收集仓,从而实现分选。

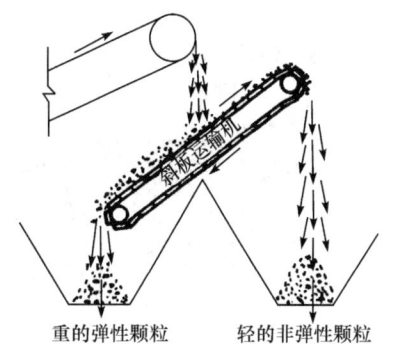

图 3-43 城市垃圾的斜板皮带分选示意图

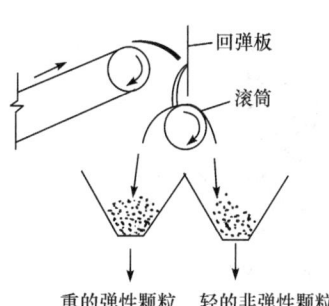

图 3-44 反弹滚筒分选示意图

图 3-44 为反弹滚筒分选示意图。城市垃圾由倾斜皮带运输机抛出,与回弹板碰撞,其中铁块、饮料罐、砖瓦、玻璃等重物料与回弹板和分选滚筒产生弹性碰撞,被抛入重的弹性产品收集仓;而废纸、废纤维织物、木屑等与回弹板为塑性碰撞,不产生弹跳,被分选滚筒抛入轻的非弹性产品收集仓,从而实现分选。

摩擦弹跳分选还可用于石棉矿石中石棉纤维与废石颗粒的分选,以及不同形状物料中的似球形颗粒与扁平形颗粒间的分选。

3.2.7 涡流分选

涡电流分选的物理基础是基于两个重要的物理现象:一个随时间而变的交变磁场总是伴生一个交变电场;载流导体产生磁场。因此,如果导电颗粒暴露在交变磁场中,或者通过固定磁场运动,那么在导体内就会产生与交变磁场磁通相垂直的涡电流。另一方面,导体涡电流引发的与感应磁场相对的镜像磁场,对导体产生排斥力,使导体从料流中分离出去。涡流分选主要用于分选城市固体废料中的有色金属和非金属。

如图 3-45 所示,在滑动斜面分选器上呈 45°并按极性背靠背交替安放大量永磁铁(锶或钡铁氧体),上盖薄不锈钢板。物料经预先磁选脱除钢铁等强磁性物后,有控制地单层加入。非金属颗粒直接由斜面下滑,不受磁场影响(图中沿 x 轴向)。而有色金属颗粒向下滑动时,由于切割磁场,在金属内部产生涡电流,受到电磁力的作用,使它们向边部推进(图中 y 向),分别截取即可实现分选。板状扁平有色金属颗粒较球状颗粒分选效果要好。图 3-46 为多极磁辊式涡电流分选机。

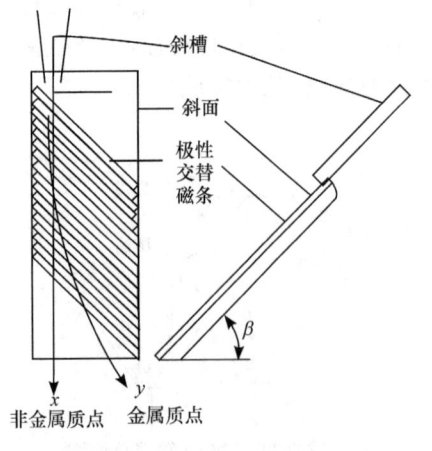

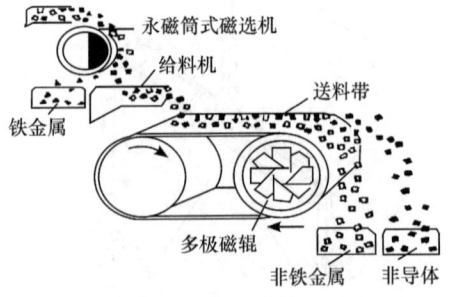

图 3-45 涡流分选板示意图　　图 3-46 多极磁辊式涡电流分选机

3.2.8 光电捡选

光电捡选用于分选颜色差异较大的富块矿与废石;以及城市固体废料中的橡胶、塑料和金属等。

图 3-47 是国产 YG-40 型激光光捡选机结构示意图。该机由给料、检测、信息放大处理、执行四个部分组成,可用于分选黑钨矿与脉石。分选粒度为 20~40mm 时,处理能力约 5t/h,矿石选出率 87.71%。

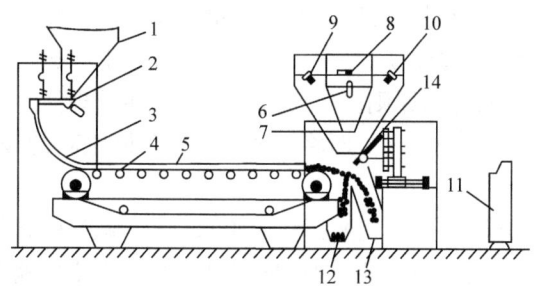

图 3-47　YG-40 型激光光捡选机结构示意图

1. 给料仓;2. 电磁振动给料机;3. 弧形溜槽;4. 挡板;5. 分选皮带;6. 激光管;7. 同步检测器;8. 镜鼓;9,10. 光电管;11. 电子信息控制机;12,13. 分离产品;14. 整体喷射嘴

3.3　重选工艺

3.3.1　重选生产过程

矿石的重选流程是由一系列连续的作业组成。作业的性质可分成准备作业、选别作业和产品处理作业三个部分。

(1) 重选的准备作业,包括:①为使有用矿物单体解离而进行的破碎与磨矿;②对胶性的或含黏土多的矿石进行洗矿和脱泥;③采用筛分或水力分级方法对入选矿石按粒度分级。矿石分级后分别入选,有利于选择操作条件,提高分选效率。

(2) 重选的选别作业,是矿石分选的主体环节。选别流程有简有繁,简单的由单元作业组成,如重介质分选。处理砂矿的流程也比较简单,常不带有破碎和磨矿作业,而只由几项重选作业组成。处理不均匀嵌布的脉石则常需要采用阶段选别流程,内部结构也比较复杂,这是由于:①处理不同粒度的矿石应采用不同的工艺设备;②应用同一类型选别设备若矿石粒度范围较宽还应分级入选;③多数重选设备的富集比或降尾能力不高,需经多次精选或扫选才能获得合格产品。

流程的选别段数和内部结构与矿石的产出条件、矿物嵌布粒度、有用成分价值、含量等因素有关。处理贫的砂矿流程在粗选阶段应尽量简单,以抛弃尽可能多的尾矿为目的。处理价廉的,矿量大的铁、锰矿石的流程也不宜太复杂。对于那些含有价值高的有色和稀有金属的脉矿石,为了避免一次磨矿造成过粉碎损失,一般要采用阶段选别流程。选别段数的确定还要考虑到生产规模,以使收益和消耗相适应。

各选别段的流程结构(精选和扫选次数、中矿走向)与入选矿石的金属含量及对产品的质量要求(产品结构)等因素有关。重选设备经常要产出多种质量不同的产品(混合精矿、次精矿、富中矿、贫中矿等),需要进入下一选别段或返回处理。产品的合并地点以质量相近为原则。生产中常是将那些处理能力大而分选精确性不高的设备安装在粗、扫选作业中,而将处理量小,富集比高的设备安置在精选作业中。

(3) 重选的产品处理作业,主要指精矿脱水、尾矿输送和堆存。重选精矿基本不含矿泥,脱水作业容易进行。粗、中粒精矿只要在矿槽或坡地上用渗滤的方法即可将表面水脱除,只有细的和微细粒级才需要进行过滤,如果产品要装袋输出,还应当予以干燥处理。至于尾矿输送,粗、中粒尾矿可以直接装车外运,细的和微细粒级则用砂泵排送到尾矿坝堆存。

在重选生产的流程连接、产品处理输送过程中,为避免矿浆中的坚硬粗颗粒物料对明槽、管道的磨损,常在明槽内表面衬砌耐磨的铸石板。管道、砂泵内壁可衬砌一层耐磨的铸石粉。对磨损严重的弯管可选用橡胶管件。

3.3.2 锡矿的重选

1. 云南砂锡矿的重选

锡主要用于焊料、镀锡薄板马口铁、青铜合金的生产等。我国的锡资源储量和产量均居世界首位。具有工业价值的主要锡矿物是锡石(SnO_2,密度 $6800\sim7200kg/m^3$),故常用重选法与脉石分离。锡矿可分为砂锡矿和脉锡矿两类。

我国云南、广东、广西等省区的砂锡矿床、砂钨矿床、褐钇铌矿床、稀土(独居石)矿床;黑龙江、吉林、内蒙古、山东、湖南、四川等省区的砂金矿床等均属河成冲积砂矿床。在各种类型砂矿中,冲积砂矿是经过自然界的二次富集形成的,常含有多种有色金属、稀有金属和贵金属矿物,是获得这类金属的重要来源。这种矿床是原生矿石被水流搬运到河的中下游,因水流速度变缓沉积而成。密度大的矿物分布在粗砂层或砾石层中,并在它们的底部形成富集带。这类矿床经历的自然淘洗过程还不很强烈,矿石中尚夹杂着较多砾石和黏土,并且分布不均匀。此类矿床,具有相当大的工业价值。

冲积砂矿一般采用水枪-砂泵、电铲-推土机、轮工铲斗或采砂船开采。原矿中有用矿物基本已单体解离,因此一般不需要进行破碎与磨矿。采出后的砂矿先经筛分除去不含矿的砾石,对含泥多的矿石再加以脱泥,然后即可送去选别。砂矿中的重矿物含量一般不高,故首先应采用处理量大的设备粗选,常用者有大型跳汰机、圆锥选矿机、粗粒溜槽等。这些设备要随采场的推移而搬迁。经过粗选得到的重砂精矿要送到精选车间或中央精选厂处理。精选中装备有重、磁、浮以及电选设备,可将各种有用矿物分别选出,得到单一矿物的精矿。

云南锡业公司位于云南省个旧市,个旧矿区属砂锡矿床,占全国储量的16%,公元前即有采锡生产。解放后建起一批现代化选锡厂,云锡公司原有9座选矿厂,即新冠7000t/d、卡房2200t/d、黄茅山3000t/d、老厂2800t/d、羊坝底5500t/d、期北山2200t/d、古山2000t/d、个旧1000t/d、大屯3300t/d。经过40多年的开采生产,砂锡资源已逐年下降,各选厂现实际处理矿石已低于设计能力。

选厂处理的矿石类型主要是残坡积砂锡矿、氧化脉锡矿、锡石多金属硫化矿,还有堆存尾矿。残坡积砂锡矿和氧化脉锡矿是云锡多年来处理的主要锡矿石。它们的矿物组成相近,且具有锡石粒度细、含泥多,锡、铁矿物结合致密,伴生的铅、锌、铜、钨、铟、铋、镉等均为难选矿物,不易选矿回收。两者相比,脉锡矿锡品位较高、块矿较多、锡石粒度稍粗及含泥量相对较少。故氧化矿选厂选矿工艺流程基本相同,由原矿制备、矿砂选别、矿泥选别三大系统组成。原矿制备系统包括:水力洗矿破碎泥团和隔除废石、贮矿池缓冲调节(砂矿),两段破碎,洗矿(脉矿)、振筛筛分,旋流器分级脱泥等作业。矿砂选别系统(+0.037mm)包括:三段磨矿、三段选别、次精矿集中预先复洗、中矿再磨再选、溢流单独处理的全摇床选别流程。矿泥系统(-0.037mm)包括:离心选矿机粗选、皮带溜槽精选、刻槽矿泥摇床或六层悬面式矿泥摇床扫选等作业。

2. 广西脉锡矿的重选

柳州华锡集团大厂锡矿位于广西南丹县,属特大型锡石——多金属硫化物类碳酸盐型锡矿床,其锡资源储量占全国总量17%,锡、铟、锑保有储量居全国第一,其中铟居世界第一,铅锌储量名列全国前茅,此外还伴生有硫、砷、银、镓、镉、金等。矿石中有用矿物种类多而复杂,主要有锡石、铁闪锌矿、脆硫锑铅矿、黄铁矿、磁黄铁矿等,品位高、综合价值大,但矿石难选程度国内外少见。

国家极为重视开发和综合利用大厂矿产资源,"六五"、"七五"、"八五"期间均将其作为重点科研攻关项目,组织全国十余家科研院所和高校与大厂合作攻关,经过努力,解决了一批选矿技术难题,使大厂生产指标大幅提高。1995年与1985年相比,锡、铅、锌、锑、银五种金属选矿综合回收率从1985年的37.51%提高到1995

年的75.37%,其中锡回收率从51.36%提高到81.74%。

图3-48 柳州华锡集团5000t/d车河选厂

目前大厂拥有3座选矿厂,即长坡选厂1600t/d,车河选厂5000t/d(图3-48),巴里选厂1000t/d。长坡选厂处理细脉带矿石时采用"重浮重"流程;车河选厂处理91号富矿和92号细脉带矿石时用"重浮重"流程,见图3-49;巴里选厂处理91号富矿和100号特富矿体时用"磁浮重"流程,其流程见图3-50。

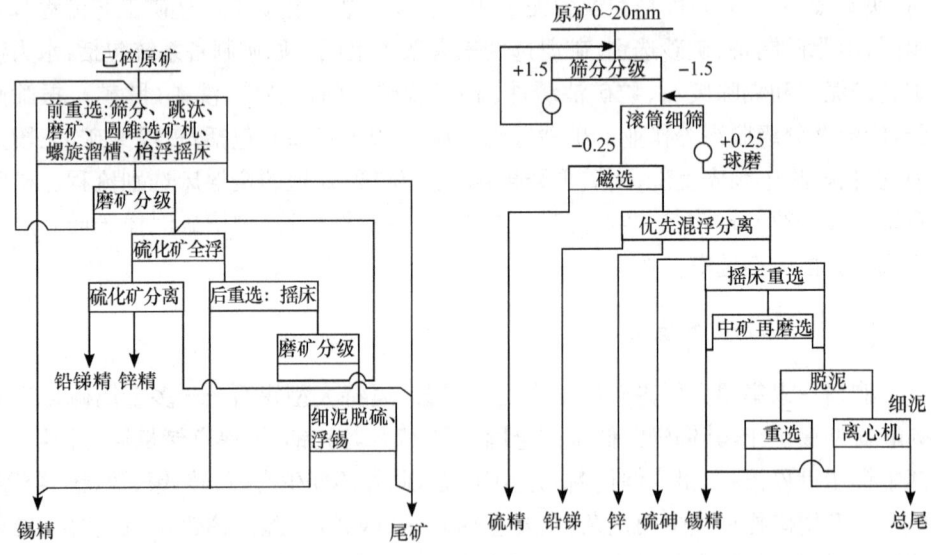

图3-49 车河选厂处理92号细脉带矿石流程　　图3-50 巴里选厂处理100号特富矿流程

3.3.3 黑钨矿的重选

钨具有熔点高、相对密度大、硬度高的特点,广泛用于电灯、冶金、机械加工刀具、军事等领域。我国钨储量占世界50%以上,产量居世界之首,是传统的出口创汇产品。具有工业价值的钨矿物是黑钨矿[(Fe、Mn)WO$_4$,密度7200～7500kg/m^3]、白钨矿(CaWO$_4$,密度5900～6200kg/m^3)。黑钨矿主要用重选法回收,白钨矿则以浮选或浮-重联合流程为主。

江西省的钨矿资源占全国储量的30.7%,主要以黑钨矿为主。目前,江西钨业公司共拥有11座钨矿山和相应选矿厂,即大吉山、西华山、盘古山、岿美山、浒坑、荡坪、漂塘、小垅、铁山垅、下垄、画眉坳钨矿。其中大吉山钨矿于1952年建成我国第一座机械化钨选厂。在近50年的生产实践中,江西钨矿山积累了丰富的经验,选矿工艺日臻完善。根据钨矿石性质,各钨选厂均采用了以重选为核心预先富集、手选丢废、三级跳汰、多级摇床、阶段磨矿、摇床丢尾、细泥归队、集中处理;多种工艺精选、矿物综合回收的选矿流程,见图3-51。

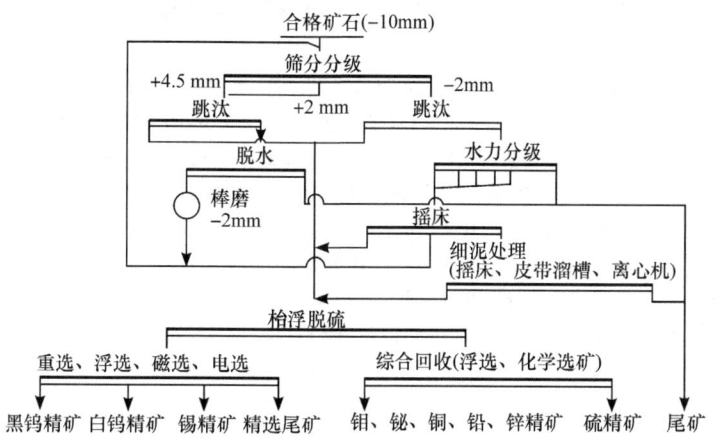

图3-51 黑钨矿典型原则选矿流程

黑钨矿重选以跳汰作业为主干,合格碎矿筛分分级成三个级别入跳汰,粗、中粒跳汰尾矿再磨再分级入跳汰,细粒跳汰尾矿入摇床分选,摇床作业丢尾。重选段获得含WO$_3$为30%～35%的钨粗精矿时的作业回收率一般为88%～92%,最高达96%。"钨细泥"金属含量占了入选矿石的14%以上,常用单-重选、重-浮联合流程、重-磁-浮联合流程、选-冶联合流程处理回收。精选是将钨粗精矿加工成WO$_3$含量大于65%(优质品大于72%)的商品黑钨精矿,常采用重选进一步剔除脉石,■浮粒浮或泡沫浮选分离硫化矿,强磁选分离锡石、白钨,电选、酸浸除磷等工艺,同时综合回收其他有价金属。

图3-52是某钨矿的多层-单层阶段混合式重选车间配置图。

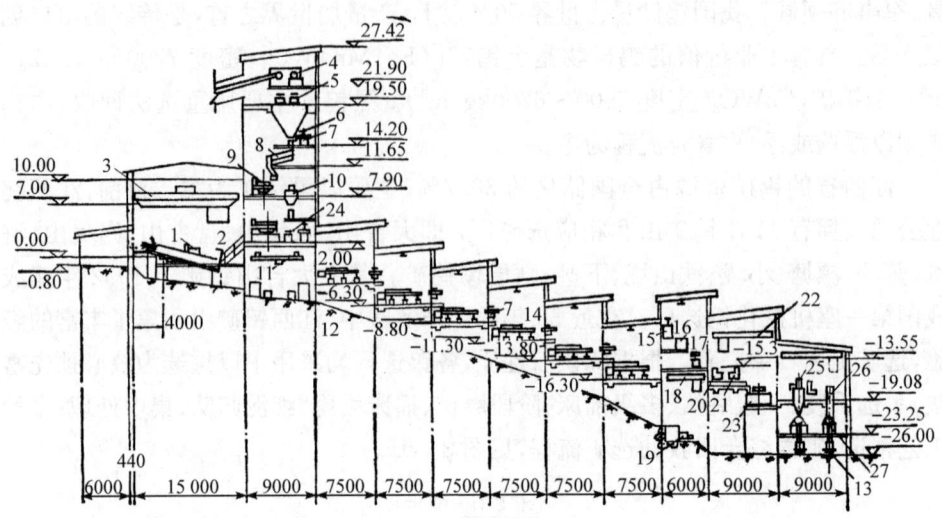

图 3-52 多层-单层阶段混合式重选车间配置图(尺寸单位:mm,高程单位:m)

1. Φ1500mm×3000mm 棒磨机;2. Φ1500mm 双螺旋分级机;3. 15/3t 电动桥式起重机;4. 6050 胶带运输机;5. 800 移动可逆胶带运输机;6. 400mm×400mm 摆式给矿机;7. 矿浆分配器;8. 1250mm×2500mm 振动筛;9. 1000mm×1000mm 下动型隔膜跳汰机;10. 水力分级机;11. 2t 电动悬挂式起重机;12. 4in 砂泵;13. 精矿小车;14. 1800mm×4400mm 摇床;15. Φ1500mm×1500mm 搅拌槽;16. Φ1500mm×1500mm 消耗槽;17. 给药机;18. 1t 电动桥式起重机;19. ⅡH-2in 砂泵;20. 30L 浮选机;21. XJK-0.13 浮选机;22. 2t 电动桥式起重机;23. Φ3600mm×1800mm 浓缩机;24. 6050 胶带运输机;25. 5m² 滤过机;26. Φ750mm×5500mm 螺旋分级机;27. Φ1200mm×3500mm 间接圆筒干燥机

3.3.4 钛矿的重选

钛矿物主要有钛铁矿($FeTiO_3$,密度 4500~5500kg/m³)和金红石(TiO_2,密度 4100~5200kg/m³),其最主要的用途是制造钛白粉颜料,其次是生产焊条皮料和海绵钛。中国的钛铁矿资源丰富,金红石资源较少。

攀枝花钒钛磁铁矿位于四川省攀枝花市,是世界最大的伴生钛矿,TiO_2 储量 5 亿多吨。现属攀钢公司,是我国铁矿主产地之一。该矿于 1970 年投产,选矿厂用磁选法选出铁精矿供攀钢。1979 年建成选钛厂,从磁选铁尾矿中分选钛铁矿,生产流程为螺旋溜槽重选-浮选脱硫-磁选除铁-干燥分级-电选。生产中可获得含 TiO_2>47% 的钛铁矿精矿,选钛总回收率约 20%。该厂"九五"期间建成年产 40 万吨能力,其提高产量和回收率的潜力还很大。

金红石主要产于海滨砂矿床。这类矿床是由靠近岸边的原生矿床,或由河流带下的碎屑经潮汐作用富集而成。产出的矿物颗粒圆度较大,且含泥质物很少。但砂层下面则存在砾石堆积,位于海岸线以上的海成砂矿还常有泥土混杂。海滨砂矿是获得钛、锆、铌、钽以及稀土元素的重要来源。世界上大部分锆英石是产自海滨砂矿。我国的海成砂矿资源主要赋存在海南岛东海岸、广西北部湾以及广东省东海岸,另外在山东半岛、渤海湾也有少量贫矿分布。

北海选厂位于广西北海市,主要处理收购的内陆钛铁矿砂矿粗精矿和海滨金红石砂矿精矿。生产流程为磁选-电选-重选-磁电选,经精选后,钛铁矿精矿品位可达 $TiO_2 53\%$,金红石精矿品位可达 $TiO_2 58\%$。

乌场钛矿位于海南省,是我国海滨钛砂的主产地,有用矿物主要是钛铁矿、金红石和锆英石,采用移动式采选联合装置生产,圆锥选矿机粗选,螺旋溜槽精选获粗精矿,再集中送精选厂用重-磁-电-浮联合流程分离出钛铁矿精矿、金红石精矿。

3.3.5 稀土砂矿的重选

稀土金属是指镧系 15 个元素和钇的总称。目前,冶金、石化、荧光粉和永磁体是稀土消费的四大热点。稀土高温超导材料正向实用化迈进。我国稀土储量占世界总量的 80% 以上,有"稀土王国"之称。

广东南山海稀土矿矿石产自北部湾的海成砂矿床。矿砂中所含金属矿物主要有独居石、磷钇矿、锆英石、金红石、白钛矿、钛铁矿及锡石等,脉石矿物有石英、长石、云母、电气石等。原矿中大于 0.15mm 的颗粒占 78%,但稀土金属矿物则主要分布在小于 0.15m 粒级中。除磷钇矿粒度稍粗外,大部分有用矿物赋存在于 0.125~0.06mm 粒度范围内。它们的赋存状态分散,除较多部分形成结晶颗粒外,还有不少的 REO(稀土氧化物)、ZrO_2、TiO_2 是以细小包裹体或类质同象、离子吸附等形式分散于脉石矿物中。采用可移动式组合螺旋溜槽流程,目的在于节能和便于搬迁,重选粗精矿中含独居石、磷钇矿、锆英石、金红石和钛铁矿,将其送往精选车间。精选工艺包括重选、磁选、电选、浮选等方法,可分出独立的精矿。

3.3.6 稀散金属矿的重选

稀散金属主要指锂、铍、钽、铌、锆、铪、锗、镓、铟、铼、铊,主要用于军事、电子、电力、冶金、机械、化工等高技术领域。存在独立矿床的有前六种金属,其余主要以伴生元素形式其他种矿床,需综合回收。

江西省宜春钽铌矿是我国最大的钽矿床,矿床类型为含铌钽铁矿的锂云母化、钠长石化花岗岩矿床。脉石主要是长石、石英。选厂规模为 1500t/d,生产流程为重选-浮选-重选,分别获得钽铌精矿、锂云母精矿、长石粉(玻璃原料)三种产品。钽铌重选系采用旋转螺旋溜槽-摇床;锂云母浮选采用混合胺作捕收剂,长石粉重选系将浮选尾矿用螺旋分级机脱泥即得。钽铌生产指标为:原矿品位$(TaNb)_2O_5$

0.373%,精矿品位51.13%,回收率56.13%。

可可托海矿位于新疆阿勒泰地区富蕴县,其三号脉曾是世界上最大的花岗伟晶岩矿床,富产锂、铍、钽、铌、铷、锆、铪等20余种稀有金属,矿脉长2250m,宽1500m,厚20~60m,规模巨大,品位高,矿物种类多,著称于国际地质界。可可托海选矿厂于1976年投产,规模750t/d。其中铍系列400t/d,用重选-浮选法选出钽铌粗精矿和绿柱石(铍)精矿,铍选别指标:原矿BeO约0.1%,绿柱石精矿含BeO 7.35%,回收率60%。锂系列250t/d,用重选-浮法生产锂辉石精矿,精矿Li_2O 6%,回收率86.50%。钽铌系列100t/d,用重-磁-浮流程产出钽铌精矿,精矿品位$(TaNb)_2O_5$ 50%~60%,回收率62%。

3.3.7 含金冲积砂矿的重选

金、银、铂等贵金属主要用于国际货币、首饰、摄影感光胶片、电工触点材料、电子元件、化工催化剂等行业。我国黄金资源丰富,保有储量居世界第四。改革开放以来,中国黄金产量逐年增长。1994年为90t,2003年突破200t,2005年又跃上新台阶,达到224t。

金在地壳中的含量很少,克拉克值仅为5×10^{-7}%。金的化学性质非常稳定。在自然界中金的最主要矿物就是自然金(Au,密度17 500~18 000kg/m³),除产在脉矿床之外,砂矿亦是金的重要来源。

单一金矿的选矿常用重选、混汞、浮选、化学选矿(氰化)等方法。我国著名金矿有黑龙江黑河金矿、山东招远金矿、河南秦岭金矿、新疆哈图金矿等。砂金选矿以重选为主,其中冲积砂金以采金船为主,陆地砂金以溜槽和洗选机组为主。岩脉金选矿常用浮选-精矿氰化法、全泥氰化法、堆浸氰化法等,在泥质含金氧化矿中常用氰化炭浆法。

在砂矿床中,金粒多呈粒状、鳞片状以游离状态存在。粒径通常为0.5~2mm,极少数情况也可遇到重达数十克的,并也有极微细的肉眼难以辨认的金粒。金的密度比一般脉石矿物的密度大得多,故砂金的粗选均采用重选法。

砂金矿中金的含量均很低,一般达到0.2~0.3g/m³即可开采。包括密度大于4000kg/m³的重矿物在内,重砂矿物量通常只有1~3kg/m³,精矿产率很小,一般为0.1%~0.01%,因而富集比很高。砂金矿中脉石的最大粒度与金粒比较相差极大,甚至达到千余倍,但在筛除不含矿的砾石后,仍可不分级入选。

我国的砂金选矿历史悠久。目前的采选方法以采金船为主,占到砂金总开采量的70%以上,其次还有水枪开采和挖掘机开采,个别情况采用井下开采。采金船均为平底船,上面装备有挖掘机构,分选设备和尾矿排送装置。典型的采金船结构示意图3-53。

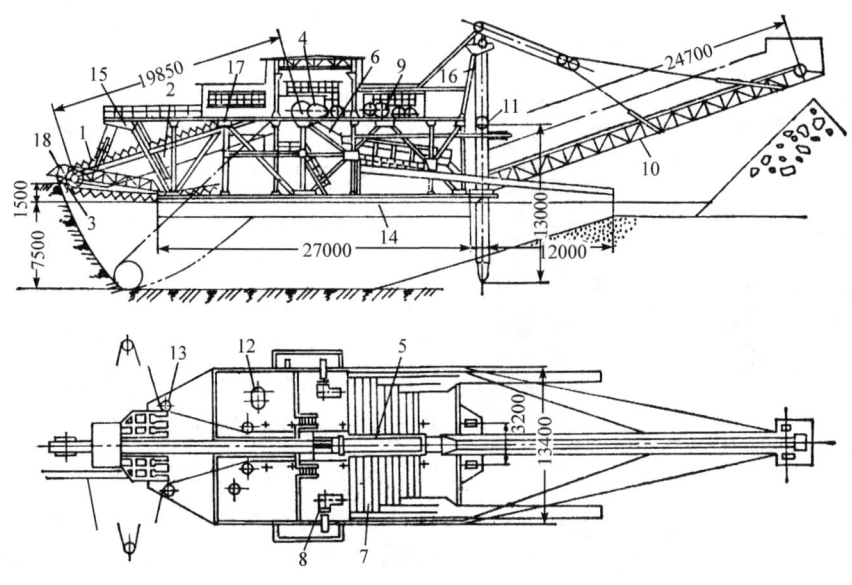

图 3-53 采金船结构示意图(尺寸单位:mm)

1. 挖斗链;2. 斗架;3. 下滚筒;4. 主传动装置;5. 圆筒筛;6. 受矿漏斗;7. 溜槽;8. 水泵;
9. 卷扬机;10. 皮带运输机;11. 锚柱;12. 变压器;13. 甲板滑轮;14. 平底船;15. 前桅杆;
16. 后桅杆;17. 主桁架;18. 人行桥

采金船可漂浮在天然水面上,亦可置于人工挖掘的水池中。生产时一面扩大前面的挖掘场,一面将选出的尾矿填在船尾的采空区。根据船上控制机构造的不同,采金船可分为链斗式、绞吸式、机械铲斗式和抓斗式 4 种,其中以链斗式应用最多。链斗由装配在链条上的一系列挖斗构成,借链条的回转将水面下的矿砂挖出,并给到船上的筛分设备中。

链斗式采金船的规格以一个挖斗的容积表示,在 50～600L 之间。小于 100L 的为小型采金船,100～250L 的为中型采金船,大于 250L 的为大型采金船。船上的选矿设备主要是粗选用重选和筛分机械,常用者有圆筒筛、矿浆分配器、粗粒溜槽、跳汰机、摇床等。在少数船上还配备有铺面溜槽和混汞桶。选矿流程的选择与采金船的生产能力和矿砂性质有关。

3.3.8 铝土矿的重选

世界铝的产量仅次于钢铁,是消费量最大的有色金属,广泛用于电力、建筑、交通、包装等工业领域。铝土矿是生产氧化铝进而生产金属铝的主要原料。我国铝土矿资源量居世界中等水平,但一水硬铝石($Al_2O_3 \cdot H_2O$,密度 3000～3500kg/m^3)型矿石占全国总储量的 98% 以上,这类矿石加工难度大,能耗高。

图 3-54 平果铝业公司选矿厂的槽式洗矿机

平果铝业公司位于广西平果县,矿床类型属岩溶风化堆积型铝土矿床,矿石属中铝低硅高铁型。1996 年一期选矿厂(186 万吨/a,年产洗精矿 65 万吨)建成投产。原矿平均铝硅比(A/S)为 9.62,主要构成矿物比例为一水硬铝石 60.9%、三水铝石 1%、高岭石 9.5%、绿泥石 4.2%、针铁矿 16.8%、赤铁矿 4%、水针铁矿 1%。原矿中 +1mm 粒级占 45% 以上,−0.075mm 细泥占 50% 左右,且黏土矿物主要分布在矿泥中。据此选矿厂采用洗矿流程处理原矿,即原矿先入圆筒洗矿机,矿砂部分经筛分,+3mm 经槽式洗矿机(图 3-54)复选,粗砂破碎复洗,−3mm 经浓泥斗脱泥,底砂入小槽式洗矿机复选,最终获铝土矿洗精矿产率 51.5%,含 Al_2O_3 63.49%,A/S 19.37。洗矿矿泥则经浓密机浓密后送尾矿库。

3.3.9 铁矿的重选

强磁性铁矿石采用简单有效的弱磁场磁选设备即可分选。弱磁性铁矿石则采用强磁、浮选、重选等联合方法分选;以往也有用磁化焙烧弱磁选,但因能耗高而受限。

河北省龙烟铁矿处理宣龙式鲕状赤铁矿石,矿石中赤铁矿与石英、黏土致密共生,成为同心环状包裹鲕状结构,机械分选方法不能分离。该矿选矿的目的在于分出采矿过程中混入的围岩和夹层脉石,恢复地质品位。江苏省梅山铁矿属夕卡岩型铁矿床,矿石中铁矿物主要有磁铁矿(矿物量 27.77%)、假象赤铁矿(16.79%)、菱铁矿(21.84%)和少量的黄铁矿(4.79%),嵌布粒度较粗。采用干式磁选-重选-浮选工艺流程。原矿经中碎至 −70mm,水洗筛分成 70~12,12~2,−2mm 三个粒级。前两个粒级分别用干式弱磁选机选出强磁性矿物作为磁性产物,磁尾分别用重介质振动溜槽和跳汰机选出弱磁性矿物作为重选产物;−2mm 粒级则用湿式弱磁选机和跳汰机分出磁性产物和重选产物。磁性产物和重选产物合并经细碎磨矿至 −0.075mm 粒级占 64%,加入乙黄药和松醇油反浮选脱硫(黄铁矿),槽内产物为铁精矿。

鞍钢弓长岭铁矿处理鞍山式假象赤铁矿石,其矿物磁性率变化大,有相当部分的强磁性假象赤铁矿和弱磁性赤铁矿,且矿石嵌布微细。选矿生产采用阶段磨矿、强磁-弱磁-重选联合流程。原矿粗磨至-0.075mm占50%~55%,送中强磁场磁选机选别可抛弃产率近30%的最终尾矿。强磁精矿送水力旋流器和细筛分级。筛下产物送螺旋溜槽选别,选出产率约为20%的最终精矿。筛上产物及螺旋溜槽中矿送二段细磨,其排矿返回到一段磨矿分级溢流构成闭路。水力旋流器溢流与螺旋溜槽尾矿合并,经浓缩后送弱磁选机和离心选矿机处理或最终精矿。该流程适应了矿石细粒不均匀嵌布特点,在粗磨条件下即先得出部分最终精矿和最终尾矿,仅有一半矿石送二段细磨,在获得良好指标的同时又降低了能耗。生产中获铁精矿品位64.8%,回收率78%。

3.3.10 锰矿的重选

世界上生产的锰(包括锰铁、硅锰、金属锰、优质锰矿石)大约90%用于炼钢工业。其余部分则用于轻工行业如干电池等,以及化工、农业等方面。主要的锰工业矿物有软锰矿(MnO_2,密度4300~5000kg/m³)、硬锰矿($mMnO \cdot MnO_2$,密度4900~5200kg/m³)、菱锰矿($MnCO_3$,密度3300~3700kg/m³)。此外,大洋深处还分布有大量多金属锰结核。

我国的氧化锰矿多为次生锰帽型、风化淋滤型和堆积型矿床。这类矿石以往只采用简单的洗矿法处理,随着新技术和设备的发展,现主要用洗矿-重选流程、洗矿-强磁流程或洗矿-重选-强磁流程。

广西大新锰矿是我国最大的碳酸锰矿床之一,其上部为风化锰帽型氧化锰矿石。采用洗矿-重选-磁选工艺流程。原矿经洗矿和跳汰重选后,5~0.8mm采用CS-2型强磁选机分选,-0.8mm采用SHP-1000型强磁选机分选,获电池锰及冶金锰产品。

福建连城锰矿兰桥选厂处理风化淋滤型氧化锰矿床,采用洗矿-手选-跳汰-强磁流程。原矿经强化洗矿后,75~30mm粒级经手选获得一部分优质块精矿;30~3mm粒级采用AM-30型粗粒跳汰机处理;跳汰尾矿及-3mm粒级经棒磨至-1mm后,采用SHP-1000型强磁选机分选。综合生产指标为原矿含锰20.60%,精矿品位41.53%,回收率82.03%。

国外对简单的氧化锰矿石,仍以洗矿、重选为主。南非戈帕尼锰矿采用水力旋流器脱泥和螺旋洗矿机分选流程,从含MnO_2 20%的细粒尾矿中,回收到含MnO_2 40%的精矿。加蓬用摇床加工电池级锰矿石,其精矿含MnO_2 83%~85%。此外,国外锰矿普遍采用重介质选矿作为预选方法。澳大利亚格鲁特岛锰矿(16 000t/d)采用3700mm×3700mm维姆科鼓型重介质分选机处理75~10mm氧化锰块矿,重介质旋流器处理10~0.5mm粒级粉矿,以硅铁作重介质,分选密度达3600kg/m³。巴西的塞腊·多纳维奥锰矿采用两台直径Φ400mm的狄纳旋涡旋流器[80 t/(台·h)]处理6~0.8mm的粉矿,以硅铁加重质,分选密度2800~3200kg/m³。

3.3.11 化工及非金属矿的重选

硫矿主要用于化学工业制造硫酸,是重要的基础原料。主要的工业硫矿物是黄铁矿(FeS_2,密度 $4950\sim5100kg/m^3$),也常称做硫铁矿。单一硫铁矿和多金属伴生硫铁矿多采用浮选法选别。广东乐昌铅锌矿对铅锌浮选尾矿中的黄铁矿采用螺旋溜槽-旋流器机组进行重选回收,获硫精品位 37%,硫回收率 82%,生产成本低。煤系硫铁矿矿石在我国分布地区较广,常结合洗煤工艺在排矸中用重选法回收。

高岭土是一种以高岭石族黏土矿物为主的黏土或黏土岩,广泛用于陶瓷、造纸、橡胶、塑料及耐火材料等工业部门。造纸工业用高岭土要求细度达-0.062mm,白度大于 75.0。分选方法主要采用原矿经破碎捣浆后,用水力旋流器脱除粗粒杂质并分级出合格细度的高岭土,必要时可进一步用水簸精选和化学漂白处理。

重晶石($BaSO_4$,密度 $4300\sim4500kg/m^3$)以其独特的物理及化学性质,广泛应用于石油、化工、填料等行业,约有 80%~90%的产品用作石油钻井中的泥浆加重剂。我国重晶石储量和产量均居世界首位。一般残积型矿床(黏土质或砂质)的重晶石矿石可选性较好,经洗矿、破碎、筛分后用跳汰或其他重选方法即可选出精矿。

天青石($SrSO_4$,密度 $3500\sim4000kg/m^3$)是目前开采的最主要的含锶矿物,用于生产锶盐产品。碳酸锶用于生产彩色显像管荧光屏玻璃和强磁材料,这两者占锶消耗量的 76%。硝酸锶可使烟火和信号弹呈红色,该方面消耗量占 10%。江苏省溧水县爱景山天青石矿,矿石中 $SrSO_4$ 含量为 47.59%,且粒度粗,集合体晶块可达 100mm,其余脉石有高岭土、石英、长石等。1989 年建成年处理原矿 2.2×10^4 t 的选矿厂,采用重选-浮选流程,原矿破碎至-12mm,经洗矿筛分,$+6$、$6\sim3$、$3\sim1$mm 粒级分别跳汰选,-1mm 粒级用摇床选,重选综合指标为:精矿品位 $SrSO_4$ 86.12%,回收率 83.36%。跳汰和摇床的中矿经细磨后用油酸作捕收剂进一步浮选回收天青石。

金刚石(C,密度 $3500kg/m^3$)是最硬的物质。工业级金刚石主要用作切割钻具和研磨材料。分选中应注意保护晶粒的大小与完整。山东省蒙阴金刚石矿原矿品位为 $0.139g/m^3$,粒度较细,-2mm 粒级占 57%,采用多段破碎多段选别的流程,包括洗矿、跳汰重选、振动油选、手选、X 光选等,回收率约 70%~80%。

石墨(C,密度 $2090\sim2300kg/m^3$)是最软的矿物之一。大鳞片石墨可用于冶金坩埚和耐火材料的制造,高纯石墨可用作机械行业的润滑剂。湖南省郴州市鲁塘石墨矿是我国最大的石墨矿,固定碳含量高,原矿经手选碎磨后即可包装出售。由于鳞片石墨的天然可浮性很好,故石墨的选矿方法主要是浮选。浮选石墨精矿 C 品位通常为 90%,进一步富集比较困难,一般需化学法或热力法提纯,但成本高。澳大利亚 Uley 石墨矿采用 C902 型双鼓复合力场重选机 MGS(图 3-55),处理-0.100mm 的浮选精矿以提高品位,虽然石墨(密度 $2200kg/m^3$)与硅酸盐脉石矿物(密度 $2650kg/m^3$)两者密度差异很小,但成功地从含碳 60%~70%的浮选精矿中选出含碳 90%以上的最终精矿出售。

石英(SiO_2,密度 2650kg/m³)主要用作玻璃硅质原料,包括石英岩、石英砂岩、脉石英等硅石加工而成的人造石英砂和由硅质岩风化沉积而成的天然石英砂(即硅砂)。以砂岩为代表的硅石,其二氧化硅含量一般较高,选矿加工主要是进行破碎磨矿和分级,得到适合工业要求的各种粒级产品。天然硅砂因其经常含有大量的泥土和各种杂质,选矿主要是分级脱泥,含铁铝量高者则需采用磁选或浮选除去其中杂质。部分质量较好的脉石英,可以代替水晶料用于生产石英玻璃,这种原料有时还需要采用酸浸等化学选矿方法提纯。

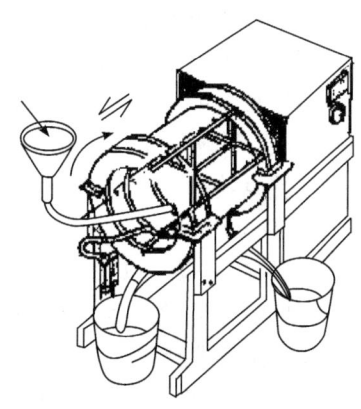

图 3-55 MGS复合重力分选机示意图

膨润土指由蒙脱石类矿物组成的岩石,主要用于制陶、铸造、能源、钻探、造纸、化工、建筑、医药、纺织行业。原矿质量较好的膨润土可直接破碎,再用雷蒙磨和其他辊碾机碾磨粉碎成 100、150、200 目级别的产品出售。对蒙脱石含量 30%～80%的低品位膨润土,可将原矿粉碎,加水捣制成悬浮矿浆后,在水力分级器中进行分级,所获细级别精矿经浓缩、干燥后,再进行粉磨,可获得适用于钻井泥浆品级的产品。

云母是具有层状结构的含水铝硅酸盐族矿物的总称。主要包括白云母、黑云母、金云母、锂云母等。由于云母具有较高的电绝缘性,因而它主要用作绝缘材料。用碎云母为原料制成的云母纸可代替片云母,故碎云母的需求量日渐增长。云母矿物在建材、地质勘探、润滑、油漆、食品、化妆品等方面也有应用。片状云母通常采用手选、摩擦选和形状选,碎云母采用风选、水力旋流器分选或浮选将云母与脉石分开。

石棉是天然纤维状矿物的集合体,产量最大,分布最广的"温石棉"为蛇纹石石棉的统称。石棉制品达数千种,广泛用于建筑、机械、石油、化工、冶金、电力、交通及军工等现代工业中。目前由于发现石棉对人体有一定危害,出于环境保护的要求,世界各国都在研究石棉的代用品,石棉的需求量下降。石棉一般采用干式分选,包括:①筛分吸选法,通过筛分使石棉纤维与脉石分层,漂浮于表面,利用负压吸取石棉纤维;②空气分选法,利用石棉纤维与脉石在上升和水平气流中运动速度差异来分选;③摩擦分选法,石棉纤维与脉石颗粒沿溜棉板斜面下滑时,因摩擦系数不同造成运动速度不同,从而将其分离;④摩擦-弹跳分选,利用石棉纤维与脉石颗粒之间摩擦阻力和弹跳力差异实现分选。

3.3.12 煤的洗选

煤炭是推动人类社会经济发展的基础能源,也是重要的化工原料。中国的煤炭资源丰富,在能源结构中煤炭所占的比例一直在 70% 以上。1996 年中国煤炭产量达 1.374×10^9 t,居世界第一,2005 年达 2.190×10^9 t。

煤炭(密度 1200～1600kg/m³)在开采过程中会夹杂不少的矸石(密度 1800～2600kg/m³)和硫分(FeS_2,密度 4950～5100kg/m³),若直接使用,会增加运输负担、降低燃烧效率、污染大气环境。

选煤(coal preparation)也称洗煤,通过洗选加工,可降低原煤的灰分、硫分,提供高质量的商品煤。以往我国主要只洗选炼焦煤,动力及生活用煤入洗率很低。随着 21 世纪人类对社会与环境可持续发展的要求,洁净能源技术被提到了优先的地位,我国选煤业获得了大力发展。选煤方法主要是采用跳汰重选和重介质分选,轻产物为精煤。少量的煤泥则用浮选法处理或沉淀回收。重产物为煤矸石,可进一步用重选法回收其中夹杂的硫铁矿,或作低热值燃料发电及制建材。

河南省平顶山煤业(集团)公司田庄选煤厂设计处理能力为 3.50×10^6 t/a,工艺流程如图 3-56 所示。入选毛煤经筛分分成三个粒级,300～13mm 粒级用斜轮重介质选矿机分选,13～0.5mm 用重介质旋流器分选,小于 0.5mm 粒级用浮选。毛煤统计平均灰分 25%,洗精煤灰分 9.78%,洗精煤理论产率 75.76%,重介质耗量 2.45kg/t 原煤。

山西省大同煤矿集团有限责任公司精煤分公司四台选煤厂于 2004 年 6 月竣工生产。设计处理能力 450 万吨/a。选煤方法采用块煤动筛跳汰、末煤重介质旋流器

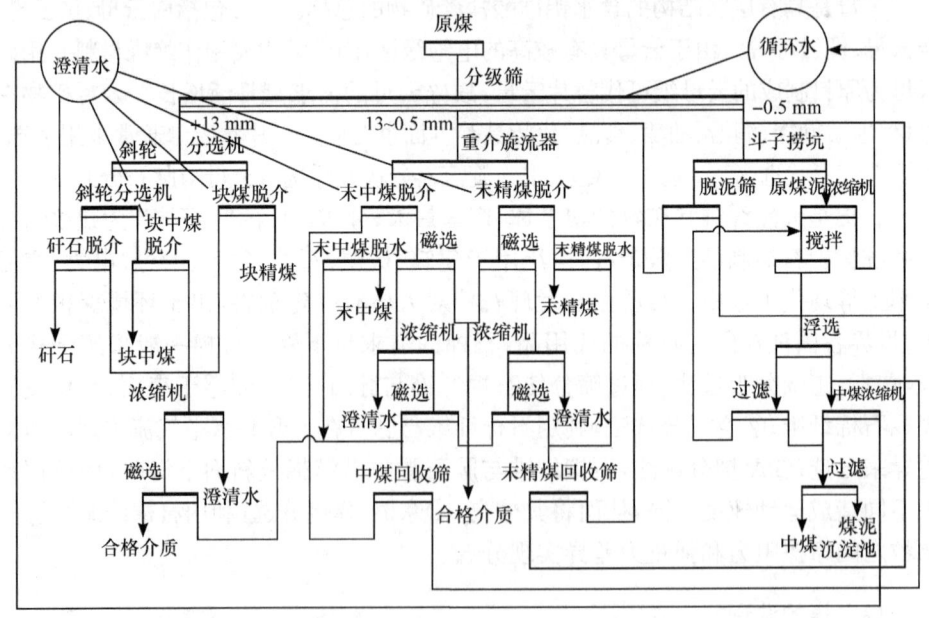

图 3-56　田庄选煤厂工艺流程图

联合工艺,煤泥板框压滤机回收。主要设备从国外引进,工艺指标控制全部实现自动化。产品结构为 50～150mm,25～50mm,0(1.5)～25mm 三个品种。图 3-57 是该厂工艺流程和设备联系流程图。

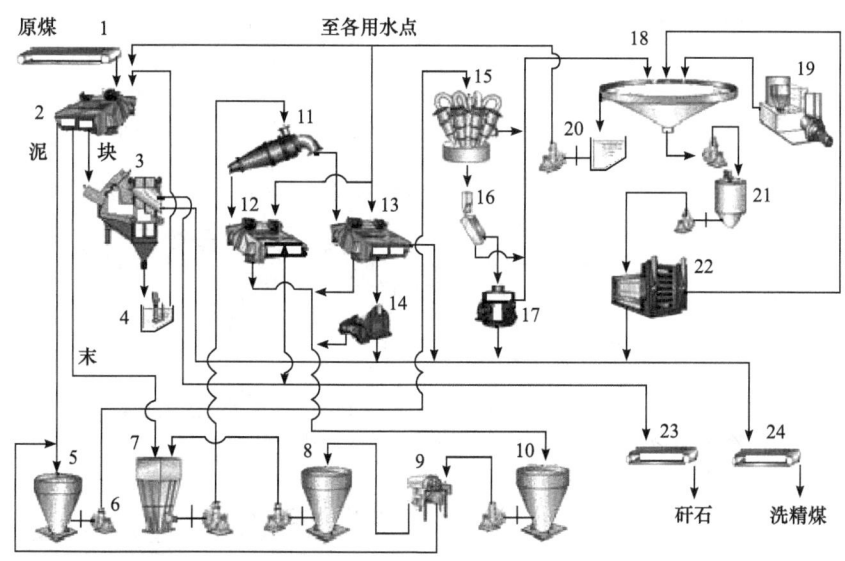

图 3-57 大同煤矿集团四台选煤厂工艺流程和设备联系图
1. 原煤输送皮带;2. 洗矿分级振动筛;3. 块煤动筛跳汰机;4. 长轴洗矿水泵;5. 末煤桶;6. 砂泵;7. 混料桶;8. 重介质桶;9. 硅铁重介质回收弱磁选机;10. 重介质桶;11. 末煤重介质旋流器;12. 矸石脱介筛;13. 末煤脱介筛;14. 末煤离心脱水机;15. 煤泥脱水旋流器;16. 脱水细筛;17. 煤泥离心脱水机;18. 浓密机;19. 絮凝剂加药机;20. 溢流水泵及泵池;21. 沉砂桶;22. 煤泥板框压滤机;23. 矸石输送皮带;24. 洗精煤输送皮带

3.3.13 固体废弃物中二次资源的重选和重选在其他领域的应用

图 3-58 是一种处理城市固体原生垃圾的工艺流程。

经破碎后的物料排到传送带上,传送带上有一固定罩,气体从罩子下通过带走轻质料如塑料袋和废纸,并送入压实机中。传送带上的较重的物料通过一台悬带式磁选机,回收钢罐和铁。非磁性物料送入一台水平的空气分级机,得到三种产品:轻质易燃物,送入另一个旋流器和压实机;重质有色金属;中等质量的物料如玻璃、铝罐、木材、橡胶和厚塑料等,再送入筛孔为 25mm 的滚筒筛内,筛下物进入湿式跳汰重选机,在这里有机易燃物与粗粒玻璃分离,筛上物破碎后送空气分级机,轻质易燃物被带入旋流器,重物在底部收集,用高压电选机将重物中的铝与重易燃物分离。

我国的城市垃圾至今大都仍未分类收集,这对固体垃圾的处理带来了很大的困难。目前我国对城市垃圾主要采用卫生填埋方式处理,部分大中城市已推广应

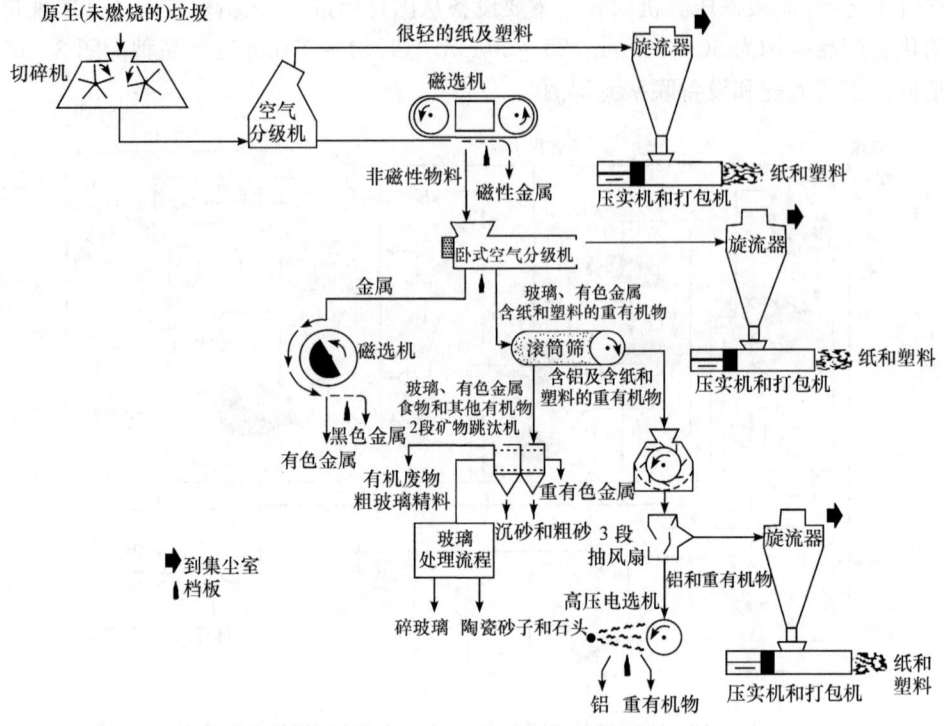

图 3-58 美国矿山局开发的处理原生垃圾的流程

用生活垃圾焚烧发电的处理方式。生活垃圾分选综合利用处理方式也在发展之中。图 3-59 是广州市番禺区火烧岗生活垃圾处理场的垃圾分选流程。

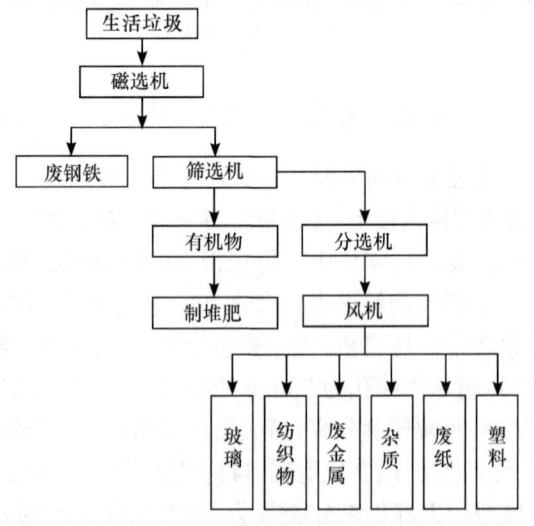

图 3-59 生活垃圾分选流程

火力发电厂和其他燃煤锅炉会产出大量的粉煤灰废渣,经分选分级后可作为良好的建材和水泥原料。图3-60是粉煤灰分选设备WFX可调强制涡流分选机。

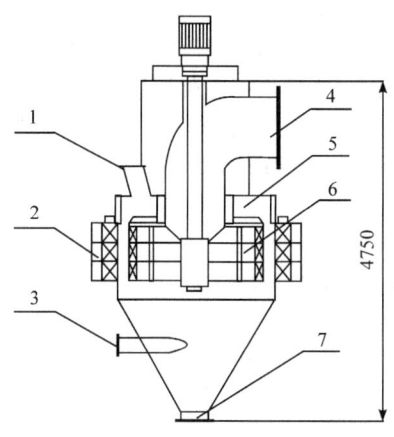
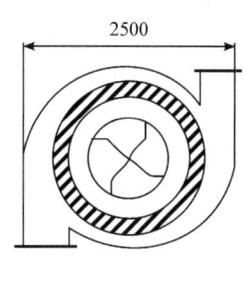

图3-60 WFX-30粉煤灰可调强制涡流分选机(尺寸单位:mm)
1. 进料口;2. 一次风进口;3. 二次风进口;4. 细灰出口;5. 分级室;6. 叶轮;7. 粗灰出口

重选在其他领域中也有较广的应用,诸如粮食、茶叶、中药材的风力分选除杂;农作物种子的食盐水浸泡沉浮分离出瘪劣种子;玉米深加工过程中玉米胚、淀粉与蛋白质的重选分离;羽绒生产中绒毛与毛根毛片的风选分离;油水混合物的旋流器离心分离等。图3-61为茶叶风速机。

图3-61 茶叶风选机   图3-62 铀浓缩离心机

在核工业中,可利用铀的同位素$_{235}$U和$_{238}$U在密度上的微小差异,将铀转化成六氟化铀气体后,再用高速离心机分离浓缩出$_{235}$U。图3-62为铀浓缩分离离心机。

习 题

1. 黑钨矿及其伴生脉石矿物石英的密度分别为 7200 kg/m^3 和 2650 kg/m^3；煤及其伴生脉石矿物煤矸石的密度分别为 1350 kg/m^3 和 2000 kg/m^3。分别计算评估其重选分离的难易程度。
2. 重选的应用有哪些方面？在各种选别方法中，重选具有哪些特点、优势和应用局限？
3. 重选中的分级作业有何用途？简述常用分级设备的构造和工作原理。
4. 重介质分选的原理是什么？常用的加重剂有哪些？简述重介质振动溜槽的构造和工作原理。
5. 简述跳汰机的工作原理和跳汰周期曲线对分选过程的影响。
6. 跳汰机有哪些主要类型？跳汰机的精矿排矿过程是如何进行的？
7. 溜槽有哪些主要类型？各有何具体应用对象？
8. 矿砂摇床与矿泥摇床有哪些不同之处？影响摇床选别的工艺参数有哪些？
9. 复合物理场分选方法与设备主要有哪些？
10. 简要评述我国钨、锡矿重选技术的发展。

参 考 文 献

矿产资源综合利用手册编委会.2000.矿产资源利用手册.北京：科学出版社
柳衡其等.1997.选矿技术在其他领域的应用.国外金属矿选矿，7：1～18
卢寿慈.1990.矿物颗粒分选工程.北京：冶金工业出版社
丘继存.1987.选矿学.北京：冶金工业出版社
宋瑞祥.1997.1996 中国矿产资源报告.北京：地质出版社
孙锦清.1996.平果铝土矿选矿工艺设计与实践综论.有色金属·选矿部分，5：1～6
孙玉波.1991.重力选矿.北京：冶金工业出版社
汪旭光，潘家柱.2001.21 世纪中国有色金属工业可持续发展战略.北京：冶金工业出版社
王淀佐，邱冠周，胡岳华.2005.资源加工学.北京：科学出版社
王耀华.1989.选矿厂设计.北京：冶金工业出版社
徐显坤等.1997.中国钨矿山生产技术.江西有色金属，3(11)：14～18
选矿手册编委会.1990.选矿手册.第八卷（第三分册）.北京：冶金工业出版社
选矿手册编委会.1990.选矿手册.第八卷（第四分册）.北京：冶金工业出版社
选矿手册编委会.1991.选矿手册.第三卷（第三分册）.北京：冶金工业出版社
杨奕旗.1998.大厂锡石多金属硫化矿选矿技术现状及发展方向.国外金属矿选矿，4：22～26
姚书典编.1992.重选原理.北京：冶金工业出版社
有色金属进展编委会.1995.有色金属进展.北京：冶金工业出版社
中国地质矿产信息研究院主编.1993.中国矿产.北京：建材工业出版社
B. A. 威尔斯.1985.选矿工艺学.北京：冶金工业出版社

第4章 磁电选设备与工艺

4.1 磁选机概述

矿物具有铁磁性(磁铁矿最典型)、顺磁性(绝大多数含铁矿物和锰矿物等)和反磁性(绝大多数非金属矿物)之分。在磁选技术领域,一般把自然界矿物相对分成强磁性($\chi_s > 5 \times 10^{-5} \mathrm{m^3/kg}$)、弱磁性($5 \times 10^{-5} > \chi_s > 1 \times 10^{-7} \mathrm{m^3/kg}$)和非磁性矿物($\chi_s < 1 \times 10^{-7} \mathrm{m^3/kg}$)及负磁化率等三大类。

磁选(magnetic separation)是利用矿物之间磁性的差异进行分选的技术。从理论上讲,铁磁性矿物可用弱磁选方法富集和分离;顺磁性矿物可用强磁选方法富集和分离。磁选的发展,归根结底是磁选机的发展。从18世纪末英国富拉(Fullar)获得了用磁铁分选铁矿石的专利权,和1855年努特庞尼(Nonte-poni)首先用电磁铁来构成分选用磁场,出现的磁选机达数百种。每一种具体的磁选工艺具有一定的优点,也有其各自的适用范围和局限性。20世纪90年代以来,由于高磁性能稀土永磁材料(特别是钕-铁-硼)的发明和磁性能的快速提高,给磁选机家族增添了许多的新成员。

磁选机(magnetic separator)主要根据磁场类型、磁场强度、磁场梯度、分选介质和分选机的结构特点进行分类。

(1) 根据磁场强弱分类。①弱磁场磁选机,磁极表面的磁感应强度为0.1~0.2T;②中磁场磁选机,磁极表面的磁感应强度为0.2~0.5T;③强磁场磁选机,磁极表面的磁感应强度为0.5~2T。

(2) 根据分选介质分类。①干式磁选机,分选介质为空气;②湿式磁选机,分选介质为水。

(3) 根据分选机构分类。有圆筒式、带式、辊式、盘式和环式等。

(4) 根据磁体产生磁场的方式分类。有永磁磁选机、带轭铁的电磁磁选机、螺线管磁选机、超导体磁选机。

(5) 根据磁场类型分类。①恒定磁场磁选机;②旋转磁场磁选机;③交变磁场磁选机;④脉动磁场磁选机。

通常的分类方法是前三种。

磁选机的应用范围主要取决于被选物料的磁性强弱和颗粒大小。

对强磁性物料,大块(350~10mm)用磁滚筒(或称磁滑轮),中等粒度(5~0mm)用干选筒式弱磁场磁选机或旋转磁场磁选机,小粒度(3~0mm,1.5~0mm)用湿选筒式磁选机或磁力脱泥槽和磁团聚重选机。

对弱磁性矿石,粗中粒度(40~2mm)用干选感应辊式强磁场磁选机,小粒度(2~0mm)用干选盘式或湿选辊式强磁场磁选机,细粒度(0.4~0mm,0.25~0mm)用湿选环式强磁场磁选机,微细粒度(0.10~0mm)用高梯度磁选机。

4.2 弱磁选机

磁系是磁选机的主要组成部分或核心部分,磁选机的磁场大小和磁场特性主要由磁系所决定。磁系简言之是指磁通通过路径和磁极的形状。磁系分为开放磁系和闭合磁系,弱磁选机的磁系均为开放磁系。磁源有电磁和永磁两种,由于后者有许多独特的优点,如结构简单、工作可靠和节省电能等,所以被广泛应用。

磁力滚筒用于大块强磁性矿物的预选,丢弃部分围岩。圆筒形磁选机有湿式和干式两种类型,是强磁性物料的主选设备。磁力脱泥槽兼有脱泥浓缩和富集作用,在磁选流程中往往配合湿式圆筒磁选机使用。磁选柱用于精选以获得高品位的磁铁矿精矿。预磁器和脱磁器是辅助磁选设备,用于物料需要预磁和脱磁的情况。

4.2.1 磁力滚筒(磁滑轮)

(1) 设备结构。这种磁选机的设备结构如图 4-1 所示。它的主要部分是一个回转的锶铁氧体多极磁系,套在磁系外面的用非导磁材料制的圆筒。磁系包角为 360°。磁系和圆筒固定在同一个轴上,作为皮带的首轮。

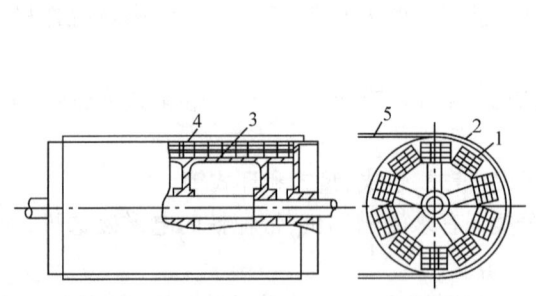

图 4-1 永磁磁力滚筒
1. 磁系;2. 滚筒;3. 磁轭;4. 铝环;5. 皮带

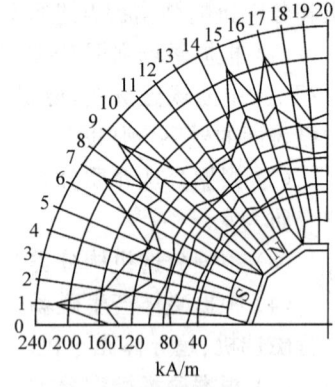

图 4-2 永磁磁力滚筒磁场分布
(1/4 圆)距磁系表面距离依次为
0,10,30,50mm

(2) 磁系和磁场特性。磁系的极性采用圆周方向 NS 交替排列。磁场特性如图 4-2 所示。

(3) 选分过程。矿石均匀地给在皮带上,当矿石经过磁力滚筒时,非磁性或磁性很弱的矿粒在离心力和重力作用下脱离皮带面,而磁性较强的矿粒受磁力作用被吸在皮带上,并由皮带带到磁力滚筒的下部,当皮带离开磁力滚筒伸直时,由于磁场强度减弱而落于磁性产品槽中。操作时,为了控制产品的产率和质量,主要是调节装在磁力滚筒下面的分离隔板的位置。

(4) 应用。用于大块(10～120mm)强磁性矿石的预选,能分选出混入矿石中的围岩,降低原矿石的贫化现象。一般可分离出产率占原矿15%～30%的废弃尾矿以及需再处理的中间产品。这时磁滑轮多安装在粗碎作业之后。另一些选矿厂在细碎作业之后磨矿作业之前,用磁滑轮分选出部分废弃尾矿,既降低了入磨入选矿石量,又提高入选矿石品位。例如,大石河选矿厂,原矿经磁滑轮处理,品位由 25.7%Fe 提高到 26.7%Fe,磁滑轮尾矿含 Fe 6.25%。这就相当于扩大了处理能力,提高了分选效率和降低选矿成本。另外有些焙烧磁选厂用磁滑轮来控制焙烧矿的质量,磁性弱的焙烧矿再返回焙烧炉磁化焙烧,返回再焙烧的矿量约占焙烧矿的6%～8%。

4.2.2 湿式永磁圆筒磁选机

分选强磁性物料最通用的弱磁选机是湿式永磁圆筒式磁选机(drum separation),主要用于分选磁铁矿。根据分选箱结构型号的不同(即磁性产品与被选物料流的相对运动方向的不同),分为顺流型、逆流型和半逆流型三种,而以半逆流型应用最广。故以半逆流型为重点,介绍湿式永磁圆筒磁选机。

(1) 构造。半逆流型永磁圆筒式磁选机的构造如图 4-3 所示。它由分选圆筒、磁系和选箱等主要部分组成。

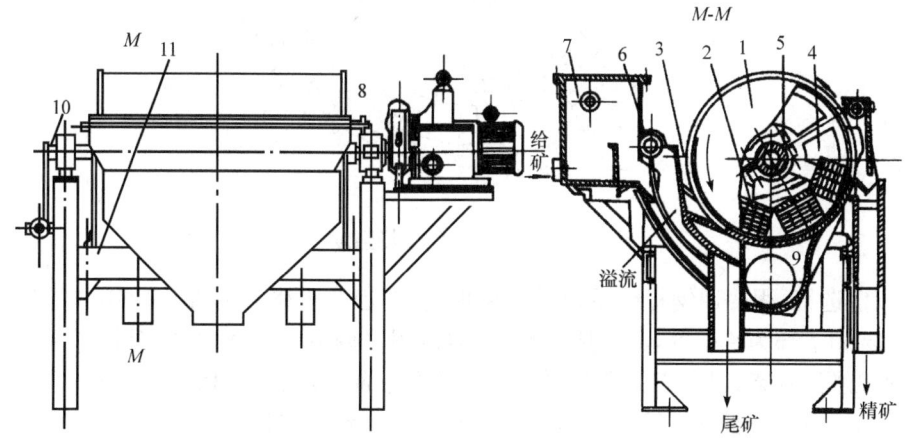

图 4-3 CTB 半逆流型永磁筒式磁选机

1. 圆筒;2. 磁系;3. 槽体;4. 磁导板;5. 支架;6. 喷水管;7. 给矿箱;8. 卸矿水管;9. 底板;10. 磁偏角调整装置;11. 支架

① 分选圆筒：由非导磁材料(不锈钢、铜等)组成。筒面覆盖有一层约 2mm 厚的耐磨材料(橡胶、沥青或绕一层细铜线)，其目的一是为了保护筒面，二是为了使筒面具有一定的粗糙度，使磁性矿粒不至于在筒面上滑动。圆筒旋转的线速度一般为 1.0～1.7m/s。筒式磁选机的规格以筒的 $D \times L$ 表示，我国有 Φ600mm、Φ750mm、Φ900mm、Φ1050mm、Φ1200mm 数种，L 介于 1500～4000mm，国外有的达 Φ1500mm。

② 磁系：通常由几个磁极组成(取决于圆筒直径的大小)。每个磁极由永磁块和磁导板组成(图 4-2)。永磁块一般为锶铁氧体。磁系固定在圆筒轴上，工作时不旋转。磁极极性沿圆周方向交变，沿轴向不变。磁系包角(圆弧中心点与磁系两侧最外缘顶点连线的夹角 β)为 106°～135°。磁系的磁极数目和圆筒直径有关，$D \leqslant 600$ 为 3 极，$D \geqslant 750$ 的为 4～7 极。整个磁系偏向精矿排出端。磁系偏角(磁系中线与垂直线所夹的锐角 α)为 15°～20°，可以通过搬动装在轴上的转向装置来调节。

③ 铁氧体六极磁系圆筒式磁选机磁感应强度的分布见图 4-4。磁场分布表明，边缘磁极由于漏磁，磁感应强度特低。在磁极面上，磁极边缘区较磁极间隙中心区和极面中心区磁场强度都强一些。距筒面距离增加后，前述差别逐渐减少。新的永磁材料的发展，使在圆筒表面和在分选空间的磁场强度都增大。早期永磁磁系，产生的磁感应强度在筒表面和距筒面 40mm 相应为 0.16T 和 0.06T，而新磁系则相应为 0.22T 和 0.09T。

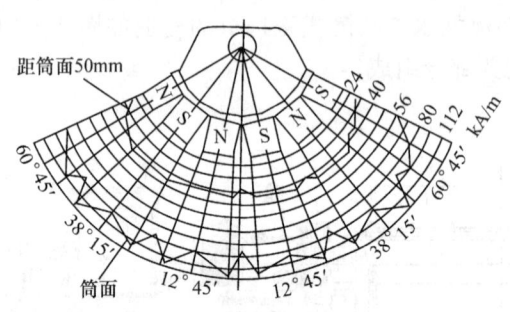

图 4-4 六极磁系的磁场强度分布

④ 选箱：用普通钢板或用硬质塑料板制成，但靠近磁系的部位应用非导磁材料。选箱下部为给矿区，其中插有吹散水管，用以调节矿浆浓度，同时把矿浆吹散成松散悬浮状态，以利于提高分选指标。选箱下部有底板，底板上开有矩形孔，用以排出尾料。底板和圆筒之间的间隙为 30～40mm，并可以调节。

(2) 工作过程。矿浆由给矿箱经底箱下部给到旋转的分选圆筒的下方。由于吹散水管喷出的吹散水的作用，矿浆呈松散悬浮状态。其中的磁性矿粒受到向上的磁力，被吸在圆筒表面上，并随圆筒一起旋转。在旋转过程中，由于磁极的极性交变,产生磁搅动作用,使夹杂在磁团或磁链中的脉石被清洗出来,从而提高了精矿品位。磁性矿粒随圆筒旋转至磁系外区时,由于磁场强度减小,在精矿冲洗水管喷出的冲洗水的作用下掉入精矿槽中。非磁性矿粒在底箱内矿浆流的作用下,从底板上的尾矿孔流入尾矿管中。这种磁选机由于矿浆给到磁系下方的中部,精矿流的运动方向与给入的被选物料流的运动方向相同(顺流),尾矿流的运动方向与给入的被选物料流的运动方向相反(逆流),故称半逆流型或半顺流型。

(3) 主要操作因素。本机的主要操作因素有给矿浓度、磁系包角、底板与圆筒之间的间隙大小、圆筒转速等。其中第一个因素是生产中经常调节的因素,后三个因素是预先调好了的,生产中只有在特殊情况下才进行调节。

给矿浓度的调节,通过调节吹散水的大小来进行。吹散水太大,给矿浓度过小,矿浆流速增加,分选时间缩短,尾矿品位增加,回收率降低;吹散水太小,矿粒松散不好,尾矿品位和精矿品位都低。适宜的吹散水量应根据矿石性质、给矿量和作业要求而定。一般应使给矿浓度为30%~38%。

4.2.3 磁力脱泥槽

磁力脱泥槽也叫磁力脱水槽或磁选槽,是我国磁选厂普遍使用的一种磁力重力联合作用的分选设备。主要用来脱除细粒脉石和矿泥,有时也用于浓缩脱水。设备构造简单、造价便宜、没有运转部件。永磁脱水槽不消耗电能。在我国强磁性矿物的磁选中得到广泛的应用。这里介绍的是底部永磁磁系脱泥槽,其结构如图4-5所示。

脱水槽包括槽体、拢矿筒、磁系、给水管和排矿管等部分。磁系由锶铁氧体永磁块组成,排成圆柱台阶形放置在槽内下部,用以产生磁场。也有将塔形磁系倒放在槽体上部横梁上的(称为上部磁系脱泥槽)。上升水管装在槽底部,水管口有迎水帽,以便使上升水能沿槽体的水平截面均匀地分散开。

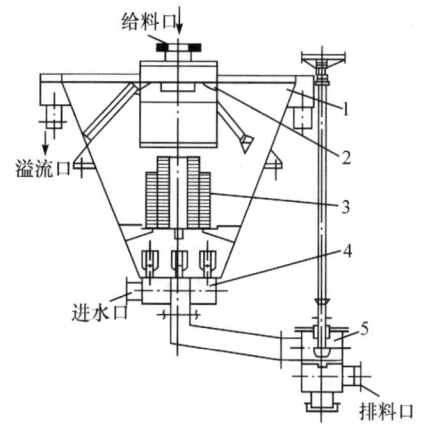

图4-5 永磁脱泥槽
1. 槽体;2. 拢矿筒;3. 塔形磁系;4. 上升给水管;5. M排出装置

脱水槽磁场强度分布:沿轴向的磁场强度是上部弱下部强,沿径向的磁场强度是外部弱中间强。等磁力线大致和塔形磁系表面相平行。

在磁力脱泥槽中,重力作用是使矿粒下沉,磁力作用是加速磁性矿粒向下沉降而吸引到磁系表面周围,而上升水流的作用是阻止非磁性的细粒脉石和矿泥的沉降,并使它们顺上升水流进入溢流中,从而与磁性矿粒分开。同时上升水流作用也可使磁性矿粒呈松散状态,把夹杂在其中的脉石冲洗出来,从而提高精矿品位。

磁力脱水槽的主要操作因素是上升水、排矿量和给矿量。具体操作要根据矿石性质和对产品要求而决定。磁力脱泥槽只能脱除细粒脉石,因为上升水流不能太大,否则磁性矿粒就被冲走而损失。

4.2.4　磁选柱

上述湿式弱磁选机选别强磁性矿物容易夹杂非磁性或磁性很弱的矿物,磁铁矿精矿的品位很难进一步提高。为了适应钢铁工业对铁精矿高品位(≥65%)的要求,20世纪90年代研发了一种精选用的湿式弱磁选机叫磁选柱。

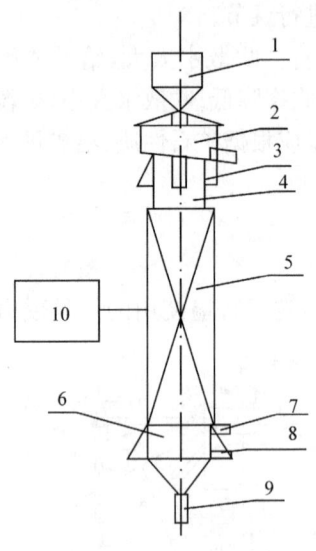

图4-6　磁选柱结构
1.给矿和给矿管;2.溢流槽;3.上支脚;4.分选柱;5.电磁磁系;6.底鼓;7.给水管;8.下支脚;9.精矿排矿管和阀门;10.电源系统

图4-6是磁选柱结构简图,外形像浮选柱,主要由上部给矿装置和溢流槽,中部分选柱和电磁磁系,下部上升给水管和精矿排出管及激磁电源控制系统组成。由多个短直线圈叠落组成的磁选柱磁系,在特殊的直流电控柜装置控制下,由上而下循环顺序通电断电,产生连续向下移动的磁场力。在这种磁场的作用下,强磁性矿物颗粒磁化成磁链,在交替发生的磁聚合与分散过程中,旋转上升水流可将含于其中的单体脉石及中、贫磁铁矿连生体从磁选柱上端排出,成为尾矿(若尾矿品位较高时可返回磨矿机)。单体磁铁矿及富连生体在磁场力及重力的作用下,由磁选柱下部排出,成为高品位磁铁矿精矿。

工业试验指标表明,由圆筒弱磁选机获得的品位在60%左右的磁铁矿精矿,经磁选柱一次精选可得到品位≥65%的高品位磁铁矿精矿。该新设备在磁性铁精矿"降硅提铁"中应用效果明显。在分选本钢歪头山铁矿选厂磁铁矿石弱磁选精矿细筛下给矿时,给矿含铁59.31%,含SiO_2 14.96%,磁选柱精矿含铁69.84%,而SiO_2下降为3.12%,铁回收率为85.13%,其柱尾矿中含铁31.84%,而SiO_2含量高达45.81%,说明其分选性非常好。

影响磁选柱分选的主要因素有磁场强度、磁场变换周期、上升水速和处理量等。其选别原理类似磁力脱泥槽,但选别效果比磁力脱泥槽显著。磁选柱是一种电磁式弱磁场磁重选矿设备。

4.2.5 磁场筛选机

磁场筛选机的结构见图4-7。该机与传统磁选机最大的区别是不靠磁场直接吸引,而是在低于磁选机数十倍的弱的均匀磁场中,利用单体铁矿物与连生体矿物的磁性差异,使单体磁铁矿物实现有效团聚后,增大了与连生体的尺寸差、密度差,再利用安装在磁场中的专用筛子,其筛孔与给矿中最大的颗粒尺寸大许多倍,这样磁铁矿在筛上形成链状磁聚体,沿筛面滚下进入精矿箱中;而单体脉石和连生体由于磁性弱,以分散状态存在,极易透过筛孔而进入中矿箱中排出。因此磁场筛选机比磁选机更能有效地分离开脉石和连生体,使铁精矿品位进一步提高。同时它对给矿粒度适应范围宽,只要是已解离的磁铁矿单体就能回收为精矿,只需对影响品位的连生体再磨再选即可。

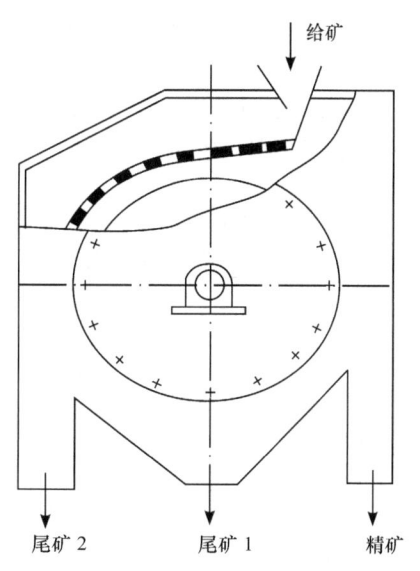

图4-7 磁场筛选机的结构示意

郑州矿产综合利用研究所研制的磁筛在徐州利国马山选矿厂应用时,给矿为购入铁粗精矿,含铁60%,磁筛铁精矿品位66.7%,铁回收率为96.37%。该设备需要再磨矿量少,经济效益好,适于在中小型选矿厂使用。

4.2.6 预磁器和脱磁器

在磁铁矿磁选厂,为了提高磁力脱泥槽的选分效果,在进入磁力脱泥槽之前,使矿浆流经预磁器(时间不小于0.2s),磁铁矿矿粒(细矿粒)经磁化后彼此团聚成磁团,这种磁团在离开磁场以后,由于矿粒具有剩磁和较大的矫顽力,仍然保存下来。进入磁力脱泥槽内,磁团所受磁力和重力要比单个矿粒大得多,从而对磁力脱泥槽的选分效果能起到良好的作用。

生产实践表明,不同矿石的预磁效果不同。例如,未经氧化的磁铁矿石,由于其剩磁较小,预磁效果不明显。故处理该类矿石的选矿厂一般不用预磁器。

焙烧磁铁矿和局部氧化的磁铁矿,因其剩磁和矫顽力比未氧化磁铁矿大,故其预磁效果较好。因此,在磁力脱水槽前应设置预磁器,可避免造成不必要的金属流失。

在重介质选煤厂介质的净化与回收系统中,也设置预磁器,其目的是使稀悬浮液中的磁铁矿颗粒,预先磁化。然后再给入耙式浓缩机或磁力脱水槽。可使浓缩机或磁力脱水槽的浓缩作用获得强化。

预磁器分电磁预磁器和永磁预磁器两种(图4-8)。电磁预磁器是将套在铜管上的圆柱形多层线圈通入直流电,使铜管内产生磁场,场强一般为32kA/m左右。磁场方向(铜管内磁力线方向)平行于矿浆流动方向。矿浆从铜管中流过时,磁性矿粒被磁化。

永磁预磁器由磁铁(铁氧体磁块)、磁导板和工作管道(硬塑管或橡胶管)组成。管内平均磁场强度为40kA/m左右。

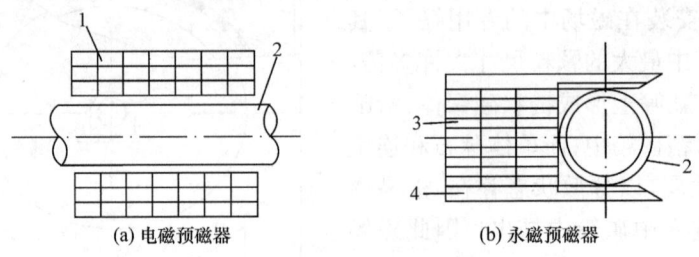

(a) 电磁预磁器　　(b) 永磁预磁器

图4-8　两种预磁器
1. 线圈;2. 工作管;3. 磁块;4. 磁导板

脱磁是在脱磁器中进行,常见的脱磁器结构如图4-9所示,由套在非磁性材料管上的塔形线圈构成,并通有交流电。

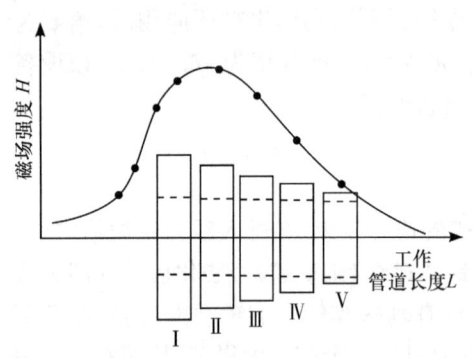

图4-9　脱磁器及磁场分布

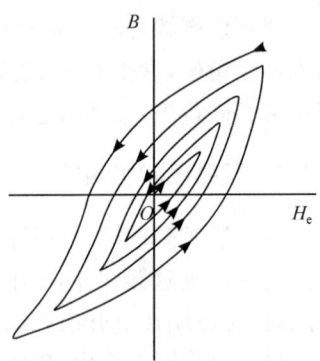

图4-10　脱磁磁滞回线

脱磁原理是根据在不同的外磁场作用下,强磁性物料磁感应强度B(或磁化强度M)和外磁场强度H,形成形状相似而面积不等的磁滞回线而进行脱磁。如图4-10所示。

当采用阶段磨矿时,一段的磁选精矿,在进入二段精选之前,应进行二段细磨。由于粗精矿中存在磁团,给二次分级带来困难(分级粒度变粗影响分选指标),所以在二次分级前,对粗精矿进行脱磁。此外,当采用细粒筛分流程时,对细筛入料也必须进行预先脱磁,否则影响细筛的筛分效率。因此,脱磁是磁选厂重要的辅助作业之一。采用强磁性矿物作加重质的重介质选矿或选煤时,被磁选回收的加重质,在重新使用之前,也应进行脱磁。

4.2.7 干选永磁筒式磁选机

干选永磁筒式磁选机有单筒和双筒两种。双筒磁选机的构造如图 4-11 所示。

(1) 设备构造。主要由振动给矿器、磁系、滚筒和选箱等构成。磁系为 90°圆缺磁系,磁系的极距有 30mm、50mm、90mm 三种,相应的筒面磁场分别为 0.105T、0.115T 和 0.125T,以便分别处理 0.5~0mm、1.5~0mm,5~0 mm 的物料。滚筒规格为 Φ600mm×900mm,用非导磁玻璃钢制成或锰铝钢等非导磁材料制造,以防产生涡流。滚筒置于选箱中,选箱上部有进料口和抽风口,下部有精矿和尾矿排出口,工作时处于负压状态,矿尘从抽风口排出。选箱中隔板可调节产品产率,并可实现下滚筒再选上滚筒的精矿、中矿或尾矿。

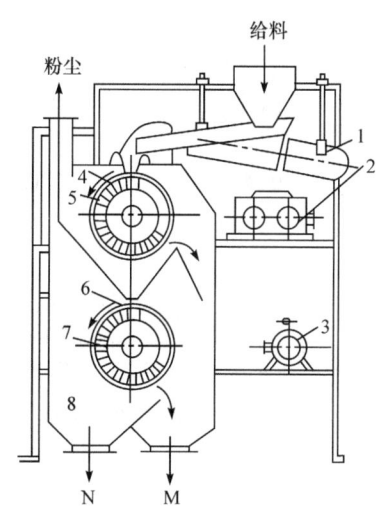

图 4-11 干选永磁筒式磁选机
1.电振给料机;2.无级调速器;3.电动机;4.上辊筒;5、7.圆缺磁系;
6.下辊筒;8.选箱

(2) 分选过程。干矿经分级后,由电磁振动给料器均匀分散地给到上滚筒上,由于滚筒高速旋转,非磁性颗粒在离心力作用下被抛到尾矿漏斗中,磁性颗粒所受的磁力大于离心力和重力,被吸到滚筒上,随筒运转并经受强烈的磁翻滚作用,不断排出被夹杂的脉石颗粒和连生体作为中矿,当磁性颗粒被带到无磁区时,被抛入精矿漏斗中。上滚筒分出的中矿给到下滚筒再选,分出精矿和尾矿两种产品,分别与上滚筒的精、尾矿合并。必要时,通过调节分矿板,下滚筒可再选上滚筒的精矿或尾矿。

(3) 应用。这种磁选机主要用于细粒级强磁性矿石的干选,与干式自磨组成干选流程,适于干旱缺水和寒冷地区使用。这种磁选机也适用于从粉状物料中剔除磁性杂质和提纯磁性材料。如冶金、粉末冶金、化工、水泥、陶瓷、砂轮、粮食等,以及处理烟灰、炉渣等物料方面得到日益广泛的应用。

4.3 强磁选机

4.3.1 强磁选机的磁系与结构

为获得强磁场,强磁选机的磁系均为闭合磁系,常采用电磁体。图 4-12 所示为常见闭合磁系磁路的几种基本形式。

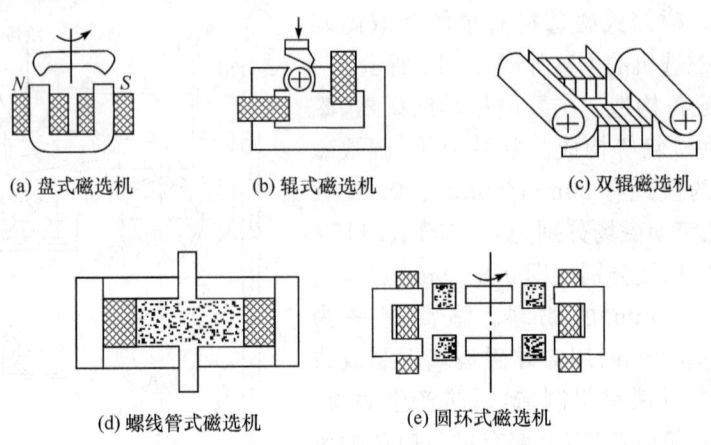

图 4-12 常见强磁选机磁系形式

工作机构即携带或吸引磁性颗粒的机构。工作机构的形式有:转筒、转盘、齿辊、磁介质(如齿板、球、钢毛)。

强磁选机还有排出磁性产品和非磁性产品的装置或分选箱,以及对其控制的系统和冷却装置。

强磁场磁选机用于分选弱磁性有用成分,如各种弱磁性铁矿、锰矿、黑钨矿、钛铁矿、铌铁矿、钽铁矿、独居石;也可用于蓝晶石和玻璃砂等非金属原料除去含铁杂质;近年还研究用于一些难选硫化矿的分离,如铜-钼分离。铜-铅分离、铜-锌分离和黄铜矿-黄铁矿分离。强磁选机多采用电磁磁系,只有少数强磁选机采用永磁磁系。

强磁选机的类型很多,早期的强磁选机以圆盘磁选机和感应辊式磁选机为主,但自 20 世纪 60 年代末以来,为了解决细粒和微细粒弱磁性物料的分选或除杂质等问题,研制了多种类型湿式高场强磁选机,如琼斯(Jones)型磁选机、SQC 型磁选机、双立环磁选机、高梯度磁选机和脉动高梯度磁选机、钕铁硼交叉带式强磁选机等。

4.3.2 圆盘式强磁选机

圆盘式强磁选机(disc separator)是一种有半个多世纪生产实践历史的干式强

磁选机,主要用于从干燥的重选粗精矿中分离较粗的弱磁性矿粒,如黑钨矿和锡石的分离;独居石和锆英石的分离;钛铁矿或石榴石和金红石的分离。这种磁选机有单盘、双盘和三盘三种型式,但三种磁选机的构造和分选原理基本相同。

(1) 构造。图 4-13 所示为双盘磁选机简图,主要由给料圆筒、偏心振动输矿槽、电磁铁和分选圆盘等构成。

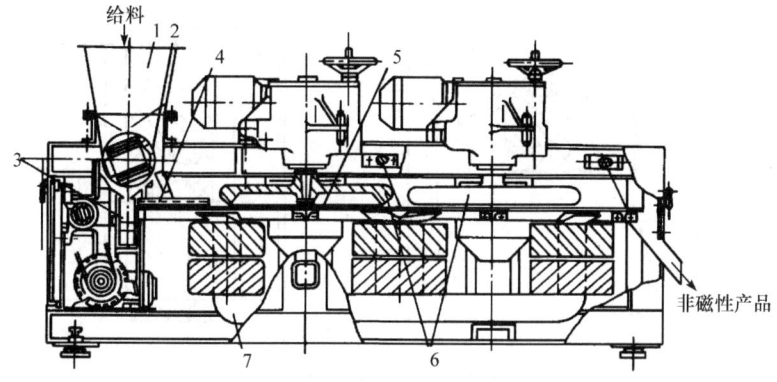

图 4-13 双盘式强磁选机
1. 给料斗;2. 弱磁筒;3. 强磁产品接料斗;4. 筛料槽;5. 振动槽;6. 分选圆盘;7. 磁系

① 给料圆筒:由钢板卷成,内装永磁铁,用以预先除去给料中的磁铁矿和机械磨损铁,并将物料按整个分选宽度均匀布料。

② 磁系:磁系由'山'形铁芯和双盘构成,磁路结构为复合矩形磁回路,形成四个分选点。四个分选点的极距从给料端至尾矿卸料端依次递减,而磁场强度依次递增,以便加强后续分选点的扫选作用。

③ 分选圆盘:分选圆盘用工程纯铁制成,盘下部成齿形,可以是单齿、二齿或三齿。齿尖与振动输矿槽的距离可调。

(2) 分选过程。入选物料经弱磁筒除去强磁性成分后,经过隔渣筛均匀分布在振动输矿槽上,在振动槽面上松散而弹跳着前进的矿粒通过旋转圆盘下面的分选区时,弱磁性矿粒被吸到圆盘的齿极上,并被圆盘带到振动槽外面,脱离磁场,因而在重力和离心力的作用下,或经刷子刷下,落入精矿漏斗中。非磁性矿粒经振动槽尾部卸入非磁性产品漏斗中。

操作时,可根据入选物料的性质调节矿层厚度、磁场强度、工作间隙和振动槽的振幅和振次。适宜的操作参数应由试验确定。通常细粒级的给矿厚度可达给料最大粒度的 10 倍,而粗粒级的给矿厚度可小到给料最大粒度的 1.5 倍。该机的给料粒度为 0~2mm。磁性物料的含量较少或磁性较强时,给矿层可厚些。磁性矿粒的磁性强,磁场强度可低些。否则电流应大些。对粗、扫选作业,磁场强度应高些,而精选时则可少低些。工作间隙的变化对磁场磁力的影响很大。

4.3.3 感应辊式强磁选机

1. CS-Ⅰ型感应辊式强磁选机

(1) 构造。该机如图 4-14 所示,主要由给矿箱、电磁铁芯、磁极头、分选辊、精矿及尾矿箱等构成。

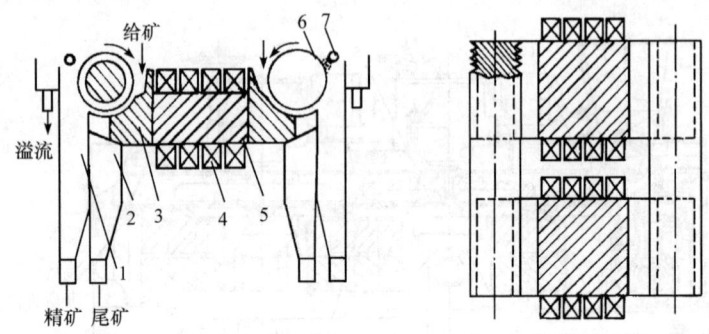

图 4-14　CS-Ⅰ型电磁感应辊式强磁选机
1. 精矿箱；2. 尾矿箱；3. 磁极头；4. 线圈；5. 铁芯；6. 感应辊；7. 冲洗水管

磁系包括电磁铁芯、磁极头和感应辊。两个电磁铁芯和两个感应辊对称平行配置,四个磁极头连接在两个铁芯的端部,组成一个矩形闭合磁回路,四个磁极头与两个感应辊之间构成的四道空气隙即是四个分选带,这种磁路的特点是无非分选间隙、磁能利用率较高,激磁功率 5.5kW,采用风冷散热。

感应辊即为分选辊,由纯铁制成,沿辊长分为三段,中段为一个较短的非分选带,两近端段为齿形分选带,每个分选带有 15 个辊齿,辊径和有效长度分别为 375mm 和 1452mm。

磁极头由工程纯铁制成。磁极头与分选辊之间的环形区为分选区；极头端部与辊齿相应的位置有与齿数相等的过浆槽,以便让非磁性颗粒随尾矿流从过浆槽进入尾矿箱,而磁性颗粒能随辊继续前进,卸入精矿箱。环形分选区两端与分选辊圆心连线所成的夹角称为磁包角。磁包角大小对磁场强度和分选指标有影响,原则上磁包角范围内磁极头的弧形面积应小于铁芯的横截面积。

当分选间隙为 14mm 和激磁电流为 110A 时,感应辊齿端磁感应强度可达 1.87T,磁场梯度约为 80T/m。沿齿极法线方向磁场强度的变化规律符合多齿-凹弧磁极对的磁场特性。

(2) 分选过程。来自料箱的原矿经给矿辊进入分选带后,磁性矿粒在磁力作用下被吸到辊齿上,随分选辊运转,并在水介质的作用下受到精选作用,当离开强磁场区时,在重力和介质阻力等竞争力作用下,脱离辊齿,沉入精矿箱底,从精矿排矿口流出;非磁性矿粒随矿浆流经极头端部的过浆槽进入尾矿箱,从尾矿排矿口流出。

(3) 操作调节因素。操作时,可根据原矿性质和对产品质量的要求,适当调节给矿量,补加水量和磁场强度,必要时还可调节极距和转速。原则上,矿物磁性较强、粒度较粗时,场强可低些,或极距宜大些;对产品质量要求更高时,给矿量可少些,场强可低些或补加水量可大些。但补加水量不能过大,否则,会将部分尾矿冲入精矿箱中,反而降低精矿品位。操作时,还应注意强磁性物质对分选过程的危害,过量的强磁性物质积聚在精矿和尾矿分界处的极头上时,形成强磁性物质链,阻碍精矿顺利通过,致使部分精矿掉入尾矿箱中,减少磁性成分的回收率。在这种情况下,应停车清除强磁性物质。

2. 双排六辊强磁选机

感应辊式强磁选机有单排单辊、双排双辊、双排多辊等几种,其结构、工作原理基本相同,用于干式或湿式弱磁性物料的分选。由于感应辊式强磁选机的分选带较短,因此对比磁化系数相近和细粒级物料分选效果较差。

图 4-15 为双排六辊强磁选机,该机主要用于干式、粒度小于 2mm 的弱磁性矿物和非磁性矿物的分选,以及玻璃、陶瓷、人造刚玉和高压绝缘材料的净化。上下三排感应辊,感应磁场强度由弱到强到更强,为提高非磁性矿物的纯净度提供了良好的条件。被分选的矿物进到弱磁感应辊时,强磁性矿物被分离,剩下的矿物进到第一个强磁感应辊上,弱磁性矿物被分离出来,磁性更弱的矿物落到第二个强磁感应辊再次进行分选。

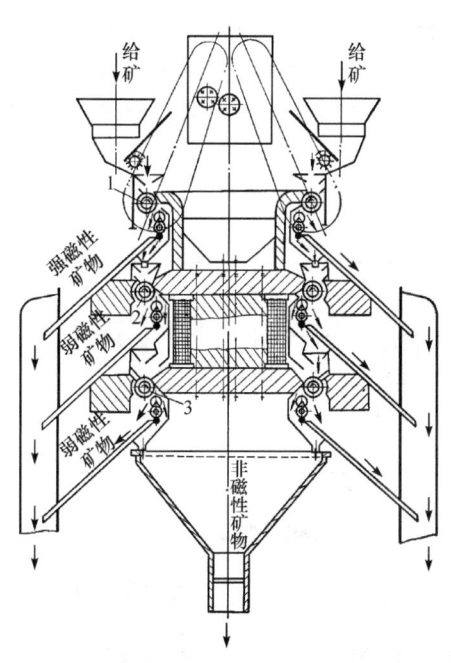

图 4-15 双排辊式强磁分离机工作原理图
1. 弱磁感应辊;2、3. 强磁感应辊

4.3.4 琼斯式强磁选机

琼斯式强磁选机(Jones high-intensity magnetic separator)是最早应用多层聚磁介质,在工业上得到有效推广的湿式强磁选机,G. H. 琼斯 1955 年在英国获专利,1960 年在第五届国际选矿会议提出了琼斯式磁选机样机。

琼斯综合利用了高磁感应强度和弗朗茨(Frantz)聚磁介质的思想,磁力比干式强磁选机增大了几个数量级。由于聚磁作用合理,工作隙加宽,其中充填的聚磁介质,既能聚磁,又能增加磁性物吸附面积,解决了第一代强磁选机磁感应强度和处理能力不能兼顾的矛盾,使新的强磁选机具有活力。该式磁选机很快在世界各地得到推广。以后的高梯度磁选机也是在利用磁介质的基础上发展起来的。

(1) 构造。琼斯 DP-317 型湿式强磁选机的构造简图见图 4-16,主要技术参数列于表 4-1,琼斯磁选机安装在一个钢制框架内,由两个"U"形磁轭和两个转盘构成矩形闭合磁回路,磁包角为 90°,磁轭焊接在结构钢框架上,在磁轭的上下两端放置用铝扁线绕制的激磁线圈,线圈密封在风筒中,用 8 台风机冷却,转盘的边缘设置 27 个分选箱,每个分选箱内装有齿角为 110°,齿尖对齿尖排列的齿板介质,形成 21 道分选间隙,磁场梯度约为 $2.5×10^3$ T/m。8R 型齿板(每英寸宽有 8 个齿槽),齿板间隙为 3mm 用于处理 1.5～0.3mm 的物料;4R 型齿板,齿板间隙为 6mm,用于处理 -4mm 物料;12R 型齿板,齿板间隙为 0.7mm,用于处理 -0.1mm 物料。齿板用耐磨导磁不锈钢制成。每个转环有两个,整机共有四个分选区。

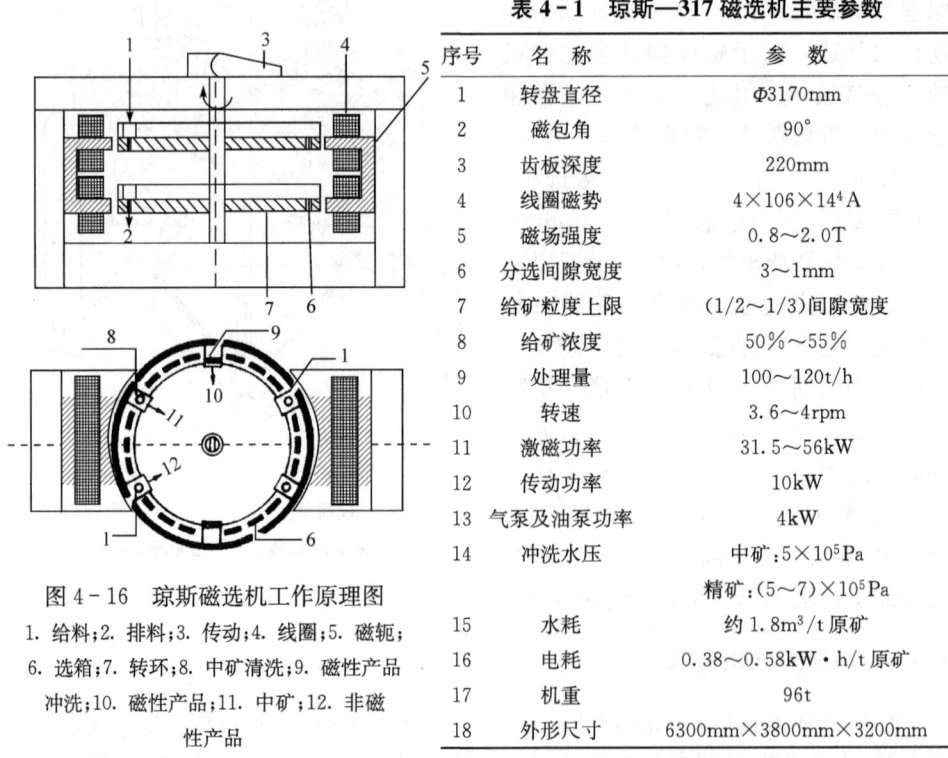

图 4-16 琼斯磁选机工作原理图
1. 给料;2. 排料;3. 传动;4. 线圈;5. 磁轭;
6. 选箱;7. 转环;8. 中矿清洗;9. 磁性产品
冲洗;10. 磁性产品;11. 中矿;12. 非磁
性产品

表 4-1 琼斯—317 磁选机主要参数

序号	名 称	参 数
1	转盘直径	Φ3170mm
2	磁包角	90°
3	齿板深度	220mm
4	线圈磁势	$4×106×14^4$ A
5	磁场强度	0.8～2.0T
6	分选间隙宽度	3～1mm
7	给矿粒度上限	(1/2～1/3)间隙宽度
8	给矿浓度	50%～55%
9	处理量	100～120t/h
10	转速	3.6～4rpm
11	激磁功率	31.5～56kW
12	传动功率	10kW
13	气泵及油泵功率	4kW
14	冲洗水压	中矿:$5×10^5$Pa 精矿:$(5～7)×10^5$Pa
15	水耗	约 1.8m³/t 原矿
16	电耗	0.38～0.58kW·h/t 原矿
17	机重	96t
18	外形尺寸	6300mm×3800mm×3200mm

(2) 分选过程。电机通过传动机构使转环在磁轭之间慢速旋转,矿浆经过筛子隔除渣屑和粗粒后进入齿板分选箱。非磁性颗粒随矿浆流迅速穿过分选间隙,流入尾矿槽中;磁性颗粒被吸引在齿板的尖端上,在给矿点后 60°位置用 $5×10^3$Pa 压力水清洗出中矿,再转 60°,即到了磁中性点时,用 $(5～8)×10^3$Pa 高压水冲洗出

精矿。

(3) 影响因素。主要影响因素包括磁场强度,冲洗水压、转速、给矿浓度和给矿速度。

磁场强度可根据矿物磁性进行调节,若矿物磁性较强,则可适当减弱磁场强度,若矿物磁性较弱,则应提高磁场强度。

中矿清洗水压的高低可以控制精矿质量和中矿量,水压较高时,中矿量增多,精矿质量提高,水压较低时,中矿量减少,精矿品位降低。精矿冲洗水压高时,有利于将黏附在齿板上的磁性矿粒,尤其是强磁性矿粒和较难排除的杂质,迅速冲洗干净。琼斯磁选机由于冲洗水压高,故用橡皮框住喷嘴,以免水滴向外飞溅。

合适的给矿质量浓度为 50%～55%,如果由于浓缩机不容许过高的浓度,给矿浓度也不应低于 10%～20%。

给矿粒度上限必须严格控制,因为过大颗粒容易堵塞分选间隙。这就是入选物料必须预先通过筛子的原因。给矿粒度上限与齿板间隙的关系可用下述经验公式确定:

$$d_{max} = (1/2 \sim 1/3) \Delta$$

式中:d_{max} 为给矿粒度上限;Δ 为分选齿板齿尖之间的间隙。

(4) 琼斯磁选机新的改进是增加分选转环和磁极头,由原来的两个转环、四个极头,增加到四个转环、八个极头(即八个分选区)。这样整机的处理能力增大一倍,单位处理能力的机重显著减小。

4.3.5 环式强磁选机

这里介绍的环式强磁选机,在分选磁场空间中采用了磁介质,分选的原理和过程与琼斯磁选机雷同,但在机器的结构和磁路形式各具特点。

1. SQC-6-2770 型磁选机

SQC-6-2770 型磁选机是我国研制的湿式强磁选机,已使用于处理赤铁矿和褐铁矿等矿石。该机结构简图见图 4-17。

磁系由内外同心环形磁轭及放射状铁芯构成,磁路为环链状闭合磁回路。全机有六个给矿点,组成六个独立分选系统,分选室内放置齿板磁介质。线圈用空心铜管绕制、低电压大电流供电、水内冷却线圈。该机结构紧凑、磁路短、温升低。

2. SHPⅡ系列湿式强磁选机

SHP 型磁选机是在琼斯式磁选机结构基础上,长沙矿冶研究院自行设计制造的磁选机。为了适应我国的条件和弱磁性矿石的性质,SHP 磁选机在结构上做了几项重要改进:线圈导线由铝带改成铜带;线圈冷却由风冷改成油冷;齿板缝隙磁

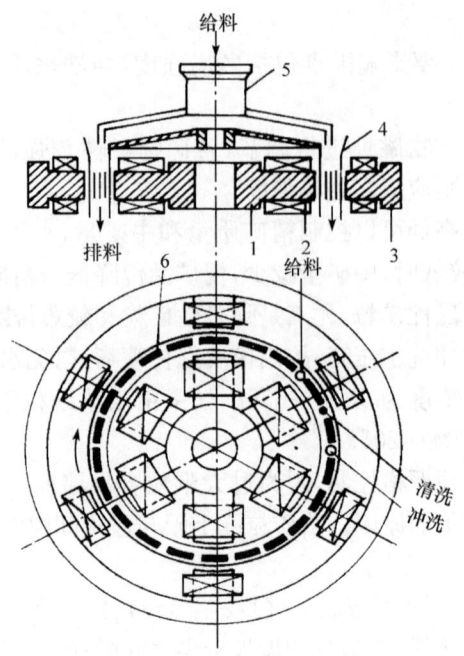

图 4-17 SQC-6-2770 湿式强磁选机
1、3. 内、外环形磁轭；2. 线圈；4. 分选圆环；5. 给料箱；6. 齿板分选室

图 4-18 SHPⅡ-3200 型湿式强磁选机

感强度提高到 1.5T。该机还采用了"多层感应磁极"，双向冲洗方式及压力气水联合方式，有效防止堵塞现象。激磁系统经优化设计，具有工作磁通密度和梯度高、吨矿能耗和运行成本低、生产效率高的特点。该机结构与琼斯式磁选机结构（图 4-16）类似，外形照片见图 4-18。

SHP 磁选机已在我国金属矿山广泛使用，数量已达 70 余台，其中 SHPⅡ-3200 型机在酒泉钢铁公司、包头钢铁公司和鞍山钢铁公司的选矿厂现在共使用 46 台。

3. HIW 型磁选机

英国拉皮特公司生产的 HIW 型磁选机，采用三角形断面的格栅为磁介质，适应处理粗粒度（小于 2mm）的弱磁性矿石，最高场强达 1.8T。HIW-8 型为双环机；HIW-1、HIW-2 和 HIW-4 型为单环机。HIW 型磁选机已用于澳大利亚海滨砂矿的选矿。

4. 索尔式磁选机

索尔(Sol)式磁选机系德国克鲁伯-波利修斯(Krupp-Sius)公司生产。该机结构简单,由装有磁介质的转环、螺线圈、给矿、排矿、给水、清洗和传动机构组成,磁场方向和转环运动方向相同,和给矿方向垂直。线圈为多层螺线管,铝带绕制,油冷,不用包铁(铁铠)装置。磁系很长(约1m),长/径比大,所以在长而薄的螺线管中性区的杂散磁场小,外包铁影响也小,磁场因此直接从导电体的电流中获得。包铁能降低所需安匝数约为12%。

索尔式磁选机机重轻,转环通过磁场运动时导向装置无需严格要求。螺线管分成许多线圈,螺线管中背景磁感应强度约0.8T,场强不是很高,所以电耗较低,每吨矿石能耗12kW·h。

4.4 高梯度磁选机

高梯度磁选技术是从20世纪60年代末发展起来的,其主要特点是,铁铠螺线管内磁场均匀,且能获得高达2T的磁场。将铁磁性细丝置于均匀磁场中磁化到饱和时,可产生 10^5 T/m 数量级的高磁场梯度,比琼斯磁选机高出 1~2 个数量级(琼斯磁选机的磁场梯度为 $2×10^3$ T/m),但磁力作用范围小,因而适用于捕收细微顺磁性颗粒。高梯度磁选机的介质充填率仅为5%~14%,而琼斯式磁选机的介质充填率为50%~70%,分选区利用率大为增加。螺线管磁体的激磁功率与磁体内半径的一次方成比例增加,而磁化空间体积即生产能力与磁体内半径的平方成比例增加,这可使高梯度磁选的大规模应用成为可能,而且规模越大越经济。高梯度磁选已成为细微粒磁分离最有效的技术之一,今日高梯度磁分离应用范围已超越了矿物分选,包括:①精选高纯玻璃和陶瓷工业原料(如高岭土和玻璃砂);②净化工业垃圾、城市垃圾和热电厂和核电厂的冷却水;③从化学合成过程、电站液流和蒸气中回收固体颗粒;④富集超细粒矿物(如铁、钼、钨或稀土金属),或回收金属废渣;⑤处理催化剂;⑥在生物化学、生物、食品工业领域的应用。

高梯度磁选机(high-gradient magnetic separator)按间断或连续给料方式,可分为周期式高梯度磁选机和连续式高梯度磁选机。

4.4.1 周期式高梯度磁选机

自从美国麻省理工学院(MIT)和前磁力工程联合公司(MEA)合作于1968年研制第一台周期式高梯度磁选机以来,各国相继生产的周期式高梯度磁选机种类繁多,但基本构造和分选过程是相同的。

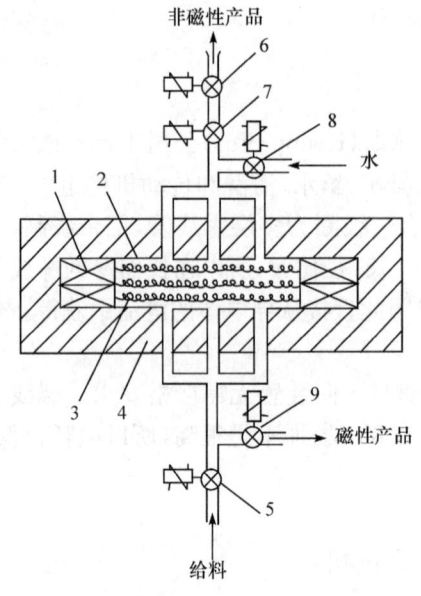

图 4-19 周期式高梯度磁选机简图
1. 螺线管；2. 分选箱；3. 钢毛；4. 铠铁装壳；5. 给料阀；6. 排料阀；7. 流速控制阀；8、9. 冲洗阀

(1) 构造。周期式高梯度磁选机主机的结构如图 4-19 所示。铁磁性介质主要是金属压延网或不锈钢毛，常用的几种分选介质见表 4-2。

表 4-2 常见的几种分选介质

介质型号	代号	尺寸/μm	充填率/%
粗拉板网	EM1	700(600～800)*	12.3
中拉板网	EM2	400(250～480)	9.7
细拉板网	EM3	250(100～330)	15.9
粗钢毛	SW1	100～300	4.8
中钢毛	SW2	50～150	4.9
细钢毛	SW3	25～75	6.6
极细钢毛	SW4	8.2	1.9

*表示测定值。

它主要由铁铠装螺线管线圈、充填有铁磁性介质的分选罐以及出口、入口、阀门等部分组成。螺线管由空心扁铜线绕成，空心导线通水冷却，外部设备有激磁电源，加压冷却水泵及分选过程全自动控制系统。

(2) 分选过程。周期式高梯度磁选机的作业是周期式进行的，接通激磁电流后，经过充分分散的料浆从下部进入分选区，非磁性颗粒随流体从上部出浆管排出成为非磁性产品，磁性颗粒吸附在钢毛表面上，至饱和吸附时，停止给料，从下部给入清洗水，清洗出磁性中的非磁性夹杂物，然后切断直流电，从上部给入高压冲洗水，反向冲洗出磁性物。激磁、给料、清洗、断磁和反向冲洗的全过程称为一个工作周期。上一周期结束后，磁选机立即开始下一周期的工作，作业的连贯性可通过自动控制机构执行。

(3) 主要操作因素。周期式高梯度磁选机主要操作因素有背景磁场强度、磁介质的种类和充填率、给料周期、料浆流速和浓度等，合适的条件应由试验确定。在一个分选周期中，给料时间与周期总时间的百分比称为给料周期率或负载周期率。给料周期率随加工物料中磁性成分含量的不同而不同。PEM84 磁选机的给料周期率约为 70%，通常，流速为 1cm/s，磁滤速率为 $2m^3/mim$，料浆经过磁滤的时间为 50s，一个周期的空载时间 (包括激磁时间、清洗冲洗时间、阀门动作时间和断磁时间) 为 100～200s。处理能力与原料性质和对产品质量的要求有关。必须指出，物料在进入分选罐之前必须严格隔渣，严防纤维状物料和粗颗粒堵塞。处理细粒物料时应使矿浆呈弱碱性，并可加适量分散剂，搅拌使颗粒充分分散。

4.4.2 连续式高梯度磁选机

处理弱磁性矿物含量高、要求生产能力大的矿石时,因其给矿周期率很低,周期式高梯度磁选机就不适用了,这时就应采用连续式高梯度磁选机。设计连续式高梯度磁选机的主要目的在于提高磁体的负载周期率,以适应细粒的固-固颗粒分选,主要应用于工业矿物、铁矿石和其他金属矿石的加工,固体废料的再生以及选煤等方面。

(1) 设备结构。萨拉型连续式高梯度磁选机的结构如图 4-20。它主要由分选环,马鞍形螺线管线圈、铠装螺线管铁壳以及装有铁磁性介质的分选箱等部分组成。

分选环安装在一个中心轴上,由电动机经减速机而转动,根据选别需要确定其转数大小。环体由非磁性材料制成。分选环分成若干个分选室,分选室内装有耐蚀软磁聚磁介质,(金属压延网或不锈钢毛)。分选环的直径、宽度、高度根据选别需要设计出不同的规格。连续式设备的磁体保留了周期式设备磁体的特点,即铠装螺线管磁体。这是区分其他湿式强磁选机的主要部分。为了在环式磁选机中产生均匀的磁场,磁体由两个分开的马鞍形线圈所组成,以便使装有介质的环体通过线圈转动。马鞍形螺线管线圈一般可采用空心方形软紫铜管绕成,通以低电压大电流,通水内冷。铁铠回路框架包围螺线管电磁体并作为磁极,磁场方向与矿浆流方向平行,分选介质的轴向与磁场方向垂直,因而介质元上下表面的磁力最大、流体阻力最小,容易将磁性颗粒捕收在介质元的上下表面。

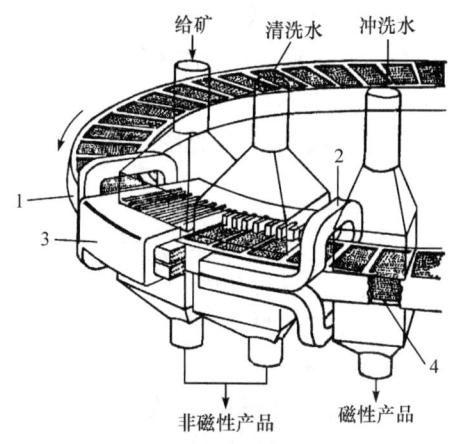

图 4-20 Sala-HGMS 连续式高梯度磁选机
1. 旋转分选环;2. 马鞍形螺线管线圈;3. 铠装螺线管铁壳;4. 分选室

(2) 分选过程。充填分选介质的圆环连续通过磁场区域,料浆从上部给入,通过槽孔进入分选室,非磁性矿粒随矿浆流穿过介质的缝隙,从非磁性产品槽中排出,捕集在介质上的磁性矿粒随分选环运转到清洗段,清洗出被夹杂的非磁性矿粒,然后离开磁化区域,在冲洗水的作用下排出成为精矿。

4.4.3 脉动高梯度磁选机

分选细粒的高梯度磁选机,分选过程具有过滤的特点,磁性矿粒总是吸附在磁介质上,即相当滤渣被隔在过滤介质上。尤其是采用钢毛介质时,这种堵塞现象较为严重,影响分选产品的质量和高梯度磁选机的生产能力。

SLon高梯度磁选机是赣州立环磁电高技术有限责任公司生产的,主要特点是能使分选室内料浆产生上下脉动和采用有序排列的$\Phi 2\sim 3mm$的圆棒介质,有效地克服了介质被堵塞的问题。由于其独特新颖的结构,使该机具有富集比大、回收率高,分选粒度宽,不易堵塞适应性强,工作稳,便于操作与维护等优点。该机已在马钢姑山铁矿、上钢梅山铁矿、鞍钢弓长岭选厂、攀钢选钛厂等多家选矿厂成功应用,并出口南非。

SLon磁选机构造见图4-21,主要技术参数见表4-3。

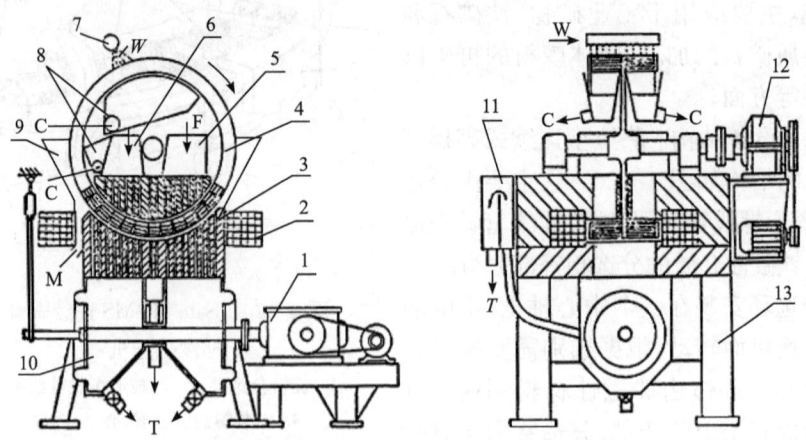

图4-21 SLon型磁选机结构图
1.脉动机构;2.激磁线圈;3.铁轭;4.转环;5.给矿斗;6.漂洗水斗;7.精矿冲洗水装置;
8.精矿水;9.中矿水;10.给矿;W.清水;C.精矿;M.中矿;T.尾矿

表4-3 SLon立环脉动高梯度磁选机技术参数

机 型	SLon-2000	SLon-1500	SLon-1200	SLon-1000
分选环直径/mm	2000	1500	1200	1000
最高背景磁场/T	1.0	1.0	0.8	1.0
额定激磁功率/kW	82	38	31	25.5
传动功率/kW	5.5～7.5	3+4	1.1+2.2	1.1+1.1
脉动冲程/mm	0～30	0～30	0～30	0～30
脉动冲次	0～300	0～300	0～300	0～300
给矿粒度(-74μm)/%	50～100	50～100	50～100	50～100
处理量/(t/h)	50～80	25～35	5～8	4～7
机重/t	50	20	8.5	6

SLon磁选机的脉动机构、激磁线圈、铁轭和转环是关键部件。脉动机构由碗形橡皮膜、中心传动杆、冲程箱和电机组成,脉动冲程和冲次可随意调节,激磁线圈采用空心铜管绕制,工作时以水内冷方式冷却线圈,磁包角为120°。转环采用非导磁不锈钢制造,沿转环周边具有若干个矩形分选室,每个室内放置有序排列的导

磁不锈钢棒磁介质，对每个分选室磁介质而言，给矿矿浆流方向与冲洗磁性精矿的水流方向相反，粗颗粒不必穿过磁介质堆便可冲洗出来。当该机工作时，立式转环沿顺时针方向旋转，矿浆从给矿斗给入后，沿着上铁轭的穿孔通道流经转环，越过分选区时，矿浆中的磁性颗粒即被磁介质所吸附，并随转环带至上部无磁场区，被冲洗水冲入精矿斗。非磁性颗粒则沿下铁轭穿孔通道进入尾矿斗。脉动作用可以使矿粒群始终保持良好的松散状态，利于扩大振幅提高磁性精矿质量，反冲精矿可防止磁介质堵塞，这些措施既保证了该机有效地回收下限为 0.010mm 左右的弱磁性矿物，又使其分选上限提高到 2mm，从而扩大了分选粒度范围和简化了筛分作业。

4.5 超导磁选机

超导磁选机（superconduct magnetic separator）和常导磁选机相比有以下突出优点：①高场强，用 NbTi 超导材料做的磁体其磁场强度可达到 5T（常规磁体没超过 2T）；②体积小质量轻，超导材料的电流密度比铜导线高两个数量级，因此使磁体体积和质量大大减小；③能耗低，比常导磁体节能 90%；④高磁场带来的高磁力使磁选机能处理微细粒顺磁颗粒甚至顺磁胶体颗粒。主要缺点是制冷装置结构复杂，操作的可靠性不及常导磁选机。

磁选在高岭土选矿工业获得大规模应用，也是在此工业中超导磁选机的应用产生了极大的利益。第一台大规格的超导磁选机于 1986 年在美国获得成功应用，接着，1989 年处理量大两倍的更大规模的串罐往复运动的超导磁选机又得到成功应用，此后若干其他串罐往复运动的超导磁选机在巴西和德国高岭土选厂获得了应用。此外，还出现了用超导线圈改造常导高梯度磁选机的可能。

随着高温超导（T_c>77.32K）材料性能的改进、磁体技术的完善和磁体性能的提高（与 NbTi 磁体相近），而价格又下降到一个合理程度，我们相信在 21 世纪磁分离技术将会起革命性的变化。

根据超导磁选机是否装有磁介质，将其分为超导高梯度磁选机（有磁介质）和超导开梯度磁选机（无磁介质）。

4.5.1 往复列罐式超导高梯度磁选机

往复列罐式超导磁选机又称低温磁滤器（cryofilter），由英国瓷土公司首先构思并申请专利，由低温公司承建，其构造与主要特征参数见图 4-22，主要由超导磁体、往复介质列罐、制冷机、真空容器和线性传动器构成。

超导线圈用 0.5mm Nb-Ti 线绕制，线圈内直径为 275mm，外直径为 570mm，长 750mm。激磁电流为 90A 时，中心磁场为 5T。铁轭厚 130mm，加设厚铁轭可提高内腔磁场，降低外部磁场；后者可带来两点好处，能采用短列罐和消除磁体对

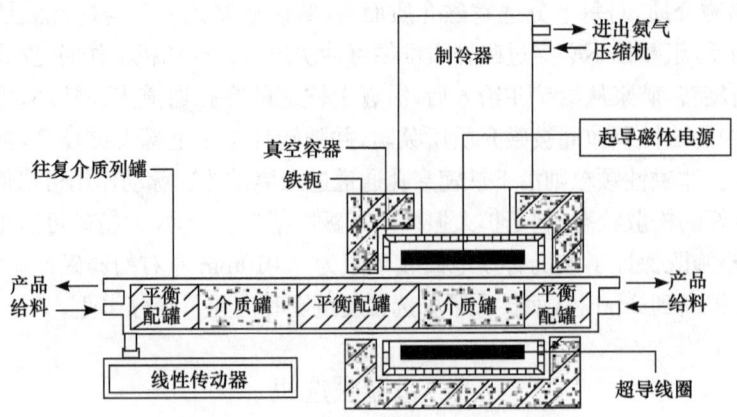

图 4-22　低温磁滤器及工作示意图

附近工作人员的危害。按健康和安全规定,磁场大于 0.5mT(5Gs)的区域,限制人员入内。若无轭铁,0.5mT 的边缘会延伸到离磁体 12m 以外。

介质列罐由两个钢毛罐和三个平衡配罐组成,全长 7.4m。它由线性传动器带动,可在磁场中往复运动,以便实现一个罐在磁场中给料,另一个罐脱离磁场冲洗磁性物,克服了常导周期式高梯度磁选机需要交替激磁与断磁和用此产生涡流的缺点,使超导磁体不耗功地保持恒定激磁。因而可提高处理能力,降低电耗和减少生产成本。三个平衡配罐中充填磁性物质,但不是用于磁滤,而是用于移动钢毛罐时,抵消磁体与钢毛罐之间的作用力,使超导磁体少受机械力的干扰,工作更加稳定。

制冷超导线圈被封闭在真空绝热容器中,用液氦冷却,挥发的氦气可循环使用。

工作时,超导磁体处于恒定激磁状态,列罐由线性传动器带动。使两个钢毛罐交替进出超导磁体的内腔磁场,进入磁场中的钢毛罐加工高岭土料浆,移出磁场的钢毛罐受压力水冲洗出磁性物,每个周期的停料时间只有 10s。

图 4-23　直径 3.0m 超导高梯度磁选机

1986年美国伊利磁力公司（Eriez Magnetics Inc.）研制出首台大型低温(4.2 K)超导包铁螺线管磁体周期工作式高梯度磁选机（分选罐尺寸 $\Phi 2.14\text{m} \times 0.5\text{m}$；背景磁场磁感 2.0T；机重 209t），现在已有 20 多台超导高梯度磁选机在高岭土精选厂使用。图 4-23 为分选罐直径 3.0m 超导高梯度磁选机的现场照片。

4.5.2 圆筒式超导磁选机

筒式超导磁选机原名为 DESCOS，即筒式电磁超导开梯度分选机，由德国 KHD 洪堡·韦达格公司于 1987 年制成。

DESCOS 的主体结构如图 4-24 所示，由超导磁系、制冷容器和分选圆筒组成。

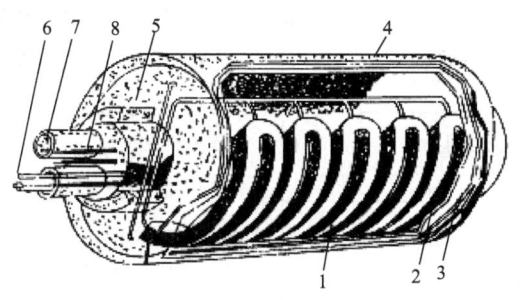

图 4-24 筒式超导磁选机主体结构
1. 超导线圈；2. 辐射屏；3. 真空容器；4. 分选圆筒 5. 普通轴承；6. He 源；7. 真空管道；8. 供电引线

超导磁系由 5 个梭形线圈沿轴向按极性交替排列而成，磁系包角 120°，线圈用 Nb-Ti 线绕制，可配轭铁，也可不配轭铁，额定电流为 1800A。主要磁性能参数为无轭铁和有轭铁时，筒面最高磁场分别为 4.25T 和 5.23T；筒面最低磁场分别为 3.45T 和 4.2T；磁场磁力分别为 69.5T^2/m 和 125.6T^2/m。

制冷为液氦容器。超导线圈被放置在液氦容器中冷却到 4.2K。液氦容器外面有辐射屏和真空层。筒外制冷系统将液氦经输氦管给入磁体容器的底部，挥发的氦气从容器上部排出，循环再用。分选圆筒用增塑碳纤维制成，其外直径为 1216mm，长度为 1500mm。转速可在 2～30r/min 之间变化。

4.6 磁选工艺应用

4.6.1 黑色金属矿的磁选

1. 磁铁矿的弱磁选

磁铁矿又称"黑矿"，其化学式为 Fe_3O_4，亦可作为 $FeO \cdot Fe_2O_3$，理论含铁量为 72.4%，晶体呈八面体，组织结构比较致密坚硬，一般呈块状，硬度达 5.5～6.5，密

度为 $4.9 \sim 5.2 \text{t/m}^3$，其外表呈钢灰色或黑灰色，有黑色条痕。其显著特性是具有强磁性，比磁化率 $X = 6300 \times 10^{-7} \sim 12\,000 \times 10^{-7} \text{m}^3/\text{kg}$，易用弱磁选方法分选富集。

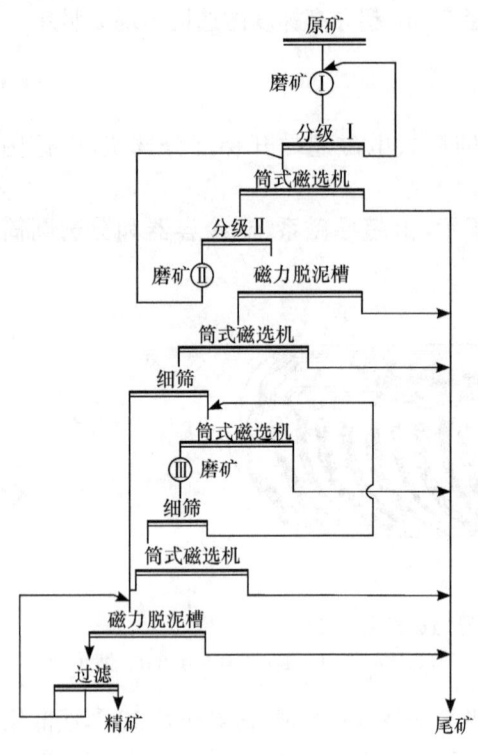

图 4-25　大孤山铁矿磁选流程

我国鞍山钢铁公司大孤山铁矿所处理的矿石为鞍山式贫磁铁矿，原矿含铁量 30%～40%，SiO_2 含量 42%～46%。矿石中主要金属矿物为磁铁矿及少量赤铁矿和褐铁矿，有用矿物呈细粒浸染，大部分颗粒粒度小于 0.1mm。选矿流程见图 4-25。

采用的原则流程为阶段磨矿阶段选别流程，选别设备是永磁式磁力脱泥槽和永磁筒式磁选机。二段磨矿分级溢流细度为 0.075mm 占 85%，二段磁选产品用细筛提高磁性精矿质量，筛上产物送三段再磨再选。一般选别指标为：原矿品位 30%～32%，精矿品位 65%～66%，回收率 77%～81%。

我国的鞍山式贫磁铁矿嵌布粒度细，细筛的应用对提高分选指标起了重要的作用。细筛是按粒度分级的理想设备。在细磨分级选别系统中可以用细筛对磁选粗精矿进行筛分，筛上粗粒级连生体返回再磨，筛下产品再进行分选。

图 4-26 是我国某铁矿磁选厂主厂房的设备配置图。

2. 赤铁矿、镜铁矿、菱铁矿的还原磁化焙烧-弱磁选

赤铁矿，又称"红矿"，其化学式为 Fe_2O_3，理论含铁量为 70%，比磁化率 $X = 20 \times 10^{-7} \sim 30 \times 10^{-7} \text{m}^3/\text{kg}$，属弱磁性矿物。

镜铁矿的化学式也为 Fe_2O_3，但结晶构造形态与赤铁矿不同。

赤铁矿和镜铁矿可通过还原磁化焙烧（570℃左右），与适量的还原剂相作用，转化成强磁性的磁铁矿 Fe_3O_4，反应式为

$$3Fe_2O_3 + CO\,(\text{或 }H_2, C) = 2Fe_3O_4 + CO_2\,(\text{或 }H_2O, CO)$$

焙烧矿再用弱磁选分选出高品位铁精矿。但该法生产成本相对较高，采用者较少。目前我国仅有辽宁鞍山钢铁公司东鞍山铁矿、齐大山铁矿的贫细赤铁矿以

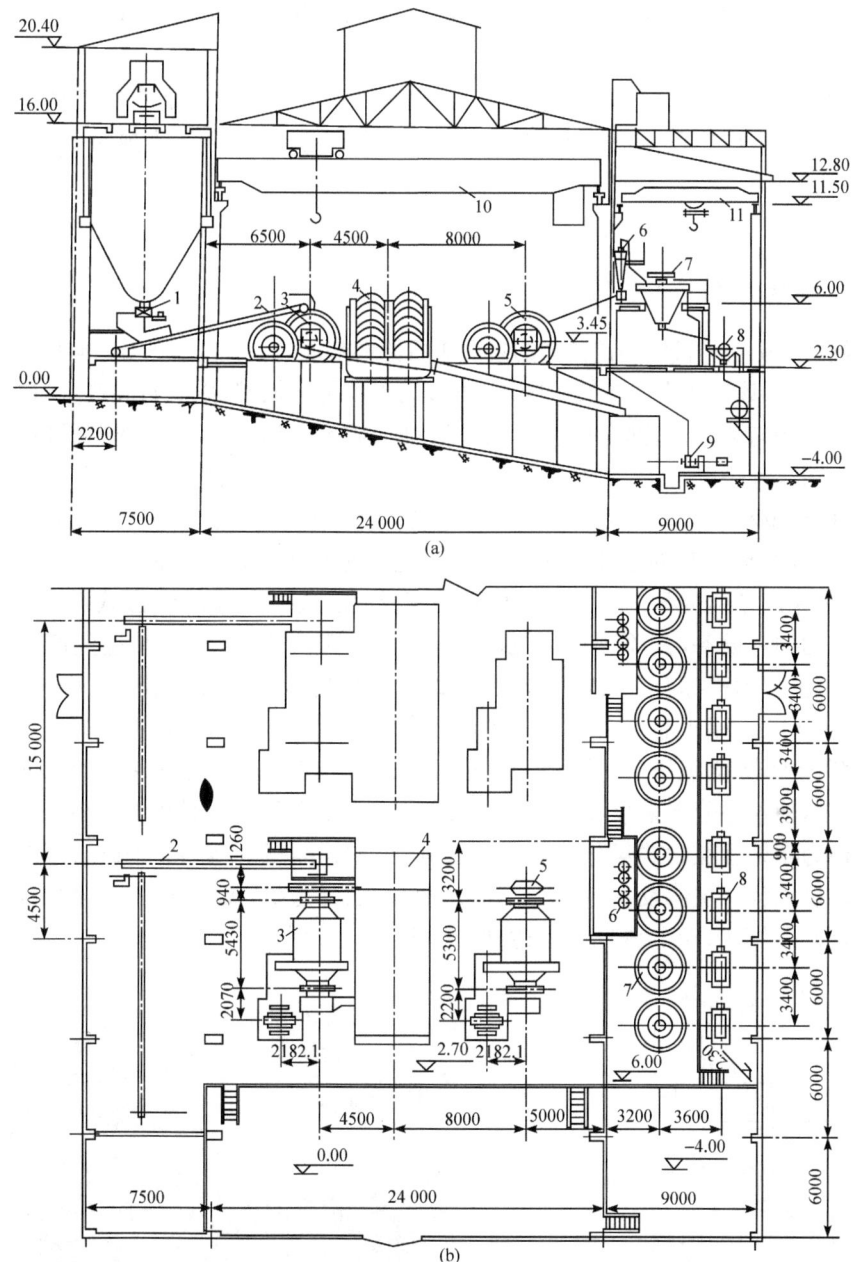

图 4-26 磁选厂主厂房(两段磨矿平地式配置)剖视图(a)和平面图(b)
(尺寸单位:mm,高程单位:m)

1. 600mm×600mm 摆式给矿机;2. B=650 胶带运输机;3. Φ2700mm×3600mm 格子型球磨机;
4. Φ2000mm 高堰式双螺旋分级机;5. Φ2700mm×3600mm 溢流型球磨机;6. Φ500mm 水力旋流器;
7. Φ3000mm 永磁脱水槽;8. Φ750mm×1800mm 筒式永磁磁选机;9. 4PSJ 衬胶砂泵;10. 30/5t 电动桥式起重机;11. 3t 电动单梁起重机

及甘肃酒泉钢铁公司镜铁山铁矿的镜铁矿采用了还原磁化焙烧-弱磁选的生产流程。

对菱铁矿 $FeCO_3$，也有研究采用磁化焙烧选矿技术。在不通空气或通入少量空气的情况下加热到一定温度（300～400℃）后，菱铁矿可分解生成磁铁矿，反应式为

$$3FeCO_3 \longrightarrow Fe_3O_4 + 2CO_2 + CO$$

3. 赤铁矿、镜铁矿的强磁选

姑山铁矿是马鞍山钢铁公司的主要矿石原料基地之一。选厂规模原矿处理量为100万吨/a。该矿属中温热液矿床，主要有用矿物为赤铁矿，以矿石硬度大、嵌布粒度细且不均匀著称，属国内典型的细粒级难选矿石。1978年建成选矿厂以后，其选矿原则流程是以跳汰、螺旋溜槽，离心机为主的全重选流程。多年来年产指标较低，精矿品位和回收率仅为55%、60%左右，企业效益较差。为了提高选矿指标，1989～1992年，该矿对原流程进行全面改造，改为阶段磨矿强磁-高梯度全磁流程，其中采用了两台SLon-1600立环脉动高梯度磁选机作为SQC湿式强磁选机精选尾矿的扫选设备，其原则流程见图4-27。全磁流程投产后，经过生产实践证明，其工艺技术指标有了大幅度地提高，综合选矿指标为：给矿品位32.48%，精矿品位58.19%，尾矿品位13.76%，铁回收率75.49%。SLon高梯度磁选机弥补了强磁精选回收粒级下限不足的问题，-0.04～0.01mm细粒级回收率高达80.92%，使这部分本来很难回收的铁精矿得到了有效回收。鞍钢调军台选矿厂设计规模为年处理鞍山式氧化铁矿900万吨，采用连续磨矿-弱磁-中磁-强磁-反浮选的选矿流程。主体设备为15台SLon-2000强磁选机，见图4-28，综合技术指标铁精矿品位67.5%，铁回收率达到75%以上。

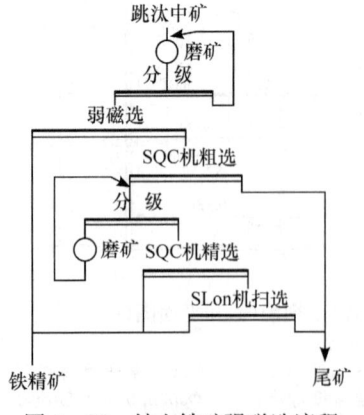

图4-27 姑山铁矿强磁选流程

图4-28 鞍钢调军台选矿厂强磁选车间

巴西多西河股份公司用 SALA 型高梯度磁选机处理镜铁矿强磁粗精矿。工业试验矿样为经琼斯强磁选机处理的含铁品位 51.69%，粒度 －140～＋325 目的镜铁矿粗精矿，经两段选别，精矿产率 75%，精矿含铁品位 68.69%，铁回收率 97.6%，每个磁极头的处理能力为 100t/h，每台机器的能力为 200t/h。用 SALA 型高梯度磁选机处理含铁品位 45.5%，粒度 －30μm 的矿泥，经选别其指标如下：铁回收率 75% 时含铁品位 65%；铁回收率 63% 时含铁品位 67.3%；铁回收率 48% 时含铁品位 67.9%。

4. 锰矿的强磁选

用马鞍山矿山研究院研制的 CS-I 型感应辊式强磁选机，处理广西八一锰矿多年来堆存的低品位洗矿尾矿，得到的指标是：粒度为 5～0mm，含锰 22%～24% 的贫氧化锰矿，经一次选别，可获得含锰 27%～29% 的锰精矿，处理量为 8～10t/h。

广西木圭松软锰矿属极难选别氧化锰矿露天矿床。主要有用矿物成分有偏锰酸矿，少量软锰矿，黝锰矿及褐铁矿；脉石矿物为黏土和燧石等。采用筛分分级——SLon 型强磁选工艺流程，在原矿品位 23% 左右的条件下，获得锰精矿品位 30.38%，回收率 75.97% 的良好指标。

内蒙古金水矿业公司所属锰矿类型为菱锰矿，采用 SLon-1500 型强磁选机，经一次粗选，工业生产指标为：原矿品位 8.85%，锰精矿品位 30.39%，尾矿品位 2.80%，回收率 75.30%。

4.6.2 有色金属重选粗精矿的强磁精选

1. 黑钨粗精矿和锆英石粗精矿

电磁双盘式强磁选机适于分选比磁化系数大于 $5.0 \times 10^{-7} \mathrm{m}^3/\mathrm{kg}$，粒度小于 2mm 的弱磁性矿石。这种磁选机为下面给矿，属吸出式。因此选择性较强，能得到较纯的精矿。此外，它可得到多种不同磁性的产品。工作平稳可靠。故在稀有金属粗精矿的精选方面得到了广泛应用。例如用于黑钨粗精矿的精选，含钛铁矿、锆英石、金红石、独居石等矿物的混合粗精矿的精选等。电磁双盘式磁选机分选黑钨粗精矿和锆英石粗精矿的指标如表 4-4。

表 4-4 双盘强磁选机的分选指标

入选物料	品位（WO_3 或 ZrO_2）/%				回收率/%
	给矿	精矿	次精矿	尾矿	
黑钨粗精矿	32.65	65.25	27.88	10.29	82.15
锆英石粗精矿	61.18	63.87	—	7.85	99.38

2. 钛铁矿

攀枝花钒钛磁铁矿是攀钢的主要原料基地,其中的磁铁矿用弱磁选分选。攀枝花钒钛磁铁矿同时还是我国的特大型钛矿资源,占世界 35.17%、占中国 90.45%。长期以来,攀钢选钛厂一直采用重选-电选流程回收弱磁选尾矿中的钛铁矿,重选-电选流程对 -0.045mm 粒级的钛铁矿无能为力而弃之于尾矿库。-0.045mm 粒级占磁尾的 60% 以上,钛金属量占近一半,为改善细粒级回收效果,采用 SLon-1500 磁选机进行选别。

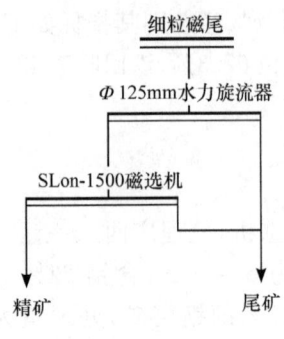

图 4-29 SLon 磁选机选钛流程

流程如图 4-29,由于细粒级磁尾为高效浓缩分级箱和 $\Phi 9\text{m}$ 浓密机的溢流,浓度很低,仅 3% 左右,因此需先经 $\Phi 125\text{ mm}$ 旋流器脱水并脱去 $-10\mu\text{m}$ 微泥。旋流器沉砂浓度为 25%~30%,TiO_2 品位也提高到 10% 左右,作为 SLon-1500 磁选机的给矿,经一次磁选,得到磁选精矿。生产考察指标,SLon 机的给矿含 $TiO_2 9.23\%$,-0.045mm 占 65%~70% 时,可以获得磁选精矿品位 $TiO_2 19.58\%$,回收率 63.12% 的良好指标。

4.6.3 非金属矿和煤的强磁选

1. 高岭土

高岭土也称瓷土,它的主要成分是高岭石矿物($Al_2O_3 \cdot SiO_2 \cdot 2H_2O$),其主要用途,就世界范围而言,50%~65% 用于造纸工业的填料和涂料,25% 用于陶瓷和耐火材料。就中国而言,66% 用于陶瓷,20% 用于塑料、搪瓷、油漆、颜料等。

无论纸张或是陶瓷,白色的光洁面极为重要。因此,白度是评价高岭土质量的重要参数。影响白度的主要物质是原料中含少量染色物质的铁钛矿物,如氧化铁、锐钛矿、金红石、菱铁矿、黄铁矿、云母和电气石等,其总量约 0.5%~3%。

为了脱除影响白度的含铁成分,可采用化学和物理方法来实现。化学漂白通常可排除高岭土中的铁含量不到 50%。浮选除铁效果比化学漂白还差。这些污染物一般磁性很弱,粒度很细(如科尔艳沃尔瓷土 $-2\mu\text{m}$ 占 80%),用高梯度磁选法能有效排除,但要求磁感应强度足够高,矿浆流速应当低。在美国乔治亚和英国科尔艳沃尔等地的高岭土的高梯度磁选已投入工业生产。处理高岭土常用周期式高梯度磁选机,它能产生高达 2T 的背景磁感应强度。分选罐直径 2.1m,高度 0.5m。磁选机本身重 340t,工作电流 3500A,功率 400kW。分选结果见表 4-5。

表 4-5 高梯度磁选机分选结果

名称	产率/%	Fe_2O_3 含量/%	Fe_2O_3 去除率/%	1180℃煅烧白度/%
磁性物	12.0	2.72		
非磁性物	88.0	0.55	40	89.1
给料	100	0.81		83.3

2. 煤

用萨拉连续式高梯度磁选机降低煤的灰分和含硫量也是成功的。萨拉磁力公司对磨到-20~+200目的煤进行试验,去掉了大部分灰分(大于52%)和硫分(大于72%),BTV(英国热单位)的回收率超过90%。

4.7 电 选 机

电选(high-tension separation)是利用矿物之间导电性的差异进行分选的技术。电选机的类型较多,按电场特性或带电方法可分为静电电选机、高压电选机(包括电晕电选机和复合电场电选机)、摩擦电选机和介电电选机等;按结构特点可分为鼓筒形电选机、室式电选机、板式或筛网式电选机、摇床式电选机和涡流形电选机等;按介质可分为干式(空气介质)电选机、有机介电液体电选机和高梯度电选机。研究最多,应用最广的是复合电场鼓筒形干式电选机。

4.7.1 鼓筒形高压电选机的电极结构

此种电选机现有单筒、双筒及三筒,最多有10个筒。筒径小者只有120mm,大者则达350mm。此种电选机是在空气中进行干式分选,采用的电源均为高压直流电源,通常鼓筒为接地极,静电极和电晕丝极为高压负极。

电选机的电极结构很复杂,电场特性各异。电极结构是指接地电极、电晕电极、静电极的形状、尺寸、个数以及配置形式等因素。许多研究者对此作了大量的研究,英国Sturte Vent公司最早生产的电选机,只有一根电晕电极与静电极合并在一起安装;原苏联及一些国家采用多根电晕极而无静电极;我国研制的DXJ型鼓筒式电选机,则采用多根电晕极与一根静电极相结合的电极结构;美国的Carpoco型电选机所采用的电极是由两根静电极与电晕极结合而成。目前常见的电极结构形式如图4-30所示,图中同时示出了颗粒在不同电极结构中的运动轨迹。

由于电极结构不同,不同电性颗粒运动的轨迹亦不同。图4-30(a)所示的这种电极结构只有一根静电极,导体颗粒靠静电感应传导带电而被吸向电极,略偏于正常的离心力所产生的轨迹;非导体颗粒则按正常轨迹落下。这种电极结构的分选效果差,生产上已少用。图4-30(b)所示的这种电极则产生电子流,使颗粒获得负电荷。导体颗粒导电性好,很快将电荷通过鼓筒传走,在离心力和重力的作用下被抛离筒面落下;非导体颗粒不能立即传走所获得的电荷,并与鼓筒感应产生镜像电荷而吸在鼓面。由于只有一根电晕极,吸附的电子也很有限,所以此种电极突出的缺点是非导体颗粒混杂于导体颗粒中。

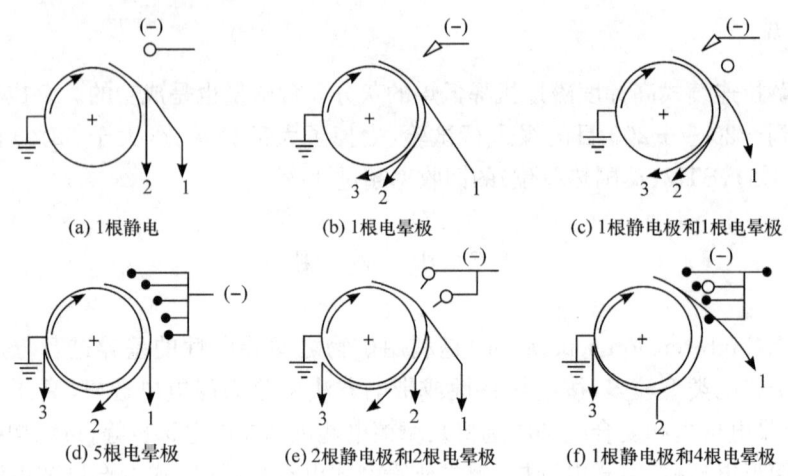

图4-30 不同电极结构时颗粒运动轨迹示意图
1. 导体矿;2. 中间产品;3. 非导体矿

图4-30(c)所示的电极结构优于上述两种,导体颗粒偏离的轨迹大,非导体颗粒也不易混杂到导体产品中,由于增加了静电极,导体颗粒受到静电极的吸引有利于抛离筒面。图4-30(d)所示的电极结构则是采用单一的电晕电场,这是原苏联学者的观点,其优点是非导体和导体颗粒均有足够的机会获得电荷,电场作用区域大,非导体颗粒很难有机会落入导体颗粒中,但导体颗粒则由于吸附过多的电荷,不能全部传走而被带到中间产品和非导体颗粒中,表现为导体精矿品位高,回收率低;非导体颗粒回收率高,品位低。图4-30(e)所示的电极结构克服了图4-30(d)结构的弱点,增加了静电极,提高了导体的回收率。由于电晕电极只有两根,电场作用区域不够,非导体颗粒易于混杂于导体颗粒中,导体产品的品位不高,中间产品量大,美国Carpco电选机一根电极时中间产品量达到50%~80%,改为两根后已降至40%。图4-30(f)所示的电极结构则是在总结上述5种情况的基础上而设计的,既有静电场,又增加了电晕电场,它的分选效果优于上述5种,中间产品量少(通常只有10%~20%)、分选指标高。从目前来看,电极结构的设计趋势是扩大电晕电场的作用区域和加强静电作用。

4.7.2　DXJ Φ320mm×900mm 高压电选机

生产实践表明,电选机的电压太低,使得不少矿物难以或不能分选。鼓筒直径太小很不利于分选。基于上述分析,我国于 1971 年研制成功这种较大筒径(320mm),电压高达 60kV 的高压电选机。随后在若干矿山用于钽铌矿的精选和金红石与石榴子石的分选时,一次分选就能获得高质量的精矿。

(1) 构造。如图 4-31 所示,该机由分选鼓筒、电晕极、静电极、分矿板、给料装置和接料装置等构成。

分选鼓筒:本机为单筒电选机,鼓筒规格为 Φ320mm×900mm,用无缝钢管加工而成,筒面经抛光后镀以硬铬。筒内装有电加热元件,并可自动控制加热温度至 50~80℃。鼓筒转速可在 0~300rpm 范围内调节,并可自动显示。

电极组:电晕极(6 根)和单根静电极对接地鼓筒正极。电晕丝和静电极的直径分别为 0.2mm 和 45mm,并组装在同一弧形支架上,极距和入选角可在运行时调节。

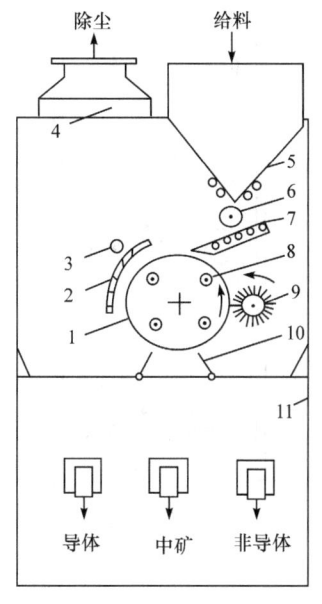

图 4-31　DXJ 高压电选机
1. 接地鼓筒;2. 电晕极;3. 静电极;4. 风筒;5. 给料斗;6. 给料辊;7. 给料板;8. 加热装置;9. 辊刷;10. 分矿板;11. 机壳

挡板:挡板用于调节三种产品的产率。

毛刷:毛刷用木棍和棕毛按螺纹状排列。为了便于使辊刷与筒面接触或离开,辊刷可在 0~20mm 范围内平移,停车时,应使辊刷脱离筒面,以免烧坏。辊刷的转速约为鼓筒转速的 1.25 倍。

给料装置:给料装置包括给料斗、给料辊和给料板,料斗和料板都有加热器并分别配有电磁振动器和机械振动器,以便顺利而均匀给入热干料。

接料装置:接料装置包括导体产品斗、中间产品斗和非导体产品斗,其特点是接料斗可产生机械振动,自行将电选产品卸到机壳外面。

(2) 优缺点。该机采用 1 个静电极与多根(最多为 6 根)电晕极,其电场为复合电场。具有许多优点:①电压最高能达 60kV,从而增加了电场力,也提高了分选效果,扩大了应用范围。例如,在低电压下,钽铌矿无法电选,白钨锡石的分选效率也很低,用这种高压电选机都能有效地分选,突出地表现在经一次分选的效率高;②采用了多根电晕极与静电极相结合的复合电场,增大了电晕放电的区域,因而增加了颗粒通过电场荷电的机会,从而可提高分选效果。此外,极距和入选的角度有调节装置,有利于多种矿物的分选;③采用转筒内加温,使鼓筒表面温度保持在 50~80℃,能保持物料的干燥,可提高分选效果;④鼓筒转速采用直流马达无级变速,调节灵活方便;⑤为了适应各种矿物的分选需要,电晕极可以采用一根或多根。如对非导体矿物要求很纯,则可采用较少根数电晕极;反之,如要求导体中尽可能少的含非导体矿,应采用多根电晕极;⑥毛刷采用螺纹形式,比固定压板刷优越。

缺点是只有一个转筒,多次分选时需要返回中间产品不便。

4.7.3 YD型高压电选机

YD型高压电选机由长沙矿冶研究院研制,有 YD-3A 型和 YD-4A 型两种。YD-3A 型为三筒上下排列(见图 4-32);而 YD-4 型则为两筒左右排列,相当于两台单筒电选机。工作电压 0~60kV。

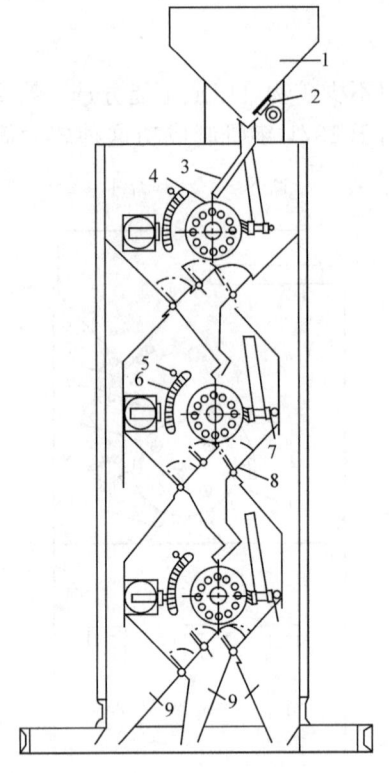

图 4-32 YD-3A 型高压电选机
1. 给料斗;2. 给料闸门;3. 给料溜槽;4. 接地鼓筒;5. 偏转电极;6. 刀形电极;7. 毛刷;
8. 分料板;9. 接料斗

YD型与前述电选机的主要不同之处是电极结构。电晕极不是采用普通的镍铬丝,而是采用刀形电晕极,其尖削边缘的厚度可在 0.1mm 或更小,这样的刀片电极比较容易产生电晕放电,也不致因火花放电烧坏电晕极。但也因较容易过渡到火花放电,这对在很高电压下才能成为导体的物料的分选是个缺点。7 片刀片电晕极成弧形排列,弧半径和弧长分别是 231mm 和 390mm,包角约为 97°。由此可知电晕放电范围很宽,可使入选物料充分带电;但只有一根 Φ45mm 的静电极,而且位置偏前。这样就可能使得该设备的电晕放电能力强、范围宽,而偏转电极的作用相对较弱,因而有利于提高导体产品的品位和非导体产品的回收率,而可能导致导体颗粒的回收率偏低。

YD-3A 型采用三筒连选既能加强精选或扫选,又有利于提高处理能力。当需要加强精选时,下筒可用于分选上筒的导体产品或中间产品,可通过调节分矿挡板的位置实现。由设备的构造可知,欲将下筒分选上筒的中间产品时,分矿板应使上筒产出导体、中间产品和非导体三种产品,并将中间产品给入下筒再选。若欲使下筒分选上筒的导体产品,则分矿板只能使上筒产出导体和非导体两种产品,并将导体产品引入下筒再选。当加强扫选时,分矿板也只能使上筒产出导体和非导体两种产品,并将非导体产品引入下筒再选。

4.7.4 卡普科高压电选机

美国卡普科公司是专门生产各种高压电选机的著名公司。该公司制造的鼓筒式电选机,有大型多筒、中型单筒及实验研究型若干系列产品。分选鼓筒有 $\Phi 200$、$\Phi 250$、$\Phi 300$、$\Phi 350mm$ 等多种规格,以便按需选择。图 4-33 为其电极结构简图。图 4-34 为大型工业生产型卡普科电选机简图。

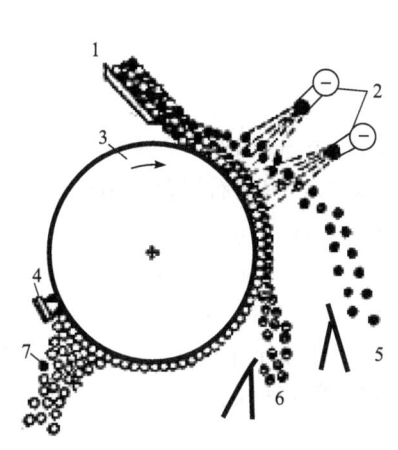

图 4-33 卡普科电选机电极结构
1. 给矿;2. 电极;3. 转筒;4. 毛刷;5. 导体矿
6. 中间产品;7. 非导体矿

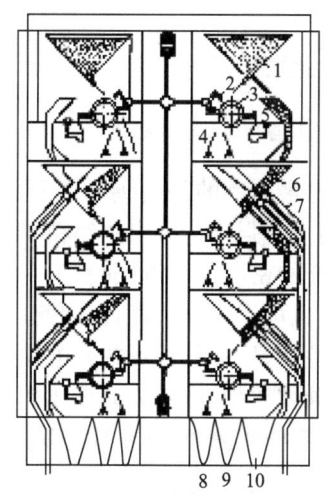

图 4-34 卡普科工业型电选机
1. 给料斗;2. 高压电极;3. 转筒;4. 分矿板;5. 毛刷;6. 给料板;7. 接料斗;8. 导体矿斗;9. 中间产品斗;10. 非导体矿斗

6个分选鼓筒成两列平行对称配置,除共用电源外,互不相关,自成系统;每个系统的三个分选鼓筒按等距离上中下配置,其作业性质可以灵活多变,既可以单独处理同一种原料(如图 4-34 右系统所示),也以上下连选,使下筒分选上筒的导体产品或非导体产品或中间产物(如图 4-34 左系统所示)。但无论单独分选或是连选,每个系统只有三种最终产品。

电极组合形式为双电晕丝极和双静电极对接地鼓筒复合电极。电晕极和静电极成两前两后安装在同一电极架上,电极架可作径向和周向移动。以便调节极距和入选角,适合不同性质物料的分选。输入电压为 40kV。

六筒二列对称配置,是迄今筒数最多的电选机,这可以大大提高电选机的处理能力,节约附属设备(包括高压直流电源)的投资,提高劳动生产率,降低生产成本。该机在加拿大和瑞典等国用于处理铁粗精矿可获得低硅高品位铁精矿。它的缺点是中间产品循环量大,达20%~40%。

4.8 电选实际应用

现有国内外的资料表明,电选主要用于精选作业,其粗精矿来自重选。一种是粗精矿进一步用电选精选,以降低脉石矿物和其他杂质的含量,得到合格的精矿;另一种是将共生在一起的各种有用矿物分开,使之各自成为有用精矿。目前也有一些矿物直接采用电选者,近些年来还发展到其他行业中,用电选分选非矿物的其他物料。

4.8.1 金属矿石的电选

1. 白钨与锡石的电选

电选最典型的是白钨与锡石的分选。原矿经重选获得以黑钨为主的混合精矿,先用干式强磁选分出黑钨精矿,非磁性产物即为白钨锡石混合粗精矿。由于白钨与锡石的密度很相近(前者为5.9~6.2g/cm³,后者为6.8~7.1g/cm³),两者均无磁性,且可浮性也很相近,因此用重选、磁选、浮选都不能使两者分开。但由于两者的电性明显不同,锡石的介电常数大,为24~27,白钨的介电常数小,仅为5~6,前者为导体矿物,白钨为非导体矿物,故电选是使两者分开的最有效方法,不但经济合理,且流程简单,又不像浮选时要用药剂,没有污染问题。

2. 砂矿重选粗精矿中钛铁矿、金红石的电选

钛铁矿、金红石这两种矿的粗精矿绝大多数来自海滨砂矿及陆地砂矿,砂矿最突出的特点,就是矿物已经单体解离,从而省去了一系列破碎、磨矿及分级这些耗能高而效率低的作业。砂矿中一般含重矿物在2~3kg/t以上,且小于0.1mm的量很少。采用简单的重选设备如圆锥选矿机、螺旋选矿机等预先富集,得出重砂粗精矿,重砂中主要含有磁铁矿、钛铁矿、金红石,独居石、锆英石等。钛铁矿常为砂矿的主要产品,次之为金红石,而锆英石和独居石则因各产地而不同。显然这些重矿物必须是经磁选及电选,或再与重选配合,才能有效地分选。图4-35是我国某精选厂处理海滨砂矿精选流程图。

美国南部佛罗里达州也以盛产钛铁矿而著称,年产钛精矿在40万吨以上,根据卡普科公司资料介绍,使用该厂电选机后,其工艺流程简单,效果好。给矿为重选粗精矿,含重矿物80%~95%,粒度为16~400目,采用卡普科电选机,矿石预先加热到93℃。每台设备的处理能力达14t/h,最大为50t/h。最终钛精矿按含

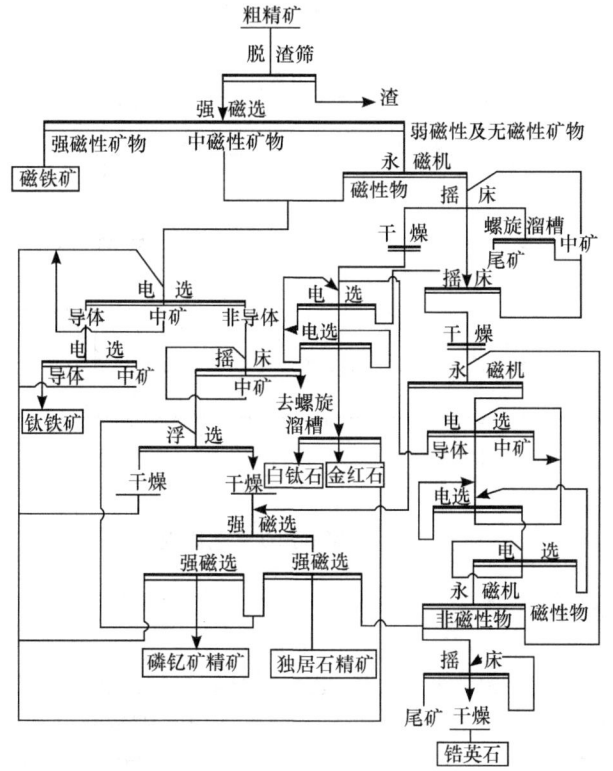

图 4-35 海滨砂矿精选流程图

钛矿物计算达到 99%,回收率为 98%。

澳大利亚是海滨砂矿最大出口国,除在其他方面的精选与别国相似外,为了解决锆英石中含少量导体矿物的问题,研制出了溜板式及筛板式电选机,效果较好。

此外非洲的塞拉利昂、埃及以及印度等国都在开发和利用海滨砂矿,精选也大都采用电选。

3. 钛铁矿的精选

四川攀枝花钒钛磁铁矿是我国的特大型铁矿和攀钢的主要原料基地。攀枝花选钛厂所处理的原料为矿山公司选厂选铁车间的磁选尾矿,其工艺流程如图 4-36 所示。

电选前先采用螺旋溜槽富集,丢弃大量尾矿,再从中用浮选及磁选分出硫钴精矿,并得出部分次铁精矿,剩下者为电选的原料。电选物料采用热风干燥,旋风分级,所用设备为 YD-3 型 $\Phi 300mm \times 2000mm$ 三鼓筒电选机,最终获得含 TiO_2 为 47% 的钛精矿,电选作业回收率为 80%~85%,尾矿含 TiO_2 可降至 9.5%~10%。

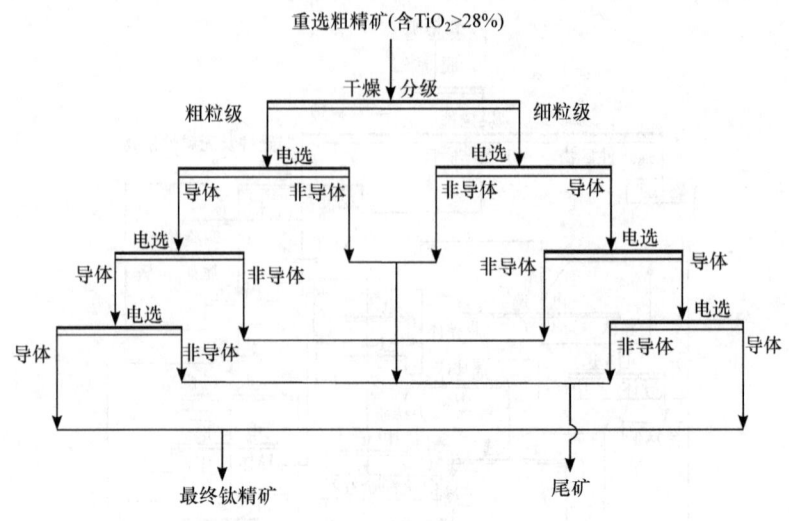

图 4-36 攀钢选钛工艺流程

4. 钽铌矿的精选

自然界中含钽铌矿物的种类繁多,这是稀有矿物中比较重要的一种矿物,特别是含钽高的钽铁矿、钽铌铁矿,价值更大。世界上以非洲尼日利亚等国的原矿品位最高。我国钽铌矿大都产自伟晶花岗岩中。含钽铌矿物中并非所有的矿都能电选,只有钽铁矿、钽铌铁矿、锰铌铁矿、钛铌钽矿、钛铌钙铈矿、铌铁矿的导电性较好的能用电选;如烧绿石、细晶石等则属不良导体,常规电选方法不能分选。

国内钽铌矿由于原矿品位都比较低,只有 0.02%~0.03%。经破碎、棒磨,摇床多次富集,得到粗精矿,此时钽铌的品位约 2%~5%,然后采用电选或电-磁精选,以得出最终钽铌精矿,含 $(Ta,Nb)_2O_5$ 必须高于 40%~45%以上。

粗精矿中除少量钽铌矿外,大量为石榴石,并含有电气石、黄铁矿、泡铋矿、石英、长石和云母。有些矿山还有锂辉石、锂云母。

石榴石属于非导体,石英、长石、电气石、云母等均属非导体,只有钽铌矿属于导体矿物,采用电选有利于钽铌精矿品位和回收率的提高。

钽铌选矿中比较普遍存在的问题,是受铁质污染而造成分选困难。这是由于破碎、磨矿、砂泵及管道输送等而混入了相当量的铁质,在重选过程中,这些铁质均与钽铌矿、石榴石富集在一起而成为粗精矿,加之又易于氧化而黏附于非导体石榴石表面,增加了石榴石导电性。电选时却与钽铌矿成为导体而一起分出,造成很大的困难。为此应尽早地在磨矿后即除去这些铁屑,否则待全部富集在粗精矿中后,不仅增加了石榴石的导电性,且常造成粗精矿结块,并且非常难碎散。

5. 铁矿的电选

目前电选仅限于铁矿的精选作业。国内尚无此种精选铁矿的实例，而国外则在大型选厂中应用已久，其给矿仍为重选所得铁精矿，然后采用电选精选，得出超纯精矿。这主要是由于电选能非常有效地除去铁精矿中所含硅酸盐类脉石矿物和磷矿物等杂质，而这些效果都是其他选矿方法所难以达到的。

加拿大瓦布什（Waush）选矿厂处理的铁矿石是赤铁矿，经重选所得铁精矿其粒度小于0.6mm，将其干燥，然后采用电选。电选流程为粗选，中矿再选，再选的中矿返回粗选，粗选和再选的尾矿进行扫选，三次电选的精矿合并。所用设备为美国卡普科型高压电选机，共计58台。处理量为850t/h，这是目前世界上最大规模电选厂，铁精矿品位虽然只由65%提高至67.5%（含Fe），但突出的效果是将精矿中二氧化硅的含量由5%降低到2.25%，这是非常具有经济意义的。采用选矿方法除去1t二氧化硅的费用约为2.9美元，而在高炉中要除去1t过量的二氧化硅的费用却高达95美元。显然，预先除去二氧化硅要比进入高炉后除去经济得多。

4.8.2 非金属矿物及其他物料的电选

非金属矿物种类繁多，此处指钾盐、磷灰石、金刚石、煤、石墨、石棉、石英、长石等，其他物料指发电厂（包括其他工厂）的粉煤灰和废料等，由于品种太多，不能一一列举，现择其要者介绍。

1. 钾盐的电选

钾盐是农业和化工所需的重要原料，且世界的需要量极大，钾盐中常含有大量共生矿物和其他各种杂质，必须通过选矿才能提高氧化钾的含量。图4-37为美国一钾矿采用摩擦电选方法的工艺流程及设备简图。

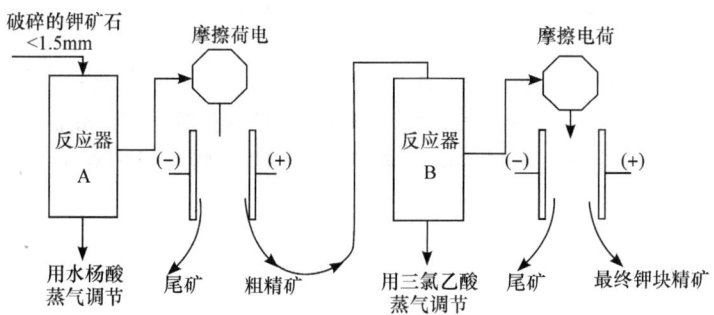

图4-37 钾盐摩擦电选流程

在容器中使矿石互相摩擦,钾盐获得电荷而带负电,脉石矿物带正电荷,然后将物料给入自由落下式的电选机,钾矿吸向正极,脉石矿物吸向负极,从而使之分开。工业生产实际情况,原料中含氧化钾为8%,二氧化硅为74%,经分选后所得的精矿,含氧化钾 10.4%～10.6%,中矿含氧化钾 6.1%,尾矿氧化钾降到 2.9%～3.2%,SiO_2 为84%,精矿产率达72%～78%,回收率为93%～95%。

2. 磷灰石的电选

磷灰石的电选原理与钾盐很相似,即使磷灰石及脉石矿物与给矿槽互相碰撞摩擦及矿粒间互相摩擦而带电,然后进入到自由落下式电选机中进行分选。此处所指的磷灰石的脉石矿物主要是石英,由于磷灰石的介电常数大,而石英的介电常数小,从而磷灰石失去电子而带正电,石英获得电子而带负电,并且由于两者均属非导体,摩擦所产生的电荷又能保持,一旦进入电场后,磷灰石吸向负极,石英则吸向正极,得使两者分开。分选前矿粒表面应清洗干净,然后干燥加温到100℃,再行分选。所用电选机与上述钾盐相同,回收率为97%,效果是显著的。

3. 煤及粉煤灰的电选

粉煤电选的目的是除去无机硫和降低灰分,提高含碳量。电厂等的煤灰则是从中回收未燃烧的煤(碳量常高达20%以上)。因此可从中回收相当一部分未燃烧的煤,将煤灰的含碳量降低到4%以下,不仅回收了煤,而此种煤灰又成了优质的水泥掺和料。经研究在煤灰中还含有相当一部分小球(铝硅酸盐直径为5～100μm),此乃在高温燃烧时所形成的一种球,分选出的小球可作为塑料或环氧树脂的掺和料,既绝缘又具有很高的抗压强度。

如采用普通的高压鼓筒式电选机分选煤灰(电厂灰),回收的精煤含碳量达70%～80%左右,灰分为20%～30%,煤的回收率为75%～89%,灰渣中含煤约3%～9%不等。

4. 其他物料的电选

除上述各种应用外,国内外还有采用电选分选茶叶,农业上的选种,粮食加工中大米与谷壳的分选以及用电选分出其他杂质如啮齿动物粪便和细砂等。二次资源采用电选方法分选碎散塑料中的非铁金属等,这些都是近年来电选应用领域的扩展。

4.8.3 电收尘

静电除尘器是一种新型高效除尘设备,它特别适用于高含尘浓度、高比电阻和高净化度的除尘,已经在粉尘回收和治理中显示出独特性能。可广泛用于建材、水泥、冶金、工业窑炉等行业的粉尘治理。

静电除尘器有折流、立板式、卧板式和管式等类型。图 4-38 为 JDL 立板式静电除尘器结构示意图。

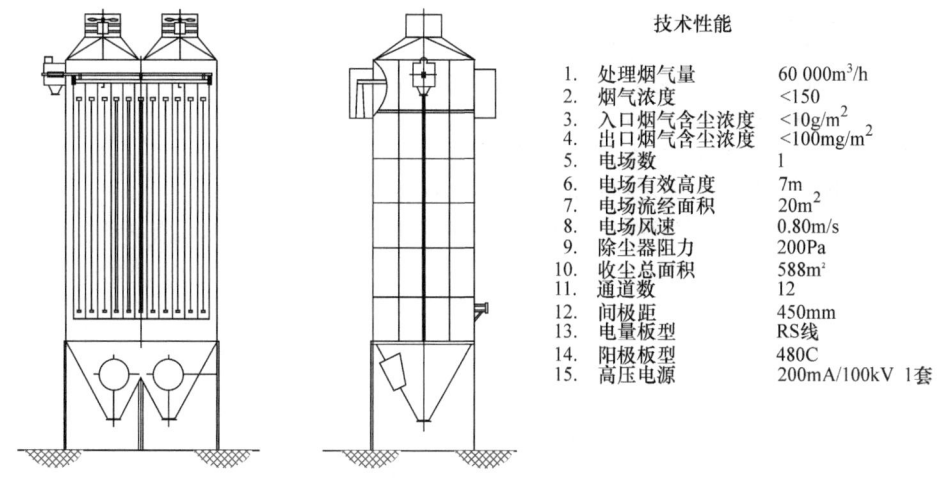

技术性能
1. 处理烟气量　　　60 000m³/h
2. 烟气浓度　　　　<150
3. 入口烟气含尘浓度　<10g/m²
4. 出口烟气含尘浓度　<100mg/m²
5. 电场数　　　　　1
6. 电场有效高度　　7m
7. 电场流经面积　　20m²
8. 电场风速　　　　0.80m/s
9. 除尘器阻力　　　200Pa
10. 收尘总面积　　　588m²
11. 通道数　　　　　12
12. 间极距　　　　　450mm
13. 电量板型　　　　RS线
14. 阳极板型　　　　480C
15. 高压电源　　　　200mA/100kV 1套

图 4-38　JDL 立板式静电除尘器结构示意图

习　题

1. 磁选机是如何分类的？
2. 对于强磁性矿物如磁铁矿(Fe_3O_4)应该使用何种磁选机来进行分选？对于弱磁性矿物如赤铁矿(Fe_2O_3)呢？
3. 简要画出半逆流型湿式永磁圆筒式磁选机的构造，说明其分选原理和应用范围。
4. 如何获得强分选磁场和分选磁力？
5. 简要画出琼斯式强磁选机的构造，说明其分选原理和应用范围。
6. 高梯度磁选机与强磁选机有何差异？SLon 高梯度磁选机的构造如何？
7. 某铁矿，原矿含铁量 30%～40%，SiO_2 含量 40%～46%。矿石中主要金属矿物为磁铁矿及赤铁矿，比例各为一半。有用矿物呈细粒浸染，大部分颗粒粒度小于 0.1mm。试据此初步选择选矿流程和分选设备。
8. 电选机是如何分类的？
9. 简要画出 YD 型高压电选机的构造，说明其分选原理和应用范围。
10. 简要评述电选技术的应用与发展。

参 考 文 献

蒋朝澜.1994. 磁选理论及工艺. 北京：冶金工业出版社

李迎国. 2005. 磁场筛选机在选矿厂工业应用效果. 中国矿业, 14(7):63~65
刘秉裕, 朱巨建. 1997. 磁选柱的磁场和分选原理. 矿冶工程, 17(2):31~34
刘树贻. 1994. 磁电选矿学. 长沙:中南工业大学出版社
孙仲元. 2001. 选矿设备工艺设计原理. 长沙:中南工业大学出版社
通林, 金文杰. 2000. 磁选柱在齐大山选矿厂应用的探讨. 金属矿山,(285):55~56
王常任. 1986. 磁电选矿. 北京:冶金工业出版社
熊大和. 2005. SLon立环脉动高梯度磁选机分选红矿的研究与应用. 金属矿山,(350):24~29
袁楚雄等. 1982. 特殊选矿. 北京:中国建筑工业出版社
张家骏, 霍旭红. 1992. 物理选矿. 北京:煤炭工业出版社
《选矿手册》编辑委员会. 1991. 选矿手册. 第三卷(第二分册). 北京:冶金工业出版社
R. 格柏, R. R. 柏斯. 1987. 高梯度磁分离. 刘永之译. 北京:中国建筑工业出版社

第 5 章　浮选工艺与设备

在矿物资源加工分选工艺中,泡沫浮选(froth flotation)是历史发展悠久、分选效率高、应用范围最广的重要方法。浮选是利用矿物表面物理化学性质差异,特别是表面润湿性,常用添加特定浮选药剂(flotation reagents)的方法来扩大物料间润湿性的差别,在固-液-气三相界面,有选择性富集一种或几种目的物料,从而达到与废弃物料分离的一种选别技术。泡沫浮选不仅被广泛地用于各种矿物的分选,而且其应用范围仍在不断扩展,如已成功地用于工业废渣、废料的综合治理和利用,水的净化及工业废水的处理和回收,以及农业上的选种和生物工程中的细菌分离等。目前无论在理论上和实践上,泡沫浮选都积累了丰富的成果和经验,并在不断地提高和发展。

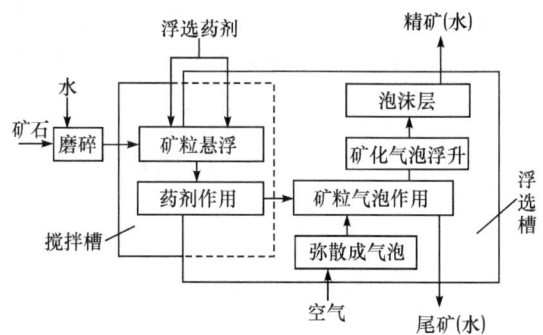

图 5-1　泡沫浮选过程的框图

图 5-1 是泡沫浮选过程的框图,主要包括的单元过程有:①充分搅拌使矿浆处于湍流状态,以保证矿粒悬浮并以一定动能运动;②悬浮矿粒与浮选药剂作用,目的是矿物颗粒表面的选择性疏水化;③矿浆中气泡的发生及弥散;④矿粒与气泡的接触;⑤疏水矿粒在气泡上的黏附,矿化气泡的形成;⑥矿化气泡的浮升,精矿泡沫层的形成及排出。

5.1　浮 选 药 剂

5.1.1　捕收剂

1. 捕收剂(collectors)概述

矿物颗粒表面润湿性与其自身的晶格结构密切相关。自然界中的矿物可依照表面润湿性的差异，分为亲水性矿物（hydrophilic minerals）、弱亲水-弱疏水性矿物（中间矿物）和疏水性矿物（hydrophobic minerals）。自然界中，天然疏水性矿物为数甚少，大部分矿物属于亲水性矿物和中间矿物。

亲水性矿物表面暴露强不饱和键，例如离子键、共价键等；疏水性矿物表面暴露弱不饱和键，例如分子键。绝大多数亲水性矿物，只有与捕收剂作用，增大其表面的疏水性，才具有一定的可浮性。即使是天然疏水性矿物，为了有效浮选，也要适当添加非极性油类捕收剂，以提高其可浮性。

常用的捕收剂除各种中性油（如煤油、中油、重油、变压器油等）外，绝大多数都是异极性的表面活性物质（如黄药、黑药、脂肪酸及其皂类、胺类等）。这些药剂的分子结构均由非极性的亲油（疏水）基团和极性的特定亲固基团构成，形成既有亲固性又有亲油（疏水）性的所谓"双亲结构"分子。与矿物表面作用的特点是以其分子（或离子）中的极性基同矿物表面作用，疏水的非极性基朝向水，从而使矿物表面疏水化。

适合作为硫化矿物（sulfide minerals）的捕收剂的亲固基团中的亲固原子一般为S，这类药剂对矿物晶格表面有S原子的硫化矿物有选择性吸附捕收作用。异极性浮选捕收剂的疏水基通常是2～6个碳原子的脂肪族烃基、脂环族烃基和芳香族烃基，常写成R—；亲固（硫化矿）基一般为黄原酸基—C(S)SH、二硫代磷酸基 ＼O₂P(S)SH，和二硫代氨基甲酸基 ＼NC(S)SH，参看图5-2。

图 5-2　常用的硫化矿浮选捕收剂
(a) 乙黄药（乙黄原酸钠）
(b) 丁铵黑药（二丁基二硫代磷酸铵）
(c) 乙硫氮（二乙基二硫代氨基甲酸钠）

适合作为氧化矿物（oxide minerals）的捕收剂，其极性基（亲固基）以羧酸基及胺基为主，例如＼C(O)OH（羧酸）、—SO₃H（磺酸）、—AsO₃H₂（胂酸）、—NH₂（胺）、—C(OH)NOH（羟肟酸）、—PO₃H₂（膦酸）等；其非极性基一般为7～20个碳原子的烷基或烯烃基。亲固基团中的亲固原子一般为O和N，根据化学和物理吸附中的"相似者相吸"的原则，这类药剂对矿物晶格表面有O原子的氧化物矿物有选择性捕收作用，同时也有较强的起泡性。图5-3为油酸$C_{17}H_{33}COOH$分子结构示意图。

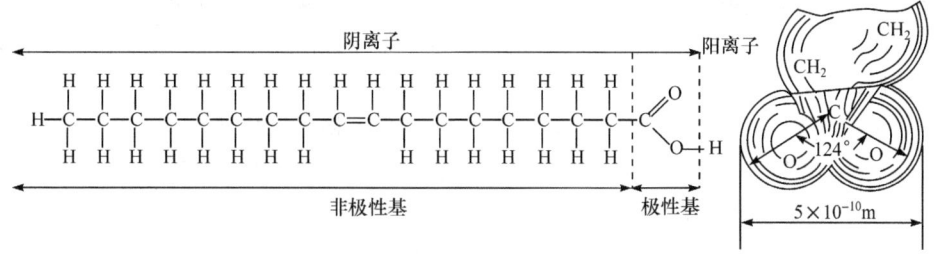

图 5-3　常用的氧化矿浮选捕收剂:油酸分子结构示意图

图 5-4 列出常用捕收剂的分类。

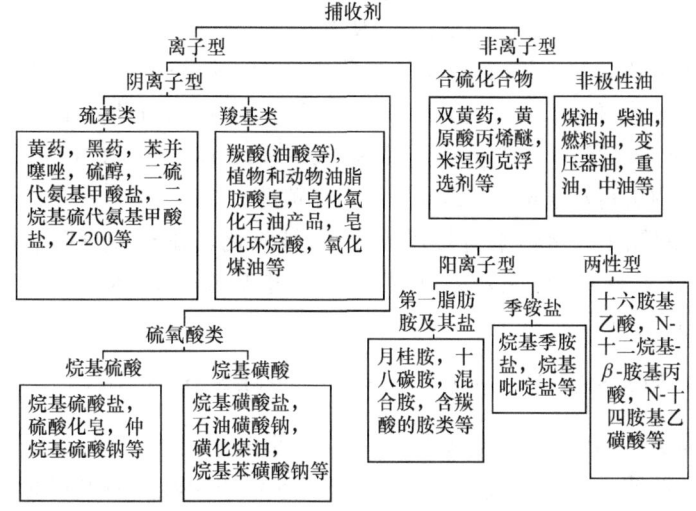

图 5-4　常用捕收剂分类

2. 硫化矿捕收剂

1) 黄药(黄原酸盐,xanthate)

黄药的学名是烃基二硫代碳酸盐,通式为 ROCSSMe,其中 R 为烃基,Me 为碱金属离子。

黄药是用醇、氢氧化钠及二硫化碳制成:

$$ROH + NaOH = RONa + H_2O$$
$$RONa + CS_2 = ROCSSNa$$

所用原料醇中的烃基不同,可得到各种黄药,如 C_2H_5—乙黄药[结构式见图 5-2(a)];$(CH_3)_2CH$—异丙黄药;C_4H_9—丁黄药。此外,尚有戊黄药 C_5H_{11}~ $OCSSNa$;异丁黄药 $(CH_3)_2CH$—$OCSSNa$;仲辛黄药 $CH_3(CH_2)_5CH(CH_3)OCSSNa$;

杂黄药($C_3 \sim C_6$ 烷基黄原酸盐)等。黄药有钾盐和钠盐两种。近年来我国生产并应用较广的 Y-89 系列黄药,具有较长的碳链和特殊的分子结构式,捕收能力较强,选择性较好。

黄药是淡黄色粉剂,常因含有杂质而颜色较深,相对密度为 1.3~1.7,具有刺激性臭味,易溶于水,使用时常配成 1‰ 水溶液。黄药的主要性质如下。

(1) 黄药的解离、水解和分解。黄药在水中解离:
$$ROCSSMe \rightleftharpoons ROCSS^- + Me^+$$
黄原酸根又水解生成黄原酸:
$$ROCSS^- + H_2O \rightleftharpoons ROCSSH + OH^-$$
黄原酸是弱酸,易分解,pH 愈低,分解愈迅速:
$$ROCSSH \rightleftharpoons ROH + CS_2$$

为了防止黄药分解失效,常在碱性矿浆中使用。低级黄药(短烃链)比高级黄药(长烃链)分解快,例如,在 0.1mol/L 的 HCl 溶液中,乙黄药完全分解的平均时间为 5~10min,丙黄药 20~30min,丁黄药 50~60min,戊黄药 90min。因此,如必须在酸性介质中进行浮选时,应尽量使用高级黄药。

(2) 黄药的氧化。黄药本身是还原剂,易被氧化。在有 O_2 和 CO_2 同时存在时,氧化速度比只有 O_2 存在时更快,黄药存放过久除分解失效外,还会部分被氧化成双黄药,其反应为

$$2ROCSSNa + \frac{1}{2}O_2 + CO_2 \rightleftharpoons (ROCSS)_2 + Na_2CO_3$$

双黄药为黄色油状液体,难溶于水,在水中呈分子状态存在。当 pH 升高时,会逐渐分解为黄药。常用于酸性介质中浮选铜矿浸出液经置换得到的沉积铜。

为了防止分解,要求将黄药贮存在密闭的容器中,避免与潮湿空气和水接触;注意防火,不应曝晒;不宜长期存放;配制的黄药溶液不要停置过久,更不要用热水配制。

(3) 黄药的捕收能力。黄药的捕收能力与其分子中非极性部分的烃链长度、异构有关。烃链增长(即碳原子数增多)捕收能力增强。当烃链过长时,其选择性和溶解性能随之下降,因此,烃链过长反而会降低药剂的捕收效果。常用的黄药烃链中碳原子数是 2~5 个。烃基支链的影响是:对于短烃链的黄药,正构体不如异构体好;但是,烃链增长到一定时(如 C_5 以上),异构体不如正构体,特别是支链靠近极性基者尤为明显。

(4) 黄药的选择性。碱土金属(钙、镁、钡等)的黄原酸盐易溶。黄药对碱土金属矿物如萤石(CaF_2)、方解石($CaCO_3$)、重晶石($BaSO_4$)等,没有捕收作用。

黄药离子能和许多重金属、贵金属离子生成难溶性化合物,各种金属与黄药生成的金属黄原酸盐难溶的顺序,按溶度积大小可大致排列如下:

汞、金、钴、铜、锑、银、铅、镍、铋、铁、锌、锰

此性质可用来粗略估计黄药对重金属及贵金属矿物(主要指硫化矿)的捕收作用顺序。某金属黄原酸盐愈难溶,则其相应的硫化矿物愈易为黄药所捕收。

2) 黄药酯

黄药酯的通式为 ROCSSR。黄药分子中,碱金属被烃基取代生成黄药酯类,可将其看作是黄药的衍生物。这类捕收剂属于非离子型极性捕收剂,它在水中的溶解度都很低,大部分呈油状。对于铜、锌、钼等硫化矿以及沉淀铜、离析铜等的浮选,具有较高的浮选活性,属于高选择性的捕收剂。即使在较低的 pH 条件下,也能浮选某些硫化矿。黄药酯类药剂多和水溶性捕收剂混合使用,以提高药效、降低用量、改善选择性。常用的黄药酯有:

(1) 乙黄腈酯[乙黄酸腈乙烯酯($C_2H_5OCSSCH=CHCN$)],丁黄腈酯($C_4H_9OCSSC_2H_4CN$)等,其制备反应为

$$ROCSSNa + CH_2=CHCN + H_2O =\!=\!= ROCSSC_2H_4CN + NaOH$$

乙黄腈酯、丁黄腈酯可作为铜、铅、锌和钼的硫化矿捕收剂,对黄铁矿的捕收能力较弱,和黄药混用较好。

(2) 丁黄烯酯(丁黄酸丙烯酯 $C_4H_9OCSSCH_2CH=CH_2$),是丁黄药和氯丙烯在常温下合成的。此外,尚有乙黄烯酯($C_2H_5OCSSCH=CH_2$),性质和前者相近。

3) 硫氮类(氨基二硫代甲酸盐,dithiocarbamate)

乙硫氮的结构式见图 5-2(c),是二乙胺与二硫化碳、氢氧化钠反应生成的化合物。

$$(C_2H_5)_2NH + NaOH + CS_2 =\!=\!= (C_2H_5)_2NCSSNa + H_2O$$

同理,用丁二胺$(C_4H_9)_2NH$反应,则可制得丁硫氮。

乙硫氮是白色粉剂,因反应时有少量黄药产生,工业品常呈淡黄色。易溶于水,在酸性介质中容易分解。

乙硫氮也能同重金属生成不溶性沉淀,捕收能力较黄药强。它对方铅矿、黄铜矿的捕收能力强,对黄铁矿捕收能力较弱,选择性好,浮选速度较快,用量比黄药少。对硫化矿的粗粒连生体有较强的捕收性。它用于铜铅硫化矿分选时,能够得到比黄药更好的分选效果。目前,乙硫氮是我国应用最广的硫化矿捕收剂之一。

4) 硫胺酯

这是国内外广泛应用的硫酯型捕收剂。硫胺酯(硫逐氨基甲酸酯)也属非离子型极性捕收剂。主要应用的是丙乙硫胺酯,它是用一氯酯酸、异丙黄药和乙胺合成的,为琥珀色微溶于水的油状液体。使用时可直接加入搅拌槽或浮选机中。硫胺酯的结构如下:

$$\text{R-O-}\underset{\underset{\underset{H}{|}}{N-R'}}{\overset{\overset{S}{\|}}{C}}$$

它是一种选择性能良好的硫化矿捕收剂,对黄铜矿、辉铜矿和活化的闪锌矿的捕收作用较强。它不浮黄铁矿,用作分选铜、铅、锌等硫化矿的选择性捕收剂,可降低抑制黄铁矿所需的石灰用量。国外的硫化矿浮选厂,用它代替黄药,特别是浮选硫化铜矿的选矿厂,如美国的代号为 Z-200 的药剂,就是"O—异丙基 N—乙基硫逐氨基甲酸酯"。Z-200 目前在我国硫化铜矿的选矿厂应用也较多。

5) 黑药类(二烃基二硫代磷酸盐,dithiophosohate)

黑药的结构式参看图 5-2(b),它由醇或酚与五硫化二磷反应制得

$$4ROH + P_2S_5 \Longrightarrow 2(RO)_2PSSH + H_2S$$

酸式产物为油状黑色液体,中和成钠或铵盐时可制成水溶液或固体产品。

黑药是硫化矿的有效捕收剂,其捕收能力较黄药弱,同一金属离子的二烃基二硫代磷酸盐的溶度积均较相应离子的黄原酸盐大,选择性较黄药好,几乎不浮黄铁矿,常用于选择性分离浮选。黑药有起泡性,一般不用再加起泡剂。黑药有毒性。

黑药和黄药相同,也是弱电解质,在水中解离:

$$(RO)_2PSSH \Longrightarrow (RO)_2PSS^- + H^+$$

但它比黄药稳定,在酸性矿浆中,不像黄药那样容易分解。当必须在酸性矿浆中浮选时,有时选用黑药。工业常用黑药有:

(1) 甲酚黑药$[(C_6H_4CH_3O)_2PSSH]$。它是按照生产中配料加入的五硫化二磷的质量分数命名的,如 25 号、15 号黑药,常用的是 25 号黑药。但 31 号黑药,是 25 号黑药中加入 6% 的白药[二苯基硫脲,$(C_6H_6NH)_2CS$]组成的混合剂。在常温下,甲酚黑药为黑褐色或暗绿色黏稠液体,相对密度约为 1.2,有硫化氢臭味,微溶于水。由于其中含有未起反应的甲酚,故有起泡性,对皮肤有腐蚀作用,与氧气接触易氧化而失效。甲酚黑药使用时,常将其加入球磨机。

(2) 丁铵黑药 $[(C_4H_9O)_2PSSNH_4]$,学名二丁基二硫代磷酸铵。丁铵黑药为白色粉末,易溶于水,潮解后变黑,有一定起泡性,适用于铜、铅、锌、镍等硫化矿的浮选。弱碱性矿浆中对黄铁矿和磁黄铁矿的捕收能力较弱,对方铅矿的捕收能力较强。

(3) 胺黑药。它是结构与黑药类似的另一种硫化矿捕收剂,通式为 $(RNH)_2PSSH$。工业生产的有环己胺及苯胺黑药等,都是由相应原料与五硫化二磷反应制得的。

以上两种胺黑药均为白色粉末,有硫化氢臭味,不溶于水,溶于酒精和稀碱溶

液中。使用时用 1%的 Na_2CO_3 配成 0.5%的溶液添加。胺黑药对光和热的稳定性差,易变质失效。胺黑药对硫化铅矿的捕收能力较强,选择性较好,泡沫不黏,但用量稍大,一般为 200~240g/t。

3. 氧化矿捕收剂

1) 脂肪酸捕收剂(fatty acid)

(1) 油酸及油酸钠($C_{17}H_{33}COOH$ 及 $C_{17}H_{33}COONa$)。油酸的结构式见图 5-3,是天然不饱和脂肪酸中存在最广泛的一种,可由油脂的水解得到。纯油酸为无色油状液体,冷却时得到针状结晶,熔点 8~14℃,密度 0.895kg/dm³。油酸容易氧化变成黄色,并产生酸败的气味。工业用的油酸(及其钠盐),如米糠油酸,豆油酸等,是多种脂肪酸的混合物,以油酸为主,还有亚油酸、亚麻酸等不饱和酸及各种饱和酸等。油酸不易溶解和分散,实践中常需加溶剂乳化,矿浆温度不应低于熔点。油酸主要用于浮选碱土金属的碳酸盐,金属氧化矿物,重晶石和萤石等,其本身具有起泡性;其缺点是选择性差,不耐硬水,用量较大。

(2) 氧化石蜡皂。石蜡是含 C_{15}~C_{40} 的饱和烃类的混合物,是石油原料加工提炼时得出的熔点较高的馏分。其相对分子质量的大小,视其熔点而定,生产氧化石蜡皂的蜡,熔点在 40~50℃左右。熔点较低的蜡,除了相对分子质量较小之外,还可能会有一定数量的烷烃及不饱和烃等。

经氧化皂化制得氧化石蜡皂,其成分可大致分为三部分:①羧酸,其中饱和的羧酸占 80%,羟基酸约占 5%~10%。饱和酸烃链的长度,随原料和氧化深度而定。一般原料蜡熔点较低时,烃链较短,带支链较多;原料蜡熔点较高时,烃链较长,主要是直链烃。羧酸是起捕收作用的主要成分。②未被氧化的高级烷烃或煤油。它们对羧酸起稀释作用,使其在矿浆中易于分散,同时起辅助捕收剂的作用。③不皂化的氧化产物。主要是一些极性物质如醇、酮和醛等,它们有起泡作用。

氧化石蜡皂的主要缺点是,温度较低时,浮选效果不好,常温下使用时,需进行乳化。但因石蜡原料易解决,价格也较低,是目前工业能大量应用的一种捕收剂。氧化石蜡皂主要用于浮选氧化铁矿、磷酸盐矿、萤石及一些稀有金属矿石。

(3) 环烷酸。是石油炼制工业的副产品,石油的不同馏分用苛性钠洗涤时,碱洗液(碱渣)中含有石油的酸性成分,即环烷酸。这是各种结构环烷酸及其他有机物的混合物,其中环烷酸的含量一般为 40%左右,不皂化物约 15%,为绿色至褐色胶状物。其结构式随环烷基相对分子质量大小而异,可举例如下:

$$\begin{matrix} CH_2-CH_2 \\ | \qquad\qquad\quad \\ CH_2-CH_2 \end{matrix} CH-(CH_2)_n-COOH(Na)$$

式中:$n=5$~9。由石油经馏分洗出来的环烷酸为无色液体,其黏度随相对分子质量的增加而增大,其物理化学性质与直链脂肪酸相似。环烷酸可以作为油酸的代用品,用于浮选氧化铁矿、碳酸盐类和磷灰石等。

2) 烃基磺酸(盐)类

这类药剂结构通式为 RSO_3Na,R 为烷基、烷基芳基或环烷基。其中用石油精炼副产物磺化制得的,通常称为石油磺酸,煤油经过磺化得到的烃基磺酸盐,称为磺化煤油等。

石油磺酸和石油磺酸钠,是在非硫化矿浮选中有很大应用前途的药剂。按其溶解特性又分为水溶性和油溶性两大类。水溶性磺酸盐烃基相对分子质量较小,含支链较多或含有烷基芳基混合烃链的产品。其水溶性较好,捕收性不太强,起泡性较好。可以用做起泡剂(如十二烷基磺酸钠),也可作硫化矿的捕收剂(如十六烷基磺酸钠);或用于浮选非硫化矿。

油溶性磺酸盐烃基相对分子质量较大,烃基为烷基时,烃链中含 C 原子 20 个以上,基本上不溶于水,可溶于非极性油中。其捕收性较强,主要用做非硫化矿的捕收剂,常用于浮选氧化铁矿和非金属矿(如萤石和磷灰石等)。

和脂肪酸相比,磺酸盐的水溶性较好,耐低温性能好,抗硬水的能力较强,起泡性能较强。其捕收能力和相同碳原子数的脂肪酸相比稍低,有时有较好的选择性。

3) 硫酸酯类

(1) 烃基硫酸酯钠($R-OSO_3Na$)。它由脂肪醇经硫酸酯化及中和制得硫酸盐,在结构上不同于磺酸盐。磺酸盐 $R-SO_3Na$ 中的硫原子直接和烃基中的碳原子相连接,不能水解成醇;烃基硫酸盐 $R-O-SO_3Na$ 中的硫原子是通过氧和碳原子相结合,容易水解生成醇和硫酸氢钠。因此,硫酸盐的水溶液放置过久,会水解降低捕收能力。

$$R-O-SO_3Na + H_2O \longrightarrow ROH + NaHSO_4$$

含碳原子 $C_{12}\sim C_{20}$ 的烷基硫酸钠盐,是典型的表面活性剂,其主要代表是十六烷基硫酸钠($C_{16}H_{33}OSO_3Na$)。它是白色结晶,易溶于水,有起泡性,可作为黑钨矿、锡石、重晶石、钾石盐等的捕收剂。它对含钙矿物(如白钨矿、方解石等)的捕收能力较油酸弱,选择性较好,可在硬水中使用。十六烷基硫酸钠,可用于多金属硫化矿的浮选。它对黄铜矿有选择性捕收作用,对黄铁矿的捕收能力较弱,对粗粒和微细粒矿物均有良好的捕收能力,其浮选效果比戊黄药好,用量为 20~30g/t。

(2) 硫酸化脂肪酸(皂)。不饱和脂肪酸(一般是油酸、亚油酸)经浓硫酸作用再皂化,可制得硫酸化脂肪酸皂,其结构式为

$$CH_3(CH_2)_7CH_2-\underset{\underset{OSO_3Na}{|}}{CH}(CH_2)_7COONa$$

它具有两个极性基(羧基—COO—,硫酸基—OSO_3—),既有脂肪酸的强捕收

能力,又有烃基硫酸盐的耐酸、耐硬水及选择性良好的优点。有选择性捕收作用,对黄铁矿的捕收能力较弱,对粗粒和微细粒矿物均有良好的捕收能力。其浮选效果比戊黄药好,用量为 20~30g/t。

4) 胂酸类

胂酸是砷酸的衍生物。有机砷酸有许多种,用作捕收剂的主要是苯胂酸类衍生物。国内目前生产的是含有邻、对两种异构体的混合甲苯胂酸。混合甲苯胂酸为白色或浅黄色粉末,易溶于热水或碱性溶液,难溶于冷水,常温下在水中的溶解度为 3‰~5‰。工业品中含有少量砒霜,有毒,其性质稳定,在弱酸性介质中,能与多种金属离子生成难溶性沉淀。混合甲苯胂酸对锡石、黑钨矿、稀土矿和氧化铅矿都有捕收作用。

我国浮选黑钨矿、锡石、钽铌矿的选厂,由于胂酸类药剂有毒,现已基本改用膦酸或羟肟酸。

5) 膦酸

有机膦酸是磷酸的衍生物。作为捕收剂的主要是苯乙烯膦酸,结构为

$$\underset{}{\bigcirc}-CH=CH-\underset{OH}{\overset{O}{\underset{\|}{P}}}-OH$$

苯乙烯膦酸能与 Sn^{2+}、Sn^{4+}、Fe^{3+} 等离子生成难溶性盐。对 Ca^{2+}、Mg^{2+},只有在苯乙烯膦酸浓度很高时才能形成盐,故对含 Ca^{2+}、Mg^{2+} 的矿物捕收能力较弱。

纯的苯乙烯膦酸为白色结晶,可溶于水,其溶解度随温度的升高而增大。它的选择性比甲苯胂酸稍差,但毒性较小,无起泡性,对温度较敏感。可用于浮选锡石、黑钨矿等。

据研究报道,用于浮选锡石的膦酸类药剂,还有烃基二膦酸、氨基二膦酸和烷基亚氨基二膦酸等。

6) 羟肟酸类

烷基羟肟酸(氧肟酸、异羟肟酸)具有两种互变异构体,两者同时存在,是一种螯合剂,能与多种金属离子形成螯合物。

$$R-\underset{OH}{\overset{}{\underset{|}{C}}}=N-OH \Longleftrightarrow R-\overset{O}{\underset{\|}{C}}-NH-OH$$

式中的 R 为非极性基,可以是烷基,也可以是苯基,邻、间、对甲苯基等。实际应用的羟肟酸经常为钠盐或铵盐。

国内生产的有 C_7~C_9 羟肟酸,环烷基、苯基等羟肟酸。异羟肟酸钠用于浮选氧化铜矿,可直接浮选或预先硫化后浮选,硫化后的氧化铜矿,浮选效果较单用黄药为好。国内在稀土矿物的浮选中得到广泛的应用,并获得了较好的效果。

羟肟酸也可以浮选锡石、氧化铁矿、黑钨矿、白钨矿及白铅矿等。

羟肟酸(盐)应用于浮选时应注意其选择性和矿浆 pH 有关,其次是温度的影响,升高温度,捕收剂的吸附量和浮选回收率都增加。

7) 胺类

这类捕收剂解离后产生带有疏水烃基的阳离子,故又称为阳离子捕收剂,是有色金属氧化矿、石英、长石、云母等铝硅酸盐和钾盐的捕收剂。阳离子捕收剂的浮选性质与其烃链的长短有关,常用的阳离子捕收剂是含 10~20 个碳原子的胺盐。

胺是 NH_3 中的 H 被烃基取代的衍生物,按烃基数目不同,分为第一(伯)、第二(仲)、第三(叔)胺及季铵等。用作捕收剂的胺多数是第一胺,其烃基的结构,依所用原料而定,目前国内用氧化石蜡所得的脂肪酸(是 C_{10}~C_{20} 的混合脂肪酸)作原料,制成混合脂肪第一胺,简称为混合胺、脂肪胺、第一胺等。混合胺在常温下为淡黄色蜡状体,有刺激气味,不溶于水,溶于酸性溶液或有机溶剂中。使用时可用盐酸和混合胺以 1∶1 配料,加热水溶化后,再用水稀释到 1%~0.1% 的水溶液。

第一胺的盐酸溶液按下式进行解离及水解:

$$RNH_2 + HCl \rightleftharpoons RNH_2 \cdot HCl$$
$$RNH_2 \cdot HCl \rightleftharpoons RNH_3^+ + Cl^-$$
$$RNH_3^+ \rightleftharpoons RNH_2 + H^+$$

矿浆中 $RNH_2 \cdot HCl$、RNH_3^+、RNH_2 的存在和各自的浓度与矿浆 pH 有密切关系。

使用胺类捕收剂时应注意:①胺类捕收剂不能和阴离子捕收剂同时加入。因为这两类药剂的离子在溶液中会互相反应,生成较高相对分子质量的不溶性盐。近年来有研究报道,分别加入阴阳离子捕收剂的混合用药方法,可以提高药效。②胺有一定起泡能力,对水的硬度有一定适应性,但水的硬度过高,则其用量需要增大。③胺能优先附着于矿泥上,导致选择性降低。因此,浮选前应当脱除矿泥。④胺可和中性油类混合使用,如用阳离子捕收剂和煤油浮选石英。

4. 烃油类捕收剂

烃油分为脂肪烃、脂环烃和芳香烃三类。烃油类捕收剂难溶于水,不能解离为离子,故又称为非极性捕收剂或中性油类捕收剂。由于其化学活性低,故一般不和矿物表面发生化学作用。

烃油的工业来源有二:其一为石油工业产品,如煤油、柴油、燃料油等;其二为炼焦化工副产品,如焦油、重油、中油等。由于炼焦副产品来源不甚广,成分复杂而且不稳定,所以经常有一定量的酚类,毒性较大,目前已很少应用。

石油成分随产地而异,按成分分为三大类:烷属石油、环烷属石油和芳香属石油。石油原油中还含有不同数量的氧、硫等。石油精炼过程中,还要经过一系列的化学处理,因此,石油提炼的产品中,作为浮选剂的中性油,种类繁多,成分各异,常用作浮选剂的有煤油、柴油、燃料油、重油。

目前,单独使用烃油作浮选剂的,只是一些天然可浮性很好的非极性矿物,其中包括石墨、煤、硫磺、辉钼矿、滑石及雄黄等矿物。一般而言,单独使用烃油进行浮选,用药量大,常需要 0.2～1.0kg/t 或更高,选择性差。

作为辅助捕收剂使用,烃油特别是燃料油、煤油和柴油,都是很重要的浮选剂,而且无论阳离子或阴离子捕收剂和烃油混合使用,常能提高捕收能力,收到良好效果。在浮选实践中,这类例子是很多的。例如,用脂肪酸皂和煤油混合剂为捕收剂浮选磷灰石,用脂肪酸与燃料油混用浮选氧化铁矿,以及在石英浮选中脂肪胺与煤油混用,不仅能提高指标,而且节省胺用量。国外在硫化矿浮选中也广泛使用烃油辅助捕收剂,实践证明,它有助于粗粒和连生体颗粒的浮选。

5.1.2 起泡剂

1. 起泡剂概述

浮选矿浆中气泡的形成,主要依赖于浮选设备中各种类型的充气搅拌装置,以及向矿浆中添加适量的起泡剂(frothers)。

起泡剂一般均为表面活性剂,其分子结构由非极性的亲油(疏水)基团和极性的亲水(疏油)基团构成,形成既有亲水性又有亲油性的所谓"双亲结构"分子。亲油基可以是脂肪族烃基、脂环族烃基和芳香族烃基或带 O、N 等原子的脂肪族烃基、脂环族烃基和芳香族烃基;亲水基一般为羧酸基(—COONa)、羟基(—OH)、磺酸基(—SO_3Na)、硫酸基(—OSO_3Na)、膦酸基[—PO(ONa)$_2$]、氨基(—N≡)、腈基(—CN)、硫醇基(—SH)、卤基(—X)、醚基(—O—)等。

起泡剂加到水中,亲水基插入水相而亲油基插入油相或竖在空气中,形成在界面层或表面上的定向排列,从而使界面张力或表面张力降低。一般而言,含极少量起泡剂的水溶液即具有起泡性。图 5-5 是常用的起泡剂分类。

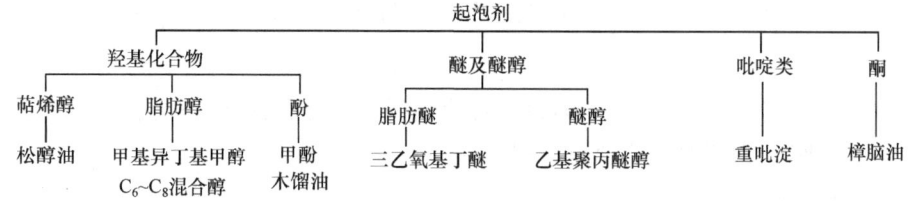

图 5-5 常用的起泡剂分类

2. 起泡剂

1) 松醇油

松醇油是以松节油为原料,硫酸作催化剂,酒精或平平加(一种表面活性剂)为

乳化剂的参与下,发生水解反应制取的。松醇油的主要成分为 e-萜烯醇($C_{10}H_{17}OH$),其结构式为

$$CH_3-C\begin{matrix}CH-CH_2\\CH_2-CH_2\end{matrix}CH-C\begin{matrix}CH_3\\CH_3\\OH\end{matrix}$$

松醇油中萜烯醇含量为 50% 左右,尚有萜二醇、烃类化合物及杂质。它是淡黄色油状液体,有刺激作用。密度为 $0.9\sim0.915\ kg/dm^3$,可燃,微溶于水,在空气中可氧化,氧化后,黏度增加。

松醇油起泡性强,能生成大小均匀、黏度中等和稳定性合适的气泡。当其用量过大时,气泡变小,影响浮选指标。

2) 脂肪醇类

由于醇类的化学活性(硫醇除外)远不如羧酸类活泼,故它不具捕收性而只有起泡性。在直链醇同系物中相比,碳原子数目为 5、6、7、8(戊、己、庚、辛醇)的醇,其起泡能力最大;随着碳原子数目的增加,其起泡能力又逐渐降低。因此,用作起泡剂的脂肪醇类,其碳原子数目都在此范围内。相对分子质量相同的醇类相比,直链醇常较其他异构体起泡能力强。

(1) 杂醇油。酒精厂分馏酒精后的残杂醇油,经过碱性催化缩合成高级混合醇。硫化铅锌矿和多金属硫化矿浮选时,它可代替松油,具有良好的选择性。

(2) 高醇油($C_6\sim C_8$ 醇)。其原料来源有二:一种是电石工业,以乙炔为原料生产丁、辛醇时的 $C_4\sim C_8$ 醇的馏分;另一种是石油工业副产品的混合烯烃经过"羰基合成"制成的。高醇油为淡蓝色液体,密度为 $0.83kg/dm^3$,可代替松醇油,用于有色金属硫化矿浮选,其用量较松醇油低。

(3) 甲基戊醇(甲基异丁基甲醇,国外商品名称 MIBC),其结构式为

$$\begin{matrix}CH_3\\CH_3\end{matrix}CH-CH_2-CH-CH_3\\\ OH$$

纯品为无色液体,可用丙酮为原料合成制得。它是目前国外广为应用的起泡剂,泡沫性能好,对提高精矿质量有利。

5.1.3 调整剂

1. 调整剂概述

浮选前除了要添加捕收剂、起泡剂之外,还需根据情况添加不同的调整剂(regulators),包括抑制剂、活化剂、pH 调整剂、分散剂、絮凝剂和脱药剂等。调整剂包括各种无机化合物(如盐、碱和酸)、有机化合物。同一种药剂,在不同的浮选

条件下,往往起不同的作用。

通过添加各种浮选药剂,调整矿物表面性质和矿浆中的离子组成,增大矿物之间的可浮性差异,以提高过程的选择性,这是浮选过程的中心任务及重要环节。调整后的矿浆进行矿物分离时,通过适当手段产生大量高度分散的气泡,疏水矿粒黏着于气泡,被带入泡沫层,亲水矿粒则留于矿浆中,随矿浆排出,从而达到两者分离的目的。图 5-6 列出浮选调整剂的分类。

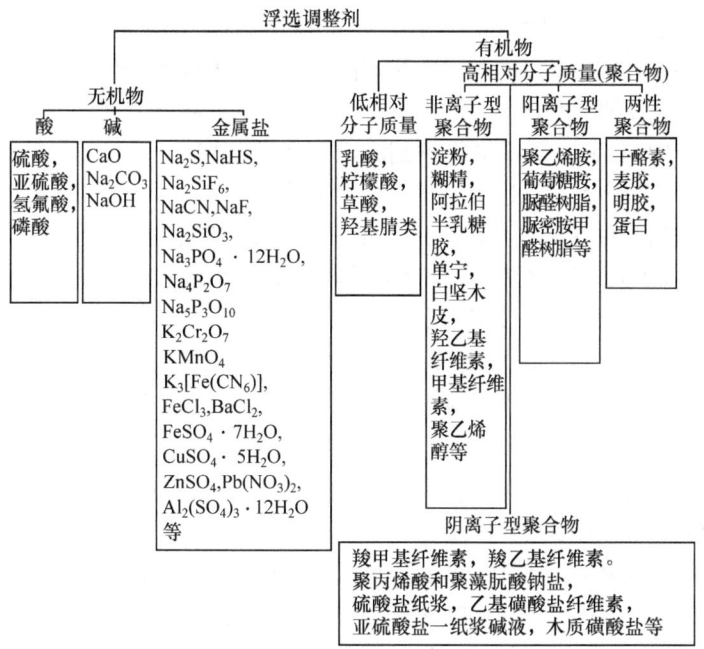

图 5-6 浮选调整剂的分类

2. 抑制剂(depressants)

在浮选中,用以消除某些矿物的可浮性,以达到分离目的的药剂称为抑制剂。抑制剂的作用在于消除矿物表面同捕收剂作用的活化因素,或在矿物表面形成亲水性的抑制膜。

1) 石灰 (CaO)

石灰有强烈的吸水性,与水作用生成消石灰 $Ca(OH)_2$。它微溶于水,是一种强碱,加入浮选矿浆中的反应如下

$$CaO + H_2O \Longleftrightarrow Ca(OH)_2$$

$$Ca(OH)_2 \Longleftrightarrow CaOH^+ + OH^-$$

$$CaOH^+ \rightleftharpoons Ca^{2+} + OH^-$$

石灰常用于提高矿浆 pH，抑制硫化铁矿物。在硫化铜、铅、锌矿石中，常伴生有硫化铁矿（黄铁矿、磁黄铁矿和白铁矿等）、硫砷铁矿（如毒砂），为了更好地浮选铜、铅、锌矿物，就要加石灰抑制硫化铁矿物。

石灰本身又是一种凝结剂，能使矿浆中微细颗粒凝结。当石灰用量适当时，浮选泡沫可保持一定的黏度；当用量过大时，将促使微细矿粒凝结，而使泡沫黏结膨胀，影响浮选过程的正常进行。

使用脂肪酸类捕收剂时，不能用石灰来调节 pH。因为这时会生成溶解度很低的脂肪酸钙盐，消耗掉大量的脂肪酸，并且会使过程的选择性变坏，其反应为

$$2RCOOH + Ca^{2+} \rightleftharpoons (RCOO)_2Ca \downarrow + 2H^+$$

实际生产中，石灰常采用磨机磨制配成石灰乳添加。

2) 硫酸锌（$ZnSO_4 \cdot 7H_2O$，皓矾）

硫酸锌纯品为白色晶体，易溶于水，是闪锌矿的抑制剂，通常在碱性矿浆中它才有抑制作用，矿浆 pH 愈高，其抑制作用愈明显。硫酸锌在水中产生下列反应

$$ZnSO_4 \rightleftharpoons Zn^{2+} + SO_4^{2-}$$
$$Zn^{2+} + 2H_2O \rightleftharpoons Zn(OH)_2 + 2H^+$$

$Zn(OH)_2$ 为两性化合物，溶于酸生成盐；在碱性介质中，得到 $HZnO_2^-$ 和 ZnO_2^{2-}，它们吸附于矿物表面，增强了矿物表面的亲水性。

硫酸锌单独使用时，其抑制效果较差，通常与石灰、氰化物、硫化钠、亚硫酸盐或硫代硫酸盐、碳酸钠等配合使用。

硫酸锌和氰化物联合使用，可加强对闪锌矿的抑制作用。一般常用的比例为：氰化物：硫酸锌=1：2～5。此时，CN^- 和 Zn^{2+} 形成胶体 $Zn(CN)_2$ 沉淀。如氰化物过量，还会发生下列反应

$$Zn(CN)_2 + 2CN^- \rightleftharpoons [Zn(CN)_4]^{2-}$$

$[Zn(CN)_4]^{2-}$ 络离子的抑制作用更强。

上述化合物或络离子，对闪锌矿的抑制作用的顺序是：

$$[Zn(CN)_4]^{2-} > Zn(CN)_2 > Zn(OH)_2$$

氰化物和硫酸锌联合使用时，抑制硫化矿的递减顺序大致是：闪锌矿、黄铁矿、黄铜矿、白铁矿、斑铜矿、黝铜矿、铜蓝、辉铜矿。

从上述顺序看出，在多金属硫化矿浮选分离时，应严格控制抑制剂用量。如用量过大，上述硫化矿都可能被抑制。

3) 氰化物（NaCN、KCN）

氰化物是有色金属硫化矿分选时的有效抑制剂。氰化物主要是氰化钠和氰化钾，也有用氰化钙的。氰化物易溶于水，使用时配制成 1％～2％ 的水溶液加入。

氰化物是强碱弱酸生成的盐，它在矿浆中水解，生成 HCN 和 CN^-：

$$KCN \rightleftharpoons K^+ + CN^-$$
$$CN^- + H_2O \rightleftharpoons HCN + OH^-$$

由上述平衡式看出,碱性矿浆中,CN^-浓度提高,有利于抑制。如 pH 降低,形成 HCN(氢氰酸)使抑制作用降低,同时有毒气溢出。因此,使用氰化物,必须保持矿浆的碱性。氰化物是剧毒的药剂,多年来一直在进行无氰或少氰抑制剂的研究。

含次生铜矿物及受氧化的多金属硫化矿浮选时,因矿浆中有大量铜离子,此时铜离子会消耗氰化物,因而使氰化物抑制效果变差。

矿石中含有金、银等贵金属时,最好不用氰化物。因为氰化物能溶解金和银。

4) 亚硫酸、亚硫酸盐、SO_2 气体

这类药剂包括二氧化硫(SO_2)、亚硫酸(H_2SO_3)、亚硫酸钠(Na_2SO_3)和硫代硫酸钠($Na_2S_2O_3 \cdot 5H_2O$)等。二氧化硫及亚硫酸(盐)主要用于抑制黄铁矿、闪锌矿。用溶解有二氧化硫的石灰造成的弱酸性矿浆(pH=5~7),或者使用二氧化硫与硫酸锌、硫酸亚铁、硫酸铁等联合作抑制剂。此时方铅矿、黄铁矿、闪锌矿受到抑制,而黄铜矿不但不受抑制,反而被活化。被抑制的闪锌矿,用少量硫酸铜即可活化。

二氧化硫溶于水生成亚硫酸:

$$SO_2 + H_2O \rightleftharpoons H_2SO_3$$

亚硫酸及其盐具有强还原性,故不稳定。亚硫酸可以和很多金属离子形成酸式盐、亚硫酸氢盐或正盐(亚硫酸盐),除碱金属亚硫酸正盐易溶于水外,其他金属的正盐均微溶于水。亚硫酸在水中分两步解离,溶液中 H_2SO_3、HSO_3^- 和 SO_3^{2-} 的浓度,取决于溶液的 pH。使用亚硫酸盐浮选时,矿浆 pH 常控制在 5~7 的范围内。此时,起抑制作用的主要是 HSO_3^-。

还可以用硫代硫酸钠、焦亚硫酸钠($Na_2S_2O_3$)代替亚硫酸(盐),抑制闪锌矿和黄铁矿。对于被铜离子强烈活化的闪锌矿,只用亚硫酸盐其抑制效果较差。此时,如果同时添加硫酸锌,硫化钠或氰化物,则能够增强抑制效果。

亚硫酸盐在矿浆中易于氧化失效,因而其抑制作用有时间性。为使过程稳定,通常采用分段添加的方法。

5) 重铬酸盐(重铬酸钾 $K_2Cr_2O_7$、重铬酸钠 $Na_2Cr_2O_7$)

它们是方铅矿的抑制剂,对黄铁矿也有抑制作用。主要用于铜铅混合精矿分选时抑铅浮铜。由于重铬酸盐对环境污染毒害大,近年应用有被淘汰的趋势。

重铬酸盐在酸性介质中为强氧化剂,例如与低价铁盐的反应为

$$K_2Cr_2O_7 + 6FeSO_4 + 7H_2SO_4 \rightleftharpoons Cr_2(SO_4)_3 + 3Fe_2(SO_4)_3 + K_2SO_4 + 7H_2O$$

在弱碱性矿浆中生成铬酸离子 CrO_4^{2-},会使方铅矿表面氧化成 $PbSO_4$,及生成难溶而亲水的 $PbCrO_4$ 薄膜,从而使方铅矿受到抑制,其反应为

$$Cr_2O_7^{2-} + 2OH^- \rightleftharpoons 2CrO_4^{2-} + H_2O$$
$$PbSO_4 + CrO_4^{2-} \rightleftharpoons PbCrO_4 \downarrow + SO_4^{2-}$$

为了促进重铬酸盐对方铅矿的抑制,矿浆需要长时间的搅拌（30min～1h）。矿浆 pH 保持在 7.4～8 为好。被重铬酸盐抑制过的方铅矿一般作为槽底精矿产品,如需再活化,就要加大量的亚硫酸钠,盐酸或硫酸亚铁等还原剂。

6) 硫化钠（$Na_2S \cdot 9H_2O$）

除硫化钠外,还有可溶性硫化物,如硫氢化钠 NaHS、硫化钙 CaS 等也可作为抑制剂。浮选实践中,硫化钠的作用是多方面的,它可作为硫化矿的抑制剂,有色金属,氧化矿的硫化剂（活化剂）、矿浆 pH 调整剂,硫化矿混合精矿的脱药剂等。

硫化钠作为硫化矿的抑制剂的机理,是由于硫化钠在矿浆中水解：

$$Na_2S + 2H_2O \rightleftharpoons 2Na^+ + 2OH^- + H_2S$$
$$H_2S \rightleftharpoons H^+ + HS^- \qquad K_1 = 3.0 \times 10^{-7}$$
$$HS^- \rightleftharpoons H^+ + S^{2-} \qquad K_2 = 2.0 \times 10^{-15}$$

Na_2S 在水中解离情况和 H^+ 浓度有关。用硫化钠抑制方铅矿时,最适宜的 pH 是 7～11（9.5 左右最有效）,此时 HS^- 浓度最大,HS^- 一方面排挤吸附在方铅矿表面的黄药;同时其本身又吸附在矿物表面,使矿物表面亲水。

硫化钠用量大时,绝大多数硫化矿都会受到抑制。硫化钠抑制硫化矿的递减顺序大致为：方铅矿、闪锌矿、黄铜矿、斑铜矿、铜蓝、黄铁矿、辉铜矿。

硫化钠常用于辉钼矿浮选中,抑制其他硫化矿。因为辉钼矿天然可浮性很好,不受硫化钠的抑制。

7) 水玻璃

非硫化矿浮选时,广泛使用水玻璃作抑制剂,同时也常用它作矿泥分散剂。水玻璃的化学组成通常以 $Na_2O \cdot mSiO_2$ 表示,是各种硅酸钠（如偏硅酸钠 Na_2SiO_3、二硅酸钠 $Na_2Si_2O_5$、原硅酸钠 Na_4SiO_4,经过水合作用的 SiO_2 胶粒等）的混合物,成分常不固定。m 为硅酸钠的"模数"（或称硅钠比）,不同用途的水玻璃,其模数相差很大。模数低,碱性强,抑制作用较弱；模数高（例如大于 3 时）不易溶解,分散不好。浮选用的水玻璃模数是 2.0～3.0。纯的水玻璃为白色晶体,工业用水玻璃为暗灰色的结块,加水呈糊状。

水玻璃是石英、硅酸盐、铝硅酸盐类矿物的抑制剂。

水玻璃在水中水解。水玻璃的模数大于 2 时,主要呈单体硅酸离子存在。在组成为 $NaO \cdot 3SiO_2$ 的水玻璃溶液中,当溶液 pH 小于 8 时,未解离的硅酸占优势,pH 等于 10 时,主要是 $HSiO_3^-$,pH 大于 13 以后,主要是 SiO_3^{2-} 占优势。

水玻璃在水溶液中的性质随 pH、模数、金属离子以及温度而变。如在酸性介质中能够抑制磷灰石,而在碱性介质中,磷灰石几乎不受其抑制。

添加少量水玻璃,有时可提高某些矿物（如萤石、赤铁矿等）的浮选活性,同时又可强烈地抑制某些矿物的浮选（如方解石等）。水玻璃的用量增加,这种选择性降低。实践中,为了提高水玻璃的选择性,可采取下列措施：

(1) 水玻璃与金属盐[如 $Al_2(SO_4)_3$、$MgSO_4$、$FeSO_4$、$ZnSO_4$ 等]配合使用。如单加水玻璃,萤石和磷灰石的浮选回收率分别为 97.8% 和 95.5%。当水玻璃与 $FeSO_4$ 配合使用时,萤石的回收率为 95.5%,而磷灰石的回收率则下降到 57.3%,说明在此条件下抑制作用有选择性。

(2) 水玻璃与碳酸钠配合使用。如抑制石英浮磷灰石、抑制石英浮萤石用此法。

(3) 矿浆加温。用于白钨矿、方解石和萤石的浮选分离。用油酸和其他羧酸类捕收剂浮选得到的混合精矿经浓缩后,加温到 60~80℃,加入水玻璃搅拌,然后浮选,结果方解石受抑制,白钨矿仍可浮。

水玻璃对矿泥有分散作用,添加水玻璃可以减弱矿泥对浮选的有害影响,但用量不宜过大。由于水玻璃用途不同,所以其用量范围变化很大,0.2~15kg/t,通常用量约 0.2~2.0kg/t,配成 5%~10% 溶液添加。

8) 磷酸盐

(1) 磷酸三钠($Na_3PO_4 \cdot 12H_2O$)。多金属硫化矿分选时可用磷酸三钠来抑制方铅矿,如用硫酸铜活化闪锌矿,用磷酸三钠抑制方铅矿,进行锌精矿脱铅。

(2) 焦磷酸钠($Na_4P_2O_7$)。浮选氧化铅矿时用焦磷酸钠来抑制方解石、磷灰石、重晶石。浮选含重晶石的复杂硫化矿时,用其抑制重晶石,并消除硅酸盐类脉石的影响。

(3) 偏磷酸钠($NaPO_3)_n$。常用的是六偏磷酸钠($NaPO_3)_6$,它能够和 Ca^{2+}、Mg^{2+} 及其他多价金属离子生成络合物(如 $NaCaP_6O_{13}$ 等),从而使得含这些离子的矿物得到抑制。此外,它能分散矿泥,消除 Ca^{2+}、Mg^{2+} 离子的影响。

硫化矿物浮选时,加入六偏磷酸钠,有助于加强辅助捕收剂烃油的作用。

用油酸浮选锡石时,用六偏磷酸钠抑制含钙、铁的矿物。

钾盐浮选时,六偏磷酸钠可以防止难溶的钙盐从饱和溶液中析出。

9) 含氟化合物

(1) 氢氟酸(HF)。它是吸湿性很强的无色液体,在空气中能发烟,其蒸气具有强烈的腐蚀性和毒性。氢氟酸是硅酸盐类矿物的抑制剂,是含铬、铌矿物的活化剂,也可抑制铯榴石。

(2) 氟化钠(NaF)。它能溶于水,水溶液呈碱性,有毒性。用阳离子捕收剂浮选长石时,氟化钠可作为长石的活化剂,是石英和硅酸盐类矿物的抑制剂。

(3) 硅氟酸钠(Na_2SiF_6)。它是白色结晶,微溶于水,与强碱作用分解为硅酸和氟化钠,若碱过量则生成硅酸盐。常用来抑制石英、长石、蛇纹石、电气石等硅酸盐类矿物。它还可作为磷灰石的抑制剂。

10) 有机抑制剂

许多有机化合物可作为抑制剂,如低相对分子质量的有机化合物羧酸、苯酚等。高相对分子质量的有机化合物有淀粉类、纤维素和木质素类、单宁类等。应用较多的有下述几种。

(1) 淀粉。植物中谷类含淀粉较多,例如大米中含淀粉 62%~82%。淀粉是一种由葡萄糖单原构成的高分子聚合物,分子式可简化为 $(C_6H_{10}O_5)_n$。

淀粉分子有两种不同的结构:一种是含有直链的链淀粉;一种是含支链的胶淀粉。淀粉颗粒中后者占 75% 左右,前者占 25% 左右。链淀粉能溶于热水,胶淀粉不溶于水,但能在水中膨润。由于原料不同,淀粉的性能亦有所不同。

用阳离子捕收剂浮选石英时,用淀粉抑制赤铁矿;铜钼精矿分离时,用淀粉抑制辉钼矿,它还可作为细粒赤铁矿的选择性絮凝剂。

糊精,就是淀粉加热到 200℃ 时分解成为较小的分子产物。它是一种胶状物质,可溶于冷水,主要用作石英、滑石、绢云母等的抑制剂。

(2) 纤维素的衍生物。一般的纤维素是不溶于水的,但是纤维素经化学处理后可以成为水溶性的衍生物,如羟乙纤维素,羧甲纤维素。在浮选中用它们作抑制剂。

羧甲纤维素,又名 1 号纤维素,CMC,分子式为 $[C_6H_7O_2(OH)_2OCH_2COOH]_n$。它是一种应用较广的水溶性纤维素,由于所用原料不同,所得的产品性能有所差别。用芦苇作原料制得的羧甲纤维素,用于硫化镍矿浮选,作为含钙、镁矿物抑制剂。用稻草作原料制得的羧甲纤维素,可抑制磁铁矿、赤铁矿、方解石以及被 Ca^{2+}、Fe^{3+} 活化了的石英、钠辉石等硅酸盐类矿物。

羟乙纤维素,又名 3 号纤维素,分子式为 $C_5H_5O_2(OH)_2CH_2OCH_2CH_2OH$。纤维素用环氧乙烷处理,可制得羟乙纤维素。用阳离子捕收剂浮选石英时,羟乙纤维素可作为赤铁矿的选择性絮凝剂,它也是含钙、镁碱性脉石的选择性抑制剂。工业品的羟乙纤维素有两种:有一种溶于氢氧化钠溶液,不溶于水;另一种为水溶性的。

(3) 单宁,又称植物鞣质。单宁是从植物中提取的高相对分子质量的无定形物质。在多数情况下它们呈胶态物,可溶于水。粗制单宁,国内称为栲胶,如落叶松树皮栲胶和五倍子栲胶等。单宁是多种成分的混合物,常用其来抑制含钙、镁的矿物,如方解石、白云石等。

各种单宁的成分差别很大,但组成单宁的基本结构单元,都是各种多烃基酚类,通过各种方式彼此连接成较大的分子,相对分子质量一般都在 600~2000 的范围内。

除天然单宁外,还有所谓人工合成的单宁。通常是用苯酚或多环的萘、菲等经过磺化、氯化等缩合而成。例如,磺化粗菲和甲醛的缩合物,或磺化苯酚与甲醛的缩合物。这些产品都是固体,胶磷矿浮选时,它们作为脉石矿物白云石、方解石、石英等的抑制剂。它们的结构与天然单宁并不相似,只是浮选用途和性质相近。

(4) 腐殖酸钠(铵)。腐殖酸是一种高相对分子质量的聚电解质化合物。作为浮选抑制剂的,是褐煤用氢氧化钠处理后得到的腐殖酸钠溶液。

在含褐铁矿、赤铁矿、碳酸铁的铁矿石反浮选时,用石灰、氢氧化钠和粗硫酸盐皂等药剂浮选石英,此时用腐殖酸钠抑制铁矿物。在硫化矿浮选中用腐殖酸钠抑制硫铁矿物。

(5) 木质素类。它们是存在于木材、芦苇等天然植物中的高相对分子质量的聚合物。木质素经过磺化、硫化、氯化、碱处理等加工,可以得到水溶性的磺化木素、氯化木素、碱木素等产品。在碱法造纸废水中,有大量的碱木素。

木质素抑制剂的主要用途是抑制硅酸盐矿物、稀土矿物。木质素磺酸盐可作为铁矿物的抑制剂。浮选钾盐矿时,它可作为脱泥剂,脱除不溶解的矿泥。

3. 活化剂(activators)

1) 各种金属离子

用黄药类捕收剂时,能与黄原酸形成难溶性盐的金属阳离子,如 Cu^{2+}、Pb^{2+} 等。常用的药剂如硫酸铜可活化闪锌矿、硝酸铅可活化辉锑矿等。

用脂肪酸类捕收剂时,能与羧酸形成难溶性盐的碱土金属阳离子 Ca^{2+}、Ba^{2+} 等的化合物,如氯化钙、氧化钙、氯化钡等可作为活化剂使用。

2) 硫化钠($Na_2S \cdot 9H_2O$)

氧化铜矿如孔雀石,氧化铅如白铅矿,经 Na_2S 硫化后,其表面生成硫化物薄膜。对于白铅矿,其硫化反应一般认为是

$$PbCO_3] PbCO_3 + Na_2S \Longrightarrow PbCO_3] PbS + Na_2CO_3$$
白铅矿] 氧化表面　　　　白铅矿] 硫化表面

硫化钠的作用和浓度、搅拌时间、矿浆 pH 及矿浆温度等因素有密切的关系。用量过小,不足以使矿物得到充分硫化;用量过大,引起抑制作用。在需要较高的硫化钠用量时,为避免 pH 过高,可采用 NaHS 代替 Na_2S,或在硫化时适当添加 $FeSO_4$、H_2SO_4 或 $(NH_4)_2SO_4$。硫化时间长,矿物表面形成的硫化物薄膜厚,对浮选有利。但时间过长,Na_2S 会分解失效。强烈搅拌会造成硫化膜的脱落,因此应当尽量避免。

3) 无机酸、碱

它们主要用于清洗欲浮矿物表面的氧化物污染膜或黏附的矿泥,如盐酸、硫酸、氢氟酸、氢氧化钠等。硫酸用于活化被石灰抑制的黄铁矿和磁黄铁矿。

某些硅酸盐矿物,其所含金属阳离子被硅酸骨架所包围,使用酸或碱将矿物表面溶蚀,可以暴露出金属离子,增强矿物表面与捕收剂作用的活性。此时,多采用溶蚀性较强的氢氟酸。

4) 有机活化剂

(1) 聚乙烯二醇或醚,可作脉石矿物的活化剂,如在多金属硫化矿浮选时,将其与起泡剂一起添加,可选出大量脉石,然后再进行铜铅锌的混合浮选。

(2) 工业草酸(HOOC—COOH),用于活化被石灰抑制的黄铁矿和磁黄铁矿。

(3) 乙二胺磷酸盐,是氧化铜矿的活化剂,对结合氧化铜和游离氧化铜都有良好的活化作用,能改善泡沫状况,降低硫化钠和丁黄药用量。

4. 介质 pH 调整剂

这类药剂常与抑制剂或活化剂交叉,难于分清。pH 调整剂(pH modifiers)的主要作用于造成有利于浮选药剂的作用条件、改善矿物表面状况和矿浆离子组成。常用的酸、碱调整剂如下:

硫酸是常用的酸性调整剂,其次如盐酸、硝酸、磷酸等。

石灰是应用最广泛的碱性调整剂,主要用于硫化矿浮选。

碳酸钠的应用,仅次于石灰,主要用于非硫化矿浮选。它是一种强碱弱酸的盐,在矿浆中水解后得到 OH^-、HCO_3^- 和 CO_3^{2-} 等离子,对矿浆 pH 有缓冲作用,pH 可保持在 8~10 之间。碳酸钠还具有一定的分散矿泥的作用。用脂肪酸类捕收剂浮选非硫化矿时,常用碳酸钠调节矿浆 pH,因为碳酸钠能消除 Ca^{2+}、Mg^{2+} 等的有害作用,同时还可以减轻矿泥对浮选的不良影响。碳酸钠还被作为黄铁矿的活化剂。

氢氧化钠,从铁矿石中反浮选石英时,经常用氢氧化钠作 pH 调整剂。此外,高冰镍(铜镍混合精矿经熔炼铸锭结晶后所得的人造富矿,成分为硫化铜和硫化镍)用氢氧化钠作 pH 调整剂调 pH>12 后,进行浮铜抑镍浮选分离,得出单一铜精矿和镍精矿。

5. 絮凝剂和分散剂

1) 絮凝剂

促使矿浆中细粒联合变成较大团粒的药剂称为絮凝剂(flocculants),按其作用机理及药剂结构特性,可以大致分为三种类型:

(1) 高分子有机絮凝剂。目前已经试用作为选择性絮凝剂的有:聚丙烯腈的衍生物(聚丙烯酰胺,水解聚丙烯酰胺,非离子型聚丙烯酰胺等)、聚氧乙烯、羧甲纤维素、木薯淀粉、玉米淀粉、芭蕉芋淀粉、石青粉、白胶粉、海藻酸铵、纤维素黄药、腐殖酸盐等。用选择性絮凝法处理的矿物很多,如氧化铁矿物、方铅矿、锡石、重晶石、一水铝石、硅孔雀石等。

常用者为聚丙烯酰胺(3 号凝聚剂)。它属于非离子型絮凝剂,是以丙烯腈为原料,经水解聚合而成的。工业产品为含聚丙烯酰胺 8% 的透明胶状体,也有粉状固体产品,可溶于水,使用时配成 0.1%～0.5%的水溶液,用量大约为 2～50g/m³。使用聚丙烯酰胺时,其用量应适当。用量很少时,显示有选择性;超过一定用量,就失去了选择性,而成为无选择性的全絮凝;用量再大,将呈现保护溶胶作用而不能絮凝。

(2) 无机凝结剂。用作凝结剂的无机物,有时称为"助沉剂"。这类药剂常用的为无机电解质,主要的有:a. 无机盐类,如硫酸铝、硫酸铁、硫酸亚铁、铝酸钠、氯化铁、氯化锌,四氯化钛等;b. 酸类,如硫酸、盐酸等;c. 碱类,如氢氧化钙、氧化钙等。

(3) 固体混合物,如高岭土、膨润土、酸性白土和活性二氧化硅。

2) 分散剂

当矿浆中有大量的原生矿泥和次生矿泥时,矿泥中往往脉石成分居多。矿泥会罩盖于有用矿物的表面,影响浮选过程的选择性,恶化分选过程。此时,需加入适当的矿泥分散剂,将矿浆中的矿物颗粒充分地分散开来。常用的分散剂(dispersants)有:

(1) 六偏磷酸钠$(NaPO_3)_6$。它具有很强的分散矿泥作用,还可消除 Ca^{2+}、Mg^{2+}的影响。

(2) 碳酸钠(Na_2CO_3)。具有一定的分散矿泥的作用。

6. 脱药剂和消泡剂

1) 脱药剂

(1) 酸和碱。用来造成一定的 pH,使捕收剂失效或从矿物表面脱落。

(2) 硫化钠。解吸矿物表面的捕收剂薄膜,脱药效果较好。硫化钠用量大时,会解吸吸附于矿物表面的黄药类捕收剂,所以硫化钠可作为混合精矿分离前的脱药剂。如铅锌混合精矿或铜铅混合精矿分选前,往往将矿浆浓缩,加大量硫化钠脱药,然后洗涤,重新加入新鲜水调浆后,进行分离浮选。

(3) 活性炭。利用活性炭的巨大吸附性能,吸附矿浆中的过剩药剂,促使药剂从矿物表面解吸。使用时,应控制用量,特别是混合精矿分离之前的脱药,用量过大往往会造成分离浮选时的药量不足。

2) 消泡剂

由于某些捕收剂如烷基硫酸盐、丁二酸磺酸盐、烃基氨基乙磺酸等的起泡能力很强,故影响分选效果和泡沫的输送。采用有消泡作用的高级脂肪醇或高级脂肪酸、酯、烃类,可以消除过多泡沫的有害影响。

烷基硫酸盐溶液中,以单原子脂肪醇和高级醇组成的醇类,及 C_{16}～C_{18}的脂肪酸的消泡性能最好。

5.2 浮选流程

5.2.1 浮选原则流程的选择

1. 浮选流程

浮选流程(flotation flowsheets)一般定义为矿石浮选时,矿浆经过各个浮选作业的总称。浮选原则流程(又称主干流程),只指出处理各种矿石的原则方案,其中包括段数、循环(又称回路)和矿物的浮选顺序。图5-7所示为最基本的浮选流程。矿浆经加药搅拌后进行浮选的第一个作业称为粗选,目的是将矿石中的某种或某几种欲浮目的矿物分选出来;粗选泡沫精矿进行再浮选的作业称为精选,目的是要提高精矿的质量,粗选槽内的产物进行再浮选的作业称为扫选,目的是要降低尾矿中被浮矿物的含量以提高回收率。

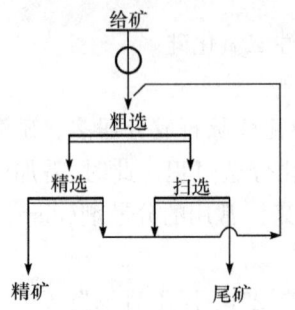

图5-7 最基本的浮选流程

实践表明,浮选流程是最重要的工艺因素之一,它对选别指标有很大的影响。浮选流程必须适应矿石性质,对于不同的矿石应采用不同的流程。合理的工艺流程应保证能获得最佳的选别指标和最低的生产成本。

生产中所采用的各种浮选流程,实际都是通过周密的矿石可选性研究后确定的。在确定流程时,主要应考虑矿石的性质,同时还应考虑对精矿质量的要求以及选厂的规模等。当选厂投产后,或因矿石性质的变化,或因采用新工艺与先进的技术等,还要不断改进与完善原流程,以获得较高的技术经济指标。

2. 浮选段数

段数是指在浮选过程中矿石经过磨矿→浮选、再磨矿→再浮选的阶段数。

(1) 一段磨浮流程。如果经一次磨矿后浮选,任何浮选产物无需再磨,则称为一段磨浮流程,见图5-8。一段流程适用于有用矿物嵌布较均匀,相对较粗且不

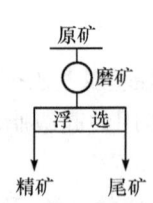

图5-8 一段磨浮流程

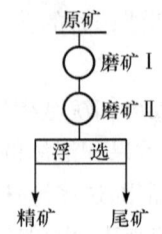

图5-9 两磨一选流程

易泥化的矿石。有时,当细粒均匀浸染矿石经过两次连续磨矿而浮选产物不用再磨,这样的流程仍属一段浮选流程。为了与阶段磨浮流程相区别,亦可叫做两磨一选流程,见图 5-9。

(2) 阶段磨浮流程。由于矿石嵌布不均匀,如果某个浮选产物需经再磨再选一次,则称两段磨浮流程。依此类推,可有多段磨浮流程。两段以上的磨浮流程统称阶段磨浮流程。常用的阶段磨浮流程是两段磨浮流程,其可能方案有三种:①精矿再磨流程;②中矿再磨流程;③尾矿再磨流程。分别见图 5-10(a)、图 5-10(b)和图 5-10(c)。

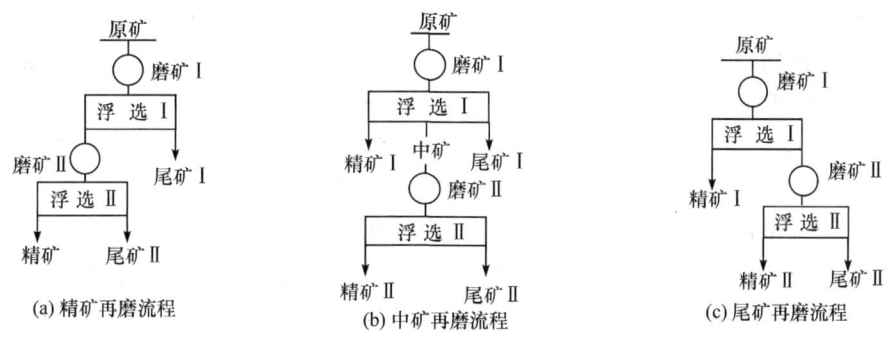

图 5-10 两段磨浮流程

(3) 浮选流程段数的选择。流程段数主要取决于有用矿物的浸染特性。原则上可根据矿石的几种浸染嵌布类型(图 5-11)采用相应的选别段数。

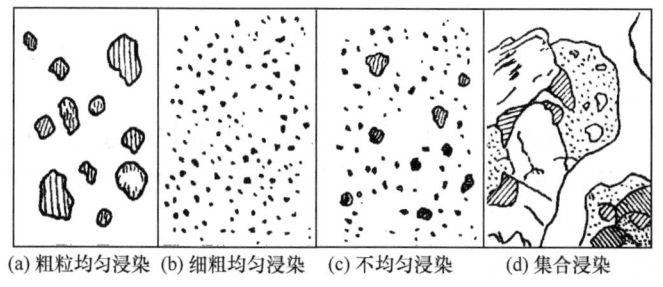

图 5-11 矿石的几种浸染嵌布类型

① 粗粒均匀浸染[图 5-11(a)]。有用矿物结晶粒度比较粗而且均匀。将矿石磨至可以浮选的粒度上限(如重金属硫化矿为 0.3mm)时,有用矿物基本上能单体分离。采用一段磨浮流程在粗磨之后浮选,即可得到合格精矿和废弃尾矿(图 5-9 所示)。

② 细粒均匀浸染[图 5-11(b)]。有用矿物结晶粒度细而均匀,通常需要磨至 -0.074mm 以下才能使有用矿物基本达到单体分离。处理这种类型的矿石,当浸

染粒度细而均匀时可采用两磨一选的一段磨浮流程(图5-9);当浸染粒度细而不太均匀、达到单体分离的粒度范围较宽时,也可采用将第一段浮选中矿再磨再选的两段磨浮流程。

③ 不均匀浸染[图5-11(c)]。有用矿物呈粗、中、细粒存在的不均匀浸染,这种矿石在实践中比较多见。处理这种矿石的合理流程应当是中矿或尾矿再磨再选的两段磨浮流程。显然,能在粗磨之下首先使粗粒部分单体分离,选得部分合格精矿。对呈连生体的中矿或富尾矿可再磨再选[图5-10(b)、图5-10(c)]。

④ 集合浸染[图5-11(d)]。在有些多金属硫化矿中,细粒浸染的几种有用矿物常呈粗大的集合体形式存在。处理这种类型的矿石可采用第一段浮选精矿再磨再选的两段磨浮流程。第一段磨至有用矿物集合体与脉石分离,选出混合精矿。将此精矿再磨再选,使各种有用矿物能够彼此分离[图5-10(a)]。

⑤ 复杂浸染。如果矿石兼有不均匀浸染和集合浸染的特性,则可采用第一段浮选富尾矿再磨和第一、二段浮选混合精矿再磨再选的两段磨浮流程。

由于一般矿石都具有一定的不均匀性,采用阶段磨浮是有利的。但在实际生产中由于磨矿和浮选要求的浓度相差很大,高差有限,使矿浆在磨、浮作业之间不能往复自流,常给操作管理和提高设备运转率造成困难。尽管如此,随着浮选厂处理矿石性质的日趋复杂,对于那些浸染特性复杂、易泥化的矿石,采用阶段磨浮比一段磨浮效果要好。近几年来在我国的许多选厂使用阶段磨浮流程都取得了良好的经济效益。

3. 浮选循环

循环(circuit)也称回路,是性质相近、关系密切的一些作业的总称,中间产物一般在回路内部循环。通常是指:

(1) 选别某种产物的各作业的总称。循环通常是以所选矿物中的金属(或矿物)来命名的。如选方铅矿的粗、精、扫选作业统称为铅浮选循环,选锌矿物的粗、精、扫选作业统称为锌浮选循环。

(2) 选别某一级别或某种物料的作业总称。如在泥砂分别处理时,可分为矿泥选别循环和矿砂选别循环等。

4. 矿物浮选顺序

矿石中矿物的可浮性、矿物相互间的共生关系等因素与浮选顺序有关。常见的矿物浮选顺序有:优先浮选、混合浮选、部分混合浮选和等可浮选等几种。

(1) 优先浮选。该流程按有用矿物可浮性的差异,根据先易后难的顺序逐个地将它们浮出。它适用于粗粒浸染和较富的矿石(脉石含量较少),见图5-12。

(2) 混合浮选,也叫全浮流程,见图5-13。即先混合浮出全部有用矿物,然后再逐次将它们分离。它是多金属硫化矿浮选中常用的流程,适用于品位低(脉石含量较多)和有用矿物致密共生的矿石,矿石中矿物呈集合体存在,在粗磨条件下,可得到混合精矿和废弃的尾矿。由于它在粗磨之下浮选就能丢弃大部分脉石,使进入后继作业的矿量大为减少,所以与优先浮选流程相比,它具有节省磨浮设备、降低电耗,节省药剂用量和基建投资等优点。处理富矿时,上述优点有时不太突出。此种流程的主要缺点是全浮中的过剩油药进入分选作业会造成分离浮选困难,当矿石性质复杂多变时,选别指标不佳。

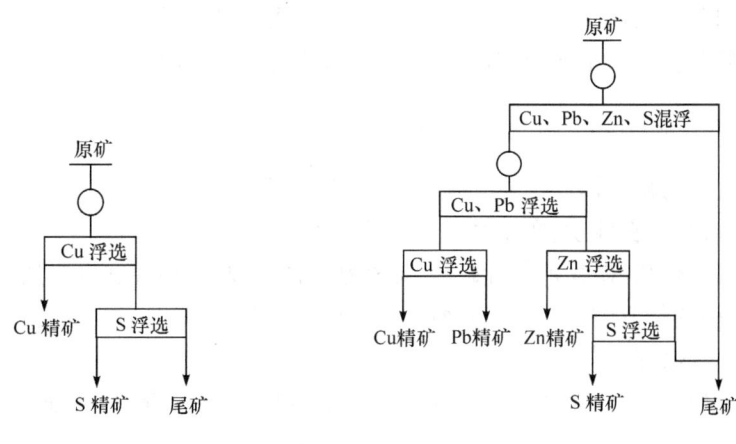

图 5-12 优先浮选　　　　　图 5-13 混合浮选

(3) 部分混合浮选,见图 5-14。当回收三种以上有用矿物时,还可采用部分混合浮选流程。它与全浮选流程的区别是:它只将要浮选的几种有用矿物中的一部分(而不是全部)先混合浮出。根据矿石中有用矿物可浮性差别,将可浮性相近的有用矿物同时浮出,得到混合精矿,其他可浮性较差的有用矿物作为尾矿再选。

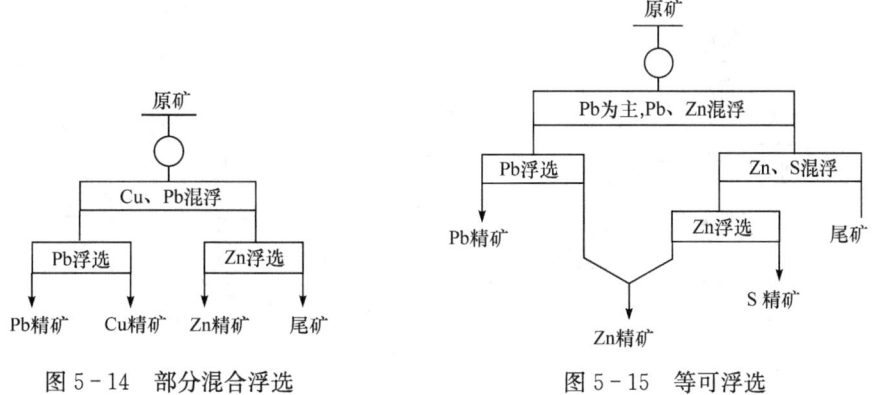

图 5-14 部分混合浮选　　　　　图 5-15 等可浮选

(4) 等可浮选,也叫分别混合浮选流程,见图 5-15。它是将要回收的有用矿物按可浮性不同分成易浮和难浮两部分,按先易后难的顺序分别浮选。根据可浮性相等的原则,在浮选一种主要有用矿物的同时,将另一种矿物中可浮性相同的部分一并浮出,形成混合精矿,而后再分离。它适合于处理同一种矿物包括易浮与难浮两部分的复杂多金属矿石,其优点是可降低药剂用量、消除过剩油药对分离浮选的影响,有利于提高选别指标;缺点是比全浮选要多用设备。

5.2.2 浮选流程内部结构

流程内部结构,除包括原则流程的内容外,还详细表达了各段的磨矿分级次数,每个循环的粗选、精选和扫选次数,中矿处理方式等内容。

1. 浮选作业(flotation operation)次数

浮选流程的粗选作业一般都是一次,少数情况下有两次以上。精选和扫选次数变化较多,与矿石性质、产品质量要求等有关。

原矿品位较高,矿物可浮性较差,而对精矿质量要求又不高时,应加强扫选,保证回收率,精选作业应少,甚至不精选。处理多金属硫化矿时,常见的精、扫选次数通常在1～3次之间。

原矿品位较低,而对精矿质量的要求又很高时,应加强精选,保证合适的精矿品位。例如,处理辉钼矿、萤石等矿石时,精选次数可达6～8次。有用矿物与脉石矿物可浮性差别大时,精选次数可相应减少。

2. 中矿处理

浮选过程中,精选尾矿和扫选精矿等中间产品,称为中矿。常见的处理方案有:

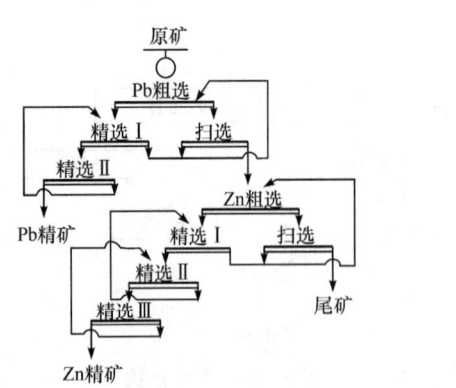
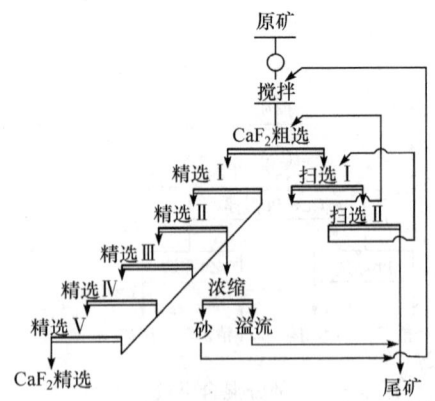

图 5-16　铅锌矿优先浮选中矿顺序返回　　图 5-17　萤石矿 5 次精选中矿合一浓缩后返回

(1) 返回流程中适当地点。常见的是顺序返回。当中矿中矿物已单体解离,可浮性一般,又强调回收率时采用。例如,铅锌矿优先浮选中矿顺序返回见图5-16。

中矿合一返回,是将全部中矿(或部分)合并后,返回至前面的某一作业(一般为粗选作业),在于矿物可浮性较好,对精矿质量要求较高时采用。例如,萤石(CaF_2)粗精矿经5次精选得出的中矿合并一起经浓缩后返回粗选作业,见图5-17。

中矿返回一般应遵循的规律是:①中矿应返回到矿物组成和可浮性等性质相近似的相应浮选作业;②中矿返回原流程相应浮选作业后,不应形成恶性循环,而应能分选进入相应的最终产品;③中矿返回原流程相应浮选作业后,一般应力求保持该浮选作业最适宜的矿浆浓度,必要时应对中矿进行浓缩处理。

(2) 中矿再磨。中矿连生体较多时,需要再磨。再磨可单独进行[图5-10(b)],也可返回第一段磨矿。中矿再磨前进行浓缩和分级是必要的。

(3) 中矿单独浮选。中矿性质特殊,返回前面作业均不太合适时,将中矿单独浮选。

(4) 中矿用水冶等其他方法处理。

5.2.3 浮选流程图

1. 原则流程框图

浮选原则流程(又称主干流程),只指出处理各种矿石的原则方案,其中包括段数、循环(又称回路)和矿物的浮选顺序。如图5-12、图5-13等,这种图示简明扼要,常用于对非本专业人员做简介。

2. 线流程图

线流程图是指用简单的线条图来表示矿石浮选工艺过程的一种图示法,如图5-18所示即表示某单金属浮选的线流程图。一般都把泡沫产物画于浮选作业左边,糟底产物则画于右边。

这种表示矿石浮选工艺过程的方法比较简单,且便于在流程图上标注药剂用量以及浮选指标等,故比较常用。

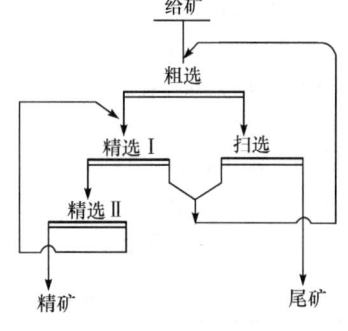

图5-18 线流程图

3. 设备联系图

设备联系图是指将浮选工艺过程的主要设备与辅助设备(例如,磨矿机、分级机、搅拌槽、浮选机以及砂泵等),先绘成简单的形象图,然后用带箭头的线条将这些形象图联系起来,并表示矿浆流向的一种图示法。图5-19所示的即是图5-18

的设备联系图。图5-19表示浮选作业是按浮选机顺序布置的,精选Ⅱ与精选Ⅰ各为两个浮选槽,粗为6个浮选槽,扫选为4个浮选槽,粗选槽内产物自流进入扫选作业,粗、扫选的泡沫精矿及精选Ⅰ的泡沫精矿均自吸返回浮选前一作业。用设备联系图表示浮选生产过程的优点,是因为它能比较形象化地表示出流程中所用设备在现场配置的相对位置,其缺点是绘制比较麻烦。

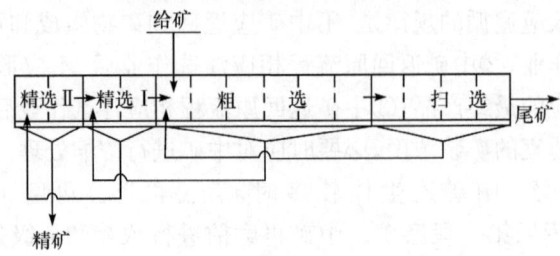

图5-19 设备联系图

5.2.4 浮选流程指标计算

【例5-1】 某单一铜矿,浮选流程如图5-18,取样化验测定原矿铜品位$\alpha = 1.1\%$,精矿品位$\beta = 24.5\%$,尾矿品位$\vartheta = 0.12\%$。求浮选生产指标。

解 根据式(1-1)和式(1-2),浮选精矿产率γ和浮选回收率ε分别计算如下

$$\gamma_{精} = \frac{(\alpha-\vartheta)}{(\beta-\vartheta)} \times 100\% = \frac{(1.1-0.12)}{(24.5-0.12)} \times 100\% = 4.02\%$$

$$\varepsilon = \frac{\beta\gamma}{\alpha} = \frac{\beta(\alpha-\vartheta)}{\alpha(\beta-\vartheta)} \times 100\% = \frac{24.5}{1.1} \times 4.02\% = 89.53\%$$

【例5-2】 某铅锌矿,小型浮选闭路试验流程如图5-16,单元试验矿样质量500g,连续进行5个单元试验,流程达到平衡后获得数据为:铅精矿质量26.9g,品位Pb 60.16%,Zn 4.06%;锌精矿质量49.4g,品位Pb 0.48%,Zn 47.27%;尾矿质量416.2g,品位Pb 0.36%,Zn 0.55%。求浮选试验指标。

解 列表如表5-1,将数据填入。首先计算各个产品的产率γ,再分别计算各个产品的相对金属量$\gamma\beta$,汇总相加得原矿总金属量,即可算得原矿品位,然后再分别计算各个产品的浮选回收率ε。计算结果见表5-1。

表5-1 某铅锌矿小型浮选闭路试验结果

产品	质量/g	产率/%	品位β/%		相对金属量$\gamma\beta$		回收率ε/%	
			Pb	Zn	Pb	Zn	Pb	Zn
铅精矿	26.9	5.46	60.16	4.06	328.47	22.17	90.30	4.08
锌精矿	49.4	10.03	0.48	47.27	4.81	474.12	1.32	87.31
尾矿	416.2	84.51	0.36	0.55	30.47	46.74	8.38	8.61
原矿	492.5	100	3.64	5.43	363.75	543.03	100	100

5.3 浮选工艺影响因素

浮选工艺(flotation technology)是一个较复杂的矿石处理过程,其影响因素可分为不可调节因素(包括原矿性质和生产用水的水质等)和可调节因素(包括浮选流程、磨矿细度、矿浆浓度、矿浆酸碱度、浮选药剂制度等)两大类。浮选流程因素已在 5.2 节中专门讲述,其在已建成投产的浮选厂是不轻易调节改动的。

5.3.1 矿石性质

主要包括原矿品位和物质组成,矿石中矿物的嵌布特性及共生关系,矿石的氧化率等。原矿品位的波动,会增加浮选工艺条件控制难度。矿石中有用矿物的嵌布特性及共生关系则影响破碎、磨矿流程及产品粒度。其中,矿石的氧化率对浮选的影响较大,主要表现为:

(1) 矿石的泥化程度增大。许多金属矿物与脉石矿物的氧化,都会改变原来的矿物及矿石结构,形成一系列土状或黏土状矿物,使矿泥量增大。

(2) 矿石由于氧化,使矿石中矿物组成复杂,表面物理化学性质发生变化,如黄铜矿经氧化后,会形成孔雀石、蓝铜矿及硅孔雀石等新的次生金属矿物,影响有用矿物的可浮性,甚至可能改变原有选矿方法或工艺流程。

(3) 矿石的氧化程度不同,影响矿浆的酸碱度,对药剂的种类及用量要求也会不同。

5.3.2 粒度

适宜的磨矿细度是根据矿石中有用矿物的嵌布粒度,通过选矿试验确定的。生产实践表明,过粗和过细的矿粒,即使已达到单体解离,其回收效果也是不好的。因此,磨矿细度对浮选分离效果有着决定性的意义。

目前,浮选粒度上限对硫化矿一般为 0.2~0.25mm,非硫化矿为 0.25~0.3mm,对一些密度较小的非金属矿,如煤等,粒度上限还可提高。浮选矿粒粒度小于 0.01mm 时,浮选指标显著恶化,因此,应尽可能避免矿石过磨泥化。

1. 粗粒浮选

在矿物单体解离前提下,粗磨浮选可节省磨矿费用。但粗粒矿石在浮选机中难于悬浮,与气泡碰撞几率小且易脱落,因而浮选困难。常采取的措施主要有:

(1) 浮选设备的选择与调节。降低浮选机中矿浆运动的湍流强度,是保证粗颗粒浮选的关键。选择适宜粗颗粒浮选的设备(如环射式浮选机等),改进和调节常规浮选机的结构和操作参数,包括采用浅槽体缩短矿化气泡的浮升路程;降低浮选机叶轮转动速度;增加稳流板减少湍流强度,保持泡沫区的稳定;增大充气量,形成较多的大气泡等,有利于气泡和矿粒形成浮团,将粗粒"拱抬"上浮。

(2) 适当增加矿浆浓度。

(3) 调节药方。增强矿物与气泡的固着强度,加快上浮速度,常添加捕收力强的捕收剂。

2. 细粒浮选

一般选矿中所谓的矿泥,常指-74μm的粒级。浮选中的矿泥应是-18μm或-10μm的细粒级。矿泥分原生矿泥(主要是各种泥质矿物,如高岭土等)和次生矿泥(即在破碎、磨矿、运输及搅拌等过程中形成的细粒级)。

矿泥质量小、比表面积大,易夹杂于泡沫中上浮,降低精矿质量;矿泥易罩盖于粗粒矿物表面,影响粗粒上浮;矿泥由于比表面积大而吸附大量浮选药剂,药耗增加;矿泥使矿浆黏度增加,导致充气条件变差;细粒级矿物表面溶解速度增大,矿浆中"难免离子"增加。矿泥的这些特点导致细粒(矿泥)浮选速度变慢,选择性差。消除或减少矿泥影响措施主要有:

(1) 添加矿泥分散剂,消除矿泥罩盖或微粒间的无选择性互凝。常用分散剂主要有碳酸钠、水玻璃、六偏磷酸钠等。

(2) 分段、分批加药。随时保证矿浆中药剂的有效浓度,避免被矿泥大量吸附。

(3) 采用较稀矿浆。减轻矿泥对精矿泡沫污染,降低矿浆黏度。

(4) 脱泥。是消除矿泥影响的根本方法,常采用分级脱泥,或选择性分散后再分级脱泥,实现"泥砂分选"。此外,浮选前可添加少量起泡剂或专门药方浮出矿泥。

除采用上述方法减轻或消除矿泥影响外,在某些领域,仍需采用浮选方法分选微细粒矿物,如铝土矿反浮选脱硅,其目的主要是脱除矿石中大量-40μm以下的硅酸盐矿物,因此必须采用某些强化细粒浮选的措施,主要包括:

① 选择或采用对微细粒矿物具有化学吸附或螯合作用的浮选药剂,提高微细粒矿物浮选速度;

② 选择性絮凝浮选。采用絮凝剂选择性絮凝目的矿物或非目的矿物,多用于细粒赤铁矿选别;

③ 载体浮选。即利用适合浮选的粒级的矿粒作载体,使细粒罩盖于载体上浮,载体可用同类矿物,也可用异类矿物,如用黄铁矿作载体浮选细粒中的金;

④ 团聚浮选,又称乳化浮选。微细粒矿物经捕收剂处理,在中性油的作用下,形成带矿的油状泡沫或油膜。其操作工艺条件分为两类:捕收剂与中性油先配成乳化液加入;在高浓度(达70%固体)矿浆中,分别先后次序加入中性油及捕收剂,强烈搅拌,控制时间,然后刮出上层泡沫;

⑤ 微泡浮选。即减小气泡尺寸,有利于增加气-液界面,增加微细粒间的碰撞

和黏附概率。主要工艺有：电解浮选和真空浮选。电解浮选是利用电解方法获得 0.02~0.06mm 的微泡。用于浮选细粒锡石时，单用电解氢气泡浮选，与常规浮选相比，粗选回收率由 33.5% 提高到 79.5%，同时品位还提高了 0.8%。真空浮选则是采用降压装置，从溶液中析出 0.1~0.5mm 的微泡。用于浮选细粒重晶石时，与常规浮选相比，精矿品位和回收率均有大幅度提高。

此外，近年来开发了一些细粒浮选的新工艺，如综合力场浮选，控制分散浮选，分支浮选等新工艺。

5.3.3 矿浆浓度（质量分数 w_B）

矿浆悬浮液质量分数 w_B，又称为矿浆浓度 C，是指矿浆中固体颗粒的含量，常用液固比或固体含量百分数表示。其中液固比指矿浆中液体与固体的质量（或体积）之比，有时称稀释度；固体含量百分数是指矿浆中固体质量占矿浆总质量的百分数（%），如式（5-1）：

$$C = w_B = \frac{Q_{矿}}{Q_{矿} + Q_{水}} \times 100\% \quad (5-1)$$

浮选厂常见浮选浓度见表 5-2。

表 5-2 浮选厂常见矿浆浓度

矿石类型	浮选循环	矿浆浓度/%			
		粗选		精选	
		范围	平均	范围	平均
硫化铜矿	铅及硫化铁	22~60	41	10~30	20
硫化铅锌矿	铅	30~48	39	10~30	20
	锌	20~30	25	10~25	18
硫化钼矿	辉钼矿	40~48	44	16~20	18
铁矿	赤铁矿	22~38	30	10~22	16

矿浆浓度是浮选过程重要的影响因素之一，其对浮选过程的影响关系大致如下：①矿浆过浓或过稀，使浮选机充气变坏；②在用药量不变时，矿浆浓度大，液相中药剂浓度增加，可节省药剂；③矿浆浓度增加，当浮选机容积及生产率不变时，矿浆停留时间相对延长，有利于提高回收率，反之，浮选时间不变时，浮选机生产率提高。但矿浆过浓，则使浮选机工作条件变差，浮选指标下降；④矿浆浓度增加，细粒的可浮性提高。当细粒为有用矿物，有利于提高精矿质量及回收率。反之，细粒为脉石矿物时，应采用稀浆浮选，避免精矿夹杂。

在实际生产中，浮选最适宜的矿浆浓度，除应考虑上述因素外，还应结合矿石性质和特定的浮选工艺条件。一般原则是：浮选密度大，粒度粗的矿物，通常采用

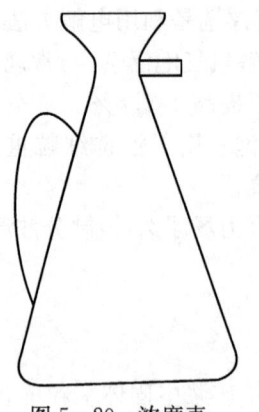

图 5-20 浓度壶

较高的矿浆浓度;反之,浮选密度小,粒度细的矿物,通常采用较低的矿浆浓度;粗选作业采用较高浓度,可节省药剂,保证获得高的回收率,精选作业采用较低的浓度,则有利于提高精矿质量。

矿浆浓度的测定通常用浓度壶法。浓度壶外形如图 5-20 所示。

根据矿浆质量浓度 C 的定义,有

$$C = \frac{Q_{矿}}{Q_{矿浆}} \times 100\% = \frac{Q}{W_3 - W_1} \times 100\%$$

$$= \frac{\delta}{(\delta - \rho)} \cdot \frac{W_3 - W_2}{W_3 - W_1} \times 100\% \quad (5-2)$$

式中:W_1 为空浓度壶质量,g;W_2 为浓度壶注满清水,壶、清水总质量,g;W_3 为浓度壶注满矿浆,壶、矿浆总质量,g;Q 为矿浆中的物料干量,g;δ 为物料密度,g/cm³;ρ 为介质密度,g/cm³,对水:$\rho = 1$ g/cm³。

根据式(5-2),在现场通常预先计算制成一张表格。对于一个特定的浓度壶,只要称出它装满矿浆后的质量 W_3,即可对应地从表上查出相应矿浆的浓度值。

【例 5-3】 某小型单元浮选试验,单元试样质量 $Q = 0.5$ kg,试样的密度 $\delta = 3.1$ kg/dm³,所用浮选机容积 $V = 1.5$ L,水的密度 $\rho = 1.0$ kg/dm³,求浮选矿浆浓度(质量分数 w_B)。

解

$$w_B = \frac{Q_{矿}}{Q_{矿} + Q_{水}} \times 100\% = \frac{Q_{矿}}{Q_{矿} + (V - Q_{矿}/\delta)\rho} \times 100\%$$

$$= \frac{0.5}{0.5 + (1.5 - 0.5/3.1) \times 1.0} \times 100\% = 27.17\%$$

5.3.4 矿浆酸碱度、水质、温度和调浆

1. 矿浆酸碱度

矿浆酸碱度一方面影响矿物表面的浮选性质,如矿物表面电性、矿物表面氧化程度及"有害离子"含量等。另一方面影响浮选药剂的作用,如药剂的解离度及捕收剂和起泡剂等与矿物表面的作用等。常见硫化矿浮选 pH 见表 5-3。

表 5-3 常见硫化矿浮选 pH(以粗选为准)

矿石类型	铜矿	铜硫铁矿	铜钼矿	铜镍矿	铜钴矿	铅锌矿	铜铅锌矿
粗选 pH	9.5~11.8	9.0~11.5	10~11.5	7.8~9.5	10~11	7.1~12	7.2~12

2. 水质

浮选在水介质中进行,水质对浮选过程及指标的影响很大。浮选生产用水包

括软水、硬水、咸水、盐的饱和溶液及生产回水等几类。不同浮选过程对水质的要求不同。一般要求浮选用水不应含有大量悬浮物及可与浮选药剂或矿物反应的物质(包括钙、镁、铁、铜及各种酸根等离子),对回水还应考查其中药剂对浮选过程的影响,以确定是否可以回用。

3. 矿浆温度

矿浆加温来自两个方面的要求。一方面是某些浮选药剂的性质,要求在一定温度下才能溶解及发挥最佳效果。另一方面是某些难选矿石的特殊浮选工艺要求。近来,硫化矿加温浮选工艺发展较快,主要有石灰蒸气加温分选、自然氧化加热水浮选、硫化钠加蒸气加温等。

4. 调浆

矿浆在进入浮选机之前,应得到合理的调浆,使之与药剂充分地混合作用,以保证浮选过程的正常进行。

常见调浆方法有常规调浆、分级调浆和充气调浆。

(1) 常规调浆。常规调浆就是在搅拌槽内让全部矿浆与药剂充分地混合作用一定的时间。常用的搅拌槽有螺旋桨式搅拌槽和高效搅拌槽。

(2) 分级调浆。分级调浆是根据不同粒级要求不同的调浆条件,将矿浆分成粗细不同粒级分别调浆,再集中浮选。分级粒度应通过试验来确定。图 5-21 示出了两分支和三分支的调浆方案。

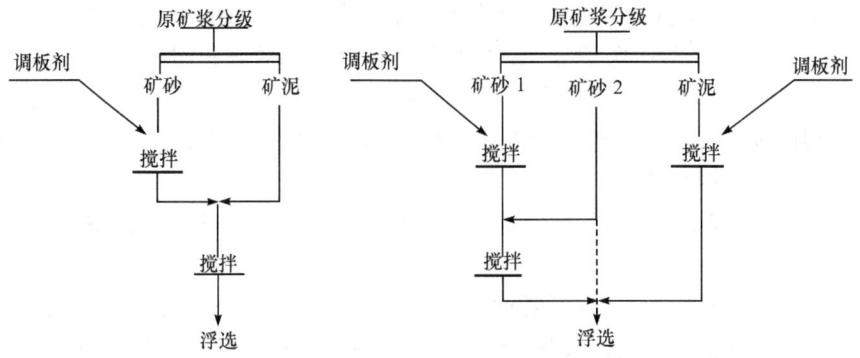

图 5-21 分级调浆方案

分两支的调浆方案,药剂加入粗砂部分,粗砂调浆后与矿泥合并浮选。此方案适用于矿泥浮选活性高于粗砂,而粗砂需提高药剂用量或补加其他强力捕收剂的情形。处理后使粗、细粒的可浮性相近。另外,粗粒要求较高的药剂浓度,也可采用分级调浆得到满足。如铅锌矿分级调浆的经验证明,粗砂部分的黄药浓度比一般调浆的平均值高 7~10 倍,其优点是既能保证粗粒的有效浮选,又改善了选择性。

分三支的调浆方案,矿浆分级为粗粒(矿砂Ⅰ)、中粒(矿砂Ⅱ)和矿泥。中粒级一般可浮性较好,而粗砂和矿泥均要求特殊的调浆。三个分支的可浮性差别较大时,采用该方案有利,但该方案设备及管道增多,一般情况下采用两分支调浆为好。

(3) 充气调浆。充气调浆是在不添加药剂前,预先充气(又称渗氧)调浆,利用矿石表面的氧化程度差异,扩大矿物间可浮性差别,改善分离效果。对于含铜硫化矿的充气调浆实践证明,加药以前充气调浆 30min,矿石中的磁黄铁矿和黄铁矿受到氧化,而黄铜矿仍保持原有的可浮性,甚至受到一定活化。但充气调浆时间过长,黄铜矿也会受到氧化,降低其可浮性;毒砂与黄铁矿的分离,也常采用充气调浆,使易氧化的毒砂表面氧化,达到浮选分离的目的。

5.3.5 浮选药剂的使用与调节

1. 浮选药剂制度

药剂制度包括药剂种类、用量、添加方式及地点,又称药方。药剂制度是通过选矿试验确定的,并在生产过程中,对药剂制度不断修正与改进。浮选能否得到满意的指标,很大程度上决定于浮选的药剂制度选择得是否正确。在一些处理多金属矿石或复杂难选矿石的浮选厂,药剂制度经常是生产中突出的问题。

选择药剂种类应首先了解待分选矿石的工艺矿物学性质,包括:①矿石的化学成分含量组成;②矿石是硫化矿或者氧化矿,以及硫化矿的氧化程度;③各种有用矿物和脉石矿物的种类、含量、粒度大小与彼此之间的嵌布浸染关系;④可能回收的伴生贵金属和稀散金属的分布。在此基础上,采用 5.2.1 所述方法,选择确定浮选原则流程。不同的浮选原则流程就会有不同的药剂方案。一般说来,下面几条实践经验可以提供考虑。

(1) 先浮选易浮的矿物,后浮选难浮的矿物;或者说,先浮可浮性好的,后浮可浮性差的。

(2) 要抑制可浮性差的,不要抑制可浮性好的;要抑制易被抑制的矿物,不要抑制难被抑制的矿物。例如,铅锌硫化矿石,主要有用矿物为方铅矿和闪锌矿,方铅矿的可浮性比闪锌矿好,抑制方铅矿很难但抑制闪锌矿很容易。因此可以确定先抑制闪锌矿浮选方铅矿。

(3) 当两种矿物可浮性相似时,应该考虑先浮出量少的矿物,抑制量多的矿物,经常易于得到较好的指标。例如,铜铅锌硫多金属矿石,主要有用矿物组成为黄铜矿、方铅矿、闪锌矿和黄铁矿。黄铜矿和方铅矿的可浮性都很好,经常先将这两种矿物同时浮出得到铜-铅混合精矿。铜-铅混合精矿的分离可以考虑两种方案:抑铅浮铜或抑铜浮铅。又例如,含铁石英岩的浮选,主要组成矿物为赤铁矿和石英。用脂肪酸类捕收剂浮选时赤铁矿的可浮性比石英好。一般而言,矿石中赤铁矿的量比石英少,故经常采用浮选赤铁矿的方案。另一种情况,磁铁矿精矿中往往含10%左右二氧化硅,欲进一步提高精矿品位,常采用阳离子捕收剂反浮选少量石英的办法,实践证明比磁铁矿精矿用磁选多次精选将石英淘汰的办法更为有效。

(4) 浮选价值高的矿物,抑制价值低的矿物,比较易于达到浮选的目标。例如,铅锌硫化铁矿石或铜锌硫化铁矿石,选完铅或铜以后剩下的有用矿物主要是闪锌矿和黄铁矿。从可浮性上分析,未活化的闪锌矿的可浮性不比黄铁矿好。实践上总是先选闪锌矿后选黄铁矿。其原因一方面由于闪锌矿活化后它的可浮性明显得到提高,另一方面是因为闪锌矿的价值比黄铁矿高,闪锌矿在矿石中的含量经常比硫化铁低。

(5) 浮选精矿质量要求高的矿物,抑制精矿质量要求低的矿物。例如,含钼黄铜矿矿石的浮选,由于辉钼矿与黄铜矿都有很好的可浮性,经常先得到铜钼混合精矿。铜钼混合精矿的分离实践上大多数选厂采用抑铜浮钼的方案。其原因除了钼的价值比铜高,钼的品位比铜低之外,对钼精矿有很高的质量要求也是一个重要原因。如果反过来采用浮铜抑钼的方案,那么混合精矿中夹杂的脉石全部落到钼精矿中,钼精矿质量很难达到要求。

选定浮选原则流程后,对不同的浮选循环如铅循环、锌循环、硫循环等逐一分别选择药剂方案。确定加药的种类时既要参考处理类似矿石选厂的实践经验,又要对矿石性质及浮选处理可能的方案作分析。选择药剂的顺序依次为:先选捕收剂,再选调整剂(抑制、活化、pH、分散等),最后选起泡剂。

2. 药剂用量对浮选过程的影响

浮选药剂的用量一般用每吨原矿所加入的药剂克数来表示,即 g/t。

药剂的用量随药剂在浮选中所起的作用以及矿浆的性质而异。浮选实践表明,各种药剂的用量必须适当才能获得较好的浮选效果。

在分析药剂用量过程中要考虑解决好以下几方面的矛盾关系。

(1) 捕收剂的用量与浮选能力及选择性的关系。一般说来,在一定范围内适当增加捕收剂的用量,可以提高浮选速度并改善浮选指标,但用量过高或过低对浮选都不利。

捕收剂用量过大,一方面降低了浮选过程的选择性,使某些不应浮出的矿物上浮,降低精矿质量;另一方面,不应浮出的矿物与欲浮目的矿物在气泡上竞争黏附,降低欲浮目的矿物的上浮概率,使回收率下降。脂肪酸类捕收剂用量过大,在液-气界面上还可能形成所谓"装甲"现象,阻碍矿粒在气泡上黏附,也可能在矿物表面形成反吸附的第二层,即其疏水性基团在分子间力作用下与第一吸附层的捕收剂相互吸引(烃链间的缔合作用),而其极性基团则朝着水相并与偶极水分子作用,或在矿浆中形成亲水性胶束吸附在矿物表面,这些均会降低矿物表面的疏水性与可浮性。

反之,捕收剂用量过低,由于欲浮目的矿物表面所造成的疏水性不足,矿物浮选不充分,选别指标(回收率)亦不好。

(2) 抑制与捕收的关系。抑制剂的用量也要适当,否则也会引起选别指标的下降。抑制剂用量过大,往往对不该抑制的矿物也产生抑制,而用量太少,则该抑制的矿物又未能充分抑制。此外,抑制剂的用量还常对捕收剂的用量发生影响。捕收剂与抑制剂在同一体系中经常是互相影响的。抑制剂用量多往往使捕收剂用量也适当增加,即重抑制也要相应的重捕收。反之,捕收剂用量多同样抑制剂用量也多。使用抑制能力较弱的抑制剂,我们只能用弱捕收剂才能实现分离,否则必然导致分离困难。

(3) 分散与团聚(或絮凝)的关系。矿浆经药剂处理后,经常具有这样的特征:脉石矿物被抑制并呈分散状态,目的矿物被疏水化呈选择性团聚状态。经充气,目的矿物的团聚粒就黏附于气泡而上浮,脉石矿物留在槽内。浮选过程使用的抑制剂常起分散作用,使用的捕收剂常起团聚作用。矿浆的分散与团聚必须掌握好程度,分散得过于强烈将影响目的矿物的浮选,分散得不足将影响精矿的质量。对目的矿物的团聚也要掌握适当,团聚得过分也要影响精矿的质量,有时甚至影响目的矿物的回收率。

(4) 活化与抑制、捕收的关系。活化剂与抑制剂在同一体系中也是互相影响的。活化剂在矿浆中不仅活化某种矿物,同时也会对别的矿物发生作用,用量多时经常可以活化几种矿物。抑制剂也如此,用量少时主要对某一矿物发生作用,用量多时可以抑制某些矿物。此外,活化剂用量过大时,则不仅会破坏过程的选择性,且会无益的消耗捕收剂,增大捕收剂的用量。

(5) 起泡与捕收的关系。起泡剂的用量也应注意。初学者容易孤立地看待捕收剂与起泡剂的作用,认为捕收剂只起捕收作用,起泡剂只起起泡作用,其实二者是互为影响的。一个简单的事实:当捕收剂用量一定条件下,其他药剂用量也不变,只增加起泡剂用量就可以使浮选泡沫的产率增大。某矿物被抑制,如果被抑制得不十分强烈,有时稍增加起泡剂用量就可以使被抑制矿物浮游。起泡剂用量不够,形成的气泡脆弱,泡沫量不足,影响回收率;而用量偏大,泡沫可能过分稳定,或泡沫量过多,过于黏与多的泡沫经常得不到高质量精矿,影响过程的选择性,甚至出现泡沫从浮选槽自流涌出的所谓"跑槽"现象。浮选过程的选择性经常是在正确使用起泡剂条件下才能实现。

3. 药剂配制

同一种药剂,配制形式不同,用量和效果也会不同。为提高药效,应根据药剂性质,采用不同的配制方法。

(1) 原液添加。如松醇油、煤油的可直接添加。

(2) 配制成水溶液。适用于黄药等可溶于水的药剂,常见的配制质量分数(浓度)为 5%~20%。

【例 5 - 4】 某选矿厂药剂配制搅拌桶直径 D 为 1.5m,标定有效药液配制高度 h 为 1.1m,每次加入一桶质量 W 为 100kg 的丁黄药。设药液密度近似于水的密度 $\rho=1000 \mathrm{kg/m^3}$,求药液质量分数 w_B(质量分数)。

解
$$w_B = \frac{W}{Q_{液}} \times 100\% = \frac{W}{\frac{1}{4}\pi D^2 h \rho} \times 100\%$$
$$= \frac{100}{\frac{1}{4} \times 3.1416 \times 1.5^2 \times 1.1 \times 1000} \times 100\% = 5.14\%$$

(3) 酸化法。对胺类难溶于水的药剂,可用盐酸或乙酸进行质子化处理,才能溶于水。浮选时通常将混合胺与盐酸或乙酸按 1∶1 的物质的量配比,适当加温待溶解后再用水稀释到 5%~10% 以供使用。

(4) 皂化法。对油酸类脂肪酸捕收剂,常与碳酸钠按 2∶1 的物质的量配比皂化,适当加温水搅拌溶解稀释成 5%~10% 皂液以供使用。

(5) 乳化法。对相对分子质量较大、凝固点较高的脂肪酸,可将其先溶解在煤油中,增强其流动性和在矿浆中的乳化分散性。通常将脂肪酸与煤油按 1∶1 的质量配比添加,还可进一步采用强烈机械搅拌、超声波振荡及配加乳化剂等方法进行乳化。

4. 药剂添加

合理添加的目的是保证矿浆中药剂有效浓度。与矿石性质、药剂性质及工艺要求有关。

(1) 加药点选择。加药点的选择发挥药剂作用关系很大,如某些难溶药剂、抑制剂或 pH 调整剂等可加入球磨机。能互相反应抵消的药剂,必须分开添加等。

(2) 加药方式。可采用一次加药和分段加药(或逐点添加)。一次加药是将药剂在浮选前全量一次加入矿浆中,这样可以提高浮选过程初期的浮选速度。浮选初期的选择性往往是最好的,故提高初期的浮选速度很有意义。对于易溶的,不易被泡沫机械带走的,不易在矿浆中失效的药剂一般采用一次加药。分段加药容易获得质量较高的精矿,对于易被泡沫带走的药剂如脂肪酸类捕收剂;在矿浆中易起反应失效的药剂如亚硫酸盐等;用量需严格控制过量会起相反作用的药剂如硫化钠等,最好分批添加。分批加药时在粗选前加 60%～80%,其余 20%～40%分别加于扫选或其他适当地点。

(3) 加药顺序。常见的加药顺序,浮选原矿时,先加调整剂、抑制剂,再加捕收剂,最后加起泡剂。浮选被抑制的矿物时,先加活化剂,再加捕收剂,最后加起泡剂。

(4) 药剂作用时间。实践上常用的药剂可用经验加以确定,如松油 $1\sim2$min,黄药 $1\sim3$min。加于球磨机的药剂因作用时间很长,不必做试验确定。少数几种药剂可以通过试验加以确定。

(5) 药剂添加量的计算。

【例 5-5】 某铜矿选矿厂日处理量 $Q=1000$t/d,单一浮选系列。捕收剂丁黄药配制成质量分数 $w_B=10\%$ 的药液添加。若丁黄药的设定添加量 $J=90$g/t,求药液添加流量 V(mL/min)。

解 $$V=\frac{Q}{24\times 60}\times\frac{J}{w_B}=\frac{1000}{24\times 60}\times\frac{90}{0.1}=625(\text{mL/min})$$

【例 5-6】 某小型单元浮选试验,单元试样质量 $Q_{矿}=0.5$kg,所用浮选机容积 $V=1.5$L,捕收剂配制成质量分数 w_B 为 0.5%的药液添加。若捕收剂的设定添加量 J 为 120g/t,求药液添加体积 V(mL)。

解 $$V=\frac{Q_{矿}J}{1000w_B}=\frac{0.5\times 120}{1000\times 0.005}=12(\text{mL})$$

5. 提高药效的措施

(1) 混合用药。混合用药以矿物表面的不均匀性和药剂间的协同效应为依据,在工业生产中得到了广泛应用,也是提高药效的主要趋势。主要包括以下几点。①同系药剂混用,如低级黄药与高级黄药混用等;同类药剂的混用,如白药与黑药混用,Z-200 与硫胺脂混用等;②氧化矿捕收剂与硫化矿捕收剂混用,如氧化石蜡皂与黄药混用,提高氧化铜矿的回收率;③阳离子捕收剂与阴离子捕收剂混用,如十二胺与油酸钠混用等,其机理有两种观点:一种认为是阳离子药剂先在荷负电的矿物表吸附,并使矿物表面电荷符号变正,以利于阴离子药剂吸附;另一种认为在酸性介质中阳离子捕收剂为离子吸附,阴离子为中性分子吸附(或在碱性介质中情况相反)。前者简称"电荷补偿"机理,后者为分子离子共吸附;④大分子与小分子药剂混用,如所谓的聚-复捕收剂,它是由水溶性差的高分子聚合物与普通捕收剂混合所制成的水溶性复合物,如聚乙烯乙酸酯加入十二胺盐酸盐及十二烷基磺酸钠水溶液中所制成的复合物。据认为捕收剂分子是沿着聚合物烃链发生定向吸附构成复合物的,复合后的捕收性更高。

调整剂的混合使用,在生产实践中更加普遍,如亚硫酸盐与硫酸锌混用抑制闪锌矿等。

（2）分散或分段加药。提高药剂在矿浆中的分散,并保证液相中药剂浓度。

（3）浓浆加药,稀浆浮选。将矿浆分成浓、稀或矿砂、矿泥两支,将药剂加到浓浆或矿砂中,然后再混合进行浮选。

此外,还可使用磁场、电场及加温,对药剂进行处理,以提高药剂的使用效果。

5.3.6 调泡

1. 浮选泡沫及对泡沫的要求

浮选过程是在液-气界面进行分选的过程,因此泡沫起着重要作用。浮选泡沫的气泡大小,泡沫的稳定性、泡沫的结构及泡沫层的厚度等物理化学因素,直接影响浮选指标。在浮选过程中,疏水性矿粒附着于气泡,大量附着矿粒的气泡聚集于矿浆面而形成泡沫,这种泡沫称为三相泡沫或矿化泡沫。图5-22是黄铜矿附着于气泡表面的照片。

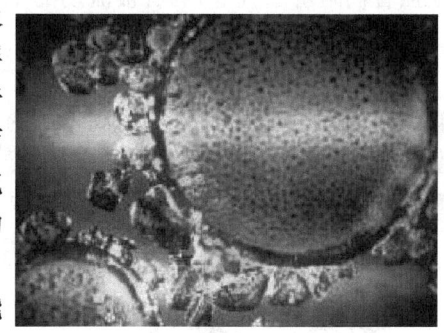

图5-22 黄铜矿附着于气泡的高速显微摄影照片

为了加快浮选速度,就必须创造大量能附着疏水矿粒的气液界面。起泡剂的作用就是帮助获得大量的气液界面。此外,气液界面的增加还取决于进入的空气量,以及空气在液体或矿浆中的弥散程度。空气进入的量增多,界面随之增大。在进入空气量一定时,形成的气泡愈小,界面的总面积愈大。仅由这一观点来看,气泡愈小愈好,但气泡携带矿粒需要适当的上浮速度,若气泡尺寸过小则难于保证有充分的上浮力。但气泡过大,会降低液-气界面面积,因而就降低了浮选速度。同时,因上浮速度过快而对气泡的矿化不利,因此浮选的气泡大小必须适合。适合浮选要求的气泡粒径一般为0.8~1mm。

2. 泡沫稳定性的影响因素

浮选过程中存在的都是含有矿粒的三相泡沫,在有起泡剂的条件下生成的三相泡沫,一般比二相泡沫更加稳定。

在三相泡沫中被浮的疏水性矿粒在气泡上附着的强度及附着的密度是决定其稳定性的主要因素。矿粒疏水性愈强,矿粒间由于捕收剂相互作用力愈强,附着在气泡上的密度愈大,形成的矿化泡沫也愈稳定;浮选过程中使用的各种药剂,改变矿粒表面疏水性的,也间接的影响到泡沫的稳定性。例如,捕收剂可增强泡沫的稳定性,而抑制剂则相反;矿粒的粒度及粒子的形状也影响泡沫的稳定性,易浮的扁平矿粒及细粒使泡沫增强,粗粒及球状粒形成的泡沫较脆。

3. "二次富集作用"及浮选槽液位和泡沫厚度调节

(1) 二次富集作用。在矿化泡沫中,常夹杂有部分连生体及脉石的粒子,这些粒子之所以进入泡沫,一部分是由于表面固着了捕收剂,形成较弱的疏水性,在适当的条件下附着于气泡被带入泡沫。但大部分是由于大量气泡自矿浆升起时,因携带矿浆而机械夹杂进来的。由于泡沫层中水层向下流动可以冲洗大部分机械夹杂的脉石,故使之重新落回矿浆,见图5-23。此外,当气泡在泡沫层中兼并时,气-液的界面积减小。气泡上原来负荷的矿粒发生重新排列,发生二次富集作用,使疏水性强者仍附着于气泡,弱者被流动的水带入矿浆。因而浮选的泡沫层中上部的质量恒高于下层。

(2) 浮选槽液位和泡沫厚度调节。浮选槽中的泡沫层情况见图5-24。为了有效地利用二次富集作用,提高精矿的质量,可以适当调整泡沫层的厚度及槽内停留的时间。泡沫层愈厚,刮泡速度愈慢,泡沫产品的质量愈高。但若泡沫过黏,泡间水层难以流动,二次富集作用的效果显著降低。

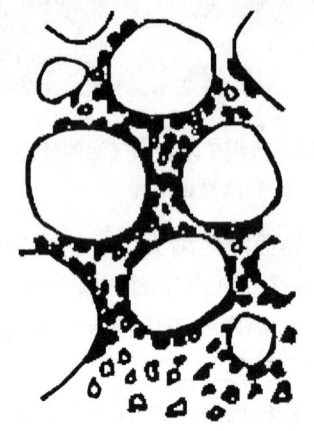

图5-23 矿化泡沫中的二次富集作用

图5-24 浮选槽中的泡沫层情况

泡沫层厚度和停留时间的调节是浮选工艺操作中要注意的主要因素之一。一般通过调节某一作业(如粗选)浮选槽出口的闸板高度或锥形阀开启大小,来调节浮选槽内的矿浆液面高度,从而调整泡沫层的厚度及槽内停留的时间。

对于具体单槽浮选机内的泡沫现象和液位,可通过调节浮选机风量、转速来进行微调,获得比较均衡的泡沫现象和泡沫刮量。

在浮选生产过程中,主要是根据矿化泡沫的形态,泡沫矿化的强弱、颜色、黏脆、厚度及各槽泡沫的变化等来分析判断过程中所发生的微细变化。泡沫的颜色反映出浮选的矿物及其含量。泡沫在各槽中的变化可以说明浮选速度快慢和浮选是否正常。操作人员可根据泡沫形态判断矿石的品位、性质；矿浆浓度的大小；精矿质量、可能的回收率；各种药剂的用量是否恰当等。例如，矿浆中可浮矿物含量高，疏水性强，起泡剂用量适当，则生成矿化好的泡沫。矿泥多，起泡剂或油类用量过大易使泡沫黏性增大。

在浮选生产过程中的主要调泡原则：①只能刮泡，不得刮浆；②泡应活跃，每刮一板即向前流动补齐，不能有死泡；③泡沫应调节分出层次，粗选、精选、扫选有区别；④过程必须稳定，在调节某一作业浮选槽内的矿浆液面高度时，应注意其对后继作业的影响；⑤泡沫不能发黏，否则分选性下降，出现发黏现象时应减少捕收剂和起泡剂用量；⑥经常淘洗精矿、尾矿，了解精矿品位和回收率，精矿品位过高则减捕收剂、尾矿品位过高则加捕收剂，以提高总回收率；⑦精矿品位过高还可通过增加精选泡沫刮量来调节，一般是增加浮选机的风量，称为拉泡；反之则称为压泡；⑧尾矿品位过高还可通过加大整个浮选过程的泡沫刮量来调节，称为拉泡。

5.4 浮选新工艺及选择

在常规浮选工艺的基础上，为适应复杂多变的资源回收要求，人们经过长期的生产实践及科学研究，已开发出了众多新型的浮选工艺。

5.4.1 选择性絮凝

选择性絮凝是在含有两种或多种矿物组分的悬浮液中加入絮凝剂，由于各种矿物组分对絮凝剂的作用力不同，絮凝剂将选择性地吸附于某种矿物组分的粒子表面，促使其絮凝沉降，其余矿物组分仍保持稳定的分散状态，从而达到分离的目的。

选择性絮凝是分选处理细粒物料的重要方法，目前应用的分离形式，大致可归纳分为四类。

（1）浮选选择性絮凝，脱除细粒脉石，絮凝沉降物进行浮选分离，简称为絮凝脱泥-浮选。如美国的细粒铁燧岩，磨至 $85\%-25\mu m$，用苛性钠和水玻璃分散，用淀粉使赤铁矿絮凝下沉，脱出细粒脉石。与絮团夹杂下沉的粗粒脉石，用阳离子捕收剂浮除。又如碳酸锰矿经絮凝脱泥后，用浮选法浮得碳酸锰精矿。

（2）选择絮凝后用浮选法浮去被絮凝的无用脉石矿物，然后再浮选呈分散状态的有用矿物。例如，含黏土的钾盐，先在盐水溶液中使黏土絮凝，用浮选法将黏土絮团浮去（称为预先絮凝浮选脱泥），然后进行钾盐浮选。

（3）在浮选过程中用絮凝剂絮凝（抑制）脉石，然后浮选有用矿物。例如，铬铁矿浮选时，在 $pH=11.5$ 的介质中，用羧甲基纤维素絮凝脉石使其下沉不浮，此时用油酸浮出铬铁矿。

(4) 在浮选前进行粗细粒分级,粗粒浮选,细泥进行选择性絮凝。

目前已知,有若干种类的絮凝剂、辅助剂(分散及调整)用于混合矿物的选择絮凝分离。现结合上述(1)、(2)、(3)、(4)四种分离形式,综合列于表 5-4 中。

表 5-4 各种矿物混合物的选择絮凝分离

矿物混合物		絮凝剂	辅助剂	分离形式
被絮凝	被分散			
赤铁矿	石英	淀粉,石青粉,腐殖酸钠	$NaOH, Na_2SiO_3, (NaPO_3)_6$	(1)
赤铁矿	硅酸盐,铝硅酸盐	强水解的聚丙烯酰胺	NaF 或 $NaCl, (NaPO_3)_6$	(1)
硅酸盐矿物	赤铁矿	弱水解的聚丙烯酰胺	同上	(1)
TiO_2,杂质	高岭土	聚丙烯酰胺	$Na_2SiO_3, (NaPO_3)_6$	(1)
磷酸盐矿物	石英,黏土	阴离子淀粉	$NaOH$	(1)
黄铁矿	石英	聚丙烯酰胺或聚丙烯腈		(1)
闪锌矿	石英	同上		(1)
菱锌矿	石英	同上		(1)
氧化镁及碳酸盐	脉石	同上	磷酸铝	(1)
滑石,褐铁矿	细粒黄铁矿	聚乙烯,氧化物	起泡剂	(2)
脉石	铬铁矿	羧甲纤维素	$NaOH, Na_2SiO_3$	(3)
方铅矿	石英	水解聚丙烯酰胺		(4)
方铅矿	方解石	弱水解聚丙烯酰胺	$Na_2S, (NaPO_3)_6$	(4)
方解石	石英	水解聚丙烯酰胺		(4)
方解石	金红石	强水解聚丙烯酰胺	$(NaPO_3)_6$	(4)
铝土矿	石英	同上	$(NaPO_3)_6$	(4)
煤	页岩	聚丙烯酰胺	$(NaPO_3)_6 + Ca^{2+}$	(4)
重晶石	萤石,石英	玉米淀粉	Na_2SiO_3	(4)
硅孔雀石	石英	纤维素,黄药	$NaOH, Na_2S, NaCl$	(4)
硅孔雀石	石英	非离子型聚丙烯酰胺	$(NaPO_3)_6, NaCl$	(4)
氧化铜,硫化铜矿物	白云石,石英,方解石	聚丙烯酰胺,双羟基乙二醛	$(NaPO_3)_6, NaCl$	(4)
钛铁矿	长石	水解聚丙烯酰胺	NaF	(4)
褐铁矿	石英,黏土	同上	$NaOH, (NaPO_3)_6$	(4)
锡石	石英	同上	$CuSO_4, Pb(NO_3)_2$	(4)

5.4.2 分支浮选工艺

分支浮选工艺包括分支分速浮选、分支串流浮选及分支载体浮选等主要方面,中南大学矿物工程系自 1976 年以来,相继开展了分支浮选新工艺的研究,取得了一系列研究成果,并先后在德兴铜矿、水口山铅锌矿及宝山铜矿等选矿厂得到了成功应用。

1. 分支粗选

分支粗选。见图 5-25,将原矿浆分为两支或多支,前一支粗选的泡沫与下一支的原矿浆合并粗选。前一支没有精选作业,最后一支可以有精选。若是现场有两个系列,则可将第一系列的粗选泡沫并入第二系列粗选。分支粗选的优点在于:可提高入选原矿品位;前一支的浮选泡沫中许多剩余的药剂带到下一支起作用,有利于节省浮选药剂;矿浆离子组成、矿物组成及泡沫结构得到改善,有利于目的矿物的浮选;前一支浮选泡沫对下一支被浮矿物有一定的"负载"作用。

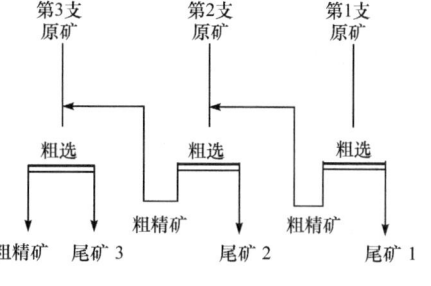

图 5-25 分支粗选流程示意图

2. 分速精选和快速单槽浮选

(1) 分速精选。浮选时,一般是前几分钟浮出的产物品位高,而后浮出产物品位逐步下降。按其矿物浮选速度的不同,采取分步刮泡,按等品位、等浮选速度原理合并,让浮选速度快的目的矿物尽快浮出,浮选速度慢且品位低的后浮,分别进一步精选,能有效避免集中精选带来的混杂而降低精矿质量。分速精选流程见示意图 5-26。如图 5-27 的流程连接较复杂,我国铅锌矿常采用快速粗选和快速精选连接。

(2) 快速单槽浮选。利用浮选时前几分钟浮出的产物品位高的特点,将粗选第 1 槽产物直接作为最终精矿。此方法在我国铜矿应用较多。

3. 分支串流浮选

分支串流浮选是将原矿浆"分支"浮选,然后又适当地"串联"起来,并配以相应的药方和加药方式,既充分利用泡沫及矿浆中的剩余药剂,又发挥经药剂作用疏水化了的矿物粒子或絮团的"负载"作用。分支串流在仅有一排浮选机的情况下就可实现,也可在大型选矿厂和流程复杂的选矿厂实现,因而在铜矿、铅锌矿、铜钼矿等选矿厂得到推广应用。两排浮选系列的分支串流浮选流程见示意图 5-27。

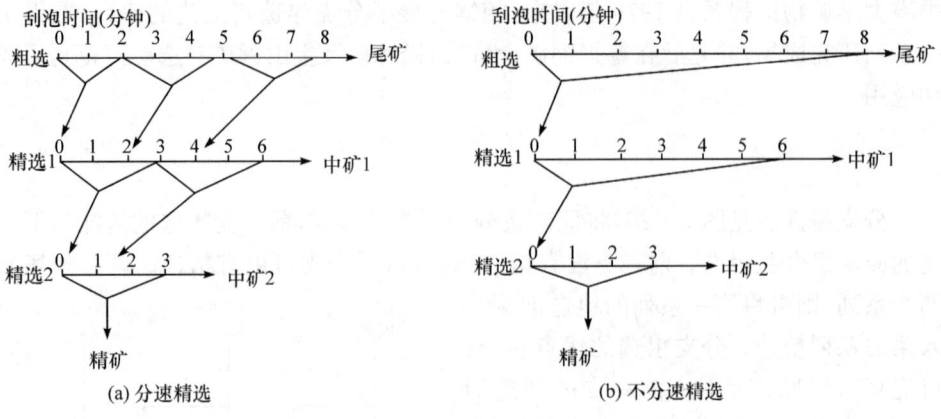

图 5-26 分速精选流程示意图

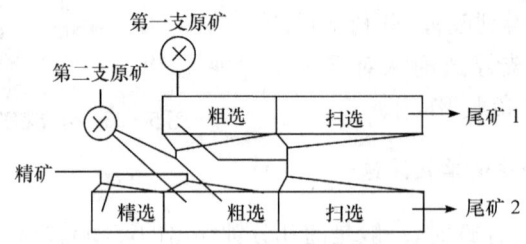

图 5-27 分支串流浮选流程示意图

5.4.3 载体浮选

载体浮选是利用一般浮选粒级的矿粒作载体,使目的矿物细粒罩盖在载体矿粒上上浮。

载体可用同类矿物作载体。可另加入同类粗粒矿物来背负浮选细粒。但一般的做法是控制磨矿条件,用磨矿过程中产生的适当粗粒来背负浮选细粒(原生矿泥或次生矿泥),即通常的泥砂混选。后者是常见的做法,比较简单且精矿易处理,但应与泥砂分选方案进行试验对比和整体效益分析。由中南大学和凡口铅锌矿等合作承担的"铜铅锌锡矿细粒浮选新技术-粗粒的载体-中介-助凝作用",在理论研究基础上,开发了细粒浮选、载体浮选新技术,利用粗粒矿与细泥混合浮选,提高了细泥选矿指标,增加了系统处理能力,获得了巨大的经济效益。该项目成果获 2004 年度国家科技进步二等奖。(粗粒的载体-中介-助凝作用过程原理示意图见图 5-28。)

也可用异类矿物作载体。例如,用硫磺作细粒磷灰石浮选的载体;用黄铁矿作载体来浮选细粒的金;用方解石作载体,浮除高岭土中的锐钛矿杂质。浮选 $-5\mu m$

粒级黑钨矿时,用大于 10μm 的不同粒级黑钨矿作载体,可显著提高－5μm 粒级黑钨矿的浮选速率,极大地改善微细粒级黑钨矿的分选效果。

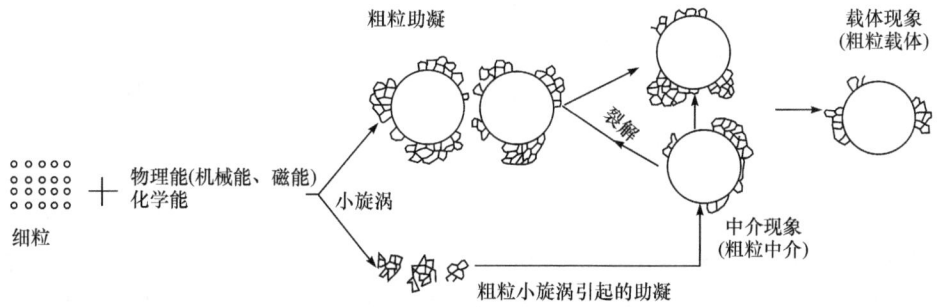

图 5-28 粗粒的载体-中介-助凝作用过程原理示意图

分支载体浮选是以粗颗粒矿物(高品位精矿或其他矿物)作为载体的一支,加入到另一支欲处理的矿泥(微细粒)中,经强烈搅拌,强化微细粒矿物的浮选。

5.4.4 硫化矿电化学浮选工艺

自 20 世纪 60 年代以来,硫化矿的浮选电化学研究得到长足的发展。根据浮选过程的电化学反应原理,控制矿浆电位即可控制矿物的浮选行为。这一原理在浮选实践中的成功应用,为全球硫化矿浮选技术的发展起到了重要的推动作用。

硫化矿浮选电化学工艺目前主要有外加电场、添加氧化-还原药剂及原生电位浮选等。

(1) 外加电场预处理。即是通过外加电场控制电极电势来改变矿物的表面性质,调节浮选药剂在矿浆中的组成以及形成有利于矿物与浮选药剂相互作用,并且有利于矿物浮选分离的矿浆介质条件,从而达到活化、抑制矿物,更好地实现矿物分离的目的。外加电场预处理包括预处理调浆、浮选药剂的预处理以及浮选用水的预处理。某试验以回收某矿山氰化尾渣中的含金黄铁矿为目的,分别将尾渣分成 A 和 B 两个样品。比较样品 B 经电化学处理后再进行浮选与样品 A 直接浮选之间的差异表明,矿浆经电化学处理后,浮选回收率大幅度提高,硫回收率提高 14.15%,金回收率提高 18.23%。这说明电化学处理在改善浮选环境,提高浮选药剂对矿物的捕收能力起到很重要的作用。

类似的,微电流电化学浮选则是用直流电或交流电处理矿浆,通过发生一系列电化学反应,从而改变矿物可浮性的一种浮选过程,也称电浮选。电浮选早已为人熟知,但近年来格外引人注目,究其原因,选别物料中细粒级增多,用常规浮选法处理效果欠佳;环境要求日益严格,电浮选可改善废水的处理工艺;此外,电浮选具有以下优点:①减少捕收剂用量或完全不用捕收剂,②提高浮选速度,③精矿质量好,

④使现有其他选矿方法不能处理的物料得到利用,⑤有综合利用全部原料的可能性。

(2) 添加氧化-还原药剂调节矿浆电位浮选。

(3) 原生电位浮选。由于外加电场的工艺需解决电控浮选设备问题,而添加氧化-还原药剂则必须带来高成本和副作用两大不利因素,导致电位调控浮选一直难以应用于工业生产实践。

1994~1998年,中南大学和广东工业大学合作,提出既不采用外加电极,也不使用氧化-还原药剂,而是利用硫化矿磨矿-浮选矿浆中固有的氧化-还原反应调控电位的"原生电位浮选(origin potential flotation, OPF)"技术,强调硫化矿磨矿-浮选体系本身就包含有众多具有氧化-还原性的物质(如氧、磨矿铁介质、硫化矿物等),即使不外加电极、不加氧化-还原药剂,浮选矿浆也具有氧化-还原性、有一个固有的矿浆电位值——原生电位,来源于体系内部的各种氧化-还原反应,受矿浆化学环境的制约,矿浆化学环境又受传统浮选操作因素的影响。通过对矿浆原生电位、药剂浓度和矿浆 pH 的匹配、调节和控制,从而实现硫化矿的选择性浮选或抑制,见图 5-29。该技术在国内广东、广西、江苏等省多家矿山获得工业应用,已经显示出电位调控浮选的巨大价值。"硫化矿电位调控浮选理论与实践"项目获 2000 年度国家科技进步一等奖。

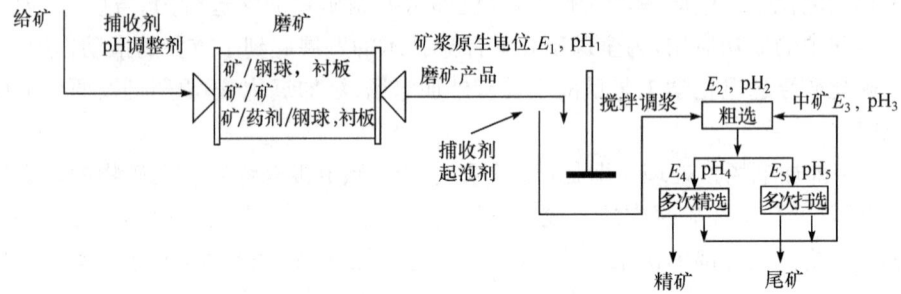

图 5-29 硫化矿原生电位调控浮选过程示意图

5.4.5 闪速浮选

闪速浮选是在磨矿回路中加入单槽浮选的工艺,见图 5-30。它具有粗粒度、高浓度、短时间等特点,可将已在磨矿中单体解离的有用矿物快速浮出作为精矿,避免其重新进入磨矿回路产生过磨泥化,实现"能收早收"的选矿原则,达到提高选矿回收率的效果。总之,闪速浮选机对实际矿石的浮选是有益的,尤其对嵌布粒度不均匀的含贵金属的有色金属硫化矿。闪速浮选一般采用专用的闪速浮选机。

闪速浮选在国内外矿山的选矿工艺中均有应用。湖南湘西金矿沃溪选厂对金在球磨-分级回路中的分布进行了分析研究,发现金在回路中的富集和过粉碎现象

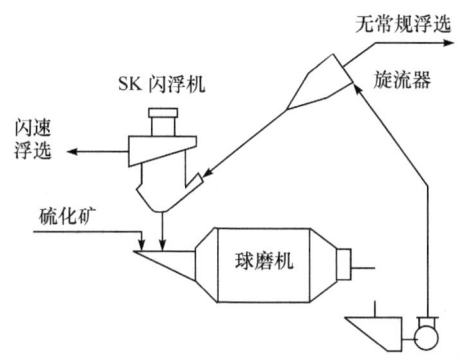

图 5-30 闪速浮选工艺流程示意图

明显。为此,进行了球磨-分级回路中加入单槽浮选机闪速浮选。试验结果表明,其选别效果显著,可提高金的选矿回收率 2.3% 左右。鸡笼山金矿利用引进的一台 SK-15 闪速浮选机进行工业试验,试验结果表明用闪速浮选,在铜回收率相当的情况下,金回收率提高 5.13%。

5.4.6 团聚浮选

团聚浮选又称乳化浮选。细粒矿物经捕收剂处理后,在中性油的作用下,形成带矿的油状泡沫。此法已用于选别细粒的锰矿、钛铁矿、磷灰石等。其操作工艺条件分为两类:捕收剂与中性油先配成乳化液加入;在高浓度(达 70%固体)矿浆中,分别先后加入中性油及捕收剂,强烈搅拌,控制时间,然后刮出上层泡沫。

5.4.7 微泡浮选

对于微细粒矿物的浮选,可减小气泡粒径,实现微泡浮选。在一定条件下,减少气泡粒径,不仅可以增加气-液界面,同时有增加微粒的碰撞概率和黏附概率,有利于微粒矿物的浮选。当前主要的工艺有:

(1) 真空浮选。采用降压装置,从溶液中析出微泡的真空浮选法,气泡粒径一般为 0.1~0.5mm。研究证明,从水中析出微泡浮选细粒的重晶石、萤石、石英等是有效的。其他条件相同时,用常规浮选,重晶石精矿的品位为 54.4%,回收率 30.6%;而用真空浮选,品位可提高到 53.6%~69.6%,相应的回收率为 52.9%~45.7%。

(2) 电解浮选。利用电解水的方法获得微泡,一般气泡粒径为 0.02~0.06mm,用来浮选细粒锡石时,单用电解氢气泡浮选,粗选回收率比常规浮选显著提高。由 35.5% 提高到 79.5%,同时品位也提高了 0.8%。

5.5 浮 选 机

5.5.1 浮选机性能的基本要求

浮选机(flotation machines)是实现浮选过程的重要设备。浮选时,矿浆与浮选药剂调和后送入浮选机,在其中经搅拌和充气,使欲浮目的矿物附着于气泡上形成矿化气泡,浮到矿浆表面形成矿化泡沫层,泡沫用刮板刮出,或以自溢的方式溢出,即得泡沫产品,而非泡沫产品则自槽底排出。浮选技术经济指标的好坏,与所用浮选机的性能密切相关。

根据浮选工业实践经验,气泡矿化理论以及对浮选机流体动力学特性研究的结果,对浮选机提出如下基本要求。

(1) 良好的充气作用。在泡沫浮选过程中,气泡既是矿物选择性分离的分选界面,又是欲浮疏水性矿物的运载工具。为了增加矿粒与气泡接触碰撞机会,造成有利的附着条件,并能将疏水性矿粒及时运载到矿浆表面,所以在浮选机内必须具有足够大的气泡表面积,且气泡亦应有适宜的浮升速度。为此,浮选机必须保证能向矿浆中吸入(或压入)足量的空气,并使这些空气在矿浆中充分弥散,以便形成大量大小适中的气泡,同时这些弥散的气泡,又能均匀地在浮选槽内分布。

充气量愈大,空气弥散愈好,气泡分布愈均匀,则矿粒与气泡接触碰撞的机会也愈多,这种浮选机的工艺性能也就愈好。

(2) 搅拌作用。矿粒在浮选机内的悬浮效率,是影响矿粒向气泡附着的另一个重要方面。为使矿粒能与气泡充分接触,应该使全部矿粒都处于悬浮状态。搅拌作用除了造成矿粒悬浮外,并能使矿粒在浮选槽内均匀分布,从而创造矿粒和气泡充分接触和碰撞的良好条件。此外,搅拌作用还可促进某些难溶性药剂的溶解和分散。

(3) 能形成比较平稳的泡沫区。在矿浆表面应保证能够形成比较平稳的泡沫区,以使矿化气泡形成一定厚度的矿化泡沫层,在泡沫区中,矿化泡沫层既能滞留目的矿物,又能使一部分夹杂的脉石从泡沫中脱落,以利进行"二次富集作用"。

(4) 能连续工作及便于调节。工业生产上使用的浮选机,应能连续给矿和排矿,以适应矿浆流在整个浮选生产过程连续性的特点。为此,浮选机上应有相应的受矿、刮泡和排矿机构。为了调节矿浆水平面、泡沫层厚度以及矿浆流动速度,亦应有相应的调节机构,且便于调节和控制。

5.5.2 浮选机充气搅拌原理

矿浆充气和气泡矿化是浮选的两个主要过程,也是评定浮选机工作效率的主要因素。浮选槽中矿浆的充气程度,取决于单位体积矿浆内空气的含量、气泡在矿浆中的分散程度及其在槽内分布的均匀度。气泡矿化的可能性、矿化速度及矿化程度,除与矿粒和药剂的物理化学性质有关外,也与浮选机中矿粒和气泡接触碰撞的条件相关。

1. 气泡的形成

吸入或由外部风机压入浮选机内的空气流,可通过不同方法使之分散成单个的气泡。

(1) 利用机械作用粉碎空气流形成气泡。此法应用得较为普遍。例如,在机械搅拌式浮选机和充气搅拌式浮选机内,气泡的形成就是采用这种方法。在这些浮选机内,通常都是用叶轮等机械搅拌器对矿浆进行激烈搅拌,使矿浆产生强烈的旋涡运动。由于矿浆旋涡作用,或矿浆、气流垂直交叉运动的剪切作用,以及浮选机的导向叶片或定子的冲击作用,使吸入或压入的空气流被分割成细小的气泡。矿浆与空气的相对运动速度差越大,矿浆流越紊乱以及液-气界面张力越低,则气流被分割成单个气泡也越快,所形成的气泡也就越小。

气流往往是先被分割成较大的气泡。这种较大的气泡常常是不稳定的,因为在矿浆旋涡的作用下,旋涡会不断从气泡表面带走少量空气,而形成细小的气泡。

(2) 使空气流通过细小孔眼的多孔介质而形成气泡。在某些浮选机(如浮选柱)内,压入的空气通过带有细小孔眼的多孔陶瓷、微孔塑料、穿孔的橡皮和帆布等特制的充气器时,就会在矿浆中形成细小气泡。

(3) 从溶有气体的矿浆中析出气泡。在标准状态下,空气在水中的溶解度约为 2%,当降低压力或提高温度时,被溶解的气体,将以气泡的形式从溶液中析出。从溶液中析出的气泡具有两个基本特点:一是直径小,分散度高,所以在单位体积矿浆内,将有很大的气泡表面积;二是这种气泡能有选择性地优先在疏水矿物表面上析出,因而是一种"活性微泡"。近年来,人们比较重视利用这种活性微泡来强化浮选过程。

(4) 浮选机内形成气泡的其他一些方法。近年来研制的一些新型浮选机,其气泡的形成采用了一些特殊的方法。如喷射式浮选机和喷射旋流浮选机等的气泡产生方式就属此类。此外,还有利用水的电解产生大量微泡的所谓电解起泡法等。有时在同一种浮选机内,可以同时采用两种以上的方式产生气泡。

2. 气泡运动及分区

气泡在一般机械搅拌式浮选机内的运动大体可分为三区,如图 5-31 所示。

第一区是充气搅拌区。此区的主要作用是对矿浆空气混合物进行激烈搅拌,粉碎气流,使气泡弥散;避免矿粒沉淀;增加矿粒和气泡的接触机会等。在搅拌区气泡由于跟随叶轮甩出的矿浆流作紊流运动,所以气泡升浮运动的速度较慢。

第二区是分离区。在此区间内气泡随矿浆流一起上升,且矿粒向气泡附着,成为矿化气泡上浮。随着旋涡运动变弱,静水压力减小,气泡变大,矿化气泡升浮速度也逐渐加大。

第三区是泡沫区。带有矿粒的矿化气泡上升至此区形成有一定厚度的矿化泡沫层,由于大量气泡的聚集,气泡升浮速度减慢。泡沫层上层的气泡会不断自发兼并,产生"二次富集"作用。

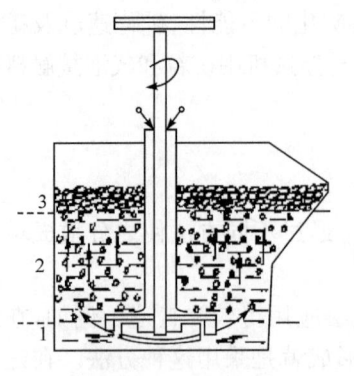

图 5-31 浮选机内各作用区的分布
1. 搅拌充气区;2. 气泡分离区;3. 泡沫

3. 浮选机工作原理

泡沫浮选是在浮选机中完成的,其过程可划分为下列各子过程。

(1) 悬浮矿粒与浮选药剂作用,使目的矿物表面疏水化,非目的矿物亲水化。

(2) 使矿浆处于紊流状态以保证矿粒在槽内均匀地悬浮。

(3) 在矿浆中产生气泡,并使之均匀地弥散,且与矿粒良好地接触。

(4) 疏水矿粒与气泡碰撞并黏附在气泡上,形成矿化气泡。

(5) 矿物气泡连续不断地浮升至液面,形成泡沫层。在泡沫层中气泡不断破裂、脱水,从而脱除了一部分夹杂的亲水性矿粒,精矿品位提高,即发生"二次富集作用"。

(6) 刮出泡沫,得到泡沫精矿。

5.5.3 浮选机分类

1. 自吸气机械搅拌浮选机

靠机械搅拌器来实现矿浆的充气(自吸气)和搅拌。搅拌器结构有离心式叶轮、棒形轮、星形轮和笼形转子。优点是通过转子高速旋转,在高速搅拌区内形成负压,导致自吸空气和矿浆。因此,不需要外加充气装置。缺点是充气量小,能耗高,磨损大。这类浮选机主要有:

(1) XJK 型浮选机(俗称"A"型)。XJK 型浮选机结构简图见 5-32。该型浮选机的规格有 0.13、0.23、0.35、0.62、1.1、2.8、5.8m³(相应俗称为 1、2、3、4、5、6、7A),流程易自流连接,在我国中小型选厂应用较广。

XJK 型浮选机工作时,矿浆由进浆管给到盖板的中心处,并经叶轮高速旋转产生的离心力甩出,同时在叶轮与盖板空间形成一定的负压,由于压差的作用,使

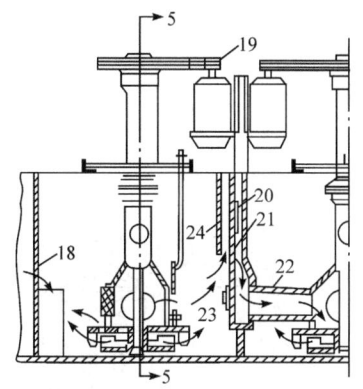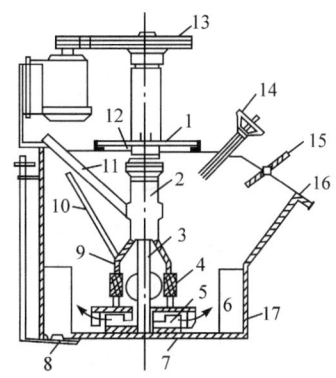

图 5-32 XJK 型浮选机结构图

1. 座板；2. 空气筒；3. 主轴；4. 矿浆循环孔塞；5. 叶轮、粗砂闸门调节丝杆；6. 稳流板；7. 盖板；
8. 事故放砂闸门；9. 连接管；10. 粗砂闸门调节杆；11. 进气管；12. 轴承套；13. 主轴皮带轮；
14. 中间室溢流闸板调节手轮及丝杆；15. 刮板；16. 泡沫溢流唇；17. 槽体；18. 直流槽进浆口；
19. 电动机皮带轮；20. 溢流堰闸门；21. 溢流堰；22. 吸浆管；23. 粗砂闸门；24. 中间室隔板

外界空气经由进气管自动吸入到负压区。在叶轮的强烈搅拌作用下矿浆与空气可得到充分的接触和混合，同时吸入的空气流也被分割成细小气泡。此外，在叶轮叶片的后方从矿浆中也可析出一些气泡。矿粒与气泡接触碰撞成矿化气泡，矿化后的气泡升浮至泡沫区经刮板刮出即得泡沫产品。

XJK 型浮选机的叶轮为辐射状，上覆盖板，在盖板上设有 18 个倾斜方向与叶轮旋转方向一致的导向叶片，见图 5-33。

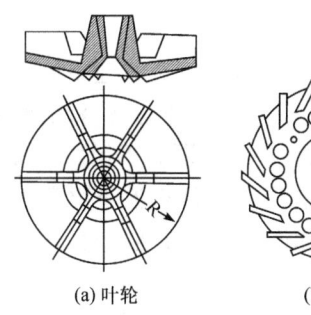

(a) 叶轮　　(b) 盖板

图 5-33　XJ 型浮选机的叶轮盖板结构　　图 5-34　4 槽 XJK 型浮选机组外形图

XJK 型浮选机也有其缺点：能耗较高；叶轮盖板易磨损使间隙变大，研究表明叶轮盖板间隙若大于 8mm，将显著导致负压下降而使吸气量下降；空气弥散不充分，泡沫稳定性差，易"翻花"；不利于实现液面自动控制。图 5-34 是 4 槽 XJK 型浮选机组外形图。

(2) JJF 型浮选机。JJF 型浮选机与国外维姆科浮选机的结构相似，其结构见

图 5-35。

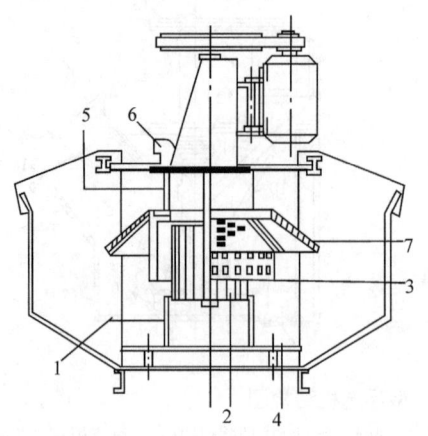 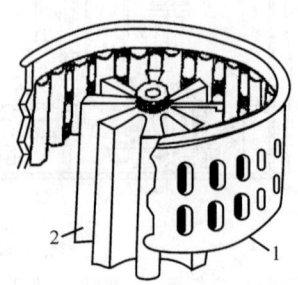

图 5-35　JJF 型浮选机结构示意图
1. 导管；2. 转子；3. 定子；4. 假底；5. 竖管；
6. 空气进入管；7. 锥形罩盖

图 5-36　JJF 型浮选机的转子与定子结构
1. 定子；2. 转子

目前国内常用的 JJF 型浮选机规格有 $4m^3$、$8m^3$、$16m^3$、$20m^3$，其工作原理主要是当星形转子旋转时在竖管和导管内产生涡流，此涡流可形成足够的负压，使外界空气从空气进入管自动吸入，被吸入的空气在转子与定子区内（图 5-36）和由下面经导管由于负压而自动吸进的矿浆进行充分的接触和混合，由转子旋转所造成的切线方向运动的浆气混合流，经定子的作用转换成径向运动，并被均匀地抛甩于槽体内，矿粒与气泡碰撞、接触、黏附形成矿化气泡、向上升浮至泡沫区并聚集成矿化泡沫层，自流溢出或由刮板刮出即为泡沫产品。

槽体下部装有与导管相连的假底。此假底不紧贴槽壁，可使矿浆通过假底和槽底之间，并经导管实现矿浆的下循环。由于设计槽体内的矿浆下循环，没有激烈的浆流冲入槽体上部（主要是气泡上升），所以矿液面比较平稳，同时下循环还可以防止物料在槽底的沉积。槽体下部设计成梯形断面，有利于促使矿浆下循环的进行。由于改进了浆流运动路线，可以设计成浅槽且可降低转子的浸水深度，因而可增大充气量，降低动力消耗。

转子和定子间的空隙较大（如 JJF-8 型的间隙为 180mm），可削弱或消除转子和定子间的涡流。据此设计，由转子向外，浆气混合流不是沿切线飞出而是呈径向方向抛甩于槽体内，使浆气混合流沿着槽子容积均匀分布，并形成较为稳定的矿化气泡。这种新型充气搅拌器组的优点除结构简单外，还由于转子的转速低，在转子和定子间存在着较大的空隙以及橡胶或聚合物制成的星形片具有一定的弹性等，因而可以大大降低充气搅拌器的磨损，节省经营维修费用，降低动力消耗，停车后再起动也比较容易等。JJF 型浮选机的矿浆液面稳定，便于自动控制。缺点是不能自吸矿浆,不便于流程连接。

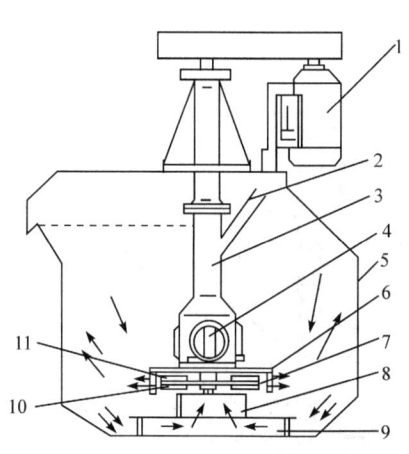

图 5-37 SF型浮选机结构简图
1. 电机;2. 吸气管;3. 中心筒;4. 主轴;
5. 槽体;6. 盖板;7. 叶轮;8. 导流管;9. 假底;
10. 下叶片;11. 上叶片

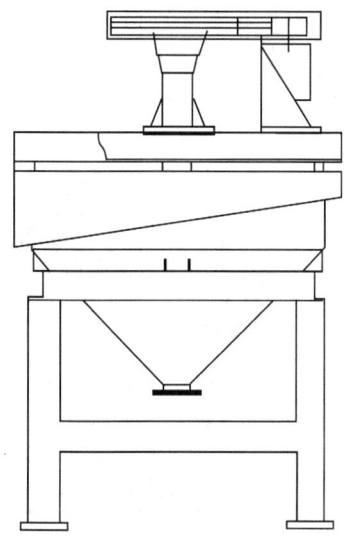

图 5-38 YX型闪速浮选机

(3) SF浮选机。SF浮选机(图 5-37)由北京矿冶研究总院设计。带后倾式双面叶片,槽内矿浆形成双循环。将 SF 型与 JJF 型组成联合机组,前者作为首槽,可自吸矿浆,后者作为直流槽,发挥各自优点,提高选别指标。

(4) 环射式浮选机。环射式浮选机是中南大学矿物工程系专为解决粗粒、高密度矿石浮选设计的,特点是采用特殊旋转叶轮,甩出的环状矿浆流从叶轮下部中心吸空气,因而具有二次吸气作用,增加了矿浆循环量及混气面积,该机设备结构简单,搅拌力强,浮选速度快,单位容积处理量大,最大槽容达 $4m^3$。

(5) YX型闪速浮选机:北京矿冶研究总院生产,见图 5-38。用于在磨矿分级回路中处理分级设备的返砂,提前拿出部分已单体解离的粗粒有价矿物或含有价矿物较大的连生体,直接获得最终精矿产品或粗精矿进入下段再选。其特点是槽体浅,规格有 2、4、6、$8m^3$。

近年来,国外也出现了一些结构完善,性能良好的浮选机,如美国的维姆科(Wemco)浮选机,布斯(Booth)浮选机,德国的洪堡-韦达格(Humblddt-Wedag)浮选机和克努伯(Krupp)浮选机。

2. 充气式机械搅拌浮选机

靠搅拌器旋转来搅拌矿浆,充气则另设压风装置。优点是充气量大且可调节,磨

损小,电耗低,但无吸气吸浆能力,需增设压风机及矿浆返回泵。这类浮选机主要有:

(1) CHF-X 型浮选机。CHF-X 型浮选机的结构见图 5-39。它的叶轮为带有 8 个径向叶片的圆盘,盖板是由 4 块组装而成的圆盘,在周边均布有 24 块径向叶片。叶轮与盖板的轴向间隙为 15~20mm,径向间隙为 20~40mm。

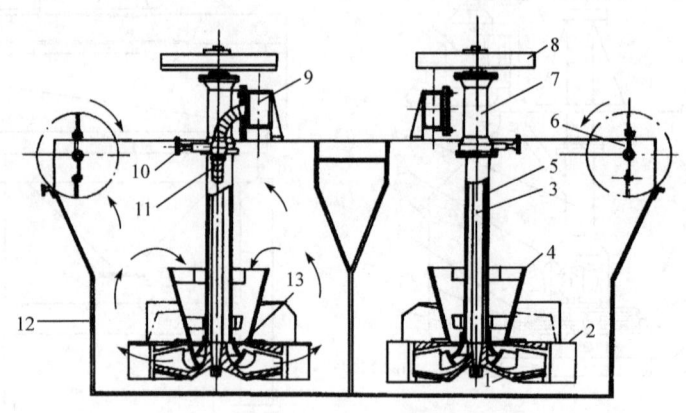

图 5-39 CHF-X 型浮选机结构简图
1. 叶轮;2. 盖板;3. 主轴;4. 循环筒;5. 中心筒;6. 刮泡装置;7. 轴承座;8. 皮带轮;9. 总风筒;
10. 调节阀;11. 充气管;12. 槽体;13. 钟形进入管

中心筒上部的给气管与总风筒相连,中心筒下部与循环筒和盖板相连。钟形进入管安装在中心筒下端。循环筒与钟形进入管之间的环形空间供循环矿浆用,钟形进入管具有导流作用。矿浆通过循环筒和叶轮形成垂直大循环可产生一股上升流,有利于将粗粒矿物和密度大的矿物提升到浮选机槽体的中上部,可以成功地消除矿浆在浮选机槽体内出现的分层和沉砂现象,使矿粒在浮选槽内能有效地悬浮,从而可增大矿粒与气泡接触碰撞的机会,增加粗粒和重矿物选别的可能性。由鼓风机可鼓入足量的低压空气,经叶轮和盖板叶片的作用后,可被均匀地弥散在整个浮选槽体内。经矿化后的气泡随垂直循环流的提升作用向上升浮,进入到槽体上部的平静分离区后,不可浮的脉石矿物与矿化气泡实现分离。矿化气泡经较短的距离即进入到泡沫层,经刮板刮出即得泡沫产品。矿化气泡进入泡沫层的路程较短亦是 CHF-X 型浮选机的重要工艺特点之一。CHF-X 型浮选机最大槽容已达 16m³。

(2) KYF 型和 BS-K 型浮选机。KYF 型浮选机由北京矿冶研究总院研制,外形如图 5-41;BS-K 型浮选机由北京有色冶金设计研究总院研制,外形见图 5-42。这两种浮选机结构均与芬兰奥托昆普 OK 型浮选机相似,同时吸取其他浮选机的优点并有所创新。

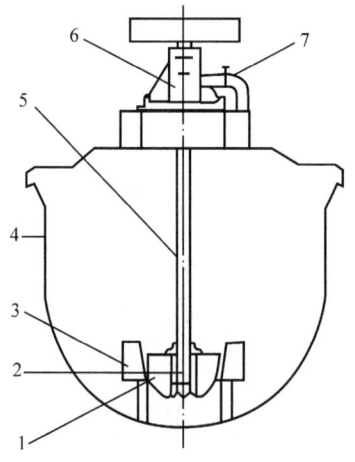
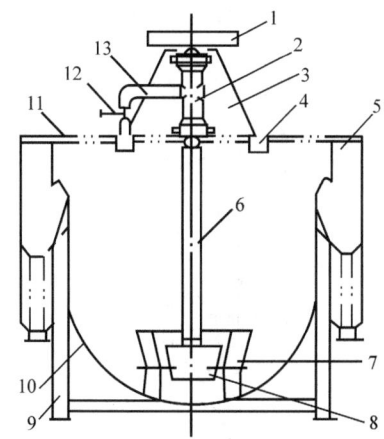

图 5-40　KYF-16 型浮选机结构简图　　　图 5-41　BS-K 型浮选机结构简图
1. 叶轮；2. 空气分配器；3. 定子；4. 槽体；　　1. 带轮；2. 轴承体；3. 支座；4. 风管；5. 泡沫槽；
5. 主轴；6. 轴承体；7. 空气调节阀　　　　　6. 空心轴；7. 定子；8. 叶轮；9. 槽体支架；10. 槽
　　　　　　　　　　　　　　　　　　　　　　体；11. 操作台；12. 风阀；13. 进风管

槽体断面呈"U"形；叶轮为高比转速离心泵轮式，呈倒锥台形，带有后向叶片，叶轮中部设有空气分散器并通过中空轮充气，叶轮直径小，转速低，叶轮周围装有辐射板式定子。

目前国内常用的规格有 4、8、16、20、30m^3。在我国德兴铜矿应用了 39m^3，金川有色金属公司应用了目前国内最大槽容达 50m^3。

（3）XJC 型浮选机

XJC 型浮选机结构与 CHF-X 型浮选机类似。

（4）XJCQ-80 型浮选机

充气装置采用橡胶充气环，产生小气泡，弥散均匀。

3. 充气式浮选机（浮选柱）

浮选柱（flotation column）属于单纯型充气浮选设备，其特点是结构简单，它是一个柱体，柱内无机械搅拌装置，柱底部设有透气性好的充气器，柱外部的压缩空气经充气器向柱内弥散充气。此外尚有给矿器，泡沫槽以及管网等。

充气器的工作性能直接影响充气量和气泡的弥散程度以及浮选柱工作效率。充气器的结构型式有竖管式、炉条式、床石式、旋流式和水汽喷射式等。竖管型充气器（图 5-42）是由微孔材料做成的短管，按一定距离均匀地竖立排列在浮选柱体底部的断面上，并通过风包与空压机连通。这种型号的充气器，充气平稳均匀，不易堵塞，充气面积可调（改变充气竖管长度），故效果较好。

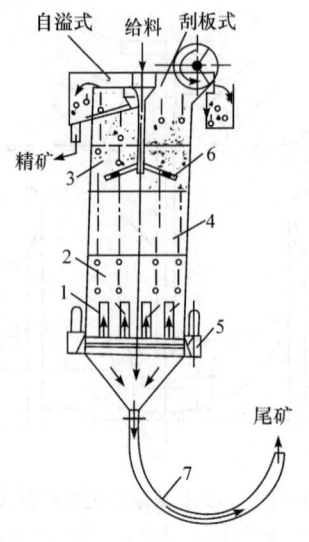
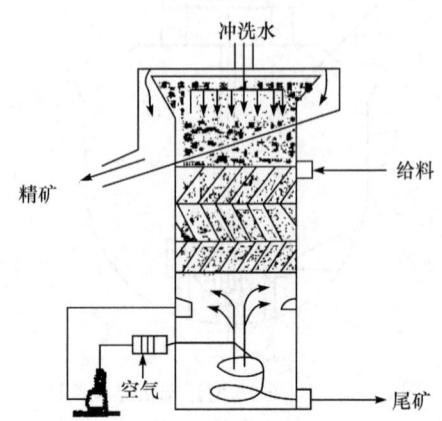

图 5-42 竖管型充气器浮选柱
1. 竖管充气器；2. 下体；3. 上体；4. 中间圆筒；
5. 风室；6. 给矿器；7. 尾矿器

图 5-43 旋流式充气器并带有泡沫喷淋冲洗水结构的浮选柱

充气器用的多孔材料试用过多种，如帆布管、橡胶管、尼龙管、微孔陶瓷管、微孔塑料管、塑料瓶等，其中以微孔塑料管较好。对于由石灰造成的高碱度矿浆，采用丁腈胶管较为适宜。

图 5-43 是旋流式充气器并带有泡沫喷淋冲洗水结构的浮选柱的示意图。

为适应逆流原理工作的需要，柱体应该具有足够的高度。柱体的高度与许多因素有关，如原矿的性质（品位、粒度、易浮或难浮）、浮选时间、对精矿质量的要求等。最适宜的柱高，可根据具体情况通过试验来确定，一般粗选可定为 7~8m，精、扫选可降低 1~2m。

经药剂处理的矿浆，从柱体上部给矿器均匀给入，矿粒在重力的作用下缓缓沉降，空气由空气压缩机经浮选柱底部的充气器（气泡发生器）不断压入。由充气器出来的细小气泡，均匀地分布在柱体的整个断面上。这些细小的气泡，穿过向下流动的矿浆徐徐向上升浮。在这种对流运动中，矿粒和气泡发生相互接触和碰撞，实现气泡的矿化。矿化气泡升浮至矿液面后形成泡沫层，溢出或刮出而得泡沫产品。非泡沫产品则由柱体底部排出。

浮选柱在国外应用较广。浮选柱的理论、设备、工艺、数模与自控研究一直是国外浮选研究的热门课题。图 5-44 是加拿大 CPT 公司生产的浮选柱 Slamjet 空气分散器（喷枪）结构与喷出空气弥散成气泡的情况。

国内也有类似的外置插入式侧向喷泡自吸式微泡发生器，见图 5-45。采

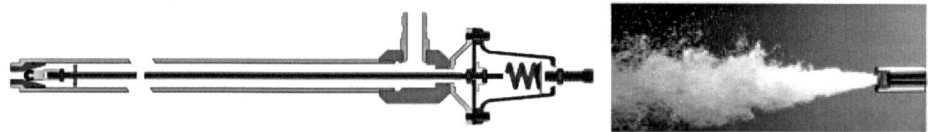

图 5-44 CPT 浮选柱 Slamjet 空气分散器(喷枪)结构与喷出空气弥散成气泡的情况

用这种外置插入式空气分散器或微泡发生器,在设备突然临时停机时,不会出现如固定安装的竖管型充气器可能产生的堵塞现象,这样就可保证生产的正常进行,同时其拔出清理也比较方便。图 5-46 是采用外置插入式空气分散器的微泡浮选柱的结构。

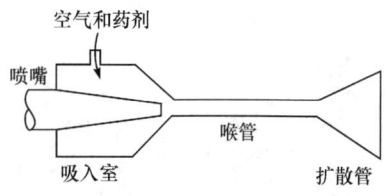

图 5-45 微泡发生器

图 5-47 是我国江阴市环境工程设备厂与加拿大 CPT 公司合作生产的 Φ2.44m×10m 工业浮选柱外观图,应用于江西德兴铜矿大山选矿厂的精选Ⅱ作业,铜精矿品位由原含铜 24%~25%提高到 28%左右。图 5-48 是应用于国外某矿的 CPT 浮选柱。

浮选柱与机械搅拌式浮选机相比,具有构造简单、制造容易、占地面积小、维修方便、操作容易和节省动力等优点。我国一些浮选厂的生产实践证明,对于矿物组成简单,品位较高的易选矿石可采用浮选柱,且一般用于粗、扫选作业。

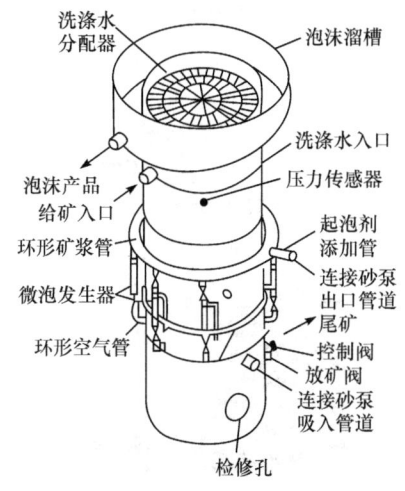

图 5-46 微泡浮选柱的结构

煤泥浮选已广泛应用浮选柱。图 5-49 是我国山东煤矿莱芜机械厂生产的 FWX 型旋流微泡浮选柱,主要用于选煤厂的-0.5mm 的煤泥浮选,也可应用于其他矿石的浮选。

目前在辉钼矿、萤石矿的精选作业中,用 1~2 台浮选柱取代浮选机进行多次精选已获得成功。我国长沙有色冶金设计研究院生产的 CCF 浮选柱,由底部喷枪产生泡沫,充气量大,气泡微细均匀,喷嘴耐磨不易堵塞并可截流维修更换,保证浮选柱连续稳定生产,已经成功应用于洛阳栾川钼业集团有限责任公司、柿竹园有色金属矿等地,见图 5-50。

图 5-47　用于德兴铜矿的 $\Phi 2.44\text{m} \times 10\text{m}$ CPT 浮选柱

图 5-48　应用于国外某矿的 CPT 浮选柱

图 5-49　FWX 型旋流微泡浮选柱

图 5-50　用于洛钼集团的 CCF 浮选柱

4. 气析式浮选机

气析式浮选机主要用于细粒矿物浮选和含油废水的脱油浮选。这类浮选机同样无机械搅拌装置,有矿浆加压式和真空(减压)式两种。

矿浆加压式包括两类,一种是空气自吸式,如我国的 WPF 系列短柱微泡浮选机,也称射流浮选机。由于该浮选机是压力给矿,使得其生产能力非常大,分选效率较高,分选效果也较好,现已应用于多种矿物的浮选,特别是尾矿的再选。

如图 5-51,与浮选药剂作用后的矿浆,由矿浆泵 1 送入喷射器,经喷嘴 2 作用后产生高速矿浆射流,矿浆射流进入充气室 4 后将充气室空气带走,从而在充气室内形成负压。外界空气被切向插入的充气管 3 被吸入,并在充气室内形成旋转气流,旋转气流的速度随着充气室底部的尖缩而快速增加。在卷吸效应的作用下,空气与矿浆在喉管 5 内进行激烈的能量交换,并将空气弥散为微小的气泡。矿浆进入扩大管 6 后,矿浆的动能逐步转化为势能进一步压缩气泡,增大了空气在矿浆中的溶解度。矿浆由分矿器 7 均匀地给入柱体 8 底部。此时,弥散于矿浆中的空气由于压力减小,在柱体底部形成气泡并携带目的矿物上升至矿浆表面形成泡沫层,随着泡沫层厚度的增加,泡沫自溢到精矿溜槽 9 成为产品,剩余矿物经排尾闸阀 10 有控制地从尾矿管排出,从而完成分选过程。11 为矿浆循环管。

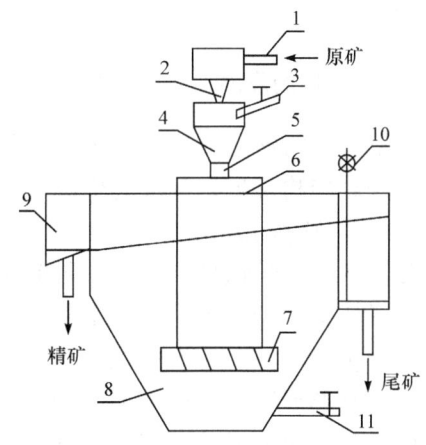

图 5-51　短柱微泡浮选机的结构
1. 矿浆泵;2. 喷嘴;3. 充气管;4. 充气室;5. 喉管;6. 扩大管;7. 分矿器;8. 柱体;9. 精矿溜槽;10. 排尾闸阀;11. 矿浆循环管

图 5-52　CF 系列集中射流充气式浮选机外观

我国黄石生产的 JF 系列高效射流浮选机,利用向下短柱浮选柱的浮选原理,结合机械搅拌式浮选机的叶轮、盖板装置的工作方式,设计结构新颖,其矿浆、气泡分散均匀,液面平稳,泡沫层厚,矿物矿化时间快,设备处理能力大,能耗低。

另一种是压气式,如徐州中矿洗选设备有限公司与德国 RBAG(鲁尔矿业)公司技术合作,引进开发的 CF 系列集中射流充气式浮选机,见图 5-52。

5. 再生资源领域使用的浮选机

浮选是废纸张脱墨处理不可缺少的工艺环节,而用于浮选脱墨的设备种类很多、老式的传统浮选装置占地面积大、生产过程不易控制、需经常清洗、对环境的污染大。由于浮选脱墨浆的发展,浮选脱墨设备也不断发展和创新。目前总的发展趋势有以下几方面。

（1）设备形式：从纸浆的平流卧式型向纸浆的旋流立式型发展；

（2）机体结构：从槽体的方箱形向圆柱形发展、槽体从开启式向密闭式发展；

（3）气泡形式：从压缩空气或机械搅拌向文丘里抽气或专用气泡发生器方向发展。

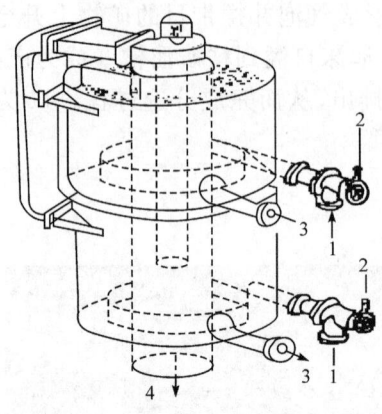

图 5-53　SWEMAC 立柱式浮选机
1. 未脱墨浆；2. 空气；3. 脱墨后浆；4. 墨渣

国内外常见的脱墨浮选机有 SWEMAC 立柱式浮选机（图 5-53）、Lamort 对流式浮选机、Escher Wyss 阶梯扩散式浮选机、Voith 多喷射器椭圆形浮选机等。

5.5.4　浮选机的发展

最早出现的浮选机是借助于工业盐酸与碳酸盐矿物发生化学反应生成 CO_2 气泡。此后，则用压缩空气吹入矿浆中产生气泡。两者都是依靠气泡浮升时的扰动使矿浆悬浮，无搅拌装置。随着高级浮选药剂的出现，20 世纪 20 年代出现了机械搅拌浮选机。该机利用转动的机械部件，既搅拌矿浆促使其呈悬游状态，同时又吸入空气并分散成气泡。在众多的发明中最受用户欢迎的有两种：法格古伦（Fagergren）型和法连瓦尔德（Farenwald）型。前者采用由圆棒组成的笼形转子-定子，垂直安装，转子上端吸入空气，下端吸入槽内矿浆，周边排出浆气混合物；后者采用离心式叶轮和笼形叶片盖板，空气及槽内和槽外矿浆均由上方吸入叶轮，周边排出浆气混合物。在中小型选厂中，这两种浮选机目前仍在世界各国使用。

到了 20 世纪 60 年代，矿产资源供不应求，入选矿石品位下降，选矿厂规模扩大；另一方面，劳动工资在成本中所占比例迅速上升，而各种在线检测仪器（浓度计、pH 计、粒度分析仪、X-荧光分析仪等）均已达到工业应用的要求，选矿厂实现自动化不但技术上可行，而且经济上合理。在这种形势下，要求浮选机大型化（节省检测仪器和执行机构的数量），节省场地、经久耐用（延长磨损件寿命）和易于自动调整泡沫产品产率（提高工艺指标）。在生产推动下，世界各国掀起了研究浮选机的热潮。

美国丹佛（Denver）公司对传统的丹佛 SubA 浮选机作了重大改进。将自吸空气（自吸式）改为鼓风机供气（压气式），以利于通过改变充气量迅速地调整泡沫刮出量，并且在保证足够的充气量的情况下降低叶轮转速，节省动力消耗；将通过叶轮盖板孔的槽内矿浆循环路线改为通过锥形斗的循环路线，以避免较粗的矿粒进入叶轮,降低磨耗,延长叶轮和盖板的寿命;将自吸槽外矿浆(包括原矿和返回的泡沫产品)改为用长轴泡沫泵输送。这样,机械性能大为改善,最大槽容由 $2.8m^3$ 扩大到 $36m^3$。美国维姆科(Wemco)公司对法格古伦浮选机进行改造,设计出 Wemco 转子-定子系统,使最大槽容从 $1.73m^3$ 扩大到 $127.5m^3$,是目前世界上最大规格的浮选机。维姆科浮选机保留了法格古伦浮选机的优点:充气量可调范围大,单位容积处理量大,功率消耗低,自吸气。与此同时,美国 1932 年发明的阿基泰尔(Agitair)棒型叶轮压气式浮选机经过叶轮改造,最大槽容已达 $28.3m^3$;芬兰奥托昆普(Outokump)公司研制成功半椭球状叶轮压气式 OK 浮选机,最大槽容为 $42.5m^3$。

自 1970 年以来,我国北京矿冶研究总院、北京有色冶金设计研究总院、长沙有色冶金设计研究院、中南大学、沈阳选矿机械研究所、唐山煤炭科学研究院等单位也开展了一系列研究,设计、制造了多种新型浮选机并投入生产使用。目前,我国应用的最大型号的浮选机为 KYF-$50m^3$。

在改进和发展机械搅拌式浮选机的同时,20 世纪 60 年代加拿大首先研制了没有搅拌机械的浮选柱。柱体断面为圆形或矩形(接近正方形),高度为 6~7m 或更高。浮选柱具有容积大、结构简单、泡沫层厚(达 500mm)等优点,因而精矿质量好,受到选矿工作者的重视。但是,由于出现充气器堵塞等问题,一度停止使用。后来,由于采用波形板充填物、多孔介质微泡发生器等,20 世纪 80 年代重新掀起了研究和使用浮选柱的高潮。其后研究开发的喷枪式微泡发生器彻底解决了堵塞问题。目前世界上最大规格的浮选柱槽容为 $220m^3$。

此外,随着泡沫浮选应用范围的扩大,出现了各种专用浮选机,如北京矿冶研究总院的 CLF 型粗粒浮选机可分选粒度最大为 0.5~0.7mm 的物料。此外还有沉淀浮选和离子浮选用的浮选机、纸浆浮选机等。总之,最近几十年是浮选机研究最活跃的时期。大型化是浮选机发展的趋势,新型耐磨材料如聚氨酯弹性体的应用极大地延长了磨损件及槽体的寿命,浮选过程的计算机控制已经实现。

5.5.5 浮选辅助设备

1. 给药机

(1) 虹吸式给药机

浮选中按需要准确地添加各种药剂,是控制工艺过程获得良好指标的重要技术操作手段。老式的杯式给药机常用于添加药剂原液。目前在小型选厂常用的普通虹吸式给药机(图 5-54),一般为在保持给药液位恒定的同时,通过人工调节虹吸管的夹紧程度,进而测定调节和保持药液流量,其结构简单,常自行制作。

(2) 杯式给药机

杯式给药机的结构见图 5-55。它由电动机通过减速器带动转盘转动,转盘上挂有一些小杯,小杯在下部装满药液,转至上部碰到横杆后,药液倾倒入流槽。一般通过增减小了杯的数量和调节横杆位置来调节药液流量。杯式给药机适用于较黏的药剂原液如 25 号黑药、松醇油等的给药。

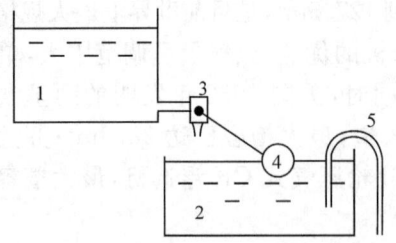
图 5-54　虹吸式给药机
1. 药剂池;2. 给药箱;3. 浮球阀;4. 浮球;5. 虹吸管

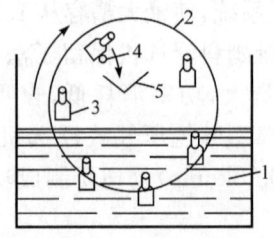
图 5-55　杯式给药机
1. 药箱;2. 转盘;3. 小杯;4. 横杆;5. 流槽

(3) 电子自动给药机

目前在大中型选厂常用的电子自动给药机,其结构示意见图 5-56。它采用浮球法控制给药液面恒定,然后控制药管出口处电磁阀的开启时间,药量的大小与活动球阀的开启时间成正比。这样,只要控制系统控制调节电磁球阀在固定的加药周期中的开启时间,就能调节加药量的大小。

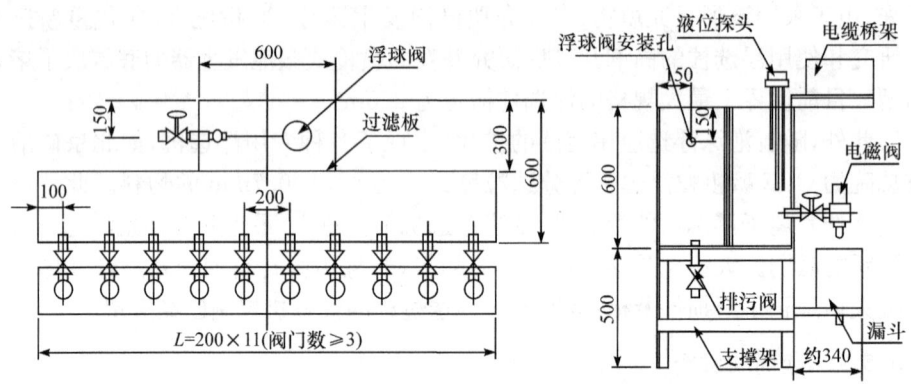

图 5-56　PLC 程控电子自动给药机(尺寸单位:mm)

电磁活动球阀结构主体是一个尼龙制的阀体,阀门由钢柱体和一个有磁性的不锈钢球组成。线圈通电时阀开启,断电时钢球下落堵住阀口,使其关闭。采用一台电子计算机可同时控制多个电磁阀。电子自动给药机使用方便,给药准确,可详细记录各种药剂的用量,非常有利于提高浮选技术指标和生产管理水平,目前正在迅速推广应用。图 5-57 是长沙市拓创科技发展有限公司生产的 PLC 系列程控加药机所用的型号为 DZFⅢ的给药电磁阀。它由阀体、上套、阀芯、节流孔、线圈、不锈钢罩组成,非金属材质,防腐性能好,各部件之间用管螺纹联结。

(4) 粉状药剂自动给药机

如天津市华联矿山仪器厂生产的 PS-1-68 型 Φ170mm 盘式给药机。

2. 矿浆搅拌槽

矿浆搅拌槽的主要作用是让矿浆进入浮选机之前与浮选药剂有足够的作用时间。常规螺旋桨式矿浆搅拌槽采用螺旋桨式搅拌轮,槽内浆体以绕竖轴作回旋运动为主,见图 5-58。矿浆沿轴向的上下涌动微弱,搅拌力不强,沿槽体径向有离析现象,有沉槽压槽现象。常规螺旋桨式矿浆搅拌槽的规格有直径 1、1.5、2、2.5、3、3.5m 等。

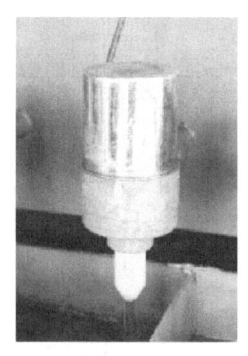

图 5-57 DZFⅢ给药电磁阀

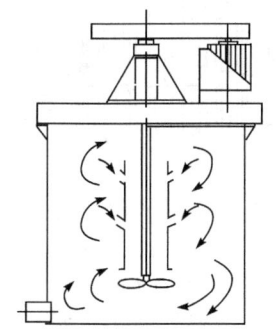

图 5-58 常规螺旋桨式矿浆搅拌槽的结构及浆体流态示意图

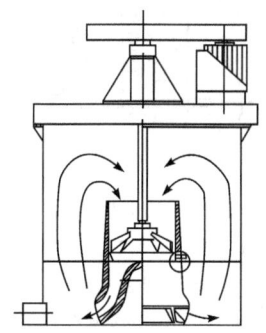

图 5-59 CK 系列高效搅拌槽的结构及浆体流态示意图

由长沙矿冶研究院开发研制并获国家专利的 CK 系列高效搅拌槽,采用新颖的下掠式异形搅拌轮结构,通过导流整流装置的作用,使槽内矿浆按"W"形流迹上下激烈循环,见图 5-59。高效搅拌槽具有能耗低、弥散均匀、搅拌强烈、搅拌轮使用寿命长等特点。对固相粒子表面擦洗充分,改善了油药作用条件,油药用量少,不存在沉槽压槽和油药弥散不开等问题,在系统停车后不需卸矿就可直接带矿起动。高效搅拌槽节能明显,能耗较常规搅拌槽可降低 20%~40%,油药用量可减少 10%~20% 左右。易损件使用寿命长,是良好的矿浆搅拌设备。CK 系列高效搅拌槽的规格有直径 1、1.5、2、2.5、3、3.5、4、4.5、5m 等。

5.5.6 浮选车间设备配置

图 5-60 为每列浮选机中心线与粉矿仓长向的中心线平行的横向配置。这是一种最常见的配置形式,因为它对地形的适应性较强,无论场地是陡坡、缓坡或平

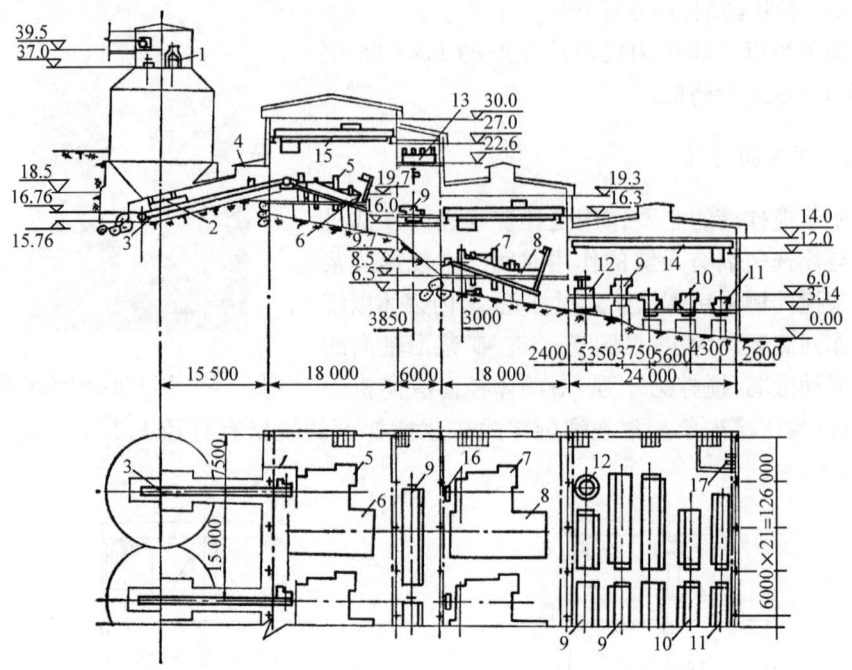

图 5-60 两段选别流程主厂房配置(尺寸单位:mm;高程单位:m)

1. $B=1000$ 卸矿小车;2. 600mm×600mm 摆式给矿机;3. $B=650$ 胶带运输机;4. $B=500$ 胶带自动秤;
5. $\Phi 3200mm \times 3100mm$ 球磨机;6. $\Phi 2400mm$ 高堰式双螺旋分级机;7. $\Phi 2700mm \times 3600mm$ 溢流型球磨机;8. $\Phi 2400mm$ 沉没式双螺旋分级机;9. 7A-6 槽浮选机;10. 7A-4 槽浮选机;11. 6A-6 槽浮选机;
12. $\Phi 3000mm$ 搅拌槽;13. 给药机;14. $Q=2t$ 电动单梁起重机;15. 30/5t 电动桥式起重机;16. $\Phi 500mm$ 水力旋流器;17. AⅡ1型自动取样机

图 5-61 国外某露天配置的浮选厂

地都可以采用。在斜坡的地面上,浮选机列可分别布置在几个不同台阶上,这样可以保证矿浆由高台阶浮选机向低台阶浮选机的自流。如受场地限制,也可将不同循环的浮选机列分别布置在上下两层楼板上,仍保证其矿浆自流。

此外还有每列浮选机中心线与粉矿仓长向的中心线垂直的纵向配置。

图 5-61 为国外某露天配置的浮选厂,原矿贮存采用矿堆,浮选柱与浮选机组合配置。

5.6 有色金属硫化矿浮选生产实践

5.6.1 硫化铜矿浮选分离实践

铜是人类最早发现和使用的金属之一,紫红色,相对密度 8.89,熔点 1083℃。铜及其合金由于导电率和热导率好,抗腐蚀能力强,易加工,抗拉强度和疲劳强度好而被广泛应用,在金属材料消费中仅次于钢铁和铝,成为国计民生和国防工程乃至高新技术领域中不可缺少的基础材料和战略物资。在电气工业、机械工业、化学工业、国防工业等部门具有广泛的用途。

1. 硫化铜矿物的可浮性

(1) 黄铜矿($CuFeS_2$)。含 Cu 34.57%,通常为原生矿,偶尔亦呈次生状态。黄铜矿不易受氧化,在中性及弱碱性介质中能较长时间保持天然可浮性,但在 pH 大于 10 的强碱性介质中,表面形成氢氧化铁薄膜,其天然可浮性下降。

浮选黄铜矿最常用的捕收剂是黄药,在较宽 pH 范围(3~12)黄铜矿易为黄药类捕收剂全部浮出。电化学研究及红外光谱测定均表明,吸附产物是黄原酸铜和双黄药同时并存,属化学吸附。黑药、硫氮及黄氨酯也是黄铜矿的捕收剂。硫氮类在黄铜矿表面的吸附产物也是铜盐化合物。近年来国内外有人用丁黄腈酯(OSN-43)、丁黄烯酯(OS-43)及异硫脲盐代替黄药浮选黄铜矿。特别是丁黄腈酯选择性比黄药好,用于含毒砂的黄铜矿浮选,铜精矿中砷含量可降到 0.5%以下。

黄铜矿在碱性介质中,易受氰化物及氧化剂的作用而受到抑制。例如,在铜铅分离时,常用氰化物抑制黄铜矿;铜钼分离时,使用氧化剂使黄铜矿受抑制的方法,已得到广泛应用。

黄铜矿在水中细磨时,会吸收溶液中的氧,使表面氧化,硫离子一部分氧化成 SO_4^{2-}。因此,黄铜矿在磨矿、搅拌过程中,表面会有一定程度的氧化,在表面同时存在有阴离子 SO_4^{2-} 和阳离子 Cu^{2+}、Fe^{2+}。考虑药剂作用时,必须顾及氧化作用及形成的上述离子。当采用易溶的黄药作捕收剂时,黄原酸离子易与矿物表面的 Cu^{2+} 形成牢固的吸附;采用硫胺酯、双黄药等作捕收剂时,就要加入磨机,使这些药剂和解离的新鲜表面接触。有时用铜盐(如硫酸铜)活化被抑制的黄铜矿。

(2) 辉铜矿(Cu_2S)。含 Cu 79.8%，是最常见的次生硫化铜矿物，性脆容易过粉碎泥化。国外许多大型斑岩铜矿的铜矿物为辉铜矿。在我国以辉铜矿为主的铜矿，目前还不多。在辉铜矿中铜硫结晶格能较小，铜离子半径小，硫离子半径大，易于暴露受到氧化，所以辉铜矿比黄铜矿易氧化。氧化以后，有较多的铜离子进入矿浆。这些铜离子的存在，会活化其他矿物，或者消耗药剂，造成分选的困难。

在各种铜矿物中，辉铜矿的可浮性最好。黄药和黑药为其良好的捕收剂，当用乙基黄药，乙基黑药和乙基双黑药为捕收剂时，在 pH 1～13 范围，辉铜矿能全部浮出。

辉铜矿的抑制剂是 Na_2SO_3、$Na_2S_2O_3$、$K_3Fe(CN)_6$ 和 $K_4Fe(CN)_6$。大量的 Na_2S 对辉铜矿也有抑制作用。氰化物对辉铜矿的抑制作用较弱，这是因为辉铜矿表面铜离子不断溶解且与氰化物作用，因而使氰化物失效。只有不断加入氰化物，才能达到抑制的目的。辉铜矿对碱（OH^-）的作用不敏感，在用乙黄药作捕收剂时，在高 pH 下仍能浮选，这是因为乙黄原酸亚铜比氢氧化铜更稳定。因此常将碱与其他抑制剂（如氰化物、硫化钠、硫化铵等）联合使用抑制辉铜矿。

(3) 斑铜矿(Cu_5FeS_4)。化学成分不固定，按分子式计算含 Cu 63.3%，有原生、次生两种。斑铜矿的表面性质及可浮性，介于辉铜矿和黄铜矿之间。用黄药作捕收剂时，在酸性及弱碱性介质中均可浮，当 pH>10 以后，其可浮性下降。在强酸性介质中，其可浮性也显著变坏。容易受氰化物抑制。斑铜矿较黄铜矿易氧化，捕收剂用量较黄铜矿要多，加入硫化钠或少量硫酸，可以改善其可浮性。

(4) 铜蓝（CuS）。分子式合理的写法是 $Cu_2S·CuS_2$。在铜蓝中，铜和硫均有两种不同价的离子，它们分别为 Cu^{2+}、Cu^+ 和 S^{2-}、S_2^{2-}。铜蓝的可浮性与辉铜矿相似。

(5) 砷黝铜矿（$3Cu_2S·As_2S_3$）。属原生铜矿，它是等轴晶系结晶，实际上不解离。有很多同分异构体。硬度小，脆性高，容易过磨泥化。砷黝铜矿中，含有与 $[SO_3]^{2-}$ 络阴离子相似的 $[AsS_3]^{3-}$，容易氧化。

用丁黄药浮选砷黝铜矿时，最适宜的 pH 是 11～12。介质调整剂用碳酸钠比用石灰好，因为当游离 CaO 高于 $400g/m^3$ 时，对砷黝铜矿有抑制作用。

在硫化钠用量较低（30mg/L）时，由于硫化了氧化的表面，则可以改善其可浮性，但提高用量，可以完全抑制砷黝铜矿的浮选。

对硫化铜矿物的可浮性，可以归纳出如下几条规律。

(1) 凡是不含铁的矿物，如辉铜矿、铜蓝，可浮性相似，氰化物、石灰对它们的抑制作用较弱。

(2) 凡是含铁的铜矿物，如黄铜矿、斑铜矿等，在碱性介质中易受氰化物和石灰的抑制。

(3) 黄药类捕收剂阴离子，主要与阳离子 Cu^{2+} 起化学吸附，所以表面含 Cu 多的矿物,与黄药作用强。作用强弱的顺序为:辉铜矿＞铜蓝＞斑铜矿＞黄铜矿。

(4) 硫化铜矿物的可浮性,还受到结晶粒度、嵌布粒度和原生、次生等因素的影响。结晶及嵌布过细的,比较难浮。次生硫化铜矿容易氧化,比原生铜矿难浮。

2. 硫化铁矿物的可浮性

一般而言,在绝大部分硫化金属矿床中均有硫化铁矿物广泛分布,因而经常遇到黄铁矿与其他硫化矿的分离问题,故在此先介绍硫化铁矿物的可浮性。硫化铁矿物主要用于生产硫酸,是重要的化学工业原料。

(1) 黄铁矿(FeS_2)。含 S53.4％,黄铁矿结晶中,两个硫离子成对地组成阴离子团$[S_2]^{2-}$。黄铁矿破碎时,常呈现完整的结晶,其新鲜解离面亲油疏水。在含氧的水中,S_2^{2-} 氧化成 SO_3^{2-}。在碱性介质中,Fe^{2+} 会很快氧化成 Fe^{3+},而一部分 SO_3^{2-} 会氧化成 SO_4^{2-},但溶液中也有 $S_2O_3^{2-}$ 存在。黄铁矿表面的轻微氧化,会使其可浮性提高,而过度氧化,则可浮性下降。

黄铁矿的表面状态,与矿浆 pH 有关,在强酸性(如 pH=2)介质中,它的表面可能产生 $FeS_2 \longrightarrow FeS+S^0$ 的反应,元素硫可提高其表面疏水性。在石灰造成的强碱性介质中,黄铁矿表面罩盖有 $FeO(OH)$,可浮性受到抑制。

黄铁矿能被黄药、黑药、二硫代氨基酸盐(硫氮类)等多种浮选药剂捕收。这三种药剂中,黑药对其捕收能力最弱,并且只能在弱酸性介质中进行。

二乙基二硫代氨基甲酸盐(乙硫氮)对黄铁矿有一定的浮选活性,其对黄铁矿捕收的临界 pH 为 10.5。

黄药是黄铁矿浮选最重要的捕收剂,吸附的产物为双黄药。矿浆 pH 对黄铁矿浮选有明显影响。在酸性或弱碱性介质有利于黄药在黄铁矿表面生成双黄药,提高可浮性。

黄铁矿的抑制剂是氰化物和石灰。黄铜矿、闪锌矿与黄铁矿的分离,主要是用石灰作黄铁矿抑制剂。被抑制的黄铁矿,可用硫酸降低 pH 进行活化,也可用碳酸钠或二氧化碳活化。活化时常加硫酸铜。

(2) 磁黄铁矿 $Fe_{1-x}S(x=0.1\sim 0.2)$。容易氧化和泥化,是比较难浮的硫化铁矿物。在碱性和弱酸性矿浆中浮选磁黄铁矿,要先用 Cu^{2+} 活化,或用少量硫化钠活化,再用高级黄药捕收。

磁黄铁矿的抑制剂有石灰、氰化物和碳酸钠等。在特殊情况下,可用高锰酸钾,如毒砂或镍黄铁矿与磁黄铁矿分离时,可用高锰酸钾抑制磁黄铁矿,而用硫酸铜或硫化钠活化毒砂、镍黄铁矿。

磁黄铁矿在矿浆中氧化时,会消耗矿浆中的氧。而矿浆中的氧对硫化矿的浮选是很重要的。矿石中有磁黄铁矿时,用黄药浮其他硫化矿,在氧与磁黄铁矿反应之前，其他硫化矿不浮，而且只有矿浆中剩余有氧，使其他硫化矿表面部分氧化才能使它们浮游。因此，矿石中有磁黄铁矿的硫化矿浮选时，矿浆搅拌充气调节显得十分重要。

(3) 白铁矿(FeS_2)。化学成分与黄铁矿相同，但结晶不同。黄铁矿为等轴晶系，白铁矿是斜方晶系。

白铁矿可浮性与黄铁矿相似，但比黄铁矿好浮。几种硫化铁矿用黄药捕收的可浮性顺序是：白铁矿＞黄铁矿＞磁黄铁矿。

3. 单一铜矿浮选分离

谦比西铜矿位于非洲赞比亚铜矿带的中部，矿区范围内共探明铜金属储量和资源量 501 万吨，平均含铜品位 2.19%。1965 年该矿露天矿投产，1974 年露天转地下开采并出矿，1987 年 8 月因亏损而停产。1998 年，经中国政府授权，中国有色集团非洲矿业有限公司出资购得谦比西铜矿 85% 的股权，赞方保留 15% 的股权，中方出资复建，并由北京矿冶研究总院进行选矿研究。2003 年复产，形成年产铜精矿 6.5 万吨的能力。

谦比西主矿体主要铜矿物是斑铜矿(约占铜矿物 65%)和黄铜矿，另外有少量的辉铜矿。斑铜矿和黄铜矿主要以浸染状存在于矿石中。铜矿物嵌布粒度为：小于 0.1mm 占 50%，0.1～0.5mm 占 30%，0.5～2mm 占 15%，大于 2mm 占 5%，属粗细粒不均匀嵌布。矿石中主要矿物相对含量(%)为：斑铜矿、黄铜矿、辉铜矿占 2～3，石英占 20～35，长石 15～30，方解石、白云石占 5～15，黑云母 3～10，其他云母 20～35。

根据矿石嵌布特性，采取粗磨浮选、尾矿分级粗粒中矿再磨流程。一段磨矿细度为 65%－0.075mm。添加石灰 1000g/t 以改善铜矿物的可浮性，选用丁基黄药与丁基铵黑药混合使用，捕收剂总用量 70g/t，起泡剂为松醇油，浮选流程为一粗二精二扫。粗选矿浆浓度过高会降低粗选回收率，以 26% 为宜。对浮选尾矿分级，+0.154mm 粒级粗粒中矿返回再磨再选。获铜精矿品位 41.87%，铜回收率为 95.56%。图 5-62 为 6500t/d 谦比西铜矿选矿厂。

4. 铜硫矿浮选分离

铜硫矿有两大类：一类是致密块状含铜黄铁矿(又称块矿)；另一类是浸染状含铜黄铁矿(又称浸染矿)。致密块状含铜黄铁矿的特点是，矿石中主要是黄铁矿，其含量可达 50%～95%，脉石矿物很少。对于这类矿石，往往是选出硫化铜矿物以后，尾矿便是黄铁矿精矿。如果脉石含量较高，也要分出尾矿。浸染状含铜黄铁矿中，铜和铁的硫化矿物含量较低，而且以浸染状分布在脉石中。所谓铜硫分离是指硫化铜矿物(通常为黄铜矿)与硫化铁矿物(通常为黄铁矿)之间的浮选分离。实现

图 5-62 6500t/d 谦比西铜矿选矿厂

铜硫分离的方案主要有三种。

(1) 石灰法。在石灰造成的强碱性介质中抑制黄铁矿。多用于黄铁矿比较容易抑制的矿石。缺点是，泡沫易发黏，铜精矿质量不高，设备及管道易结钙。

(2) 石灰+氰化物法。适用于黄铁矿活性较大，不易被石灰抑制的矿石。缺点是氰化物对环境污染较大。对抑制后的黄铁矿，可采用降低 pH 及添加硫酸铜活化。

(3) 加温法。用于难分离的铜硫混合精矿。加温可加速黄铁矿表面氧化，抑制黄铁矿。

我国白银有色金属公司铜硫矿选矿厂同时处理两种矿石：块矿中黄铁矿占 89%~91%，只有少量的石英、阳起石和绿泥石等脉石；浸染矿中黄铁矿占 22%~29%，脉石是火山砾和凝灰岩。铜矿物主要是黄铜矿，有少量辉铜矿，斑铜矿和铜蓝。选矿工艺流程见图 5-63。

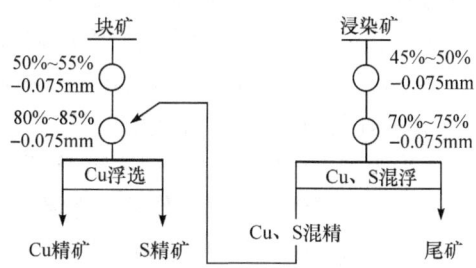

图 5-63 白银有色金属公司铜硫矿选矿厂工艺流程

浸染矿铜硫混浮时，少加石灰，矿浆中游离 CaO 的含量，控制在 $100g/m^3$ 左右，加捕收剂丁黄药 100~200g/t，起泡剂松醇油 60~70g/t，得到的铜硫混合精矿，进入块矿二段磨矿前的预先分级。块矿浮铜时，加大量石灰，用量 10~15kg/t，矿浆中的游离 CaO 在 $800g/m^3$ 左右，浮出硫化铜精矿，槽底是黄铁矿精矿。

江西铜业公司永平铜矿床属大型矽卡岩铜矿床，主要矿物为黄铜矿、黄铁矿，伴生有金、银等可综合回收的有益元素。永平铜矿铜硫浮选工艺经历了全混合浮选、分步优先浮选工艺到等可浮(或称部分混选)工艺的技术改造,指标稳步提高。浮选药剂为石灰 3000g/t,选铜捕收剂为丁铵黑药 70g/t,选硫捕收剂为丁黄药 70g/t。2000 年生产指标为:原矿品位含铜 0.604%、硫 8.25%,铜精矿品位 22.50%,铜回收率 82.92%。2004 年试验了铜快速-开路优先浮选工艺流程,配用高效选择性铜捕收剂 EXP,铜精矿品位可提高到 24.50%,铜回收率可提高到 88.10%。图 5-64 是永平铜矿选矿厂。

图 5-64　江西铜业公司永平铜矿 10 000t/d 选矿厂

5. 铜硫铁矿浮选分离

这种矽卡岩型铜矿,在我国辽宁、河北、安徽和湖北等省均有。这类矿石的特点是:一般储量较小,品位不高,铜矿物主要以黄铜矿为主,含有磁铁矿、黄铁矿和磁黄铁矿。

铜硫的选出,可采用优先浮选或铜硫混合浮选后分离的方案。目前生产中,多用优先浮选。磁铁矿用弱磁选机选出,有先磁后浮,或先浮后磁两种方案。生产实践表明,前者问题较多,铁精矿含硫易超标,故采用先浮后磁,即先浮完硫化铁矿以后,再进行磁铁矿磁选。矿石中磁黄铁矿的存在,会影响铁精矿的质量。强化磁黄铁矿的浮选,是提高硫回收率,降低铁精矿含硫量的关键。

武钢矿业公司大冶铁矿选矿厂选矿工艺是采用先浮选后磁选流程。原矿经三段开路破碎和两段闭路磨矿后送铜硫混合浮选作业。在混合浮选作业经二次粗选二次精选得铜硫混合精矿,再加石灰和酯 105 进行浮铜抑硫分离。混浮尾矿经磁选得铁精矿。

湖北省大冶有色金属公司铜绿山铜矿选厂硫化矿流程为粗选第一槽出快速铜精矿,中矿再磨浮铜,浮铜尾矿再磁选铁。浮选药剂主要是黄药、丁铵黑药、2 号油。指标为:原矿品位 2.05%,精矿品位 21.55%,回收率 90.8%。

6. 铜钼矿浮选分离

(1) 斑岩铜矿。斑岩铜矿因其储量大,是目前全世界提取铜的重要资源。从斑岩铜矿提取铜,全世界约占43%左右。斑岩铜矿也是钼的重要来源以及铼、金、银的重要资源。

斑岩铜矿中的铜矿物,多半为黄铜矿,也有以辉铜矿为主,或者两者兼有的,其他铜矿物较少。钼矿物一般为辉钼矿。斑岩铜矿的特点是:原矿品位较低,大多数斑岩铜矿含 Cu 0.5%~1%,平均 0.8%左右;含 Mo 0.01%~0.03%;储量大,可以建立大规模的厂,日处理量几万吨的厂已经很多,近年投产的规模越来越大,规模大设备可以大型化,节省投资,降低生产成本。

位于南美洲智利的丘基卡马塔(Chuquicamata)铜钼矿是世界上最大的铜矿,1915年起开始露天开采。矿场南北长 4.4km,东西宽 2.5km,深达 660m。矿床为斑岩铜矿,原矿品位 Cu 1.1%,Mo 0.04%。选矿厂生产能力 153 000t/d,采用一段粗磨后铜硫钼混合浮选、粗精矿再磨分离硫得铜钼混合精矿、铜钼分离的流程。浮钼抑铜分离用浮选柱,添加硫氢化钠,充氮气。图 5-65 是丘基卡马塔铜矿选矿厂。全矿年产铜 50 万吨。

图 5-65　世界上最大的铜矿——智利丘基卡马塔铜矿 153 000t/d 选矿厂

江西德兴铜矿是我国大型斑岩铜矿的典型代表,矿床金属矿物主要为黄铜矿、黄铁矿、辉钼矿,矿体范围内铜品位为 0.2%~0.6%,平均 0.5%,钼 0.008%左右。德兴铜矿 6 万吨/d 大山选厂采用了一段粗磨后铜硫混合浮选、粗精矿再磨分离的流程,见图 5-66。铜硫混合浮选药剂为黄药、CSU-A、松醇油;粗精矿再磨分离药剂为石灰、黄药、松醇油。这是大型斑岩铜矿的典型流程,能缩短浮选流程,节省浮选设备和磨矿电耗。此外,大山选矿厂于 2002 年增设 Φ2.4m×10m 浮选柱作精Ⅲ作业,产出二步铜精矿。大山选厂近年生产技术指标见表 5-5。

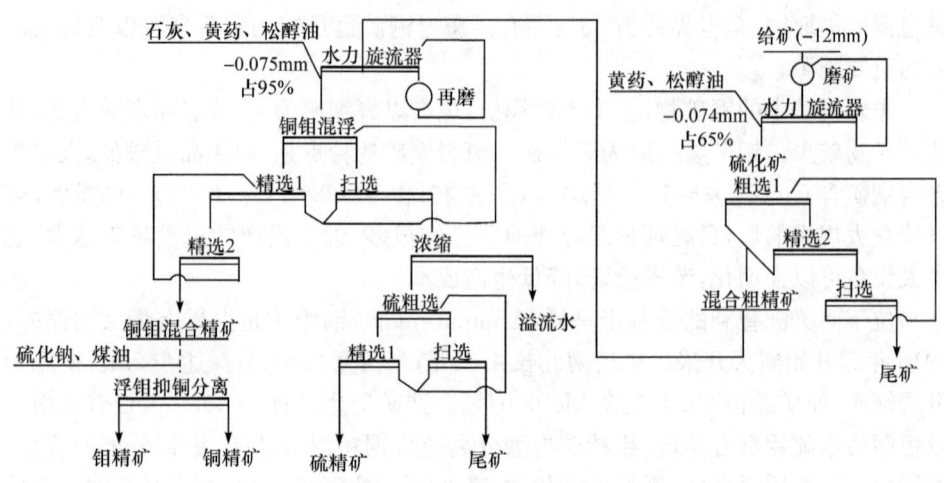

图 5-66 德兴铜矿大山选厂流程图

表 5-5 德兴铜矿大山选厂近年生产技术指标

时间	原矿品位	粗精矿品位	精选回收率	精选回收率	铜精矿品位	综合回收率
2001.9~12	0.406	4.63	87.89	97.90	24.79	86.04
2002.1~11	0.421	4.81	88.51	98.23	25.174	86.94

所得的铜钼混合精矿送精尾厂铜钼分离车间,选用硫化钠作抑制剂、少量煤油作捕收剂进行浮钼抑铜分离,经 8 次精选获得钼精矿,浮选槽底流为铜精矿。

(2) 铜钼分离。铜钼矿石浮选常用的技术方案有以下四种:①先浮钼后浮铜。矿石中钼品位很高时采用。②先浮铜后浮钼。被抑制的辉钼矿难于活化,已不再使用。③从铜钼粗精矿中分出钼。需对铜钼粗精矿进行再磨,而后浮选分离。④从铜钼精选精矿中分出钼。此法应用最广泛。铜钼混合精矿浮选分离常见方法见表 5-6。

表 5-6 铜钼分离主要方法

浮钼抑铜							
方法	典型选厂	方法	典型选厂	方法	典型选厂	方法	典型选厂
Na_2S	临江,闲林埠	石灰+蒸气加温	俄-阿尔勉宁	KCN加温	加-加斯佩	As_2O_3+NaOH加温	保-美齐特
NaHS+$(NH_4)_2S$	美国皮马	$K_4Fe(CN)_6$+KCN	美-西尔弗尔	NaClO	美-曼努尔	P_2S_5+NaOH	智-依尔

续表

浮钼抑铜							
方法	典型选厂	方法	典型选厂	方法	典型选厂	方法	典型选厂
Na_2S+蒸气加温	俄-巴尔哈什	$K_4Fe(CN)_6$+H_2S	美-莫伦西	As_2O_3+NaOH	智-丘奇卡马	P_2S_5+NaOH加温	美-迈亚密

浮铜抑钼					
方法	典型选厂	方法	典型选厂	方法	典型选厂
糊精	美-友他马格	焙烧	美国银铃	木质素+石灰	美国比尤特

5.6.2 硫化铅锌矿浮选分离实践

铅锌用途广泛。铅主要用于生产汽车蓄电池和电缆外包层。锌主要用于钢铁制品电镀或热镀防锈，锌能与多种有色金属制成合金或含锌合金，其中最主要的是锌与铜、锡、铅等组成的黄铜等，还可与铝、镁、铜等组成压铸合金。

1. 硫化铅锌矿物的可浮性

(1) 方铅矿(PbS)。含 Pb 86.6%，立方晶体结晶，一般晶体比较完整。在方铅矿中，常含有银、铜、铁、锑、铋、砷、钼等杂质。

浮选方铅矿最常用的捕收剂是黄药和黑药。研究表明，在广泛 pH 条件下，方铅矿易为乙黄药浮起。黄药在方铅矿表面发生化学吸附，吸附产物是黄原酸铅。白药和乙硫氮对方铅矿也有选择捕收作用。

浮选方铅矿最适宜的 pH 为 7～8，一般用碳酸钠或石灰调节，石灰对方铅矿有一定抑制作用。重铬酸盐或铬酸盐是方铅矿特效抑制剂，它们在方铅矿表面形成难溶的铬酸铅多分子层，使表面亲水受抑。被重铬酸盐抑制过的方铅矿，要用盐酸或在酸性介质中，用氯化钠处理才能活化。硫化钠对方铅矿有强烈抑制作用，这是由于硫化铅的溶度积远小于黄原酸铅；另外，S^{2-}还能从矿物表面解吸已吸附的X^-。氰化物对方铅矿几乎无抑制作用。只有某些受铁污染或变质方铅矿，用氰化物抑制才能奏效。

(2) 闪锌矿(ZnS)。含 Zn 67.1%，根据其含杂质不同，闪锌矿有许多变种。外观颜色差别也很大，一般为褐色，也有黑色的(铁闪锌矿)，甚至有无色的。

黄药是闪锌矿浮选的捕收剂，用短链黄药直接浮选闪锌矿，多数情况下不浮或有较低回收率，只有含 5～6 个碳的高级黄药在 pH 不高时可获得较高回收率。但经 Cu^{2+} 活化后的闪锌矿可用低级黄药浮选。黄药在闪锌矿上吸附产物是黄原酸锌吸附层。除黄药外，黑药也是闪锌矿的捕收剂。

许多金属离子如 Cu^{2+}、Hg^+、Ag^+、Pb^{2+}、Cd^{2+} 等均对闪锌矿有活化作用,但最常用的是硫酸铜。Cu^{2+} 活化闪锌矿的反应随矿浆 pH 而变。研究发现,酸性介质活化最好,碱性虽发生浮选,但指标不如酸性;中性介质出现了比不加 Cu^{2+} 浮选更差的现象。这是由于 Cu^{2+} 生成了 $CuOH^+$、$Cu(OH)_2$ 或 $Cu_2(OH)_2^{2+}$ 之类的亲水化合物,或黄药与铜离子反应生成黄原酸盐,消耗了黄药,导致闪锌矿受抑。

闪锌矿往往自发活化,其原因是含有铜杂质,或在磨矿过程中,被矿浆中的 Cu^{2+} 活化。这是造成闪锌矿与其他矿物分离难的原因之一。

闪锌矿的抑制剂有硫酸锌,它是比较弱的抑制剂。对于浮选活度大,或经过活化的闪锌矿,用氰化物与硫酸锌混合作抑制剂。此外,还有硫化钠、亚硫酸盐和硫代硫酸盐等。近年来,采用 SO_2 作闪锌矿抑制剂。

2. 铅锌分离

单一的铅矿或锌矿均极为少见。常见的为硫化铅锌矿,可分为铅锌矿、铅锌硫矿和铅锌萤石矿。用硫代化合物类捕收剂浮选铅锌矿时,铅锌分离几乎都是采用抑锌浮铅的方案。分离方法有三大类:

(1) $ZnSO_4$ 法。$ZnSO_4$ 往往需与 Na_2CO_3、石灰、亚硫酸盐等混用。被抑制的闪锌矿进入锌浮选循环时容易重新活化。

(2) 亚硫酸法。使用的抑锌药剂主要有 H_2SO_3、Na_2SO_3、$Na_2S_2O_3$、和 SO_2 气体等。常用于闪锌矿浮选活性大的场合。

(3) 氰化物法。单用氰化物的情况很少,通常总是配合其他抑制剂,既加强抑制作用,又节省氰化物用量,多与硫酸锌配合使用,但环境污染严重。

3. 锌硫分离

锌硫分离有抑硫浮锌和抑锌浮硫两种方案。

(1) 石灰法-硫酸铜法。是常用的抑硫浮锌法,可用于处理原矿和锌硫混合精矿。用石灰调整 pH 在 11 以上抑制黄铁矿,再加硫酸铜活化闪锌矿,然后加黄药和松醇油浮出闪锌矿。优点是工艺简单,药剂成本低。缺点是设备及管道易结垢,硫精矿不易过滤。

(2) 加温法。对一些浮选活性较大的黄铁矿,用石灰抑制往往效果不佳。矿浆加温时,黄铁矿可浮性下降,闪锌矿仍保持其可浮性,达到浮选分离。

(3) 二氧化硫+蒸气加温法。是抑锌浮硫的方法,已在加拿大布伦斯威克选厂应用。

4. 硫化铅锌矿浮选实例

有色中金岭南铅锌集团凡口铅锌矿位于广东省仁化县,是我国超大型铅锌矿床之一,属沉积-热液改造型层控矿床。截止到1997年底,矿山累计探明矿石量5470万吨,铅锌金属量835万吨。如此巨量的富矿集中赋存于不到 $1km^2$ 的狭小范围,其独特的地质现象引起了中外地质学界的广泛瞩目和极大兴趣。

凡口铅锌矿是我国目前最大的地下开采铅锌矿山,自1968年一期工程投产,1990年二期扩建工程投产,现已形成年产铅锌金属18万吨(矿量160万吨)的采选生产能力,自投产起截止到1999年来,矿山已累计生产铅锌金属310万吨。目前选厂规模为5500t/d。凡口铅锌矿选矿生产工艺流程经过了多次的技术改造,目前所用的生产流程为混合用药快速优先浮选工艺,见图5-67。矿石经两段细磨至细度为-0.075mm占88%,药剂品种及用量(g/t)为铅循环:石灰8000、丁黄药180和乙硫氮60(三者均加入磨机)、松醇油22、DS85;锌循环:石灰1000、硫酸铜529、丁黄药100、松醇油10;硫循环:硫酸、乙黄药、松醇油。历年来不同时期采用过的五种生产工艺流程的平均指标见表5-7。

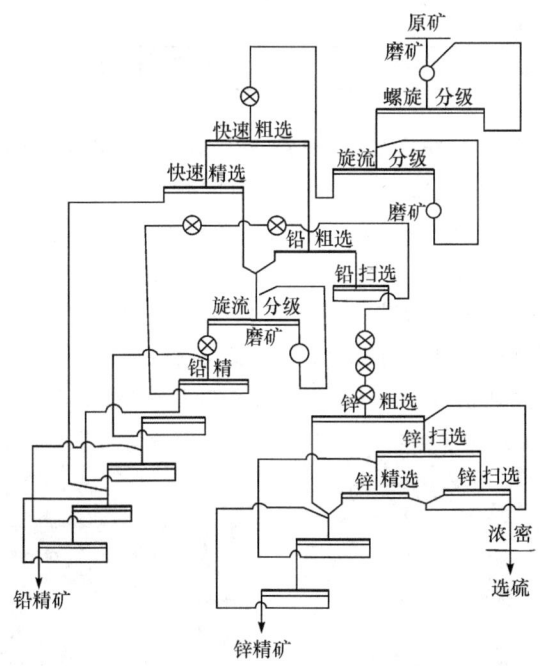

图5-67 凡口铅锌矿混合用药快速优先浮选工艺流程图

西部矿业公司锡铁山铅锌矿位于青海省格尔木市,矿床属火山岩型大型铅锌矿床,铅锌储量达300万吨。1986年建成规模年处理原矿100万吨的选矿厂。1993年后流程为优先浮选铅(一粗二精一扫)、锌硫混浮(一粗二扫)、锌硫分离(一粗二精一扫),中矿均顺序返回。药剂品种为优先浮选铅:25号黑药;锌硫混浮:硫酸铜、丁黄药、柴油;锌硫分离:石灰、丁黄药。2001年平均生产指标见表5-8。

表5-7 五种工艺流程平均生产指标(%)

流程方案	原矿品位		铅精矿(混精)				锌精矿			
			品位		回收率		品位		回收率	
	Pb	Zn	Pb	Zn	Pb	Zn	Pb	Zn	Pb	Zn
铅锌混合浮选-分离工艺	3.97	8.98	40.60	6.94	71.03	5.36	2.39	43.44	10.99	88.07
粗磨、低碱度优先无氰工艺	3.50	7.76	40.73	4.93	75.48	4.13	2.28	48.47	9.38	89.98
细磨高碱度优先浮选工艺	4.73	11.22	51.94	4.69	80.43	4.13	3.67	51.97	7.03	92.00
铅锌异步混合浮选工艺	4.54	10.69	15.38	39.33	88.95	96.71				
混合用药快速优先浮选工艺	4.37	10.23	58.53	4.06	83.12	2.47	1.28	53.23	5.23	93.82

表5-8 西部矿业公司锡铁山铅锌矿2001年平均生产指标

矿量/kt	原矿品位/%			铅精矿指标/%		锌精矿指标/%		硫精矿指标/%	
	α_{Pb}	α_{Zn}	α_S	β_{Pb}	ε_{Pb}	β_{Zn}	ε_{Zn}	β_S	ε_S
1037	5.04	5.88	32.05	72.57	94.54	48.03	88.02	41.20	81.22

黄沙坪铅锌矿位于湖南省桂阳县,矿床属高中温热液矿床,1967年建成1000t/d选厂,1984年扩建成2000t/d。因资源减少,1996年处理矿石36.7万吨。主要金属矿物为方铅矿、铁闪锌矿、黄铁矿、黄铜矿。选厂浮选流程为很有特色的等可浮流程,见图5-16。原矿磨至-0.075mm占70%,铅和部分易浮锌进行等可浮,并分离得铅精矿和锌精矿1。然后另一部分难浮锌和黄铁矿进行锌硫混浮,再分离得锌精矿2和硫精矿。该流程药耗低,指标高。

图5-68是澳大利亚Broken Hill铅锌矿选矿厂全景,图5-69是该厂浮选车间。

图5-68 澳大利亚Broken Hill铅锌矿选矿厂全景　　图5-69 Broken Hill铅锌矿浮选车间

5.6.3 复杂多金属硫化铜铅锌矿浮选分离实践

硫化铜锌矿、铜铅矿、铜铅锌矿统称为复杂多金属硫化矿。因为矿石中的矿物往往致密共生,闪锌矿、黄铁矿往往受矿石中铜矿物及离子的自活化而难以抑制分离,方铅矿与黄铜矿等铜矿物可浮性相近而难以分离,故属难选矿。

1. 铜锌分离

铜锌矿浮选分离与铅锌浮选分离很相似,一般都采用浮铜抑锌。在复杂多金属硫化矿的浮选实践中,铜锌浮选分离目前还是一个较为困难的课题,其原因在于:①铜锌矿物致密共生。如高温型矿床,黄铜矿常呈细粒浸染状存在于闪锌矿中,其粒度常在 $5\mu m$ 以下,造成单体解离和浮选困难;②闪锌矿受铜离子活化。活化后的闪锌矿可浮性与铜矿物相近。此外,其他重金属离子如 Hg^+、Ag^+ 和 Pb^{2+} 等,也可活化闪锌矿;③铜锌矿中往往黄铁矿含量高,对浮选过程干扰大。

铜锌分离方法有浮铜抑锌和浮锌抑铜两类,见表 5-9,后者在生产实践中应用较少。我国辽宁省红透山铜矿等处理铜锌矿石的选厂,主要应用亚硫酸钠、硫酸锌、硫化钠等药剂进行浮铜抑锌的工艺,或先浮铜硫抑锌再进行浮铜抑硫分离的工艺。

表 5-9　铜锌分离主要方法

浮铜抑锌	浮锌抑铜
氰化物＋硫酸锌法	加温浮选法
亚硫酸盐法	赤血盐法
硫酸锌＋硫化钠法	热水浮选法

2. 铜铅分离

多金属矿石中铅与铜经常以方铅矿与黄铜矿形式出现,由于这两种矿物的可浮性相近,故实践上一般先得到铜铅混合精矿,以后再进行铜铅分离。

(1) 混合精矿的脱药。混合精矿的分离经常是比较困难的,困难的原因在于混合精矿中含有过剩的药剂。分离前脱除这些药剂可以明显改善分离效果。我国实践上常用的脱药方法有:①混合精矿进行浓缩,浓缩溢流丢弃,底流加入清水后再浮选;②混合精矿浓缩,浓缩产品经再磨,以擦洗矿物表面后再进行分离浮选;③用硫化钠脱药,用硫化钠使矿物表面捕收剂薄膜解吸,再经浓缩过滤将药剂脱除后浮选;④加入活性炭,使之吸附矿浆中过剩的药剂。活性炭脱药是一比较简便而很有效的方法,得到广泛的应用。

(2) 铜铅分离的方法。铜铅混合精矿中的矿物组分,是选择分离方法的基础,据此可将铜铅分离方法分为:方铅矿与黄铜矿为主的铜矿物的分离;方铅矿与斑铜矿、辉铜矿为主的铜矿物的分离两大类。铜铅混合精矿中,Cu 比 Pb 少时,多采用抑铅浮铜的方法;Cu 与 Pb 含量接近时,则可考虑用抑铜浮铅的方法。铜铅分离方法见表 5-10。

铜铅分离的方法过去主要用重铬酸盐抑制方铅矿浮选黄铜矿,或用氰化物抑制黄铜矿浮选方铅矿。这两种方法都有环境污染问题,实践上已应用很少。经过多年的努力,我国采用无氰无铬的分离工艺制度已经基本形成。

表 5-10 方铅矿与黄铜矿、斑铜矿、辉铜矿分离方法

方铅矿与黄铜矿分离方法			
方法分组	分离方法举例	方法分组	分离方法举例
氧化剂法抑制方铅矿	重铬酸盐法 双氧水法 高锰酸钾法	氧化硫法抑制方铅矿	亚硫酸+淀粉法 亚硫酸钠+铁盐法 硫代硫酸钠+铁盐法
磷酸盐法抑方铅矿	磷酸盐法	加温法抑方铅矿	蒸气加温法
氰化物法抑黄铜矿	氰化物+硫酸锌法 氰化物+硫化钠法	联合法	氰化物+重铬酸盐法 重铬酸盐+氰化物法
		高分子有机物抑制方铅矿	Kr_6D

表 5-11 列出了我国主要铜铅矿选厂的铜铅分离工艺制度。

表 5-11 我国铜铅分离选厂的工艺制度

选厂	矿石中铜:铅	分离方法	分离药剂及用量/(g/t)	捕收剂用量/(g/t)	pH
小铁山	1:4~1:6	抑铅浮铜	亚硫酸 840 Na_2S 230~500	丁黄药 10~30	6.0~6.5
吴县	1:8	抑铅浮铜	亚硫酸 800~1200 Na_2S 400~600	丁黄药 150	6.2~6.6
桓仁	1:1.5	抑铅浮铜	亚硫酸钠 60,硫酸锌 140 重铬酸钾 6~10,活性炭 15		7~7.5
香夼	1:9	抑铅浮铜	亚硫酸 50~80,硫代硫酸钠 240, 硫酸亚铁 120~180,活性炭 117	丁黄药 4	5.5
八家子	1:14	抑铅浮铜	亚硫酸 440,活性炭 120, 重铬酸钠 3,蒸气加温到 40℃~55℃	ONSO 12	5.5~6.0
桃林	1:7~1:9	抑铅浮铜	重铬酸钠 65~75, 活性炭 100~130		7~8

续表

选厂	矿石中铜:铅	分离方法	分离药剂及用量/(g/t)	捕收剂用量/(g/t)	pH
天宝山	1:12	抑铜浮铅	NaCN 75, CaO:pH=7,精选 pH=11		
河三		抑铅浮铜	水玻璃 200, 羧甲基纤维素 10	丁铵黑药 10～30	

特别值得引起注意的几种分离工艺有:辽宁八家子铅锌矿选厂使用单一亚硫酸经蒸气加温到 40℃～55℃进行分离的工艺;广西河三铅锌矿选厂使用水玻璃和羧甲基纤维素的分离工艺;小铁山等的亚硫酸与硫化钠合用的分离工艺。

5.6.4 硫化钼矿浮选分离实践

在冶金工业中,钼作为生产各种合金钢的添加剂,或与钨、镍、钴、钒等组成高级合金,以提高其高温强度、耐磨性和抗腐性。含钼 4%～9.5%的高速钢可制造高速切削工具。在化学工业中,钼主要用于润滑剂、催化剂和颜料。二硫化钼由于其纹层状晶体结构及其表面化学性质,在高温高压下具有良好的润滑性能,广泛用作油及油脂的添加剂。

1. 硫化钼矿物的可浮性

辉钼矿 MoS_2,含 Mo 60%,具有较好的天然可浮性,一般加非极性油,甚至只加起泡剂就能浮。但也有难浮的辉钼矿,研究证明,晶格间距较大的辉钼矿较难浮。对难浮辉钼矿,曾测知在晶体边缘可吸附铜离子,故可补加黄药类捕收剂强化其浮选。

辉钼矿在低温氧化时,形成可溶于水的表面氧化物,大致成分是 $MoO_{2.6～3}$。高温氧化时,形成不溶于水的表面氧化物 MoO_3,它降低了辉钼矿的可浮性。用氢氧化钾溶液洗涤,可以去掉这类氧化物对可浮性的影响。

单纯辉钼矿的捕收剂,采用非极性油,如煤油、变压器油和中性油等。为了提高油类捕收剂的作用,可将其乳化。国外有专利报道,辉钼矿的有效捕收剂还有戊黄烯酯。起泡剂以松醇油为好。调整剂广泛使用水玻璃、碳酸钠和苛性钠。抑制剂常用糊精。近年来我国研制的硫单甘酯,在辉钼矿浮选中应用获得成功。该药在国外叫"辛太克斯"(Syntex)是一种乳化剂,兼有起泡性和捕收性,能加强烃油类捕收剂在辉钼矿表面的浸润和扩散能力,提高其可浮性。

辉钼矿精矿对品位和杂质含量要求较高,通常都采用 7～8 次的多次精选流程。

2. 硫化钼矿浮选实例

金堆城钼业公司位于陕西省华县,属斑岩型大型钼矿床,是目前国内开采能力最大的钼矿。公司现有 20 000t/d 百花岭选矿厂和 8000t/d 三十亩地选矿厂。矿石成分简单,金属矿物主要是辉钼矿、黄铁矿、磁铁矿、黄铜矿、脉石(以石英为主)。除钼外,硫、铜、铁、铼均可综合回收利用。磨矿浮选工艺采用"分段磨矿—阶段选别",优先选钼,粗尾选硫,硫尾选铁,精尾选铜,有用矿物得了综合回收。其中钼浮选流程为:原矿含钼 0.1%～0.12%,铜 0.024%。原矿磨至 55%—0.075mm,添加煤油、松醇油,经一粗二精二扫产出混浮粗精矿,其品位为钼 7%～11%、铜 1%、铅 0.7%。粗精矿再磨至 −0.036mm 占 75%～80%进行精选,精选过程中添加 20g/t 硫基乙酸钠抑制黄铜矿,添加磷诺克斯抑制方铅矿,经 8 次精选获得品位为 51%的钼精矿,钼回收率 87%。

洛阳栾川钼业集团公司位于河南省栾川县。栾川钼矿属斑岩-矽卡岩型特大型钼矿床,钼金属储量 67 万吨,平均品位 0.115%,钼储量居全国首位;伴生白钨金属储量 50 万吨,平均品位 0.117%,为中国第二大白钨矿床;洛阳栾川钼业公司是国有大型企业,统筹负责栾川钼矿田的整体合理开发。公司 1999 年 6 月建成马圈二选厂 3000t/d,马圈二选厂设计流程为一段磨矿细度−0.075mm 占 55%,经一粗一精二扫获粗精矿和抛弃最终尾矿,粗精矿再磨至−0.075mm 占 90%,经七精二扫获最终精矿。设计指标为钼精矿品位不小于 45%,回收率不小于 90%。

图 5-70　选钼 CCF 浮选柱　　　　图 5-71　选钼浮选柱泡沫产品出口

2003 年,洛钼集团选矿三公司选用长沙有色冶金设计研究院的 CCFΦ3.8m、Φ1.2m 和 Φ0.8m 浮选柱替代原用的浮选机,各项指标稳定,效果明显。选矿回收率较原 78.07%提高到 86%,精矿品位由原 45.61%达到 53%,浮选系统电耗节约 40%～45%左右。

图 5-70 为选钼浮选柱,图 5-71 为选钼浮选柱泡沫产品出口。

2006 年 4 月新建万吨级选厂投产,采用浮选柱流程,粗精矿和中矿采用立式螺旋搅拌磨矿机再磨,自动控制设备为国外进口,生产工艺流程设备联系图见图 5-72。洛钼集团公司万吨级选厂厂房布置图见图 5-73。公司现有选矿生产能力 22 000t/d。

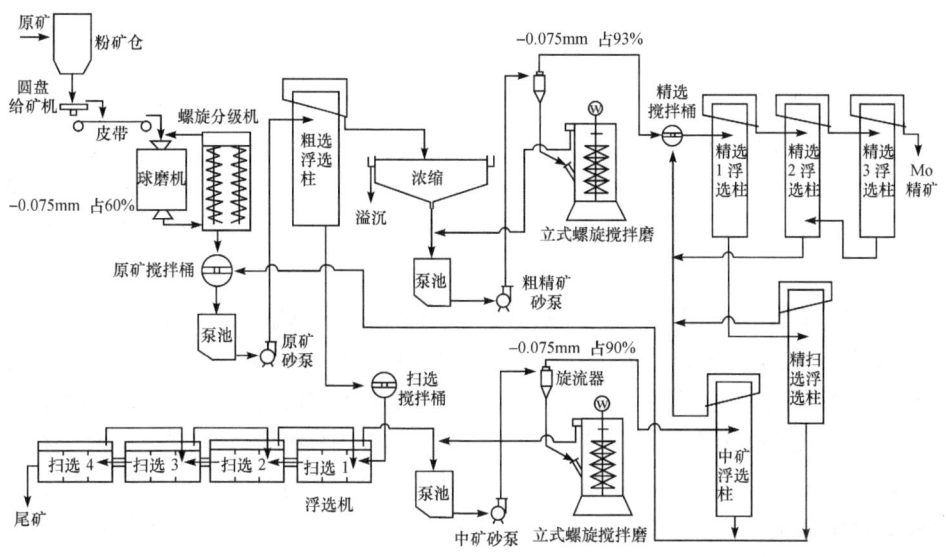

图 5-72　洛阳栾川钼业集团公司新建万吨级选厂生产工艺流程设备联系图

图 5-73　洛阳栾川钼业集团公司新建万吨级选厂厂房布置图

5.6.5　硫化镍矿浮选分离实践

镍是一种银白色金属,具有良好的机械强度和延展性,难熔耐高温,并具有很高的化学稳定性,在空气中不氧化等特征,因此是一种十分重要的有色金属原料,被用来制造不锈钢、高镍合金钢和合金结构钢,广泛用于各种工业、军工制造业和民用制品。

1. 硫化镍矿物的可浮性

硫化镍矿石中,主要有镍黄铁矿$(Fe,Ni)_9S_8$,含 Ni 21%～30%;针硫镍矿 NiS,含 Ni 64.7%;红镍矿 NiAs,含 Ni 43%;镍磁黄铁矿,含 Ni 0.7%。镍矿物很少形成单独集合体,而多分散在磁黄铁矿和黄铜矿中,或以类质同象存在于磁黄铁矿中。一般来说,品位较高的铜镍矿石可直接送冶炼,只有贫铜镍矿石才进行选别。

铜镍矿石浮选常用黄药作捕收剂,起泡剂为松醇油,硫酸铜作活化剂。镍矿物一般要求在酸至弱碱性介质中浮选。特别是镍黄铁矿和磁黄铁矿,在 pH 4～7 范围浮选活性最高,在强酸性及碱性介质易抑难浮,即使用硫酸铜活化或增加黄药用量也不能获得好的指标。在石灰造成的强碱性介质中,镍黄铁矿难浮是由于在此条件下,镍黄铁矿表面生成了$Fe(OH)_3$亲水膜。加入六偏磷酸钠,由于它络合溶解$Fe(OH)_3$,清洗矿物表面,可提高其可浮性。为了消除蛇纹石等矿泥对镍黄铁矿浮选的影响,有两种方法:一是添加少量起泡剂预先浮除,此法特别有效,特别是利用回水的情况下,因回水中含有捕收剂,会增加铜镍在矿泥中的损失;二是可加入羧甲基纤维素(CMC),六偏磷酸钠,水玻璃等脉石抑制剂。

2. 硫化镍矿浮选实例

金川有色金属公司位于甘肃省金昌市,是世界著名的特大型多金属共生硫化镍矿,矿体延深大于 1100m,在不到 2km² 的矿区范围内,镍金属储量达 548 万吨,占我国 80%,铜储量 347 万吨,仅次于德兴铜矿;钴储量居全国第二;此外还伴生有可观的铂族贵金属。

金川现有 2 座选厂,一选厂 1500t/d,采用三段磨矿三段浮选的阶段磨浮工艺流程处理一矿区富矿;二选厂经近几年二期工程扩建,规模已达 13 000t/d,采用中性介质两段磨选工艺(图 5-74)和碱性介质粗精矿磨选工艺(二期新系统)。1996年金川镍矿选矿指标为:原矿镍品位 1.43%、精矿镍品位 6.47%,镍回收率 88.6%。

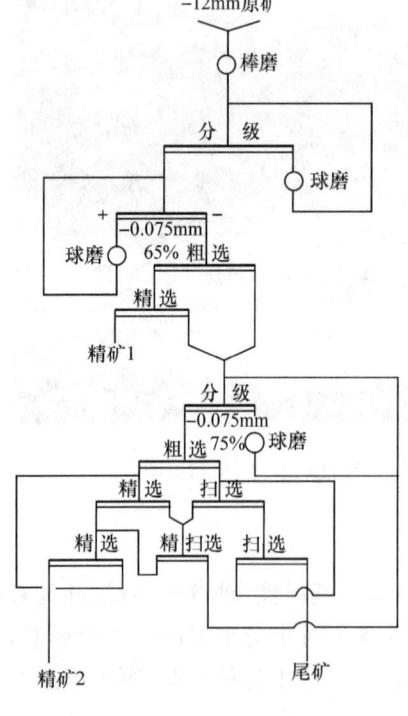

图 5-74 金川二选厂工艺流程

5.6.6 硫化锑矿浮选分离实践

锑是一种银灰色的金属,其相对密度6.68、熔点630.5℃、沸点1590℃,性脆,无延展性,是电和热的不良导体,在常温下不易氧化,有抗腐蚀性能。锑在合金中的主要作用是增加硬度,常被称为金属或合金的硬化剂。锑及锑化合物首先使用于耐磨合金、印刷铅字合金及军火工业。随着科学技术的发展,现在已被广泛用于生产各种阻燃剂、搪瓷、玻璃、橡胶、涂料、颜料、陶瓷等产品。

1. 硫化锑矿物的可浮性

自然界已知含锑矿物有70多种,但具有工业价值的主要硫化锑矿石有辉锑矿,含Sb 71.4%,次要的硫化锑矿有脆硫锑铅矿$2PbS \cdot Sb_2S_3$、硫锑银矿$3Ag_2S \cdot Sb_2S_3$和车轮矿$2PbS \cdot Cu_2S \cdot Sb_2S_3$等。工业上浮选回收锑的主要对象是辉锑矿。

辉锑矿常与硒、砷、铋、铅、钼、铁、汞、金、银等矿物共生,从而形成不同类型的多金属矿石。按选矿回收的有用成分可分三类:单一辉锑矿矿石;硫化和氧化锑混合矿石;含锑多金属硫化矿石。按矿石组成,这类矿石又可细分为锑-铅、锑-金,钨-锑和钨锑金等类型矿石。

按矿物可浮性分类,辉锑矿属于天然可浮性较好的矿物,表面元素硫(S^0)的存在是天然可浮性的主要原因。但这种天然可浮性仅在pH小于5时才出现,pH大于5需添加捕收剂,pH大于7则需要金属离子活化。

辉锑矿浮选常用的捕收剂为黄药类,并以丁黄药效果为好;丁铵黑药、硫氮类捕收剂也对其有较好的选择捕收作用。以黄药为捕收剂时,需要用重金属离子活化,常用的有Pb^{2+}或Cu^{2+}。硫酸铜活化辉锑矿的pH范围是4~7.4。没有活化的辉锑矿,可用中性油作捕收剂,其中页岩焦油和煤泥加工产物油比较有效。

氰化物是辉锑矿的抑制剂。被Pb^{2+}活化后的辉锑矿能被重铬酸钾抑制,但要求矿浆中必须有大量Pb^{2+};辉锑矿表面吸附Pb^{2+}后,形成不溶性表面亲水化合物。按这一理论,在辉锑矿与辰砂分离中,先用$Pb(NO_3)_2$作活化剂,进行锑汞混合浮选,混合精矿添加重铬酸钾抑制辉锑矿,成功地实现了锑汞分离。另外,辉锑矿也可以在由氢氧化钠或碳酸钠和硫化钠造成的强碱性(pH>11)介质中受到强烈抑制。

2. 硫化锑矿浮选实例

锡矿山矿务局位于湖南省冷水江市,该矿是世界最大的特大型锑矿,属碳酸盐地层中层控辉锑矿床,有"世界锑都"之称,其开采始于1897年,已有百余年的生产史。

锡矿山1400t/d南选厂是我国最大的单一硫化锑选厂,原矿主要含辉锑矿、石英,呈粗粒不均匀嵌布,生产流程为手选-重介质选矿-浮选柱联合流程。—150＋35mm粒级手选出块锑精矿(大于6%),并抛尾。重介质选矿使用鼓形分选器,介质为硅铁,废石产率为40%。浮选采用一粗二扫三精流程。浮选柱自1968年应用以来,指标与前用浮选机相同,但电耗、水耗均下降一半以上。药剂制度:硝酸铅150g/t、丁黄药70g/t、乙硫氮103g/t、页岩油400g/t、新松醇油120g/t。浮选指标:原矿品位2.16%,精矿品位47.95%,尾矿品位0.21%,回收率90.2%。

湖南桃江县板溪锑矿选厂属脉状含锑破碎带型矿床,入选矿物以辉锑矿为主,伴有毒砂、黄铁矿和微量的自然金、黄铜矿;脉石矿物主要为石英,次为绿泥石、白云石、方解石等。处理能力为200t/d。采用手选-浮选流程。碎矿为二段-闭路流程,磨矿流程为一段闭路,泥砂分选,浮选采用一粗二扫一精流程。该厂采用丁基铵黑药对辉锑矿选择性好、捕收力强,而对毒砂捕收剂能力弱的特性来实现锑砷分离,效果很好。技术条件和药剂制度:磨矿细度 $-74\mu m$ 70%,pH 4.8～5,丁铵黑药580g/t,硝酸铅180g/t,硫酸4500g/t,松醇油8g/t。选别指标:原矿品位9%,精矿品位62.36%,尾矿品位0.57%,回收率92.3%。

5.6.7 含金、银贵金属硫化矿物的浮选

1. 含金硫化矿物的浮选

金的主要矿物是自然金(Au)和银金矿(Ag-Au)。金具有亲硫性,常与硫化物如黄铁矿、毒砂、方铅矿、辉锑矿等密切共生;易与亲硫的银、铜等元素形成金属互化物。金在矿石中的含量极低,为了提取黄金,需要将矿石破碎和磨细,然后采用选矿方法富集分离。

黄金选矿中使用较多的是重选、全泥氰化法浸出、浮选-金精矿氰化浸出。重选法在砂金生产中占有十分重要的地位。全泥氰化法浸出主要用于细粒含泥氧化矿。浮选法是含金硫化矿岩金矿山广为运用的选矿方法。我国80%左右的岩金矿山采用浮选法富集选出金精矿,产出的精矿送往有色冶炼厂进行氰化法提金处理。

金的浮选,重点是要研究金的载体矿物如含金黄铁矿的浮选。近年来,黄金矿山浮选工艺流程的革新改造以及科研成果很多,效果明显。阶段磨浮流程、重-浮联合流程、强化浮金药剂等,是目前我国浮选工艺发展的主要趋势。研究表明,Y-89系列黄药对金和含金硫化矿的捕收性能非常好,可明显提高精矿质量和金回收率。

湖南湘西金矿采用重-浮联合流程,进行阶段磨矿阶段选别,获得较好指标。

河南银洞坡金矿金的主要载体矿物为黄铁矿。通过试验研究发现,在浮选中

采用戊基黄药替代原用的丁基铵黑药、丁基黄药联合捕收剂,取得了理想的技术指标。精矿金品位从 39.89g/t 提高到 47.19g/t,金回收率从 91.34% 提高到 93.69%;银品位从 269.56g/t 提高到 330.97g/t,银回收率从 70.59% 提高到 80.63%。并且铅、锌的回收率也获得不同程度的提高。

山东焦家金矿是国内外著名的"焦家式"金矿床的典型代表,属破碎带蚀变岩型金矿床。矿山坐落于山东省莱州市,年产黄金接近 6 万两。焦家金矿属中温热液破碎带蚀变花岗岩型金矿床,含 Au 约 5g/t,矿石矿物主要为银金矿、黄铁矿;少量自然金及铅、锌、铜的硫化物。脉石矿物主要为石英和绢云母。银金矿与自然金呈中、细、微粒嵌布在黄铁矿与脉石中,粒度为 0.001~0.3mm。约有 75% 的金分布在黄铁矿中,25% 的金分布在脉石中。黄铁矿呈较粗的颗粒浸染状、脉状、块状嵌布在脉石中,粒度 0.01~2mm。采选生产规模 1200t/d,选矿厂采用三段-闭路破碎洗矿、一段闭路磨矿(细度为 -0.075mm 占 63%),一粗一扫一精的浮选工艺流程,浮选药剂主要是长烃基 Y-89 系列黄药。浮选生产指标为:原矿品位 4.23g/t,精矿品位 131.24g/t,浮选回收率 94.80%。浮选精矿送冶炼厂。采用磨细氰化浸出金,三层浓缩机固液分离,锌粉置换,金泥湿法冶炼工艺,氰化回收率 98.79%,冶炼回收率 99.9%。最终形成纯度为 99.99% 以上的金产品。

2. 含银硫化矿物的浮选

银的主要矿物有自然银(Ag)、银金矿(Ag-Au)、辉银矿(Ag_2S)等。银属铜型离子,亲硫,极化能力强。在自然界中常以自然银、硫化物、硫盐等形式存在,常赋存于方铅矿中,或作机械混入,或作类质同象潜晶。其次是赋存于自然金、黝铜矿、黄铜矿、闪锌矿等矿物中。

我国常在铅锌矿、铜矿、金矿开采、冶炼过程中回收伴生银。提高银的载体矿物如含银方铅矿的浮选回收,即可相应地提高伴生银的浮选回收率。

我国也有一些独立银矿,如位于陕西省柞水县秦岭山脉中的陕西银矿、江西省贵溪银矿等。为了提高独立银矿浮选的回收率,通常可采取三方面的措施:一是针对银矿物嵌布粒度的粗细特点,尽可能使银矿物充分解离,提高银的回收率;二是选择中性或弱碱性的浮选矿浆碱度和选用碳酸钠作浮选矿浆的调整剂,提高银的浮游性;三是搭配使用黄药与黑药,增强对银的捕收能力。

5.6.8 砷、铋、汞、钴、铁的硫化矿浮选分离实践

1. 硫化砷矿物的可浮性及浮选方法

砷可用于生产玻璃澄清剂和农药。有工业价值的含砷矿物是毒砂 FeAsS,含 As 46%,其次是雄黄 AsS 和雌黄 As_2S_3。毒砂在硫化矿中,是一种分布很广的矿

物,据统计世界上15%的铜资源中As/Cu比为1:5,30%的钴资源中As/Co比为2:1,10%的锡资源中As/Sn比为10:1。由于毒砂的生成条件与这些矿物相似,所以在选别过程中它常进入精矿,造成硫化矿精矿含砷不符合冶炼要求。

和其他硫化矿一样,毒砂浮选的捕收剂为硫代化合物类。毒砂在弱酸性介质中可浮性很好,pH大于7可浮性降低。金属离子(如Cu^{2+})对毒砂浮选有强烈活化作用,经Cu^{2+}活化后的毒砂表面具有与铜矿物相似的可浮性。研究表明,Cu^{2+}对毒砂的活化作用是由于它选择性吸附在砷矿物的晶格上,成为牢固固着黄药的地方,从而使毒砂获得很好的可浮性。

石灰是最常用的毒砂抑制剂。石灰一方面可提高矿浆pH使之呈强碱性,同时它还可以促进矿物表面溶解和氧化。但石灰用量要仔细控制,若过量还会抑制其他硫化矿。当单用石灰抑制效果受到限制时,可以配合其他抑制剂,如氰化钠、硫酸锌和SO_2等。研究证明,由石灰-SO_2-$[Zn(CN)_2]^-$络合物组成的组合药剂,对毒砂抑制最有效。当原矿中含大量次生铜矿物时,毒砂被Cu^{2+}活化后可浮性较高时,可采用石灰与硫化钠共用。此时S^{2-}与重金属离子生成难溶沉淀物,从而消除了金属离子的活化作用。

氧化是抑制毒砂的重要方法之一。利用充气氧化、长时间搅拌或添加各种氧化剂可强烈抑制毒砂的可浮性。常用的氧化剂有漂白粉、高锰酸钾、重铬酸钾、二氧化锰等。此外硫代硫酸钠、亚硫酸钠、亚硫酸等也可用作毒砂抑制剂。

除无机试剂外,从环境保护考虑,近年来研究用高分子有机抑制剂抑制毒砂已引起了高度重视。这类药剂包括糊精(或淀粉)、丹宁(烤胶)、木质素磺酸盐、黄腐酸、聚丙烯酰胺以及它们与无机试剂组合使用。在实验室条件下,对铜-砷、铅-砷和锑-砷混合矿的分离已取得了较好效果。

含砷硫化矿物除毒砂外,还有雄黄和雌黄。雄黄用重金属活化后,可用黄药浮选。中性油可浮选未经活化的雄黄。糊精是雄黄的抑制剂。

雌黄的可浮性比毒砂和和雄黄差,如乙黄药用量为190~750g/t,其回收率不能保证超过45%。用黄药捕收时,硫酸铜是活化剂,用量500g/t左右,用量过多或过少,都会使结果变坏。页岩焦油对雌黄有较强的捕收作用,用量大致为500g/t。

2. 硫化铋矿物的可浮性及浮选方法

铋用于生产低熔点合金如保险丝。铋的主要矿物是辉铋矿Bi_2S_3,含Bi 81.2%,除此之外还有自然铋。辉铋矿一般与辉钼矿共生。硫化铋和自然铋,易被黄药和黑药捕收,还可用烃油类浮选。辉铋矿不受氰化物抑制,与硫化铁、铜、砷等矿物分离时,可用氰化物抑其他硫化矿浮铋。辉铋矿与方铅矿不易分离,一般在冶炼过程中再使之分离。辉铋矿与辉钼矿的分离,采用硫化钠作铋的抑制剂。

由于辉钼矿和辉铋矿的可浮性相近,故生产中常将它们选为混合精矿,然后再行分离。如某钨钼铋矿,先加煤油和乙硫氮作捕收剂全浮硫化矿,混合硫化矿精矿经活性炭解吸脱药后,加氰化物和硫酸锌抑制其他硫化矿,浮出钼和铋。钼铋混合精矿分离时,加硫化钠作铋的抑制剂,用煤油浮钼。

3. 硫化汞矿物的可浮性及浮选方法

汞是在常温下唯一呈液态的金属,又名称水银,银白色,相对密度 13.55,熔点 $-38.87℃$,沸点 $357℃$。汞能与许多金属形成合金,称为汞齐。汞由于有特异的物理化学性能,因此广泛用于化学、电气、仪表及军事工业等。

辰砂 HgS,含 Hg 86.2%,是主要的硫化汞矿物。辰砂易被黄药类捕收剂捕收,石灰和氰化物几乎不抑制辰砂。在生产实践中,有时加硫酸铜作活化剂。

品位较高的汞矿石,可以直接冶炼。浮选一般只处理那些低品位的矿石。目前已处理原矿品位为 0.08% 左右的矿石。作为药用的朱砂,不但要求品位高 ($HgS>96\%$),而且不能污染,故不用浮选,一般用重选法选出。

4. 硫化钴矿物的可浮性及浮选方法

钴是一种高熔点和稳定性良好的磁性硬金属。它的居里点(失去磁性的临界温度点)为 $1150℃$,具永磁性,熔点为 $1495℃$,沸点为 $2900℃$,具耐高温性。它是制造耐热合金、硬质合金、防腐合金、磁性合金和各种钴盐的重要原料,广泛用于航空、航天、电器、机械制造、化学和陶瓷工业。

钴的矿物大部分以砷化物、硫化物或硫砷化物的形态存在,含钴的硫化矿物主要有辉砷钴矿 $CoAsS$,含 Co 35.5%;硫钴矿 Co_3S_4,含 Co 57.9%;硫铜钴矿 $CuCo_2S_4$,含 Co 35%~48% 等。钴矿物的可浮性,介于硫化铜,铅矿物与硫化锌、铁矿物之间,而与黄铁矿,毒砂接近。

钴常以黄铁矿的类质同象杂质存在,或以硫化钴矿物,如 Co_3S_4,$CuCo_2S_4$ 等细粒分散在黄铁矿中,这种黄铁矿称为钴黄铁矿,常为钴的回收对象,其含钴量一般为千分之几,因此得到的精矿较贫。钴黄铁矿的浮选方法与黄铁矿基本相同。含钴硫铁矿先用于制取硫酸,制酸所余烧渣再综合回收钴。

5. 硫化铁矿物的浮选

硫化铁矿物主要有黄铁矿 FeS_2 和磁黄铁矿 $Fe_{1-x}S$ ($x=0.1\sim0.2$),工业上用于生产硫酸,是重要的化学工业原料。硫化铁矿物的可浮性已在 5.6.1 中介绍。

广东省云浮硫铁矿享有"东方硫都"之称,矿石储量达 2.08 亿吨,平均含硫量 31.04%,堪称世界之冠。现年产原矿能力 300 万吨,其中富矿 150 万吨、贫矿 150 万吨。云浮硫铁矿选矿厂于 1988 年投产,年设计处理原矿 150 万吨,生产硫精矿约 70 万吨。浮选药剂采用丁黄药 95g/t、松醇油 50g/t,浮选工艺为一粗一精二扫。浮选指标为原矿含硫品位 32.30%,精矿含硫品位 47.01%,尾矿含硫品位 3.76%,精矿回收率 95.70%。2000 年浮选药剂改用价格较为便宜的 Rb-7。

安徽省铜陵市新桥硫铁矿是以黄铁矿为主并伴生铜、金、银等有价组分的大型硫化铁矿床。矿石总储量达 1.7 亿吨。矿石含 S 34.08%、Cu 0.32%、Au 0.75 g/t、Ag 12.10g/t,金属硫化物总量为 64.9%,其中黄铁矿为 63.5%,黄铜矿 0.66%。矿石经一段粗磨,采用以石灰为主的组合抑制剂 4000g/t,丁铵黑药和乙黄药混合捕收剂 70g/t,优选选铜工艺流程,得到铜精矿。选铜尾矿添加硫酸 1500g/t(pH=9.0),加丁基黄药 120g/t 作捕收剂,松醇油为起泡剂选硫,得到硫精矿。浮选指标为:铜精矿品位含 Cu 17.04%,含金 8.74g/t,铜回收率 85.15%,金回收率 22.03%,硫精矿品位为 51.52%,硫回收率 95.86%。图 5-75 为新桥硫铁矿选矿厂。

图 5-75　新桥硫铁矿 5000t/d 选矿厂

5.7　有色金属氧化矿浮选实践

有色金属氧化矿床是一种表生作用中形成的矿床。目前具有经济意义的是在原生硫化矿床出露地表后,在自然界长期风化作用氧化过程中经过次生富集作用形成的矿床。强烈的氧化过程通常发生在矿体的上部。矿床的物质组成、结构构造以及地区的气候、地形、水文地质条件等都明显地影响着氧化带的强度和规模。氧化带一般可以深入地下 10~50m。少数情况可沿矿体构造破碎带向下延伸达数百米。

实际的有色金属氧化矿中,常常含有一定量的硫化矿,如图 5-76 所示。在习惯上，常用"氧化率"这一概念来划分矿石类型。

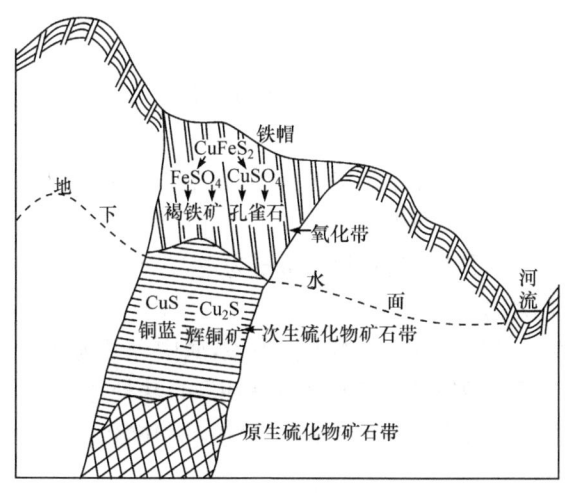

图 5-76 金属硫化矿床氧化部分的结构

所谓氧化率，定义如式(5-3)

$$氧化率 = \frac{氧化矿含的金属量}{原矿中含的金属总量} \times 100\% \quad (5-3)$$

当矿石氧化率小于 10% 时，称为硫化矿；氧化率大于 30% 时，称为氧化矿；氧化率在 10%～30% 之间时，称为混合矿。

5.7.1 氧化铜矿的浮选

1. 氧化铜矿物的可浮性

(1) 孔雀石 $CuCO_3 \cdot Cu(OH)_2$，含 Cu 57.5%，其可浮性较好，可用脂肪酸或羟肟酸钠直接浮选，也可用硫化钠硫化后用高级黄药浮选。硫化时，加硫酸铵有促进硫化的作用。

(2) 蓝铜矿 $2CuCO_3 \cdot Cu(OH)_2$，含 Cu 55.3%，其可浮性与孔雀石相近，只是硫化浮选时，硫化时间较长。

(3) 赤铜矿 Cu_2O，含 Cu 88.8%，可浮性与孔雀石相近。

(4) 硅孔雀石 $CuSiO_3 \cdot nH_2O$，含 Cu 36.1%，其表面亲水性较强，也不容易被硫化钠等硫化剂所硫化。在 pH=4 时，加硫化氢，硫化钠及硫酸铵，可以部分将其硫化，然后用高级黄药浮选。硅孔雀石能用脂肪酸捕收，但浮选性质与脉石相似，难于分选。近年来用羟肟酸及其他一些特殊的捕收剂，收到一些效果。

2. 氧化铜矿浮选方法

氧化铜矿可划分为下列七个类型。

(1) 孔雀石型。矿物以孔雀石为主,其他矿物含量较少,属易选矿石,可采用硫化浮选法分选。

(2) 硅孔雀石型。矿物以硅孔雀石为主,脉石为硅酸盐类,矿石属难选型,可用化学选矿法,离析-浮选法处理。

(3) 赤铜矿型。矿石以赤铜矿和孔雀石为主,含铜品位高,不论脉石为何种类型,此类矿石可采用浮选法处理。

(4) 水胆矾型。矿石以铜的矾类矿物为主,属中等可选性,可用浮选或化学选矿法直接回收,若脉石为碳酸盐矿物,则可采用联合法处理。

(5) 自然铜型。此种共生矿物,粒度较粗,品位较富,属易选矿石,用浮选分离。

(6) 结合型。氧化铜矿物以极细粒状被褐铁矿或泥状物包裹,品位较贫,遇脉石为硅酸盐类,则属难选矿石型,可用化学选矿法直接回收;若脉石为碳酸盐类,则属复杂型,可用化学选矿法或离析-浮选法回收。

(7) 氧化铜混合型。矿石中有氧化物,也有硫化物,成分复杂,粒度稍粗大,若脉石为硅酸盐类,可采用浮选-化学选矿法处理。

氧化铜矿和混合铜矿处理的方法有下列两类。

(1) 浮选法。又可按技术方案不同而分为:

① 硫化浮选法。加硫化剂使氧化矿硫化,然后用普通硫化铜浮选的药方进行浮选。此法适用于处理以孔雀石、蓝铜矿、氯铜矿为主的矿石,比较常用。

② 脂肪酸浮选法。用脂肪酸作捕收剂进行浮选,通常还要添加碳酸钠、水玻璃和磷酸盐作脉石的抑制剂和矿浆的调整剂。脂肪酸及其皂类能很好地捕收孔雀石和蓝铜矿,用不同烃链的脂肪酸浮选孔雀石的试验结果表明,只要烃链足够长,脂肪酸对孔雀石的捕收能力是相当强的,在一定范围内,捕收能力越强,用量也越少。实践中用得最多的是 $C_{10} \sim C_{20}$ 的混合的、饱和或不饱和的羧酸。此法只适用于脉石不是碳酸盐的氧化铜矿。当脉石中含有大量铁、锰矿物时,其指标就会变坏。国外过去曾用此法的选矿厂,除少数外(如扎伊尔的丹加选矿厂),多数的选厂近年来都补加硫化钠及黄药。

③ 胺类浮选法。用胺类作捕收剂进行浮选,适用于处理孔雀石、蓝铜矿、氯铜矿等,含矿泥多时应加脉石抑制剂;如果一般的抑制剂无效时,可选用海藻粉、木素磺酸盐或纤维素木素磺酸盐,聚丙烯酸等作脉石抑制剂。

④ 螯合剂-中性油浮选法。硅孔雀石可用上述方法回收,但因效果较差,所以选用特殊捕收剂,如辛基取代的碱性染料孔雀绿,辛基氧肪酸钾,苯并三唑及中性

油乳化剂,N-取代亚胺二乙酸盐,多元胺和有机卤化物的缩合物,以及季铵盐和季磷盐等。

⑤ 乳浊液浮选法。氧化铜矿物先经硫化,然后加铜络合剂,造成稳定的亲油性矿物表面,再用中性油乳浊液盖在其表面,造成强疏水的可浮状态,牢固地吸附在气泡上浮。脉石抑制剂可用丙烯酸聚合物和硅酸钠。铜络合剂用苯并三唑、甲苯酰三唑、巯基苯并唑、二苯胍等;非极性油乳化剂可用汽油、煤油、柴油等。

(2) 化学选矿或与浮选联合处理。氧化和混合矿多采用浮选法处理,但浮选效果很差的,可用化学选矿法处理。化学选矿法又可分为浸出法(包括酸浸和氨浸),浸出-萃取-电积法;浸出-置换-浮选法(即 LPF 法);磨矿-浸出-置换-浮选法(即 GLPF 法);浸出-置换-磁选法(即 LCMS 法);磨矿-浸出-浮选法,哈尔兰法(即氧化铜矿直接电解法);焙烧-浸出-电解法;氯化焙烧-浮选法;离析-浮选法(氯化还原焙烧-浮选法);还原焙烧-氨浸法等。

3. 氧化铜矿浮选实例

湖北省大冶有色金属公司铜录山铜矿选厂氧化矿部分为采用自磨机处理,避免矿泥堵塞流程。先加硫化钠,硫化氧化铜矿物表面,再加黄药捕收浮选。氧化矿指标为:原矿品位 1.2%,精矿品位 14.1%,回收率 64.5%。

云南铜业集团包括易门、大姚、东川等地铜矿。云铜集团矿床类型属变质岩层状矿床,氧化矿比例高,选矿生产流程多为先加硫化钠,硫化氧化铜矿物表面,再加黄药捕收浮选,各矿铜回收率在 73%～91%之间。

山西省中条山有色金属公司铜矿峪铜矿属大型斑岩铜矿。铜矿峪铜矿选厂经三十年的生产,矿体顶部氧化矿部分已开采殆尽,现主要处理硫化矿和部分氧化率在 10%～30%的混合矿。选厂自投产以来一直采用一段磨矿至-0.075mm 占 65%～75%,一粗二精二扫,中矿顺序返回的铜浮选流程,药剂为硫化钠、黄药、2号油。1998 年 2 月后选厂试验在生产中添加少量石灰,结果指标提高,其他药耗下降,以后一直用于生产,指标见表 5-12。

表 5-12 铜矿峪铜矿选厂 1998 年 2 月生产指标(%)及药耗量(g/t)

α	β	ε	石灰	硫化钠	黄药	2号油
0.524	24.544	89.60	2000	100	75	35

旁克洛夫特(Bancroft)铜矿位于非洲赞比亚,矿石为硫化铜矿物和氧化铜矿物混合嵌布的粉砂岩。硫化铜矿物主要为辉铜矿,氧化铜矿物主要为孔雀石,脉石主要由石英和部分钙镁碳酸盐组成。流程为先选硫化铜,再选氧化铜。选厂的设备联系图见图 5-77。

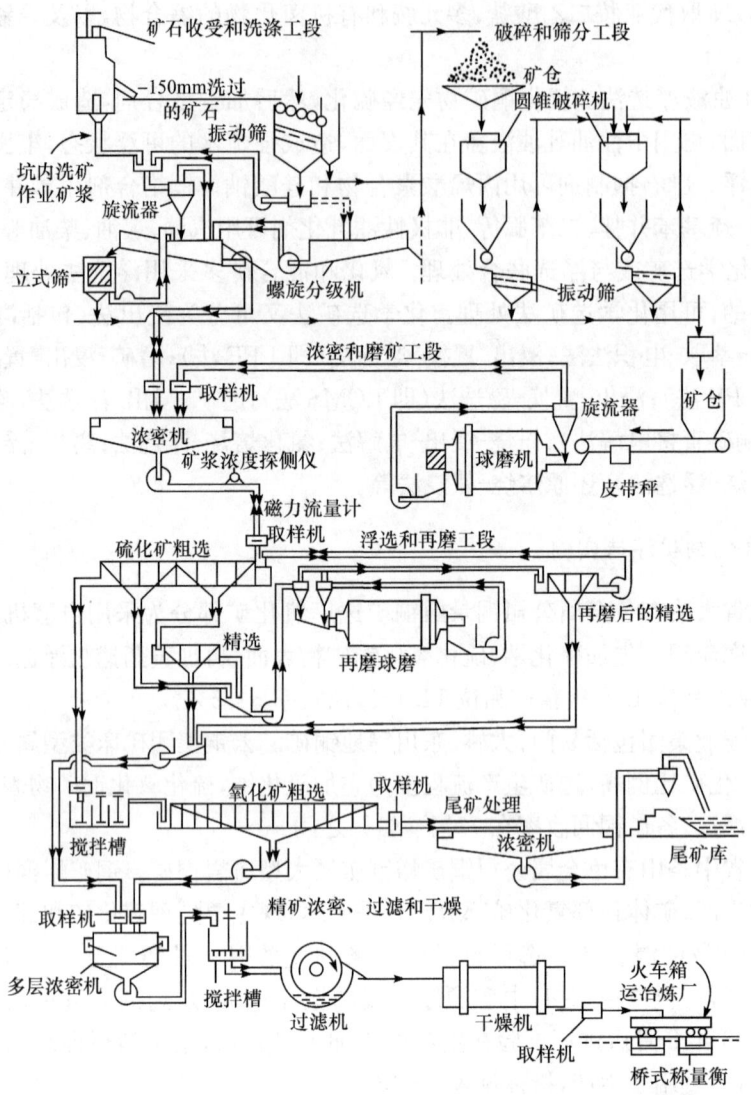

图 5-77 赞比亚旁克洛夫特(Bancroft)铜矿选厂设备联系图

5.7.2 氧化铅、锌矿的浮选

1. 氧化铅、锌矿物的可浮性

(1) 白铅矿($PbCO_3$)含 Pb 77.6%,是最主要的氧化铅矿物,一般硫化后用黄药浮选。白铅矿易被硫化钠硫化,硫化最适宜的 pH 为 9.5。硫化时若硫化钠的用量大,造成 pH 过高时,可改用硫氢化钠作硫化剂。白铅矿易被脂肪酸浮选,但与脉石不易分离。

(2) 铅矾($PbSO_4$),含 Pb 68.3%,其可浮性与白铅矿相似,但硫化的时间要比白铅矿长,硫化钠的用量也要比白铅矿多。铅矾硫化的最佳 pH 为 7~9。铅矾因表面的溶解度大,故捕收剂不易在表面固着,但在 pH 为 9.5~11,有大量的捕收剂时,加少量的酸性磷酸钠,铅矾可以部分上浮。

(3) 彩钼铅矿($PbMoO_4$),含 Pb 55.8%,可浮性与白铅矿相似,但硫化后与黄药的作用,随温度升高而降低。

(4) 菱锌矿($ZnCO_3$)含 Zn 52%,可用高级黄药或脂肪酸捕收。工业生产中常使用硫化钠硫化,然后用黄药或胺盐捕收。

(5) 异极矿($2ZnO·SiO_2·H_2O$),含 Zn 54%,硫化后用黄药浮选,或用胺盐浮选,加硫酸铜有活化作用。硫化的适宜 pH 为 6.9~9.2,加温对异极矿的浮选有促进作用。

2. 氧化铅矿的浮选方法

氧化铅矿的浮选有硫化后浮选和直接浮选两类方法。

(1) 硫化后用黄药浮选法。这是最常用的方法,用此法值得注意的是硫化钠的添加方式。硫化钠集中添加,会造成矿浆 pH 过高,使铅矿物受到抑制,所以硫化钠要分段添加。如用硫氢化钠代替硫化钠,或添加硫酸铜、硫酸铁、硫酸都能消除过量硫化剂的不良影响。

矿泥吸收硫化剂,并玷污矿物表面。添加水玻璃、焦磷酸钠和羧甲纤维素等,可以克服矿泥的一部分有害影响。有时需要脱泥,但这会引起金属的流失。

脉石中的石膏,在矿浆中会引起矿泥团聚,并同碳酸根离子发生作用,生成碳酸钙的沉淀,覆盖在矿物表面上,妨碍矿物的硫化和捕收剂的作用。消除石膏影响的办法有二:①用硫氢化钠代替硫化钠,或添加少量的硫酸,以降低矿浆的 pH,使碳酸根离子生成可溶的化合物,而不生成不溶的碳酸钙;②在矿浆中加入氯化铵或其他铵盐,以增加碳酸钙的溶解度,限制它在矿物表面上的沉淀。

(2) 脂肪酸加中性油浮选法。这种方法适用于难选铅矿物含量较高、脉石矿中石灰石和白云石很少或没有的矿石。用这种方法所得到的指标,往往比前一种方法低。但在某些白铅矿的选厂,可得到较好的指标。捕收剂用脂肪酸、重油、石油及煤油的氧化产品、环烷酸及其皂类和妥尔油等。

3. 氧化锌矿的浮选方法

硫化后用黄药或胺浮选是目前使用的主要方法。

(1) 加温硫化后黄药浮选法。此法首先将矿石进行脱泥,然后将矿浆加温到 50~60℃,并用硫化钠硫化,再用高级黄药及黑药进行浮选。如果在室温下进行硫化,则硫化膜不牢固,浮选效果差。低温硫化时,易于形成胶状沉淀物,反之,硫化温度愈高,所形成的硫化膜也愈牢固,在矿浆中所形成的沉淀物也愈少,硫化速度愈快。硫化钠在矿浆中的浓度,也是硫化时很重要的因素。过剩的硫化钠使氧化锌的回收率下降,这是由于在矿浆中有硫离子阻碍黄药在矿物表面上吸附之故。增加硫化钠的用量,能提高锌精矿的质量,但会降低氧化锌的回收率,这是由于矿浆的pH过高,如加酸则可使指标改善。矿浆中的矿泥、氧化铁、氧化锰会消耗硫化钠,并降低精矿质量,应事先脱除。

(2) 先硫化后胺浮选法。此法适用于浮选锌的碳酸盐,硅酸盐及其他含锌的氧化矿物。胺类捕收剂的优点是在碱性介质中,对石英、碱土金属碳酸盐没有显著的捕收作用,而且在使用胺类作捕收剂时,剩余的硫化钠不仅不起抑制作用,而且对氧化锌矿物起活化作用。伯胺对氧化锌捕收能力很强,特别是含12~18个碳原子的伯胺,尤为显著,而仲胺、叔胺的捕收能力却很弱。

4. 氧化锌矿的浮选实例

某铅锌矿选厂处理铅锌混合矿。矿石有呈致密状的原生矿,也有呈细粒浸染状的氧化矿。混合矿中有价金属矿物为闪锌矿、方铅矿、黄铁矿、白铅矿、菱锌矿、异极矿和铅矾等。脉石矿物为白云石,方解石及少量的石英和长石。金属矿物嵌布粒度较粗。铅、锌的氧化率较高(25%,20%)。原矿含泥13%~18%。

选别流程见图5-78,采用重介质预选,废弃约36%的尾矿。重介质选矿所得的粗精矿磨至65%—0.075mm后,采用硫化铅、氧化铅、硫化锌、氧化锌依次优先浮选的流程。

药剂用量:黄药250g/t,黑药50g/t,松醇油240g/t,硫酸铜440g/t,脂肪胺80g/t,盐酸80g/t,石灰1500g/t。

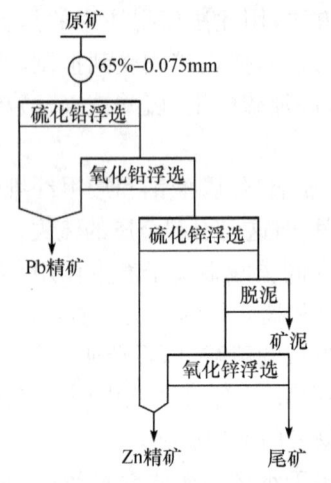

图5-78 某硫化-氧化混合铅锌矿浮选流程

所得浮选指标:原矿含Pb 5.16%,含Zn 13.85%;铅精矿含Pb 59.73%,回收率87.2%;锌精矿含Zn 51.45%,回收率80.94%。

5.7.3 锡矿的浮选

目前已知含锡矿物有16种,锡的氧化矿物有锡石SnO_2,含Sn 78.6%,它是选收的主要对象;锡的硫化物如黝锡矿Cu_2FeSnS_4,含Sn 27.5%,也是有工业价值的矿物。由于锡石相对密度大(6.8~7.1),所以锡矿一般用重选的方法处理,但重选对细粒及矿泥部分回收率不高,故重选后的细粒锡矿采用浮选。另外重选的中矿、尾矿含锡尚高,也需要用浮选法回收。

锡矿浮选法按所采用的捕收剂类型,可分下列 5 种。

(1) 脂肪酸捕收剂浮选法。该法用油酸、油酸钠作捕收剂,在我国也用野生植物油或其他脂肪酸。此法适用于处理 74~10μm 粒级的物料。

在脂肪酸捕收剂浮选法中,钙镁碳酸盐矿物的可浮性高于锡石。因此,锡钙分离时,一般是抑锡浮钙。曾试验过两个方案:一是抑锡浮钙-脱药-浮锡;二是锡钙混合浮选-抑锡浮钙。前者适用于含钙多的矿泥,后者适用于含钙少的矿泥。两种方法的 pH 都需控制在 6~10。抑制锡石用水玻璃,而用六偏磷酸钠(有时混以磷酸三钠)作含钙矿物的抑制剂。用磷酸盐作抑制剂,在中性矿浆中直接浮锡的方法,适用于含钙高的锡矿泥,以及含钙含铁的矿泥,此时含钙和含铁的矿物都受抑制。

(2) 胂酸捕收剂浮选法。胂酸类捕收剂对锡石的捕收能力与油酸相似,但其选择性较好。锡石浮选所采用的胂酸类捕收剂,可分烷基苯胂酸和烷基胂酸两类。烷基苯胂酸中又有五种可作锡石捕收剂,但效果较好的只有对位甲苯胂酸。

基于混合用药的观点,国内研制了对位甲苯胂酸与邻位甲苯胂酸混合使用的混合甲苯胂酸。混合甲苯胂酸对锡石的浮选效果优越于对位甲苯胂酸,而且混合甲苯胂酸与其他苯胂酸类相对比,对锡石的捕收性有如下的规律:

混合甲苯胂酸>对位甲苯胂酸>邻位甲苯胂酸>苯胂酸>对硝基苯胂酸。

使用混合甲苯胂酸时,锡石的可浮性在 pH 为 4~6 时最大,而锡石同石英、方解石的可浮性差异最大是在 pH 为 6~7 时出现。脉石抑制剂一般采用水玻璃,有时添加硅氟酸钠。脉石中含方解石量高时,使用羧甲纤维素,可达到良好的抑制效果。

(3) 膦酸捕收剂浮选法。用膦酸作锡石的捕收剂,曾进行过大量的研究,认为烷基膦酸和苯乙烯膦酸对锡石的浮选效果较好。

试验证明,对甲苯膦酸和对乙基苯膦酸加入少量就可以得到较好的捕收效果。高级烷基苯膦酸则因选择性差,不适于作锡石的捕收剂。用烷基膦酸的浮选研究结果指出,它对锡石有捕收性,但选择性差。丁基膦酸能得到高品位的锡精矿,但回收率很低。苯乙烯膦酸是一种较好的锡石捕收剂,可在弱酸和中性矿浆中浮选,选别指标较好。价格较便宜。

(4) 烷基磺化琥珀酸盐捕收剂浮选法。这类捕收剂中,烷基磺化琥珀酰胺四钠盐已用于玻利维亚的卡塔维选厂及英国的惠尔简锡石浮选厂。这类药剂捕收性很强,用量少,与矿物的作用时间短,只需短时间搅拌。对石英、长石和云母没有捕收作用。对粗粒锡石(0.21~0.15mm)捕收效果好。但对小于 43μm 粒级锡石的捕收效果稍差。存在的问题是，锡石浮选需在 pH＝2～3 的矿浆中进行，对浮选设备有腐蚀作用。

(5) 羟肟酸类捕收剂浮选法。国内外都对羟肟酸类捕收剂进行了讲究，认为是捕收能力较强的一类捕收剂。俄罗斯合尔洛庆高尔斯克选厂采用羟肟酸作捕收剂，浮选含 Sn 0.1% 的原矿，得到含 Sn 6% 的锡精矿，回收率为 55%。

5.7.4 钨矿的浮选

1. 白钨矿浮选

白钨矿 $CaWO_4$，含 WO_3 80.6%，浮选时用脂肪酸及其皂类作捕收剂。pH 调整剂常用碳酸钠。用脂肪酸作捕收剂时，最适宜的 pH 为 9～10。抑制剂可用水玻璃、糊精、淀粉等。白钨矿的可浮性虽好，但从经济观点着眼，对粗粒白钨矿仍常采用重选法回收。

细粒嵌布的白钨矿，一般用浮选，或先浮选得出低品位精矿后送水冶处理。白钨矿浮选常用油酸或油酸钠作捕收剂。浮选时，油酸与煤油混合使用可减少油酸的用量。常用水玻璃抑制硅酸盐和分散脉石矿泥。

白钨矿浮选时，要注意与硫化矿和其他非金属矿的分离问题。

(1) 白钨矿与硫化矿分离。一般在浮选白钨矿以前，先用黄药捕收浮出硫化矿，在白钨矿浮选时，还要加少量的氰化物，抑制剩余的硫化矿。

(2) 白钨矿与方解石、萤石分离。在浮选白钨矿时，用水玻璃作抑制剂，按其过程不同又可分为：

① 常温加强搅拌法。将含有方解石和萤石的白钨粗精矿浓缩，加入大量的水玻璃(10～20kg/t)，在室温下长时间搅拌（长达 14～16h），矿浆稀释后，进行白钨矿浮选，槽中产物为方解石和萤石。此法的优点是浮选过程在常温下进行，其缺点是过程需要的时间太长，一般少用。

② 浓浆高温法，又称"彼得罗夫法"。它是将含方解石和萤石的白钨粗精矿浓缩至 60%～70% 固体，然后加入水玻璃，将矿浆加温至 80℃ 以上，搅拌 30～60min，再用水稀释，在室温下浮选白钨矿，槽中产物是萤石和方解石。

(3) 白钨矿与石英类硅酸盐分离。用油酸作捕收剂，加水玻璃作抑制剂就能有效地抑制石英和硅酸盐类脉石。水玻璃的抑制顺序是：石英＞硅酸盐＞方解石＞磷灰石＞钼酸盐＞重晶石＞白钨矿。

(4) 白钨矿与重晶石分离。水玻璃对白钨矿和重晶石的抑制作用相近，所以单用水玻璃作抑制剂，不能很好地分离白钨和重晶石，因此采用以下两种方法，将它们分离。

① 用烃基硫酸酯钠盐作捕收剂，在酸性矿浆中，先浮出混合精矿，然后在强酸

介质中,加水玻璃,加烃基硫酸酯钠浮出重晶石,槽内产物即为白钨矿。

② 将粗精矿在300℃的温度下焙烧,然后稀释至液：固=5：7.1,用氯化钡作活化剂,浮选重晶石。槽内产品在pH为5~6,矿浆浓度为液：固=5：1时加烃基硫酸酯钠和氯化钡再浮,所得尾矿为低品位白钨矿精矿,再送去水冶。

(5) 钨钼分离。先浮选钼矿,再用油酸浮出白钨矿。浮选白钨矿时,粗选精矿经浓缩,加入大量的水玻璃,并通蒸气加温到90℃以上,搅拌30~40min,过滤后调浆,在矿浆浓度为16%~20%固体时,再经二次精选,便得白钨精矿。

2. 黑钨矿浮选

黑钨矿(Fe、Mn)WO_4,含$WO_3$76.5%,用油酸浮选时,最适宜pH为7~8。在三种类质同象的钨锰铁矿中,钨锰矿较易浮,黑钨矿中等,钨铁矿较难浮。用脂肪酸类作黑钨矿的捕收剂时,常用碳酸钠作调整剂,用水玻璃作脉石抑制剂。

除油酸外,还可用氧化石蜡皂,妥尔油及烃基硫酸酯钠盐等作为黑钨矿的捕收剂。另外,用油酸作捕收剂时,加以醇类混合起泡剂和磺丁二酰胺酸,可改善泡沫的矿化条件,得到较好的浮选结果。用油酸作捕收剂浮选钨锰矿及黑钨矿在pH为7和9时,浮选效果较好。水玻璃的用量要严格控制,用量过多时,黑钨矿也会被抑制。

甲苯胂酸也是黑钨矿的良好捕收剂,国外常用对位甲苯胂酸,国内则用混合甲苯胂酸。而苯乙烯膦酸则是黑钨矿矿泥的良好捕收剂。

3. 钨矿浮选实例

柿竹园钨钼铋锡萤石多金属矿位于湖南省郴州市,是世界罕见的特大型多金属矿床,已探明钨储量占全国可利用钨储量的27%,铋储量占全国铋储量的74%,钼占全国储量的5%,锡占全国储量的14%,萤石占全国伴生萤石储量的14%。

柿竹园矿原矿平均含 WO_3 0.55%, Mo 0.083%, Bi 0.18%, Sn 0.073% 、F 8.02%。主要有用矿物为白钨矿、黑钨矿、辉钼矿、辉铋矿、黄铁矿、磁铁矿、锡石和萤石。白钨矿占WO_3分布率67%,黑钨矿占30%。为了合理地回收各有用成分,柿竹园矿及各研究院所、高校经大量研究,提出了全浮选、重-浮选、浮选-重选-浮选等主干工艺流程。国家"九五"科技攻关期间,钨浮选工艺有了重大突破,广州有色金属研究院研制成功的螯合物类捕收剂GYB和GYT的应用,实现了黑白钨矿物同时浮选。1998年,柿竹园钨钼铋锡萤石多金属矿建成投产了1000t/d选厂,采用了全浮选主干浮程,见图5-79。

该流程特点是将原矿一次磨至所有有用矿物均单体解离(-0.075mm占90%),先浮选硫化矿,再浮选钨矿物,最后浮萤石。工艺流程简单,矿浆流程流畅。2005年该矿又筹备再建一个2000t/d的选矿厂。

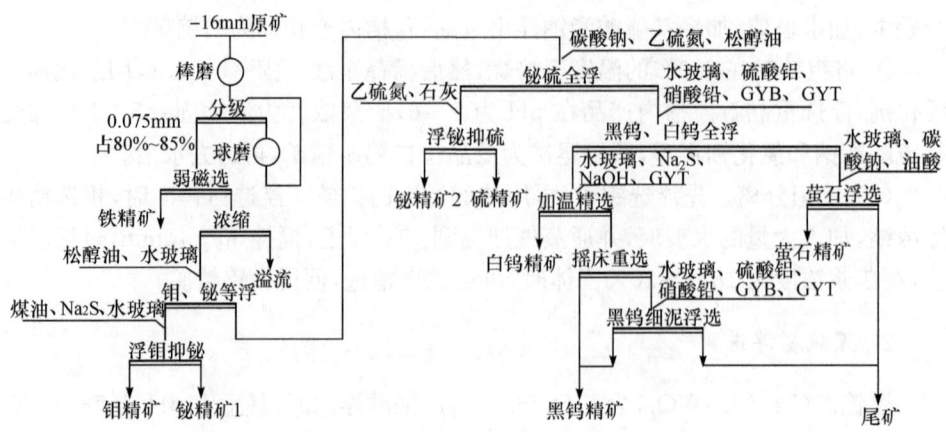

图 5-79 柿竹园钨钼铋锡萤石多金属矿 1000t/d 大选厂的原则流程图和药剂制度

5.7.5 铝土矿浮选

世界铝的产量仅次于钢铁,是消费量最大的有色金属,广泛用于电力、建筑、交通、包装等工业领域。铝土矿是生产氧化铝进而生产金属铝的主要原料。世界上一直均直接用铝土矿原矿(或洗矿脱泥后原矿)来生产氧化铝,国外铝土矿资源以适宜直接用拜耳法溶出生产氧化铝的三水铝石型($Al_2O_3 \cdot 3H_2O$)为主。我国铝土矿资源量居世界中等水平,但一水硬铝石型($Al_2O_3 \cdot H_2O$)矿石占全国总储量的 98% 以上,这类矿石加工难度大,能耗高。

中国铝业公司河南省分公司下属的铝矿山均属沉积一水硬铝石型矿山,矿石铝硅比低(A/S 为 5~7)。此类矿石原来未经选矿直接用混联法生产氧化铝,能耗比国外先进的拜耳法高 1 倍多。

1999 年,承担国家"九五"攻关科研的北京矿冶研究总院、中南大学、长城铝业公司联合进行了"铝土矿选矿-拜耳法生产氧化铝新技术"的工业试验,试验流程见图 5-80,药剂制度为以碳酸钠作调整剂,HZT 作为分散剂实现含硅脉石的有效分散,HZB 作为氧化铝的有效捕收剂。所获得铝土矿正浮选脱硅指标为:原矿 A/S 为 5.90,精矿 A/S 为 11.39,精矿 Al_2O_3 回收率 86.45%。2003 年我国首座 3000t/d 铝土矿选矿厂在河南省中州铝厂建成投产。该项目获 2002 年度国家科技进步二等奖。

2004 年底,由中南大学承担的国家"973"科研项目——铝土矿反浮选脱硅,与郑州轻金属研究院合作,在中国铝业公司河南省分公司小关铝矿顺利完成工业试验,试验流程见图 5-81。

铝土矿选矿脱硅技术的开发成功,是我国有色金属选矿工作者在 20 世纪末至 21 世纪初取得的重大成就和技术创新,被誉为我国铝工业里程碑式的技术进步。

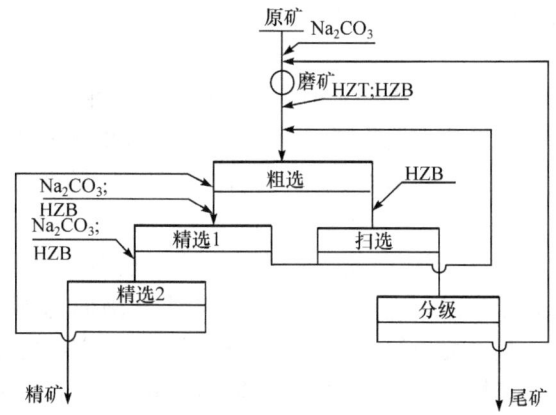

图 5-80 铝土矿正浮选脱硅工业试验流程

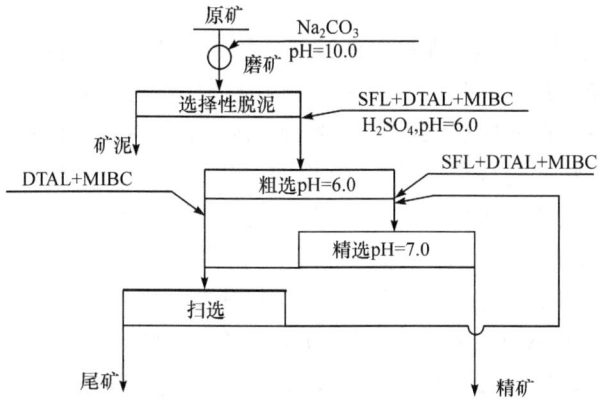

图 5-81 铝土矿反浮选脱硅工业试验流程

5.7.6 锂矿浮选

锂(Li)是自然界中最轻的金属。银白色,相对密度 0.534,熔点 180℃,沸点 1342℃。它应用在高能锂电池、受控热核反应中。锂的化合物还广泛用于玻璃陶瓷工业、炼铝工业、锂基润滑脂以及空调、医药、有机合成等工业。

1. 锂矿物可浮性

(1) 锂辉石($Al_2O_3 \cdot Li_2O \cdot 4SiO_2$),含 Li_2O 4.5%~8%。表面纯净的锂辉石很容易用油酸及其皂类浮起,但其表面因风化污染,或在矿浆中被矿泥污染了的,其可浮性变坏。另外,矿浆中一些溶盐的离子(铜、铁和铝的离子等)不仅活化锂辉石,而且也活化脉石矿物,所以浮选前要脱泥并用碱处理。用氢氧化钠处理时,锂辉石的回收率随其用量的增加而提高,搅拌时间也相应缩短,搅拌强度提高,回收率也提高。

用油酸或环烷酸皂作捕收剂时,锂辉石在中性和碱性介质中,都能很好地浮游。用十八胺和膦酸酯钠盐为捕收剂时,只在弱碱性或中性介质中锂辉石才能浮游。用油酸作捕收剂,氟化钠和木质素磺酸盐为调整剂,氢氧化钠和碳酸钠调整 pH 为 7~7.5 时,锂辉石的浮选效果最好。

经过活化的锂辉石,用阴离子或阳离子捕收剂都能浮起。未经活化锂辉石,在油酸用量很高时也难浮起。无论采用那一种捕收剂,水玻璃、糊精和淀粉都是锂辉石的强烈的抑制剂。其中淀粉的选择性较好,糊精次之。它们先抑制锂辉石,后抑制脉石。但水玻璃的选择性较差,对锂辉石和脉石同时起抑制作用。

锂辉石的浮选粒度,一般在 0.15mm 以下。粒度为 0.2mm 时,浮选的回收率为 61%,0.3mm 时,浮选回收率为 22%。粗粒难浮是锂辉石浮选特点之一。

(2) 锂云母[$Al_2O_3 \cdot 3SiO_2 \cdot 2(KLi)F$],含 Li_2O 1.2%~5.9%。粗粒锂云母用手选、风选或摩擦法富集,细粒的锂云母才用浮选法回收。锂云母的捕收剂以阳离子捕收剂最好,用十八胺时,在酸性和中性介质中都能很好的浮选锂云母。未经活化的锂云母不能被油酸捕收,用氢氟酸活化后,能得到较好的指标。

矿浆中的一些铁盐、铝盐、铅盐、硫化钠、淀粉及磷酸氢钠等均能抑制锂云母。锂的碳酸盐和硫酸盐能活化锂云母。用十八胺选别锂云母时,最好的活化剂是水玻璃和硫酸锂,而强的抑制剂是漂白粉、硫化钠和淀粉的混合物。铜、铝和铅的硝酸盐是锂云母的抑制剂,而铜和铝的硫酸盐却是锂云母的活化剂。

(3) 透锂长石($Al_2O_3 \cdot Li_2O \cdot 8SiO_2$),含 Li_2O 2%~4%,用阴离子捕收剂如油酸、油酸钠、异辛基胂酸钠来浮选透锂长石,在任何 pH 下均不浮游。用阳离子捕收剂,如用十八胺来浮选透锂长石,则其浮游性很好。用十八胺作捕收剂,矿浆 pH 为 5.5~6.0 时,其回收率为 78%,而采用烷基胺盐在碱性介质(pH 为 7.5~9.5)中浮选时,其回收率可提高到 90%~92%。

采用烷基胺盐为捕收剂时,氯化铁(300~500g/t)能强烈地抑制透锂长石,在介质的 pH=5.8 时,它的回收率下降到 10%~15%,在酸性和碱性介质中,其抑制作用加强。氯化钙能活化透锂长石,在中性介质和碱性介质中(pH=9.2)能提高其回收率。在采用烷基胺盐时,透锂长石的抑制剂有硫化钠、硅酸钠、淀粉、丹宁、碳酸钠、氟硅酸钠及磷酸氢钠等。

2. 锂矿的浮选方法和实例

锂辉石的浮选有正浮选和反浮选两种方案。正浮选是在酸性介质中进行,所以又称"酸法"。它用油酸及其皂类作捕收剂,将锂辉石浮入泡沫产品中;反浮选是在碱性介质中进行,所以又称"碱法"。它用阳离子作捕收剂,浮出脉石矿物,槽内产品就是锂辉石精矿。

正浮选的方法是,向矿浆中加氢氧化钠进行搅拌、擦洗以除去表面的污染物,脱泥和洗矿后,然后按下面三种方法处理。

(1) 先浮云母,后浮锂辉石,最后浮长石。其步骤是:①在弱酸性介质中,用阳离子浮云母;②将浮选尾矿浓缩至50%固体,用油酸类捕收剂及醇类起泡剂调和后,稀释至17%固体,浮锂辉石;③将浮完锂辉石的尾矿用氟氢酸处理后,再加阳离子捕收剂浮选长石。

(2) 先浮锂辉石,后浮云母,再浮长石。其步骤是:①将矿浆浓缩至64%固体,加油酸、硫酸和起泡剂搅拌稀释至21%固体,浮锂辉石;②锂辉石浮选尾矿中的云母,用阳离子捕收剂浮出;③云母浮选尾矿加氟氢酸活化长石,并加阳离子捕收剂浮长石。

(3) 锂辉石和云母混合浮选,最后浮长石。其步骤是:①在浓浆中加硫酸调和,然后加阴离子捕收剂,浮选云母和锂辉石;②混合精矿在酸性介质中搅拌,将云母和含铁矿物浮出,槽中产物便是锂辉石;③混合浮选后的尾矿,加氟氢酸处理后,用阳离子捕收剂浮长石。

锂辉石的反浮选在碱性矿浆中进行,以糊精、淀粉等作为锂辉石的抑制剂,松醇油作起泡剂,用胺类阳离子捕收剂浮选石英、长石和云母等脉石矿物,槽内产品去铁之后,就是锂辉石。

宜春钽铌矿位于江西宜春市,该矿是我国最大的钽矿床,矿床类型为含铌钽铁矿的锂云母化、钠长石化花岗岩矿床。脉石主要是长石、石英。选厂规模为1500t/d,生产流程为重选-浮选-重选,分别获得钽铌精矿、锂云母精矿、长石粉(玻璃原料)三种产品。钽铌重选是采用旋转螺旋溜槽-摇床;钽铌重选尾矿送锂云母浮选系统,采用混合胺作捕收剂;长石粉重选是将浮选尾矿用螺旋分级机脱泥即得。

5.7.7 铍矿浮选

铍(Be)是钢灰色轻金属。相对密度1.848,熔点1287℃,沸点2470℃,具有良好的耐腐蚀性和高温强度,导热率好,γ射线透射性好等性能。铍是工业上的重要材料。工业用铍大部分以氧化铍形态用于铍铜合金的生产,小部分以金属铍形式应用,另有少量用作氧化铍陶瓷等。特别是在原子能、宇航和航空、冶金等领域具有重要用途。

1. 铍矿物的可浮性

绿柱石($3BeO \cdot Al_2O_3 \cdot 6SiO_2$),含BeO 8%~12%,可浮性较好,用油酸在弱酸性、中性和碱性介质中均可浮游。加磺化石油在酸性介质中亦可浮。

绿柱石不加硫酸时完全不浮,随硫酸用量的增加,其可浮性增大。当硫酸用量为0.98kg/t时,可浮性最好,但超过此浓度,绿柱石被抑制。用油酸为捕收剂时,氟氢酸对绿柱石有活化作用,当用量达到200g/t时,活化作用最好,但其用量超过500g/t时,会完全抑制绿柱石的浮游。用油酸作捕收剂时,绿柱石经氢氧化钠处理后回收率显著增高,这时长石的回收率增加很少,这是绿柱石和长石分离的方法之一。硫化钠是石英和长石的抑制剂,又是绿柱石的活化剂。用油酸作捕收剂,用硫化钠预先处理,可得含BeO 5.9%的绿柱石精矿。

绿柱石浮选可采用阴离子捕收剂和阳离子捕收剂。研究结果表明,用油酸捕收时,回收率仅达50%,若预先用氢氧化钠或氟氢酸处理,回收率增至80%以上。阳离子捕收剂中以十八胺乙酸盐捕收性最强。用胺盐捕收时,最好的pH为9～10.5。

2. 铍矿的浮选方法

绿柱石的浮选研究表明,绿柱石不加调整剂时,无论用阴离子捕收剂或用阳离子捕收剂均不能与脉石分离,所以浮选前必须进行预先处理。预先处理的方法又可分酸法(采用硫酸、盐酸和氟氢酸等)和碱法(采用氢氧化钠、碳酸钠等)两种。预先处理的目的是清洗矿物表面,除去黏附在绿柱石表面的重金属盐,选择性地溶掉其表面的硅酸,使铍离子突出,增加其可浮性,并降低脉石矿物的可浮性。

(1) 绿柱石的酸法浮选。酸法浮选分为混合浮选和优先浮选两种。混合浮选是矿浆经酸处理后,把绿柱石和长石都浮到泡沫产品中,然后再进行分离。其具体步骤是,矿石经粗磨后,用黄药浮选硫化矿,然后在酸性介质中,用烷基盐浮出云母,浮完云母以后加入氟氢酸活化绿柱石,再加烷基胺盐浮出绿柱石和长石。混合粗精矿经三次稀释、浓缩脱药后加入碳酸钠,并用烷基胺盐浮选绿柱石,经多次精选后得绿柱石精矿。

优先浮选是先浮云母再浮绿柱石。具体步骤是,经细磨的矿石,在硫酸介质中用阳离子捕收剂浮出云母,将其尾矿进行浓缩,并用氟氢酸处理,再用烷基胺盐浮选绿柱石,尾矿为长石和石英。绿柱石粗选精矿中,加入氟氢酸和阳离子捕收剂,再经多次精选,得绿柱石精矿。

(2) 绿柱石的碱法浮选。碱法浮选是将矿石磨矿后进行脱泥,然后用氢氧化钠或碳酸钠处理后洗矿,使矿浆呈弱碱性,再用油酸浮绿柱石,精选若干次后,得绿柱石精矿。此法适用于共生矿物比较简单的矿石。

5.7.8 钽铌矿浮选

铌(Nb)、钽(Ta)属难熔稀有金属,钢灰色,具有相对密度大(铌8.6、钽16.6)、熔点高(铌2467℃、钽2980℃)、沸点高(铌4740℃、钽5370℃)、强度高、抗疲劳、抗变形、抗腐蚀、导热、超导、单极导电及吸收气体等优良特性。铌和钽在元素周期表中同属一族,性质很相似,它们在自然界中共生在一起,赋存在铌、钽酸盐类矿物中。铌、钽具有耐腐蚀、冷加工性能好和氧化膜电性能好等优点,有许多重要用途。铌具有细化钢中晶粒的能力,广泛用于钢铁工业、电子工业、航天航空、原子能、海洋开发等领域,主要用作合金钢的添加剂、超导材料、高温合金、氧化物单晶、陶瓷电容器等。

1. 钽铌矿的可浮性

含钽铌的矿物主要是钽铌铁矿和烧绿石。钽铌铁矿中含钽多的叫钽铁矿,含铌多的叫铌铁矿。钽铌铁矿和烧绿石可用阳离子捕收剂捕收,也可用阴离子捕收剂捕收。用络合捕收剂(如羟肟酸钠)浮选效果较好。

用油酸作捕收剂,在 pH 为 6~8 时,钽铌矿的浮游性最好,在酸性介质中钽铁矿和铌铁矿都被抑制,而石英、长石和白云石在任何 pH 浮游性都不好。因此在 pH 为 6~8 时,用油酸作捕收剂,很容易将钽铌矿与石英等脉石分离。

用 10% 的酸(硫酸)处理钽铌矿后,它变得很容易浮游。随酸的用量增大,钽铌矿的可浮性增大,用硫酸效果比用盐酸效果好。用 1% 的氟氢酸处理,活化程度与硫酸相似。

用油酸作捕收剂,硫化钠的浓度为 10~20mg/L 时,就能抑制钽铌矿及部分脉石。用阳离子捕收剂时,硫化钠最初活化钽铌矿等一些矿物,但随着其用量的增加,钽铌矿的回收率将下降。用油酸捕收钽铌矿时,少量的硅氟酸钠,能使全部矿物抑制。

2. 钽铌矿的浮选

细粒的钽铌矿,常用浮选及联合流程处理。当原矿中有钽铌矿、烧绿石、方解石及磷灰石等时,可先浮出脉石矿物,然后再浮钽铌矿和烧绿石。脉石矿物浮选在碱性介质中进行,用水玻璃和硫酸铵作抑制剂,用油酸作捕收剂。浮选钽铌矿时,在酸性介质中,用烃基硫酸酯钠盐作捕收剂,或在中性介质中用油酸作捕收剂。

当原矿中有钽铌矿、云母、锂辉石及其他矿物时,需先脱泥,然后用阳离子捕收剂浮选云母。尾矿用碱处理后进行混合浮选,丢弃尾矿。精矿用酸处理后进行钽铌浮选,并加硫酸酯钠盐,在酸性矿浆中进行精选和扫选。精矿为钽铌精矿,尾矿为锂辉石及其他矿物。

5.8 黑色金属矿浮选实践

5.8.1 铁矿浮选

铁是世界上发现最早,利用最广,用量也是最多的一种金属,其消耗量约占金属总消耗量的95%左右。铁矿石主要用于钢铁工业,冶炼含碳量不同的生铁(含碳量一般在2%以上)和钢(含碳量一般在2%以下)。

1. 铁矿物的可浮性

用浮选法选收的铁矿物主要有赤铁矿和假象赤铁矿,菱铁矿及褐铁矿。

(1) 赤铁矿和假象赤铁矿 Fe_2O_3,含 Fe 70%,易为脂肪酸类捕收剂所浮选。纯矿物在中性和弱碱性介质(pH=7~7.5)中可浮性最好。浮选时常用的捕收剂为油酸及其衍生物,也用棕榈酸,环烷酸,硫酸化皂及氧化石油产品。此外,也用羟肟酸。在饱和脂肪酸中以十二烷基酸、不饱和脂肪酸中以亚油酸浮选效果最好。

赤铁矿的抑制剂可用淀粉、糊精、单宁酸、酸法造纸废液、纤维素、阿拉伯树胶和水玻璃等。多阶金属的阳离子如 Ca^{2+}、Al^{3+} 和 Mn^{2+} 等在用脂肪酸作捕收剂时,也有抑制作用。其原因主要是它们与捕收剂结合成难溶盐,因而消耗了大量的捕收剂。偏磷酸对赤铁矿有活化作用,而正磷酸对赤铁矿却有抑制作用。偏磷酸对赤铁矿的活化作用是由于偏磷酸能与矿浆中阳离子结合,消除其对捕收剂的沉淀作用。少量的 Pb^{2+} 对赤铁矿也有活化作用。

(2) 菱铁矿 $FeCO_3$,含 Fe 48.3%,在强碱性介质中可用阳离子捕收剂浮选。

(3) 褐铁矿 $Fe_2O_3 \cdot H_2O$,含 Fe 60%,可用脂肪酸类捕收剂进行浮选。褐铁矿容易泥化,泥化后较难浮选,所以要注意避免过粉碎。

铁矿石浮选时,正浮选和反浮选都用,选择性絮凝也已在工业上应用。

2. 铁矿石用阴离子捕收剂正浮选

常用脂肪酸或烃基硫酸酯作捕收剂,用量为 0.2~1.0kg/t。目前普遍采用妥尔油和氧化石蜡皂作捕收剂,可以单独使用或混合使用,但一般认为混合使用效果较好。用碳酸钠,硫酸调整 pH,分散矿泥,沉淀多价有害金属离子。一般在弱酸性和弱碱性介质中进行浮选。最近有的研究结果指出,在中性 pH 范围内浮选效果最好,超过这个范围,油酸的用量增大。另外用油酸浮选赤铁矿所控制的 pH 范围与矿石的粒度有关:细粒($-37\mu m$)赤铁矿在 pH 为 7.4 时对油酸的吸附量最大;一般的浮选粒度($-150+37\mu m$)则在 pH 为 3~9 时可浮性最好,当 pH>9 时,可浮性显著下降。在强酸(pH<3)介质中赤铁矿的浮出量不超过 30%。

我国鞍山钢铁公司东鞍山铁矿选矿厂处理鞍山式贫铁矿,主要铁矿物为假象赤铁矿,尚含有少量镜铁矿和褐铁矿,主要脉石矿物为石英。铁矿物的浸染粒度比较细,约 80% 在 0.09~0.075mm 间。石英的浸染粒度略粗。原矿含铁波动在 20%~45%,平均为 32.6%。磁性率很低。硫磷含量很低。原矿进厂粒度为 1000~0mm,经三段-闭路破碎流程碎到 12~0mm。以后又经两段闭路磨矿到 80%~85% -0.075mm 左右进行浮选。

浮选流程见图5-82,为一次粗选三次精选,一次精选尾矿返回二次分级的流程。药剂制度如下:Na_2CO_3 2000g/t,加于一次球磨机,氧化石蜡皂和塔尔油(皂：油=3：1~4：1)700~800g/t,加入粗选前搅拌槽,配药温度在60℃以上。浮选温度32~36℃,浮选浓度34%~38%固体。矿浆pH9~10。浮选时间约25~30min。浮选指标:当原矿品位为32%~33%时,精矿品位可达60% Fe,回收率可达75%~80%。

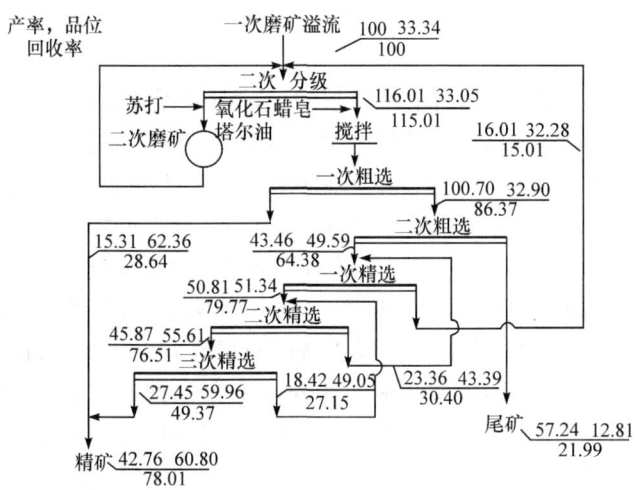

图5-82 东鞍山铁矿浮选厂数质量流程

用羟肟酸作捕收剂浮选赤铁矿的研究结果指出,它比脂肪酸作捕收剂的效果好,指标高,浮选速度快,可以不脱泥浮选,也不要求高浓度调浆。加拿大汉南采矿公司用羟肟酸处理重选尾矿(含15.5% Fe)进行浮选试验,能得到含62.2% Fe的铁精矿,回收率提高8%,比用妥尔油浮选提高2%。但此药剂费用高,环境保护问题尚待解决。

正浮选法的优点是药方简单,成本较低;缺点是只适合于处理脉石较简单的矿石,有时这种浮选法需要进行多次精选才能得到合格精矿,泡沫发黏,不易浓缩过滤,以致精矿含水分较高。

前已提及用脂肪酸类作捕收剂的浮选深受温度的影响。为了提高浮选指标,美国克利夫兰-克利夫斯铁矿公司利用蒸汽处理赤铁精矿。当粗选精矿(含61.75% Fe)在矿浆浓度为70%时,通蒸气加热至沸腾,然后在60~70℃时进行浮选,可获得高品位最终精矿(66.9% Fe,回收率97.8%),这一工艺称为"热浮选工艺"。

3. 铁矿石用阴离子或阳离子捕收剂反浮选

(1) 用阴离子捕收剂反浮选。石英类脉石矿物,用钙离子活化后用脂肪酸类捕收剂进行浮选,槽中产物是铁精矿。用淀粉(木薯淀粉、橡子淀粉和栗子淀粉等)、磺化木素和糊精等抑制铁矿物。单用氢氧化钠或它与碳酸钠混用,调整 pH 到 11 以上。石英因表面电性关系,只有用多价金属阳离子活化以后,才能用脂肪酸类捕收。尽管镁离子活化能力比钙离子强,但常用钙盐活化,用得最多的是氯化钙,其次是氢氧化钙。

此法适用于品位较高,脉石较易浮起的铁矿石的浮选。用此法时要注意处理或循环使用尾矿水,pH 高达 11 的尾矿水直接放入公共水系会造成公害。

(2) 用阳离子捕收剂反浮选。此时用水玻璃、单宁和磺化木素等抑制铁矿物。胺类捕收剂用来浮选石英脉石,其中以醚胺最好,脂肪胺次之。在 pH 为 8~9 时,抑制效果最好。作为铁矿物的抑制剂还可用各种类型的淀粉(玉米淀粉、木薯淀粉、马铃薯淀粉、高粱淀粉和栗子淀粉等)。此法的优点是:①可以粗磨矿。用阴离子捕收剂浮铁时需要细磨,而阳离子反浮选时只要磨到单体解离,胺类捕收剂就能很好地把石英等浮起;②回收率较高。在铁矿中含磁铁矿时,用阴离子捕收剂浮选。磁铁矿易损失于尾矿中,用此法时磁铁矿可一并回收;③可提高精矿质量。用阴离子捕收剂,含铁硅酸盐大量浮起,与石英一并进入尾矿,故精矿品位较高;④用此法可免去脱泥作业,减少铁矿物的损失;⑤矿浆无需加温。

此法适用于高品位,成分较复杂的含铁矿石的浮选。浮选时胺的用量为 0.3~0.5kg/t,淀粉的用量为 0.5~0.7kg/t。

现在国外大力推广将重选、磁选等所得的铁矿粗精矿进行阳离子反浮选,其目的为得到超纯精矿(铁精矿品位>65%,SiO_2<2%,回收率>95%),并将粗精矿进行分级,分出一部分未解离的中矿送去再磁选、再磨、再反浮选,以提高分选效率。

2000 年以来,我国鞍钢弓长岭和齐大山铁矿选厂、太钢尖山选厂、酒钢选厂、莱钢等也都推广应用了阴离子或阳离子反浮选"提铁降硅",效果明显,见表 5-13。

表 5-13 我国铁矿选矿厂"提铁降硅"改造前后铁精矿质量对比

厂名	矿石	改造前铁精矿/%		改造后铁精矿/%		工艺
		TFe	SiO_2	TFe	SiO_2	
弓长岭	磁铁矿	65.5	8~9	68.9	<4	阳离子反浮选
齐大山	赤铁矿	65.0	9~10	67.5	<4	阴离子反浮选
尖山	磁铁矿	65.0	8~9	69.7	<4	阴离子反浮选
酒钢	镜铁矿	55.5	11~12	62.0	<6	阳离子反浮选

长沙矿冶研究院、中国矿业大学、武汉理工大学与鞍钢弓长岭铁矿合作,将微泡型浮选柱成功运用于铁矿石阳离子反浮选作业。采用新型阳离子捕收剂"G-609",捕收性能强、泡沫流动性好、耐低温、选择性高。选矿厂铁精矿品位由64%提高到了68%。目前,这项成果已在鞍钢所属的铁矿山选厂全面应用。该项目成果获2004年度国家科技进步二等奖。

(3) 选择性絮凝浮选法。该法是使铁矿物先絮凝成团,脱除分散悬浮的脉石矿泥,然后进行反浮选。捕收剂可用阴离子型,也可用阳离子型。分散剂用氢氧化钠、水玻璃和六偏磷酸钠等。絮凝剂常用木薯淀粉、玉米淀粉和腐殖酸钠等。经过水解的聚丙烯酰胺的絮凝效果也很好。淀粉不仅是絮凝剂,同时也是赤铁矿的有效抑制剂。

絮凝过程一般可进行几次。经过选择性絮凝以后,铁粗精矿往往达不到质量要求,这就要进一步进行反浮选。首先在矿浆中加入铁矿物的抑制剂,再加阳离子捕收剂或阴离子捕收剂。用阴离子捕收剂进行反浮选时,要加石英的活化剂,并需用氢氧化钠调控pH到11左右。经过反浮选,槽中产物是铁精矿,泡沫产品是尾矿,一般需要多次扫选。该方法在美国蒂尔登铁矿应用。

(4) 浮选脱硫法。我国金山店铁矿属高硫低磷原生磁铁矿。磁选铁精矿中因存在少量的单体黄铁矿和黄铁矿-磁铁矿连生体,粒度一般为0.005~0.1mm之间,是导致铁精矿含硫较高的原因。通过对该铁精矿进行的反浮选脱硫试验,用丁黄药与$2^{\#}$油组合的简单药剂制度,经一次反浮选脱硫,就可使铁精矿硫含量从0.22%降低至0.04%,铁精矿脱硫效果十分明显。

5.8.2 锰矿浮选

在现代工业中,锰及其化合物应用于国民经济的各个领域。其中钢铁工业是最重要的领域,用锰量占90%~95%,主要作为炼铁和炼钢过程中的脱氧剂和脱硫剂,以及用来制造合金。其余10%~5%的锰用于其他工业领域,如化学工业(制造各种含锰盐类)、轻工业(用于电池、火柴、印漆、制皂等)、建材工业(玻璃和陶瓷的着色剂和褪色剂)、国防工业、电子工业以及环境保护和农牧业等。

含锰矿物分两类:一类是氧化物;一类是碳酸盐。重要锰矿物的可浮性如下:

(1) 菱锰矿($MnCO_3$),含Mn 47.8%,是锰矿中较易浮的一种矿物。捕收剂常用脂肪酸,其中用油酸效果最好。浮选最适宜的pH为8~9。介质调整剂常用碳酸钠。抑制石英类脉石可用水玻璃,但碱性过高或水玻璃用量过大,对菱锰矿都有抑制作用。

(2) 软锰矿(MnO_2),含Mn 63.2%。它比菱锰矿难浮,浮选时捕收剂用脂肪酸。pH调整剂用碳酸钠。脉石抑制剂用水玻璃。糊精和柠檬酸是氧化锰矿的抑制剂。草酸对它有活化作用。试验证明,在氧化锰矿浮选时,用油酸捕收,在

pH=6.5的条件下,水锰矿和褐锰矿较易浮,而软锰矿及硬锰矿最难浮。只有使用草酸和水玻璃分散矿泥时,才能得到较满意的结果。有矿泥存在时,浮选效果较差。将原矿脱泥,如脱除$-10\mu m$的矿泥,可以改善浮选指标。

锰矿浮选使用的捕收剂是油酸、妥尔油和氧化石蜡皂等。另外,也可用烃油类(如重油、煤油)加乳化剂(如烃基硫酸酯等)进行浮选。但烃类油用量很大,每吨矿石由几公斤到十几公斤,药剂加入矿浆后需要长时间的强烈搅拌,先使药剂发生乳化,极性捕收剂在矿物表面固着,然后又被覆上一层油膜,这时锰矿才絮凝成集合体,与大量微细气泡一起上浮。这就是"乳化浮选"。

锰矿浮选最适宜的pH为7~9。为了调整矿浆、分散矿泥和抑制脉石,常加少量的碳酸钠和水玻璃,单宁及磷酸盐,但不能过量,过量对锰矿物有抑制作用。SO_2及其他的还原剂对锰矿物有活化作用。浮选氧化锰矿时,水质的影响十分显著。

用妥尔油浮选锰矿,分两种情况:如果锰矿中的脉石是碳酸盐如方解石,则用糊精先在碱性介质中抑制锰矿,浮选方解石,然后在酸性矿浆中,用妥尔油作捕收剂浮选锰矿;如果脉石是石英等,就可以直接在酸性矿浆中浮选锰矿。

锰矿石含硫化矿时,则先浮硫化矿,再浮选锰矿。

遵义铁合金厂选矿车间用石油磺酸钠与氧化石蜡皂(10∶1)混合捕收剂浮选菱锰矿取得较好效果。生产流程为先用SHP强磁选机粗选,再经浓缩脱水后,浮碳浮硫脱杂,然后浮锰(一粗一扫三精)。得到的选矿指标为:原矿品位Mn 19.27%,综合锰精矿品位28.41%,回收率74.09%。

5.9 非金属矿、能源矿产浮选实践和浮选在其他领域中的应用

5.9.1 磷矿浮选

磷矿石主要用于生产磷肥和磷化工制品。工业上利用的磷矿石主要有以下三种。

(1) 磷灰石[$Ca_5(PO_4)_3(F,Cl,OH)$],含P_2O_5 42.06%,结晶较粗而完整,属易浮矿物,且可综合利用伴生的其他组分。捕收剂用油酸类,抑制剂用水玻璃,能得到较好的指标。

(2) 磷块岩[$Ca_{10}F_2(PO_4)_6$],它是世界磷矿资源中最主要的磷矿,储量占74%,可浮性较好,要求入选粒度较细,工艺流程较前复杂。前苏联卡拉堂磷矿,我国王集磷矿属此类型。常用捕收剂为油酸,效果较好的是粗硫酸盐皂,抑制剂用水玻璃,调整剂用碳酸钠,浮选最适宜的矿浆pH为9~10。

(3) 磷灰岩,它是经变质作用形成的磷矿,世界储量中仅占4%,其中含P_2O_5变化较大,为3%~20%。前苏联外贝加尔,我国江苏、黑龙江、安徽、湖北等地均

有赋存,锦屏磷矿属此类型,矿石可浮性较好。

磷矿石浮选的主要问题是含磷矿物与含钙的碳酸盐(如方解石、白云石等)的分离。因为用一些常用捕收剂浮选时,它们的可浮性相似。磷矿物与碳酸盐脉石矿物分离的方法有三种:① 使用水玻璃和淀粉等抑制碳酸盐等脉石矿物,用脂肪酸作捕收剂浮出磷矿物;② 加六偏磷酸钠抑制磷矿物,用脂肪酸反浮选浮出碳酸盐脉石矿物;③ 用有选择性的烃基硫酸酯作捕收剂,先浮出碳酸盐矿物,再用油酸浮磷矿物。

贵州瓮福磷矿是我国目前最大的磷矿基地,磷矿石年生产能力达350万吨。选矿工艺为反浮选,流程为4次粗选,槽底产品为磷精矿。药剂添加捕收剂采用 WF-01,用量 0.28kg/t,其捕收能力强,选择性能好;调整剂采用 H_2SO_4,用量 17kg/t。入选原矿品位 $P_2O_5 \leqslant 27\%$,选出磷精矿品位 $P_2O_5 \geqslant 34.4\%$,回收率$\geqslant$93%,磷精矿中 $MgO \leqslant 1.2\%$。

图 5-83 为某磷酸盐矿选矿厂工艺流程设备联系图。

5.9.2 萤石浮选

萤石 CaF_2,含 F 48.9%,含 Ca 51.1%。浮选萤石精矿主要用于化工行业制取氢氟酸,品位要求 $CaF_2 > 98\%$、$SiO_2 < 1\%$,故萤石浮选常采用 5~7 次精选。

用油酸作捕收剂时,萤石的可浮性很好。矿浆的 pH 对萤石的浮选有很大的影响。用油酸作捕收剂,矿浆的 pH 为 8~11 时,其可浮性较好。另外,增加矿浆的温度,可以提高浮选的指标。萤石用油酸捕收剂时,对水的质量也有较高的要求,用水需要预先软化。

除油酸外,烃基硫酸酯,烷基磺化琥珀胺、油酸胺基磺酸钠及其他的磺酸盐及胺类都可作萤石的捕收剂。调整剂可用水玻璃、偏磷酸钠、木质素磺酸盐、糊精等。

萤石浮选主要的问题是与石英、方解石和重晶石等脉石矿物的分离。

(1) 含硫化矿的萤石矿。一般先用黄药类捕收剂将硫化矿浮出,然后再加脂肪酸浮萤石。有时在萤石浮选作业中,加少量的氰化物抑制残余的硫化矿,以保证萤石精矿的质量。

(2) 萤石与重晶石和方解石分离。一般先用油酸作捕收剂,浮出萤石。萤石浮选时加少量铝盐活化萤石,加糊精抑制重晶石和方解石。

用栲胶抑制方解石和重晶石的研究表明,对含有较多方解石、石灰石、白云石等比较复杂的萤石矿,抑制脉石矿物用栲胶、木质素磺酸盐效果很好。

(3) 萤石与石英的分选。用脂肪酸作捕收剂浮萤石,用水玻璃作石英的抑制剂,用碳酸钠调整矿浆 pH 为 8~9。水玻璃的用量要控制好,少量时对萤石有活化作用,过量时萤石也会被抑制。为了少用水玻璃,又能增强对石英类脉石的抑制,常常添加多价金属阳离子(Al^{3+},Fe^{2+})如明矾、硫酸铝等。此外,加入 Cr^{3+},

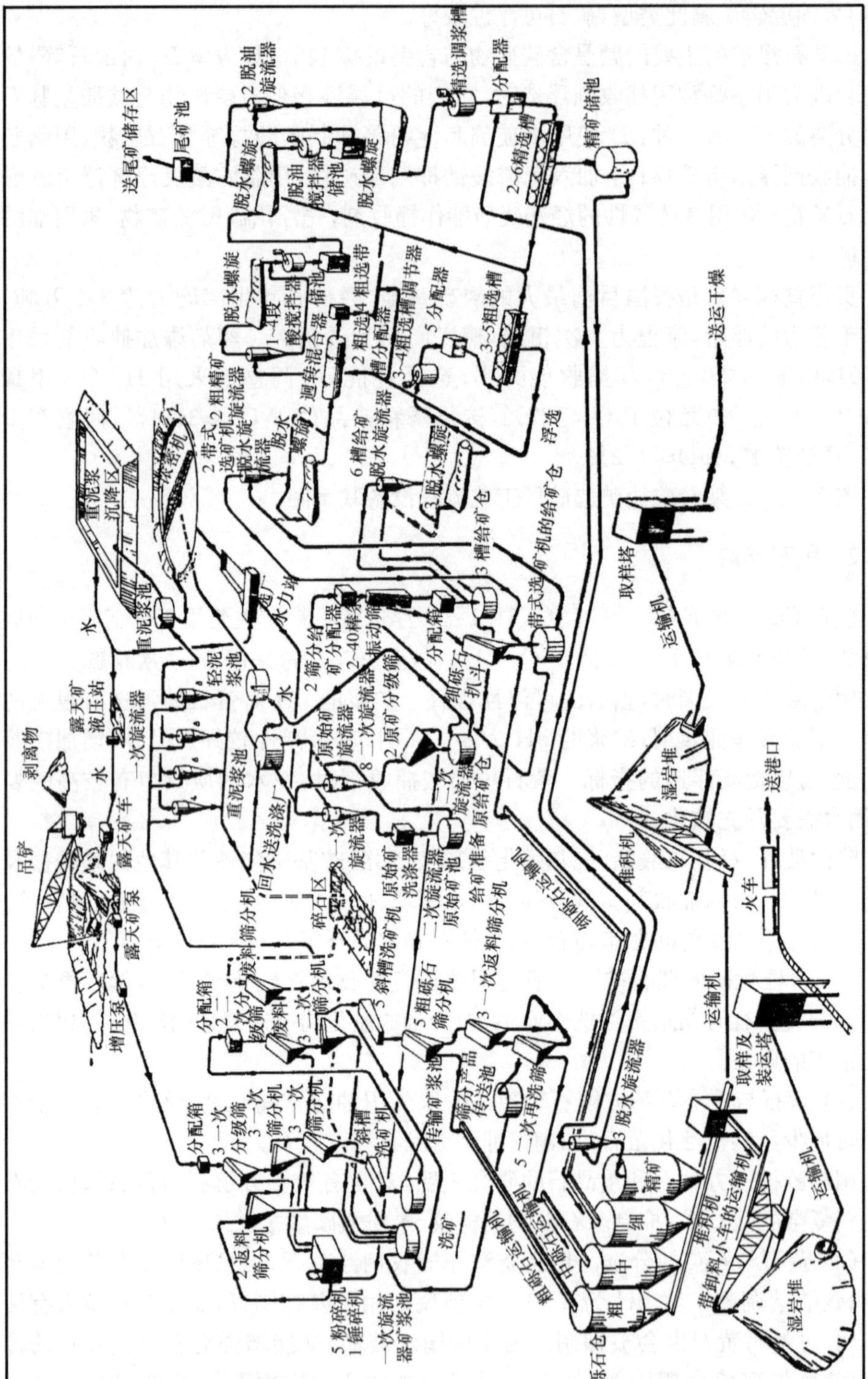

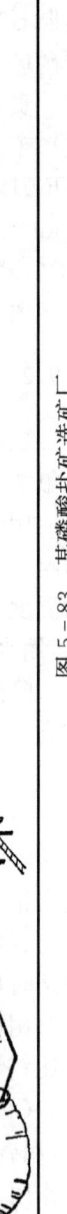

图 5-83 某磷酸盐矿选矿厂

Zn^{2+}也有效,这些离子不仅对石英,而且对方解石也有抑制作用。

(4) 萤石和重晶石的分选。一般先将萤石和重晶石混合浮选,然后进行分离。混合浮选时用油酸作捕收剂,水玻璃作抑制剂。混合精矿的分离,可以采用下列两种方法。

① 用糊精或单宁及铁盐抑制重晶石,用油酸浮萤石;
② 用烃基硫酸酯浮选重晶石,将萤石留在槽内。

浙江省武义县有"萤石之乡"的美誉,萤石储量2000多万吨。浙江省东风萤石公司浮选厂处理的萤石矿石,块矿CaF_2品位<40%,碎屑矿CaF_2品位55%~65%,主要脉石成分是石英,采用油酸作捕收剂,用水玻璃作石英的抑制剂,用碳酸钠调整矿浆pH为8~9。工艺流程为一粗一扫,粗精矿再磨,6次精选。主要选别指标为精矿品位$CaF_2>98\%$、$SiO_2<0.8\%$,回收率≥74%。

5.9.3 石英浮选

1. 石英的可浮性

石英SiO_2是一种硅酸盐矿物,石英砂的颜色为乳白色或无色半透明状,硬度为7,相对密度为2.65。用于制造玻璃、陶瓷、耐火材料、铸造、冶炼硅铁和冶金熔剂等。

表面纯净的石英,不能用阴离子捕收剂浮选。但许多金属离子如钙、钡、铜、铅、铝和铁的离子等都能活化石英。例如,在球磨中磨细的石英,因受铁离子的影响,用很少量的油酸,就能将其浮起。石英的可浮性与介质的pH有关,在油酸的用量相等的情况下,石英的可浮性随pH的增加而降低。有些阳离子(如钙、镁)仅在强碱性介质中才能活化石英,而另一些阳离子(如铁、铝)仅在中性介质中才能使石英活化。用钙、镁离子活化的石英,当捕收剂过量时,浮选停止,而用铁、铝离子活化的石英,只有在捕收剂过剩时,才有较好的可浮性。金属盐和油酸同时加入矿浆中,两者相互起作用生成相应的金属皂,如铝皂、铁皂在中性介质中,使石英表面疏水。钙皂仅在强碱介质中使石英表面疏水。pH为9时,铁离子不再活化石英。用脂肪酸作捕收剂时,提高氢离子浓度是防止多价金属阳离子活化石英的有力手段。用氢氧化钠抑制活化了的石英,只有在没有钙、镁离子的情况下才有可能。

水玻璃强烈地抑制Fe^{2+}和Al^{3+}所活化的石英。但在pH为6时,用Fe^{3+}活化的石英,不为大剂量的水玻璃所抑制。pH为11时,Ca^{2+}、Mg^{2+}所活化的石英,几乎不受水玻璃抑制。硫化钠能抑制用Fe^{2+}、Fe^{3+}、Al^{3+}所活化的石英,但完全不抑制Ca^{2+}、Mg^{2+}所活化的石英。因为硬水中含有钙盐和镁盐,所以用硫化钠抑制石英时,浮选用水必须软化。

2. 石英砂的浮选方案

在石英砂浮选前,一般需进行擦洗、脱泥、或用摇床、磁选等方法除去含铁的矿物,然后再进行浮选。浮选前先在浓矿浆中(有时到 400g/L)强力搅拌,以擦去石英表面的氧化铁薄膜,然后用脂肪酸类捕收剂浮去含铁矿物,槽内产品便是石英精矿。

石英砂的组成比较复杂,其中除含铁矿物外,常有云母、长石以及黏土矿物等。根据组成不同,石英砂浮选的流程可分下列 8 种类型。

(1) 先浮云母再浮含铁矿物最后浮长石。先用硫酸调整矿浆 pH 到 3~4,用胺类捕收剂浮选云母,然后用盐酸调整矿浆 pH 到 4~5,以磺化石油作捕收剂浮选含铁矿物。最后用氟氢酸调整 pH 到 2~3,用胺作捕收剂,浮选长石。石英以尾矿形式产出。

(2) 按浮含铁矿物、浮云母,浮长石的顺序进行。不同的是(1)中流程使用的捕收剂是胺-磺化石油-胺,此流程中则使用磺化石油-胺-胺。

(3) 浮含铁矿物后浮长石,尾矿为石英精矿。它适用于云母含量少的石英砂。

(4) 仅浮含铁矿物,所得尾矿为石英精矿。用妥尔油作捕收剂,用碳酸钠调整 pH 到 8~9,浮选含铁矿物后,尾矿就是石英。在原矿中没有云母及长石的情况下,或原矿含长石少,没有必要分离时,用这种简单的流程是有好处的。

(5) 石英砂中含长石较多时,将矿浆的 pH 调整到 7~8,用脂肪酸作捕收剂,浮选含铁矿物后,加氟氢酸和胺浮选长石,最后在矿浆 pH 为 7~8 时,用胺作捕收剂浮选石英。

(6) 将矿浆的 pH 调整到 7~8,用磺化石油进行铁矿物的浮选,然后在矿浆 pH 为 7~8 时,用胺浮选石英。此方案适用于原料中没有长石,或其含量很少,没有必要分离的情况。

(7) 用胺作捕收剂,混合浮选石英和长石,混合精矿分离时加氟氢酸和胺浮选长石,尾矿便是石英精矿。

(8) 浮铁矿物后再进行长石和石英混合浮选,它适用于含铁高的石英砂。

5.9.4 长石浮选

长石是钾、钙、钡等碱金属或碱土金属的铝硅酸盐矿物,是主要的造岩矿物之一。长石矿物除了作为玻璃工业(约占总量 50%~60%)和陶瓷工业(约占总量的 30%)的主要原料外,还广泛应用于化工、磨具磨料、玻璃纤维、电焊条行业。长石主要有 4 种:钾长石 $K_2O \cdot Al_2O_3 \cdot 6SiO_2$、钠长石 $Na_2O \cdot Al_2O_3 \cdot 6SiO_2$、钙长石和钡长石。

长石可用油酸类捕收剂浮选。铝盐在酸性介质中抑制长石,而在弱碱性介质中活化长石。胺类也是长石的捕收剂,选别效果良好,但要注意矿浆 pH 的调整和矿泥的脱出,长石一般与云母、石英以及含铁矿物共生。

长石的浮选一般涉及长石与石英、云母等的分选。

长石与石英的分选,是在酸性矿浆中(pH 为 2,使用氟氢酸)用阳离子捕收剂优先浮选长石。氟氢酸的作用是清洗矿物表面的多价金属离子,并活化长石。在酸性(pH=4)矿浆中,氟化钠、硅氟酸钠都可以代替氟氢酸作为长石活化剂。

云母和长石的分离是用硫酸作调整剂,加混合胺和柴油作为云母的捕收剂。云母和长石浮选时,常采用高浓度调浆,低浓度浮选的方法。这样既可减少药剂用量,又能减少机械设备的腐蚀。

5.9.5 可溶性盐浮选

主要的可溶性盐有钾盐(KCl)、岩盐(NaCl)和硼酸盐等。这些矿物主要存在于盐湖中,在水中溶解度很大,浮选必须在饱和的水溶液中进行。

(1) 钾盐的浮选。在自然界的钾盐中常含有一些岩盐、镁盐、石膏、黏土等杂质,必须除去这些杂质。浮选钾盐以胺盐或烃基硫酸盐为捕收剂。胺盐只能浮选钾盐不能浮选钠盐。含有黏土时可以采用脱泥等方法除去。

青海察尔汗盐湖总面积 $5856km^2$,是我国最大的可溶性钾镁盐矿床,也是世界著名的内陆盐湖,储藏着极为丰富的钾、钠、镁、硼、锂、碘、铯、铷等自然资源,总储量达 600 亿吨,其中氯化钾表面储量 1.45 亿吨,氯化镁储量 16.5 亿吨,氯化锂储量 824.6 万吨。青海盐湖钾肥股份有限公司地处青海省格尔木市察尔汗,是中国现有最大的钾肥生产基地。选厂年产氯化钾肥料 100 万吨选厂扩建工程 2004 年已试车投产,见图 5-84。采用光卤石冷分解-浮选联合法工艺生产氯化钾。将含钾卤水泵入盐田,经日晒生产光卤石矿,然后加水分解,再浮选、洗涤出颗粒氯化钾产品。盐田光卤石矿的化学组成:KCl>16%、NaCl<26.25%、$MgCl_2$<25.95%、$CaSO_4$<0.5%、水不溶物 0.2%、游离水<2%。

图 5-84

新疆罗布泊盆地蕴藏着丰富的钾盐资源,已探明工业储量 2.99 亿吨。化工部长沙设计研究院等单位联合进行"罗布泊地区钾盐资源开发利用研究"项目,在罗布泊抽取卤水,经日晒生产高钾低钠镁矾型钾混盐和光卤石钾混盐,用特定卤水分解光卤石钾混盐,生产出氯化钾,进而生产硫酸钾。该项目获得 2004 年度国家科技进步一等奖。2006 年 4 月,国投罗布泊钾盐有限公司年产 120 万吨钾肥项目正式奠基开工。

(2) 硼酸盐的浮选。主要的硼矿物有硼砂（$Na_2B_4O_7 \cdot 10H_2O$）、硼酸钙矿（$Ca_2B_6O_{11} \cdot 5H_2O$）、水硼酸钙镁石（$MgCaB_6O_{11} \cdot 6H_2O$）、方硼石[$Mg_6(B_{14}O_{26})Cl_2$]。脉石矿物主要为黏土和石膏。浮选含$Ca^{2+}$、$Mg^{2+}$的硼矿物可用脂肪酸及其皂浮选，浮选硼砂要先用钡盐活化后用脂肪酸浮选。黏土可用脱泥除去，石膏可用淀粉等抑制剂加以抑制。

5.9.6 煤泥浮选

我国的能源消费结构以煤炭为主。煤炭洗选可降低原煤的灰分、硫分，提供高质量的商品煤。选煤方法主要是采用跳汰重选和重介质分选，少量的煤泥则用浮选法处理。

煤泥浮选的药剂，捕收剂主要是煤油和轻柴油。起泡剂我国主要采用了化工副产品如杂醇、仲丁醇，近年来，合成起泡剂方面应用的有 FP-101 起泡剂、GF 油和 TR-85 浮选剂等。美国主要采用 MIBC（甲基戊醇）作起泡剂。

煤油是石油炼制过程中得到的一种燃料油，其组成为种类繁多的烃类混合物。浮选过程中，在机械搅拌作用下，煤油与水中的煤粒接触，使煤粒表面疏水。煤油经预先分散乳化可提高浮选效果。目前有 RN、RP、聚乙烯壬基酚、RM-1、硬脂酸钠等煤用乳化剂，常用的 RM 型乳化剂是一种表面活性剂，由亲水的极性基和疏水的非极性基组成。这种乳化剂由两种表面活性剂复配而成，主体为非离子型，另一种为阴离子型。

表 5-14 双鸭山选煤厂乳化煤油工业试验结果对比

时间	精煤产率/%	精煤灰分/%	精煤水分/%	乳化煤油耗量/(kg/t)	折合煤油量/(kg/t)	起泡剂/(kg/t)	尾煤灰分/%	节油率/%
试验期间	84.90	8.10	28.54	1.50	0.53	0.34	68.84	66~69
试验前	80.25	5.62	28.81		1.71	0.34	60.38	
正常生产	81.50	8.60	28.21		1.72	0.34	61.47	

用煤油、乳化煤油（煤油 43.27%、水 55.05%、RM-1 乳化剂 1.68%）两种捕收剂在双鸭山煤矿选煤厂进行浮选试验，结果列于表 5-14。可以看出，采用乳化煤油与煤油比较，节油率在 60% 以上，精煤产率提高 3.4%，精煤灰分降低了 0.5%。

煤泥浮选的特点是泡沫精煤产品产率大，约为占入浮煤泥量的 60%~80%。煤泥浮选设备应适合此特点。

选煤用浮选机我国常用 XJM-S 型。近年来,浮选柱在煤泥浮选中的应用日渐广泛。图 5-85 是 FXZ 系列静态浮选柱,由中国矿业大学(北京)化学与环境工程学院选矿与固废处理研究所研制。四川某煤矿使用 FXZ-Φ1m 浮选柱,不用喷水的指标是:通过矿浆量 50～60m³/h,处理干煤泥 5～7t/h,入料灰分 34.63%、入料-325 目占 60%、入料浓度 116g/L,获精煤灰分 8.74%,尾煤灰分 57.78%,浮选药剂耗量 1.15kg/t 干煤泥。

泡沫精煤产品的浓缩过滤过程中的助沉絮凝剂和助滤剂应用研究也发展很快。

图 5-85 FXZ 系列静态浮选柱

5.9.7 浮选在其他领域中的应用实践

近几十年来浮选法扩展应用于选矿之外的领域,例如用于化学工业中回收油脂、蛋白质,造纸工业中纸浆废液处理回收纤维素,废纸再生时脱除油墨;医药生物方面从水中脱除寄生虫卵、分选细胞以及废水、废渣的处理等。随着自然资源的日趋贫乏以及环保要求的日益提高,浮选技术也变得更为重要。

1. 粉煤灰中残碳的浮选回收利用

由于受锅炉运行条件、煤种的影响,煤炭燃烧不充分致使粉煤灰中未燃尽碳含量偏高,有些电厂的粉煤灰烧失量达到 20%～30%,白白浪费了一部分资源。采用浮选方法回收这部分未燃尽碳具有一定的经济价值,对环境保护也有积极意义。浮选粉煤灰中残碳的捕收剂为非极性油,起泡剂可用松醇油。脱除残碳后的粉煤灰还可作为良好的建材原料,可用于制水泥和制砖。

2. 含油废水的浮选分离

在石油开采、油轮运输压仓水、机械化工等生产过程中会产生大量含油废水,若直接外排会污染环境,浪费资源。加拿大 CPT 公司设计制造的 Voscell,是一种独特的浮选柱型油水分离器,见图 5-86。它是用分散气体压力容器来处理需要高度分离的含石油废水。将不同浓度的含油废水输入该分离器,可产出非常清洁的水[按流入物含油为 300～800ppm 计,排水含油(20ppm)和非常黏稠的脱水油。]

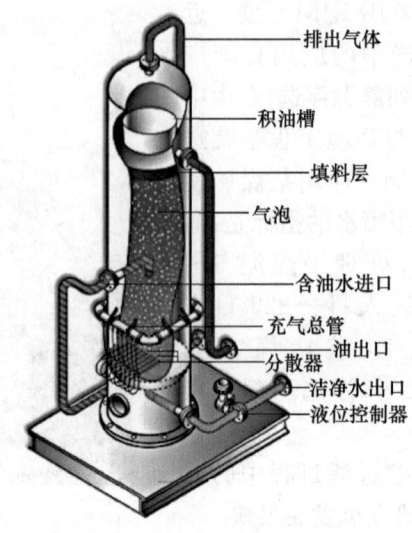

图 5-86 Voscell 浮选柱型油水分离器

3. 废纸脱墨浮选

废纸回收工艺在世界上已成为一种重要的、通用的工艺。1t 原纸的生产约需 $4m^3$ 木材,相当于 20 棵树。1t 废纸的再循环可以节约 17 棵树。废纸的再循环可以保护环境和森林并节约能源。从废纸中除去印刷油墨可提高纸的亮度,使它接近印刷前的水平,废纸除墨的商业化始于 1950 年,当前,已经认为浮选工艺是除去浆料中有色颗粒从而生产高质量产品的有效方法。目前,所用的大多数除墨系统都是由浮选和冲洗系统组成的,这给处理不同类型的油墨提供了很大的灵活性。从废纸中除去油墨分以下几步:

① 在化学物质存在的情况下,油墨颗粒从纤维上分离;
② 在普通溶液中油墨颗粒稳定分散;
③ 油墨颗粒的浮选阻止油墨颗粒在纤维上的再沉淀。

在浮选过程中加入到碎浆机的化学药剂使油墨颗粒絮凝,并产生泡沫在脱墨浮选机槽中浆料以低浓度(0.9%~1.5%固体浓度)充气油墨和黏性物黏附到气泡上,上升到浮选槽上部,作为浮渣被脱除,干净的纤维留在浆料中作为精料排出。

4. 废弃塑料的回收

塑料由于其良好的性能,得到了广泛的应用,但是废弃塑料对环境造成损害使废弃塑料的治理技术受到了越来越多的关注。

在聚氯乙烯(PVC)和聚乙烯(PET)废弃物回收以前必须分离这两种树脂以避免不相容问题。由于它们具有相似的密度($1.35g/cm^3$),分离必须建立在密度以外的性质,泡沫浮选主要依赖于颗粒可润湿性的差异,它是合理的替代方法。

Legern 等研究了木素磺酸盐对塑料的吸附机理中阳离子所起的作用,结果表明,阳离子或更为具体地讲二价阳离子,如钙对木素磺酸盐对 PET 的抑制作用具有强烈的影响,抑制率达到 95%,而对 PVC 的抑制作用影响不大,抑制率仅为 3%。

J. Shubala 等使用普通的润湿药剂(如木素磺酸钠、丹宁酸、气溶胶 OT 和皂角甙),采用重选和浮选联合流程成功地从合成混合物中几乎达到完全分离四种重要的塑料聚氯乙烯(PVC)、聚碳酸酯(PC)、聚乙缩醛(POM)和聚苯醚(PPE)。第一步重介质分离得到纯度 100%,回收率 100%的 PPE;接着使用木素磺酸钠作抑制剂分离 PVC,得到纯度 95.7%的 PVC;最后使用皂角甙/气溶胶 OT 混合抑制 PC,浮选泡沫含 POM 87.6%,沉砂含 PC 90%。

5. 从被污染土壤中除去污染物

土壤位于地壳的最上层,易于被化学药品所污染,被污染的土壤会通过饮用水和食物链影响人类的健康。因此,很多被污染的土壤需要清洗。

1986 年在瑞士 Basle,一家农药仓库着火,大量化学物品,主要的是有机物、水银和消防水一起渗入地下。经过选择性挖土,14 200t 的高危污染物被送进一家土壤清洗厂进行处理。工厂的处理流程如图 5-87 所示。

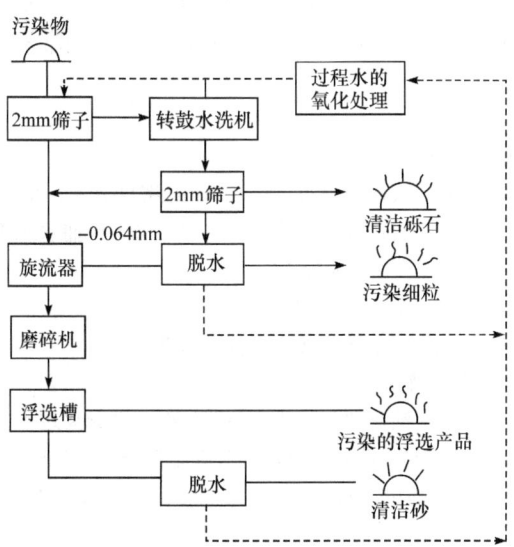

图 5-87 污染土壤的浮选净化处理流程

该工厂于 1991 年开始运转,平均处理量 10t/h。清洁物料重新填放在原地点,而污染物部分和石灰一起处理,然后装入筒中,在德国一家地下有毒废料堆中进行处理。在土壤清洗厂中产出的污染物浮选部分占土壤量的 6%,其中含 85% 的污染物。一些清洁物料产品经二次处理以使剩余污染物氧化。共有 95% 的污染物被除去或破坏掉。

习 题

1. 浮选工艺主要包括哪些单元过程?
2. 浮选药剂在浮选工艺过程中起到什么作用? 浮选药剂是如何分类的?
3. 常用的硫化矿捕收剂有几种? 写出丁黄药、乙硫氮、丁铵黑药的分子式,分别举例说明它们与硫化矿的作用机理,以及它们各自的特点和应用范围。
4. 常用的氧化矿捕收剂有哪几种? 写出油酸、$C_7 \sim C_9$ 羟肟酸、C_{12} 胺的分子式,分别举例说明它们与氧化矿的作用机理,以及它们各自的特点和应用范围。
5. 说明硫酸铜的活化作用机理,举例说明它的应用范围。
6. 说明硫酸锌的抑制作用机理,以及其应用范围。
7. 如何根据矿石中有用矿物的浸染特性来选择浮选流程的段数?
8. 主要的浮选流程有哪几种? 各有什么特点和应用范围?
9. 某铅锌矿,采用优先浮选流程,铅循环一粗二扫三精,锌循环一粗二扫四精,中矿顺序返回。请据此画出其线流程图。
10. 某铅锌矿,小型浮选闭路试验流程见图 5-16,单元试验矿样质量 500g,连续进行 5 个单元试验,流程达到平衡后获得数据为:铅精矿质量 28.9 g,品位 Pb 59.82%,Zn 4.66%;锌精矿质量 51.4 g,品位 Pb 0.52%,Zn 48.27%;尾矿质量 415.0 g,品位 Pb 0.35%,Zn 0.56%。求浮选试验指标。
11. 浮选工艺的影响因素有哪些?
12. 浮选过程应如何进行调泡操作?
13. 某小型单元浮选试验,单元试样质量 0.4kg,试样的密度 $\delta = 3.0$ kg/dm³,所用浮选机容积 1.0L,求浮选矿浆浓度。若捕收剂的设定添加量为 100g/t,捕收剂配制成质量分数 w_B 为 1.0% 的药液添加。求药液添加体积(mL)。
14. 画出 XJK 型和浮选机的结构简图,简要说明其工作原理。
15. 画出 BSK 型浮选机的结构简图,简要说明其工作原理。
16. 浮选柱与浮选机相比有何特点?
17. 写出硫化矿中广泛共生的黄铁矿的分子式。在硫化矿浮选分离过程中,应如何抑制黄铁矿?
18. 斑岩铜矿矿床,金属矿物主要为黄铜矿、黄铁矿、辉钼矿,细粒浸染的几种有用矿物呈粗大的集合体形式存在。矿体铜品位为 0.55%,钼 0.01%。据此设计浮选流程,以及各个作业应添加的浮选药剂。
19. 某铅锌矿,矿石氧化率为 25%。据此设计浮选流程,以及各个作业应添加的浮选药剂。
20. 如何提高氧化铜矿的浮选回收率?

21. 试分析图 5-79 柿竹园钨钼铋锡萤石多金属矿 1000t/d 大选厂的原则流程设计思路,和各个作业添加的各种药剂的作用。
22. 铝土矿的浮选目的是什么？方法主要有哪几种？
23. 红铁矿的选矿方法主要有哪些？磁选铁精矿进一步反浮选脱硅提铁有何重要意义？
24. 写出萤石的分子式,简述其用途,并评述如何获取高品位的萤石精矿。
25. 评述浮选在其他领域的应用进展。

参 考 文 献

冯其明,陈荩. 1992. 硫化矿物浮选电化学. 长沙:中南工业大学出版社
胡为柏. 1989. 浮选. 北京:冶金工业出版社
胡熙庚等. 1991. 浮选理论与工艺. 长沙:中南工业大学出版社
胡岳华,王毓华,王淀佐. 2003. 铝硅矿物浮选化学与铝土矿脱硅. 北京:科学出版社
王淀佐等. 2003. 矿物加工学. 徐州:中国矿业大学出版社
王淀佐,邱冠周,胡岳华. 2005. 资源加工学. 北京:科学出版社
王淀佐,胡岳华. 1988. 浮选溶液化学. 长沙:湖南科学技术出版社
《选矿手册》编辑委员会. 1993. 选矿手册. 第三卷(第二分册). 北京:冶金工业出版社
赵涌泉. 1982. 氧化铜矿的处理. 北京:冶金工业出版社
朱玉霜,朱建光. 1991. 浮选药剂的化学原理. 长沙:中南工业大学出版社
顾帼华. 2005. 硫化矿磨矿浮选体系氧化还原反应与原生电位浮选. 北京:高等教育出版社
E. G. 凯利[新西兰],D. J. 斯波蒂斯伍德[美]. 1991. 选矿导论. 北京:冶金工业出版社

第6章 化学分选工艺与设备

6.1 化学分选过程与设备

6.1.1 化学分选过程

1. 概述

对于品位低、嵌布粒度细、组成复杂的物料，单纯依靠常规分选方法（如重磁选和浮选）往往得不到满意的结果。用化学分选方法，或物理分选与化学分选联合来处理某些"难选"物料，是可行的选择。

所谓化学分选（chemical mineral processing）是基于物料组分的化学性质的差异，利用化学方法改变物料性质组成，然后用其他的方法使目的组分富集的资源加工工艺，它包括化学浸出（leaching）与化学分离（chemical separation）两个主要过程。比较典型的化学分选过程一般包括了准备作业等六个主要作业，见图6-1。

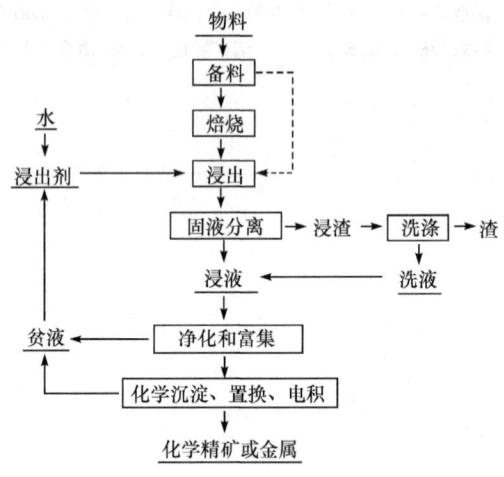

图6-1 化学分选过程框图

2. 准备作业

包括对物料的破碎与筛分、磨矿与分级及配料混匀等机械加工过程。目的是使物料破碎到一定的粒度，为下一作业准备适宜的细度、浓度，有时还用物理选矿方法除去某些有害杂质或使目的矿物预先富集，使矿物原料与化学试剂配料混匀。

有关准备作业的工艺与设备,请参阅本书第2章。

3. 焙烧作业

焙烧(roasting)的目的是为了改变矿石的化学组成或除去有害杂质,使目的组分转变为容易浸出或有利于物理分选的形态,为下一作业准备条件。焙烧种类有:

(1) 氧化焙烧(或硫酸化焙烧),即在氧化气氛中加热硫化矿,将矿石中的全部(或部分)硫化物转变为相应的金属氧化物(或硫酸盐)的过程。

(2) 还原焙烧。还原焙烧是在低于炉料熔点和还原气氛条件下,使矿石中的金属氧化物转变为相应低价金属氧化物或金属的过程。

(3) 氯化焙烧,即在一定的温度气氛条件下,用氯化剂使矿物原料中的目的组分转变为气相或凝聚相的氯化物,以使目的组分分离富集的工艺过程。

(4) 钠盐烧结焙烧。钠盐烧结焙烧是在矿物原料焙烧中加入钠盐,如碳酸钠、食盐、硫酸钠等,在一定的温度和气氛条件下,使矿物原料中的难溶的目的组分转变为可溶性的相应钠盐,所得焙砂(烧结块)可用水、稀酸或稀碱进行浸出,目的组分转变为溶液,从而使目的组分达到分离富集的目的。

(5) 煅烧。煅烧是天然化合物或人造化合物的热离解或晶形转变过程,此时化合物受热离解为一种组分更简单的化合物或发生晶形转变。碳酸盐的热离解称为焙解。煅烧作业可用于直接处理矿物原料以适于后续工艺要求,也可再用化学分选处理而制取化学精矿。

(6) 微波加热处理。在微波场中有用矿物和脉石矿物的升温速率不同,从而被加热到不同温度,彼此之间形成明显的局部温差,由此产生一定的热应力,在矿物之间的表面上产生裂隙,这样可以有效地促进有用矿物的单体解离和增加有用矿物的浸出反应表面积。该方向的研究报道较多,但由于设备原因,尚未有工业应用实例。

4. 浸出作业

1) 浸出方法与浸出剂

浸出就是将固体物料加入液体溶剂,使溶剂选择性地溶解物料中某些组分的工艺过程。用于的试剂称为浸出剂,浸出所得的溶液称为浸出液,浸出后的残渣称为浸出渣。常用的浸出方法见表6-1。

表6-1 浸出方法按浸出剂特点分类

浸出方法	常用浸出剂
酸浸出	硫酸、盐酸、硝酸、亚硫酸
碱浸出	氢氧化钠、碳酸钠、硫化钠、氨水

浸出方法	常用浸出剂
盐浸出	硫酸铁、氰化钠、氯化钠、硫酸铵
细菌浸出	菌种＋硫酸＋硫酸铁
水浸出	水

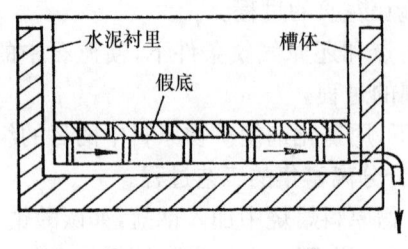

图 6-2 渗浸槽示意图

2) 浸出

分为渗滤浸出和搅拌浸出两种。渗滤浸出又分为三种：槽浸、堆浸(heap leaching)和就地浸出。

(1) 槽浸。槽浸是把物料碎磨至一定的粒度后装入铺有假底的浸池、渗浸槽中见图6-2,使浸出剂通过固定的物料层而完成浸出过程。

(2) 堆浸。堆浸是处理贫矿、表外矿或矿山产出的含金属品位很低的废石的有效方法,对上述矿的浸出而言,它具有工艺简单、投资省、成本较低的特点。

矿石堆浸分为构筑堆浸场、矿石破碎或制粒、筑堆、渗浸及从浸液中回收目的组分等四个作业。

① 构筑堆浸场。堆浸场宜设在有一定坡度的不透水地面上(山坡、山谷或平地)。若地面渗水能力强则应进行防渗处理,常用尾矿掺黏土、沥青、钢筋混凝土、橡胶板或软塑料板等做垫层材料。根据矿源条件,垫层可供一次或多次使用。

② 矿石破碎或制粒。堆浸法处理的原料有两种类型：第一种是矿块经破碎至10~50mm 后再堆浸,这是最常用的方法。第二钟是制粒后再堆浸,为了克服粉矿,尤其是黏土的不良影响,美国矿业局于 1978 年研制了粉矿制粒堆浸工艺。贫金矿制粒堆浸时,将矿块碎至小于 10mm,每吨矿石加水泥 2.2~4.5kg 作黏结剂,加入浓氰化物溶液,使物料中的水分含量达 12%,然后在制粒机上制成 10~12mm的矿粒,经固化后送去筑堆。这种固化矿粒较坚固,孔隙率大,渗透性好,在矿堆中不移动,渗浸时不会产生沟流现象。

③ 筑堆。筑堆的方法有多堆法、分层法、斜坡法及吊装法见图 6-3。常用筑堆机械有卡车、推土机等。

④ 渗浸及回收有用组分。用各种类型的喷洒器将浸出剂均匀地喷洒于矿堆表面,使其自上而下地渗滤通过矿堆,浸出剂在流过矿堆时与矿石进行反应,将其中有价元素浸出,再由底部沟槽管道收集。渗浸后用清水洗涤矿堆几次以提高回收率。

堆浸场和矿堆的结构见图 6-4,整个堆浸过程见图 6-5。

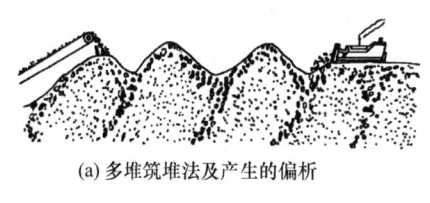
(a) 多堆筑堆法及产生的偏析

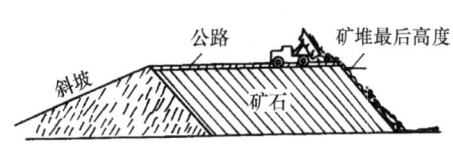

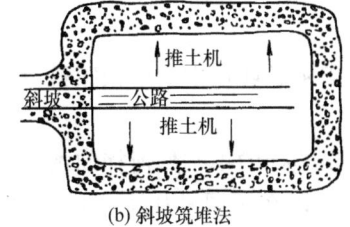
(b) 斜坡筑堆法

(c) 多层筑堆法

图 6-3 筑堆法示意图

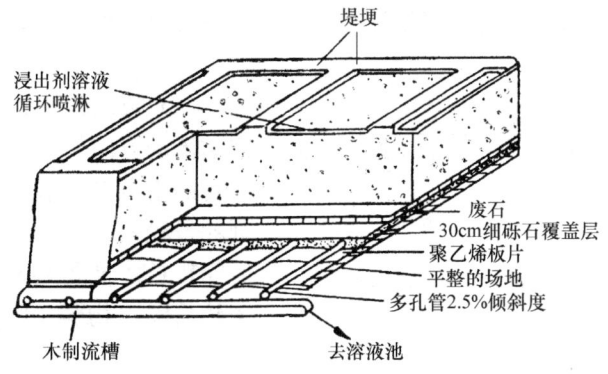

图 6-4 堆浸场和矿堆的结构

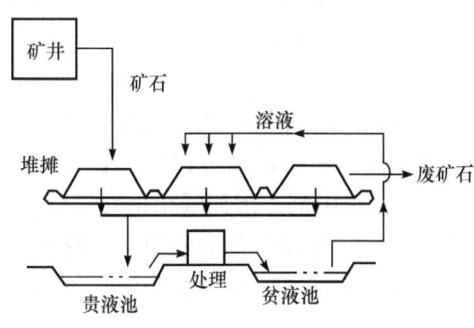

图 6-5 堆浸过程示意图

图 6-6 我国某金矿的堆浸生产现场

为使浸出液中有价金属富集到一定浓度,溶液往往循环,直至达到要求为止。矿堆经过一定时期的浸出,将有价金属大部分回收后,再废弃。其浸出周期,对大型堆(矿石量超过 100 000t)而言,长达 1~3 年,对小型矿堆(矿石量数千吨)而言,约 5~6 周。目前国内外用堆浸法处理低品位金矿、铜矿和铀矿时都得到较好指标。在处理品位 2g/t 左右的石英脉金矿时,一般以质量分数为 0.05%~0.15%的 NaCN 溶液为浸出剂,金回收率达 70%~90%。图 6-6 是我国某金矿的堆浸生产现场。

(3) 就地浸出是渗滤浸出地下矿体内的目的组分的浸出方法,适用于阶段崩落法开采的地下矿体,或井下采空区的矿柱和残留矿。

上述三种渗滤出方法的原理都是相同的,只适用于某些特定的矿物原料,浸出时一般均采用间断操作的作业制度。

搅拌浸出,是指浸出剂与磨细的矿物原料在浸出搅拌槽中剧烈搅拌的条件下,完成浸出过程的浸出方法。此法适用于各种原料,可以在常温常压下完成浸出过程,也可以高温高压下进行浸出,可间断操作,也可连续操作。

3) 浸出流程

在物料的浸出工艺中,根据被浸出物料和浸出剂运动方向差别可分为三种浸出流程。

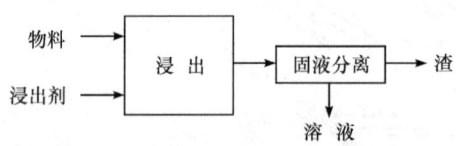

图 6-7 最基本的一段顺流浸出流程

(1) 顺流浸出:被浸物料和浸出剂的流动方向相同。顺流浸出可以得到目的组分含量较高的浸出液,浸出剂耗量较低,但其浸出速度较慢,浸出时间较长才能得到较高的浸出率,适于较易浸出物料。图 6-7 为最基本的一段顺流浸出流程。

(2) 错流浸出:被浸物料分别被几份新浸出剂浸出,而每次浸出所得的浸出液均匀送到后续作业处理。错流浸出的浸出速度较快,浸出时间较短,浸出率较高。但浸出液的体积大,浸出液中剩余浸出剂浓度较高,因而浸出剂耗量大,浸出液中目的组分含量较低。

(3) 逆流浸出:被浸物料和浸出剂的运动方向相反,即经几次浸出贫化后的物料与新浸出液接触,而原始被浸物则与浸出液接触。逆流浸出可以得到目的组分含量较高的浸出液,可以充分利用浸出液中的剩余浸出剂。因而浸出剂耗量较低,但其浸出速度较错流速度低,需要较多的浸出级数才能获得较高的浸出率。图 6-8 为最基本的一段逆流循环浸出流程,该流程适用于被浸组分要求剩余浸出剂浓度很高的物料。

图 6-9 为二段逆流循环浸出流程,适用于被浸组分中有部分较难浸出的物料。

渗滤槽浸可采用顺流、错流或逆流浸出流程,堆浸和就地浸出一般都采用顺流

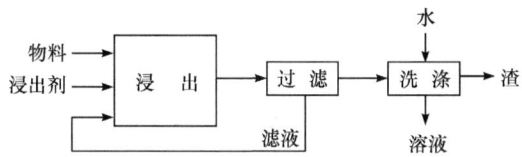

图 6-8　最基本的一段逆流循环浸出流程

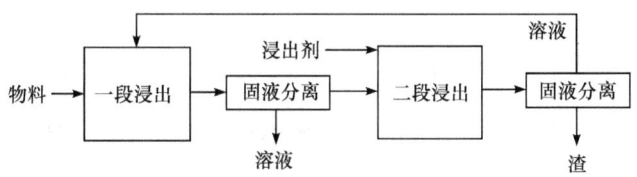

图 6-9　二段逆流循环浸出流程

循环浸出流程,连续搅拌浸出一般采用顺流浸出流程。

(4)强化浸出:从浸出的外部条件入手,采用不同于常规浸出的措施和条件来强化浸出的过程,以有效地回收有价金属。目前强化浸出的主要方法有:富氧助浸、添加助浸剂、多段浸出、加温浸出和加压浸出等。

5. 固液分离和洗涤作业

如是采用错流或逆流浸出,则各级之间应增加固液分离作业。渗滤浸出可以直接得到澄清浸出液,而搅拌浸出的料浆需经洗涤和固液分离后,才能得到供后续作业处理的澄清浸出液和不含有价金属的尾渣。常用的固液分离作业流程见图 6-10。

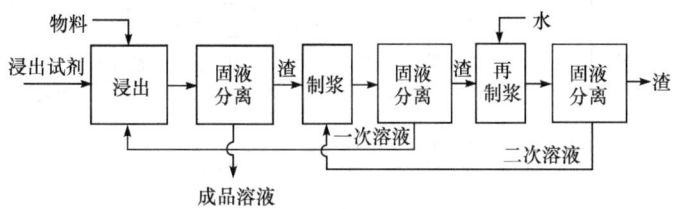

图 6-10　一次浸出、两次洗涤的逆流循环固液分离作业流程

图 6-11 是采用浓缩机和泵连接的两次洗涤逆流循环固液分离作业流程,图 6-12 是采用过滤机和搅拌槽连接的两次洗涤逆流循环固液分离作业流程。

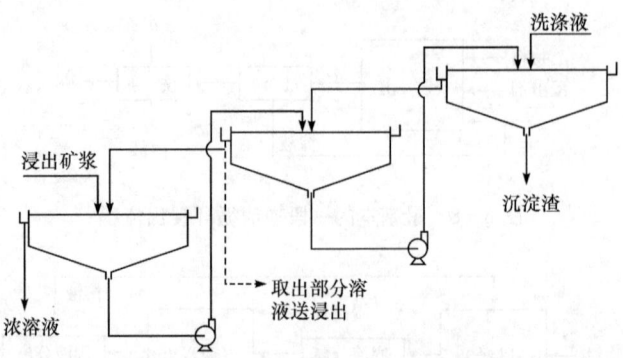

图 6-11 采用浓缩机和泵连接的两次洗涤逆流循环固液分离作业流程

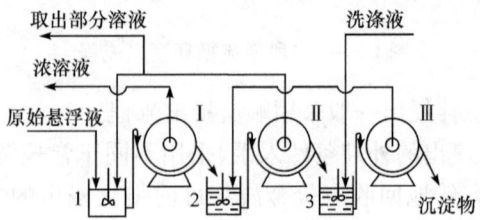

图 6-12 采用过滤机和搅拌槽连接的两次洗涤逆流循环固液分离作业流程

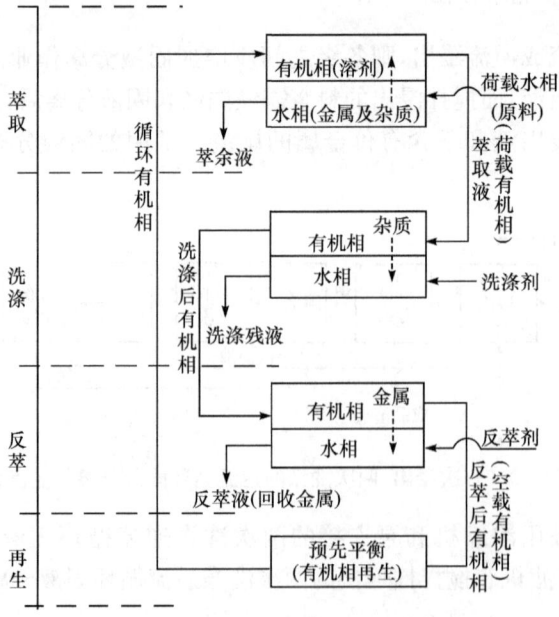

图 6-13 溶剂萃取净化富集法原则流程图

6. 净化与富集作业

为了得到高品位的化学精矿,浸出液常用化学沉淀法、离子交换法或溶剂萃取法等进行净化分离,以除去杂质,同时得到有用组分含量较高的净化溶液。图 6-13 为溶剂萃取净化富集法原则流程图。图 6-14 为离子交换吸附净化法原则流程图。

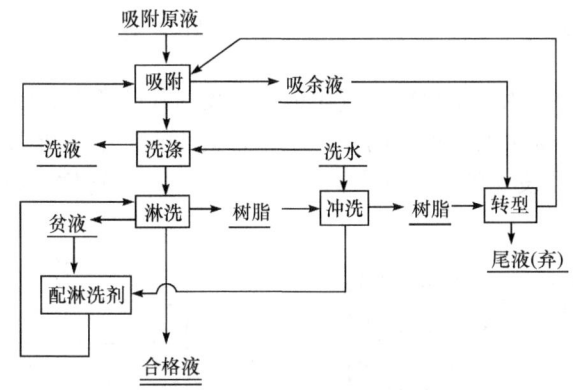

图 6-14　离子交换吸附净化法原则流程图

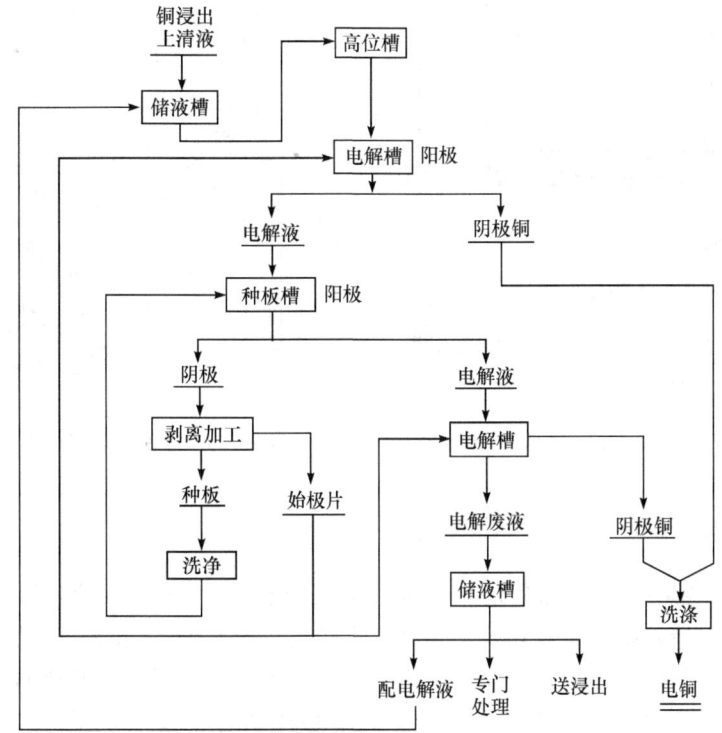

图 6-15　铜浸出液电积的基本工艺流程

7. 制取化合物或金属作业

制取化合物或金属作业，一般可采用离子沉淀法、金属置换法、电积法、炭吸附法、离子交换或溶剂萃取法。图6-15为铜浸出液电积的基本工艺流程。

6.1.2 焙烧作业设备

1. 竖井焙烧炉

竖井焙烧炉主要用于富块矿的氧化焙烧。我国锑矿常将其用在硫化锑块矿的挥发焙烧。竖井焙烧炉的结构见图6-16，炉体高5m，炉拱为半球形，炉膛有效面积为$4m^2$，炉顶中心设$\Phi 400mm$加料口，平时用20mm厚铸铁板封盖，炉底有两层铸铁炉条。

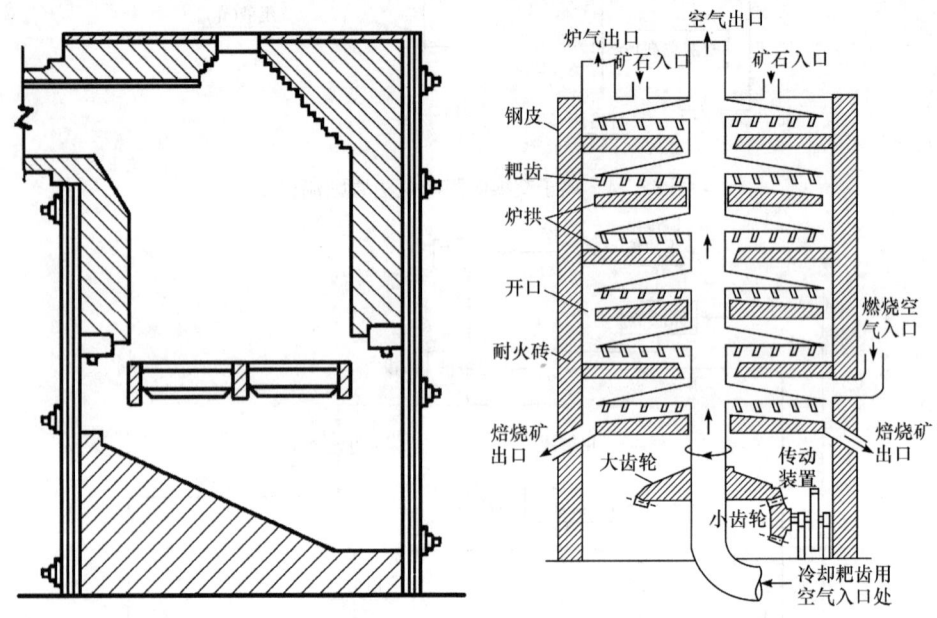

图6-16 竖井焙烧炉结构简图　　图6-17 多层焙烧炉结构简图

2. 多层焙烧炉

多层焙烧炉的结构见图6-17。它主要用于黄铁矿（FeS_2）的燃烧制备二氧化硫，进一步制造硫酸。多层焙烧炉是用耐火砖砌成的一个巨大的圆筒，炉外包有钢皮，炉内有用耐火砖砌成的平坦的炉拱8～9层（图6-13只画了6层），上数第1、3、5等奇数层炉拱的中心部分有一个围绕中心转轴的环形开口，第2、4、6等偶数层炉拱的外围靠近炉壁处有数个开口，因此，各拱层是相连通着的。在各层炉拱间都有两个连接在中心转轴上的铁耙,奇数层铁耙的耙齿稍向内斜,偶数层铁耙耙齿稍向外斜。将预先破碎的黄铁矿矿石从入口处加入炉中,被最上层炉拱中的铁耙齿(铁耙随着中心转轴缓缓地转动)拨到中心开口处而落入第二层;然后又被第二层炉拱中的铁耙的耙齿拨到外围,经边缘开口处落入第三层,其后依次逐层下落。供燃烧用的空气自入口处送入,和矿石下落相逆的方向渐次逆流上升。矿石在炉里一边移动,一边燃烧产生二氧化硫气体,最后由出口处导出。矿石燃烧后剩下的焙烧矿渣,由出口处排出炉外。燃烧炉中心的转轴和多层铁耙的内部,都用空气来冷却。燃烧炉中部的第4、第5层附近的温度最高,一般控制在850℃左右。

攀钢(集团)攀宏钒制品公司均为从德国GFE公司引进的设备,多层焙烧炉是车间焙烧工段的一个重要设备,用于钒渣和添加剂的焙烧。多层焙烧炉内径5500mm,共10层,炉子分为炉体、燃烧室、热风通道、中心轴4部分。燃烧室装有烧嘴,燃烧产生的高温烟气与二次风混合成1200℃的混合气后,通过热风通道进入炉内焙烧炉料,中心轴上带有耙子,中心轴带动耙子转动而使炉料按规定的方向移动。

3. 道尔型沸腾炉

道尔型沸腾炉属于比较先进的浆式进料沸腾炉。所谓浆式进料就是将精矿拌以25%～30%的水,在搅拌槽中预先制成矿浆,用泵和压缩空气喷入炉内。美国Dorroliver公司最先开发这一工艺,后被日本、澳大利亚等多家黄金冶炼厂采用。这种方法的优点在于取消精矿干燥系统,消除了干燥废气中低浓度二氧化硫对空气的污染,排除了干燥过程中煤灰混入精矿引起金氰化浸出率的降低,减少了干燥及筛分造成的精矿损失提高了回收率,增强了炉体的密闭性能,改善了劳动条件。浆式进料的硫酸化焙烧沸腾炉与干式进料沸腾炉的结构大同小异。炉体结构见图6-18。

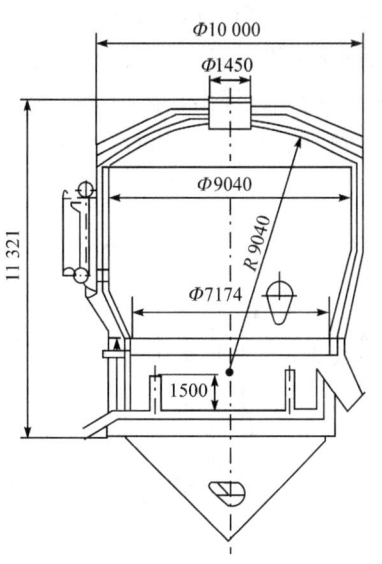

图6-18 道尔型沸腾炉结构简图
(尺寸单位:mm)

道尔型沸腾炉炉子的主要技术参数:处理量250t/d,入炉矿浆浓度70%,炉床面积40m^2,风帽数量2462个,床能力6.51t/(m^2·d),床层高度1～1.5m,精矿平均粒度0.054×10^{-3}m,沸腾层温度550～640℃,空气量14 000～16 000m^3/h,烟气量18 000～21 000m^3/h,烟气温度570～630℃。

6.1.3 浸出作业设备

浸出搅拌设备是化学分选和湿法冶炼行业的关键设备之一。在化学分选过程中,常用精矿或焙砂作原料进行生产。在处理这些物料时,所使用的搅拌设备的形式随工艺过程特点的不同而有所不同。而从颗粒物料中将可熔金属提取出来的浸出工序中,采用浸出搅拌设备的形式较多,其设计选型的好坏,将直接影响系统的生产工艺条件的控制及能源的消耗,最终影响企业的生产成本和经济效益。

1. 渗滤浸出槽

渗滤浸出槽一般用水泥砌成,表面经涂沥青进行防渗处理,其结构见图6-2。

2. 空气搅拌浸出槽

在化学分选以及湿法冶炼过程中,常用精矿或焙砂作原料进行生产。搅拌浸出槽是关键设备之一,其形式随工艺过程特点的不同而有所不同。金矿(或金浮选精矿)的氰化浸出工艺中,氧的作用十分重要,必须充入适当的空气才能使氰化浸出过程顺利进行。此时常采用空气搅拌浸出槽。

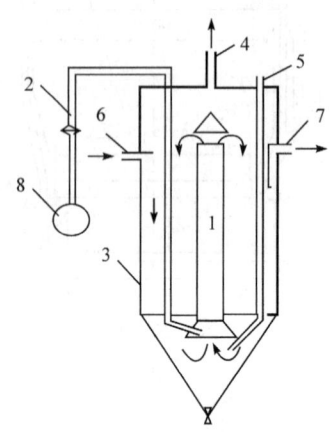

图6-19 空气搅拌浸出槽的结构
1. 中心管;2. 充气管;3. 槽体;4. 排气管;5. 辅助充气管;6. 矿浆进入口;
7. 矿浆排出口;8. 压缩空气主管

如图6-19所示,空气搅拌浸出槽内设有中心管1、充气管2和辅助充气管5,槽体3的底部是60°锥底。压缩空气经充气管2进入中心管1中,形成大量气泡沿中心管上升。中心管内矿浆因充气的大量气泡而体积膨胀,密度减小,于是中心管内矿浆的压力小于中心管外的矿浆压力,在管内外压力差的作用下,管内矿浆向上运动,从中心管上端流出,进入中心管与槽壁之间的环形矿浆区,矿浆中的气泡则从矿浆中溢出,经槽顶排气管4进入大气。中心管外的矿浆缓慢向下运动,在槽底部流入中心管的下端,再经中心管上升形成矿浆循环运动,起到搅拌矿浆,防止沉淀的作用。

3. 机械搅拌浸出槽

某些焙砂(如氧化锌焙砂)的浸出过程,需要加温,不用充氧。此时若采用空气搅拌浸出槽,必须要有一个稳定压力和流量的空气压缩机站。空压机站的维修费用高、能耗大。又因工艺条件的需要,浸出槽必须采用蒸气加温,而压缩空气在搅拌过程中将带走大量的热量,造成蒸气的浪费。此时可采用机械搅拌浸出槽。

图 6-20 为机械搅拌浸出槽的结构。浸出槽的容积为 10～20 m³。用蒸气夹套加热,为强化过程还可增设管式加热器。为了减少热损失,槽体需保温。在槽内下部衬以铸石或瓷砖,以防止槽体磨损。

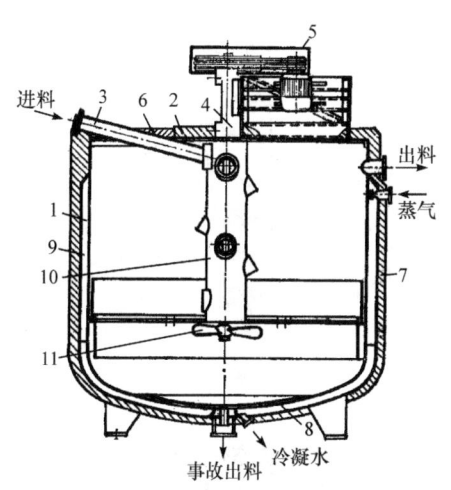

图 6-20 机械搅拌浸出槽的结构
1. 槽体;2. 槽盖;3. 进料管;4. 轴承体;5. 传动装置;6. 大孔盖;7. 保温层;8. 衬板;9. 蒸气夹套;10. 矿浆循环管;11. 搅拌器

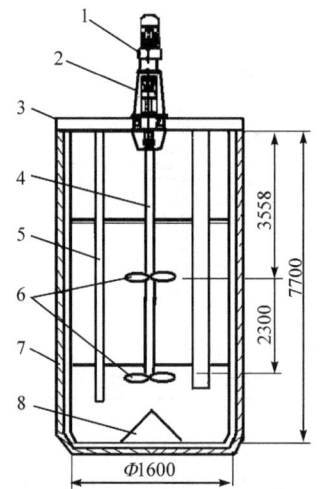

图 6-21 双层机械搅拌浸出槽(尺寸单位:mm)
1. 减速机;2. 轴承座;3. 机架;4. 搅拌轴;5. 阻尼板;6. 搅拌器;7. 槽体;8. 铅锥

图 6-21 为双层机械搅拌浸出槽的结构。对于容积较大、槽体较高的机械搅拌浸出槽,采用双层搅拌器有助于改善浸出矿浆的流动状况,增加浸出剂与目的矿物的作用速度,从而提高浸出效果。

4. 空气和机械联合搅拌浸出槽

这种浸出槽是机械和压缩空气联合作用搅拌矿浆,使槽内矿浆不发生沉淀。如图 6-22 所示,它是由平底槽和下端开口的空气提升管组成的。空气提升管安装在槽子的中央,其上端与可旋转的竖轴连接。工作时,竖轴带动旋管的下部的耙子。进入槽内的矿浆向槽底沉落,沉落在槽底的浓矿浆借助于耙子的作用,向空气提升管的下部汇集,在从管上部给入的压缩空气的影响下,汇集在管口的浓矿浆沿空气提升管上升,从上部溢出流入流槽中,再经流槽的开口流回平底槽,这样就形成了浸出槽内的矿浆循环。由于流槽也随矿浆提升管转动,矿浆在槽内分布均匀。

常规搅拌浸出通常是由数个浸出槽串联起来的,矿浆从一个槽自流到下一个槽。第一个槽投料,最后一个槽流出矿浆,然后送到固液分离工序进行固液分离,因此是连续工作的。

在某些情况下,也有间断操作的。即同时把物料装入各单个浸出槽中进行浸出。浸出结束,停止搅拌,沉淀一段时间后抽出上清浸出液,然后把各槽的矿浆排出到固液分离工序,再装入新物料浸出。

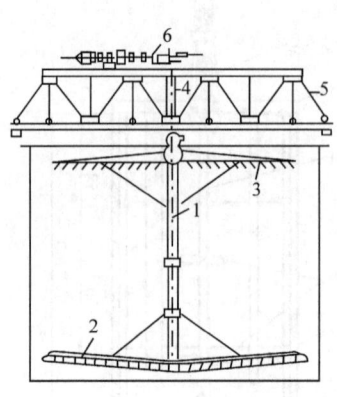
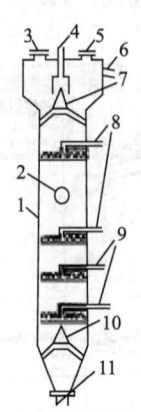

图 6-22　空气和机械联合搅拌浸出槽　　　　图 6-23　流态化逆流浸出塔
1. 空气提升管;2. 耙子;3. 流槽;4. 竖轴;　　1. 塔体;2. 窥视镜;3. 排气孔;4. 进料管;5. 观
5. 横架;6. 传动装置　　　　　　　　　　　察孔;6. 溢流口;7. 进料倒锥;8. 硫酸分配管;9. 洗
　　　　　　　　　　　　　　　　　　　　涤水分配管;10. 粗砂排料倒锥;11. 粗砂排料口

5. 流态化逆流浸出塔

流态化逆流浸出塔的结构如图 6-23 所示。

塔的上部为浓密扩大室,中部为圆柱体,下部为圆锥体。塔顶有排气孔和观察孔。矿浆用泵送入,进料管上细下粗,出口处装有倒锥,以使矿浆稳定而均匀地沿着倒锥四周流向塔内。在塔的中段上下两部分加入浸出剂进行浸出,在塔的下部分数段加入洗涤水进行逆流洗涤。洗涤后的粗砂经粗砂排料口排出,浸出矿浆由上部溢流口流出。操作时可用 50～60℃ 的热水作洗涤水,以提高浸出矿浆的温度。浸出过程中要严格控制进料、排料、洗水和浸出剂流量以及界面位置。一般是用调节排砂量的方法保持稳定的界面。界面位置偏高时可增大排砂量,反之则应适当减小排砂量,以保证浸出时间、分级效率和洗涤效率。流态化浸出得到的是除去粗砂后的浸出矿浆,减少了后续固液分离的处理量。

6. 高压釜

目前用于热压浸出的高压釜有立式和卧式两种,搅拌方式有机械搅拌、气流(蒸气或空气)搅拌和气流-机械混合搅拌三种。常用的哨式空气搅拌高压釜的结构如图 6-24 所示,矿浆自釜的下端进入,与压缩空气混合后经漩涡哨从喷嘴进入釜内,呈紊流状态在釜内上升,然后经出料管排出。采用与矿浆呈逆流的蒸气夹套加热或水冷却的方式使矿浆加热或冷却。釜内装有事故排料管。经高压釜浸出后的矿浆必须将压力降至常压后才能送下一工序处理。

6.1.4 固液分离与洗涤作业设备

浸出液与浸出渣之间的分离,以及浸出渣的洗涤浓缩,可采用常规的固液分离设备,如浓缩机、过滤机等,参见图 6-11、图 6-12 和本书第 7 章。目前在我国的金精矿氰化浸出厂,常用的固液分离设备是三层浓缩机。

流态化分级洗涤塔一般用于浸出矿浆的分级洗涤,以得到细粒矿砂浓度较小的矿浆和液相金属浓度小的粗砂。

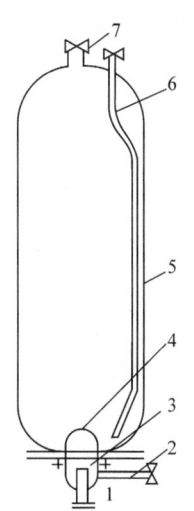

图 6-24 哨式空气搅拌高压釜

1. 进料管;2. 空气管;3. 漩涡哨;4. 喷嘴;5. 釜筒体;6. 事故排料管;7. 出料管

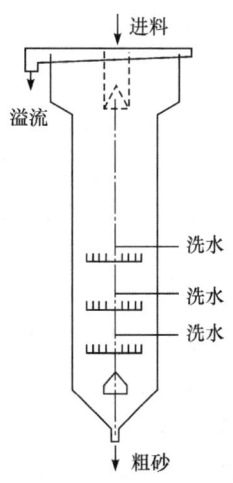

图 6-25 流态化分级洗涤塔

流态化分级洗涤塔一般用于浸出矿浆的分级洗涤,以得到细粒矿砂浓度较小的矿浆和液相金属浓度小的粗砂。

如图 6-25,矿浆均匀平稳地进入扩大室后,在上升洗水的作用下,矿浆中的大部分液体和细矿粒随同洗水从溢流堰排出,粗砂则经扩大室向下沉降,均匀地进入塔身。自上而下沉降的粗砂夹带部分细砂和原液与自下而上的洗水逆流接触,形成上稀下浓的流态床。稀流态床又称稀相段,浓流态床又称浓相段,在两流态床之间有一明显的界面。洗涤水一般由浓相段给入。进入压缩段的粗砂不处于流化状态,由于压缩作用使粗砂增浓,呈移动床状态下降,最后由塔底排出。

整个分级洗涤过程是连续的,扩大室主要起分级布料作用,稀相段主要起布料作用,浓相段有一定的洗涤作用。由于稀浓相的孔隙率不同,稀浓相间的界面有一定的逆止作用,它只允许固体向下沉降,液体向上流动,而不允许固体和液体在稀浓两相间返混。

6.1.5 分离净化与富集作业设备

1. 萃取设备

(1) 箱式混合萃取澄清槽。单级结构如图 6-26(a)所示,主要由混合室、澄清室和搅拌器组成。箱式混合萃取澄清槽各槽级间通过相口紧密相连,操作时两相的活动呈逆流,如图 6-26(b)为 4 级串联的槽搅拌室在两侧交错排列的箱式混合萃取澄清槽。

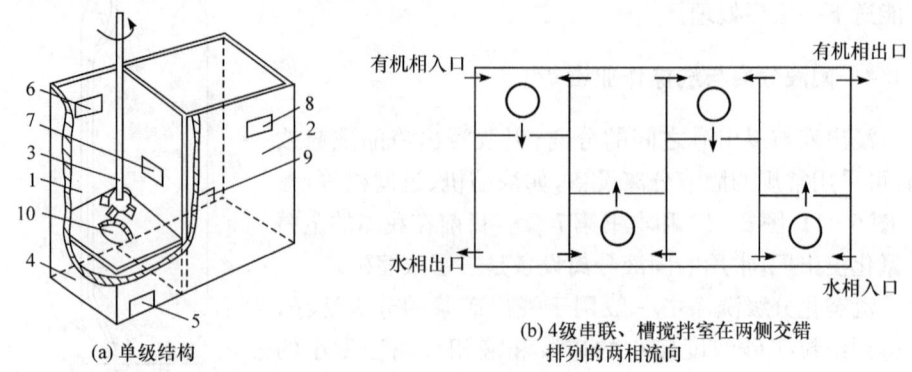

图 6-26 箱式混合萃取澄清槽
1. 混合室;2. 澄清室;3. 搅拌器;4. 前室;5. 水相入口;6. 有机相入口;7. 混合相入口;
8. 有机相出口;9. 水相出口;10. 前室孔

混合室中装有搅拌器,搅拌器的作用是使两相充分接触,保证级间水相和混合相的顺利输送。混合室分上下两部分,下部为前室,它使水相连续稳定地进入混合区,前室和混合区通过圆孔相连,前室的一侧有水相进口与邻室的澄清室相通,借搅拌器的搅拌将邻室的水相从相口抽吸过来。混合室的另一侧有有机相进口,它与下一邻室的澄清室的溢流口相通,有机相以搅拌器搅拌造成的液位差从下一室流入混合室。本级混合室与澄清室间有混合相口,混合后的混合相由此相口进入澄清室分层。澄清室的作用是使混合相澄清分层,其一侧上部有溢流口,另一侧下部有水相出口,分别与上一级和下一级的混合室相通。因此,两相液流在同级作顺流流动,在各级间呈逆流流动。卧式混合澄清槽结构简单紧凑,操作稳定,易维修制造,但占地面积大,动力消耗大。

(2) 旋转盘式混合萃取塔。为了提高萃取分离效能,除了可以通过搅拌装置增加二相的相对运动以外,还可以使筛板在液体中作往复运动,或直接使液体产生脉动输入外能,增大两相的相对运动和接触。图 6-27 为旋转盘式混合萃取塔。它是由在内壁有固定圆环(又称定子盘)的竖塔和转动的竖轴组成的,在竖轴上固定有许多圆盘(又称为转子盘)。转子盘位于两相邻定子盘的中间。中心轴旋转使两相分散,逆流混合,在塔的顶部两相分离。

(3) 脉冲筛板萃取塔。图 6-28 所示的脉冲筛板萃取塔,是在塔外专门设有一套脉冲发生器,即利用偏心连杆机构带动的往复式活塞泵产生吸入和压出的过程,使塔中液体产生频率为 60~120 次/min,冲程为 10~30mm 左右的脉动,凭借这种脉动,使水相和有机相来回穿过筛孔,增大接触面和接触次数,从而获得较高的分离效率。振幅是一个重要的操作因素,太大或太小生产能力和分离效果都不好。筛板孔径 3～4mm,筛板间距 50mm。

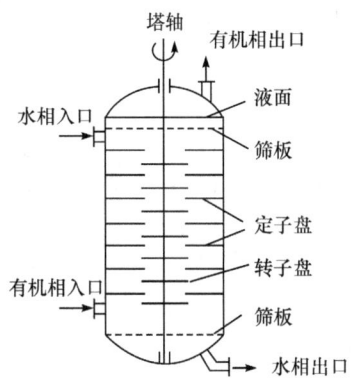

图 6-27 旋转盘式混合萃取塔

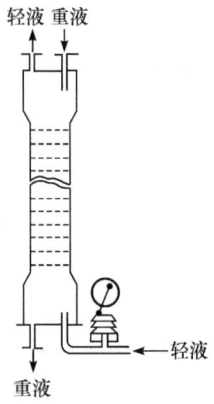

图 6-28 脉冲筛板萃取塔

脉冲筛板塔的优点在于塔内不要设置机械搅拌装置,脉冲泵等发生脉冲的机构可以装在塔外,容易解决防腐和放射性防护等问题,在放射元素萃取中用得较多。

2. 离子交换设备

离子交换吸附操作分柱作业(动态法)和槽作业(静态法)两种形式。柱作业时采用固定床或移动床,此时被吸附离子浓度差不仅存在于树脂和溶液的接触表面,而且存在树脂相和液相内部。槽作业时可用搅拌槽或流化床,此时树脂和溶液不断进行混合,被吸附离子浓度差仅存在于树脂和溶液的接触表面,而在树脂相或液相内部,被吸附离子的浓度相同。固定床仅用于清液吸附。

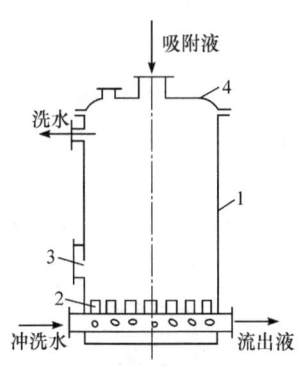

图 6-29 固定床离子交换吸附塔
1. 壳体;2. 过滤相;3. 入孔; 4. 圆形盖

固定树脂床吸附塔的结构如图 6-29 所示,其主体是一个高大的圆柱体,塔的大小取决于生产能力,底部装有冲洗水布液系统,上部装有吸附原液和淋洗剂的布液系统。塔的外壳一般由碳钢制成,内衬防腐蚀层。每塔的树脂床高度约为塔高的三分之二,它决定于一定操作条件下被吸组分的交换吸附带高度,一般由试验决定。影响交换吸附带高度的主要因素为树脂性能、被吸组分性质、浓度及吸附流速等。对一定的树脂和吸附原液而言,交换吸附带高度主要决定于吸附流速。每一吸附循环所需塔数决定于塔中固定树脂床的高度及一系列操作因素。

图 6-30 为固定床离子交换吸附-淋洗循环示意图。离子交换过程是一个间断过程。生产上固定床离子交换吸附通常用三柱组成,在同一时间内,有一柱饱和淋洗再生,另外两柱给料并串联进行离子交换吸附。

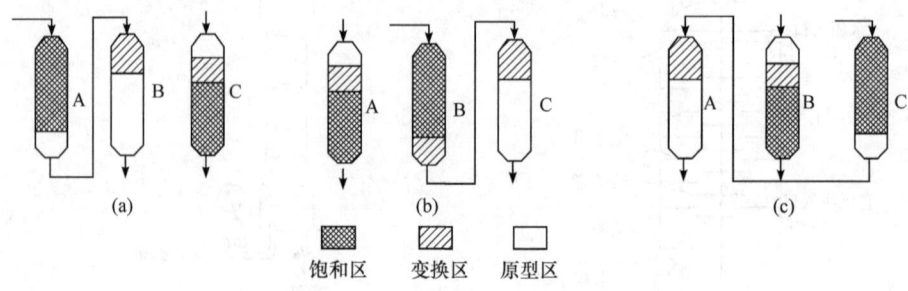

图 6-30　固定床离子交换吸附-淋洗循环示意图

6.1.6　制取化合物或金属作业设备

1. 铜浸出液的金属置换法设备

从热力学来说,任何金属离子均可能按其在电位序中的位置,被另一更负电性的金属从溶液中置换还原成为金属,从而沉淀出来。

低品位铜矿的酸法浸出液以及矿山含铜离子废水,可用金属铁来置换铜离子,将其还原成金属铜沉淀出来,反应为

$$Cu^{2+} + Fe = Fe^{2+} + Cu \downarrow \tag{6-1}$$

(1) 置换溜槽。置换溜槽是最简单的置换装置,实际上是一个曲折的具有一定坡度的水泥地沟。地沟宽约 1m,长 5~30m。槽底可搁放木制方格,上置铁屑。溶液从溜槽上端流入,下端流出,在流动中完成置换反应。人工翻动置换材料使已析出的海绵铜剥落下来,沉于槽底,然后随溶液流出,澄清晒干,即得海绵铜产品。该法铁耗量较高,劳动强度大,适于从稀溶液中回收金属。

(2) 锥形置换器。锥形置换器结构如图 6-31 所示,倒锥内装满铁屑等置换剂,溶液由下部泵入沿倒锥斜向喷流,回旋上升通过置换剂层。由于溶液的冲

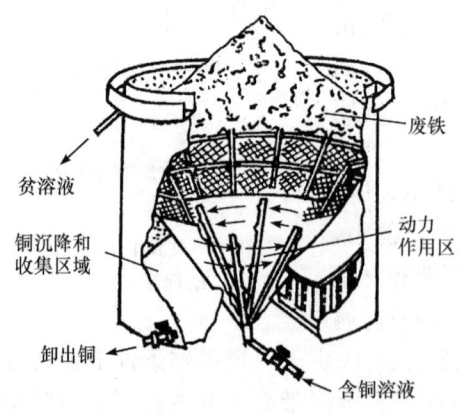

图 6-31　锥形置换器

刷,沉积物剥落并被带向锥体中部,当溶液流过时,沉积物得到浓集并通过锥体本身的网格进入外部的木制圆桶内予以收集,贫液从上部排出。该设备处理量大,置换剂耗量低,可数个串联使用以提高金属回收率。

2. 贵金属浸出液的金属置换法设备

氰化物浸出是从金、银矿石中提取金、银的重要方法,所得浸出液常以锌粉进行置换,其反应为

$$Zn + 2[Au(CN)_2]^- = [Zn(CN)_4]^{2-} + 2Au \downarrow \quad (6-2)$$

该法是通过锌丝置换沉淀箱或锌粉置换沉淀设备来实现的。当贵液通过置换沉淀设备时,金和银即从含金、银溶液中成金属粉末状态沉淀出来,而含有 NaCN、碱及微量金的溶液称为贫液,可送往贫液池作循环液用于下一批物料的氰化浸出。经过置换生成的含锌很高的金泥定期地从置换沉淀设备中卸出,经脱锌后,将金泥熔炼得到金银合金。

(1) 锌丝置换沉淀箱。锌丝置换沉淀箱构造如图 6-32 所示。各沉金室上下液流的通道宽为 30~50mm。筛板为 4.75~1.7mm 的铁筛网,用于承受锌丝。筛网离槽底约为 200mm,用于存放金泥。槽体高约为 850~950mm。一列锌丝置换沉淀箱一般为 8~9 室,贵液通过盛锌丝各室的时间约为 30~60min。板上的锌丝是由含铅 0.2%~0.5% 的锌锭就地切削而成,以免放置过久而氧化。锌丝宽为 1~3mm,厚为 0.2~0.4mm,孔隙率为 70%~90%。装槽前,先将锌丝在 10% 浓度的乙酸铅或硝酸铅溶液中浸泡 2~3min,使其表面染铅,也可向贵液中滴入适量铅盐。隔一定时间,大约一个月清理一次金泥。金泥含有锌丝头,用筛选法分出。筛上物为粗粒锌丝,筛下物经滤干后再用酸除去残余锌丝头,沉淀物再经洗涤滤干后送氧化焙烧,以除去水分和其他挥发杂质,即得到干金泥送火法熔炼。

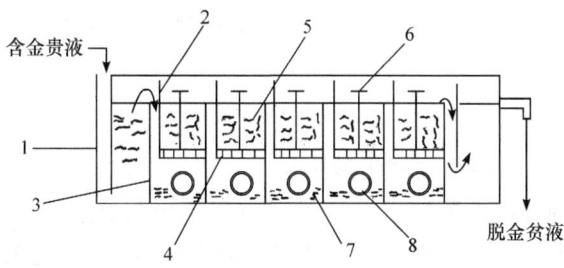

图 6-32 锌丝置换沉淀箱
1. 槽体;2、3. 隔板;4. 筛板;5. 锌丝;6. 手柄;7. 金泥;8. 排放口

锌丝沉金置换率可达 95%~99%,锌丝耗量约为 20~40kg/kg 金,远较理论计算量大。此法沉金设备简单、易操作,但锌丝耗量大、金泥含锌高、占地面积大。

(2) 锌粉置换沉淀器。国内外不少金选厂现采用锌粉沉金工艺,它是将贵液经真空脱氧塔脱氧,然后以粒径小于 0.01mm 的锌粉按比例加入搅拌槽中沉金,再把搅拌槽中沉淀物过滤得金泥。此法优点是锌粉价廉,金属锌耗量少(为 20～50g/t 矿或 40～50g/m³ 贵液),金银沉淀率高,氰化物耗量少,便于机械化和自动化,但设备复杂,动力消耗较大。

如图 6-33 所示为较新式的锌粉置换沉淀器的设备联系图。将锌粉和含金脱氧溶液给入混合槽,锌浆通过槽底部的管道自流入锌粉置换沉淀器进行沉淀和过滤。过滤时,在真空泵吸力的作用下金泥沉积于滤布上,而脱金溶液则透过滤布经由支管和总管排出。实践证明,用锌粉置换沉淀法沉淀金时,沉淀金的主要作用不在混合的时候发生,而发生在过滤的时候,即含金溶液穿过滤布表面的锌粉层时。

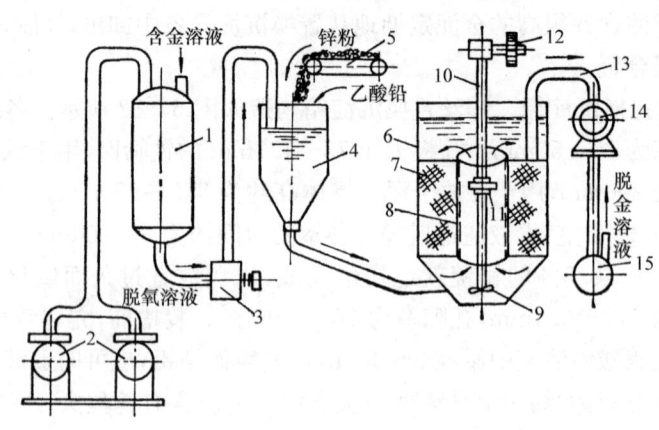

图 6-33 较新式的锌粉置换沉淀器时的设备联系图
1. 脱气塔;2. 真空泵;3. 浸没式离心泵;4. 混合槽;5. 锌粉给料器;6. 锌粉置换沉淀器;7. 布袋过滤片;8. 槽铁架;9. 螺旋浆;10. 中心轴;11. 小叶轮;12. 传动机构;13. 支管;14. 总管和真空泵;15. 离心泵

3. 电积法设备

(1) 电积原理。若在金属浸出液中插入电极并通以直流电,当外电动势大于某金属电极反应的标准电极电位时,外电源通过电极和溶液构成电流回路,同时该金属离子在阴极上获得电子而还原成金属沉淀下来,这就是电积沉淀。如铜浸出液的电积沉淀反应为

阴极 $\qquad Cu^{2+} + 2e \longrightarrow Cu\downarrow$ \hfill (6-3)

在任何电解质溶液中通过 1 法拉第电量(为 96500 库仑或 26.8 安培小时)时,在电极上将析出 1mol 的任何物质。通过单位电量所能得到的产物质量数,称为该物质的电化当量 q。

电积过程与电解过程的不同之处在于所用的阳极不一样。电解为可溶性阳极，可溶阳极电解只用于粗金属的精炼，如铜、铅、镍、镉、金、银的提纯，而不溶阳极电积一般用于从含目的组分的溶液中直接电积提取目的组分。两者除阳极是否溶解外，基本原理大致相同。

（2）电解槽和电极。电解槽是电解生产的主体设备，结构见图 6-34。电解槽应满足槽与槽间及槽与地面间有很好的绝缘，电解液能顺利流通，耐腐蚀，结构简单，造价低廉等要求。电解槽为上部敞开的长方体槽，宽约 1～1.1m，深为 1.1～1.2m，长视生产规模而异，约为 3～5m。生产量小时不受上述限制，设计时以便于操作为宜。槽底有放液孔，中间嵌有橡皮圈，孔塞一般用耐酸陶瓷或硬铅制成。槽体可用木质或混凝土结构。钢筋混凝土槽的壁和底的厚度约为 80～100mm，有时可增至 100～120mm 以承受电解液质量。槽底槽壁内外均需先刷沥青，然后衬里。衬里可用铅皮、聚氯乙烯塑料、环氧树脂玻璃钢、辉绿岩铸石板等。较经济耐用的衬里材料是辉绿岩，其绝缘性能好，机械强度大，耐腐蚀，造价低，使用期长。

铜电积采用不溶阳极，材质为铅银合金（含 1% 银）、铅锑合金（含 5%～7% 锑）和铅银锑合金（含 1%银，5%～7% 锑）3 种。铜电积的阴极为纯铜始极板。生产始极板的种板为铆接有铜耳的 3～4mm 厚的紫铜板或不锈钢(1Cr18Ni9Ti)板。用铜种板时需在装槽前涂上隔离层，用不锈钢时则不用隔离层。将种板放入种板槽中电积 24h 后取出，从种板上剥下的铜片经滚压拍平、钻孔装上挂耳后即可作始极板用。始极板边缘应平整、厚度为 0.5～1mm，整体较阳极板长 30～40mm、宽 40～60mm 以防止阴极铜长粒子和凸瘤。阴极板与槽侧壁间应有 80～100mm 间隙，下缘与槽底应有 150～200mm 间隙，以利于电极液循环和防止极板与槽壁短路。

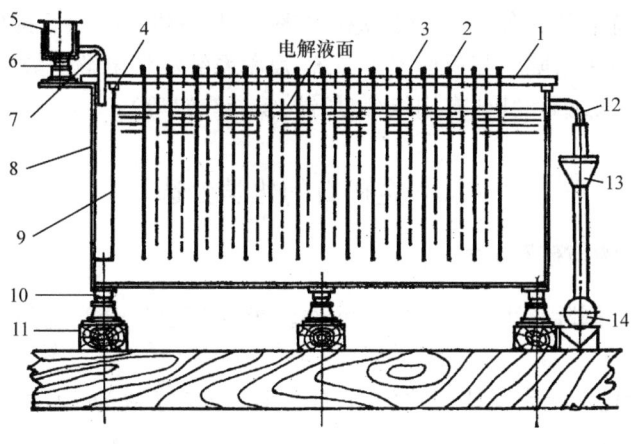

图 6-34 电解槽的结构

1. 支撑导体铜杆；2. 电极阴极；3. 电极阳极；4. 绝缘板；5. 电解液溜槽；6. 支承绝缘子；7. 给液管；8. 槽体；9. 受液室；10. 支承绝缘子；11. 支承架；12. 排出管；13. 受液漏斗；14. 集液管

(3) 电源和电路联结。工业上用硅整流器作为直流电源。硅整流器的特点是整流效率高达97%以上。电源装置应紧靠电积车间。

电解槽的电路联结常采用复联法,即电解槽内的全部阳极并联,全部阴极也并联,各个电解槽则串联相接。因此,各个电解槽的电流强度相等,各阳极与各阴极间的电压相等,电路电流等于槽内各同名电极电流的总和,电路总电压等于各串联电解槽的槽电压之总和。

(4) 电解液及其循环。为使阴极铜生长均匀,结构致密,表面平整光滑,电解液中需加入少量的胶状物质或表面活性物质,以使阴极铜少长粒子。铜电积时常用的添加剂为动物胶(明胶、牛胶)和硫脲,它们可能被吸附于阴极表面生成一层胶状薄膜,对铜粒子的生长起抑制作用,从而使电铜结构致密并减少尖端放电。硫脲用量约为 20~25g/t 铜。

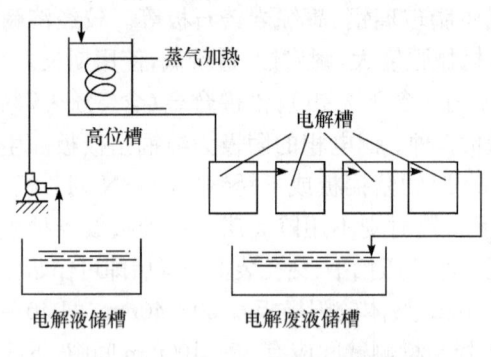

图 6-35 电解液多级式循环系统图

电积时还需将茶枯饼或洗衣粉之类的起泡剂加入电解液内,以形成大量泡沫覆盖于电解液表面,减少车间空气中的酸雾含量。

电积时电解液需循环流通,循环可分单级式和多级式两种。多级式循环是电解液从高位槽流出,流经各电解槽,当铜含量降至允许含量时流入电解废液储槽(图 6-35)。

铜电积后排出的溶液含铜约 12g/L,在通常条件下继续电积难以获得致密电铜,一般将电积后排出的溶液称为电解废液。电解废液除将其返回浸出系统,反萃系统和作电解配液外,大部分需进行专门处理以回收铜和其他有用组分(如钴、镍、锌、镉等)。

6.2 金矿石的化学分选

6.2.1 金的矿物与矿石类型

金主要用于国际货币、首饰、电子元件。2004 年世界金产量为 2464t,中国金产量为 212t。

金(Au)为化学元素周期表中的 IB 族元素,原子序数为 79,相对原子质量为 197。纯金为金黄色,密度 $19.31g/cm^3$,熔点 1064.3℃,沸点 2707℃,布氏硬度 $18.5kg/mm^2$,矿物学硬度 3.7。金的延伸性极好,1g 纯金可拉成长达 3420m 的细丝,可压成厚度为 $0.23×10^{-8}mm$ 的金箔。

金的化学性质非常稳定。金在低温或高温时均不被氧所直接氧化。常温下,金与盐酸、硝酸、硫酸不起作用,但能溶于王水。能使金溶解的溶剂还有:氰化物溶液,硫氰化物溶液,硫脲溶液,硫代硫酸盐溶液。

金元素具有镧系收缩性质,其外层电子受核的吸引牢固不易成为离子,与其他元素的化学亲和力极微弱。因此,自然界中金的离子化合物很少,多呈金属状态存在。又因金的原子半径与银、铜及铂族元素等的原子半径相近,故常与这些金属元素形成金属互化物。天然的金-银固溶体广泛分布在金的独立矿物中。金也可与某些半金属元素形成自然化合物,如碲化物、铋化物、锑化物等。已知的金矿物有30多种,其中主要的工业矿物列表6-2。

表6-2 金的主要工业矿物

矿物名称	化学分子式	金含量/%	备注
自然金(gold)	Au	>80	常与银、铂、钯、铜、铋等形成合金
银金矿(electnun)	(Au,Ag)	50~80	
硫金银矿(uytenbogaardtite)	Ag_3AuS_2	32.03	
碲金矿(calaverite)	$AuTe_2$	43.59	有时含少量银
硒金银矿(fischesserite)	Ag_3AuSe_2	29.0	

根据矿石氧化程度,可将金矿石分为原生(硫化矿)矿石、部分氧化(混合)矿石和氧化矿石。根据我国金矿石实际情况,并结合选矿工艺要求又可划分为:

(1) 贫硫化物金矿石。这种矿石多为石英脉型,也有复石英脉型和细脉浸染型等,硫化物含量低(0~15%),多以黄铁矿为主,在有些情况下伴有铜、铅、锌、钨、钼等矿物。这类矿石中自然金粒度相对较大,金是唯一回收对象,其他元素或矿物无工业价值或仅能作为副产品回收。采用单一浮选或全泥氰化等简单的工艺流程便可获得较高的回收指标。

(2) 多硫化物金矿石。这类矿石中黄铁矿或砷黄铁矿含量多(20%~45%),它们与金一样也是回收对象。金的品位偏低,变化不大,自然金颗粒相对较小,并多被包裹在黄铁矿和砷黄铁矿中。用浮选将金与硫化物选别出来,一般比较容易;但进而使金与硫化物分离则需要采用复杂的选冶联合流程。

(3) 含多金属矿石。这类矿石除金以外,有的含有铜、铜铅、铅锌银、钨锑等几种金属矿物,它们均有单独的价值。其特点是:含有相当数量硫化物(10%~20%);自然金除与黄铁矿密切共生外,大多与铜、铅等矿物紧密共生;自然金呈粗细不均匀嵌布,粒度变化区间宽;供综合利用的矿物繁多。这些特点决定了对这类矿石一般需要采用比较复杂的选矿工艺流程进行选别。

(4) 含金铜矿石。这是伴生金的主要来源。这类矿石与第三类矿石的区别在于:金的品位低,但可作为主要的综合利用的元素之一。矿石中自然金粒度中等,金与其他矿物共生关系复杂。选矿中大多将金富集在铜精矿中,在铜冶炼时回收金。

(5) 含碲化金金矿石。金仍然以自然金状态者为多,但有相当一部分金赋存在金的碲化物中。脉石为石英、玉髓质石英和碳酸盐矿物。由于金的碲化物在氰化物溶液中较难溶解,因而被视为一类难浸金矿。选矿所得的精矿需经预先处理方能进一步提金。

(6) 碳质金矿石。这类矿石的主要特点是含有吸附性较强的碳质物,如石墨、长链有机碳、有机质等。金被氰化浸出后,这些吸附性强的碳质又将金氰酸合物吸附至矿石中。这类矿石的另一个特点是:金通常与黄铁矿和砷黄铁矿共生,金呈微细粒浸染状嵌布(包裹)于其中,成为所谓"三高"(高硫、高砷、高碳)矿石,是目前为止最难处理的一类矿石。要从这类矿石中提金,必须使赋着于矿物中的金解离出来,同时要消除碳质物对已溶解金的吸附作用。

6.2.2 金矿石的分选富集

在砂金矿中,金通常解离呈单体自然金形态存在,密度一般大于 $16g/m^3$,与脉石密度相差大,因此重选是选别砂金矿最主要、最有效、最经济的方法。浮选是黄金选矿厂处理脉金矿石应用最广的方法之一。在大多数情况下,浮选法用于处理可浮性高的硫化矿物含金矿石,效果最显著。因为通过浮选不仅可以把金最大限度地富集到硫化矿物精矿中,而且可废弃尾矿,选矿成本低。浮选法还用来处理多金属含金矿石,例如金-铜、金-铅、金-锑、金-铜-铅-锌-硫等矿石。对于这类矿石,采用浮选法处理能够有效地分别选出各种含金硫化物精矿,有利于实现对矿物资源的综合回收,此外,对于不能直接用混汞法或氰化法处理的难浸矿石,也需要采用包括浮选在内的联合流程进行处理。近年来,金矿石的浮选工艺有很大进展,主要表现在工艺流程的革新、研制新药剂、改进设计等方面。采用阶段磨矿、阶段选别流程是目前浮选选金的发展趋势,国外多数选金厂采用二段甚至三段选别。我国遂昌金矿、湘西金矿采用两段磨矿、两段选别流程,金的回收率提高 2%~6%。采用多种药剂混合添加,金的回收率可提高 2%~5%。由于浮选法只能最大限度地将金富集到各种硫化矿物精矿中,不能最终获得成品金,因此,采用单一浮选流程的选金厂为数不多,一般是将浮选作为联合流程的一个过程采用(参见 5.6.7)。

6.2.3 金矿的氰化浸出提取

1. 氰化-锌粉置换法

氰化-锌粉置换法包括浸出原料的制备;搅拌氰化浸出;逆流洗涤固液分离;浸出液净化和脱氧;锌粉置换和酸洗;熔炼铸锭等主要作业。原则工艺流程如图 6-36 所示。

(1) 浸出原料制备。是将矿石经破碎、磨矿(或选矿),制备成适合氰化浸出的矿浆。磨矿细度视自然金的嵌布特性而定。对含金石英脉矿石,一般磨至60%~70%-200目;而对硫化矿物含金矿石,多采用浮选富集,精矿再磨至90%~95%-325目;对含砷或磁黄铁矿高的矿石,则采取浮选精矿焙烧脱硫脱砷后,焙砂进行氰化。

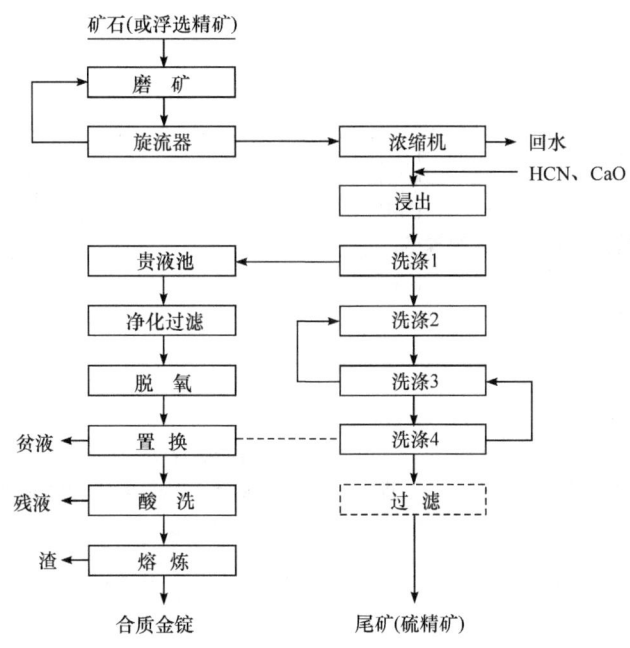

图6-36 常规氰化法原则工艺流程图

(2) 搅拌氰化浸出。在矿浆浓度35%~50%;pH为10~10.5,氰化物浓度0.03%~0.06%的条件下,充分搅拌浸出24h以上,使90%以上的金被溶解为金氰络合物,反应式为

$$4Au + 8CN^- + O_2 + 2H_2O \Longrightarrow 4Au(CN)_2^- + 4OH^- \qquad (6-4)$$

搅拌浸出槽有机械搅拌式和空气搅拌式两种。我国的黄金氰化厂过去采用浮选调浆用的搅拌槽作浸出槽,品种规格少,功耗高,现在已逐渐被淘汰。随着黄金生产的迅速发展,在消化、吸收国外先进设备的基础上,已研制了几种大型新式节能型浸出槽,尤其是双叶轮中空轴进气机械搅拌浸出槽,容积大,功耗低,中空轴进气,使空气通过叶轮能更好地分散到矿浆中,可提高浸出效果,并可降低供风系统的压力和风量,从而又减少了空压机的安装功率。因此,它是目前国内外公认的比较先进的浸出槽。

(3) 逆流洗涤固液分离。为使氰化浸出液与浸渣得到充分分离,一般采用多台单层或多层浓缩机组成多级逆流洗涤;采用过滤机进行多级过滤洗涤;采用多台浓缩机和过滤机组成联合洗涤。后者国外比较常见,而国内则主要是采用单层或多层浓缩机进行多段逆流洗涤。三层浓缩机结构见图6-37。三层浓缩机能够连续操作,工作可靠,管理方便,动力消耗少,可减少占地面积,因而得到广泛应用。三层浓缩机的计算与一般选矿厂使用的单层浓缩机相同。三层浓缩机由于结构上的原因,只有中心传动式一种。

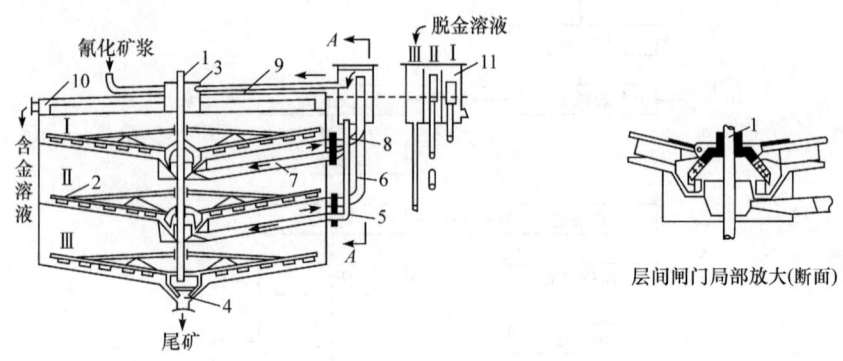

图6-37 三层浓缩机的结构示意图
1. 中心垂直轴;2. 耙架;3. 进料口;4. 排料口;5. 洗涤液管;6. 溢流管;7. 洗涤液管;8. 溢流管
9. 洗涤液管;10. 溢流槽;11. 洗涤液箱

(4) 浸出液的净化和脱氧。从洗涤作业得到的浸出液(贵液),通常含有 $70\times10^{-6}\%\sim80\times10^{-6}\%$ 甚至更高的固体悬浮物。为了给锌粉置换作业准备条件,必须使贵液中的悬浮物含量降到 $5\times10^{-6}\%\sim7\times10^{-6}\%$,含氧量降到 $1\times10^{-6}\%$ 以下,因此要对贵液进行净化和脱氧。目前生产上用的贵液净化设备有板框式真空过滤器和管式过滤器,脱氧用真空脱氧塔来实现。

板框式真空过滤器是一个长方形槽,内装若干片过滤板框;板框一端与槽外真空汇流管相接,板框外套滤布袋。生产时要在滤布外涂上1～2mm厚的硅藻土作助滤剂,当贵液给入槽内时,液体通过滤布被吸到脱氧作业,固体悬浮物则留在滤布表面,达到净化目的。板框式真空过滤器结构简单,制作方便,净化效果较好,但滤饼清理不便,在新设计的氰化厂较少使用。

管式过滤器的结构见图6-38。它是目前生产中用得最广泛和较好的贵液净化设备,主要由下锥圆桶形过滤罐体和36根过滤管组成。多孔的过滤管外套滤布袋,过滤时,溶液由罐体下部侧面进液管压力给入,通过滤布进入滤管,滤渣留在滤布上,净液由滤管上部经聚流管排出,从而达到溶液净化的目的。卸渣时,以压缩空气从聚流管的排液口向滤管内反吹,使滤饼从滤布上卸下并从锥底的排渣口排出。

第 6 章 化学分选工艺与设备

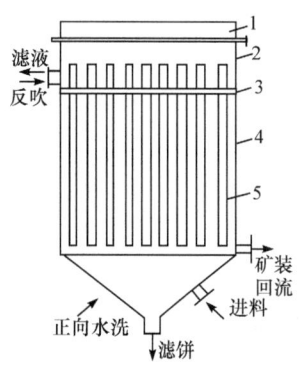

图 6-38 管式过滤器
1. 顶盖；2. 上部壳体；3. 花板；
4. 下部壳体；5. 滤管

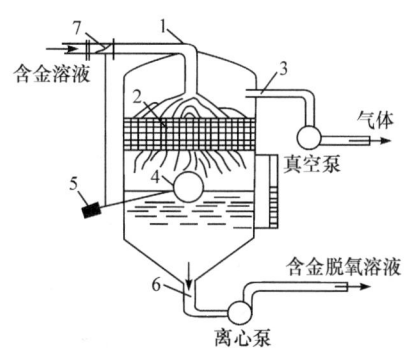

图 6-39 脱氧塔的结构示意图
1. 进液口；2. 木格条；3. 排气口；
4. 浮球；5. 平衡锤；6. 排液口；7. 蝶阀

脱氧塔的结构见图 6-39。它是一底锥圆柱形塔体，塔内上部装有溶液喷淋器，中部为塑料点波填料层，填料堆由塔下部的筛板支承，筛板下方是脱氧液储存室，并设有液面控制装置。脱氧塔内的溶液是由真空吸入塔的顶部，由喷淋器淋洒到填料层上，在真空作用下，液体内溶解的气体被脱出，达到脱氧目的。脱氧液由锥底的排液口由泵吸出并压入置换作业。

生产中脱氧塔真空度一般为 $9.06 \times 10^4 \sim 9.6 \times 10^4$ Pa，脱氧率可达 95% 以上，脱氧液含氧量在 $0.5 \mathrm{g/m^3}$ 以下。目前金氰化厂使用的脱氧塔，有 $\Phi 1000 \mathrm{mm} \times 3000 \mathrm{mm}$；$\Phi 1200 \mathrm{mm} \times 3600 \mathrm{mm}$；$\Phi 1500 \mathrm{mm} \times 3600 \mathrm{mm}$；$\Phi 1800 \mathrm{mm} \times 4000 \mathrm{mm}$ 等几种规格。脱氧塔所配套的真空设备一般选用水喷射泵。

(5) 锌粉置换和酸洗。用锌粉置换溶液中的金氰络合物使金沉淀析出。为了使锌粉获得更有效的置换反应，在溶液中应保持 0.005% 左右的铅盐和 0.05% 左右的氰化物浓度。锌粉置换的设备见图 6-33。

(6) 熔炼铸锭：金泥与熔剂一般按 1:0.8～1 的配比，熔剂一般为硼砂 30%～40%，硝石 25%，石英砂 15%～20%，萤石 5%～10%，其他为碳酸钠、氧化锰等。在 1000～1100℃ 的炉温进行 3h 左右的熔炼除渣，可获得含金银为 85% 以上的金锭(合质金)。

2. 氰化炭浆法

氰化炭浆法工艺是在常规的氰化浸出、锌粉置换法基础上改革后的回收金银的新工艺。据统计，目前全世界黄金产量中约一半是采用氰化炭浆法生产的。

氰化炭浆法主要由浸出原料制备、搅拌浸出与逆流炭吸附、载金炭解吸、电积电解或脱锌粉置换、熔炼铸锭及活性炭的再生活化等主要作业组成。原则工艺流程见图 6-40。

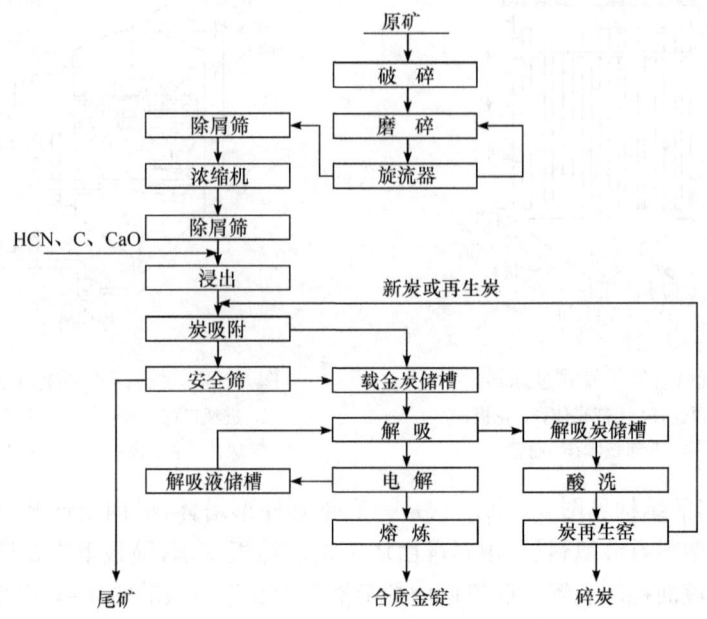

图 6-40 氰化炭浆法原则工艺流程图

氰化炭浆法省去了逆流洗涤和贵液净化作业，取消了多段浓缩、过滤、置换设备。同时由于载金炭与浸渣的分离能用简单的机械筛分设备进行，即可冲洗也易于分离，排除了泥质矿物的干扰，因而氰化炭浆法工艺对各类矿石有更广泛的适应性。对含泥多的矿石、低品位矿石以及多金属副产金的回收，能较大幅度地提高金的回收率。

我国河北张家口金矿过去采用混汞-浮选工艺流程，金的回收率仅 75％，引进美国戴维·麦基公司技术，改建成氰化炭浆厂以后，金的回收率提高到 90％以上。该工艺技术流程包括二段磨矿、浸前浓缩、氰化浸出、活性炭吸附、解吸电解、解吸炭再生、冶炼和污水处理等工序。

图 6-41 是张家口金矿 600 t/d 氰化炭浆厂工艺流程设备联系图，现以此为例介绍氰化炭浆法的主要作业过程。

(1) 浸出原料制备。通常是将原矿经两段(三段)一闭路碎矿、两段磨矿，制备成适合氰化浸出的矿浆。根据我国含金矿石的特性和生产实践，磨矿细度一般为 80％～90％ －200 目。磨好的矿浆一般经浸前浓缩机脱水，以提高浸出浓度。

(2) 搅拌浸出与逆流炭吸附。浸出条件与常规氰化法相同下，一般用 5～8 段浸出，图 6-42 是张家口金矿的 $\Phi 5150mm \times 5650mm$ 氰化炭浆浸出槽。

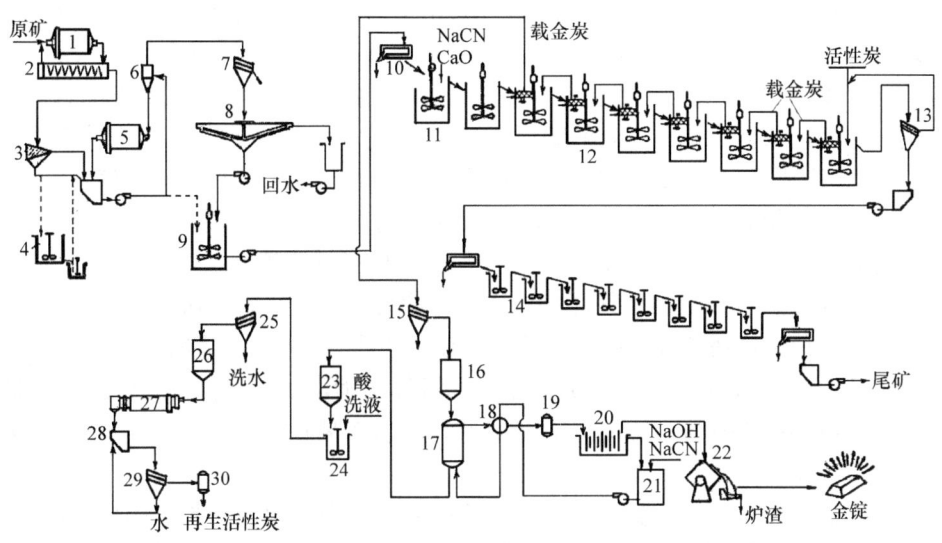

图 6-41 张家口金矿 500t/d 氰化炭浆厂工艺流程设备联系图（设备规格：mm×mm）
1. 段球磨机；2. 螺旋分级机；3. 螺旋筛；4. 缓冲槽；5. 二段 Φ2100mm×3000mm 球磨机；6. 水力旋流器；7. 除屑筛；8. 高效浓缩机；9. 缓冲槽；10. 取样机；11. Φ5150mm×5650mm 浸出槽，2 槽；12. Φ5150mm×5650mm 炭浸槽，7 槽；13. 炭安全筛；14. Φ2500mm×25000mm 除氰处理搅拌槽，8 槽；15. 炭分离筛；16. 载金炭储槽；17. Φ7000mm×4800mm 解吸柱；18. 热交换器；19. 过滤器；20. 电解槽；21. 解吸液储槽；22. 中频电炉；23. 解吸炭储槽；24. 酸洗槽；25. 脱水筛；26. 炭缓冲槽；27. Φ460mm×5800mm 炭再生回转窑；28. 炭淬火槽；29. 炭分级筛；30. 过滤盘

图 6-42 张家口金矿 Φ5150mm×5650mm 氰化碳浆浸出槽

炭的逆流吸附有两种方式，一种是在浸出槽添加活性炭进行逆流吸附，边浸出边吸附，通常称为炭浸法（CIL），我国张家口、潼关、红花沟等金矿的炭浆厂采用这种方式；另一种是在氰化浸出之后再加上几个炭吸附槽进行 4～6 段逆流吸附，通常称为炭浆法（CIP），我国灵湖、赤卫沟金矿炭浆厂采用这种方式。活性炭的添加

量为每升矿浆 15~40g,粒度 6~16 目。采用空气提升器或串炭泵定时进行逆流串炭。炭吸附的总时间一般为 6~8h,金的吸附率在 99% 以上,炭载金为 3~7kg/t。

炭吸附槽的设计非常关键,其好坏直接影响到炭的磨损程度,从而影响到炭浆厂的技术经济指标。单纯就炭的磨损而言,当然是空气搅拌槽最好,但它功率消耗高,增加生产成本。对机械搅拌槽来说,关键是确定叶轮的形状、转速和线速度,要尽量减少叶轮的剪切力,以使炭的磨损减少到最小程度。据有关资料报道,目前国内外比较理想的炭吸附槽是双叶轮、中空轴进气的机械搅拌槽。

为了使矿浆与活性炭分离,在炭吸附槽内设置桥式筛、周边筛或振动筛等,国内炭浆厂一般采用桥式筛。桥式筛筛网长度的决定,一般每米筛网长通过的矿浆量为 6.5 L/s,根据吸附槽通过的矿浆量即可算出筛网的长度。桥式筛需要用低压风(3500Pa)搅拌矿浆,以防止筛网堵塞。浸出需要的中压(10 000Pa)风量为 0.002 $m^3_{标}$/矿浆。

(3) 载金炭解吸。解吸工艺目前有四种方法:①苛性氰化钠长时间解吸法,解吸液浓度 NaCN 11%,NaOH 1%,温度 85℃,解吸时间 24~60h,美国霍姆斯特克金矿采用这种方法。由于长时间解吸需要占有很多容器设备,已被新设计企业所放弃。②低浓度苛性氰化钠加醇类解吸法,解吸液浓度 NaCN 0.1%,NaOH 1%,加入 20% 酒精,温度 850℃,解吸时间 5~6h。低浓度苛性钠及短时间解吸是该法的突出优点,但增加了酒精的回收工序,而且酒精挥发损失大,带来了防火问题。③加温加压解吸。解吸液浓度 NaCN 1%,NaOH 1%,温度 135℃,在 $34.3×10^4$Pa 压力下解吸 6~12h,张家口和潼关金矿采用这种解吸方法。④高浓度苛性氰化钠解吸法。解吸液浓度 NaCN 4%,NaOH 2%,解吸温度 90℃,浸泡 4~8h,然后用 4 倍床容积低浓度苛性氰化物热溶液洗涤 5h,再用 3 倍床容积的热水洗 4h,灵湖和赤卫沟金矿采用这种解吸方法。

解吸的主要设备是解吸柱、电加热器、热交换器、过滤器及解吸液储槽等。解吸柱通常设计为圆柱体,其高度与直径之比为 6:1,柱内解吸液的体积流量一般为每小时 2 个床容积,其流速应小于 3.4 mm/s,以使炭不会流动。根据每天所要解吸的载金炭量即可计算出解吸柱的直径和高度。

(4) 电积电解。这是由于炭浆法流程能获得高达 600 g/m^3 的高品位贵液而采用的,诚然,也可用常规的锌粉置换法。电积电解的主要设备是电积槽,它通常用有机玻璃或塑料作为槽体,采用不锈钢间隔作阳极,以装有钢棉的框架作阴极,对含金溶液进行电积。阴极电流密度 6~10A/m^2,电压 3~3.5V,电积时间 8~12h。阴极采用逆向移位,最后从第一个槽中取出阴极钢棉送熔炼。钢棉含金 40% 左右,电积回收率在 99.5% 以上。

(5) 炭再生。解吸后的炭先用稀硫酸(硝酸)酸洗,以除去碳酸钙等聚积物,经几次循环后,必须进行热力活化,以恢复炭的活性。热力活化是在回转窑里进行,在隔绝空气的条件下将炭加热到700℃左右,保持30min,然后倒入水淬槽中冷却,经16目筛筛出细炭后,返回炭吸附回路。

3. 氰化堆浸法

由于堆浸法具有工艺简单,设备少,投资省,生产成本低等优点,使早期认为无经济价值的许多小型金矿或低品位矿石,现在都能用堆浸法处理。堆浸技术已在美国、加拿大、南非、澳大利亚、印度和俄罗斯等国的金矿广泛应用。

堆浸方法见图6-3~6-6。它是将开采出来的矿石转运到预先备好的堆场上筑堆,或直接在堆存的废石或低品位矿石上,用氰化浸出液进行喷淋、滴淋或渗滤,使溶液通过矿石而产生渗滤浸出作用。氰化浸出液多次循环,反复喷淋矿堆,然后收集浸出液,再用活性炭吸附法或金属锌置换法处理。国外用堆浸法处理的矿石金品位一般为1~3g/t,金的回收率50%~80%,银回收率30%~50%。

我国在20世纪70年代末开始试验研究含金矿石的堆浸技术,并相继在虎山、石山、小秦岭地区等几十个矿点进行了含金矿石的堆浸生产实践,取得了较好的效果。

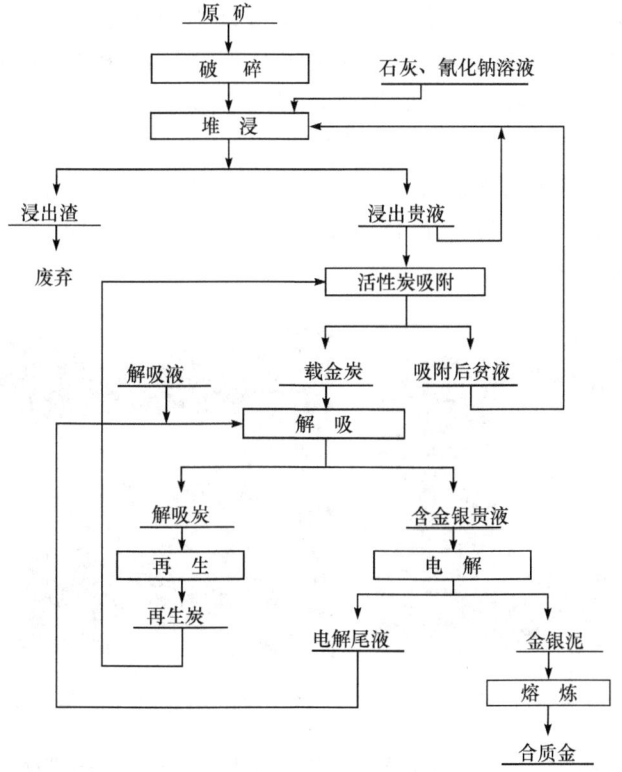

图6-43 金矿石堆浸生产典型工艺流程图

目前国内堆浸场(点)的规模还不大,一般每堆为 1000～10 000t,金回收率 50%～75%。堆浸生产的典型工艺流程见图 6-43,其主要生产步骤由下列几部分组成。

(1) 堆浸场构筑。堆浸场址一般选择在靠近采矿、运输方便的缓坡山地(自然坡度 10°～15°),先用推土机铲除去杂草和浮土,然后夯实,修筑成坡度为 5°左右的地基,两边高,中间稍低,便于浸出液集中流入储液槽。堆浸场上铺两层聚乙烯塑料薄膜,其上再铺一层油毡纸,以使场地绝对不渗漏。现多用防渗膜。堆浸场四周修筑高 0.4m 左右的土埂并作排水沟,防止雨水流入场内。在堆矿石之前,先人工堆砌约 0.3m 厚的大块贫矿石。

(2) 矿石筑堆。先将矿石破碎到－50mm,然后搬运到堆场分层筑堆,块矿和粉矿要分布均匀,避免粉矿集中,影响矿堆的渗透性,筑堆高度视规模大小一般为 2.5～5m。

(3) 喷淋或滴淋浸出。在喷淋之前先要洗堆,即用饱和石灰水洗涤,中和矿石中的酸性物质,待从矿堆底部流出的溶液 pH 达到 9 以上时,开始喷淋浸出液。浸出液氰化物浓度 0.03%～0.10%,pH 为 10～11,浸出液喷淋量 65 L/(t·d),喷淋时间 45～60d,喷淋浸出采用三班作业,每隔 1h 喷淋 1h。

将农业生产中成熟的滴灌(淋)技术应用于浸金作业,利用滴渗方法,溶液直接作用于矿堆表面,矿粉表面将不形成水层,入渗速度快。同时,滴淋可以增加溶液中空气的含量,这意味着增加参加化学反应的氧含量,增加了金析出的活性。此外,滴淋系统可以精确控制氰化物溶液浓度,减少氰化钠在空气中的损耗量,且滴淋过程易于实现自动控制。滴淋在国外已经得到广泛的应用。图 6-44 是国外某金矿堆浸场的滴淋系统。

图 6-44 国外某金矿堆浸场的滴淋系统　　图 6-45 小梁金矿的堆浸贵液活性炭吸附柱

(4) 活性炭吸附。炭吸附与喷淋浸出构成闭路,每天将待吸附的含金贵液分次用泵扬至吸附高位槽,经过澄清,利用位差给入吸附柱。液体从下部给入,通过炭床,从上部流出,然后返回浸出。炭吸附采用 4 台 $\Phi300mm \times 1300mm$ 吸附柱,每柱装炭 30kg,炭粒度 0.3~1.0mm,贵液通过吸附柱的平均流速为 2.5~3.0 L/min,一般以每小时通过 2~3 个炭床容积为宜。炭的吸附率可达到 100%,炭载金量可达 8kg/t。图 6-45 是我国河北省小梁金矿的堆浸贵液活性炭吸附柱。

(5) 载金炭的解吸电解。解吸炭的再生活化以及金泥熔炼,与常规的氰化炭浆厂完全相同。

张家口金矿用堆浸法处理低品位矿石和尾渣。矿石破碎到 40mm 以下,选择有 3%~5% 坡度的山坡作为场地,底部用黏土夯实,上铺草垫,用双层农用塑料薄膜作铺垫,为防止矿石划破塑料膜,避免贵液流失,再在上面铺一层草垫。筑堆时采用分层筑堆法,堆高不超过 5m,太高易导致粒度小的矿石渗水性降低,影响浸出率。管路网铺设在矿堆顶部,用潜水泵直接供喷淋液,喷头为旋转式,喷淋直径为 4m。采用间歇式喷淋,喷淋时间为 12~15h/d,三班作业,每班 4~5h。喷淋液用 22kg/t 的氰化钠溶液,以 $6L/(m^3 \cdot h)$ 的速度喷淋,为保持 10~11 的 pH,加入 6.2kg/t 的石灰水和 0.046kg/t 的氢氧化钠,堆浸-洗涤周期为 70d。从堆浸厂排出的贵液自流到储液池,然后用泵扬到炭吸附柱以回收溶解的金。载金炭经高温高压解吸后,金泥经冶炼铸成金锭。处理原矿品位为 2.19g/t,尾渣品位为 0.59 g/t,回收率达 62.15%。堆浸作业的基建费和生产费用都很低,经济效益逐年提高。

紫金矿业股份有限公司福建紫金山金矿位于上杭县,金储量 138t。矿床为原生含金硫化矿床经表生作用所形成的次生富集金矿。脉石矿物以石英和其他黏土矿物为主。金属矿物含量一般为 3%~5%,主要为褐铁矿、针铁矿、少量氧化残余的硫化物(黄铁矿、蓝辉铜矿、铜蓝等)。矿石中的金以可见的自然金呈现,部分呈次显微状,主要赋存于褐铁矿中。裂隙金占 77%、晶隙金占 15%、包裹金占 8%。紫金山金矿属易浸氧化矿石,但矿泥会影响矿石的渗透性,导致浸出率降低。测定结果表明,原矿渗透性 $12.4L/(m^2 \cdot d)$,去除矿泥(-0.074mm)后渗透性大大提高,为 $287.5L/(m^2 \cdot d)$。为此,紫金山金矿采用联合选矿工艺:原矿破碎至 -25mm 再进行筛分、洗矿,洗后的细粒级细粒级矿石(约 10%)全部磨细至 -0.074mm 80%~85% 后用氰化炭浆法浸出。粗粒级矿石(约 90%)进堆浸。该流程使得大量低品位的剥离废石得到充分回收利用。入浸矿石品位 1.4~1.7 g/t,浸出率约 70%。紫金山金矿为我国最大的金矿堆浸矿山,处理量达 7×10^6 t/a,2004 年产金 13t。图 6-46 为 20 000t/d 碎洗、堆浸全景图。

4. 氰化树脂矿浆法

从氰化矿浆中使用离子交换树脂吸附回收金的方法称为氰化树脂矿浆法。树脂矿浆法与炭浆法一样,也分先浸出后吸附和边浸出边吸粉两种提金方式。目前采用较多的是先搅拌预浸,然后加入树脂,边浸出边吸附,树脂与矿浆逆流串动。载金树脂从第一个吸附槽定时定量提出,载金树脂的品位可达到 15~20kg/t,金

图 6-46 我国最大的金矿堆浸矿山:福建紫金山金矿 20 000t/d 金矿碎洗、堆浸工程全景图

的吸附率可达 99% 以上。载金树脂在常温常压下解吸,用硫氰化铵和氢氧化钠作解吸剂,解吸率可达 99.5% 以上。解吸贵液电积沉淀金。脱金树脂在常温下经稀盐酸和碱溶液浸泡即可转型再生,再生后的树脂性能如初,可返回吸附作业循环使用。

树脂矿浆法是一种很有发展前途的提金工艺,适合于从多种类型的矿石中提金,尤其是对含有黏土、石墨、沥青、页岩、氧化铁等天然吸附剂的金矿石和砷金矿石等复杂的常规方法难以处理的矿石,以及含浮选药剂的矿浆具有较好的适应性,可解决由于矿泥含量高,氰化浸出无法过滤的难题,提高金的回收率 10% 左右。该法工艺流程简化,具有基建投资少、操作容易、生产成本低、吸附速度快、吸附容量高的特点。该法的缺点是树脂对金吸附的选择性较差。

前苏联对树脂矿浆法进行了大量的研究,并成功地将该法应用于穆龙套金矿(为前苏联最大的金矿,年产黄金 80t)的提金生产中。以后又在加拿大等国家推广应用。我国在"七五"末期也建成几座树脂矿浆法提金工厂,其中安徽霍山东溪金矿应用 D370 型大孔径弱碱性阴离子交换树脂提金,取得选冶总回收率 95% 以上的技术指标。图 6-47 为东溪金矿树脂矿浆法提金原则工艺流程图。

6.2.4 难浸金矿的预处理和强化浸出

1. 难浸金矿工艺矿物学

含金矿石提金方法是由矿石类型及矿石性质决定的。一般地,根据矿石对氰化浸出法的适应性,可将其分为易浸金矿石和难浸金矿石两大类。难浸金矿石,一般是指那些经细磨后采用常规氰化法不能有效浸出的金矿石。有些作者把难浸金矿石定义为经细磨后金的氰化浸出率小于 80% 的金矿石。英文中的 refractory

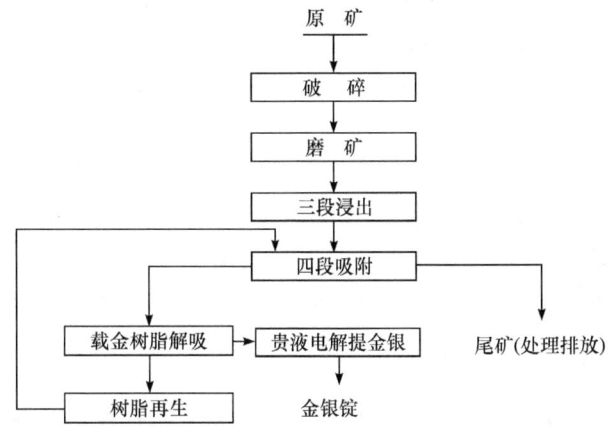

图 6-47 东溪金矿树脂矿浆法提金工艺原则流程

gold ores,中文译法有难选金矿石、难浸金矿石、难处理金矿石、顽固金矿石等多种,但从其定义来看,难浸金矿石一词最为确切。

造成金矿石难以浸出的矿物学因素主要有以下几种。

(1) 氰化难溶含金矿物及化合物的存在。在氰化物溶液中不溶解的含金物质有:含金矿物,如碲化物、方锑金矿、黑铋金矿,以及含铅、锑、砷矿物还原焙烧时形成的含金化合物。虽然不溶性的含金矿物和含金化合物仅少量存在,但是,它们在处理过程中所占金的损失量的比例可能很大。

(2) 包裹金的存在。易溶于氰化钠溶液中的自然金,可能以包裹体形式存在于氰化物不能溶解的矿物中。金包裹体可能很小,以至于通过细磨也不能被解离或暴露在氰化物溶液中。包裹金的矿物一般是黄铁矿、砷黄铁矿和石英。

(3) 碳质物的存在。某些矿石中的碳质物可能以吸附金的"活性"炭形式存在,具有"劫金"作用。

(4) 表面膜的生成。在焙烧和浸出过程中,在金粒表面可能形成薄膜,阻止金在氰化物溶液中的溶解。这种薄膜可能是氧化铁,铅锑硫化合物或砷、硫化合物的沉淀物。

(5) 伴生矿物的溶解。伴生矿物,如磁黄铁矿、蓝铜矿、辉铜矿和自然铜,可能溶解形成氰化络合物,从而降低氰化物溶液的活性。另外,硫化矿物溶解过程中迅速消耗氧,而金在溶解过程中也需要氧,因此,可抑制金的溶解。伴生矿物和溶解生成的物质,如硫化物离子、硫代硫酸盐、亚砷酸盐和亚铁离子等会严重干扰金的氰化溶出。

(6) 金的阳极溶解钝化。金与其他导电矿物接触时,其他矿物优先溶解导致金的阳极溶解钝化。

从矿石类型来看，难浸金矿主要包括硫化矿、碳质矿和碲化矿三大类。其中硫化矿是最常见的一类难浸金矿石，金常呈微细粒浸染状存在于硫化矿中，黄铁矿为最常见的载体矿物，其次为砷黄铁矿，大部分难浸金矿石提金方法是以此类矿石为研究对象。

难浸金矿提金方法基本上可分为三类：第一类是在氰化浸金前对难浸金矿石进行预处理，如氧化焙烧、生物氧化、化学氧化等；第二类可称为强化氰化，即采用不同于常规氰化的条件浸出难浸金矿石，如加压氰化、吸附浸出、多段浸出、搅拌强化等；第三类是采用非氰化物浸出，如硫脲浸出、氯化浸出、硫代硫酸盐浸出等。

2. 难浸金矿的焙烧预处理

焙烧是处理难浸金矿最经典的方法。焙烧的作用是使硫化物分解以暴露金粒；使砷、锑的硫化物以氧化态挥发掉；使含碳物质失去活性；使呈显微细粒状的金富集在一起，为氰化浸金创造良好的动力学条件。

黄铁矿和砷黄铁矿在氧化焙烧过程中的化学反应如下：

$$FeS_2 + O_2 = FeS + SO_2 \tag{6-5}$$

$$3FeS_2 + 8O_2 = Fe_3O_4 + 6SO_2 \tag{6-6}$$

$$4FeS_2 + 11O_2 = 2Fe_2O_3 + 8SO_2 \tag{6-7}$$

$$3FeS + 5O_2 = Fe_3O_4 + 3SO_2 \tag{6-8}$$

$$4Fe_3O_4 + O_2 = 6Fe_2O_3 \tag{6-9}$$

$$12FeAsS + 29O_2 = 6As_2O_3 + 4Fe_3O_4 + 12SO_2 \tag{6-10}$$

$$2FeAsS + 5O_2 = As_2O_3 + Fe_2O_3 + 2SO_2 \tag{6-11}$$

$$FeAsS + 3O_2 = FeAsO_4 + SO_2 \tag{6-12}$$

焙烧法的优点是简单、可靠，但焙烧产生的含硫、砷、锑的气体会污染环境，此外，对不能实现自热焙烧的矿石或精矿进行焙烧成本会较高。

焙烧法的新进展是固硫（砷）焙烧。加入固硫（砷）剂如石灰既可达到暴露金粒的目的，又不向空气中释放含硫、砷的气体，比传统的氧化焙烧前进了一步，但该法要求严格控制焙烧条件，工业实施难度较大。目前含硫、砷金精矿的焙烧处理在国内外均受到限制。

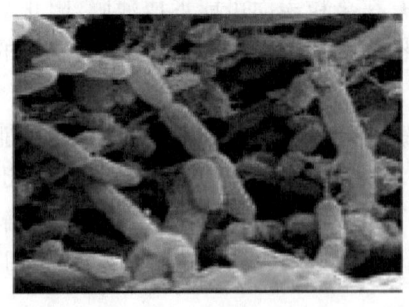

图 6-48 氧化亚铁硫杆菌的电子显微镜扫描图

3. 难浸金矿的生物氧化预处理

生物氧化是基于某些细菌如氧化铁硫杆菌（thiobacillus thiooxidans，简称 T. t. 菌）、氧化亚铁硫杆菌（thiobacillus ferrooxidans,简称 T. f. 菌,见图 6-48)具有破坏硫化矿物晶格、提高硫化物氧化速度的能力而发展起来的一项新技术。

细菌氧化硫化矿的机理有直接作用、间接作用和复合作用三种。对毒砂(砷黄铁矿,FeAsS)的细菌氧化较一致的看法是复合作用。首先,细菌直接"侵袭"矿物表面,将毒砂氧化(直接作用):

$$2\text{FeAsS}+\frac{13}{2}\text{O}_2+3\text{H}_2\text{O}\xrightarrow{\text{细菌}}2\text{H}_3\text{AsO}_4+2\text{FeSO}_4 \qquad (6-13)$$

生成的 FeSO_4 可被细菌氧化成 $\text{Fe}_2(\text{SO}_4)_3$:

$$2\text{FeSO}_4+\text{H}_2\text{SO}_4+\frac{1}{2}\text{O}_2\xrightarrow{\text{细菌}}\text{Fe}_2(\text{SO}_4)_3+\text{H}_2\text{O} \qquad (6-14)$$

生成的 $\text{Fe}_2(\text{SO}_4)_3$ 是一种强氧化剂,它可以使毒砂氧化(间接作用):

$$2\text{FeAsS}+\text{Fe}_2(\text{SO}_4)_3+\text{H}_2\text{O}+\text{SO}_2\longrightarrow 2\text{H}_3\text{AsO}_4+4\text{FeSO}_4+\text{H}_2\text{SO}_4 \qquad (6-15)$$

图 6-49 是没有氧化的毒砂颗粒表面电子探针照片。图 6-50 是生物氧化 14d 后的毒砂颗粒表面电子探针照片。

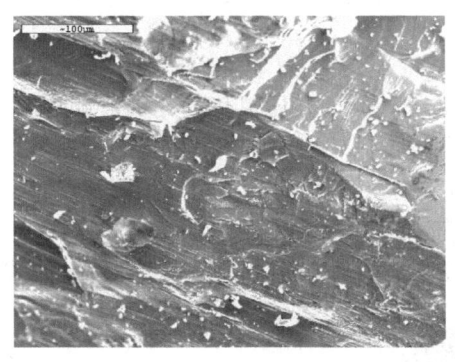

图 6-49 没有氧化的毒砂颗粒表面
电子探针照片
(图中标尺为 100μm)

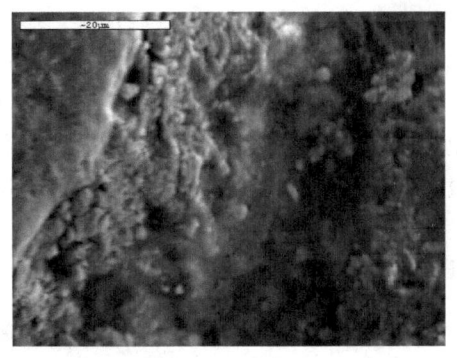

图 6-50 生物氧化 14d 后的毒砂颗粒表面
(图中标尺为 20μm)

细菌氧化黄铁矿的机理有直接作用说,也有间接作用说。直接作用说认为在酸性环境和氧化条件下,细菌直接侵袭黄铁矿表面使 FeS_2 氧化:

$$\text{FeS}_2+\frac{7}{2}\text{O}_2+\text{H}_2\text{O}\xrightarrow{\text{细菌}}\text{FeSO}_4+\text{H}_2\text{SO}_4 \qquad (6-16)$$

间接作用说认为细菌不是直接作用于黄铁矿表面,而是通过新陈代谢,提供浸出剂 $\text{Fe}_2(\text{SO}_4)_3$,是 $\text{Fe}_2(\text{SO}_4)_3$ 将 FeS_2 氧化,其化学反应如下

$$\text{FeS}_2+\text{Fe}_2(\text{SO}_4)_3\longrightarrow 3\text{FeSO}_4+2\text{S} \qquad (6-17)$$

产物之一元素硫(S)又在氧化条件下被细菌氧化为 H_2SO_4:

$$2S+3O_2+2H_2O \xrightarrow{\text{细菌}} 2H_2SO_4 \qquad (6-18)$$

而另一产物 $FeSO_4$ 的一部分则在氧化条件和酸性环境下被细菌氧化为 $Fe_2(SO_4)_3$：

$$2FeSO_4+H_2SO_4+\frac{1}{2}O_2 \longrightarrow Fe_2(SO_4)_3+H_2O \qquad (6-19)$$

生成的 $Fe_2(SO_4)_3$ 又进一步氧化黄铁矿。

生物氧化既可处理矿石也可处理精矿，既可采用堆浸工艺也可采用搅拌浸出工艺。影响生物氧化最重要的因素是 pH 和温度，适宜的 pH 为 1~3，温度为 25~40℃。

目前，难浸金矿的生物氧化预处理已在南非、巴西、澳大利亚及加纳等国家获得工业应用。由北京有色冶金设计研究总院设计的我国第一个生物预氧化-氰化提金工程项目——烟台市黄金冶炼厂生物氧化提金车间，于 2000 年建成投产，该工程设计规模为日处理 50t 含砷难浸金精矿。图 6-51 是 2001 年建成投产的山东省莱州市天承公司 100t/d 含砷硫化金精矿生物预氧化氰化提金厂。

4. 难浸金矿的化学氧化预处理

难浸金矿的化学氧化预处理研究涉及常压、低压、高压氧化等几种，目前在工业上应用的多是高压化学氧化。有关难浸含金硫化矿的加压化学氧化的研究早有报道，这种方法具有金提取率高，对锑、铅等杂质不敏感，对环境污染小等优点。

加压氧化要在高压釜中进行，温度一般为 170~190℃，压力为 1500~2000 kPa，反应时间 1~3h，矿浆浓度 40%~50%。加压氧化过程的化学反应如式

图 6-51 天承公司 100t/d 含砷硫化金精矿生物预氧化氰化提金厂

(6-20)~(6-29)所示。仅在反应的初始阶段及较低的温度(90~120℃)时才有元素硫生成：

$$FeS_2 + 2O_2 \Longrightarrow FeSO_4 + S \quad (6-20)$$

$$2FeS_2 + 7O_2 + 2H_2O \Longrightarrow 2FeSO_4 + 2H_2SO_4 \quad (6-21)$$

$$4FeSO_4 + 2H_2SO_4 + O_2 \Longrightarrow 2Fe_2(SO_4)_3 + 2H_2O \quad (6-22)$$

$$FeS_2 + Fe_2(SO_4)_3 \Longrightarrow 3FeSO_4 + 2S \quad (6-23)$$

$$Fe_2(SO_4)_3 + 3H_2O \Longrightarrow Fe_2O_3 + 3H_2SO_4 \quad (6-24)$$

毒砂加压氧化化学反应如式(6-25)~(6-29)所示。

$$4FeAsS + 11O_2 + 2H_2O \Longrightarrow 4HAsO_2 + 4FeSO_4 \quad (6-25)$$

$$2HAsO_2 + O_2 + 2H_2O \Longrightarrow 2H_3AsO_4 \quad (6-26)$$

$$4FeSO_4 + 2H_2SO_4 + O_2 \Longrightarrow 2Fe_2(SO_4)_3 + 2H_2O \quad (6-27)$$

$$Fe_2(SO_4)_3 + 2H_3AsO_4 \Longrightarrow 2FeAsO_4 + 3H_2SO_4 \quad (6-28)$$

$$3Fe_2(SO_4)_3 + 14H_2O \Longrightarrow 2(OH)Fe_3(SO_4)_2(OH)_6 + 5H_2SO_4 \quad (6-29)$$

对大约100种难浸金矿石和精矿的加压氧化、浸出的结果分析表明，加压氧化随后再氰化浸金是目前为止从难浸金矿石或精矿中提取金的最有效的方法。据报道，到目前为止加压氧化已在美国、加拿大、巴西、巴布亚新几内亚等国的十多个金矿投入工业应用，但该法相对成本略高。

除酸性介质外，在碱性介质中加压氧化预处理难浸金矿也有不少报道，式(6-30)和式(6-31)是在碱性介质中加压氧化含砷硫化物的反应：

$$2CoAsS + 10NaOH + \frac{13}{2}O_2 \Longrightarrow 2Co(OH)_2 + 2Na_3AsO_4 + 2Na_2SO_4 + 3H_2O \quad (6-30)$$

$$2FeAsS + 10NaOH + \frac{13}{2}O_2 \Longrightarrow 2Fe(OH)_2 + 2Na_3AsO_4 + 2Na_2SO_4 + 3H_2O \quad (6-31)$$

前苏联的研究表明，在NaOH溶液中于100~120℃的条件下加压氧化后，能使95%~99%的砷和硫脱除，在随后的氰化浸出中，金的浸出率高达98%。

常压化学预氧化处理，可用一些氧化剂如氧气、过氧化物、硝酸、次氯酸盐等预先处理难浸金精矿。

紫金矿业股份有限公司水银洞金矿位于贵州省贞丰，属于微细浸染型难选冶金矿——卡林型金矿。该金矿现已探明高品位黄金储量近50t，由紫金矿业自行研究的加温常压预氧化工艺处理技术取得了重大突破。应用该技术，水银洞金矿于2003年8月正式投产，2004年产金1.4t。该矿是目前世界上首次将常压加热化学催化预氧化技术应用于工业化生产的矿山。

5. 难浸金矿的其他预处理方法

(1) 微波处理，有研究报道，但尚无工业应用。

(2) 超声波处理。超声波是指频率在 20 000Hz 以上，不能引起正常人听觉反应的机械振动波。超声波具有高频特性，在它作用下物体会产生高频振荡，表面罩盖物被清洗剥离。应用超声波对金矿石进行预处理强化浸出，结果表明，具有金银浸出率高、浸出时间短、氰化钠单耗低等优点。

(3) 超细磨处理。超细磨是指磨矿至产品粒度 80% 小于 $20\mu m$。超细磨的机械作用可以促进含金黄铁矿的解离，使显微金和次显微金暴露出来，有利于提高金的浸出率。但超细磨预处理工艺费用较高。

6. 难浸金矿的强化浸出

(1) 强化氰化。强化氰化是从浸出的外部条件入手，采用不同于常规氰化的措施和条件来强化和提高金回收率的过程，以有效地回收难选金矿石中的金。目前强化氰化浸出的主要方法有：富氧助浸、添加助浸剂、多段浸出、加温浸出和加压浸出等。

(2) 非氰化浸出。非氰化浸出是采用非氰溶剂替代氰化物从难选金矿石中浸出金。目前非氰化浸出的方法主要有：硫脲法、硫代硫酸盐法、水氯法等。

6.2.5 含氰废水的处理

1. 含氰废水处理方法和原理

氰化物是黄金矿山最主要的污染物，也是最难处理的污染物，其处理量大（含氰废水一般为氰化原矿质量的 1~2 倍）、要求高（要处理到游离氰浓度小于 0.5mg/L）、处理对象往往是矿浆而不是废水、处理成本高等。

我国目前使用的处理含氰废水方法主要有氯氧化法（处理矿浆、废水均可，氰化物浓度高时药剂耗量大）、酸化回收法（只能处理高浓度的含氰废水，而且需要进行二次处理才能使氰化物达到排放标准），其次还有二氧化硫-空气法（废水中铜浓度低时需要加铜盐，成本高）、活性炭氧化法（只能处理低浓度含氰废水）、尾矿库自然沉降-排水循环法等。

氯氧化法是处理含氰废水的最常用方法，在世界各国黄金工业广泛应用，氯氧化法所用药剂有漂白粉、液氯、漂粉精、次氯酸钠和二氧化氯，但由于成本上的原因，最常用的是液氯，其次是漂白粉，其他几种药剂因价格过高不宜使用。只有当废水中氰化物浓度极低时才可考虑用其他几种药剂。氯氧化法由于常在碱性条件下处理含氰废水，因此，常常称碱性氯化法。氯氧化氰化物的反应分两个阶段：

不完全氧化阶段 $\quad CN^- + ClO^- + H_2O \rightleftharpoons CNCl + 2OH^-$ \hfill (6-32)

$$CNCl + 2OH^- = CNO^- + Cl^- + H_2O \quad (6-33)$$

完全氧化阶段 $\quad 2CNO^- + 3ClO^- + H_2O = 2HCO_3^{2-} + N_2 + 3Cl^- \quad (6-34)$

酸化回收法的反应式为

$$2CN^- + H_2SO_4 = 2HCN\uparrow + SO_4^{2-} \quad (6-35)$$

$$HCN + NaOH = NaCN + H_2O \quad (6-36)$$

当废水中亚铁氰化物浓度高时，氯氧化法处理效果不好，而二氧化硫-空气法却十分理想。但如果环保部门对排水的化学耗氧量有要求时，该方法由于不能氧化硫氰化物等还原性物质反而不能使用。二氧化硫-空气法可使用液体二氧化硫，也可以使用含二氧化硫气体(包括废气)，还可以使用固体含二氧化硫药剂如焦亚硫酸钠、亚硫酸钠等，因此适应性较强。二氧化硫-空气法的反应式为

$$CN^- + SO_2 + O_2 + H_2O = CNO^- + H_2SO_4 \quad (6-37)$$

$$CNO^- + 2H_2O = HCO_3^- + NH_3\uparrow \quad (6-38)$$

2. 含氰废水处理方法选择

黄金矿山含氰废水的组成特性取决于氰化原料(氧化矿、原生矿、浮选精矿、烧渣)的组成特性，而处理含氰废水的方法取决于含氰废水的组成特性。

以浮选精矿为原料的氰化厂，废水中氰化物浓度较高，一般在 500～2000mg/L，从经济角度考虑，应采用有经济效益的酸化回收法处理。图 6-52 是山东招远金矿酸化回收法处理含氰废水工艺流程图。但酸化回收法处理后废水仍不能达到国家规定的工业废水排放标准，还必须进行二次处理。现在比较成功的二次处理方法有两种，一种是吹脱加尾矿库自净，如山东招远金矿(玲珑黄金矿业公司)外排水氰化物浓度低于 0.5mg/L；另一种是采用二氧化硫-空气法加尾矿库自净，外排水达标。后者成本高于前者，但氰化物去除率高。但是，由于没有自动控制设备，车间排放口的达标率并不高，对尾矿库的自净能力依赖较大，这是今后应解决的问题。

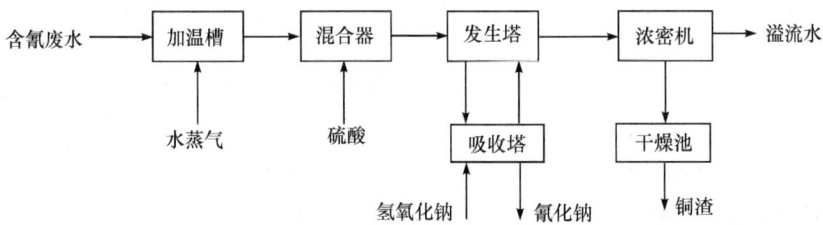

图 6-52 山东招远金矿酸化回收法处理含氰废水工艺流程

处理原生矿的氰化厂，其废水含氰化物一般为 80～350mg/L，用酸化回收法不经济，应根据废水组成特性选择破坏氰化物的处理方法，或废水再循环利用的工

艺。当废水中铜、锌、硫氰化物等有害于金浸出的杂质少(用炭浆法处理低硫低铜矿石)时,如果尾矿库不渗漏,可以采用废水循环工艺,对金的浸出不会有明显影响。当然,在蒸发量较大的地区,尾矿库内不会积存多少废水,因此,只要尾矿库不渗漏,利用尾矿库就达到了处理废水的目的;当废水中上述杂质较高时,现在只有采用氯氧化法或二氧化硫-空气法处理,尤其是氯氧化法,工艺简单、操作容易,处理效果较好。

以氧化矿为原料的氰化厂,其废水组成较简单,一般氰化物浓度仅80~150mg/L,采用氯氧化法处理比较合适,处理成本也低。如果尾矿库不渗漏,在库内自净,然后用活性炭法处理或循环使用均可。

堆浸废水的处理,由于这种废水数量小,加入适量的漂白粉即可处理到氰化物达标。

6.3 难选低品位铜矿石的化学分选

6.3.1 概述

氧化率大于30%的氧化铜矿石,由于铜矿物呈硅孔雀石、结合铜等形态存在,其可浮性差,加上结合铜含量高,铜矿物嵌布粒度细,矿泥含量高,使之更难浮选。这种难选铜矿石常存在于许多铜矿体表层,有时呈比较发达的氧化带。此外,某些铜矿山分布有大量的低品位矿石(含 Cu 0.2%~0.4%),还有不少矿山在大规模露天开采初期,剥离堆贮了大量含铜废石(低品位铜矿石);有些浮选厂堆存有含铜高的老尾矿等。

对于上述物料运用常规的物理选矿方法处理,都很难获得满意的技术指标,或者在经济上无利可图。为了回收这些难选、低品位含铜物料中的铜,可采用各种化学选矿方法进行处理。根据物料中铜的物相组成、围岩特性及其结构等因素可以选择不同的化学处理方法,常用的化学处理方法有:①浸出-置换-电积;②浸出-萃取-电积(LXE法,包括焙烧-浸出-萃取-电积);③浸出-沉淀-浮选(LPF法);④离析-浮选。

浸出又分酸浸、氨浸和细菌浸出三种。酸浸的溶剂为稀硫酸溶液,用于处理含碳酸盐少的矿石。例如,对氧化铜矿物孔雀石的硫酸溶解反应为

$$CuCO_3 \cdot Cu(OH)_2 + 2H_2SO_4 = 2CuSO_4 + CO_2\uparrow + 3H_2O \qquad (6-39)$$

氨浸的溶剂为氨的水溶液,用于处理含碳酸盐高的矿石。

细菌浸出的溶剂为稀硫酸和硫酸铁溶液,同时利用氧化硫杆菌、氧化铁硫杆菌和氧化亚铁硫杆菌等细菌来加速浸出过程,因为这些细菌是利用二氧化碳、无机氮(氨)合成菌体,利用还原态的铁或硫氧化反应的能源为生活能源,所以细菌浸出只适用于含硫较多的矿石。在用细菌浸出贫铜矿、表外矿或剥离废石时,矿石中的黄

铁矿(FeS_2)首先在潮湿的环境中被氧化成$FeSO_4$,然后$FeSO_4$又在氧化铁硫杆菌的催化作用下进一步氧化成$Fe_2(SO_4)_3$,见式(6-16)~(6-19)。$Fe_2(SO_4)_3$对于黄铜矿($CuFeS_2$)的浸出反应为

$$2\ Fe_2(SO_4)_3 + CuFeS_2 = CuSO_4 + 5\ FeSO_4 + 2S \qquad (6-40)$$

置换是利用金属铁使溶液中的Cu^{2+}成为金属铜沉淀。置换时固:液 = 1:3,开始的酸度2~3g/L,置换时间10~25min,铜的沉淀率达87%~97%,铁的消耗为2.5~3.5kg/t。近年来此法已渐渐被溶剂萃取所代替。从低浓度铜的浸出液中萃取铜,主要用Lix型和Kelex型萃取剂,即肟类和羟基喹啉类萃取剂。

电积与一般冶金工厂的铜电解精炼工艺相似。电积用的阳极并不溶解,只是电解液中欲提取的金属铜离子在阴极上沉积而达到提取金属之目的。送电积的溶液含铜应在25~30g/L以上。

在一般情况下,采用上述流程比单一浮选方法能得到更高的精矿品位和回收率。其中的离析-浮选方法因需先将氧化铜矿石还原焙烧离析出金属铜颗粒然后再浮选回收,虽然分选指标较高,但成本也较高,故应用较少。目前常用的是浸出-萃取-电积方法,特别是随着堆浸技术和细菌浸出技术的发展,该方法在处理低品位铜矿石中显示了很大的优越性。低品位铜矿石浸出-萃取-电积工艺原则流程见图6-53。

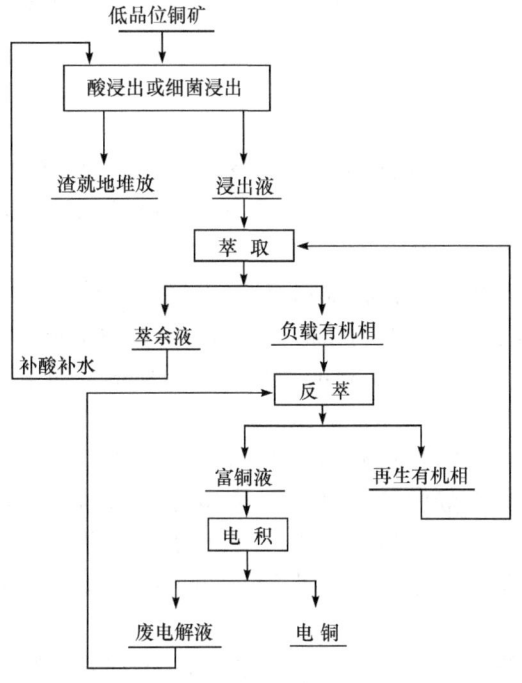

图6-53 浸出-萃取-电积工艺原则流程

自 20 世纪 60 年代世界上第一座铜浸出-萃取-电积工厂建成以来,该技术便以其投资省、成本低、效益高、无污染,可处理传统火法冶炼不能回收的铜资源等优势,受到了世界各主要产铜国的普遍重视。80 年代中期,一些主要国家相继出现了应用该技术的高潮。迄今为止,铜浸出-萃取-电积技术已在 50 多个国家和地区得到了应用和发展。世界上采用此工艺生产的电铜产量与日俱增,1990 年统计为 70 万吨,1997 年已接近 200 万吨,占世界矿产铜产量的 20%,其规模最大的已达到 225 000t/a。美国采用此法生产的电铜已占全国年矿产铜量的 40% 左右。

6.3.2 难选氧化铜矿及低品位铜矿石的浸出-萃取-电积工艺

1. 浸出

目前,铜浸出-萃取-电积工艺(SE-EX)作为一种较成熟的技术已广泛应用于低品位铜矿或废石的处理。铜浸出-萃取-电积工艺是由三个闭合循环组成,即浸出液的循环、有机相的循环、电解液的循环,而且这三个循环又有各自的连接点。

采用化学试剂将含铜物料中的铜和其他有用成分溶解出来的过程称为"浸出"。常用的浸出方式有堆浸、废石堆浸、细菌堆浸、就地堆浸和搅拌堆浸。铜溶剂萃取工厂主要采用槽浸、搅拌浸出和堆浸,尤以堆浸因费用低,管理方便而被普遍采用。

2. 萃取

(1) 萃取过程。用特效的有机化合物(萃取剂)从浸出液中选择性地将铜提取出来,达到与杂质分离,并经反萃使铜得到富集,得到纯度与浓度都符合电积要求的铜溶液的过程称为"溶剂萃取"。

一个萃取体系是由有机相和水相组成,在同一个体系中两相互不相溶或基本不互溶。有机相通常由萃取剂和稀释剂组成。萃取剂就是能够与被萃金属相结合,并以萃合物形式转入有机相的活性有机反应剂。而溶解萃取剂和改质剂的一种低密度的有机相溶剂称做稀释剂,它是一种不与金属发生作用的惰性溶剂,用来调节萃取剂的浓度,降低有机相的黏度与密度,增加萃合物的溶解度。稀释剂通常是各种低芳烃的烷烃混合物,如煤油。有时为了避免萃取或反萃时产生稳定的乳化或生成第三相,还要往有机相加入一些高碳醇或其他有机化合物,增加萃取剂、萃取剂的盐类或金属萃合物的溶解度。这些有机化合物统称为改质剂。

目前国内常用的铜萃取剂有两种:德国汉高公司生产的 Lix 系列(如 Lix984 和 Lix984N)和英国捷利康公司生产的 Acorga M.5640,这两种都是铜的特效萃取剂,具有铜铁分离系数高、分相速度快、水溶性小等特点。稀释剂一般都采用优质煤油。有机相中萃取剂浓度保持在7%～10%(V/V)。

萃取过程一般控制条件为:萃取相比$O/A=1$(相比就是在萃取过程中有机相体积与水相体积的比例,通常用O/A表示。O代表有机相体积,A代表水相体积),混合停留时间3min,澄清速率$3～4m^3/(m^2 \cdot h)$。

反萃过程是:为将铜从负载有机相中转移到电解液中,用电解液(即废电解液)中的酸反萃负载有机相,从而产出一个再生有机相和富铜电解液。再生有机相返回到萃取车间,富铜电解液则送电解车间进行电积。反萃过程一般控制条件为:反萃相比$O/A=2～4$,典型的废电解液含180 g/L硫酸和35 g/L铜,典型的富电解液含155～160 g/L硫酸和50 g/L铜。

(2)铜萃取剂。萃取剂是"浸出-萃取-电积"技术得以推广应用的一个关键环节。高萃取率和高反萃率的铜萃取剂的研制一直是世界各国的研究重点。

工业中的萃取剂均由非极性的亲油(疏水)基团和极性的特定亲金属离子基团构成,形成既有亲金属离子性又有亲油(疏水)性的所谓"双亲结构"分子。萃取机理可表述为:萃取剂可极少量地溶解于水中,并与水中的金属离子生成难溶于水的沉淀。这种具有疏水基团的难溶于水的有机沉淀,根据"相似者相溶"的物理溶解原则,易溶于全为疏水基的非极性油(如煤油)有机相,从而将金属离子从水相选择性地萃入有机相中。

在已开发出的铜萃取剂中,羟肟类萃取剂和醛肟类萃取剂最引人注目,并已在湿法冶炼中获得大规模的应用,其中以美国通用公司(General Mill 化学公司,现名 Henkel 公司)最先获得成功。

从硫酸介质中回收铜的商用萃取剂都是含有羟肟这种官能团。采用了两种类型的羟肟:醛肟和酮肟。

酮肟是第一个铜的商用萃取剂,其物理性能突出,分相好;抗污物形成物种如可溶硅、高分子絮凝剂及有机物捕收剂如腐殖酸;低夹带;容易反萃,净传质量好;萃取能力不如醛肟强,萃取动力学慢,特别是在温度较低时;化学稳定性高。酮肟萃取剂的代表是Lix84。

醛肟的铜传质动力学快,萃取能力强;反萃困难,所以要用改性剂改性如三至十二醇、壬基酚和酯类;改性剂中含有的—OH基团会通过氢键与浸出液中的固体结合,导致污物的形成,从而使羟肟的稳定性降低而增加相夹带的水平;化学稳定性比酮肟差;烷基可以是含碳12或9个。改性的醛肟代表:Lix622、Lix622N、Lix64N、M5640。

酮肟-醛肟的混合物(如Lix983)是不含非羟肟的改性剂。酮肟可以改善醛肟与铜、氢离子之间的平衡。混合物有协萃作用;兼有醛肟的萃取能力和动力学、酮肟优良的反萃和物理性能。酮肟-羟肟混合物是大多数铜萃取工业所选择的萃取剂,代表物有 Lix984、Lix984N、Lix973N。

Lix 型萃取剂的溶剂萃取在溶液 pH＝2 的条件下,对 Cu^{2+} 有较好的选择性。它们萃取金属的能力大小顺序为

$Pb^{2+} > Cu^{2+} > Fe^{3+} > Ga^{3+} > Ni^{2+} > In^{3+} > Co^{2+} > Zn^{2+} > Cd^{2+} > Fe^{2+} > Mn^{2+} > Mg^{2+}$

几种萃取剂的酸性和萃取能力大小比较有如下顺序：

Lix984＞Lix84＞kelex100＞Lix70＞Lix64N＞Lix64＞Lix63

Lix984 是体积比为 1∶1 的 Lix860 和 Lix62 在高闪点煤油中的混合物,可以与各种金属阳离子生成水不溶性的络合物,其反应与下列铜的反应相似：

$$2RH_{org} + Cu^{2+}_{aq} \rightleftharpoons R_2Cu_{org} + 2H^+_{aq} \qquad (6-41)$$

因为这种萃取剂中不含有调节剂,所以当从含有可溶性硅或很细的固体颗粒的溶液中萃取时可表现出较好的性能。

(3) 萃取中常见问题。在实际生产过程中,萃取过程会出现各种各样的问题,有的是因萃取设备造成的,有的是因有机相或料液成分性质不同而造成的。归纳起来,通常有以下几种：

① 液泛。萃取器内的混合两相还未来得及分离就被液流从反方向带出的反常操作。其原因或者是由于流速太大,超出了液泛流速；或者是由于萃取过程中两相发生变化引起的。如黏度增大,界面张力下降,界面絮凝物增多,引起分散带过厚,局部形成稳定的乳化层,夹带分散相排出等。

② 相界面波动太大。处于正常作业的萃取箱,其界面基本稳定在一定水平上,一旦界面上下波动幅度增大,说明萃取箱内正常的水力学遭到破坏,严重时可能导致萃取作业无法进行,造成料液溢流进反萃段或反萃段落入萃取段的事故。

③ 产生大量污物。大多数的溶剂萃取系统中都有产生污物的迹象。污物产生是当有机物种吸附到固体上,形成一种含固体-有机相-水相的物质。污物不但加快了一些不需要物种在萃取段和反萃段之间的转移,而且过量污物的形成还会导致萃取剂大量损失。

在萃取系统中存在的污物,需要工厂操作者连续监测工厂的生产情况,并在污物积累超标之前将它除掉。大多数萃取厂都配有污物处理槽。一般情况下,污物量的增长速度及它在萃取箱中的位置是稳定的,只要定期抽出界面絮凝物就不会影响操作。

污物处理槽使用的处理方法有：搅拌,与稀释剂、电解液、酸或浸出液一起搅拌。被破坏的分散开的污物再进行沉降,可以从上部和下部的出口分别放出相对较清的有机相和水相。

3. 电积

经萃取与反萃获得的相对纯净的硫酸铜溶液采用不溶阳极电积技术使铜在阴

极析出,获得高质量阴极铜的过程称为"电积"。铜浸出液电积的基本工艺流程见图 6-14。

(1) 电极过程

阴极过程:阴极过程与电解精炼的相同,Cu^{2+} 在始极片上获得电子而析出金属铜。

$$Cu^{2+} + 2e == Cu \qquad E^0 = 0.34 \text{ V} \qquad (6-42)$$

阳极过程:在阳极上进行水的分解析出 O_2。

$$H_2O - 2e == \frac{1}{2}O_2 + 2H^+ \qquad E^0 = 1.23 \text{ V} \qquad (6-43)$$

总反应为

$$Cu^{2+} + H_2O == Cu + \frac{1}{2}O_2 + 2H^+ \qquad (6-44)$$

每沉积 1mol 铜产生 1mol H_2SO_4。再生的硫酸一部分用于浸出焙砂及氧化矿,其余部分作为废酸处理。废酸的利用是电积过程中有待解决的问题。

电积过程总反应的标准电位为

$$E^0 = E^0_{Cu^{2+}} - E^0_{H_2O/O_2} = -0.89 \text{ V}$$

在电积的实际温度及离子活度下的电极电位为

$$E = E^0 - \frac{RT}{2F} \ln \frac{a^2_{H^+}}{a_{Cu^{2+}}}$$

当电解液含 Cu^{2+} 30~50 g/L 时,$r_{Cu^{2+}} \approx 0.2$,$a_{Cu^{2+}} \approx 0.1$,强酸溶液 $a_{H^+} \approx 1$,$T = 45℃$,得到

$$E = -0.89 + 0.0318 \lg 0.1 = -0.92 \text{V}$$

即理论分解电压为 0.92 V,加上氧的超电压(约 0.5 V)后,实际分解电压将为 1.4~1.5V,再加上电解液的电压降及导电杆的电压降,实际槽电压为 1.8~2.5V。

电积的电流效率较低,仅 77%~92%,如果电解液中铜含量降到 6~8g/L 以下时,由于 H_2 在阴极上析出而使电流效率进一步降低。在电积过程中铁离子的氧化-还原反应是造成电流效率低的重要原因。

此外,Fe^{3+} 还可溶解已沉淀的阴极铜,而使电流效率降低。所以,电积时要适当降低电解液温度及缩短阴极周期以减少阴极的化学溶解。因此,提高电流效率的主要途径是净化除去电解液中的铁离子。当其他条件不变时,电流效率随电解液中的含铁量的增大而显著降低,例如,电解液的含铁量为 1~2、6~9、10g/L 时,电流效率分别为 94%、79%、71%。

(2) 铜电积实践及技术经济指标

电解槽采用串联方式排成两排,溶液流向为上进下出方式。不溶阳极一般选

用 Pb-Ca-Sn 合金，阴极为纯铜始极片（在种板槽由不锈钢板生产）。直流供电根据工厂规模，可选用硅整流器或可控硅整流器。电解过程控制条件如下：电流密度 180A/m^2 左右；电解温度≥20℃；槽电压 1.8～2.5V；电积回收率 99.5%；直流电耗 1700～2250 千瓦时每吨电铜。

在铜的电积中电解液的含铜量随着过程的进行而不断降低。为了保证阴极铜的质量，需选定适当的出槽废电解液的含铜量及与之相适应的电流密度和电解液流速。国外控制出液含铜量为 25～30g/L，电流密度为 180～200 A/m^2；国内保持出液含铜量为 10～12g/L，相应的电流密度为 100～150 A/m^2；铜电积所用的电解槽按多级排列，电解液连续依次通过若干个电解槽而含铜量降到出液水平时流入废液贮槽，至于电解槽构造、电极联结、电路系统、电解液循环系统及装出槽等，基本上与电解精炼相同。

4. 国外低品位铜矿石的浸出-萃取-电积工艺实例

南美洲智利 EIAbra 矿山，世界上最大的酸浸-溶剂萃取-电积（SX-EW）铜生产厂。矿山位置位于智利北部 Antofagastn，世界上最大的铜矿丘基卡马塔以北 42km。可采氧化矿储量为 79 800 万吨，矿石品位 Cu 0.54%，可回收铜量约 336 万吨（图 6-54）。

投产日期为 1997 年 3 月。采矿方法为露天开采，废石与矿石剥离比 0.22。矿石处理采用三段破碎、浸出、萃取、电积。生产能力达 80 000～142 000t/d 矿石，达到全部生产能力时，年产铜为 225 000t。工程投资为 10.5 亿美元。

工厂工艺流程是破碎、浸出、溶剂萃取、电积，产品为电铜。粗碎设施的最大处理能力为 142 000 t/d，采用三级架空运输方式将粗碎后的矿石运至细碎厂。细碎后矿石用水和硫酸混合。实践表明，在预混合阶段加入硫酸比在浸出液加入硫酸对氧化矿浸出效果要好，酸耗（按 93% H_2SO_4 计）预计在初期时为 1700t/d，硫酸大部分由港口进口，小部分从丘基卡马塔运来。工厂工艺流程和主要设备见图 6-53。

5. 国内低品位铜矿石的生物或化学浸出-萃取-电积工艺与基础理论研究

（1）废石堆浸技术。德兴铜矿对品位在 0.1%～0.2% 的废石，采用生物浸出技术建起了年产 2000t 阴极铜的生产厂。含铜废石由采矿场运到堆场筑堆，第一层堆高约 30m，以上各层堆高均为 10m。被运矿车压实了的矿堆表面，用松土犁纵横各犁一遍，犁沟深 1.2～1.4m，然后铺上喷淋管和旋转喷头，每个喷头喷淋面积约 35m^2，喷淋密度为 6～8L/(m^2·h)。细菌的初期培养由试验室完成，菌种主要采用氧化亚铁硫杆菌（图 6-48）与氧化铁硫杆菌。细菌通过直接作用以及其代谢产物 $Fe_2(SO_4)_3$ 与 H_2SO_4 复合作用于含铜废石，促使矿物中铜离子由固态相转化到溶液中去，完成浸出作业。含菌浸出剂与萃余液注入喷淋高位槽供浸出作业，每

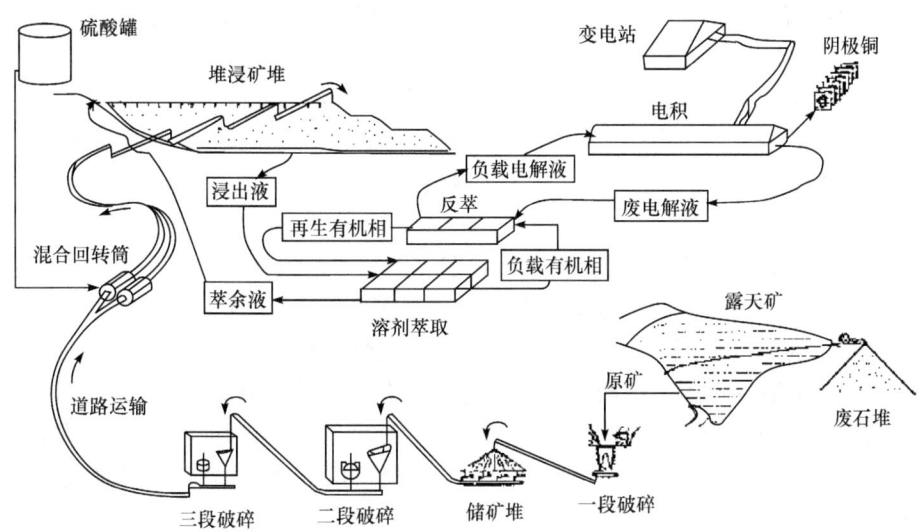

图 6-54 世界上最大的酸浸-溶剂萃取-电积铜生产厂智利 EIAbra 铜矿的工艺流程和主要设备

粗碎工段:60×100 In 回转破碎机 1 台;8700t/h 三刮板输送机 1 台

中碎工段:二段振动开路格筛 3 套;二段 Nordberg MP1000s 破碎机 3 台

细碎工段:三段 3.7×8.2In 单层筛 6 套;三段 Nordberg MP1000s 破碎机 6 台;矿石成品 100%通过 19mm

浸出工段:2620t/h 混合回转筒 3 台;400×1600×8m 平行排列浸矿堆 2 个,堆能力 1300 万 t,浸出周期 90d,喷淋密度 15L/(h·m²);浸出液流量 4800 m³/h,含铜 6.1g/L;萃余液流量 4900 m³/h,含铜 0.6g/L;8250t/h 布料输送机,8250t/h 带倾卸装置的履带运输机;9100 t/h 斗轮式履带取料料机;9100 t/h 带轨道浸出渣输送机;510 万 m²,50 000 万吨浸出渣场;9100t/h 带倾卸装置移动式堆垛输送机

萃取工段:除砂池 2 个,停留时间 1h;浸出液池 1 个停留时间 16h;萃余液池 1 个,停留时间 5h;萃取组成:2 级萃取,1 级洗涤,2 级反萃;萃取电积能力:4 个系列,总计续 5000 m³/h;电积进液量 1500 m³/h,Cu 33~48g/L;夹带聚结剂效率 70%;贮槽工场,2 个独立系统

电积工段:电积流量 9000 m³/h;供电电源整流变压器,18MW/台,4 台;所需电流密度:270A/m²(一般),2V/槽;电解车间 4 个系统,170 个槽/系统(总计 680 个槽);316L 不锈钢阴极 66 片/槽,总计 44550 片;Pb-Ca-Sn 合金阳极 67 片/槽,总计 45 560 片;全自动吊车 4 台,22 片阴极/次;通风槽面加盖,酸雾 0.4 mg/m³;圆盘形自动剥离机 2 台,1000 片阴极/h

天约 7500m³。浸出液从堆底流出并汇入集液库。浸出液返回矿堆循环 2~3 次,保证含铜质量浓度达到 1g/L 以上。合格的浸出液泵送至萃取原液高位槽。萃取流程采用 2 级萃取 1 级反萃取。萃取剂为 Lix98N,相比(体积比)$V_O:V_A=1:1$,混合 3min。用 $\rho(Cu)=35g/L$,$\rho(Fe)<5g/L$,$\rho(H_2SO_4)=175g/L$ 的电解贫液反萃取。反萃后液中 $\rho(Cu)=45g/L$,$\rho(Fe)\leqslant5g/L$,$\rho(H_2SO_4)=160g/L$。经气浮塔和

过滤器分离有机相后,送往电解车间进行电解沉积。萃余液经澄清并回收有机相后,由车间自流入酸性水库。

(2) 次生硫化矿的生物堆浸技术。福建紫金矿业集团公司与北京有色金属研究总院等单位合作,采用生物堆浸技术处理平均品位 0.45% 的含砷次生硫化矿,建成了年产 1500t 阴极铜的试验厂,为大规模开发建立年产 10 000t 阴极铜的大厂打下了基础。

(3) 高寒地区的堆浸技术。黑龙江省多宝山铜矿金属储量 240 万吨,平均含铜 0.5%,是一座大而贫的斑岩铜矿。现已建成了年产 2000 t 阴极铜规模的堆浸-萃取-电积厂,为寒冷地区的湿法炼铜技术积累了宝贵的经验。

(4) 地下溶浸技术。山西中条山有色金属公司与北京矿冶研究总院、长沙矿山研究院等单位合作,开发了地下溶浸新工艺,处理低品位矿和地下开采过程的残留矿,建成了示范厂,现已扩大到 1500 t/a 阴极铜的能力,生产成本每吨铜不到 10 000元。

(5) 高碱性脉石的氨浸技术。云南东川汤丹铜矿针对高碱性脉石氧化铜矿开发了氨浸-萃取-电积工艺,建成了示范厂。这也是世界上唯一采用氨浸技术直接处理铜矿的工厂,现准备再建一个 2000 t/a 阴极铜的大厂。

(6) 高含泥铜矿的强化搅拌浸出技术。西藏玉龙铜矿铜金属贮量 650 万吨,其中氧化矿 274 万吨,是仅次于德兴铜矿的特大型矿山。北京矿冶研究总院开发了强化浸出工艺,铜浸出率达到 94% 以上,并可有效抑制浸出液中的硅。氧化矿所需要的硫酸由硫化矿选出的铜精矿和硫精矿焙烧、烟气制酸供给。西部矿业公司正在建设 300t/a 的试验厂,为开发玉龙、建设大厂提供可靠的依据。

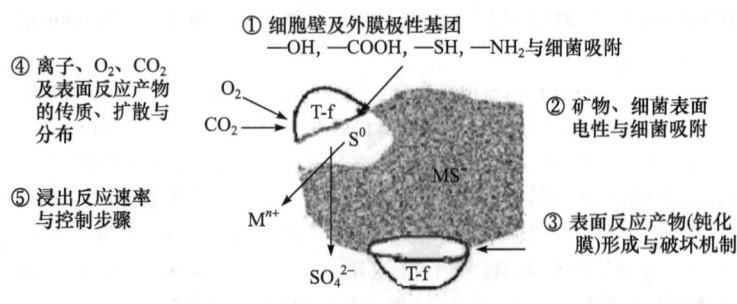

图 6-55　浸矿微生物 T. f. 与硫化矿 MS 的复杂界面作用研究方向

(7) 基础理论和浸矿菌种选育研究。由中南大学邱冠周教授担任首席科学家的国家"973"科研项目——微生物冶金的基础研究,已于 2005 年正式启动。研究内容包括:建立原生硫化矿专属菌种选育及遗传改造方法;研究微生物浸出过程复杂界面强化作用理论;揭示浸矿微生物重要功能基因的作用机制和微生物冶金过程多因素强关联规律。有关浸矿微生物 T.f. 与硫化矿 MS 的复杂界面作用研究方向见图 6-55。

6.4 其他矿物原料的化学分选

6.4.1 黑色金属矿物原料和海洋锰结核的化学分选

1. 含铁原料

铁是现代工业中最重要的材料。自然界的铁矿物主要有磁铁矿(Fe_3O_4)、赤铁矿(Fe_2O_3)。一般地说,由于原生铁矿产量大、价格低,故大都采用生产成本较低的分选方法,如磁铁矿一般用弱磁选,赤铁矿一般用强磁选-强磁粗精矿反浮选脱硅,而生产成本相对较高的化学分选方法很少采用。目前我国仅有辽宁鞍山钢铁公司东鞍山铁矿、齐大山铁矿的贫细赤铁矿,以及甘肃酒泉钢铁公司镜铁山铁矿的镜铁矿采用了还原磁化焙烧-弱磁选的生产流程。对菱铁矿($FeCO_3$)也有研究采用磁化焙烧选矿技术。

磷是铁矿中主要的有害元素之一。高磷铁矿石的降磷方法主要有选矿法,即细磨矿石至磷矿物和铁矿物完全解离,然后采用磁选法或浮选法进行分选,降磷率有限。此外还有化学酸浸脱磷,但成本高,应用很少,有研究者对"宁乡型"鲕状胶磷态高磷铁矿研究采用酸式浸矿,能脱除 40%~50% 的磷,并提高铁品位 4%~6%。还有研究用微生物浸出脱磷。

其他含铁原料主要有硫酸生产工业产出的硫铁矿烧渣,以及氧化铝生产工业产出的赤泥渣。我国制取硫酸的主要原料是硫铁矿(黄铁矿 FeS_2),占 50% 以上,其余为有色金属硫化矿冶炼烟气制酸、硫磺制酸。硫铁矿制酸的主要化学反应为

$$4FeS_2 + 11O_2 = 2Fe_2O_3 + 8SO_2 \quad (6-45)$$

$$2SO_2 + O_2 = 2SO_3 \quad (6-46)$$

$$SO_3 + H_2O = H_2SO_4 \quad (6-47)$$

由式(6-45)~(6-47)的反应物的物质的量计算,每生产 1t 硫酸,理论上需要含 S 35% 标准硫铁矿(纯 FeS_2 含 S 53.4%)0.933t,产出烧渣中含 Fe_2O_3 0.407t。2005 年我国共生产硫酸 4925 万吨,由此产出的硫铁矿烧渣是一个巨大的数量,如作为工业废渣丢弃,会污染环境;如能综合利用,则为巨大的资源和财富。

硫铁矿烧渣中含有残余的对钢铁生产有害的硫,Fe_2O_3 含量低,同时其中的 Fe_2O_3 不是天然矿物,而是疏松的分子微晶集合体,其可选性、烧结和成球性能都很差,不能直接用于炼铁原料烧结矿和球团矿的生产,这给其有效利用带来了一定的难度。目前,我国除部分低硫高铁烧渣用于炼铁、水泥原料外,大部分未得到合理利用。

目前,研究从硫铁矿烧渣中回收铁的方法主要有:①重选回收铁精矿;②重选-强磁选回收铁精矿;③还原磁化焙烧-弱磁选回收铁精矿;④直接还原制海绵铁;⑤采用化学方法制取氧化铁红、永磁铁氧体、铁黑、铁黄、硫酸亚铁、聚合硫酸铁絮凝剂等。

广东云浮硫铁矿矿石储量2.28亿吨,原矿平均含硫31.04%,硫铁矿的储量、品位及品质、规模目前居世界首位。年产标准硫铁矿240万吨,是我国最大的硫铁矿生产基地。云硫目前硫酸生产能力为18万吨/a,每年排放硫酸烧渣近12万吨。硫酸烧渣因含硫(0.8%~2.5%)和脉石等有害杂质,原绝大部分尚未得以利用。2005年底建成14 000 t/a的铁红产品生产线,采用超细反浮选、细磨流化干燥技术从硫酸烧渣中提纯氧化铁红;建成6000 t/a的永磁铁氧体预烧料生产线,采用湿法技术配料,使铁红、碳酸锶等一次配方物质在特定温度下回转烧结,产生固相反应,生产锶铁氧体。

中南大学资源加工与生物工程学院通过对铜陵有色金属公司硫铁矿烧渣的研究,提出了润磨造球-预热焙烧-磁选-冷固结成型新工艺流程。烧渣经润磨后,加入3%的黏结剂造球,在1150~1120℃金属化焙烧2~3h,磁选精矿Fe品位达到86%~90%,回收率达到90%。磁选精矿添加黏结剂固结为金属团块可作为电炉炼钢原料。

2. 氧化锰矿石

在现代工业中,锰及其化合物应用于国民经济的各个领域。其中钢铁工业是最重要的领域,用锰量占90%~95%,主要作为炼铁和炼钢过程中的脱氧剂和脱硫剂,以及用来制造合金。其余5%~10%的锰用于其他工业领域,如化学工业(制造各种含锰盐类)、轻工业、建材工业、国防工业、电子工业以及环境保护和农牧业等。

氧化锰矿石中的锰矿物主要是硬锰矿、软锰矿和水锰矿等。脉石矿物主要是硅酸盐矿物,也有碳酸盐矿物,常伴生有铁、磷、钴等成分。碳酸盐矿石中的锰矿物主要是菱锰矿、含锰方解石和菱锰铁矿等。脉石矿物有硅酸盐矿物,碳酸盐矿物,还含有硫、磷、铁等杂质。对上述两种矿石的加工,前者多采用洗矿,重选,强磁选,焙烧磁选等方法富集。后者则多采用浮选,强磁选,重介质等方法。但是这两种矿石中某些难处理的矿石和工艺过程中产生的含锰细泥,用物理方法处理往往都奏效甚少,通常要用化学选矿法处理。

锰矿石的化学选矿分热化学法、熔炼法和湿法三种。

热化学法包括为增强磁性而采用的磁化焙烧,为除去挥发成分的氧化焙烧、煅烧,以及为使四价锰转变成二价锰从而有利于酸浸过程所进行的还原焙烧。

熔炼方法是利用高炉熔炼高铁锰矿,在冶炼生铁的同时,锰进入冶炼渣中从而获得高品位的富锰渣。

湿法主要是用各种浸出剂浸出矿石中的锰,从而使锰与杂质分离,或者浸出矿石中的杂质,使锰留在渣中,从而达到富集锰除去有害杂质的目的。从矿石中浸出锰,在用浸出法使锰转移到溶液中时,通常采用的浸出剂有:硫酸、亚硫酸。

天然存在的 MnO_2 不溶于稀 H_2SO_4,但是当它经还原焙烧还原成 MnO 时,就很易溶解并获得 $MnSO_4$ 溶液,然后直接生产固体化工级 $MnSO_4$;或用电积法从浸出液中回收金属锰;还可用电解法从浸出液中生产电池用放电 MnO_2。电解废液可返回浸出段。各工序过程的反应式为

还原焙烧

$$MnO_2 + C = MnO + CO \qquad (6-48)$$

$$MnO_2 + CO = MnO + CO_2 \qquad (6-49)$$

硫酸浸出

$$MnO + H_2SO_4 = MnSO_4 + H_2O \qquad (6-50)$$

电积生产金属锰

阴极反应

$$Mn^{2+} + 2e = Mn \qquad (6-51)$$

阳极反应

$$H_2O = \frac{1}{2}O_2 + 2H^+ + 2e \qquad (6-52)$$

总反应

$$MnSO_4 + H_2O = Mn\downarrow + H_2SO_4 + \frac{1}{2}O_2 \qquad (6-53)$$

电解生产 MnO_2

阴极反应

$$2H^+ + 2e = H_2 \qquad (6-54)$$

阳极反应

$$Mn^{2+} + 2H_2O = MnO_2 + 4H^+ + 2e$$

总反应

$$MnSO_4 + 2H_2O = MnO_2\downarrow + H_2SO_4 + H_2\uparrow \qquad (6-55)$$

3. 海洋锰结核

海洋锰结核是一种赋存于深海底的巨大矿产资源,除含锰外,铜、钴、镍等金属的储量十分丰富,在未来陆地资源贫化、枯竭时,将成为人类的宝贵资源。锰结核内部往往含黏土、碳酸盐、硅酸盐等杂质,其组成极其复杂且不固定,因地而异。锰结核中一般锰含量波动于8%~40%之间,其中还含有钴、镍、铜、锌等有色金属。

锰结核属于氧化矿石,随杂质含量的不同可分为硅酸盐型和碳酸盐型。锰结核中各种矿物的结晶粒度均很细,Cu、Ni、Co 等有色金属离子往往结合在 MnO_2 和 FeO 的晶格中,故一般不能用物理选矿法处理,只能采用化学选矿法提取其中的金属。

目前试验研究的海洋锰结核的化学分选处理方法有硫酸浸出法、盐酸浸出法、SO_2 浸出法、还原-氨浸出法、硫酸化焙烧法等。

常规的硫酸浸出方法是先将锰矿石磨细,再进行多段浸出。通常先在80℃下浸出镍和铜,浸渣再用 $FeSO_4$ 或 $FeCl_2$ 酸性溶液浸出 Co 和 Mn,残渣废弃。从溶

液中用萃取、离子交换、化学沉淀、电积、离子浮选等方法回收金属或金属化合物。硫酸常规浸出法处理海洋锰结核工艺流程见图6-56。

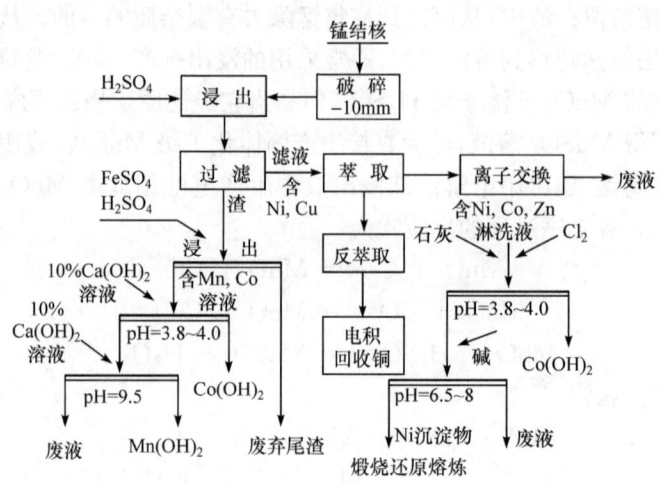

图6-56 硫酸常规浸出法处理海洋锰结核工艺流程

此外,如果在H_2SO_4浸出锰结核时加入H_2O_2,则锰和铜、镍、钴等有色金属都进入溶液,然后再用上述方法使溶液中的金属分离。

按上述流程,通常Mn的浸出率为90%左右、Ni为85%左右、Co为85%~90%,Cu为80%左右。

6.4.2 难选有色金属矿石和中矿的化学选矿

对于难选有色金属矿石可用化学处理方法。某些有色金属矿石物理选矿过程中常产出部分难选中矿,若用化学选矿法对其进行单独处理,不仅可提高主流程的选别指标,而且可综合回收中矿中的各有用组分,可显著提高选厂的经济效益。

1. 氧化铅锌混合矿和氧化锌矿

对于极难分选的氧化铅锌混合矿,我国有独特的处理方法,即用氧化铅锌混合矿原矿或其富集产物,经烧结或制团后在鼓风炉熔化,以便获得粗铅和含铅锌熔融炉渣,炉渣进一步在烟化炉烟化,得到氧化锌产物,并用湿法炼锌得到电解锌。此外,还可用回转窑直接烟化获得氧化锌产物。

对于难选氧化锌矿[如菱锌矿($ZnCO_3$)]来说,目前常采用的方法有两种。一是将$ZnCO_3$焙烧成ZnO,再经硫酸浸取、除杂,精制硫酸锌浸液,然后电积获得电解锌,电解废液含硫酸可返回浸出,其主要化学反应为

$$\text{焙烧} \qquad ZnCO_3 \xrightarrow{800℃} ZnO + CO_2 \uparrow \qquad (6-56)$$

浸出	$ZnO + H_2SO_4 \longrightarrow ZnSO_4 + H_2O$		(6-57)
阴极	$Zn^{2+} + 2e \Longleftrightarrow Zn\downarrow$	$E^0_{Zn^{2+}} = -0.76\ V$	(6-58)
阳极	$H_2O - 2e \Longleftrightarrow \frac{1}{2}O_2 + 2H^+$	$E^0_{H_2O/O_2} = 1.23\ V$	(6-59)
总电解反应	$Zn^{2+} + H_2O \Longleftrightarrow Zn\downarrow + \frac{1}{2}O_2 + 2H^+$		(6-60)

$$E^0 = E^0_{Zn^{2+}} - E^0_{H_2O/O_2} = -1.99\ V$$

二是将 $ZnCO_3$ 直接(或焙烧成 ZnO 后)用氨水浸取，浸取液加锌除杂，硫酸中和氨得副产品硫酸铵，沉淀得碱式碳酸锌，再经洗涤、干燥、煅烧而得优质氧化锌产品。其主要化学反应为

$$ZnCO_3 + nNH_3 \cdot H_2O \longrightarrow Zn(NH_3)_n^{2+} + CO_3^{2-} + nH_2O \quad (n=1\sim 6) \quad (6-61)$$
$$MCO_3 + nNH_3 \cdot H_2O \longrightarrow M(NH_3)_n^{2+} + CO_3^{2-} + nH_2O \quad (M:Cu、Ni) \quad (6-62)$$
$$M(NH_3)_n^{2+} + Zn \longrightarrow M\downarrow + Zn(NH_3)_n^{2+} \quad (6-63)$$
$$Zn(NH_3)_n^{2+} + CO_3^{2-} + H_2O + H_2SO_4 \longrightarrow ZnCO_3 \cdot 2Zn(OH)_2 \cdot H_2O\downarrow + (NH_4)_2SO_4$$
$$(6-64)$$

某菱锌矿浸取实验选用质量分数为 25% 的浓氨水，氨水与矿样质量之比为 1.8:1，浸取 2h，锌的浸取率已达 95% 以上。

2. 贫氧化镍矿的化学选矿

氧化镍矿主要有硅酸镍矿和结合型贫氧化镍矿。国外硅酸镍矿的处理主要是冶炼富集，目前用得最多的是电炉熔炼镍铁的方法。

在云南省元江至墨江地区，储藏着一个金属镍储量 $43\times 10^4 t$，平均含 Ni 0.83%，含 Co 0.08% 的结合型贫氧化镍矿，为我国第二大镍矿。自 20 世纪 60 年代以来，国内外虽然对该矿的开发利用进行过大量的研究，提出了一系列的处理方案，如还原焙烧-加压氨浸；中温氯化焙烧-加压氨浸；氯化离析-湿式磁选；氯化离析-氨浸；电炉还原熔炼生产镍铁等，但终因经济方面的原因而没能实现工业应用。现准备建 10 000t/a 电炉还原熔炼生产镍铁厂。

最近几年，一些投资者采用硫酸直接浸出工艺对元江镍矿进行了处理。该工艺存在镍、钴浸出率低(大约 60%、渣含镍大约 0.4%)、吨镍硫酸消耗量大($50\sim 70t$)、硫酸镁溶液直接排放对环境的影响非常严重等一系列的问题。

有研究者研究了改进强化浸出过程，镍、钴、镁的浸出率均大于 90%，而铁浸出率小于 3%，二氧化硅不浸出；浸出液经硫化沉淀镍、钴后，镁将以粗 MgO 的产品形态产出，可以进一步加工生产金属镁或 MgO 耐火材料。

3. 钼中矿的化学选矿

选厂产出的钼中矿可大致分为硫化钼中矿和氧化钼中矿两类。化学选矿法处

理难选钼中矿的原则流程见图 6-57 所示。此流程宜用于处理含钼 6%～12%，含铜 2.5% 的难选钼中矿。氧化焙烧温度为 550～600℃，使硫化钼转变为三氧化钼，其他硫化物转变为相应的氧化物和硫酸盐，焙砂中硫化钼含量小于 0.2%～0.4%。焙砂和氧化钼中矿采用浓度为 8%～10% 的碳酸钠溶液进行浸出，浸出温度为 85～90℃，浸渣中钼含量小于 0.7%。浸液用新焙砂中和至 pH＝8～8.7。过滤后的滤液在 80～90℃ 条件下，用氯化钙溶液沉钼制取钼酸钙，母液中钼含量可小于 0.6～0.7g/L，可用离子交换法从中进一步回收钼和铼。

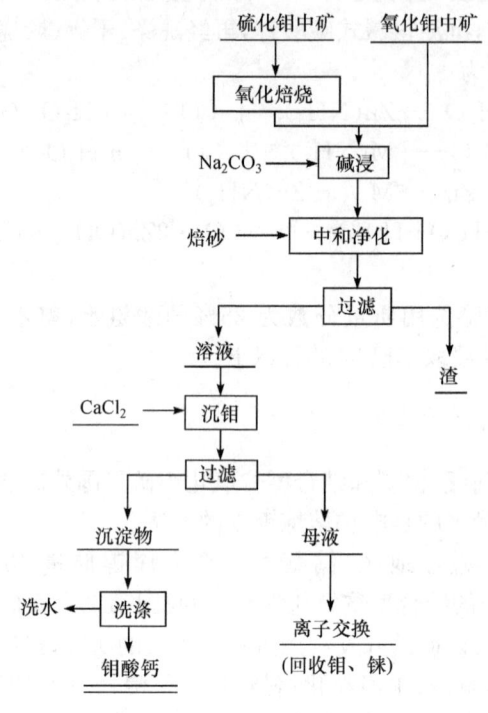

图 6-57　难选钼中矿的原则流程

4. 低品位钨矿物原料的化学处理

钨选厂除产出合格钨精矿外，一般均产出钨含量达不到质量标准的低品位钨中矿，其中钨含量较低（含 WO_3 为 5%～30%）、其他杂质（如 Si、As、P、Mo、Sn 等）的含量较高。属于这类产品的主要有低品位钨细泥精矿、钨锡中矿、含钨铁砂及其他难选的含钨中间产品。此类产品除不得已掺和一部分出厂外，一般是用化选方法处理，使钨呈钨酸钠、合成白钨、仲钨酸铵、钨酸或三氧化钨的形态出售，并可从浸出渣中综合回收其他有用组分。

低品位钨矿物原料化学处理的原则流程如图 6-58。处理过程可分为原料准备、矿物分解、浸出液净化和生产化学精矿等作业。

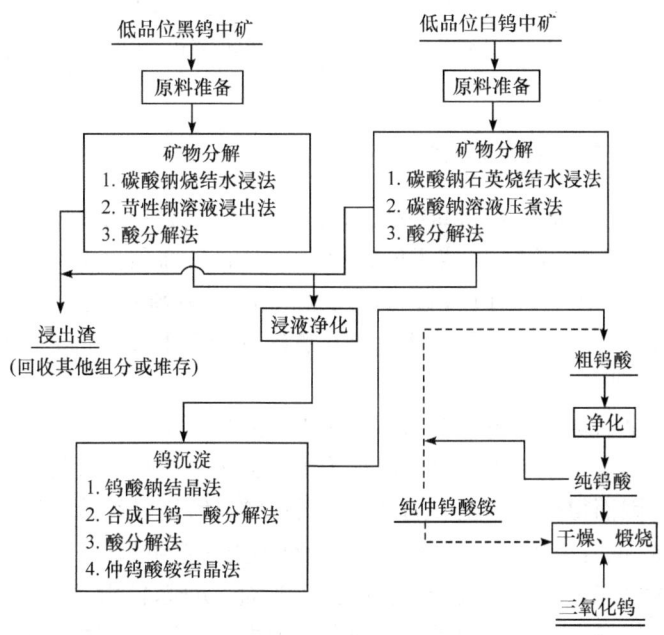

图 6-58 低品位钨矿物原料化学处理的原则流程

5. 低品位难选锡中矿的化学处理

锡选厂产出的低品位难选锡中矿可用烟化法处理,如云锡公司处理残坡积砂锡矿的重选段常产出低品位的难选矿泥中矿,粒度为74~100微米,其化学组成为:Sn 3%~5%、Pb 1.5%~2.0%、Fe 42%~45%、As 0.4%~0.5%、SiO_2 7%~9%、Al_2O_3 3%~4%、CaO 1.5%~2.0%、MgO 0.5%、H_2O 1.5%~20%。该公司采用烟化法处理这部分锡中矿,其原则流程如图6-59所示。

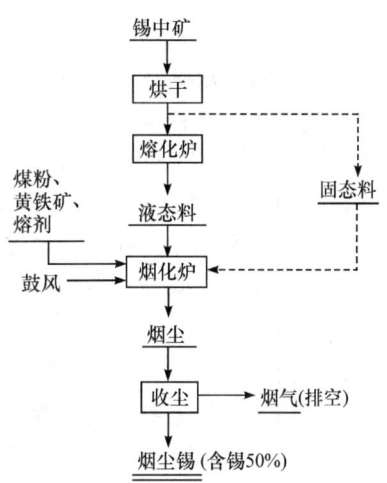

图 6-59 低品位难选锡中矿烟化法流程

锡中矿烟化是在温度高于1200℃的适当还原气氛条件下,用硫化剂(黄铁矿)将炉料熔融体中的锡硫化而呈硫化亚锡挥发,然后被氧化呈二氧化锡尘粒进入烟尘中,经收尘系统所得烟尘锡中的锡含量(或锡铅合计)大于50%。烟尘锡经反射炉熔炼可得粗锡。烟化渣中锡含量小于0.07%。烟化时各组分的挥发率为：Sn 97%～98%，Pb、In、Bi 为 98%～99%，Zn、As 为 60%～80%。硫化剂黄铁矿的用量为矿重的 7%～15%，煤耗为 35%～59%，有时加入石英砂作熔剂。当收尘率为 97% 时，锡的回收率可达 95%。目前认为烟化法宜用于处理锡品位为 5%～10% 的锡中矿。

6.4.3 稀土金属矿石原料的化学分选

稀土金属(rare earth metals)又称稀土元素，是元素周期表ⅢB族中钪、钇、镧系17种元素的总称，常用 R 或 RE 表示。它们的名称和化学符号是钪(Sc)、钇(Y)、镧(La)、铈(Ce)、镨(Pr)、钕(Nd)、钷(Pm)、钐(Sm)、铕(Eu)、钆(Gd)、铽(Tb)、镝(Dy)、钬(Ho)、铒(Er)、铥(Tm)、镱(Yb)、镥(Lu)。原子序数是 21(Sc)、39(Y)、57(La)到 71(Lu)。

稀土一词是历史遗留下来的名称。稀土元素是从 18 世纪末叶开始陆续发现，当时人们常把不溶于水的固体氧化物称为土。稀土一般是以氧化物状态分离出来的，又很稀少，因而得名为稀土。通常把镧、铈、镨、钕、钷、钐、铕称为轻稀土或铈组稀土，把钆、铽、镝、钬、铒、铥、镱、镥、钇称为重稀土或钇组稀土。

稀土金属已广泛应用于电子、石油化工、冶金、机械、能源、轻工、环境保护、农业等领域。应用稀土可生产荧光材料、稀土金属氢化物电池材料、电光源材料、永磁材料、储氢材料、催化材料、精密陶瓷材料、激光材料、超导材料、磁制伸缩材料、磁制冷材料、磁光存储材料、光导纤维材料等。

稀土元素在地壳中主要有三种赋存状态：①矿物状态，稀土元素参加矿物晶格，例如独居石、氟碳铈矿、磷钇矿、硅铍钇矿、褐廉石、铈硅石、褐钇钽矿等。②类质同象或固体分散相状态，稀土元素分散于许多造岩矿物和其他矿物中，如含稀土萤石、磷灰石等。③离子状态，稀土元素以高分子状态吸附于高岭石等黏土矿物的表面，江西赣南大面积的风化壳稀土矿就属于这种类型。

呈矿物状态存在的稀土元素多用物理方法回收，呈离子状态的稀土元素多用化学方法回收。这两种状态的稀土是人们从地壳中取得稀土的主要来源。呈类质同象或固溶体分散的稀土则难以回收。

我国稀土资源极其丰富，储量居世界第一位，具有分布广、品种齐和类型多的特点。轻稀土原料主要是包头混合型稀土矿物（氟碳铈矿和独居石混合的矿物），其次是独居石，主要产地为广东、湖南。重稀土原料主要是江西的离子型稀土矿，其次是广东、湖南等地产的磷钇矿和褐钇钽矿。

混合型稀土矿矿石的处理，一般是先经物理选矿得稀土精矿，再经化学处理才能获得优质稀土化学精矿（稀土化合物）。目前国内处理这些稀土精矿有硫酸化焙烧法、烧碱法、碳酸钠焙烧法和氯化法四种工艺，其中硫酸化焙烧法和烧碱法在工业生产中已取得了较好的效果。混合型稀土精矿的处理流程见图 6-60。

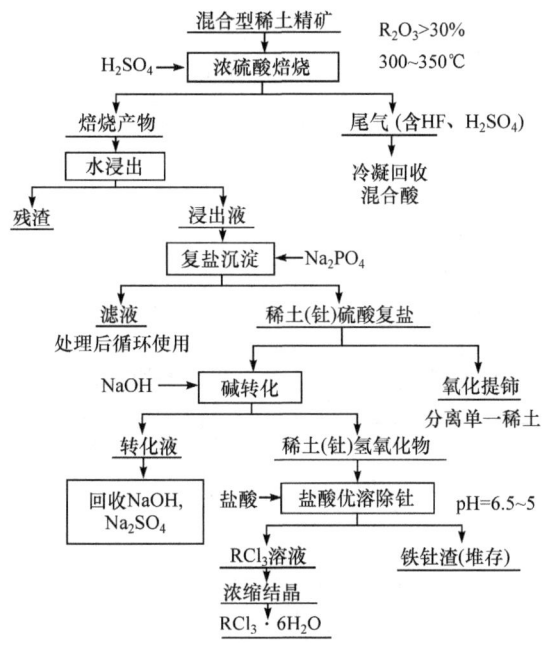

图 6-60 混合型稀土精矿的化学处理流程

离子型稀土矿是稀土元素呈离子状态吸附于高岭石及云母等黏土矿粒中的风化矿石。原矿形状似土,主要含高岭土(约 30%~45%)、钾长石(约 20%~35%)、石英(约 20%~40%)及云母(约 3%~4%),而稀土含量很低,一般为 0.1%~0.3%,其中一半以上的稀土集存于占原矿量 24%~32% 的 -0.075mm 粒级中。对于这种矿石,用通常的物理选矿方法难以选出稀土精矿,所以,生产上采用直接化学处理的方法从中回收稀土元素,原则流程见图 6-61。

离子型稀土矿的浸出是比较容易的,矿石不需破碎,只要保持一定的浸出剂浓度,并使矿石与浸出剂充分接触,即可使离子型稀土浸取出来。温度、浸取时间对浸出率影响不大。常用的浸出剂有食盐和硫酸铵等。浸出方法常用池浸法。稀土进入浸出液,再对浸出液进行适当处理来制取各种稀土中间产品。离子型稀土提取工艺主要包括浸出、浸出液处理和灼烧、水洗及烘干等。

影响离子型稀土浸出率的主要工艺条件有浸出剂的浓度、液固比、料层厚度和布矿的均匀程度。在生产上浸出剂食盐的浓度一般控制在 5%~7%,浸矿液固比为 1:1.3。对渗透较慢的矿石,料层厚度选择 0.5~0.6m,渗透较快的矿石选择 0.8~1.5m,矿石布置要求尽量均匀。

浸出液的处理首先是净化,即除去渗滤液中的泥砂和杂质离子。除泥砂一般采用自然澄清法,让浸出液自然澄清 4~5h,再吸取上清液。

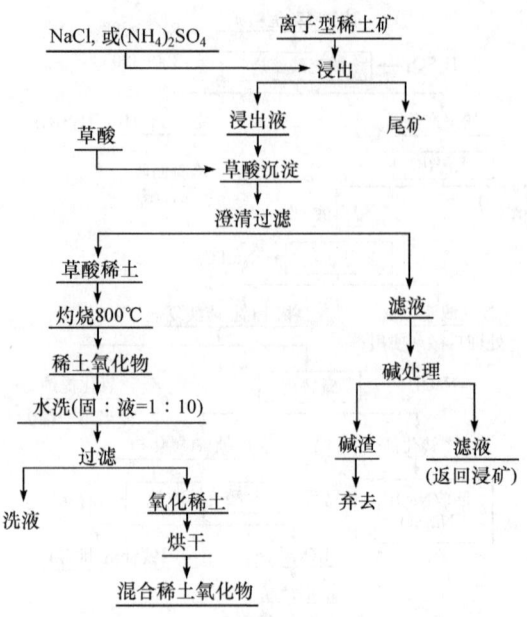

图 6-61　离子型稀土矿的化学分选原则流程

从浸出液中回收稀土主要方法有三种：草酸沉淀法、石灰沉淀法、萃取法。

草酸沉淀法系采用草酸为沉淀剂，使稀土呈草酸盐沉淀析出，再经过滤、灼烧、洗涤等工序，制成混合稀土氧化物（TR_2O_3）。主要反应为

$$2TR^{3+} + 3C_2O_4^{2-} + xH_2O \xrightarrow{pH=1.5\sim2.5} TR_2(C_2O_4)_3 \cdot xH_2O \quad (6-65)$$

$$2TR_2(C_2O_4)_3 \cdot xH_2O + 3O_2 \xrightarrow{800℃} 2TR_2O_3 + 12CO_2 + xH_2O \quad (6-66)$$

当浸出液中含有钙离子时，为了防止草酸钙共沉淀，必须控制沉淀的 pH。当溶液 pH 控制在 1.5～2.5，草酸加入量为稀土氧化物质量的 2～2.5 倍，稀土沉淀率可达 98% 以上，草酸钙沉淀率在 1% 以下。

当用食盐为浸矿剂，草酸稀土沉淀时，有大量的草酸钠共沉淀，致使灼烧所得氧化稀土 TR_2O_3 含量仅为 65%～70%。为此，必须除去钠盐。采用微酸性热水洗涤草酸稀土，或者草酸稀土灼烧后水洗均可达到这个目的。洗涤后的氧化稀土 TR_2O_3 含量大于 92%。如以硫酸铵为浸矿剂，草酸稀土经水洗灼烧后 TR_2O_3 含量可达到 92% 以上。

草酸沉淀后的滤液，因含有过剩的草酸根，不能直接返回浸矿，必须进行处理。利用草酸钙和草酸稀土沉淀 pH 不同的特点，将草酸滤液加碱调至 pH 为 6 左右，绝大部分草酸根与溶液中钙离子结合成草酸钙沉淀而除去，处理过的滤液 $C_2O_4^{2-}$ 含量在 40mg/L 以下，就可返回浸出。

6.4.4 稀有金属锂、铍、铌、钽、铟、铼的化学分选和提取

锂、铍、铌、钽、铟、铼是稀有金属主要品种,用途甚广。在稀有金属分类中,锂、铍为稀有轻金属;铌、钽为稀有难熔金属,铟、铼是稀有分散金属。锂、铍矿选矿方法,有手选法、浮选法、化学或化学-浮选联合法、热裂选法等。手选法在20世纪60年代前是国内外锂、铍矿生产中的主要选矿方法之一,这主要是由于锂、铍矿多数来自伟晶岩矿床,选别的主要工业矿物锂辉石、绿柱石等晶体大、易手选。以后新建的锂铍选矿厂中主要应用浮选。

化学或化学-浮选联合法,适用于盐湖锂矿。盐湖卤水中往往含有 LiCl。将卤水在晒场上经曝晒浓缩加石灰沉淀 Mg^{2+},结晶析出 KCl、NaCl 晶体后,溶液中 LiCl 质量分数可富集到 6%,再加 Na_2CO_3 沉出 Li_2CO_3,反应为

$$2LiCl + Na_2CO_3 == Li_2CO_3 \downarrow + 2NaCl \tag{6-67}$$

工业上金属铍的生产一般分为两步:第一步是从绿柱石中提取氧化铍,第二步是由氧化铍制取金属铍。氧化铍的提取有硫酸盐法和氟化物法。金属铍的生产,因氧化铍极难直接还原成金属,故生产中先将氧化铍转化为卤化物,然后再还原成金属。有两种工艺,即氟化铍镁还原法和氯化铍熔盐电解法。

钽铌矿选矿方法,多采用联合方法流程,不同矿石类型有不同方法流程,如钽铁矿、铌铁矿和褐钇铌矿矿石采用重选-浮选-重选联合流程或重选-磁选-重选联合流程;伟晶岩烧绿石矿石多采用重选-磁浮-浮游或重选-电选-浮选-重选联合流程;碳酸岩烧绿石矿石主要采用煅烧消化脱除碳酸岩-重选-磁浮-浮游联合流程。

铟常与锌或铅共存,主要从有色金属冶炼的烟尘中回收。日本等国家已将离子交换法从锌的副产物或冶炼铜的烟尘中回收铟的工艺用于工业生产。铟在稀酸溶液中,多呈 In^{3+} 离子形态存在,可被阳离子树脂吸附。在浓盐酸溶液中,呈络合阴离子 $InCl_n^{(n-3)}$ ($n>3$) 状态存在,可被阴离子树脂吸附。铟、锌分离可用 TBP 萃淋树脂(由苯乙烯-二乙烯苯单体与 TBP 一起合成而得),其在 6mol/L HCl 介质中,对铟、锌的吸附性能差别最大,铟能被大量吸附,少量吸附的锌用 2mol/L HCl 洗涤负载树脂而除去,最后用水即可解吸铟。这样,可得到占金属离子总量 90% 以上的铟和几乎只含锌的两种溶液。

辉钼精矿是提取铼的主要原料之一。当前常用氧化焙烧进行预处理,在此过程中得到三种含铼物料:吸尘系统的气体洗涤器的冲洗液、烟尘和焙砂。从这些物料中提取铼一般采用 H_2SO_4 浸出,然后用离子交换法提取铼。

6.4.5 含钒原料的化学分选

钒(V)也属稀有难熔金属,是一种重要的合金元素,主要用于钢铁工业。含钒钢具有强度高,韧性大,耐磨性好等优点,因而广泛应用于机械、汽车、造船、铁路、

桥梁等行业。近年来随着高强度钢的进一步发展，中国含钒钢筋推广应用取得突破，钒的用量会越来越大。2004年中国产钒1.65万吨，占世界第二位，其中攀钢生产了1万吨。

重要的含钒原料有钒钛磁铁矿，我国攀枝花铁矿伴生的V_2O_5储量在0.16亿吨左右，在钢铁冶炼过程中产出钒渣。在我国南方分布广泛的石煤（一种低热值煤），伴生的V_2O_5储量在1.1亿吨左右，也是最重要的含钒原料。此外还有钒铁矿、钾钒铀矿、钒酸盐矿、绿硫钒矿、钒云母等矿物以及磷酸盐工业副产含钒磷铁、燃烧含钒有机矿物（煤、石油等）的飞灰、灰渣和石油工业的废催化剂等。

中国钒产品分为冶金级V_2O_5 99、V_2O_5 98和化工级V_2O_5 97三个牌号。

1. 铁水雾化提钒和转炉提钒

铁水雾化提钒是我国针对攀枝花钒钛磁铁矿开发的技术，1972年开始应用。钒钛磁铁矿在冶炼生铁时，钒还原进入铁水。高炉铁水雾化法提钒，是将含钒铁水倾入中间缸，然后进雾化器，经雾化反应之后，钒由V_2O_3氧化成V_2O_5、V_2O_4、V_2O_3的混合物流入半钢缸，半钢面上形成钒渣。该法存在钒渣中TFe、MFe含量高，钒回收率低的问题。

为提高钒渣产量，1995年攀钢对提钒工艺进行重大改革，用转炉提钒工艺替代原铁水雾化提钒工艺。转炉提钒是铁水中铁、钒、碳、硅、锰、磷、硫等元素的选择性氧化反应过程。将含钒铁水送入转炉吹炼成钢，钒高度富集在表面渣中，其工艺是复吹，即顶吹氧气，底吹惰性气体，产出钒渣。

钒渣再经破碎、焙烧、浸出、过滤即得到V_2O_5。

2. 钠化氧化焙烧法

钠化氧化焙烧法是使原料中的钒转化为可溶性钒酸钠的方法，钠化氧化焙烧法的主要反应式为

$$V_2O_5 + Na_2CO_3 \longrightarrow 2NaVO_3 + CO_2 \uparrow \tag{6-68}$$

它用于处理含钒铁精矿、钒渣、其他含钒原料（如废催化剂、石煤或燃烧石煤所得灰渣）。钒渣为以含钒铁矿炼钢过程中产出的副产物，在进行焙烧之前需经破碎磨细、磁选除铁。用含钒铁精矿作原料时，一般采用与钠盐添加剂混合制团的方法，添加剂常用食盐、硫酸钠或碳酸钠。焙烧产物水浸液经浓缩、过滤、铵盐转化、加酸沉淀析出钒酸铵送去过滤，或在钠化氧化焙烧后采用稀酸浸出-萃取的方法。滤饼经干燥、脱氨即得粉状五氧化二钒产品，或将滤饼直接熔化获得片状五氧化二钒产品。

钠化氧化焙烧法原为生产五氧化二钒最主要的工艺流程，在工业上多采用廉价的食盐作钠化剂，技术指标较好。但该法焙烧时产生大量Cl_2、HCl等有毒气

体,对周围环境造成严重的破坏。目前各地政府和环保部门已禁止其应用。

3. 钙化氧化焙烧法

钙化焙烧是将石灰或石灰石或其他钙化合物按一定比例添加到钒矿中混料,再进行氧化钙化焙烧,使矿中的钒氧化并生成钒酸钙,其化学反应式为

$$V_2O_3 + O_2 = V_2O_5 \tag{6-69}$$

$$V_2O_5 + CaCO_3 = Ca(VO_3)_2 + CO_2 \uparrow \tag{6-70}$$

为使溶解度很小的 $Ca(VO_3)_2$ 中的钒从焙烧后的熟料中分离出来,采用碳酸盐溶液浸出,其反应式为

$$Ca(VO_3)_2 + CO_3^{2-} = CaCO_3 \downarrow + 2VO_3^- \tag{6-71}$$

钙化焙烧法应用于石煤提钒时,添加的石灰或石灰石对石煤中的硫有固定作用,可减少焙烧时 SO_2 的排放。

钙化焙烧法,废气中有害气体少,焙烧后的浸出渣不含钠盐,富含钙,有利于综合利用,如用于建材行业等。但普通的钙化焙烧提钒工艺对矿石有一定的选择性,技术指标较钠化焙烧法略为偏低。

4. 酸浸法

酸浸法可用于石煤的处理,所用酸多为硫酸。钒在黏土矿物中主要以类质同象形式置换 Al^{3+} 而存在于云母晶格中,分子式为 $(Al、V)[SiO_{10}](OH)_2$,故属难浸的钒。为使钒能从云母结构中溶浸出来,必须破坏云母结构,并使之氧化才可能被溶剂浸出。除了采用钠化、钙化焙烧打破云母结构并转化成可溶性的钒外,也可直接用酸来破坏它的云母结构,在一定的温度和酸度下,氢离子进入云母结构置换 Al,使离子半径发生变化,从而把钒释放出来氧化成四价后被酸溶解,得到硫酸钒酰蓝色溶液,其反应式为

$$V_2O_3 + 2H_2SO_4 + \frac{1}{2}O_2 = V_2O_2(SO_4)_2 + 2H_2O \tag{6-72}$$

$$V_2O_2(OH)_4 + 2H_2SO_4 = V_2O_2(SO_4)_2 + 4H_2O \tag{6-73}$$

长沙有色冶金设计研究院研究了石煤提钒酸浸-萃取工艺。浸出温度85℃、浸出时间20h、浸出液固比1~1.2、矿石粒度100% $-0.246mm$、硫酸用量为矿石量的11%~12%,原矿品位 $1.1\%V_2O_5$。固液分离浸出矿浆的固液分离采用六级逆流浓密洗涤,洗涤模数为1.8~2,控制底流液固比1~1.2,洗涤效率为98%。固液分离出来的浸出液含 V_2O_5 为3.5~4g/L,经还原、中和、检测过滤等预处理后,送萃取。萃取和反萃均在混合澄清萃取箱中进行,萃取七级,反萃六级。萃取剂为 P_{204} 和TBP,稀释剂为磺化煤油,反萃剂为3N稀释酸溶液。总技术指标为浸出率78.4%,洗涤率98.4%,萃取率98.2%,反萃取率99.4%,沉钒率98.6%,

V_2O_5 总回收率 72.8%。

5. 碱浸法

近年来,有研究者研究了石煤氧化焙烧-碱浸提钒工艺。常用的碱浸出剂有 $NaCO_3$、$NaOH$ 或两者混合,碱浸时还必须使钒氧化成高价态才行,氧化剂常用空气、次氯酸钠等。其基本流程为石煤氧化焙烧-碱溶液浸出-净化除硅-萃取-水解沉粗钒-精制精矾。该流程污染低,据报道 V_2O_5 的回收率可达 76.75%。

6.4.6 铀矿石原料的化学分选

1. 铀矿化学浸出方法和原理

(1) 铀矿概述。铀是核工业的基本原料。天然铀有三种同位素,即 ^{238}U、^{235}U、^{234}U,它们在自然界的分布比例分别为 99.28%、0.714%、0.006%。铀为天然放射性元素,衰变时放出 α、β、γ 三种射线。20 世纪 30 年代末期铀核裂变的发现,开拓了核能利用的领域。铀主要用作核电站的燃料、核船舶的动力、核武器的装料,并用于生产其他放射性同位素等。

铀在地壳中分布比较广泛,其平均含量为 $2\times10^{-6}\sim4\times10^{-6}$ ppm。铀可以在各种不同地质条件下富集成矿床,有内生铀矿床和外生铀矿床。内生铀矿床如热液铀矿床、伟晶岩铀矿床,外生铀矿床如沉积铀矿床、变质铀矿床等。在多数的铀矿床中,铀的品位低于 0.2%。

通常主要从铀矿石中提取铀,此外也从含铀磷矿、含铀铜矿、含铀金矿、含铀煤矿等矿石中提取一定数量的铀。目前,除部分铀矿石采用放射性选矿法进行预选或用焙烧法处理外,大部分铀矿石直接送选厂进行化学选矿(浸出、浸液净化和生产化学精矿)。铀矿石的种类较多,成分复杂,大体上可分为硅酸盐矿石和碳酸盐矿石两大类,前者适于用酸浸,后者适于用碳酸钠溶液浸出。

(2) 铀矿硫酸浸出原理。铀矿石酸浸时,可用盐酸、硝酸或硫酸作浸出剂。从浸出剂价格、分解能力及对设备的腐蚀等因素考虑,最常用的浸出剂为稀硫酸。硫酸价格低,对铀的浸出率较高,其对设备的腐蚀性较盐酸和硝酸小,浓硫酸可用碳钢容器储运,浸出设备可用含钼不锈钢或用衬耐酸陶瓷和衬橡胶的方法解决。

目前用硫酸浸出法提取铀是国内外应用最多的,据不完全统计有 80% 以上的铀是用硫酸浸出矿石获得的,因此,该法是提铀工艺中最重要的方法。

原生矿中铀主要呈 UO_2,其次为 UO_3。酸浸时希望铀呈 UO_2^{2+} 离子存在浸液中,浸液的还原电压必须大于 $200\sim300mV$ 才能让四价铀氧化为六价的 UO_2^{2+},当电压为 $400\sim500mV$ 时,铀基本上呈六价形态存在,且浸液的 pH 应小于 3.5,否则 UO_2^{2+} 水解呈氢氧化物沉淀析出。为了使浸液的还原电压大于 400mV,浸出时必须加入氧化剂。有效的氧化剂是 Fe^{3+}，因矿石一般含少量铁，酸浸液中 Fe^{2+} 含量一般为 0.5~2.0g/L，故常以 MnO_2 作氧化剂，将 Fe^{2+} 氧化为 Fe^{3+}。铀矿硫酸浸出的反应为

$$2Fe^{3+} + UO_2 \rightleftharpoons UO_2^{2+} + 2Fe^{2+} \tag{6-74}$$

$$2Fe^{2+} + MnO_2 + 4H^+ \rightleftharpoons 2Fe^{3+} + Mn^{2+} + 2H_2O \tag{6-75}$$

铀在硫酸浸液中呈 UO_2^{2+} 和 UO_2SO_4、$[UO_2(SO_4)_2]^{2-}$、$[UO_2(SO_4)_3]^{4-}$ 等络离子形态存在，其间的比例取决于浸出液的酸度、铀离子浓度、温度等因素。

浸出时的矿石粒度约为 16~100 目，液固比为 0.6~1.2，酸用量与矿石组成有关，在实际浸出过程中的酸耗量主要由不含铀的耗酸矿物决定。因此通常按其他矿物的耗酸量来估算浸出的酸耗量。常见的耗酸矿物有：方解石、白云石等碳酸盐矿物，软锰矿等金属氧化物。易浸矿石的剩余酸度一般为 3~8g/L，难浸矿石为 30~40 g/L，浸出温度一般为 60~90℃，MnO_2 用量为矿石质量的 0.5%~2.0%，溶液的还原电位约 0.4~0.45V，浸出时间依矿石性质和浸出条件而异。浸出液的处理通常可采用萃取法和离子交换法。萃取剂我国用三脂肪胺的煤油溶液和膦酸三丁脂的煤油溶液。离子交换法所用的树脂为强碱性阴离子交换树脂。上述工艺参数常通过试验决定其最佳值。

(3) 铀矿碳酸盐浸出原理。铀矿石中碳酸盐含量高时，不宜用酸浸而需用碳酸盐溶液浸出。碳酸盐浸出具有选择性好，浸液较纯，试剂可部分返回使用和对设备腐蚀性小等优点，但浸出时间较长，浸出率较低，尤其存在四价铀时更是如此。若采用加压浸出，提高温度和强化氧化条件，可加快反应速度，提高浸出率。

所有的次生铀矿物及氧化焙烧、加盐烧结所生成的三氧化铀和碱金属铀酸盐易被碳酸盐溶液分解。原生铀矿中的六价铀易被碳酸盐溶液溶解，但其中的四价铀只在氧化剂存在下才能溶于碳酸盐溶液中。铀矿碳酸盐浸出的反应为

$$2UO_2 + O_2 \rightleftharpoons UO_3 \tag{6-76}$$

$$UO_3 + 3Na_2CO_3 + H_2O \rightleftharpoons Na_4UO_2(CO_3)_3 + 2NaOH \tag{6-77}$$

浸出过程会生成苛性钠，使浸液 pH 上升，当 pH>10.5 时，三碳酸铀酰络合物会分解析出重铀酸盐沉淀。因此，一般采用碳酸钠和碳酸氢钠的混合液作浸出剂，以保证浸出在 pH= 9~10.5 的范围内进行。碳酸氢钠用量常为碳酸盐总用量的 10%~30%，以中和浸出过程所生成的苛性钠，中和反应为

$$NaOH + NaHCO_3 \rightleftharpoons Na_2CO_3 + H_2O \tag{6-78}$$

2. 铀矿化学浸出应用实例

图 6-62 是美国埃克森矿物公司海兰厂的流程。

该厂矿石产于砂岩内，含铀的矿物主要为晶质铀矿和水硅铀矿。矿石品位约为 0.1% U_3O_8，矿石经过一段闭路冲击破碎，一段开路棒磨，然后用硫酸作浸出

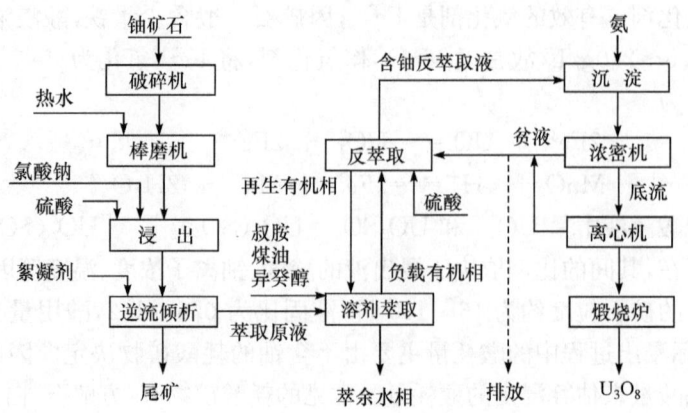

图 6-62 美国海兰厂的铀矿化学浸出流程

剂,氯酸钠作氧化剂,在 35~40℃下机械搅拌浸出 5h。浸出经逆流倾析、过滤澄清,得到清液。含铀清液用 2.5%的叔胺加 2.5%异癸醇的煤油溶液萃取,硫酸铵反萃取,反萃取液加入无水氨中和,得到重铀酸铵沉淀。重铀酸铵在 538℃下煅烧,获得含 U_3O_8 97%的产品。全过程铀的总回收率大于 90%,硫酸的消耗为 18kg/t 矿,氯酸钠的消耗为 1kg/t 矿。

美国皮奇(Pitch)铀矿从地表打了 40 个钻孔进行地下溶浸,每个采场有 6~8 个孔,注入用碳酸氢钠溶剂配制的浸出溶液。溶液注入速度为 50~80L/min。经过贫矿石堆和充填料的浸出液铀浓度达 120mg/L。三个月后产品液中铀含量仍有 50~100 mg/L。

美国气山矿区某露天矿用堆浸的方法回收品位为 0.05% U_3O_8 的矿石,先将矿石破碎到 25mm,堆成 25 000t 规模的平堆,用矿井水加到含水量 13.5%,然后加入 35%的硫酸溶液 1000m³。经 30~40d 后,浸出液中铀回收率达 75%。

6.4.7 非金属矿原料的化学分选

1. 石墨精矿的化学处理

石墨选厂浮选精矿的品位常为 90%左右,有时达 94%~95%。有些特殊用途要求石墨精矿的品位大于 99%。为此,可用化学选矿法对石墨精矿进行提纯。石墨精矿中的主要杂质为硅酸盐矿物及钾、钠、钙、镁、铁、铝等的化合物,它们呈细粒浸染于石墨鳞片中。可用碱熔-水浸法,酸浸法和高温挥发法除杂提纯。

碱熔-水浸法是将石墨精矿与碱(苛性钠)按一定比例混合,然后在 500~800℃条件下熔融,此时精矿中的硅、铝、铁等杂质转变为相应的水溶性化合物,主要反应为

$$SiO_2 + 2NaOH = Na_2SiO_3 + H_2O \tag{6-79}$$

$$Al_2O_3 + 6NaOH = 2Na_3AlO_3 + 3H_2O \qquad (6-80)$$
$$Fe_2O_3 + 2NaOH = 2NaFeO_2 + H_2O \qquad (6-81)$$

冷却后进行水浸,硅酸钠溶于水,铝酸钠和铁酸钠在弱碱性介质中水解,析出高度分散的氢氧化物沉淀,固液分离和洗涤后,再用盐酸液浸出以除去铁和铝。经洗涤、脱水干燥后,可获得高碳石墨。

国内某石墨矿采用此法制取高碳石墨,该矿采用浓度为50%的苛性钠,按照NaOH:石墨 = 1:0.8 的比例混匀,在 500~800℃温度下熔融,冷却至 100℃后水浸 1h,水浸渣洗涤后再用盐酸浸出,盐酸用量为矿重的 30%。酸浸渣洗涤后经固液分离、干燥,得高碳石墨,精矿中石墨品位可从 88%~89%增至 97%~99%,石墨回收率 88%~89%。

2. 高岭土精矿的化选除杂

高岭土在选厂用碎解、淘洗、分级等方法可除去高岭土中的粗粒杂质,产出能满足一般工业要求的高岭土精矿。但高岭土精矿常被微粒的氧化铁杂质所污染而呈不同程度的褐黄色,降低了产品的白度。为了提高产品的白度,常用浸出法除去其中的氧化铁杂质。漂白高岭土可用酸浸法或盐浸法。酸浸时可用硫酸、盐酸、草酸或亚硫酸作浸出剂。盐浸时可用连二亚硫酸钠作浸出剂。最常用的是盐浸法。盐浸时,氧化铁杂质转变为可溶性的亚铁盐或稳定的络合物,固液分离后可得纯白色的优质高岭土精矿。

3. 磷矿的化学选矿

磷矿石主要用于生产磷肥。2005 年中国磷肥产量为 1075 万吨,仅次于美国,居世界第二。

国内外除少数 P_2O_5 含量较高的磷矿可直接用于生产磷肥外,多数磷矿石的品位(P_2O_5)均小于 30%,其中相当一部分甚至小于 20%。目前高碳酸盐型磷矿石的选矿方法主要是煅烧-消化法。焙烧碳酸盐型磷矿石时,可使其中的碳酸盐分解成氧化物,加少量水消化成碎散的氢氧化物,从而筛分脱除。此外,还可除去磷矿石中的有机质,可降低氧化铁和氧化铝在酸中的溶解度,改善矿石结构构造。因此,焙烧-消化工艺可提高精矿中的 P_2O_5 的含量和改善后续工艺操作。

国内某碳酸盐型磷矿组成为:P_2O_5 30.07%,MgO 3.5%。主要脉石矿物为白云石和少量硅酸盐,对该类型矿石采用煅烧-消化工艺处理,原矿碎至-10mm,在回转窑中于 1000~1100℃条件下煅烧 80~100min,在水温为 50℃,固液比为 1 的条件下进行消化、筛分,可得 P_2O_5 含量大于 37%,氧化镁含量小于 1.5%的优质磷精矿,P_2O_5 回收率约 95%。煅烧时 90%以上的碘进入烟气中,烟气经水吸收和氯气氧化可制得粗碘,精制可得精碘,碘的回收率达 74%。提碘后的尾气返回用于处理消化尾浆,使氢氧化物转变为碳酸盐,滤渣更适于堆存。

4. 含镁矿物的化学处理

菱镁矿($MgCO_3$),加热至 640℃以上时,开始分解成 MgO 和 CO_2。在 700~1000℃煅烧时,CO_2 没有完全逸出,成为一种粉末状物质,称为轻烧镁,其化学活性很强,具有高度的胶黏性,易与水作用生成氢氧化镁。主要用于制造胶凝材料,如含镁水泥、绝热和隔音的建筑材料,也可作陶瓷原料。轻烧镁将轻烧镁进行化学处理后,可以制成多种镁盐,用作医药、橡胶、人造纤维、造纸等方面的原料。在1400~1800℃煅烧时,CO_2 完全逸出,氧化镁形成方镁石致密块体,称重烧镁,这种重烧镁具有很高的耐火度,大部分作冶金用的耐火材料。在 2500~3000℃将重烧镁熔融,经冷却凝固发育成完好的方镁石晶体,称为电熔氧化镁或熔融氧化镁。主要用作冶炼特殊合金钢、有色金属和贵金属的中高频感应电炉炉衬、镁坩埚。

白云石($CaCO_3 \cdot MgCO_3$),煅烧后分解成 MgO、CaO 和 CO_2。冶金工业中主要用作熔剂、耐火材料。白云石可提取金属镁,生产方法为硅热还原法(皮江法):将氧化镁、氧化钙与硅铁粉混合,压制成块,装入还原炉中,加热到1200℃,硅就将氧化镁还原成金属镁,产生镁蒸气,引出冷凝即得粗镁。皮江法占我国金属镁产量95%,但该法污染严重,现应用受限。

天然光卤石($KCl \cdot MgCl_2 \cdot 6H_2O$),产于内陆盐湖。光卤石经冷分解热溶结晶可制得氯化钾和氯化镁,然后浮选分离。此外,光卤石经溶解和再结晶可制得人造光卤石,然后经过二次脱水,得到无水光卤石,最终经熔融电解可制备金属镁。

此外,盐湖卤水和海水制盐卤水中的氯化镁也可提取金属镁。电解氯化镁、氯化钙、氯化钠混合物的熔融体,可得金属镁。

习 题

1. 什么是化学分选?它与物理分选和表面物理化学分选相比有何特点?具体适用范围如何?
2. 简述焙烧过程的分类及其在化学分选中的作用。
3. 常用的化学浸出剂有哪些?各自的适应面如何?
4. 简要评述堆浸方法和作业过程。
5. 空气搅拌浸出槽和机械搅拌浸出槽在结构上有何区别?应用范围有何区分?
6. 为什么矿浆在浸出之后一般要进行洗涤和固液分离?
7. 常用的净化与富集作业设备有哪些?
8. 常用的制取化学精矿或金属的作业方法和设备有哪些?
9. 评述金矿石的氰化-锌粉置换法、氰化炭浆法、氰化树脂矿浆法、氰化堆浸法。
10. 试比较含砷难处理金矿石生物预氧化-氰化浸出工艺与低品位铜矿的生物堆浸工艺之间的共性与特性。

11. 评述难选氧化铜矿及低品位铜矿石的浸出-萃取-电积工艺。
12. 评述难选有色金属矿石和中矿的化学选矿方法和应用范围。
13. 含钒原料钠化氧化焙烧法提取工艺的原理和过程是怎样的?

参 考 文 献

池汝安,王淀佐. 1995. 稀土选矿与提取技术. 北京:科学出版社
黄尔君. 1990. 化学选矿. 北京:冶金工业出版社
黄礼煌. 1990. 化学选矿. 北京:冶金工业出版社
建生,1976. 国外中小型铀矿开采实例. 北京:原子能出版社
黎海雁,韩勇. 1989. 化学选矿. 长沙:中南工业大学出版社
李晓健. 2000. 酸浸-萃取工艺在石煤提钒工业中的设计与应用. 湖南有色金属,16(3):21~23
溶液中金属及其他有用成分的提取编委会. 1995. 溶液中金属及其他有用成分的提取. 北京:冶金工业出版社
史有高. 1997. 世界最大的堆浸-溶剂萃取-电积铜生产厂在智利建成投产. 有色冶炼,1:1~2
王昌汉. 1998. 溶浸采铀(矿). 北京:原子能出版社
王成彦,江培海. 2005. 云南中低品位氧化锌矿及元江镍矿的合理开发利用. 中国工程科学,7(3):147~150
王淀佐,邱冠周,胡岳华. 2005. 资源加工学. 北京:科学出版社
薛玉兰,郭昌槐. 1991. 矿冶环境保护与资源综合回收. 长沙:中南工业大学出版社
《选矿手册》编委会. 1990. 选矿手册. 第八卷(第三分册). 北京:冶金工业出版社
杨建元等. 1997. 菱锌矿湿法炼锌制取优质氧化锌副产硫酸铵. 矿产综合利用,1:47~49
杨佼庸,刘大星. 1988. 萃取. 北京:冶金工业出版社
杨松荣,邱冠周,胡岳华等. 2006. 含砷难处理金矿石生物氧化工艺及应用. 北京:冶金工业出版社
赵天从. 1987. 锑. 北京:冶金工业出版社
赵天从. 1987. 重金属冶金学. 北京:冶金工业出版社
赵涌泉. 1982. 氧化铜矿的处理. 北京:冶金工业出版社
《中国黄金生产实用技术》编委会. 1998. 中国黄金生产实用技术. 北京:冶金工业出版社
中国冶金百科全书编辑委员会. 1999. 中国冶金百科全书·冶金建设卷. 北京:冶金工业出版社

第7章 固液分离

7.1 固液分离概述

固液分离(solid-liquid separation, or dewatering)是指从悬浮液中分离出固相和液相物料。固液分离能实现以下目的：回收有用固体(废弃液体)；回收液体(废弃固体)；回收固体和液体；分级与脱泥。

固液分离按其工作原理可分为三类：

(1) 机械分离法。机械分离法是利用机械力(重力、压力等)使水分与固体物料分离的方法，如沉淀浓缩(thickening)、过滤(filtration)、重力脱水和离心力脱水等。

(2) 加热法。加热法是利用热能使水汽化而与固体物料分离的方法，如干燥。

(3) 物理化学分离法。物理化学分离法是利用吸水性化学品，如石灰、无水氯化钙等吸收固体物料的水分。

选择固液分离方法要根据物料中水分的分布特性、含量和物料粒度大小等许多因素来确定，考虑固液分离工艺的技术经济指标，使工艺过程合理且经济。

悬浮液中固体的含量常用矿浆浓度 C(质量分数 w_B)表示，是指矿浆中固体质量占矿浆总质量的百分数(%)，如式(5-1)。在化工过程和湿法冶金中，还用固含 N(每升悬浮液中所含固体质量的克数，即 g/L)来表示悬浮液中固体的含量。在工厂设计中还使用液固比 R(悬浮液中液体质量与固体质量之比)来表示悬浮液中固体的含量。C 与 N 的换算关系见式(7-1)，C 与 R 的换算关系见式(7-2)，换算举例见表 7-1。

$$C = w_B = \frac{Q}{Q+(V-Q/\delta)\rho} \times 100\% = \frac{N}{N+(1000-N/\delta)\rho} \times 100\% \quad (7-1)$$

$$C = w_B = \frac{Q_{\text{矿}}}{Q_{\text{矿}}+Q_{\text{水}}} \times 100\% = \frac{1}{1+R} \times 100\% \quad (7-2)$$

式中：C, w_B 为悬浮液质量浓度，%；N 为悬浮液中固体含量，g 固体/L 矿浆；Q 为悬浮液中干物料的质量，g；V 为悬浮液的体积，cm³；δ 为物料密度，g/cm³；ρ 为介质密度，g/cm³，水的密度 $\rho = 1.0$ g/cm³；R 为悬浮液液固比。

表7-1 物料密度 δ=2.9 g/cm³ 时, C 与 N、C 与 R 的换算关系

浓度 C/%	56.62	60.42	63.93	67.18	70.20	73.02
固含 N/(g/L)	900	1000	1100	1200	1300	1400
液固比 R	0.766	0.655	0.564	0.489	0.425	0.369

7.1.1 液相和固相性质及对固液分离的影响

1. 水分的赋存形态

物料中的水分,包括成矿过程中的水分、开采水分、分选加工用水和运输、储存过程中加入的水分。以不同的形态赋存于物料之中。通常有四种形式,即化合水分、结合水分、毛细管水分和自由水分。

(1) 重力水。重力水也称自由水,存在于各种大孔隙中,其运动受重力场控制。重力水是最容易被脱除的水。

(2) 毛细管水分。松散物料的颗粒与颗粒之间有许多孔隙,孔隙较小时可发生毛细管现象,水分子保留在这些孔隙和孔隙度有关,孔隙度越大可能保留的水分越多。

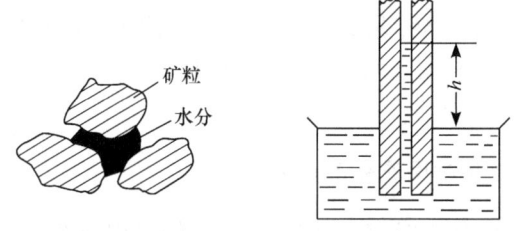

图 7-1 孔隙水分示意图

如图 7-1 所示,当孔隙度为圆柱形、半径为 r 时,由于毛细管吸力作用所能保留的水柱高度 h 可用力平衡条件算出

$$2\pi r \sigma \cos\theta = \pi r^2 h \rho$$

所以有

$$h = \frac{2\sigma \cos\theta}{r \rho g} \tag{7-3}$$

式中: h 为水柱高度, m; r 为毛细管半径, m; σ 为水的表面张力, N/m; θ 为物料的平衡接触角; ρ 为水的密度, kg/m³; g 为重力加速度, m/s²。

由式(7-3)可见,物料毛细管中水柱的高度,除与水的性质有关以外,还与物料性质和毛细管的直径有关。毛细管直径越小,水柱高度越大;此外,亲水性的物料接触角较小,其毛细管中水中高度增大,因而其毛细管水分的含量增加。毛细管水分根据所采用的脱水方法和毛细管直径的大小,只可脱除一部分而不能全部

脱除。

(3) 结合水分。在固体物料和液相水接触时,在两相的接触面上,由于其物理化学性质与固体内部不同,位于固体或液体表面的分子具有表面自由能,将吸引相邻相中的分子,在固体表面形成水化膜。结合水分又可细分为强结合水和弱结合水。

① 强结合水。强结合水又称吸附结合水,指紧靠颗粒表面与表面直接水化的水分子和稍远离颗粒表面由于偶极分子相互作用而定向排列的水分子。前者由于静电力和氢键力的作用,水分子可牢固地吸附于颗粒表面,此种水具有高黏度和抗剪切强度,很少受温度的影响;后者与颗粒表面结合较弱,但仍有较高的黏度和抗剪切强度。

② 弱结合水。弱结合水指与颗粒表面结合较弱的这部分结合水,在温度、压力出现变化时偶极分子之间的连接破坏,使水分子离开颗粒表面而在距其稍远部位形成的一层水。它具有氢键连接的特点,但水分子无定向排列现象。

通常,进入双电层紧密层的水分子为强结合水,在双电层扩散层上的水分子为弱结合水。结合水与固体结合紧密,不能用机械方法脱除,而应用干燥法只能去除一部分,当物料与湿度大的空气接触时那部分水分又会被吸收回来。

(4) 化合水分。化合水分是水分和物质按固定的质量比率直接化合而成为新物质的一个组成部分。它们之间结合牢固,只有在加热到物质晶体被破坏的温度才能使化合水分释放出来。

2. 固相物料的性质对固液分离的影响

(1) 孔隙度。孔隙度大时存在水分多,毛细管作用弱而水分易脱除;孔隙度小时存在水分少,但毛细管作用强水分不易脱除。

(2) 比表面积。它是指单位质量物料所具有的总表面积。比表面积越大,吸附的水分越多且不易脱除。

(3) 密度。同样质量的物质,密度大的其体积越小,比表面积越小,吸附的水分也少,一般选煤厂产品水分常比选矿厂产品水分高,正是这个道理。

(4) 润湿性。润湿性差的疏水矿物,含水量少且易脱除;而亲水矿物的含水量较疏水矿物多且脱水较困难。

(5) 细泥含量。泥质属亲水矿物,一方面它充填于物料间隙而使毛细管作用增强,另一方面它附着在矿粒表面而使物料水分增高,这两种情况的水均不容易脱除。

(6) 粒度组成。物料的粒度组成越小,其比表面积越大,吸附的水分多且不易脱除;物料的粒度组成均匀时,颗粒间空隙较大,容纳的水分多但却易脱除;若粒度组成不均匀,细颗粒充填在粗粒的孔隙中而使颗粒孔隙微小,毛细管作用增强,其水分难于脱除。

7.1.2 固液分离工艺

1. 固液分离流程分类

根据固液分离产品的用途不同,选矿产品固液分离的工艺流程主要有以下几种。

(1) 精矿脱水。脱除精矿水分,同时回收几乎不含固体的清水供循环使用,用来处理浮选或细粒重选精矿。一般采用图7-2所示流程。采用真空过滤所得湿精矿,为满足后续作业对原料水分的要求,或在严寒地区防止精矿冻结而影响装卸,有时还需干燥。

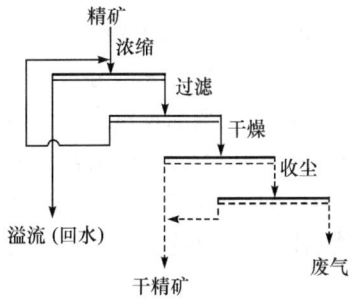

图7-2 精矿脱水原则流程

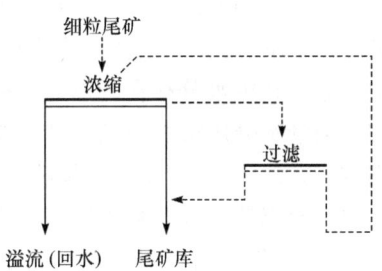

图7-3 细粒尾矿脱水原则流程

(2) 尾矿脱水。以回收清水(含固体量甚低)为目的,将尾矿中多余的水在选矿厂区内脱出,供循环使用。同时,提高尾矿浓度,减少尾矿输送量,节约能源,提高选矿经济效益。细粒尾矿脱水流程如图7-3所示、粗粒尾矿脱水流程如图7-4所示。

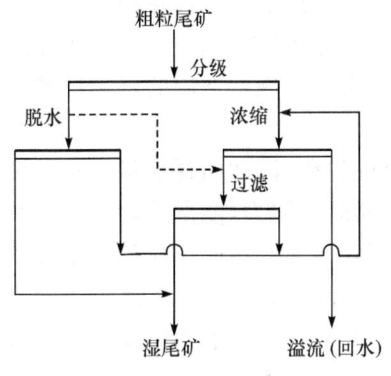

图7-4 粗粒尾矿脱水原则流程

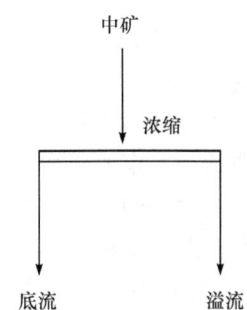

图7-5 中矿脱水、脱泥原则流程

（3）中矿脱水。目的在于提高中矿或低品位粗精矿矿浆浓度，为下一步作业提供浓度合适的矿浆，也可同时回收脱出的清水，供循环使用，其流程如图7-5所示。

（4）分级脱泥。以分出矿浆中的细粒级或矿泥为目的，为下一步选别作业提供合适的矿浆，或回收粗粒洗矿产品，或将溢流单独处理或丢弃。脱泥流程如图7-5所示。

2. 固液分离流程选择

选矿产品固液分离工艺流程的选择，主要根据对固液分离后的物料水分或浓度要求、物料的粒度差别以及物料与水的结合状态来确定。一般结合设备选型同时考虑。

理想的液固分离过程应该是使液体和固体完全分开。实际上没有这种设备。在一般情况下，总会有细粒固体物料残留在液体中，同时也会有一部分液体留在固体中。湿物料中水分存在的形式可分为化合水、结合水、毛细水及重力水。重力水分和毛细管水分用机械分离法和干燥方法可以除去，而结合水分和化合水分不能用机械的方法除去，干燥也只能除去部分水分，而且当环境的空气湿度较大时，所失去的水分仍然会重新吸收回来。因此在确定物料固液分离的工艺和可能达到的含水量时，首先应当查明该物料水分的分布特性。

固液分离方法的选择与被处理物料的粒度特性和工艺要求关系密切。尾矿的脱水常采用沉淀浓缩脱水法，不过滤。

精矿的脱水常采用自然脱水法或机械脱水法，其设备简单，脱水效率较高，能将大部分重力水脱除。脱水后精矿含水约为8%～12%。一般可分为两个步骤，第一步沉淀浓缩，将含有大量水分的稀矿浆浓缩到含水量为40%～50%的矿浆。常用的设备有沉淀池、浓泥斗和浓缩机等。第二步过滤，借助于过滤介质在一定压力下将水和固体分离，得到含水8%～12%的产品。常用设备有各种类型的过滤机。第三步干燥，将物料用干燥机烘干，使含水量降低到6%以下。由于干燥过程费用高，故只有对精矿水分有特殊要求的产品方考虑干燥。常用的浮选厂精矿两段脱水配置图见图7-6。

沉淀浓缩是利用矿粒自身重力作用而沉降的过程，因此消耗能量最小。过滤作业则需要给予一定的压力以克服液体通过介质时的阻力，能量消耗较大。而干燥作业则需要大量的热能使水分汽化，其能量消耗最大。然而比较除去水分的绝对质量，则沉淀浓缩除去的最多，过滤作业次之，干燥作业最少。例如液固比为9∶1的矿浆，经过浓缩机可使其浓缩到液固比1∶1，再经过过滤机得到含水量15%的滤饼，最后在干燥机中烘干得到含水量5%的最终产品。这样每处理100t矿浆，浓缩机除去的水量为80t。过滤机除去的水量为8.24t，干燥机则只除去水量 1.23t。可见在脱水工艺中,只有正确的运用各种脱水方法和设备,使其充分发挥效能,才能降低生产成本,提高劳动生产率。

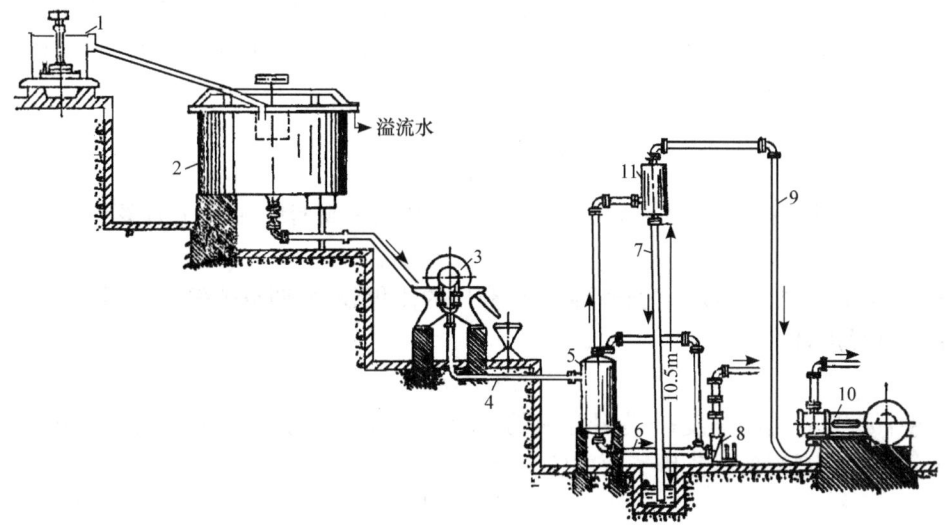

图 7-6 浮选厂精矿两段脱水配置图
1. 浮选机；2. 浓缩机；3. 真空过滤机；4. 吸液管；5. 滤液桶；6. 滤液管；
7. 气压管；8. 水泵；9. 减压管；10. 真空泵；11. 气水分离器

在浓缩及过滤细粒精矿时,为了使细颗粒更快地沉降,有时往矿浆中加入电解质、疏水剂或高分子凝聚剂等,以促使细粒固体凝聚成团,增大其沉降和过滤速度。对细粒磁性精矿,可采用较廉价的磁团聚(经过预磁)办法,促使其加快沉降。

7.2 重力沉降浓缩

非均相混合物的分离可利用相间的密度差使颗粒在重力作用下发生下沉或上浮来进行。这个分离过程统称为重力沉降分离过程。重力沉降既可达到连续相(液体或气体)的澄清又可达到分散相颗粒的增浓。重力沉降通常作为非均相混合物分离的第一道工序,常常在沉降槽中进行,设备构造简单、操作容易。本章讨论颗粒在重力场中的沉降行为,并介绍悬浮液澄清或增浓的工业设备。

7.2.1 非均相混合物中颗粒的实际沉降过程

1. 修正的斯托克斯定律

工业上处理的非均相混合物(或悬浮体系)中颗粒的浓度一般都较高,颗粒之间有明显的相互作用。颗粒的沉降多属于干扰沉降,其情况与自由沉降有明显区别,主要因为:①每个颗粒因受到附近颗粒的干扰,颗粒之间流动空隙的形状和面积不断变化,使得靠近颗粒处流体的速度梯度加大,因而剪应力加大,颗粒受到比自由沉降时更大的阻力。②大颗粒是相对于小颗粒的悬浮体系进行沉降,所以,介质的表观密度和表观黏度都大于纯净的液体或气体介质。郝克斯雷(Hawksley)得出了修正的斯托克斯定律

$$u_t = \frac{d^2(\rho_p - \rho_e)g}{18\mu_e} \quad (7-4)$$

式中:d 为颗粒粒度;ρ_p 为颗粒的密度;ρ_e 为介质的表观密度,由下式计算:

$$\rho_e = \varepsilon\rho_f + (1-\varepsilon)\rho_p \quad (7-5)$$

式中:ρ_f 为颗粒的密度;ε 为悬浮体系中介质的体积分率,即空隙率;μ_e 为悬浮体系的表观黏度,即:

$$\mu_e = \mu_m/\varphi \quad (7-6)$$

式中:μ_m 为介质的黏度;φ 为悬浮液的经验校正因子,为悬浮体系空隙率的函数,无量纲。悬浮液的校正因子由式(7-7)计算

$$\varphi = 1/10^{1.82(1-\varepsilon)} \quad (7-7)$$

式(7-4)表明,当颗粒的粒度 d 和密度 ρ_p 一定时,悬浮体系中介质的体积分率越小,也就是颗粒的浓度越大,介质的表观密度越大,表观黏度也越大,使得沉降速度愈小。

由于浓悬浮体系中固体的体积分率较大,在沉降过程中,被沉降颗粒置换的液体上升速度不可忽略,这时颗粒相对于器壁的表现沉降速度要小于相对于流体的沉降速度。悬浮体系中的小颗粒有被沉降较快的大颗粒向下拖曳的趋势,故而被加速;絮凝现象也使颗粒的有效尺寸增大,因而显著地改变了沉聚的进程。

综上所述,悬浮体系中颗粒浓度的增加使大颗粒的沉降速度减慢、小颗粒的沉降速度加快。试验发现,对于粒度差别不超过 6∶1 的悬浮液,所有粒子以大体相同的速度沉降,且浓悬浮液沉降时具有一个明显的沉降层界面。

2. 沉降试验

悬浮液的沉降过程,可以通过间歇沉降试验来观测。

把混合均匀的悬浮液倒进直立的玻璃筒中,其中的颗粒大小不甚悬殊。当颗粒开始沉降后,筒内迅速出现四个区域,如图 7-7 所示。A 区已无颗粒,称为清液区;B 区内固相浓度与原悬浮液的浓度相同,称为等浓度区;C 区内愈往下,浓度也愈高,称为变浓度

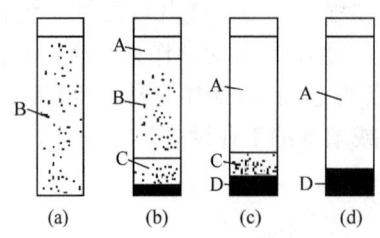

图 7-7 间隙沉降试验
A. 清液区;B. 等浓度区;
C. 变浓度区;D. 沉淀区

区;D 区由最先沉降下来的粗大颗粒和随后陆续沉降下来的颗粒所构成,固相浓度最大,称为沉淀区。

沉降过程中,A 区与 B 区的分界面颇为清晰,而 B 区与 C 区之间则没有明显的分界面,仅存在一个过渡区。有时,A、B 分界面不清时,可借助聚光灯透射以帮助判断。

随着沉降过程的进行,A、D 两区逐渐扩大,B 区则逐渐缩小以致消失,见图 7-7(c)。在沉降开始后的一段时间内,A、B 两区之间的界面以等速向下移动,直至 B 区消失时与 C 区上界面重合为止。在这一过程中,A、B 界面向下移动的速度即为该浓度悬浮液中颗粒的表观沉降速度。因为试验是模拟工业生产实际状况进行的,悬浮液里固相所占体积分率不是很低,液体被沉降颗粒置换而上升的速度便不能忽略,试验观测到的沉降速度必定小于颗粒相对于介质的运动速度。

等浓度的 B 区消失后,A 区与 C 区便直接接触,A、C 界面的下降速度逐渐变小,直至 C 区消失。此时,A 区与 C 区之间形成清晰的界面,即大到所谓的"临界沉降点"。此后便进入沉淀区的压紧过程。这是一个缓慢的过程,被压在上方的沉淀物质量所挤出的液体必须穿过颗粒之间狭小的缝隙而升入清液区,而底部的较大颗粒则构成一个疏松的床层,所以 D 区又称为压紧区。压紧过程所需时间往往占整个沉聚过程的绝大部分。

用量筒进行沉降试验时,要考虑到壁效应和由于量筒内悬浮体系在上下温度差异而引起的对流的影响。量筒内悬浮体系的上下温度差异常常由环境等因素造成。

在连续工作的浓缩机中,浆体的沉降过程与量筒内的沉降过程相似,虽然有浆体不断地给入与排出,但等浓度区 B 总是存在的。间歇试验所取得的表观沉降速度与悬浮液浓度的关系数据,可作为沉降槽的设计依据。

3. 沉降曲线

根据试验数据,以沉降时间为横坐标,分别以清液区、变浓度区、压紧区高度为纵坐标,作出沉降过程中各区的变化情况如图 7-8 所示。

清液区高度变化曲线如图中 A 区所示。在临界沉降点左边(直线段),清液区 A 与等浓度区 B 的界面等速下降,其沉降速度就是直线段的斜率。沉降速度与悬浮液的浓度有关,浓度越低,则沉降速度越快。悬浮液浓度对沉降曲线形状的影响,可参考不同固体浓度絮凝悬浮液的沉降曲线见图 7-9。临界沉降点以后,变浓度区浓度逐渐增大,沉降速度逐渐减小,加上浓度扩散的影响,均使界面下降趋缓,最后变成斜率很小的直线。这时,变浓度区的高浓度悬浮在上面的压力作用下,逐渐把存在于颗粒间的部分水分挤压出去,压紧区体积则逐渐减小直到过程终点。

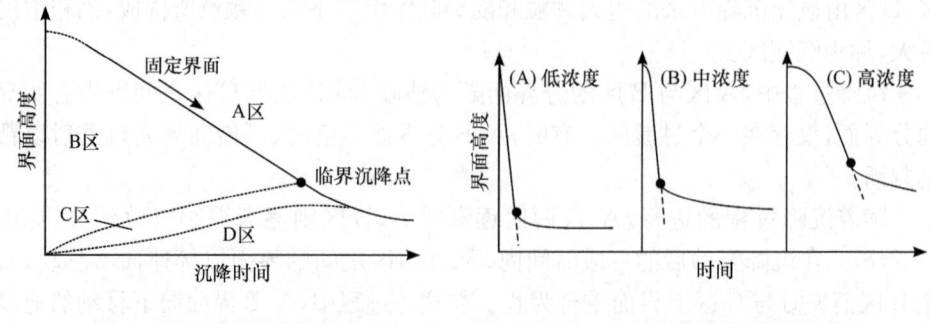

图 7-8　沉降-沉积曲线　　　　图 7-9　浓度对沉降的影响

在清液区,下界面逐渐下降的同时,沉淀区 D、变浓度区 C 则逐渐上升直至临界沉降点,其变化情况如图 7-8 中 C 区、D 区虚线所示,该虚线也称为沉积曲线。

在临界沉降点附近,曲线呈弯曲状态,称为浓度过渡区。一般物料的悬浮液都具有这样的沉降-沉积曲线。但对于粒度较粗且形成的床层的可压缩性较小的悬浮液,则不出现浓度过渡区,沉降-沉积过程同时结束,临界沉降点后曲线为一水平线。还有一种方式称为分级沉降,悬浮液中颗粒粒度相当大,沉降时不存在等浓度区,整个过程中沉降速度都逐渐下降。不过这种沉降方式不普遍,这里不予讨论。

4. 凝聚剂和絮凝剂

凝聚与絮凝都可使胶体(固体粒度小于 $1\mu m$ 的固液分散体系)或悬浮液中微细固体聚集而使颗粒尺寸变大,从而会大大提高沉降速度。

凝聚是靠使用凝聚剂,对固体悬浮颗粒表面上双电层的消除或压缩,从而降低微细颗粒间的排斥能来达到的。一般来说,凝聚对微细颗粒作用明显,产生的凝聚体粒度小、密实、易碎,但碎后又可重新凝聚。

凝聚剂主要为无机电解质,其电离出来的离子应与颗粒所荷离子的电性相反,且离子的价态越高所起凝聚作用越强。凝聚剂有不同的类型,不同的凝聚剂有不同的凝聚效果。工业上常用的凝聚剂主要有:硫酸、硫酸铝、碱式聚合硫酸铝、碱式聚合硫酸铁、碱式聚合氯化铝$[Al_2(OH)_nCl_{6-m}]$、氢氧化钙等。在各类凝聚剂中,聚合物凝聚剂作用效果最好。

絮凝则是利用含有极性官能团的高分子聚合物——絮凝剂分子上吸附多个微粒的架桥作用而使多个微粒形成絮团的。相对凝聚而言,絮凝产生的聚集物要大得多。絮凝体的特点是粒度大,疏松,强度大,但碎后一般不再成团,即絮凝过程不可逆。絮凝剂可絮凝凝聚体或小絮团。工业上应用最广的絮凝剂是聚丙烯酰胺及其衍生物。

5. 影响沉降分离的因素

重力沉降分离的依据是分散相和连续相之间的密度差,其分离效果还与分散相颗粒的大小、形状、浓度、连续相(或介质)的黏度、凝聚剂和絮凝剂的种类及用量、沉降面积、沉降距离以及物料在沉降槽中的停留时间等因素有关。

(1) 颗粒的性质。对同种固体物质,粗颗粒比细颗粒沉降快。球形或近似球形的颗粒,比同样体积的非球形颗粒,如片状、针状或尖锐棱角的颗粒,其沉降速度要快得多。非球形颗粒在沉降时的取向,可变形颗粒的变形等都会影响颗粒的沉降速度。小颗粒的比表面积大,在悬浮液中,会产生小颗粒聚集形成较大的集合体。还可存在大颗粒沉降过程中带动小颗粒一同下沉,结果使粒度不同的颗粒以大体相同的速度沉降。

(2) 悬浮体系中颗粒的浓度。在液体中增加均匀分散的颗粒的数量,则会减小每个单独颗粒的沉降速度。考察不同固体浓度絮凝悬浮液的沉降行为(见图7-9)。三条沉降曲线的临界沉降点都很明显。在低浓度悬浮液中单个颗粒或絮凝团在液体中自由沉降;中浓度悬浮液中,絮团相互接触稀疏,如果悬浮液的高度足够,则进行沟道式的沉降。在高浓度悬浮液中,或者由于缺乏足够的高度或者由于接近容器底部剩余的液体量较少,不可能形成回流液沟道。因此,液体只能通过原始颗粒间的微小空间向上流动,从而导致相对低的压缩速率。

图7-10为煤泥水的典型沉降曲线,该图所表示的浓度对沉降过程的影响与图7-9是一致的。

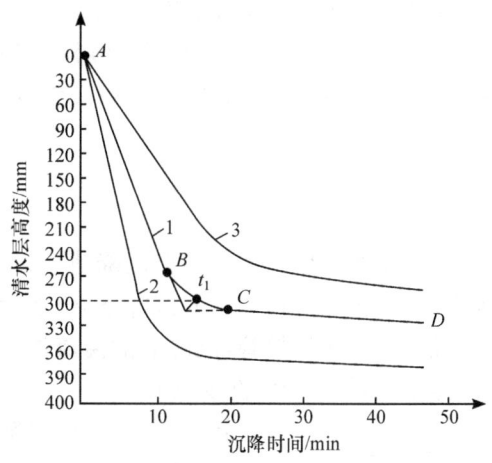

图7-10 沉降曲线
1. 煤泥水浓度,25g/L;2. 煤泥水浓度,10g/L;3. 煤泥水浓度,50g/L

(3) 介质的性质。对于一定的固体颗粒,介质的密度和黏度对沉降速度有显著的影响,介质与颗粒的密度差越大,介质的黏度越小,颗粒的沉降速度就越大。介质的黏度会随着温度的上升而下降。因此,可通过调节温度而改变沉降速度。如电解二氧化锰生产过程中,重力浓密机中的温度达到 60~70℃,这样可提高矿渣的沉降速度。

(4) 凝聚剂和絮凝剂的种类与用量。是否采用凝聚剂或絮凝剂?采用哪一种?要根据具体情况并视实际应用效果而定。如有些悬浮液用石灰作凝聚剂时,澄清时间可长达数小时,而使用丙烯基高分子絮凝剂时,澄清时间可缩短至 15min,用专门配置的电解质与聚电解质的混合物,常常能将一群尺寸不同和形状不规则的颗粒转变成接近得到球形的、密实的絮团。这种絮团密度较大、沉降速度快、夹带的液体少,从而使固液分离过程得到强化。

(5) 沉降容器。沉降槽的分离效率如液体的澄清度随物料在器内停留时间的增加而提高。但停留时间延长意味着处理能力的减小。另外,沉降槽的处理能力与沉降面积成正比。通过缩短颗粒的沉降距离,可以在不延长停留时间或加大沉降面积的情况下提高处理能力或澄清度。此外,由于缩短沉降距离意味着在不改变沉降面积的前提下减小所需的沉降空间,这样就产生了斜板浓缩机或斜板隔油池,这就是所谓的浅池原理。

靠近沉降颗粒的静止容器壁会干扰颗粒周围流体的正常流型,从而降低颗粒沉降速度。如果容器直径 D 与颗粒直径 x 之比大于 100,容器壁对颗粒沉降速度可视为没有影响。

悬浮液的高度一般并不影响沉降速度或最终获得的沉降浓度。当固体浓度高时,容器应能提供足够的悬浮液高度。直立的容器且横截面不随高度而变,容器形状对沉降速度影响甚微。如果容器横截面积或容器壁倾斜度有变化时,则应考虑器壁对沉降过程的影响。

7.2.2 沉降池

图 7-11 是国内一些小型选矿厂采用的精矿沉降池。精矿流入沉降池后,由于截面积扩大,流速大大降低,粗颗粒精矿首先沉降下来,然后是细粒和细泥。在沉降池后部的不同高度设有上清液排放管,沉降后的溢流清水由此排出。通常还可采用两个或多个沉降池串联,使溢流沉淀更彻底。

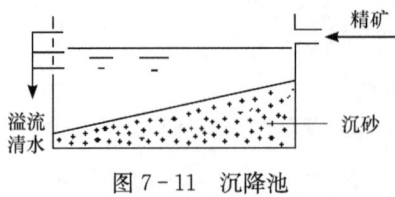

图 7-11 沉降池

沉积一定数量的精矿沉砂,经挖出晾晒、进一步脱水后外运。通常建有两套沉降池系统交替使用,一套沉降,另一套则挖砂晾晒。沉降池适用于精矿产率小、精矿较粗且密度较大的小型硫化矿选矿厂,以及北方少雨的地区。

7.2.3 耙式浓缩机

耙式浓缩机,通常可分为中心传动式和周边传动式两大类,其构造大致相同,都由池体、耙架、传动装置、给料、排料装置、安全信号和耙架提升装置组成。

浓缩机的池体一般用水泥制成,小型的可用钢板焊制。为了便于运输物料,池体底部有 6°～12°的倾角;与池底距离最近的是耙架,耙架下有刮板。浓缩机的给料一般是先由给料溜槽将矿浆给入池中的中心受料筒,而后再向四周辐射。矿浆中的固体颗料逐渐浓缩并沉到底部,由耙架下的刮板入池底中心的圆锥形卸料斗中,再用砂泵排出。池体的上部周边设有环形溢流槽,最终的澄清水由环形溢流槽排出。当给料量过多或沉积物浓度过大时,安全装置便发出信号,通过人工手动或自动提耙装置将耙架提起,以免烧坏电机或损坏机件。

1. 中心传动耙式浓缩机

大型中心传动耙式浓缩机的结构如图 7-12 所示,其耙臂由中心桁架支承,桁架和传动装置置于钢结构或钢筋混凝土结构的中心柱上,由电动机带动的蜗轮减速机的输出轴上安有齿轮,它和内齿圈啮合,内齿圈啮合和稳流筒连在一起,通过

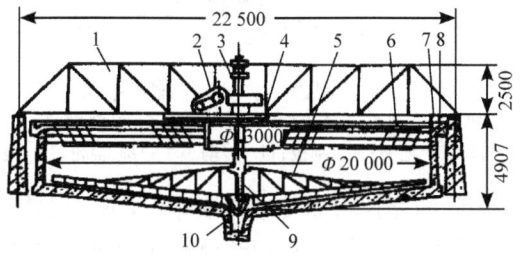

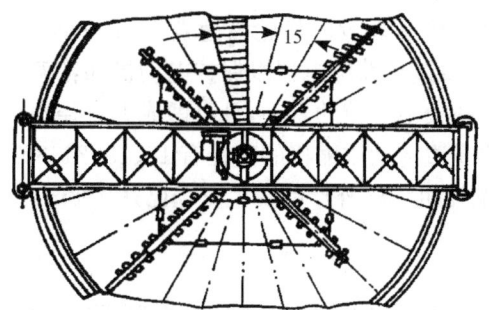

图 7-12 中心传动耙式浓缩机的结构(尺寸单位:mm)
1. 桁架;2. 传动装置;3. 耙架提升系统;4. 受料筒;5. 耙架;
6. 倾斜板;7. 浓缩池;8. 环形溢流槽;9. 竖轴;10. 卸料斗

它带动中心旋转架绕中心柱旋转,再带动耙架旋转,因为是铰链连接,耙架便可绕三角形斜边转动。当发生淤耙时,耙架受到的阻力增大,通过铰链的作用可以使耙架向上向后提起。

规格:中心传动浓缩机的国产规格为直径 3、6、9、12、15、20m。

2. 周边传动耙式浓缩机

周边传动耙式浓缩机的构造如图 7-13 所示。池中心有一个钢筋混凝土支柱,耙架一端借助于特殊轴承置于中心支柱上,其另一端与传动小车相连接,小车上的辊轮由固定在小车上的电机经减速器、齿轮齿条传动装置驱动,使其在轨道上滚动、带动耙架回转。为了向电动机供电,在中心支柱上装有环形接点,而沿环滑动的集电接点则与耙架相连,将电流引入电机。

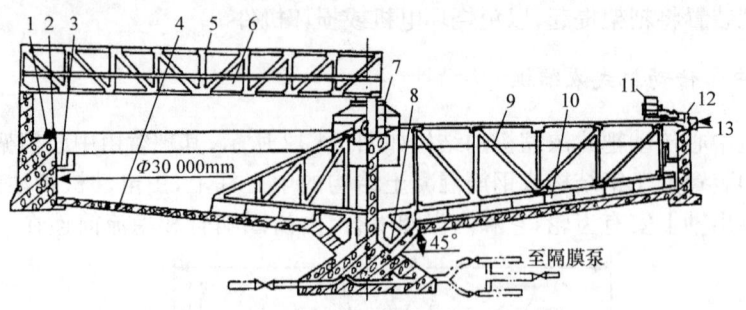

图 7-13 周边传动耙式浓缩机结构
1. 齿条;2. 轨道;3. 溢流槽;4. 浓缩池;5. 托架;6. 给料槽;7. 集电装置;
8. 卸料口;9. 耙架;10. 刮板;11. 传动小车;12. 辊轮;13. 齿轮

借助于辊轮和轨道间的摩擦力而传来的浓缩机,不需设特殊的安全装置,因为当耙架所受阻力大时,辊轮会自动打滑,耙子就停止前进。这种周边传动浓缩机仅有较小的规格,而且不适用于结冰的北方。在直径较大的周边传动浓缩机上,与轨道并列安装有固定齿条,传动装置的齿轮减速器上有一小齿条啮合,带动小车运转。在这种浓缩机上应设过负荷继电器以保护电动机和耙架。由于周边传动的转矩大,故其传动电机功率较中心传动者小,且可做成大直径规格。

规格:我国生产的周边传动浓缩机的直径有 15、18、24、30、38、45 和 53m,并已产出直径达 100m 的浓缩机。国外产品最大直径已达 198m。

7.2.4 高效浓缩机

有资料报道,高效浓缩机的单位处理能力为常规耙式浓缩机 4~9 倍,其单位面积造价虽然比较高,但按单位处理能力的投资来计算它却比常规浓缩机大约要低 30%。

高效浓缩机是新型浓缩设备,其结构与耙式浓缩机相似。它的主要特点是:

①在待浓缩的物料中添加一定量的絮凝剂,使矿浆中的固体颗粒形成絮团或凝聚体,以加快其沉降速度、提高浓缩效率;②给料筒向下延伸,将絮凝料浆送至沉积和澄清区界面下;③设有自动控制系统控制药剂用量、底流浓度等。

高效浓缩机的种类很多,其主要区别在于给料-混凝装置和自控的方式。下面主要介绍艾姆科(Eimco)型高效浓缩机。

如图 7-14 所示,这种高效浓缩机的给料筒内设有搅拌器,搅拌器由专门的调速电动机系统带动旋转,搅拌叶分为三段,叶径逐渐减小,使搅拌强度逐渐降低。料浆先给入排气系统,排出空气后经进料槽进入给料筒,絮凝剂则由絮凝剂进料管

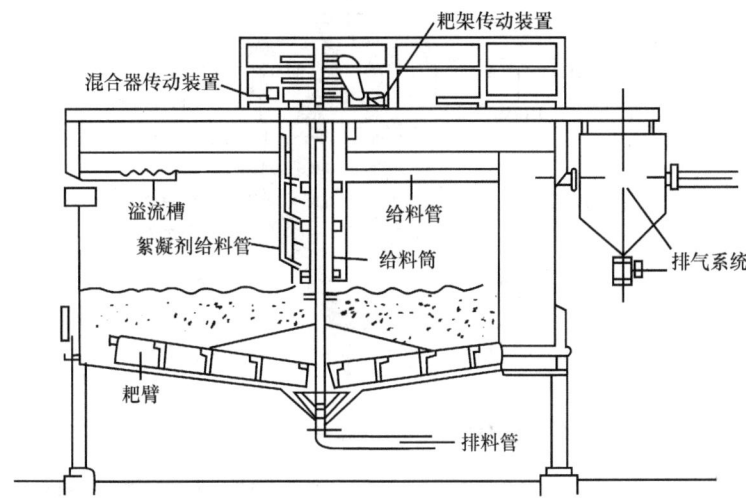

图 7-14 艾姆科型高效浓缩

分段给入筒内和料浆混合,混合后的料浆由下部呈放射状的给料筒直接进入,形成的沉淀表面层料浆絮团迅速沉降。在沉淀层的底部安装了普通机械耙臂机构将浓缩的沉淀刮向圆锥中心而澄清的清液则经浓缩-沉淀层过滤出来并向上流动,形成溢流排出。

7.2.5 深锥浓缩机

深锥浓缩机的结构特点是其池深尺寸大于池的直径尺寸,如图 7-15 所示。整机呈立式桶锥形。深锥浓缩机工作时,一般要加絮凝剂。

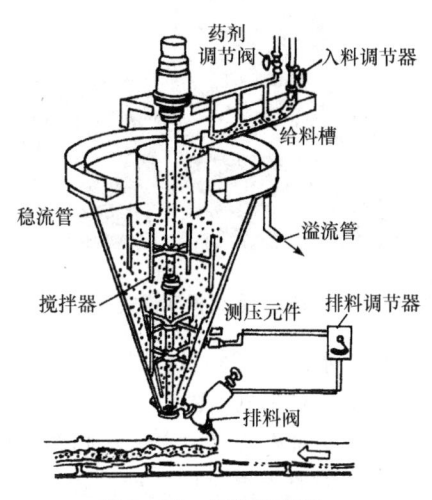

图 7-15 深锥浓缩机

悬浮液和絮凝剂的混合,是深锥浓缩机工作的关键工序。为了使絮凝剂与矿浆均匀混合,理想的加药方式是连续多点加药。

我国最近生产的用于浓缩浮选尾煤的深锥浓缩机,其直径为5m,在尾煤入料浓度为30g/L、入料量为50～70m³/h、添加3～5g/m³絮凝剂的条件下,底流浓度可达45%。不加药剂也可用于浓缩浮选尾煤。

图7-16为具有较高压缩沉降作用的艾姆科型(Eimco)高桶深锥式高效浓缩机。某些高效浓缩机具有更大的桶高度和下部锥度,无搅拌器或耙架,不会出现压死问题,底流浓度可达65%～70%。

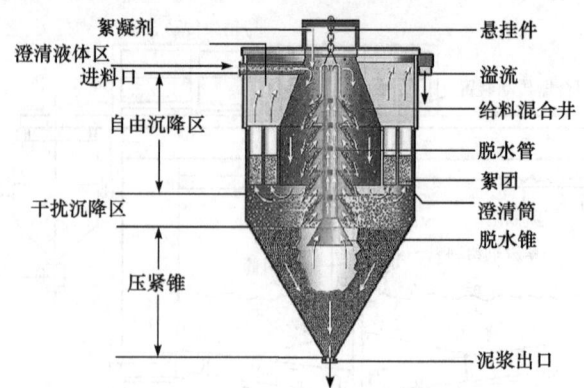

图7-16 艾姆科型(Eimco)高桶深锥式高效浓缩机

图7-17 HRC-9型高桶深锥式高效浓密机

图7-17为长沙矿冶研究院生产的HRC-9型高桶深锥式高效浓密机。

7.2.6 多层倾斜板浓缩机

在理想条件下,分隔成n层的浓缩机,其处理能力理论上可为不分层时的n倍。为解决各层浓缩相的清排问题,工程上将水平隔层改为与水平面倾斜成一定角度α的斜面,以便沉降的颗粒自动下滑。这种形式的浓缩设备称为斜板浓缩机。如各倾斜板之间还进行分隔,成为斜管浓缩机。

根据水流在倾斜板内的流动方向与颗粒沉降和滑动方向的关系可将倾斜板浓缩机分为三种形式(图7-18)。

(1)反向流形式。水流在倾斜板内的流动方向与颗粒沉降和滑动方向相反。倾斜板浓缩机大多采用这种形式。

(2) 同向流形式。水流的流动方向与颗粒沉降和滑动方向相同。

(3) 横向流形式。也称侧向流形式,水流方向与颗粒沉降和滑动方向相垂直。

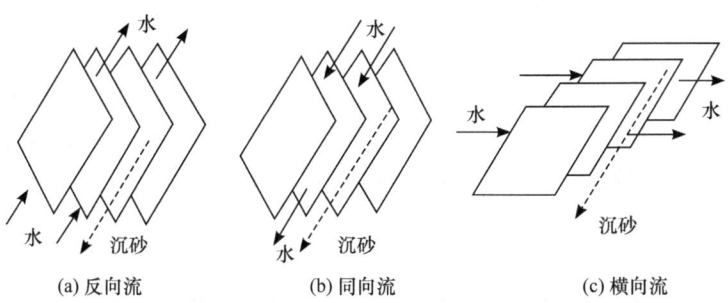

图 7-18　倾斜板浓缩机的三种形式

从理论上讲,同向流形式的倾斜板浓缩机的效率最高,但是,由于水与沉淀物流向相同时,两相的分离较困难,所以目前普遍采用的是反向流形式。

图 7-19 为一小型多层倾斜板浓缩箱的结构示意图。该机外形为一斜方形箱体,下装一角锥形漏斗。斜方形箱内安装有一定间隔的平行倾斜板,分为上下两层排列。料浆沿整个箱体宽度给入到两层倾斜板之间,然后向上流过上层倾斜板的间隙。在料浆流动过程中,固体颗粒在板间沉降,故上层倾斜板称为浓缩板。沉降到板面的固体颗粒在重力作用下下滑到下层板的空隙继续浓缩。下层倾斜板的用途主要是减少漩涡的搅动,使沉降过程得以稳定进行,所以也称下层板为稳定板。底流沉淀的固体颗粒从锥形漏斗的底口排放,溢流清液则从上部溢流槽排出。倾斜板浓缩机溢流临界粒度通常为 $5\sim10\mu m$。

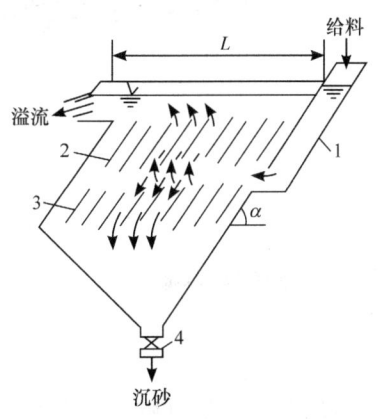

图 7-19　多层倾斜板浓缩箱结构示意图
1. 给料槽;2. 倾斜板;3. 稳定板;4. 排砂嘴

板间距离小,可以增加同一设备的处理能力,但过小的间距容易堵塞,通常板间距离必须大于 10mm。处理煤泥时常用 50mm,也有采用 80mm 的。减少倾角,有利于分离,但倾角过小不仅排料困难,而且也不利于颗粒在板上的沉积,通常 α 在 45°～55°范围内选择。

多层倾斜板浓缩机的关键部件是倾斜板,对其材质的主要要求是强度大、不变形、质轻、表面光滑、疏水、不黏结物料。常用的材料有玻璃板、钢化玻璃板、硬质塑料板、涂面钢板等。预料聚四氟乙烯有良好的应用前途。

多层倾斜板浓缩机的优点是结构简单、制造容易、能耗很低、单位面积的生产能力或浓缩效率高等,不足之处是不宜太大型化,单台处理量小。

为了发挥倾斜板浓缩结构的优点,可在中心传动耙式浓缩机中加放倾斜板,这可提高单位池容积的处理能力,如中国辽源矿山机器厂生产的 NZS-12Q 型加倾斜板浓缩机(图 7-20)。倾斜板装在清液区下部,料浆沿倾斜板的空间向斜上方流动,使固体颗粒在两板之间垂直沉降,沉降路程被缩短,沉降时间减少,沉降到倾斜板上的微细颗粒团聚在一起,沿倾斜板下滑,沉至浓缩机底部,从而强化了机器处理微小颗粒的能力,降低了溢流的浊度。

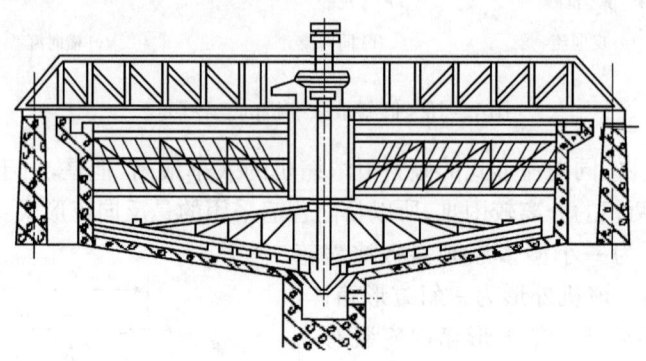

图 7-20 NZS-12Q 型加倾斜板浓缩机

7.3 过 滤

7.3.1 过滤的基本概念

1. 过滤过程

过滤是分离非均相混合物的常用方法。它的应用十分广泛,从日常生活、资源、能源的开发利用,到环境保护、防止公害等方面都离不开过滤分离技术。一般所说的过滤就是利用多孔介质构成的障碍场从流体中分离固体颗粒的过程。

在推动力的作用下,迫使含有固体颗粒的流体通过多孔介质,而固体颗粒则被截留在介质上,从而达到流体与固体分离的目的。所以,过滤过程的物理实质是流体通过多孔介质和颗粒床层的流动过程,因此流体通过均匀的、不可压缩的颗粒床层的流动规律是研究过滤过程的基础。

如图 7-21 所示,过滤过程所用的基本构件是具有微细孔道的过滤介质。要分离的混合物置于过滤介质一侧,在流动推动力的作用下,流体通过过滤介质的孔道流到介质的另一侧,而颗粒被介质截留,从而实现了流体与颗粒的分离。

在工业上过滤应用非常广泛,它既用于分离连续相为液体的非均相混合物,也可用于分离连续相为气体的非均相混合物;既可以分离较粗的颗粒,也可以分离比较细的颗粒,广义地讲,甚至可以分离细菌、病毒和高分子;既可用来从流体中除去颗粒,也可以分离不同大小的颗粒——分级,甚至可以分离不同相对分子质量的高分子物质。

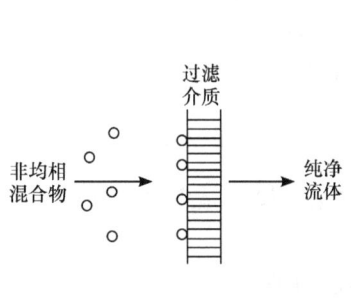

图 7-21 过滤过程　　　　图 7-22 过滤操作示意图

一般,过滤在悬浮液的分离中用得更多些,过滤用的悬浮液通常称为滤浆或料浆,分离得到的清液称为滤液,截留在过滤介质上的颗粒层称为滤饼或滤渣,如图 7-22 所示。促使流体流动的推动力可以是重力、压力差或离心力。由于流体所受的重力较小,所以一般只能用于过滤阻力较小的场合。而压力差可根据需要定,因此应用十分广泛。

2. 过滤介质

过滤介质是滤饼的支承物,作为过滤介质的性质,首先是流体阻力要小,这样投入较少的能量就可以完成过滤分离。其次,细孔不容易被分离颗粒堵塞或者即使堵塞了也能简单清除。另外介质上的滤饼要求能够容易剥离。

一般情况下过滤介质应具备下列条件:①多孔性,提供的合适孔道既使液体通过又对流体的阻力小,又能截住要分离的颗粒;②具有化学稳定性,如耐腐蚀性、耐热性等;③足够的机械强度,使用寿命长,因为过滤要承受一定的压力,且操作中拆装、移动频繁。

工业上常用的过滤介质主要有:

(1) 织物介质,又称滤布。包括由棉、毛、丝、麻等天然纤维及合成纤维制成的织物,以及由玻璃丝、金属丝等织成的网。这类介质能截留的颗粒粒径范围为 5~65μm。织物介质在工业上应用最为广泛。

(2) 堆积介质。由细砂、木炭、石棉、硅藻土等细小坚硬的颗粒状物质或非编织纤维等堆积而成,层较厚,多用于深层过滤中。

(3) 多孔固体介质。它是具有很多微细孔道的固体材料,如多孔陶瓷、多孔塑料及多孔金属制成的管或板。此类介质较厚、耐腐蚀、孔道细、阻力较大,适用于处理只含少量细小颗粒的腐蚀性悬浮液及其他特殊场合,能截拦 1~3μm 以上的微细颗粒。

(4) 多孔膜。由高分子材料制成,膜很薄,孔很细,可以分离到 $0.005\mu m$ 的颗粒,应用多孔膜的过滤有超滤和微滤。过滤介质是所有过滤系统的柱石,过滤器是否能够满意地工作,很大程度上取决于过滤介质的性能,包括不出现伴生的介质阻塞与损坏条件下分离微粒和流体的能力。因此应该根据悬浮液中颗粒含量性质、粒度分布和分离要求的不同选择最合适的过滤介质。

3．过滤方式和过滤机的分类

为了适应不同分离对象的不同要求,过滤方法和设备是多种多样的。要掌握过滤技术,必须对过滤进行适当分类。

(1) 根据过程的机理,可分为滤饼过滤与深层过滤。

① 滤饼过滤。滤饼过滤应用织物、多孔固体或孔膜等作为过滤介质,这些介质的孔一般小于颗粒,过滤时流体可以通过介质的小孔,颗粒的尺寸大,不能进入小孔而被过滤介质截留形成滤饼。因此,颗粒的截留主要依靠筛分作用(图 7-23)。

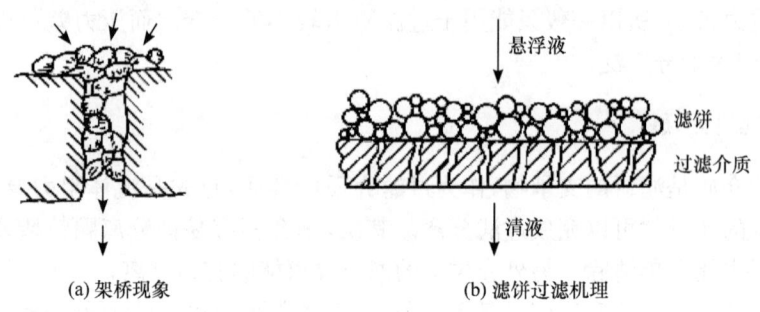

图 7-23 滤饼过滤过程

实际上滤饼过滤所用过滤介质的孔径不一定都小于颗粒的直径,在过滤开始时,部分颗粒可以进入介质的小孔,有的颗粒可能会透过介质使滤液浑浊。随着过滤的延伸,许多颗粒一齐拥向孔口,在孔中或孔口上形成架桥现象,如图 7-23(a)所示,当固体颗粒浓度较高时,架桥是很容易生成的。此时介质的实际孔径减小,细小颗粒也不能通过而被截留,形成滤饼。滤饼在随后的过滤中起到真正过滤介质的作用,由于滤饼的空隙小,很细小的颗粒亦被截留,使滤液变清,此后过滤才能真正有效地进行,如图 7-23(b)所示。

滤饼是在介质的表面进行的,也称表面过滤。由于介质对稀释悬浮液的过滤中会发生阻塞现象,所以滤饼过滤通常用于处理固体体积浓度高于 1% 的悬浮液。对于稀释悬浮液,可借助人为地提高进料浓度的方法,可以加助滤剂作为掺浆,以尽快形成滤饼过滤,同时由于助滤剂具有很多小孔,所以增强了滤饼的渗透性,从而使一般难以过滤的浆液能够进行滤饼过滤。

② 深层过滤。如图7-24所示,深层过滤应用砂子等堆积介质作为过滤介质,介质层一般较厚,在介质层内部构成长而曲折的通道,通道的尺寸大于颗粒粒径,当颗粒随流体进入介质的孔道时,在重力、扩散和惯性等作用下,颗粒在运动过程中趋于孔道壁面,并在表面力和静电作用下附着在壁面上而与流体分开。

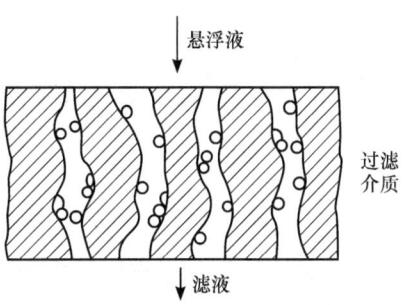

图7-24 深层过滤机理

这种过滤方式的特点是过滤在过滤介质内部进行,过滤介质表面无固体颗粒层形成,由于过滤介质孔道细小,过滤阻力较大,一般只用于生产能力大,而流体中颗粒小,且体积浓度在0.1%以下的场合,例如,水的净化、烟气除尘等。实际过滤中以上两类过滤机理可能同时或前后发生。在这两种过滤形式中滤饼过滤应用得较广泛,所以本章主要讨论滤饼过滤。

(2) 按操作方式,可分为间歇过滤和连续过滤。间歇过滤时固定位置上的操作情况随时间而变化,连续过滤时在固定位置上操作情况不随时间而变,过滤过程的各步操作在不同位置上进行。间歇过滤与连续过滤的这一差别决定了它们的设计计算方法的不同。

(3) 按促使流体流动的推动力,可分为重力过滤、压差过滤和离心过滤。

① 重力过滤。悬浮液的过滤可以依靠液体的位差使液体穿过过滤介质流动,例如不加压的砂滤净水装置。由于位差所能建立的推动力不大,这种过滤用得不多。

② 压差过滤。这种过滤用得最普遍,液体和气体非均相混合物都可以用。

③ 离心过滤。利用使滤浆旋转所产生的离心压力使滤液流过滤饼和过滤介质,从而与颗粒分离。离心过滤能建立很大的推动力,得到很高的过滤速率。同时,所得的滤饼中含液量很少,所以它的应用也很广泛。以离心压力为推动力的过滤一般划为离心分离,不在此详细叙述,只做简介。

图7-25是三菱高效沉降式离心脱水机,它是利用离心力使悬浮液中的固体浓缩并沉降在筒壁上、用螺旋刮刀进行卸料的一种脱水设备。该设备采用圆柱形滚筒,从加入部分到排出部分形成厚厚的污泥层,全部污泥层都处于长时间的最大的离心力作用之下,通过滚筒内的密封、挤压作用,将脱水程度最高的污泥传送到压榨部分,经过强力的压榨进一步脱水。它可用于污水处理厂的活性污泥脱水,添加絮凝剂后泥饼的含水率可降低至小于77%。图7-26是一种立式离心过滤机的外观图。

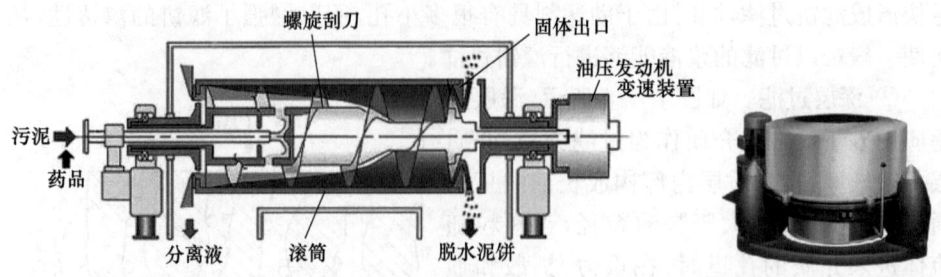

图7-25 三菱高效沉降式离心脱水机　　图7-26 立式离心过滤机

离心脱水主要用于选煤厂含泥较多的原生煤泥、浮选尾煤和浮选精煤的脱水以及洗水的澄清。

工业生产中需要分离的悬浮液的性质有很大的差异,原料处理和过滤目的也各不相同,为适应不同的要求,过滤设备的形式也是多种多样。按操作方式可分为间歇式过滤机与连续式过滤机两大类。按过滤推动力,过滤设备可以分为真空式与加压式两大类以及为数较少的重力式,除此之外,还有离心过滤机。表7-2列出了各种形式的过滤机。

表7-2 过滤机分类表

分类及名称	按形状分类	按过滤方式分类	卸料方式	给料	应用范围
真空过滤机	筒形真空过滤机	筒形内滤式过滤机 筒形外滤式过滤机 折带式过滤机 绳索式过滤机	吹风卸料 刮刀卸料 自重卸料 自重卸料	连续	用于矿山、冶金、化工及煤炭工业部门
		无格式过滤机	自重卸料		用于煤泥和制糖厂
	平面真空过滤机	转盘翻斗过滤机 平面盘式过滤机 水平带式过滤机	吹风卸料 吹风卸料 刮刀卸料	连续	用于矿山、冶金、煤炭、陶瓷、环保等部门
	立盘式真空过滤机		吹风卸料		
磁性过滤机	圆筒形	内滤式 外滤式 磁选过滤	吹风卸料 刮刀卸料 吹风卸料	连续	用于含磁性物料的过滤
离心过滤机	立式离心过滤机 卧式离心过滤机 沉降式离心过滤机		惯性卸料 机械卸料 振动卸料	连续	用于煤炭、陶瓷、化工、医药等部门
压滤机	带式压滤机 板框压滤机 板框自动压滤机 厢式自动压滤机 旋转压滤机 加压过滤机(筒式、带式等)	机械压滤 机械或液体加压 液压 液压 机械加压 压缩空气压滤	吹风卸料 自重卸料 自重卸料 排料阀排料 阀控或压力排料	连续	用于煤炭、矿山、冶金、化工建材等部门

4. 助滤剂

悬浮液中颗粒情况是不同的,若流体中所含的固体颗粒很细,且悬浮液的黏度较大,这些细小颗粒可能会将过滤介质的孔隙堵塞,形成很大的阻力,同时细颗粒形成的滤饼阻力大,致使过滤过程难于进行。另一方面,有些颗粒在压力作用下会产生变形,孔隙率减小,其过滤阻力随着操作压力的增加而急骤增大。为了防止过滤介质孔道的堵塞或降低可压缩滤饼的过滤阻力,可采用加入助滤剂的方法。

助滤剂有两类,一种是坚硬而粉状或纤维状的小颗粒,它的加入可以形成结构疏松,而且几乎是不可压缩的滤饼。常用的物质有硅藻土、珍珠岩粉、石炭粉、石棉粉、纸浆粉等。当使用助滤剂进行过滤是以获得洁净液体为目的时,则助滤剂中不能含有可溶于液体的物质。若过滤的目的是回收固体物质又不允许混入其他物质,则不能使用该类助滤剂。

另一种助滤剂可溶于水,如常用的凝聚剂或絮凝剂都有一定的助滤作用。

5. 影响过滤机生产能力的因素

(1) 过滤的推动力。过滤的推动力对真空过滤机而言,是指真空度。真空度的高低直接影响过滤机的生产能力、产品水分和滤液中的固体含量。通常压力差的增加可提高过滤机的处理能力和降低滤饼水分,特别是对细泥含量高的物料应采用较高的真空度。但是,过高的真空度容易使滤液中固体含量增大而影响过滤效果。

(2) 料浆性质。料浆性质是指料浆浓度、粒度和料浆 pH 等。①料浆浓度增加,可提高真空过滤机的过滤效果,处理量增加,产品水分下降。一般要求料浆浓度大于 60%,最好能达到 70%～75%,但过滤入料来自耙式浓缩机底流,浓度越高越容易发生压耙事故;②过滤物料的粒度组成越细,过滤越难,滤饼越薄,并会增加滤饼水分,使滤饼难以脱落,降低过滤机的处理能力。如果粒度过细,可在过滤系统中加助滤剂,以改善过滤效果,也可以掺粗;③采用了碳酸钠作分散剂的细粒料浆 pH 宜调低控制在小于 8.5;④提高矿浆温度,可以降低矿浆的黏度、减小过滤阻力、提高过滤速度,因而可增加滤饼厚度、降低产品水分。

(3) 过滤介质的性质。理想的过滤介质,应具有过滤阻力小、滤液中固体含量少、不易堵塞、易清洗等性质,并具有足够的强度。金属丝滤布具有过滤阻力较小、不易堵塞、滤饼容易脱落等优点,但其滤液中固体含量比较高。尼龙滤布比较耐用,效果理想。

(4) 助滤剂的添加种类与添加量。

7.3.2 过滤理论

对于液固两相构成的流态物质通过有孔隙的物质进行过滤的理论研究始于19世纪后期。工业生产中的真空过滤的理论研究仅仅在20世纪初叶才开始，随着工业生产和技术的发展，精确地计算和选择过滤设备的要求更加迫切。近年来过滤理论的研究有一些发展，但是发展仍是很慢。过滤理论的研究所涉及的问题比较复杂。例如，仅就过滤的阻力而言，不仅与过滤介质（滤布）的编织方法、孔隙形状、大小和密度、滤布的表面糙度、膨胀率和破损率等诸因素有关，而且在很大程度上也取决于滤布表面滤饼层的阻力大小，而这种阻力又取决于料浆的性质、滤液的温度、滤饼的疏松程度及内部结构情况，诸如物料颗粒的尺寸、形状、在饼内的相互位置、滤饼的孔隙率、孔径和孔道的弯曲情况等因素。可是，决定滤饼特性的绝大部分因素又同施于过滤机的压力有关。因而，过滤阻力的测算是很难找到确切的理论公式的。为了便于研究问题，人们在进行过滤理论研究时，不得不借助于有关过滤阻力的变化与其他因素之关系的某些假定条件。这样就使得过滤公式极其复杂，而且其实用价值也就大大降低了。因而，过滤理论现在还不能供给人们以更准确地计算过滤设备的全部资料。然而，却可以帮助说明过滤过程中存在的某些普遍情况和影响因素。到目前为止，对于工业应用的真空过滤机的预先计算和合理操作起着决定意义的，仍是由正确的模拟试验和实际生产所取得的经验数据。

无论过滤介质的种类和过滤的推动力来源如何，过滤机的生产能力决定于滤液通过滤饼和过滤介质的速度。通过多次的过滤实验可以确定，当被过滤的液体经过滤渣的孔道和过滤介质流动时，流体处于层流状态。据此，按照液体在毛细管道中层流运动的定律可以推导出过滤速度表达式[即单位时间内通过$1m^2$过滤面积的滤液流量，$m^3/(m^2 \cdot s)$]，但由于滤饼和滤布中的毛细管的数量、半径和弯曲程度均难测定而无实用价值。后来进一步分析，并由实验证明，在一定的操作条件下，上述毛细管的有关参数、过滤面积和液体的黏度等均为常数。这时的过滤速度仅随所施加的推动力和滤饼的厚度而变化。在此基础上，并根据推动力和阻力的概念，提出了对过滤速度的新的认识，即过滤速度与过滤的推力成正比，与过滤的阻力成反比。此外，把过滤过程中单位时间内获得的滤液体积（m^3/s）称为过滤速率。经过合理的假定和推导后，可以建立过滤速率与各有关因素的一般关系式为

$$\frac{dV}{dt} = \frac{pA^2}{\mu \rho W(V+V_0)} \tag{7-8}$$

式中：V为实际的滤液体积，m^3；p为毛细管两端的压力降，可用于滤饼前的真空计压力代之，Pa；t为过滤时间，s；μ为液体的黏度，Pa·s；ρ为不可压缩的滤饼的单位厚度之阻力，即比阻，$(m^2)^{-1}$；W为单位体积滤液所含的滤饼体积，无量纲或m^3/m^3；A为过滤面积，m^2；V_0为自开始过滤到滤饼的阻力等于介质的阻力时所

获得的滤液体积,称为过滤介质的当量滤液体积,或虚拟滤液体积,m³。

当滤饼可压缩时,其阻力的变化为

$$\rho = \rho' p^s \tag{7-9}$$

式中:s 为滤饼的压缩系数,由试验测定,不可压缩的滤饼 $s=0$;ρ' 为当压力为 98.1kPa(1kg/cm²)时的滤饼比阻,1/m²。故对可压缩滤饼而言,根据(7-6)式及(7-7)式可得

$$\frac{dV}{dt} = \frac{A^2 p^{1-s}}{\mu \rho' W(V+V_0)} \tag{7-10}$$

(7-10)式称为过滤基本方程式,表示过滤过程中任一瞬间的过滤速率与各有关因素间的关系,是进行过滤计算的基本依据。该式适用于可压缩滤饼及不可压缩滤饼。

应用(7-10)式作过滤计算时,还需针对过程进行的具体方式对该式积分。在积分时需将式中的三个独立的变数即表压力 p、滤液体积 V 和过滤时间 t 三者中之一维持不变。实际上过滤操作有恒压、恒速以及先恒速后恒压三种方式。选矿厂过滤操作以恒压工作较多,恒速过滤较少见。在过滤开始时,因介质表面尚无滤饼,过滤阻力最小,若骤然加以最大压力,将使微细颗粒冲过介质孔道,致使滤液混浊或堵塞滤孔。

7.3.3 真空过滤机

1. 圆盘真空过滤机

如图 7-27 所示,圆盘真空过滤机的结构由槽体、主轴、过滤盘、分配头和瞬时吹风装置五部分组成。

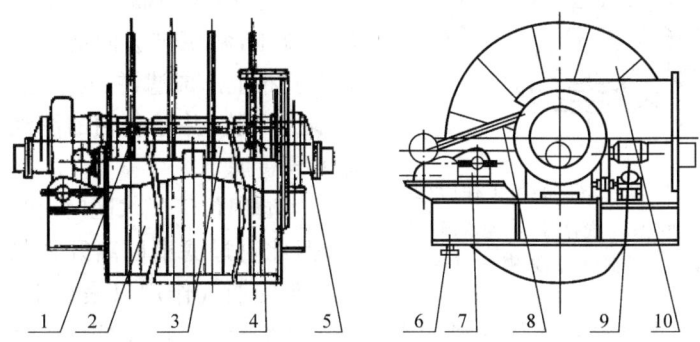

图 7-27 圆盘真空过滤机的结构
1. 滤液管;2. 料浆槽;3. 主轴;4. 刮板;5. 分配头;
6. 吹风管口;7. 搅拌器传动;8. 搅拌器;9. 主传动;10. 过滤盘

(1) 槽体：由钢板焊制而成的，除储煤作用外还起支承过滤机零件的支架作用。槽体下面有轮叶式搅拌，防止煤浆在槽体内沉淀。

(2) 主轴：由数段空心轴组成，轴的断面上有 8～16 个滤液孔，一般采用 10 个。主轴安装在槽体中间，上面装有过滤圆盘。主轴转动时过滤圆盘也随之转动。两个端面分别与分配头相连。

(3) 过滤圆盘：由若干个扇形过滤板组成。过滤板的数目与空心主轴上的滤液孔数一致，一般采用 10 块居多。过滤圆盘用螺栓、压条和压板固定在主轴上如图 7-24。每块过滤板都是一独立的过滤单元，其本身是由较轻金属或塑料制成的空心结构，滤板内腔圆管与主轴的滤液孔相通。

(4) 分配头：装在主轴两端固定不动，它把过滤过程分成过滤、干燥和吹落三个区，在不同的区中过滤扇分别与真空泵、鼓风机轮换相通。分配头与主轴之间接触面的光洁度要求较高。

(5) 瞬时吹风系统：它是由蜗轮减速器控制阀和风阀组成。当过滤盘转入吹落区时，风阀开启，压缩空气由风阀给入分配头，通过分配头与其对应的滤液孔进入扇形滤块，借压缩空气突然鼓入的冲力将滤饼吹落。扇形滤块转过吹落区时，风阀关闭，压缩空气停止给入。过滤扇每转一周，风阀开启的次数与扇形滤块的块数相一致。

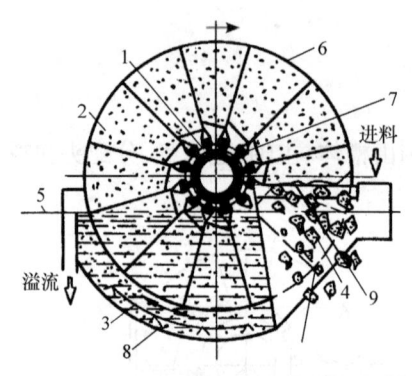

图 7-28 圆盘真空过滤机工作原理
1.滤液孔道；2.滤叶；3.搅拌器；4.滤饼；5.液面；
6.滤盘；7.水平轴；8.滤浆槽；9.刮板

圆盘过滤机的工作原理，如图 7-28 所示，当过滤圆盘顺时针转动时，依次经过过滤区（Ⅰ区）、脱水区（Ⅱ区）和滤饼吹落区（Ⅳ区），使每个扇形块与不同的区域连接。当过滤扇位于过滤区时，与真空泵相连，在真空泵的抽气作用下过滤扇内腔具有负压，料浆被吸向滤布，固体颗粒附着在滤布上形成滤饼；滤液通过滤布进入滤扇的内腔，并经主轴的滤液孔排出，从而实现过滤。

当滤扇位于脱水区时，仍与真空泵相连，但此时过滤扇已离开料浆液面，因此真空泵的抽气作用只是让空气通过滤饼并将空隙中的水分带走而使滤饼的水分进一步降低。当过滤扇进入滤饼吹落区（卸料区）时，则与鼓风机相连，利用鼓风机的吹气作用将滤饼吹落。

在三个工作区间均有过渡区（Ⅲ、Ⅴ区）相隔。过渡区是个死区，其作用是防止过滤块从一个工作区进入另一个工作区时互相串气、影响工作效果。过渡区应有适当大小，过小时出现串气，会降低过滤效果；过大减少工作区范围。

圆盘过滤机的特点：

① 本身是一个连续工作的设备，但每一个过滤扇，其工作是间断的。

② 过滤扇在各个工作区的时间，与各个区域占角度大小有关，还与过滤机主轴转速有关。前者可借助分配头进行调节，后者可通过无极变速器调节。

③ 每个过滤扇之间都有非工作区间，为减小该区时间过滤扇的数目不宜过多；而为了减少滤扇上靠近主轴和远离主轴两端过滤时间的差别，合理利用过滤板的面积，宜增加过滤扇的数目。

2. 圆筒形真空过滤机

筒形真空过滤机是金属矿石选矿厂特别是黑色金属选矿厂应用最多的脱水设备。圆筒形真空过滤机分为内滤式和外滤式两种；按筒中的内部结构分又可分为有格式和无格式，按卸料方式可分为折带卸料和刮刀卸料两种。

(1) 筒形外滤真空过滤机。如图 7-29 是一种连续性的筒形外滤真空过滤设备，可将过滤、洗涤、去饼等项操作同时在同一回转的装置中完成。图 7-30 为其工作原理。

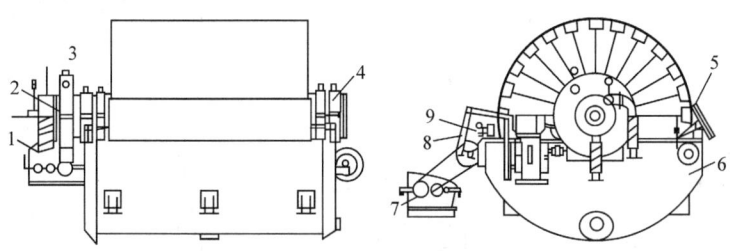

图 7-29　筒形外滤真空过滤机结构图
1. 筒体传动装置；2. 分配头；3. 筒体；4. 轴承座；5. 刮刀；
6. 料浆槽；7. 搅拌传动装置；8. 搅拌器；9. 绕线装置

筒体为铸造的或用钢板焊制的圆筒，其外表面用槽形格子板分隔成若干个过滤室。滤布覆盖在格子板上。筒体的下部浸入料浆槽中，经齿轮系统传动绕水平轴转动。过滤室的尺寸不宜过宽，一般不超过 550mm，其数量与筒体直径有关。直径大则筒体外表面积大，过滤室的数量相应增多。反之，过滤室的数量就相应减少。例如常用的 40m² 的过滤机就有 24 个过滤室。外滤式真空过滤机用刮刀刮落滤饼，其滤布借助于铁丝扎牢于滤板上。这些铁丝还能起到防止滤布被刮刀刮破的作用。外滤式真空过滤机的料浆槽内有搅拌器，位于筒体以下，借助伞形齿轮和链条传动。搅拌器工作时，可使矿浆在料槽内保持悬浮状态。其搅动的次数视物料性质而定，一般为 20~60 次/分。对于粒度粗密度大的物料，搅拌次数可取大值。

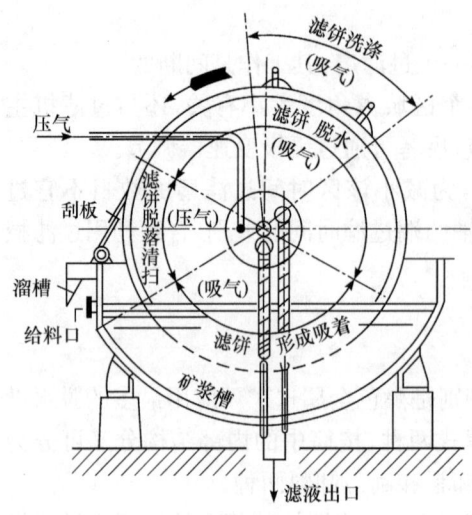

图 7-30 筒型外滤真空过滤机工作原理

分配头是过滤机的重要部分。通过它排出滤液,并在过滤过程中交错进行抽吸与压气,使料浆形成滤饼,并由真空抽吸状态而变为被压气吹落状态,有效地控制过滤作业的顺序。分配头分为平面接触式和圆柱面接触式两种结构型式。圆柱面分配头磨损后不易修复,且容易被矿粒卡住,应用得较少。大多数过滤机使用平面分配头。为了便于检修,常将平面分配头的分配盘和错气盘作成直接接触的易损件。

(2) 筒形内滤真空过滤机。筒形内滤式真空过滤机结构如图 7-31 及图 7-32 所示。

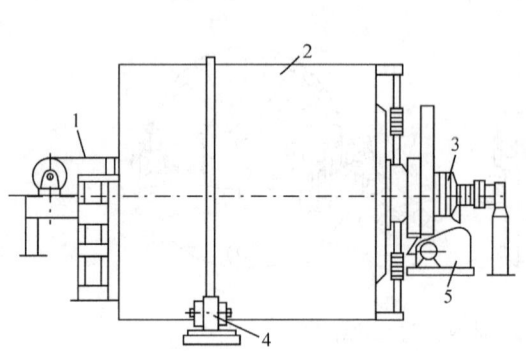

图 7-31 筒形内滤真空过滤机(中心胶带卸料)
1. 胶带;2. 筒体;3. 分配头;4. 托辊;5. 传动装置

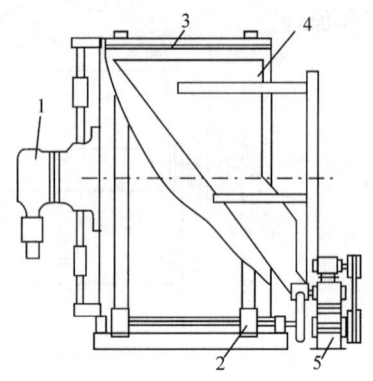

图 7-32 筒形内滤真空过滤机
(溜槽卸料)
1. 分配头;2. 托辊;3. 卸料装置;
4. 筒体;5. 传动装置

筒形内滤真空过滤机的筒体内表面为其过滤面。矿浆给到筒体内部,由于重力作用,粗粒物料先于细颗粒沉积于滤布上。形成间隙较大的粗颗粒层,随着细颗粒物料的沉积,孔隙中会发生"架桥现象",因而使得直径小于孔道的细颗粒也能被拦住,从而提高了过滤效果。在饼层过滤中,真正发挥分离作用的主要是滤饼层,而不是过滤介质。因此,筒形内滤式真空过滤机在形成滤饼时除了依靠真空作用外,还可借助于物料沉降作用,在过滤易沉降的物料时可获得较高的生产能力。这对于过滤粗粒物料和磁性团聚现象特别严重的磁铁矿尤为适宜。此外,该类型过滤机具有较大的滤布清洗区,滤饼卸除后可以有较长的清洗时间以恢复滤布的透气性。

筒形内滤式真空过滤机的工作原理同外滤式真空过滤机一样,内滤式真空过滤机的内滤面分为许多滤室,通过真空管对这些滤室进行抽吸滤液和吹气。真空管与分配头相连,分配头的工作原理与外滤式真空过滤机相同。筒体旋转一周,同样可完成过滤、脱水、吹风、卸料、清洗滤布的循环过程。筒形内滤真空过滤机的缺点是更换滤布较麻烦,机体庞大,操作中观察机内工作状况不方便。

3. 真空泵

真空泵是真空过滤机重要的配套辅助设备。

(1) 水环式真空泵。水环式真空泵是真空过滤系统中最常用的一种真空泵,它的结构简单,工作可靠,制造容易,使用方便,耐久性强。水环式真空泵主要由泵、叶轮、前后泵盖,轴承架,填料函等部分构成。

图 7-33 是水环式真空泵的工作原理图,泵体内安装一个叶轮,叶轮回转中心与泵体中心有一个偏距。叶轮按图示方向旋转。向泵体中注入一定量的水,水同叶轮一起旋转,形成水环。由于离心力的作用,水环和叶轮之间形成空腔,在 A 区,水环逐渐离开叶轮,产生抽吸作用,端盖上对正此区开口,就可以抽吸气体。在 B 区,水环逐渐靠近叶轮,产生压缩作用,端盖上对正此区开口,就可以将进气口吸入的气体排出泵外。图 7-33 所示的是单作用泵,叶轮旋转一周完成一次抽气和排气。

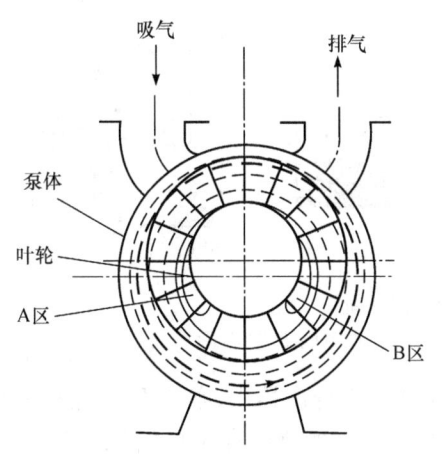

图 7-33 水环式真空泵的工作原理

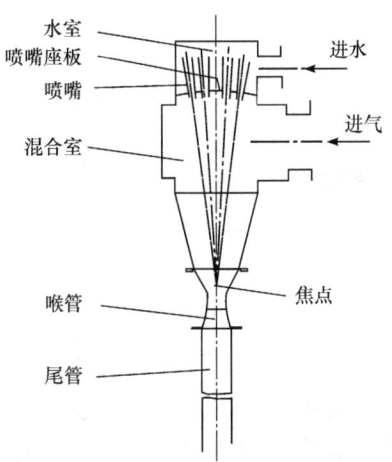

图 7-34 射流式真空泵的工作原理

(2) 射流式真空泵。射流式真空泵简称射流泵,又称水喷射泵。图 7-34 是射流式真空泵结构示意图。它的结构简单,制造容易,真空度高,抽气量大,耗能较少。它的工作原理与蒸汽喷射泵相似,但它的动力来源是水泵,使用方便,易于推广,在中小型选厂中应用逐渐增多。

射流式真空泵结构有水室、气室、喷嘴、喷嘴座板、喉管、尾管等。喷嘴有若干个,在水室中均匀分布,它们喷射出的水汇交于一点,这个点称为焦点。喷嘴可用不锈钢、铸铁、铜等材料制造。喉管的作用是防止外面的空气在大气压力作用下通过尾管进入气室,破坏泵的工作。尾管要有足够的长度,泵安装位置应具有一定的高度,具有较大的位能。

射流式真空泵的工作原理:水泵把水送入喷射泵的水室,并使水室中保持 1.5×10^5 Pa 以上的压力,水通过喷嘴喷入混合室,因为水流速很高,周围形成负压,起到抽吸作用,空气从混合室的进气口被吸入混合室中,高速水流和空气的摩擦,产生漩涡卷带作用,空气和水一起进入喉管,再经过尾管排出到泵外。

4. 真空过滤机的过滤系统

过滤系统指的是真空过滤机与辅助设备之间的连接方式。常用的过滤系统有三种:一级过滤系统、二级过滤系统和自动泄水仪。

(1) 一级过滤系统。一级过滤系统即一级气水分离系统,也称单级气水分离系统。在一级过滤系统中,只用一个气水分离器,如图 7-35 所示。

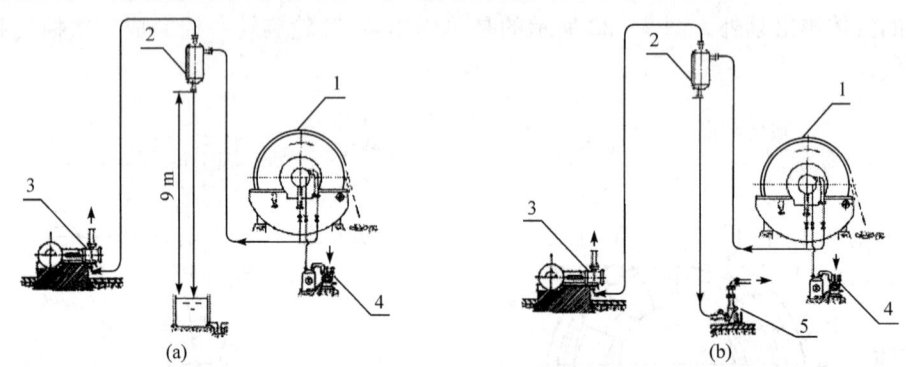

图 7-35 一级过滤系统
1. 过滤机;2. 气水分离器;3. 真空泵;4. 鼓风机;5. 离心泵

滤液和空气由于真空泵造成的负压被抽到气水分离器中,空气再由气水分离器的上部排走,滤液从气水分离器的下部排出。滤液的排出有两种方式:一种滤液靠自重自然流出[图 7-35(a)];一种需用泵强制抽出[图 7-35(b)]。

当过滤机布置在高位时,由于气水分离器在负压下工作,所以要使滤液从气水分离器中排出,其滤液排出口和滤液池液面之间必须有 9m 的高差。为防止空气进入气水分离器,滤液流出的管口必须设有水封。

图 7-35(a)、(b)两种形式由于只设一个气水分离器,有可能使气水分离不够彻底而影响真空泵的工作。

(2) 二级过滤系统。也称二级气水分离系统或双级气水分离系统。二级过滤系统中有两个气水分离器,过滤机可以和一级过滤系统一样安装在较低位置,连接过滤机的气水分离器也在较低的位置。该气水分离器上部排出的气体再进入安装在较高位置的二级气水分离器中,二级气水分离器的气体由真空泵抽走。由于二级气水分离器位置较高,即使一级气水分离器在较低位置也不致影响真空泵的工作,如图 7-36 所示。

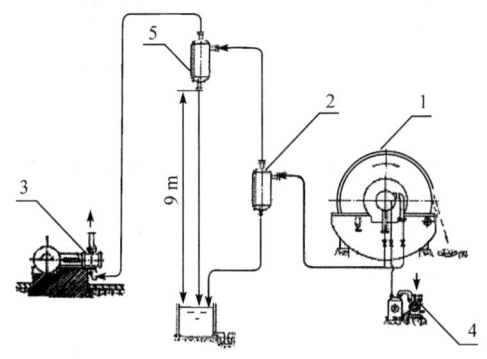

图 7-36 二级过滤系统
1. 过滤机;2. 一级气水分离器;3. 真空泵;4. 鼓风机;5. 二级气水分离器

(3) 自动排液装置。自动排液装置于 20 世纪 60 年代末在我国金属矿山出现,是我国选矿工作者一项首创,其连接系统见图 7-37(b)。对比几种过滤系统可以看出,自动排液装置的发明,改变了传统的过滤系统,它代替离心泵向外排放滤液,取得了明显的节能效果。另外,自动排液装置结构简单,容易制造,很受欢迎,已被选矿厂普遍采用。

自动排液装置出现至今,已经形成浮子式和阀控式两种基本结构形式。图 7-37(a)是一种结构较好,使用最多的新式浮子式自动排液装置。当自动排液装置处于图 7-37(a)所示状态时,右边排液罐内胶阀关闭小喉管、空气阀开启,罐内为常压,浮子受到向上压力 P,大喉管下部的滤液阀由于气水分离器和在排液滤内的压力差的作用而关闭,排液罐底部的放水阀打开,原来积存在罐内的滤液自动排出。左边排液滤内小喉管打开,空气阀关闭,罐内具有和杠杆箱、气水分离器内相同的负压,放水阀关闭,滤液阀打开,气水分离器中的滤液流入罐内,使浮子产生向上的浮力 R。当浮力 R 大于压力 P 时,左边浮子浮起,右边浮子下降,两个排液罐的状态对调。这样,自动排液装置周而复始地工作。

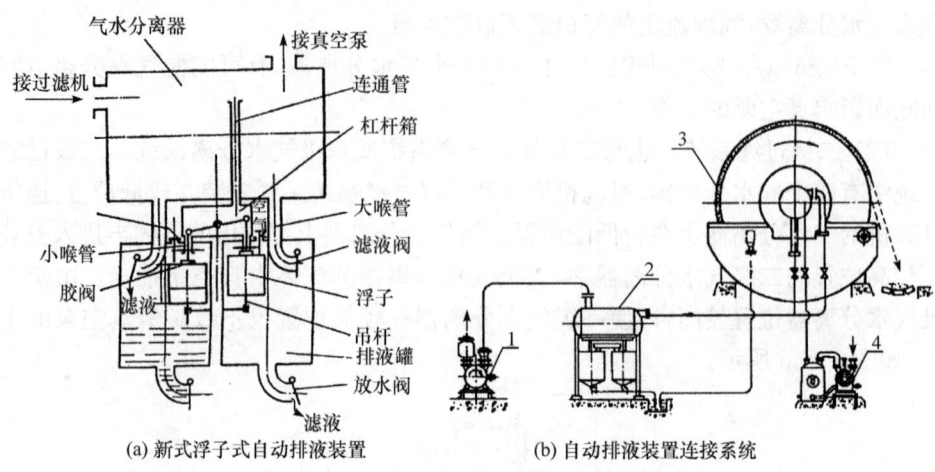

图 7-37 新式浮子式自动排液装置
1. 真空泵;2. 自动排液装置;3. 过滤机;4. 鼓风机

7.3.4 压滤机

1. 卧式板框式自动压滤机

板框式自动压滤机可分为卧式和立式两大类。按照滤室的构造和滤布的安装、行走和卸料方式差异,又可细分为若干类型。我国生产的板框式自动压滤机以卧式为主。

(1) 结构。国产 BAJZ 型板框式自动压滤机如图 7-38 所示。该设备属于水平板框式自动压滤机。每台压滤机由 6~44 副垂直的板框,构成 6~44 个压滤室。

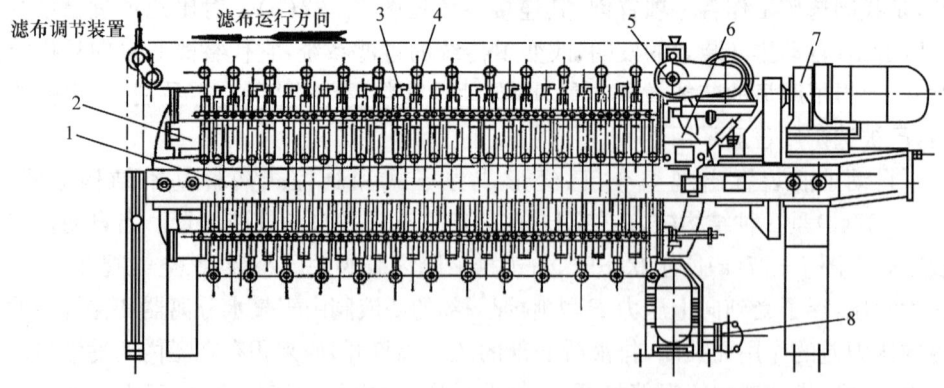

图 7-38 BAJZ 型板框式自动压滤机结构图
1. 主梁;2. 固定压板;3. 滤板;4. 滤框;5. 滤布驱动机构;
6. 活动压板;7. 压紧机构;8. 洗刷箱

滤板内侧有孔供排出滤液和吹气,滤室衬着滤布。滤布在过滤时处于高位,卸饼时处于低位,起落由一些液压柱构成机械手操作。每个压滤周期分为五个阶段:①闭锁阶段,液压柱使滤布提起,过滤板密封;②给矿过滤阶段,由滤室上部的给矿总管将矿浆分送到各滤室,直到其被滤饼充满;③压缩阶段,向滤室通入压缩空气,进一步排除滤饼中的残留水分;④卸饼阶段,液压柱拉开所有的过滤室和底部的卸料门,同时滤布下放,排出滤饼;⑤冲洗滤布阶段,用水冲洗滤布时,液压柱使滤布复位,滤板闭合,卸料门也关闭。

压滤机的给矿浓度为25%～70%。必要时甚至可以将未经浓缩的、浓度只有30%左右的浮选精矿直接供给过滤机,得到含水分8%的精矿。但是,压滤周期相应延长。每次压缩可以生产4.5～5t滤饼。

(2) 压滤机的给料方式。有三种形式:①单段泵给料,常选用流量较大的泵,所以该给料方式适用于过滤性能较好、在较低压力下即可成饼的物料。②两段泵给料方式,在压滤初期用低扬程、大流量的低压泵给料,经一定阶段再换泵,操作较为麻烦。③泵与压缩空气机联合方式给料,在该系统中需要增加一台压缩空气机和储料罐,因此流程复杂。

(3) 影响压滤机工作的因素。①入料压力——放料压力越高,压滤推动力越大,可降低压滤所需时间、降低滤饼水分并可提高压滤机的处理量。但是,入料压力过大会使动力消耗增大,设备磨损严重。②入料矿浆浓度——提高入料矿浆浓度,可以缩短压滤循环时间,并提高压滤机的处理量,但对水分影响却不大。从压滤效果看,入料浓度越高越好。但压滤入料来自耙式浓缩机底流,浓度越高越容易发生压耙事故。③入料粒度组成——随着-200目级别含量增大,压滤机的处理能力降低、滤饼水分增高。入料粒度较粗时的脱水效果较好,可得到较高的处理量,并可得到水分较低的滤饼。

2. 带式压滤机

带式压滤机的工作原理和外观如图7-39所示。带式压滤机是一种结构简单,操作方便,性能优良的连续压滤机。它在结构上借鉴了造纸机连续滚压的机构;各种聚合电介质絮凝剂的应用,为带式压滤机提供了工艺上的条件;多聚酯纤维滤网为它提供了良好的滤带,这三个因素创造了带式压滤机出现和应用的条件。带式压滤机主要由一系列按顺序排列的、直径大小不同的辊轮、两条缠在这系列辊轮上的过滤带,以及给料装置、滤布清洗装置、高速调偏装置、张紧装置等部分组成。

带式压滤机的工作包括四个基本的过程:絮凝和给料,重力脱水,挤压脱水,卸料和清洗滤带。

目前,带式压滤机被广泛的应用于过滤各种污泥、选煤产品、湿法冶金的残渣、湿法生产的水泥、管道输送的物料等。但在选矿产品中应用较少。

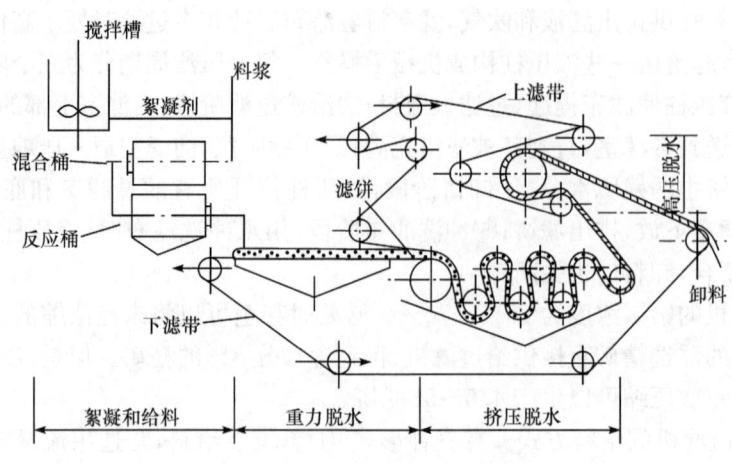

图 7-39 带式压滤机的工作原理

7.3.5 加压过滤机

加压过滤技术是一项先进的固液分离技术。加压过滤机的类型有盘式加压过滤机、转鼓加压过滤机和筒式内滤加压过滤机。主要适用于-0.5mm浮选精煤脱水、煤泥脱水、黑色金属有色金属精矿脱水、重碱分离及环保、化工行业、城市生活污水（泥）等的固液分离。

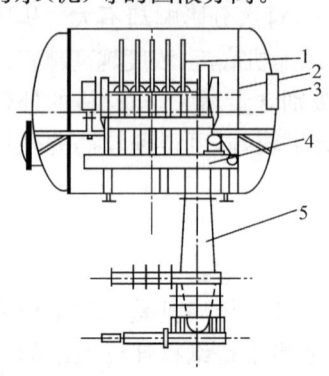

图 7-40 加压过滤机
1. 过滤机；2. 加压仓；3. 电控系统；
4. 刮板输送机；5. 密封排料装置

如图7-40，加压过滤机的工作过程，实际上是将类似于圆盘真空过滤机的设备装入特制的压力容器内，利用压缩空气作为过滤的推动力，在过滤介质两侧产生压差，使物料在过滤盘上形成滤饼并用瞬时吹风或刮刀把滤饼卸下。脱水后的滤饼由压力容器内的一台刮板输送机输送到密封排料仓的上仓，上仓装满后自动打开上闸板将滤饼放入下仓，待上仓闸板关闭后再将下仓闸打开将滤饼排出仓外，上下仓交替进行工作，其滤液通过滤液管排出机外。

图7-41是德国BHS公司生产的转鼓加压过滤机外形图，图7-42是山东煤矿莱芜机械厂制造的筒式加压过滤机外形图。

加压过滤机是一种高效、节能、全自动操作的新型脱水设备。它有效地解决了真空过滤机长期存在的生产能力低、滤饼水分高等缺点，同等过滤面积的加压过滤机与真空过滤机相比，前者的生产能力是后者的2～4倍；在处理相同量的物料时，加压过滤机的能耗只有真空过滤机的50%左右,节省了大量电力;由于加压过滤机的工作压力是真空过滤机的10倍左右,所以加压过滤机的滤饼水分低,方便了运输,减少了能耗。

图7-41 德国BHS公司生产的转鼓加压过滤机

图7-42 山东莱芜机械厂制造的筒式加压过滤机

加压过滤机的技术指标:①滤饼水分,处理浮选精煤、原生煤泥,工作压力 0.25~0.5MPa,滤饼水分16%~20%。②生产效率,处理浮选精煤,0.5~0.8 t/(h·m²);处理原生煤泥,0.3~0.6t/(h·m²)。③主要规格为GPJ10~120 m²、GWJ 12 m²、GTJ8~20m²。

7.3.6 陶瓷过滤机

毛细作用陶瓷过滤机是芬兰瓦迈特公司(Valmet OY)于1979年研制成功并用于造纸工业。不久,芬兰奥托昆普公司奥托梅克子公司购买了制造陶瓷片的专利,命名为"凯拉梅克"(Cefa Mec)型陶瓷过滤机,1985年首次用于矿山工业的精矿脱水,且获得了明显的经济效益,其能耗仅为普通真空过滤机的10%~20%,被誉为过滤行业里程碑式的技术进步。

我国于20世纪90年代首先在凡口铅锌矿引进试用,取得了良好的效益。20世纪90年代末,我国江苏省陶瓷研究所和江苏宜兴市非金属化工机械厂实现了陶瓷过滤机核心技术——陶瓷过滤片的国产化。进入21世纪,陶瓷过滤机已在我国获得了广泛的应用。

1. 过滤原理

毛细陶瓷过滤机的过滤原理是奥托昆普(CERBVEC)陶瓷过滤机的独到之处,它基于一种自然现象,即一根很细的管子浸入水中时,管中的水面会高于其周围的水面,使得细小的管孔具有一种提升力,这是由于水的表面张力和水与管壁之间的亲和力所引起。反之,把细管提出水面,管内的水也不会流出。只有施加一定压力的气体才能吹出管内残留的水分,这里毛细管呈现出两个作用,一是把水吸入管内,二是保持管内的水,阻止空气通过细管。开尔文(Kelvin)的数学式可以描述这一自然现象,即

$$\Delta P = \frac{4\tau\cos\theta}{D} = \rho g h$$

$$D = \frac{4\tau\cos\theta}{\Delta P} = \frac{4\tau\cos\theta}{\rho g h} \tag{7-11}$$

式中:ΔP 为起泡压力,kPa;τ 为液体表面张力,N/m;ρ 为液体密度,kg/m³;h 为管内水面高度,mm;θ 为浸润角,度;D 为微孔直径,μm;g 为重力加速度,9.81m/s²。

起泡压力的存在使得管内水位上升,其上升高度取决于管子材料的特性、直径和水的表面张力这些物理量之间的关系。就陶瓷片而言,在水温为 20℃ 的情况下,$\theta=0°$ 时,$\cos\theta=1$、$\tau=0.07$N/m、$\rho=1000$kg/m³,按(8-10)计算得到表 7-3 中的数据。

表 7-3　起泡点压力与细管直径的关系

ΔP/kPa	34	70	140	186	280	560	940
$D/\mu m$	8.0	4.0	2.0	1.5	1.0	0.5	0.3

陶瓷过滤机就是利用了这一原理,以氧化铝为基本成分的陶瓷片(图7-43)中布满了直径小于 2μm 的小孔,每一个小孔即相当于一根毛细管,这种过滤介质经与系统连接后,当水浇注到陶瓷片表面时,液体将从微孔中通过,直到所有的游离水消失为止,此后就不再有液体通过介质,而微孔中的水阻止了气体的通过,从而形成了无空气消耗的过滤过程。这也就是陶瓷过滤机可以比其他过滤机节省能源的原因之所在。

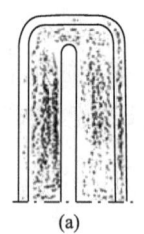
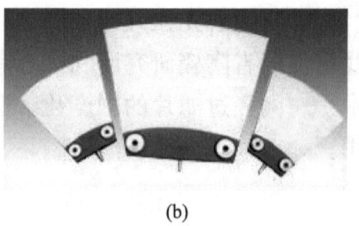

图 7-43　陶瓷过滤片的结构(a)与外观(b)

当陶瓷片插入矿浆中,情况与在水中的情况相同,滤饼所含水分经由陶瓷片中的毛细管(及一台小型的真空泵)抽出,最后达到平衡状态,此时也就是滤饼的最低

含水量。在这个过滤过程中,真空度可以达到95%以上,从而保持了最佳的过滤状态。

2. 设备结构及工作过程

陶瓷过滤机的结构如图7-44所示。陶瓷过滤机由以下几部分构成:矿箱、搅拌器、筒体、管道及PLC可编程控制器组成。陶瓷过滤机结构紧凑、所有相关设备包括真空泵均安装在过滤机上,仅有一个滤液泵安装在3m以下,因此陶瓷过滤机仅仅需要一个非常有限的安装空间。

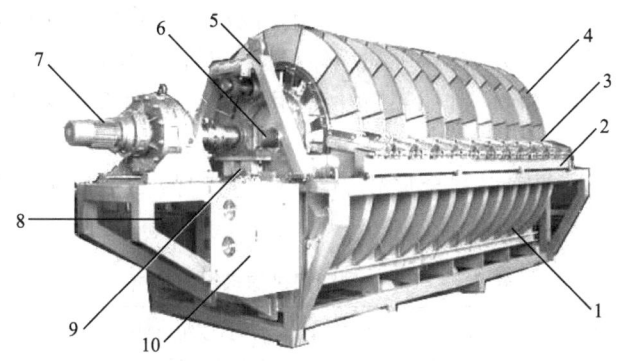

图7-44 陶瓷过滤机结构图

1. 矿箱;2. 筒体;3. 陶瓷刮刀;4. 陶瓷过滤片;5. 搅拌器;6. 分配阀;
7. 驱动电机;8. 真空泵;9. 超声波清洗器;10. PLC可编程控制器

陶瓷过滤机的工作方式与普通圆盘过滤机相似,见图7-45。工作周期由矿浆给入、滤饼形成、滤饼干燥、滤饼卸料、反冲洗五部分组成。矿浆由浓密机底流注入给矿槽内,搅拌器在槽内搅拌防止矿浆沉槽现象,主轴带动装有12块陶瓷片的

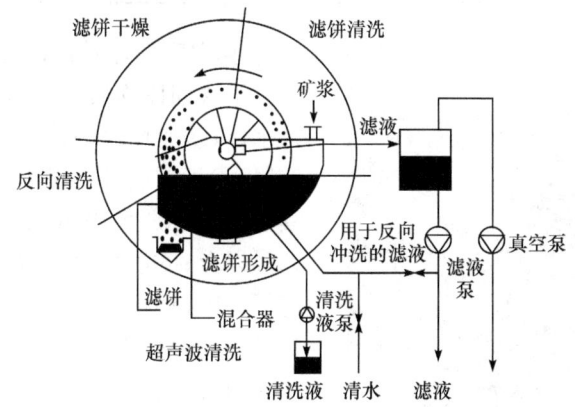

图7-45 陶瓷过滤机的工作方式

过滤盘进入矿箱内,在滤盘上形成滤饼,滤饼的厚度可以通过改变矿浆液位和过滤盘的转速调节,滤饼形成后进入干燥过程,干燥后的滤饼经由一个陶瓷刮刀从陶瓷片上刮下。值得说明的是,在滤饼的剥离过程中,仍有一层黏附在瓷片表面上的滤饼,将被反冲洗水除去,这样可以减少陶瓷片的磨损。

3. 特点

毛细作用陶瓷过滤机类似于传统真空过滤机,主要差别在于采用了获得专利的陶瓷片。这种由氧化铝烧制的具有特殊结构的陶瓷片布满均匀的微孔。它们只允许滤液通过,几乎是绝对真空的毛细作用。浸没在矿浆槽中的圆盘在无外力作用下,毛细作用即开始脱水,矿浆中的固体停留在圆盘表面,只要固体中还有游离水存在,脱水将继续进行。过滤系统中仅用了1台小型真空泵,以增大滤液的流量。

表7-4为江苏省宜兴非金属化工机械厂生产的HTG型陶瓷过滤机性能规格。

表7-4 HTG型陶瓷过滤机性能规格

	HTG-01	HTG-03	HTG-12	HTG-15	HTG-24	HTG-30	HTG-45	HTG-51	HTG-60	HTG-80
过滤面积/m^2	1	3	12	15	24	30	45	51	60	80
安装功率/kW	6	8	15	17	21	24	26	35	46	55
处理能力	0.5~1.5t/(m^2·h)									
滤饼水分/%	7~12									
电耗/(kWh/t)	0.4~0.6									

与传统真空过滤机比较具有下列特点:①真空度高,滤饼水分低;②滤液清澈,几乎不含固体物质,可直接返回使用或排入水体;③能耗仅为传统过滤机的10%~20%;④无需价格昂贵的滤布;⑤自动连续运转,维护费用低,设备利用率高达95%以上;⑥能保证滤饼均匀洗涤;⑦生产无污染,环境安全;⑧陶瓷片使用寿命长,更换容易,工人劳动强度低;⑨精矿脱水费用仅为传统过滤机的18.8%~40.1%。图7-46为陶瓷过滤机的滤饼刮下卸料图。

图7-46 陶瓷过滤机的滤饼刮下卸料图

7.4 干 燥

干燥是指含有水分或其他溶剂的湿物料,受热之后使其中的水分或其他溶剂气化,除去湿分的过程。干燥过程不同于浓缩、过滤等机械脱液的分离过程,它是一个传热传质的过程,可较为彻底地去除物料表面甚至内部的湿分。由于干燥过程中,湿分发生相变,所以与机械去湿相比,其能耗较大,费用较高。由于干燥过程费用高,故只有对精矿水分有特殊要求的产品方考虑干燥。

干燥在国民经济的许多部门都有广泛的应用。干燥的产品便于加工、运输、储存和使用。位于我国东北、西北、华北等地区的选矿厂,由于冬季气温较低,一般在$-14℃$以下,选矿厂精矿的储存和外运需设防冻措施的情况下,也应根据需要考虑设置干燥作业。

在化工、食品、矿业、医药等行业中,由于被干燥物料的形状、大小、含水量及热敏性等性质千差万别,其生产规模和生产能力存在差异,对干燥后的产品要求不同。因此,所采用的干燥器的类型也是多种多样。

7.4.1 圆筒干燥机

圆筒干燥机是矿业中应用最普通且广泛的一种干燥设备。适于干燥金属和非金属矿的磁、重、浮精矿及水泥工业的黏土和煤矿工业的煤泥等。它的特点是生产率高,操作方便。

根据干燥介质与湿物料之间的传热方式分为直接传热圆筒干燥机(干燥介质与湿物料直接接触传递热量)和间接传热圆筒干燥机(干燥所需热量由筒壁间接传递给湿物料)两种。间接传热圆筒干燥机的传热效率低及结构复杂等原因,很少选用,在此不作介绍。

直接传热圆筒干燥机,按照干燥介质与物料流动的方向,又分为顺流与逆流两种。

直接传热圆筒干燥机如图 7-47 所示。

直接传热圆筒干燥机的主体部分为一个与水平线略呈倾斜的旋转圆筒。圆筒由齿轮传动,转速一般为 $2\sim6r/min$,圆筒的倾斜度与其长度有关,通常介于 $1°\sim5°$ 之间。物料从转筒较高的一端送入,与热空气接触,随着圆筒的旋转,物料在重力作用下流向较低的一端被干燥而排出。由于干燥机处于负压条件下工作,进料及排料端均采用密封装置以免漏风。

为了加速物料均匀地分布在转筒截面上的各个部分与干燥介质良好地接触,在筒体内装置扬板。扬板的形式很多,常用的有下列几种,如图 7-48 所示。

升举式扬板适用于大块物料或易黏结在筒壁上的物料。

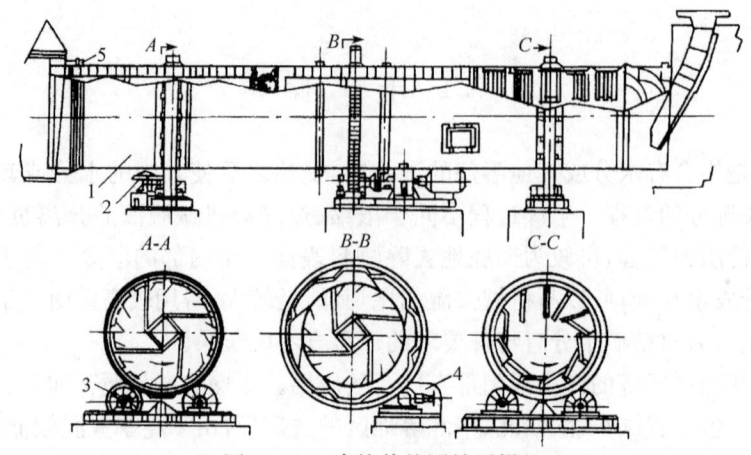

图 7-47 直接传热圆筒干燥机
1. 滚筒；2. 挡轮；3. 托轮；4. 传动装置；5. 密封装置

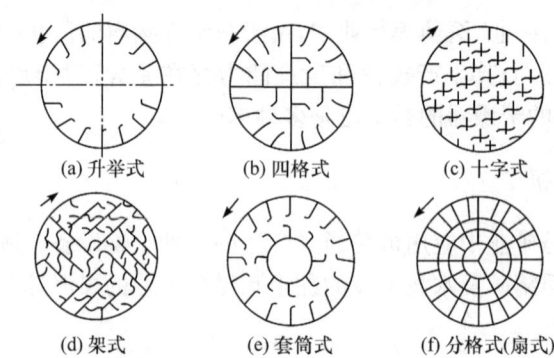

图 7-48 扬板的形式

四格式扬板适用于密度大、不脆的或不易分散的物料。该扬板将圆筒分成了四个格,呈互不相通的扇状作业室,物料与热气体的接触面比升举式扬板大,并且又能增加物料的充填率及降低物料的降落高度而减少粉尘量损失等优点。

十字形或架形扬板适用于较脆及易分散的小块物料,使其物料能均匀地分散在筒体的整个截面上。

套筒式扬板为复式传热(或称半直径加热)圆筒干燥机的扬板。

分格式(扇形)扬板适宜于颗粒很细而易引起粉末飞扬的物料。物料一给入就堆积在格板上,当筒体回转时,物料被翻动并不断与热气体接触,同时又因物料降落高度的降低,减少了干燥物料被气体带走的可能性。

以上各种形式的扬板可以分布在整个筒体内,为了使物料能够迅速而且比较均匀地送到扬板上,亦可在给料端 1~5m 处安装螺旋形导料板,以避免湿物料在筒壁上黏结堆积。同时因干燥后的物料很容易被扬起而被废气带走,而在排料端

1~2m处不装任何扬板。

直接传热回转干燥机的干燥介质通常为烟道气。顺流式直接传热回转干燥机见图7-49,它的燃烧室与湿物料进料在同一端,热气流与料流的运动方向是一致的,湿物料从进料端向排料端移动,热空气亦从进料端在鼓风机与引风机的作用下经排料端而流出,湿物料在此流动过程中受热空气加热而干燥。

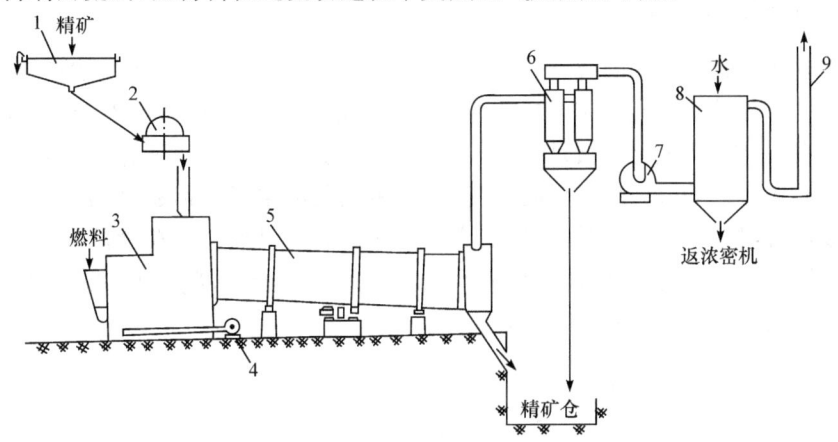

图7-49 顺流式干燥

1. 浓密机;2. 过滤机;3. 燃烧室;4. 鼓风机;5. 圆筒干燥机;
6. 多管旋风收尘器;7. 抽风机;8. 水膜除尘器;9. 烟囱

逆流式直接传热回转干燥机见图7-50,它是湿物料从进料端给入干燥机,燃烧室设在排料端,物料与干燥介质(热空气)作反方向运动,物料在此运动的过程中受热而干燥。

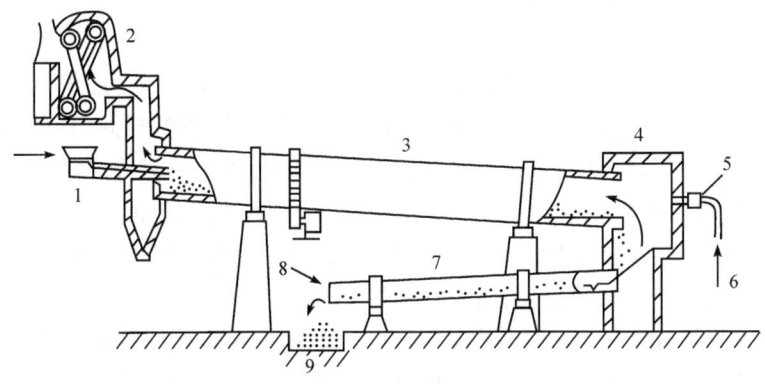

图7-50 逆流式干燥

1. 湿料加料器;2. 余热锅炉及收尘装置;3. 回转窑;4. 燃烧室;5. 燃烧器;
6. 燃料;7. 冷却器;8. 空气;9. 干料仓

顺流式干燥由于给入的湿物料进入干燥机就与温度较高的干燥介质接触,初期干燥推动力较大,以后随物料温度的升高,干燥介质的温度降低。故适宜于对最终含水量(即干燥程度)要求不高的物料。排出的干物料温度较低,便于运输。但从产生粉尘来看,细物料易被气流带走,粉尘量较大。逆流式干燥在干燥过程中,干燥推动力较均匀,适宜于被干燥物料要求较严的干燥。干燥介质所带粉尘经湿料区而被滤清,气流中含尘量较少。

7.4.2 流化床干燥器

流化床干燥器又称沸腾床干燥器,用来处理散粒物料或均匀小块物料干燥。

图 7-51 是一种流化床干燥器的示意图。散粒料从输送器进入干燥室,落在热风分布板上。热风分布板是用多孔或筛网构成,加热空气从下部的热风分配室穿过小孔向上流动,再穿流过物料层。由于板孔处的空气流速超过物料颗粒的悬浮速度,致使物料在流化床面上形成沸腾状运动。但是热空气在全截面上的流速又小于颗粒的悬浮速度,因此物料又不会被气流带走。这种状态就称为流态化,这时热空气的干燥作用就是流化干燥。

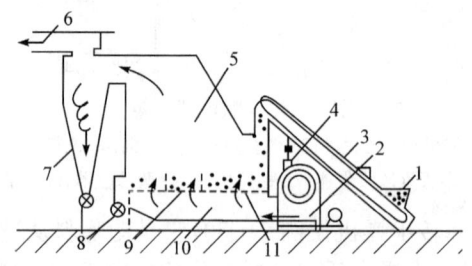

图 7-51 流化床干燥器的示意图
1. 加料斗;2. 风机;3. 输料器;4. 热风进口;5. 干燥室;6. 排气口;
7. 旋风分离器;8. 旋转阀;9. 热风分布板;10. 热风分配室;11. 多孔挡板

在流化状态下,床层(物料层)体积膨胀,颗粒之间脱离接触,形成剧烈的混合和搅拌。物料与流化介质(空气)共同形成的多相床层具有像流体一样的特性。在连续加料的条件下,物料向出口旋转阀门流动,形成连续操作状态。流化床干燥器的特点是:物料与热空气的接触面积达到最大,全部颗粒总表面积就是干燥面积;流化床内温度分布均匀;很容易控制物料在流化床上的停留时间。因此,干燥的干燥效率高,也容易控制干燥制品的水分含量。

简单的单层流化床有一个严重的缺点,就是颗粒在流化床上的停留时间往往不均匀,则进入的湿物料中可能有一部分在较短时间内便流到出口处排出,而另一部分可能会在流化床上停留过久,受到过分的干燥。图 7-51 中的流化床上建立了几个垂直的多孔挡板,可使物料颗粒按顺序溢流到下一个隔室,大大改善物料干燥程度的均匀性。也可以为流化床的每个隔室提供不同参数的干燥介质(热空气)和料层厚度,以控制不同的干燥工艺条件,相当于几个流化干燥器串连使用。还有一种立式多层流化干燥器将几个流化床高低叠置进行操作,上层物料依次流向下层流化床,热空气从下层向上流动,穿透几层流化床,这样热空气的流量仅需几分之一,而气流的阻力则要增加几倍。

当流化床干燥器在干燥颗粒较大、较重的物料,同时又只需要较小的热空气流量时,空气的流速不足以形成物料的流化状态,则可以用机械振动的办法,使流化床面产生高频率的振动,也能使物料产生流化的效果,称为振动流化床。振动流化床的好处是可以用机械振动的参数,严格控制物料在流化床面上的向前运动速度和停留时间,以达到均匀干燥的目的。

只要不太黏结、结块的颗粒物料都能使用流化床干燥。一般处理物料的粒度范围约为 $30\mu m \sim 6mm$。粒度小于 $20 \sim 40\mu m$ 的粉末,在流化时易形成沟流现象,流化状态不稳定,且粉末易被气流带走。过大粒度的物料,需要较高的气流速度,动力消耗和物料磨损都很大。

7.5 尾矿堆存

7.5.1 尾矿堆存的意义

原矿进入选矿厂经过破碎、磨矿和选别作业之后,矿石中的有用矿物分选为一种或多种精矿产品。尾矿则以矿浆状态排出。精矿产率较小,有色金属选矿厂精矿产率一般只有 $10\% \sim 20\%$;尾矿数量很大,产率一般为 $80\% \sim 90\%$;甚至还要大些。选别铁矿石或锰矿石的选厂,尾矿产率相对较小,有时不足 50%。以一个日处理 1 万吨原矿的选厂为例,尾矿的产率以 90% 计,每日排出尾矿量有 9000t,它的体积大约有 $5000m^3$。选厂服务 20 年,尾矿的体积约为 $3.5\times10^7 \sim 4.0\times 10^7 m^3$。所以必须有一个很大的场地堆放尾矿。选矿厂排出的尾矿水中常含有大量的药剂及有害物质。尾矿水中这些有害物质达不到排放标准时,对人体、牲畜、鱼类及农田均有害。尾矿排放于大海或河流都是不允许的,因为会堵塞河流,污染环境,造成江河水系、附近土壤甚至地下水资源的污染,并影响企业的发展,带来的后果是十分严重的。因此选矿厂尾矿不能任意排放。

另一方面,尾矿的概念是相对的,尾矿中含有大量的有用成分。尾矿必须妥善储存的另一个原因是考虑尾矿将来再利用的可能性。由于目前的技术水平和经济成本的限制,一部分金属流失于尾矿,也许还有一部分稀有金属没有得到综合利用。所以尾矿必须保存起来以备将来再利用。随着技术水平的发展和金属价格的上升,到一定时期这些尾矿可能变成有价值的矿产资源。在目前的技术水平下,有些贵重金属、稀有金属不能回收,但随着科学技术的进步,尾矿中的有用成分可以重新开发利用。尾矿资源得到综合利用国内外已有许多实例,如湖北省铜录山铜矿选矿厂尾矿中含有丰富的金、银、铜、铁等有用成分,随着选矿技术的发展,1985年该矿采用弱磁-强磁选技术对尾矿再选,每年从尾矿中回收了数万吨铁精矿,从而矿山经济效益大为提高。再如辽宁省柴河铅锌矿,长期处理氧化率较高的铅锌矿石,由于氧化铅锌的回收率在前二十年都比较低,尾矿中有相当数量的氧化铅锌矿物,尾矿中铅锌的品位一般分别达到0.5%~1.0%左右,以后打算以原选厂继续处理尾矿,以回收尾矿中的铅锌矿物。又例如,南非是世界上第一大产金国。几十年前选厂产出的尾矿含金高达0.8~2.0g/t。随着黄金价格的上涨,回收尾矿中金有利可图,近几年先后修建多个浮选厂处理过去的老尾矿。

7.5.2 尾矿库

1. 尾矿库的型式

把尾矿堆存在专门修筑的尾矿库内,这是多数选矿厂目前最广泛采用的尾矿处理方法。尾矿库库址选择是否得当,对选矿厂投产期的效益关系甚大,选择得好,不仅工程量小,工期短,投资少,运行费用低,经济效益高而且安全可靠,环境效益亦好。尾矿库的型式可以分为以下三种类型。

(1) 山谷型。初期坝平面形式是在谷口一面筑坝,见图7-52。特点:初期坝短,工程量小、基建费用省、尾矿堆坝工作量小,管理维护简单、应优先选用。

(2) 山坡型。初期坝平面形式是利用山坡阶地二面或三面筑坝,见图7-53。特点:初期坝长、工程量大、基建费用高,尾砂堆坝工作量大、管理维护复杂、安全性差、只在无合适的山谷做尾矿库时才选用。

(3) 平地型。初期坝平面形式是在平地四面筑坝,见图7-54。特点:与山坡型基本相同。

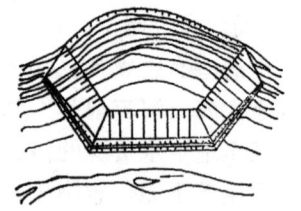
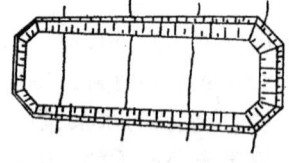

图7-52 山谷型尾矿库　　图7-53 山坡型尾矿库　　图7-54 平地型尾矿库

2. 尾矿坝

尾矿坝是尾矿设施中最重要的组成部分,它直接关系到尾矿库的安危。坝址选择应当尽量靠近选矿厂,使尾矿的输送距离最短,自流为宜,尾矿需要扬送到尾矿库时应该尽可能减少扬送高度,坝址以下的土层和岩石结构要可靠,筑坝前应作工程地质评价。

尾矿库的初期坝可用土、石材料筑成,应当透水,即使用土筑坝,其外坡底部应该有透水的石料堆成透水体并铺有按一定粒级配成的砂石反滤层,以保护初期坝的稳定。

尾矿库仅靠初期坝(基坝)围成的库容是满足不了选矿厂的服务年限内堆积尾矿之用。初期坝是在选矿厂基建时建成的,设计时一般只考虑堆存一年左右的尾矿量。以后的尾矿库容靠选厂投产后的尾矿和附近的黏土堆坝来解决。尾矿中小于 $37\mu m$ 的细粒不宜作为尾矿堆坝的材料,一般利用尾矿堆坝时在尾矿坝处用水力旋流器分级,其沉砂(粗粒级)留在靠坝体部位;尾矿库内靠近坝体内坡堆存尾矿,既是新坝的基础,又是堆坝(或称子坝)的材料或部分材料。旋流器溢流(细粒级)向尾矿池的尾部流动,并在流动过程中自然分级。稀而细的尾矿流得较远,在尾矿池的尾部有一段是澄清水区。

建筑尾矿坝比较常见的方法有如下几种。

(1) 上游筑坝法。见图 7-55。

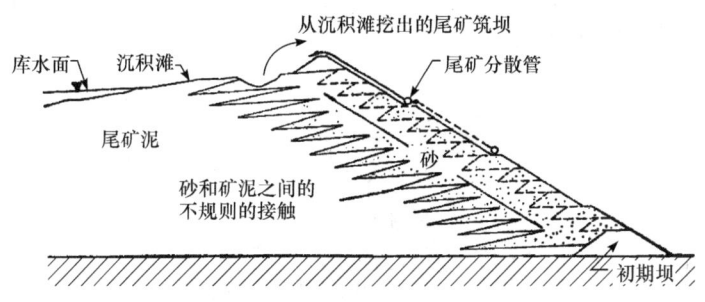

图 7-55 上游筑坝法建成的尾矿库

这种筑坝方法是初期坝建筑在最下游点,子坝在基坝之上向上游一侧按一定的坡度逐次增高,尾矿经管道进入初期坝的顶部,必要时经旋流器分级,经支管均匀地排放到尾矿库内。初期坝形成的库容填满时,子坝则利用粗粒级尾矿堆成而使坝体增高,以增加新的库容。如果尾矿粒级较细则需经水力旋流器分级,利用粗砂筑坝。利用尾矿堆积子坝直至达到设计高度,子坝堆成时要经过压实,并调整尾矿排放管的位置。山谷型尾矿库多采用上游筑坝法,我国许多选矿厂采用这种筑坝方法,这是一种经营费用较低的筑坝法。另外,要严禁在尾矿坝的外层种植根深的植物,以免坝体吸吮大量的水,而使坝体的润湿程度增高从而降低坝体的稳定性。为环境保护的目的,可在坝体外层覆盖一层优质表土,种植草类植物。

(2) 下游筑坝法。这种筑坝方法是利用粗粒尾矿在初期坝的基础上中心线向下游方向移动来堆筑后期坝的方法(图 7-56)。大型尾矿坝多采用这种方法加高后期坝和增加库容。在选矿厂投产初期利用尾矿堆坝,尾矿量满足不了要求,就需要在附近取土或采场运出的废石填方。这种筑坝方法比较安全可靠,但筑坝费用较高,要有人长期筑坝。

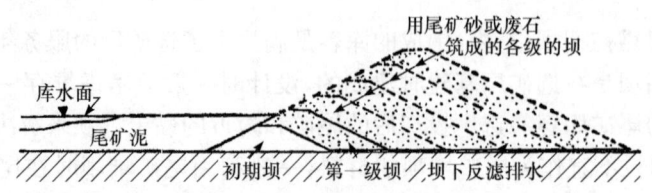

图 7-56 下游筑坝法建成的尾矿库

3. 尾矿库排水设施

尾矿库的排水设施很重要,为了排除进入尾矿库的雨水或溪水流,有山坡截洪沟或排水管路;为了排除尾矿中的渗透水及尾矿坝底的涌水,有排水管路设施;还有尾矿澄清水的排水设施。图 7-57 是某尾矿库的排水系统总平面图。图 7-58 是尾矿澄清水排水设施纵横剖面图。

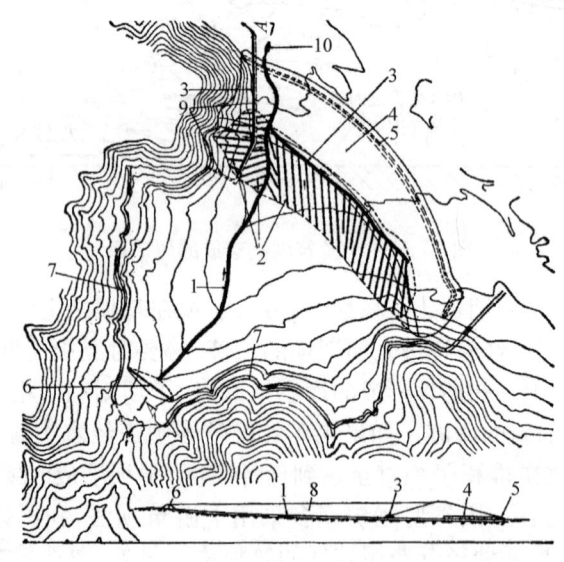

图 7-57 尾矿库排水系统总平面图
1. 主干排水盲沟;2. 辅助排水盲沟;3. 支干排水盲沟;4. 水平排水层;5. 排水棱体;
6. 上游坝;7. 山坡截洪沟;8. 储存细泥尾矿;9. 排水斜槽;10. 尾矿回水泵站

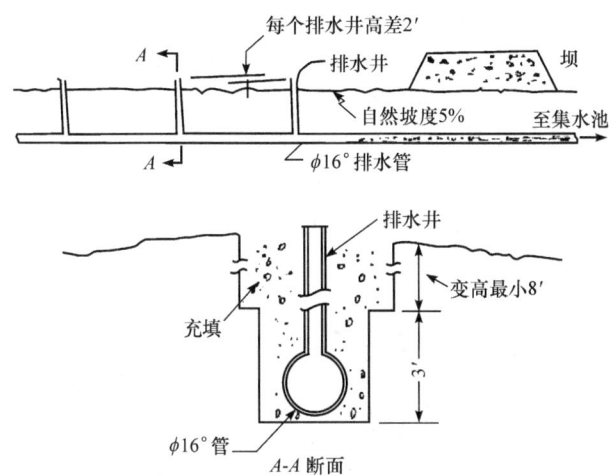

图 7-58 尾矿澄清水排水设施纵横剖面图

7.5.3 尾矿水的循环使用

在磁选厂或重选厂,尾矿经浓密处理,浓密机溢流可作为回水循环使用。这样做不仅对选矿过程不发生不良影响,而且可以大大降低新鲜水的耗量,经济上是有利的。故磁选厂与重选厂普遍使用回水。但是浮选厂的情况就比较复杂,由于尾矿水中含有剩余药剂,长期以来普遍不用回水。随着选矿技术的发展,选厂规模的逐渐扩大,环境污染问题的急需解决,使用回水日益被重视。使用回水后新鲜水用量大幅度减小,水源供水不足的矛盾得到缓和,尾矿水对环境的污染也可以大大减轻。据国内不完全统计,有 80% 重选厂废水利用率达 70%;少数浮选厂回水利用率也达到 60% 左右。

一般而言,铜浮选厂使用回水后浮选药剂耗量有所降低,但对铜的精矿品位和金属回收率有所影响,故在铜的精选回路通常使用新水。对于铅锌或铜锌浮选厂,使用回水比较困难,因为浮选铅或铜时加入了闪锌矿的抑制剂,以后再加入闪锌矿的活化剂与捕收剂。选完闪锌矿的尾矿水中残留有这些药剂,使用回水将影响铅锌或铜锌分离。

使用回水的方法有两种:

(1) 尾矿经浓密机处理,浓密机溢流作为回水使用。在选矿厂内或选矿厂附近设置浓密机将尾矿脱水,部分或全部溢流水作为回水送回选厂使用,浓密机底流送到尾矿场。常使用于重选厂或磁选厂。

图 7-59 尾矿浓密机

该法的优点是可以减少回水管的长度与动力消耗,还可以减少尾矿矿浆的输送量。但是回水的水质较差。目前我国最大的选矿厂内尾矿浓密机是金川有色金属公司的 $\Phi 100m$ 浓密机。图 7-59 是圈外某铜矿的 $\Phi 100m$ 尾矿浓密机。

(2) 尾矿库溢流水作为回水使用。将尾矿矿浆全部输送到尾矿库以后,经尾矿库比较长时间的沉淀和分解作用,澄清水经溢流井地下沟道流出送回选厂再用。这一方法的优点是回水水质较好,但回水的管路较长,动力消耗较大,经营费用较高。

图 7-60 是尾矿库溢流回水循环使用示意图。

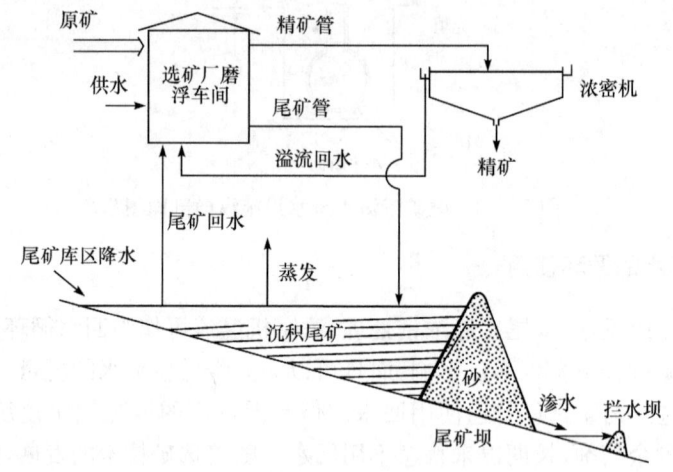

图 7-60　尾矿库溢流回水循环使用示意图

习　题

1. 若物料的密度 $\delta=2.9\,g/cm^3$,计算悬浮液浓度 C 在 50%～70% 之间、每间隔 5% 时 C 所对应的固含 N 值。
2. 画出周边传动耙式浓缩机的构造简图,说明其工作原理。
3. 常用的过滤设备有哪几种?评述陶瓷过滤机的特点和优点。
4. 常用的干燥设备有哪几种?简述圆筒干燥机的结构和工作原理。
5. 尾矿堆存和尾矿库溢流回水循环使用有何意义?具体是如何进行的?

参 考 文 献

郭熙.1990.选矿厂辅助设备.北京:冶金工业出版社
国外选矿厂尾矿设施文集编译组.1990.国外选矿厂尾矿设施文集.北京:冶金工业出版社
刘凡清,范德顺,黄钟.2001.固液分离与工业水处理.北京:中国石化出版社
王淀佐,邱冠周,胡岳华.2005.资源加工学.北京:科学出版社
袁惠新,冯马.2002.分离工程.北京:中国石化出版社

第8章 粉体造块工艺与设备

8.1 粉体造块基础

8.1.1 造块的基本概念

粉体成型是将粉体物料加工成具有一定尺寸和形状的块状物体,粉体固结则赋予成型制品以一定用途所要求的性能(如强度等)。不同的粉体原料,采用不同的粉体成型与粉体固结方式,可以生产出各种具有确定用途的产品,从而形成不同的工业领域,如粉末冶金、耐火材料、陶瓷工业、型煤生产、高温冶金炉料等。由于金属材料,特别是钢铁冶金的高速发展,粉体造块已成为应用广泛的工业领域。

为高温冶金提供的炉料,必须有一定的粒度大小和适宜的粒度分布。过大的炉料需破碎,过小的粉末需造块,以适宜高温冶炼的需要。

造块(agglomerate)是在不完全熔化的条件下,将粉状物料变成块状物料。以造块形式提供的炉料称为熟料。相应地,以一定的粒度大小的原矿形式(块矿)提供的炉料称为生料。

造块在将粉状物料变成块状物料的同时,可以调整熟料的化学成分、矿物组成,一些冶金反应在造块过程中先行完成(如碳酸盐的分解、结晶水的脱除、某些造渣反应等),使熟料的冶金性质(如机械强度、还原性能、膨胀性能、粉化性能、软熔性能等)能更好地满足冶炼加工的要求。将使高温冶金的燃耗、电耗大大降低,成本下降、设备生产能力提高,特别是在大型高炉冶炼中尤为显著;因此,在世界冶炼界把提高冶炼熟料比作为主要的研究目标。

工业上粉状物料的主要来源:①块矿开采、破碎过程中形成的矿石粉末,常称为粉矿,一般粒度小于8mm。②贫矿经过磨矿分选后所得到的高品位精矿,一般粒度小于0.1mm。③冶炼或其他工艺过程形成的如除尘粉等细粒、含有价成分的粉末。

造块广泛应用于高温冶金工业,包括黑色冶金和有色冶金。目前,世界上使用的造块方法主要为烧结法(图8-1)与球团法(图8-2)。

(1)烧结法(sinter)是将粉状物料(如粉矿和精矿)制粒后,进行高温固结,在不完全熔化的条件下烧结成块的方法,所得产品称为烧结矿(图8-3),外形为不规则多孔状。烧结所需热能由配入烧结料内的碳与通入过剩的空气经燃烧提供,故又称氧化烧结。烧结矿主要靠液相固结,固相固结仅起次要作用。

图 8-1 上海宝山钢铁公司二期烧结工程 450m²

图 8-2 武钢矿业公司程潮铁矿 120 万吨/a 球团工程

(2) 球团法是将细粒物料(尤其是细精矿)造球后,再经高温固结的方法。所得产品称为球团矿(图 8-4),呈球形,粒度均匀,具有高强度和高还原性。球团矿中,固相固结起主要作用,液相黏结相很少。高温氧化焙烧时的热能主要由外部燃料燃烧的热气流来提供。

图 8-3 烧结矿　　　　　　　图 8-4 球团矿

以高炉炼铁为例,为了保证高炉炼铁时在炉内的料柱透气性良好,要求炉料有一定的粒度大小且均匀、粉末少,机械强度(包括冷强度和热强度)高,具有良好的软熔性能;为了降低炼铁焦比,要求炉料含铁品位高,有害(S,P 等)杂质少,且具有自熔性造渣性能和良好的还原性能。生产表明,上述诸多要求,完全可通过烧结球团高温造块法达到。因此,烧结球团法不仅使粉料成块,还对高炉炉料起着火法预处理作用,使高炉冶炼达到高产、优质、低能耗的目的。表 8-1 所示为国外对各种炉料的高炉冶炼效果的影响。

表 8-1　各种炉料对高炉冶炼的影响

炉料	天然块矿	天然富矿	普通烧结矿	普通球团	熔剂性球团	预还原球团
焦比/(kg/t 铁)	850	670	615	550	500	300
相对生产率/%	100	127	139	155	170	256

由表 8-1 可知,高炉冶炼效果随熟料的使用而提高,提高的程度不仅表现于随炉料中熟料比增加而增加,而且还随熟料精制程度的提高而提高。它的作用可具体表现为:

(1) 充分利用并扩大了有用资源的利用,如富铁粉矿和贫矿经深选得到的精矿皆需通过造块后才有可能利用。

(2) 使冶炼厂含有用成分高的废料、尘泥和渣,在造块中掺和使用或单独使用,使工厂环境质量提高,综合利用了国家资源。

(3) 经造块的产品物理性能和冶金性能改善,强化下一步工序的使用效果,并使之获得最佳的生产产品质量,取得最大的经济效益,促进国民经济的发展。

8.1.2　烧结球团法的发展

人造块矿中发展最早的是压团法,但随着世界钢铁工业迅速发展,烧结法和球团法取得日新月异的进展;成为钢铁工业生产中必不可少的工艺过程。中国钢铁工业自改革开放以来获得了迅猛发展,1996年钢产量突破1亿吨,位居世界第一,以后连续九年都位居世界第一。2004年钢产量达2.72亿吨,2005年钢产量达3.52亿吨。现中国烧结球团矿年产量在2.7亿吨以上。

1. 烧结法

1897年,T. Hunting Ton等申请了硫化铅矿焙烧专利,而后用于生产,主要采用烧结锅设备完成鼓风间断烧结作业。1905年,E. J. Savelsberg首次将烧结锅用于铁矿粉烧结(鼓风)。1909年,S. Penbaeh申请用连续环式烧结机烧结铅矿石。1911年,A. S. Dwight和R. L. Lloyd首次发明抽风连续带式烧结机用于铁矿粉烧结,即D-L型烧结机。1914年,J. E. Greenawalt发明抽风间断烧结盘用于铁矿粉烧结,称G. W型烧结机。从最初间断作业烧结锅到今天普遍采用的连续带式烧结机,已经历了近百年。

带式烧结机因生产能力大而在铁矿石烧结中广泛应用。随着钢铁工业发展,为达到烧结矿产量要求,其设备面积也不断增大。例如日本等国已将单机最大烧结机面积从70年开始的400、500m^2扩大到600m^2,台车宽从4m增加到5m。烧结设备大型化是国内外从经济考虑追逐的目标,因为设备大型化,使生产量增大,而设备投资相对降低;生产经济效益增大,其相对设备维修和管理费用却大大降低。

我国建国初期,仅有首钢的烧结锅、本钢烧结盘以及鞍钢的50m^2带式烧结机。1952年从苏联引进当时面积最大的75m^2烧结机,而后我国开始自行设计和制造。1970年起我国开始设计并制造出90~130m^2烧结机。80年代初宝钢引进日本450m^2烧结机。现在我国已能自行设计和制造各种规格烧结机。

目前,全世界烧结机年生产能力已超过10亿吨。

2. 球团法

1912年瑞典A. G. Andersson发明球团法,1913年德国C. A. Bracktyberg亦得出同样发明,两人分别获得了专利权,但未应用成功。二战期间美国针对梅萨比矿区贫矿经深度细选后的铁隧岩精矿制作球团矿,进行了详细研究,使球团技术获得重大突破,然后在1950~1951年在Ashland钢铁厂完成了第一批大规模竖炉球团生产试验。随后里塞夫矿业公司在明尼苏达州的巴比特建成具有四座竖炉的工业性球团厂。1951年又开始研究带式焙烧机,并于1955年在里塞夫厂建成用带式焙烧机生产球团矿。同时,伊利竖炉球团厂也投入生产。随又研究原用于水泥的链篦机-回转窑设备,直接用加拿大北部的铁隧岩精矿制成生球后,在该设备上进行球团矿生产,最终使这一移植设备获得了成功。

由于球团矿的质量好,使球团技术发展十分迅速。在20世纪60年代以前,生产球团矿的国家主要是美国、加拿大、瑞典等,总年产量约1600万吨。1971年后,已发展到 20 多个国家使用,年产量达 12 000 万吨。1982 年时,世界球团矿总产量增为 25 600 万吨,到目前为止其产量仍在不断增加。

增加球团矿产量的方法,一是增加球团生产设备数量,二是增大单台设备处理能力,而单台设备大型化是最重要的措施。就竖炉单台面积而言,初期至稳定期面积为 7.81m^2(美、伊利厂 1955 年建),而在格雷斯厂为 15.95m^2(美 1961 年),到 1975 年在阿根廷希拉格邦厂则为 25m^2。1955 年第一台带式焙烧机面积为 94m^2(美、里塞夫厂),1979 年在荷兰艾莫伊登厂为 430m^2,到 1977 年巴西鸟市角厂则为 704m^2。就链箅机-回转窑设备而言,美国第一台设备中回转窑直径为 3.05m,长 36.6m(1960 年亨博尔特厂),球团矿年产量为 33 万吨;1974 年美国蒂尔登厂回转窑直径达 7.62m,长 48.77m,球团矿年产量达到 400 万吨。

我国对球团法的研究并不晚,1958 年中南工业大学就着手此开发工作,于 1959 年在鞍钢隧道窑进行了球团工业性试验,仅与美国相差 4~5 年。1968 年以后,济钢、杭钢等八个钢铁厂陆续建成十几座 8m^2 小竖炉进行球团矿生产。70 年代,包钢从日本引进一台 132m^2 带式焙烧机。而后,南京钢铁厂又引进一套处理硫酸渣的链箅机-回转窑球团焙烧设备,并在承德、成都、沈阳自行设计和安装类似设备投产。到 80 年代以后,在本钢兴建一台 16m^2 大型竖炉,在鞍钢引进一套 320m^2 带式焙烧机。

总的看来,我国具有的球团焙烧设备类型齐全,但其供应高炉入炉熟料比的相对较小(仅占 5%~10%),个别达 100%(如凌钢),一般皆与烧结矿配合使用。但在竖炉球团方面,我国却创造出独特的炉型结构,如设置炉内导风墙和炉顶干燥床,已作为我国专利转让给美国伊利球团厂,成功地开发出在竖炉上采用低热值高炉煤气和低压力送风机焙烧高质量球团矿,且设备产能高的先例。

目前,我国最大的单台球团焙烧设备生产能力为 500 万吨/a。

8.1.3 烧结球团造块法比较

现有的造块方法(烧结法、球团法和压团法)中,一般情况下粉矿采用烧结法,细磨精矿采用球团法,而压团时一般需配入一定数量的黏结剂,其适用的粒度范围比较宽。在铁矿粉造块中主要为烧结法和球团法两种,含铁尘泥除采用烧结和球团法外,也有用压团法。在有色金属火法冶炼中,常采用烧结法和压团法。在粉煤成型中,压团法仍是唯一的造块法。

下面着重对烧结法和球团法在铁矿粉造块工业中的应用加以比较。

(1)原料条件。球团法主要处理细粒精矿,其粒度-200 目占 85% 以上,比表面积大于 1500cm^2/g,烧结法主要处理粉矿,但目前对细磨精矿强化制粒后也可用于烧结。

(2)冶金性能。球团法用原料比较单一,最多可制造自熔性球团矿,其产品特点为粒度均一,强度高,适合长途运输和储存,铁分高、还原性好、有利于提高冶炼时料柱透气性和降低焦比。烧结法亦可制造高碱度烧结矿,但还原性和粒度均匀性差,冶炼性能却比天矿石好得多。

(3) 冶炼效果。用球团矿和整粒后的烧结矿代替天然块矿冶炼能大大提高高炉生铁产量,降低焦比,改善煤气利用率,但要确定两者之间的优劣,尚无定论,因为各国情况不同。我国、前苏联及德国的高炉使用烧结矿入炉比占 80% 以上,美国则两者各占 50%,而加拿大和瑞典以 100% 球团矿入炉。

(4) 经济效益。表 8-2 为日本加古川烧结矿和球团矿各项生产费用的比较,就标准值而言,用链箅机-回转窑生产的球团矿比带式烧结机生产的烧结矿稍贵,但按含铁量比则相反。球团矿燃料消耗费低于烧结矿,而动力费却高于烧结矿,其他费用亦为如此。

表 8-2 加古川烧结矿与球团矿生产比较

项目	燃烧费	电费	工资	维修费	折旧费	合计
烧结矿	57	16	4	7	16	100
球团矿*	35	29	8	10	22	104
球团矿**	32	26	7	9	20	94

*标准值,**按含铁量的修正值。

(5) 环境保护。球团矿生产环境污染少,劳动条件较好,产生灰尘量少,一般皆比烧结厂好且易控制。前苏联某公司一台 $108m^2$ 烧结机烟气中原始含尘量为 $0.6\sim0.7g/m^3$,且废气中 SO_2 和 NO_x 含量高,但处理同样原料的球团带式焙烧机含尘量仅为 $0.5\sim0.6g/m^3$,有害气体也少。两者差别主要原因是球团矿采用气体和液体燃料,烧结矿主要采用固体燃料之故。

(6) 厂址和产品商业化。国外球团矿生产多建于矿山,因其强度高和能抗天气变化特点,故多作为商品向各钢铁公司出售,而烧结矿生产多建于钢铁企业内高炉附近,因其强度差和抗天气变化能力弱,只能就地使用,也有利于钢铁厂内含铁尘泥的回收利用。我国这两种造块法大都建在高炉附近,但目前部分铁矿山也投资建竖炉球团厂,向下游产业发展,提高经济效益。

8.1.4 烧结球团原料

制造供炼铁炉料的烧结球团所用原料主要包括铁矿、锰矿、熔剂,工厂含铁杂料及固体燃料与气体燃料。

1. 铁矿

铁矿石主要由一种或几种含铁矿物和脉石组成。根据含铁矿物的性质,主要有四类铁矿,即磁铁矿、赤铁矿、褐铁矿和菱铁矿(表 8-3)。

表 8-3 铁矿石的分类及特性

矿石名称	含铁矿物名称和化学式	矿物理论含铁量/%	矿石密度/(t/m³)	颜色	条痕	实际含铁量/%	有害杂质	强度及还原性
磁铁矿(磁性氧化铁矿石)	磁性氧化铁 Fe_3O_4	72.4	5.2	黑色或灰色	黑色	45~70	S,P 高	坚硬、致密、难还原
赤铁矿(无水氧化铁矿石)	赤铁矿 Fe_2O_3	70.0	4.9~5.3	红色至淡灰色甚至黑色	红色	55~60	少	较易破碎、较易还原
褐铁矿(含水氧化铁矿石)	水赤铁矿 $2Fe_2O_3 \cdot H_2O$	66.1	4.0~5.0	黄褐色、暗褐色至黑色	黄褐色	37~55	P 高	疏松,大部分属软矿石,易还原
	针赤铁矿 $Fe_2O_3 \cdot H_2O$	62.9	4.0~4.5					
	水针铁矿 $3Fe_2O_3 \cdot 4H_2O$	60.9	3.0~4.4					
	褐铁矿 $2Fe_2O_3 \cdot 4H_2O$	60.0	3.0~4.2					
	黄针铁矿 $2Fe_2O_3 \cdot 2H_2O$	57.2	3.0~4.0					
	黄赭石 $Fe_2O_3 \cdot 3H_2O$	55.2	2.5~4.0					
菱铁矿(碳酸盐铁矿石)	碳酸铁 $FeCO_3$	48.2	3.8	灰色带黄褐色	灰色或带黄色	30~40	少	易破碎、最易还原(焙烧后)

四类铁矿含的有害杂质为 S(硫)和 P(磷)两种,其中 S 可在烧结球团高温氧化造块中脱除大部分,但 P 无法脱除。总的来说,要求造块产品中 S 和 P 杂质含量越低越好,因为 S 在钢铁内以 FeS 形态存在于晶粒间界上,熔点低(1193℃),导致"热脆",而 P 则易结合成 Fe_3P,形成 Fe_3P-Fe 二元共晶体,在钢铁内导致"冷脆",最终使钢材质量降低。铁矿石内有益杂质为 Mn 和其他金属元素,如 Cu、Cr、V 及 MO 等,这类元素少量存在对保证钢材的某些特殊性能有显著作用。

(1) 磁铁矿。磁铁矿又称"黑矿",化学式为 Fe_3O_4,也可写成 $FeO \cdot Fe_2O_3$,理论含铁量为 72.4%,硬度达 5.5~6.5,密度为 4.9~5.2 t/m³,其外表呈钢灰色或黑灰色,具有磁性,易用磁选方法分选富集。

在自然界中,由于氧化作用,可使部分磁铁矿氧化成赤铁矿,成为既含 Fe_2O_3 又含 Fe_3O_4 的矿石,但仍保持原磁铁矿结晶形态。这种现象称为假象化,多称为假象赤铁矿或半假象赤铁矿。

为衡量磁铁矿的氧化程度。通常以全铁(TFe)与氧化亚铁(FeO)的比值来区分。比值愈大,则说该矿石氧化程度愈高,即

TFe/FeO<2.7 时,为原生磁铁矿;

TFe/FeO=2.7~3.5时,为混合矿;

TFe/FeO>3.5时,为氧化矿。

对纯磁铁矿而言,TFe/FeO的值为2.3(理论值)。上述划分比值只是对矿物成分简单,具有比较单一的磁铁矿和赤铁矿组成的铁矿床或矿石才适用。若矿石中含有硅酸盐、硫化铁和碳酸铁等,因其中FeO不具磁性。在计算时计入FeO范围内时就易出现假象,分析可靠性降低。

磁铁矿中主要脉石有石英、硅酸盐和碳酸盐,有时还含有少量黏土。此外,矿石中还可能含黄铁矿和磷灰石,甚至还含有黄铜矿和闪锌矿等。

一般开采出来的磁铁矿含铁量为30%~60%。当含铁量大于45%,块度大于5~8mm时,可直接供高炉冶炼,称为富矿,粒度小于5~8mm者称为富矿粉;可送烧结造块;当含铁量低于45%或含有害杂质数量超过规格值时,皆需经过选矿获得精矿去杂后造块。

磁铁矿可烧性良好,因其在高温处理时氧化放热,且FeO易与脉石成分形成低熔点化合物,故造块节能和结块强度好。

(2) 赤铁矿。赤铁矿又称"红矿",其化学式为Fe_2O_3,理论含铁量为70%,铁呈高价氧化物,为氧化程度最高铁矿。赤铁矿的组织结构多种多样,由非常致密的结晶体到疏松分散的粉体;矿物结构成分也具多种形态,晶形为片状和板状。外表呈片状具金属光泽,明亮如镜的叫镜铁矿砂;外表呈云母片状而光泽度不如前者的叫云母状赤铁矿;质地松软,无光泽,含有黏土杂质的为红色土状赤铁矿(又称铁赭石);以胶体沉积形成鲕状、豆状和肾形集合体赤铁矿,其结构一般皆较坚实。

结晶的赤铁矿外表颜色为钢灰色或铁黑色,其他为暗红色。但所有赤铁矿的条痕检测皆为暗红色。赤铁矿密度为$4.8~5.3t/m^3$,硬度视赤铁矿类型而不一样。结晶赤铁矿硬度为5.5~6.0,其他形态的硬度较低。赤铁矿所含S和P杂质比磁铁矿少。呈结晶状的赤铁矿,其颗粒内孔隙多,而易还原和破碎。但因其铁氧化程度高而难形成低熔点化合物,故其可烧性较差,造块时燃料消耗比磁铁矿高。

(3) 褐铁矿。为含结晶水的赤铁矿($mFe_2O_3 \cdot nH_2O$)。因含结晶水量不同,褐铁矿可分为五种:水赤铁矿($2Fe_2O_3 \cdot H_2O$)、针赤铁矿($Fe_2O_3 \cdot H_2O$)、水针铁矿($3Fe_2O_3 \cdot 4H_2O$)、黄针铁矿($Fe_2O_3 \cdot 2H_2O$)、黄赭石($Fe_2O_3 \cdot 3H_2O$)。自然界中的褐铁矿绝大部分以褐铁矿($2Fe_2O_3 \cdot 3H_2O$)形态存在,其理论含铁量为59.8%。

褐铁矿的外观为黄褐色、暗褐色至黑色,呈黄色或褐色条痕,密度为$3.0~4.2 t/m^3$,硬度为1~4,无磁性。褐铁矿是由其他理石风化而成,其结构松软,密度小,含水量大,气孔多,且在温度升高时结晶水脱除后又留下新的气孔,故还原性皆比前两种铁矿高。

自然界中褐铁矿富矿很少,一般含铁量为37%~55%,其脉石主要为黏土、石英等,但杂质S、P含量较高。当含铁品位低于35％时,需进行选矿处理。目前,褐铁矿主要用重力选矿和磁化焙烧-磁选联合法处理。

褐铁矿因含结晶水和气孔多,用烧结球团造块时收缩性很大,使产品质量降低,只有用延长高温处理时间,产品强度可相应提高,但导致燃料消耗增大,加工成本提高。

（4）菱铁矿。化学式为$FeCO_3$,理论含铁量达48.2％,FeO达62.1％。在碳酸盐内的一部分铁可被其他金属混入而部分生成复盐,如$(Ca·Fe)CO_3$和$(Mg·Fe)CO_3$等。在水和氧作用下,易转变成褐铁矿而覆盖在菱铁矿矿床的表面。在自然界中分布最广的是黏土质菱铁矿,其夹杂物为黏土和泥沙。

常见的致密坚硬的菱铁矿,外表颜色呈灰色或黄褐色,风化后则转变为深褐色,具有灰色或带黄色条痕,玻璃光泽,密度为$3.8t/m^3$,硬度为3.5～4,无磁性。

对含铁品位低的菱铁矿可用重选法和磁化焙烧-磁该联合法,亦可用磁选-浮选联合法处理。这类矿石因在高温下使碳酸盐分解,可使产品含铁量大大提高。但在烧结球团造块时,因收缩量大、导致产品强度降低和设备生产能力低,燃料消耗也因碳酸分解而增加。

根据以上铁矿特点,可以看出各种铁矿主要性质和烧结球团造块时的重要区别。但在生产实践中,除上述铁矿类型划分外,还根据脉石成分的碱度划分为碱性矿石($R=\dfrac{CaO+MgO}{SiO_2+Al_2O_3}>1.3$)、自熔性矿石($R=1.0～1.3$)和酸性矿石($R<1.0$)。

2. 锰矿

锰矿是钢铁工业中应用很广泛的重要原料。锰是钢铁中的重要合金元素,它能增加钢的强度和硬度,使钢铁制件的耐磨耐冲击等强度提商,使用寿命延长,在国防工业中应用广泛。按锰矿的自然类型可分为氧化锰矿和碳酸锰矿。重要的锰矿物类型及其特性列于表8-4。

表8-4 锰矿类型及结构

矿物名称	化学分子式	*含锰量/%	密度/(kg/m³)	莫氏硬度	颜色	矿物结构
软锰矿	MnO_2	63.2/(55～63)	4.3～4.8	2～5	黑,钢灰	疏松状、烟灰状
硬锰矿	$mMnO·MnO_2·nH_2O$	—/(35～60)	3～4.3	4～6	黑,有时灰黑	胶状、粒状
偏锰酸矿	$MnO_2·nH_2O$	—/(40～45)	3～3.2	233	黑,褐,巧克力灰	胶质、疏松、结晶差的块
水锰矿	$Mn_2O_3·H_2O$	62.4/(50～60)	4.2～4.4	3～4	黑,条痕为灰	状结晶、粒状
褐锰矿	Mn_2O_3	69.6/(60～69)	4.7～4.8	6～6.5	黑,条痕为浅褐	密集粒状
黑锰矿	Mn_3O_4	72/(65～72)	4.8～4.9	5～5.5	黑,条痕褐	粒状

续表

矿物名称	化学分子式	*含锰量/%	密度/(kg/m³)	莫氏硬度	颜色	矿物结构
菱锰矿	$MnCO_3$	47.8/(40~45)	3.4~3.5	3.5~4.5	粉红、白、灰白	结晶粒状、肾状
锰方解石	$(Ca·Mn)CO_3$	—/(7~25)	2.7~3.1	3.5~4.0	白、灰白带微红	粒状、密集状
菱锰铁矿	$(Mn·Fe)CO_3$	—/(23~32)	3.5~3.7	3.5~4.5	粉红	密集状、粒状、致密状
钙菱锰矿	$(Mn·Ca)CO_3$	—/(30~33)				

* 分子:纯矿物的含锰量;分母:混杂有杂质的矿石的含锰量。

一般锰和铁的矿物通常共生在一起。工业上将锰矿按锰铁比(Mn:Fe)大小划分为:

(1) 锰矿石。锰铁比在0.8~1.0以上,主要成分是锰。锰含量大于30%。锰铁比不小于3的富锰矿石,可直接用于冶炼锰质铁合金;锰含量小于30%,锰铁比小于3的高铁贫锰矿需经选矿后应用。

(2) 铁锰矿石。锰铁比在0.5~0.8之间,通常需经选矿后才能作为冶炼锰质合金原料,一般用于冶炼非标准锰铁、镜铁和炼铁配料。

(3) 含锰矿石。这类矿石以含铁为主,含锰仅5%~10%,一般用来冶炼含锰生铁。

富锰矿可直接用于工业上。贫锰矿需经选矿处理后使用。冶金用锰矿石贫富划分的一般标准列于表8-5。

表8-5 锰矿边界品位

矿石类型		Mn/%		Mn+Fe	Mn/Fe	SiO_2	每1%锰含磷
		品位边界	平均品位				
氧化锰	贫矿	≥20~25	≥30		≥4	≤25	0.005
	富矿	≥10~15	≥20			≤35	0.005
碳酸锰	富矿	≥15~20	≥25		≥4	≤25	0.005
	贫矿	≥8	≥15			≤35	0.005
锰铁矿石			≥1bb~15	≥30		≤35	0.005

对锰粉矿用烧结球团法造块,其燃耗比铁粉略高。对菱锰矿高温造块时,因菱酸盐类分解后挥发,可使锰品位提高8%~10%。

3. 熔剂

使矿物中脉石造渣用的熔剂,按其性质可分为碱性熔剂(石灰类)、中性熔剂(高铝类)和酸性熔剂(石英类)三类。由于铁矿石的脉石成分绝大多数以SiO_2为主,故常用 CaO 和 MgO 的碱性熔剂。常用碱性熔剂的矿物有石灰石($CaCO_3$),消石灰[$Ca(OH)_2$]和白云石($CaCO_3 \cdot MgCO_3$)。

(1) 石灰石($CaCO_3$)。石灰石理论含 CaO 量为 56%。在自然界中石灰石都含有铁、镁、锰等杂质,故一般含 CaO 仅为 50%~55%。石灰石呈块状集合体,硬而脆,易破碎,颜色呈白色或乳白色。有时,其成分中常含有 SiO 和 Al_2O_3 杂质。

(2) 白云石($CaCO_3 \cdot MgCO_3$)。它具有方解石和碳酸镁中间产物性质。白云石理论含物 $CaCO_3$ 占 54.2%(CaO 为 30.4%),$MgCO_3$ 占 45.8%(MgO 为 21.8%),呈粗粒块状,较硬难破碎,颜色为灰白或浅黄色,有玻璃光泽。在自然界中的分布没有石灰石普遍。

(3) 生石灰(CaO)。由石灰石燃烧后制成。CaO 理论量为 85%左右;易破碎。生石灰遇水后变成消石灰,其 CaO 含量为 70%~80%,分散度大,有黏性,密度小。

此外,在烧结球团中,为改进产品质量和其冶金性能,也采用一些酸性熔剂。主要有:

(4) 橄榄石及蛇纹石。橄榄石化学式为$(Mg,Fe)O_2 \cdot SiO_2$,蛇纹石化学式为 $3MgO \cdot 2SiO_2 \cdot 2H_2O$。这类熔剂同时带入两种造渣成分即 MgO 和 SiO_2,可使造块产品质量提高。

(5) 石英石。主要成分为 SiO_2,用于补充铁矿中 SiO_2 的不足,尤其在有色冶金中需酸性渣冶炼时的原料造块中广泛使用。

4. 工厂含铁杂料

在钢铁企业生产过程中,常产生许多含铁杂料,类别较多,可充分回收利用作为炼铁原料。这类杂料包括高炉尘、转炉尘、轧钢皮(又称铁鳞)、黄铁矿烧渣(又称硫酸渣)等。

(1) 高炉尘。含铁 33%~53%,粒度 0~1mm,另外含有较多的碳和碱性氧化物;实际上是矿粉、熔剂和焦粉的混合物。转炉尘是在炼钢时的吹出物,是铁水在吹炼时部分金属铁被氧化成 Fe_2O_3,含铁成分较高。轧钢皮(亦叫氧化铁皮),含铁达 70%~80%,是轧钢时加工钢锭表层氧化脱皮物,杂质最少,至于纯金属铁皮,其粒度皆较粗。此外,还有金属切削时产生的铸铁屑等。

(2) 黄铁矿烧渣。是制造硫酸时的副产品,量较多,含铁量 40%~55%,颗粒度较宽并呈多孔性。硫酸渣通常有红、黑两种颜色。红色的含 Fe_2O_3 多,粒度较粗,为沸腾炉产物,含铁量较低。黑色的含 Fe_3O_4 较多、粒度细、含铁量较高,为由旋风除尘器捕集物。但总的来看,其含硫量较高,在造块时应进一步脱除。常用硫酸渣化学成分见表 8-6。用烧结球团法对单一硫酸渣造块时,因其收缩大,使造块产品强度深受影响,故一般与其他主要铁矿石配合使用,一般配入量仅占5%~10%,可保证原造块产品的产质量稳定。

表 8-6 硫酸渣化学成分（单位：%）

编号	TFe	S	SiO$_2$	Al$_2$O$_3$	CaO	MgO	Cu	Pb	Zn	备注
1	48~50	1~0.5	14~17							矿灰
2	31	0.3	41							矿渣
3	47	0.5	15				0.16	0.07		矿灰
4	48~50	0.92	18.6				0.069			灰渣混合
5	53.14	0.54	16.19	3.66	1.90	1.94				灰渣混合

5. 燃料

在烧结球团生产中所使用的燃料，主要为固体燃料和气体燃料。国外虽还用液体燃料，但我国基本上不用。

1) 固体燃料

(1) 焦炭。实际用于烧结作为燃料的主要是焦粉。它是炼铁厂和焦化厂焦炭的筛下物（即碎焦和焦粉），其质量用工业分析和化学性质来评定。工业分析包括固定碳、挥发分、灰分含量，也有的包括水分和硫含量。燃料性质与粒度组成及化学性质有关，化学性质主要指其燃烧性和反应性。燃烧性是表示碳与氧在一定温度下的反应速度，反应性是表示碳与 CO_2 在一定温度下的反应速度。这些反应速度愈快，则表示燃烧性和反应性愈好。一般情况下碳的反应性与燃烧性成正比关系。

对焦粉质量要求，一般是希望含固定碳高，灰分和硫含量低，粒度为 3~0mm，对其机械强度和灰分软熔温度没有明确要求。

(2) 煤。视在造块中用途不同，选用的煤种有异。

无烟煤 当供烧结作燃料时，主要作为热源提供者，粒度一般破碎成 3~0mm，选用含固定碳高（70%~80%），挥发分低（2%~8%），灰分少（6%~10%）的无烟煤，结构致密，呈黑色，有亮光泽，含水分很低。它常作焦粉代用品以降低生产成本。当作还原剂时，当然同时也提供热源，主要用于球团矿固体燃料焙烧。若作为氧化球团焙烧则主要通过燃烧提供热源。此时无烟煤应细碎到小于 200 目占 80% 以上，用喷枪喷射燃烧；若作金属化球团焙烧时，则粒度应破碎至 30mm 以下加入还原设备内，与球团矿在高温区发生还原氧化反应。

烟煤 绝不能在抽风烧结中使用。用作金属化球团生产的还原剂和提供热源的主要是年轻烟煤和褐煤，其他类型烟煤经研究和生产实践证明不可取。生产金属化球团时对烟煤和褐煤利用的主要成分是挥发分和固定碳，并要求其含量高，而要求灰分和硫含量低，灰分软熔温度达 1200℃ 以上为最好。年轻烟煤和褐煤的平均固定碳含量 50%~70%，密度小，着火点低，易燃，但含水分高，发热值低，通常挥发分可达40%~55%左右。常作为动力燃料和化工原料使用。

2）气体燃料

气体燃料在造块领域中主要用于烧结料点火和球团焙烧。气体燃料分为天然和人造两种。天然气体燃料为天然气，仅有少数国家使用。大部分皆使用人造气体燃料。人造气体燃料主要是焦炉煤气、高炉煤气和发生炉煤气。

气体燃料根据其燃烧吨热值可分为三类：高发热值燃料（发热值＞15 072kJ/m³）、中热值燃料（6280~15 073kJ/m³）和低发热值燃料（发热值＜6280kJ/m³）。天然气发热值介于31 400~62 800kJ/m³，属高发热值气体燃料。

高炉煤气是炼铁过程中从高炉上部排出的副产物，主要成分为CO达25%~31%，发热值3559~4600kJ/m³，经清洗除去煤气中水分和灰尘后即可使用。高炉煤气成分与冶炼时所用燃料类型、冶炼焦比、生铁品种和操作制度有关。在一般用焦炭冶炼情况下，其高炉煤气成分波动范围见表8-7。

表8-7 高炉煤气成分波动范围

成分	CO_2	CO	CH_4	H_2	N_2
含量/%	9.66~15.5	25~31	0.3~0.5	2~3	55~58

焦炉煤气是炼焦炉排出的副产品，含可燃成分多且高，如H_2、CO和CH_4，总计可达75%以上，发热值高。经清洗除煤焦油后即可使用。焦炉煤气成分波动范围见表8-8。

表8-8 焦炉煤气成分范图

成分	H_2	CO	CH_4	C_mH_n	CO_2	N_2	O_2
含量/%	54~59	5.5~7	23~38	2~3	1.5~2.5	3~5	0.3~0.7

烧结球团厂在我国皆位于高炉和焦炉附近，通常将二者产生的煤气按一定比例制成混合煤气，其发热值取决于二者混合的比例。我国部分钢铁厂所用的混合煤气发热值在5360~6700kJ/m³范围，其化学组成见表8-9。

表8-9 混合煤气特性

成分	CO_2	CO	CH_4	H_2	N_2
含量/%	11.2~5.5	13.5~25.2	2.8~16.8	7.8~38.6	52.7~23.8

3）液体燃料

液体燃料主要用于烧结料点火和球团焙烧。液体燃料来自石油加热分馏后的产品，在造块领域内主要用密度较大的重油。

重油发热值较高，达37 680kJ/m³，呈黑色黏性大，按黏度不同，可分为20号、

60号、100号、200号重油。它基本上由C、H、N、O、S五种元素组成。黏度愈大，H_2含量愈小，发热值愈低。我国重油的含S量都在1%以下，灰分低于0.1%，着火温度为500~600℃。我国仅在小型烧结厂的烧结盘上用重油点火，国外大部分用于焙烧球团。

8.1.5 造块工艺的技术经济指标

造块生产的主要技术经济指标包括造块设备生产能力和能耗指标等，各项指标反映了造块生产操作水平、技术装备情况，并且与能耗密切相关。

1. 造块设备生产能力

造块设备生产能力以利用系数和作业率来表示。此外，还包括造块产品质量、造块成品率等相关指标。

(1) 造块设备利用系数。在造块设备单位容量、单位时间内生产成品矿的质量。用式(8-1)表示。

$$利用系数 = q/F \qquad (8-1)$$

式中：q为造块设备台时产量，t/h；F为造块设备有效容量：带式烧结机、球团带式焙烧机、竖炉球团机，以单位面积表示，m^2。回转窑球团以单位容积表示，m^3。

(2) 造块设备台时产量。每台造块设备每小时的成品造块产品产量。

$$造块设备台时产量 = 1台造块设备生产总量 / 造块设备实际运行时间$$
$$(8-2)$$

(3) 造块设备作业率。通常是以日历作业率来表示，即造块设备实际作业时间占日历时间的百分数，其计算方法如式(8-3)。

$$日历作业率 = \frac{设备年开动小时总计}{年日历天数 \times 24h} \times 100\% \qquad (8-3)$$

2. 能耗指标

(1) 造块工序能耗。生产单位造块产品消耗的固体燃料、点火用气体或液体燃料、电力、水、蒸气、压缩空气和氧气等总和为吨造块产品的能耗。我国将生产1t造块产品所消耗的上述总能量折算为标准煤，称为造块工序能耗。造块工序能耗是衡量造块生产能耗高低的一项重要技术经济指标。

造块工序能耗是生产1t造块产品所需的总能耗。它包括造块用的固体燃料、点火煤气、电能消耗以及水、压缩空气、蒸气等动力消耗。工序能耗使用单位是kg标准煤。标准煤的定义是，发热量为7000×4.186kJ/kg的燃料就叫做标准煤。也就是说可以发出7000×4.186kJ能量(热量)的任何能源，相当于1kg标准煤。

$$造块工序能耗 = 造块车间总能耗量(净) / 造块车间产品总产量 \qquad (8-4)$$

造块车间总能耗量(净)＝ 车间各种能源消耗量－二次能源回收量　　(8-5)

能耗单位的折算方法。冶金工业各工序能耗使用单位是标准煤。在计算时，首先求得各种燃料完全燃烧时所放出的热量，再用其除以标准煤燃料的发热量，就可求出该种燃料与标准煤的折算系数。造块各种能源的折算系数见表8-10。

表8-10　造块各种能源的折算系数表

能源	热值	折算标数系数
干焦	6800×4.186 kJ/kg	0.9714
无烟煤	6000×4.186 kJ/kg	0.8571
电力	2940×4.186 kJ/度	0.42
工业水	1260×4.186 kJ/kg	0.18
煤气	$10^6\times 4.186$ kJ	143
蒸气	$10^6\times 4.186$ kJ	165

如动力煤的发热量为 5000×4.186 kJ/kg，那么它的折算系数就是
$$5000\div 7000＝0.71$$
这个结果就表示1kg发热量为 5000×4.186 kJ 动力煤相当于0.71kg标准煤。

(2) 电能消耗指标。单位造块产品的电能消耗 $kW\cdot h/t$，用造块厂总电耗 W 与成品总量 Q 之比计算。

3. 造块产品质量评价

评价造块产品的质量指标主要有化学成分及其稳定性、粒度组成与筛分指数、转鼓强度、落下强度、低温还原粉化性、还原性、软熔性等。

表8-11为冶金部1991年颁布我国优质烧结矿的技术标准YB/T-006—91。

表8-11　我国优质铁烧结矿的技术指标(YB/T-006—91)

项目	化学成分				物理性能		冶金性能	
	TFe	FeO	CaO/SiO$_2$	S	转鼓强度	筛分指数	还原粉化	还原度
指标	≥54	<10	≥1.6	<0.01	≥70	<6.0	≥60	≥65
偏差	±0.4	±0.5	±0.05					

注：TFe 和 R 基数的确定是有混匀科场的，以每一料堆为一个基数；无混匀料场的，每月基数变动不大于两次。

(1) 化学成分及其稳定性。成品造块产品的化学成分主要检测：TFe，FeO，CaO，SiO$_2$，MgO，Al$_2$O$_3$，MnO，TiO$_2$，S，P 等。要求有用成分要高，脉石成分要低，

有害杂质(如 S、P)要少。

众所周知,入炉矿石含铁品位与高炉冶炼的关系,提高含铁品位 1%,高炉焦比下降 2%,产量可提高 3%。同时要求各成分的含量波动范围要小,根据冶金部 1991 年颁发的《烧结矿技术标准》规定:TFe±0.4%,碱度 R±0.05。

S 和 P 是钢与铁的有害元素,矿石中含硫升高 0.1%,高炉焦比升高 5%。而且硫会降低生铁流动性及阻止碳化铁分解,使铸件易产生气孔。硫会大大降低钢的塑性,在热加工过程出现热脆现象。因此,要求成品造块产品的 S 和 P 含量越小越好。

此外,Cu、Pb、Zn、As、F 及碱土金属对钢铁质量和高炉生产也有不良影响。

(2) 粒度组成与筛分指数。目前我国对高炉炉料的粒度组成检测尚未标准化,推荐采用方孔筛:5×5、6.3×6.3、10×10、16×16、25×25、40×40、80×80(mm×mm)七个级别,其中 5×5、6.3×6.3、10×10、16×16、25×25、40×40(mm×mm)六个级别为必用筛,使用摇动筛分级,粒度组成按各粒级的出量用百分数(%)表示。

筛分指数测定方法是:取 100kg 试样,等分为五分,每份 20kg,用筛孔为 5mm×5mm 的摇筛,往复摇动 10 次,以小于 5mm 出量计算筛分指数。

$$C=(100-A)/100 \tag{8-6}$$

式中:C 为筛分指数,%;A 为大于 5mm 粒级的量,kg。

我国要求烧结矿筛分指数 C≤6.0%,球团矿≤5.0%。

(3) 转鼓强度。转鼓强度是评价造块产品抗冲击和耐磨性能的一项重要指标。目前世界各国的测定方法尚不统一,由于国际标准(ISO3271—77)获得广泛采用,我国根据 ISO 国际标准标准,制订了 GB3209—87 取代原有 YB-421—77 的国家标准。

GB3209—87 标准采用的转鼓为 Φ1000mm×500mm,内侧有两块成 180°的提升板(见图 8-5),装料 15kg,转速 25r/min,转 200 转,鼓后采用机械摇动筛,筛孔为 6.3mm×6.3mm,往复 30 次,以大于 6.3mm 的粒级表示转鼓强度。

检验结果的计算公式为

$$\text{转鼓强度} \qquad TI=\frac{m_1}{m_0}\times 100\% \tag{8-7}$$

$$\text{抗磨强度} \qquad A=\frac{[m_0-(m_1+m_2)]}{m_0}\times 100\% \tag{8-8}$$

式中:m_0 为入鼓试样质量,kg;m_1 为转鼓后+6.3mm 粒级部分质量,kg;m_2 为转鼓后-6.3~+0.5mm 粒级部分质量,kg。

TI、A 均取两位小数,要求 TI≥70.00%,A≤5.00%。

在实验条件一定时,因造块产品不足 15kg 时,可采用 $\frac{1}{2}$ 或 $\frac{1}{5}$GB 转鼓,其装料

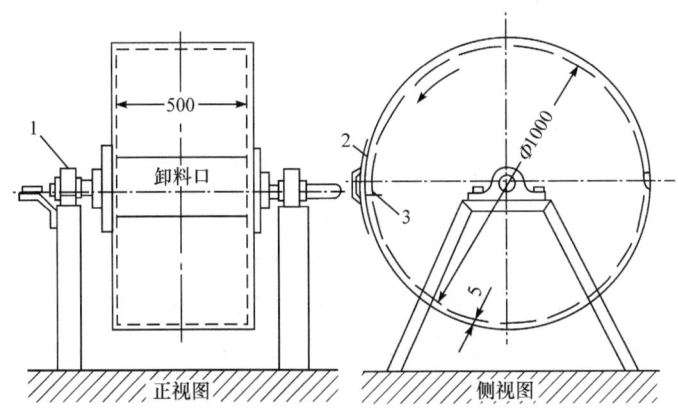

图 8-5 转鼓试验机基本尺寸示意图(尺寸单位:mm)
1. 计数器;2. 卸料口盖板;3. 提升板

相对减少为 7.5kg 和 3kg。

(4) 球团抗压强度。粒度为 8.0~12.5mm 试样;每次随机取样 60 个球作检验,在材料试验机上,测量每个球团承受压力的能力,N/个。

(5) 还原性。造块产品还原性是模拟炉料自高炉上部进入高温区的条件,用还原气体从造块产品中排除与铁结合氧的难易程度的一种度量。它是评价造块产品冶金性能的主要质量标准。

最早提出模拟高炉还原过程,测定含铁矿物还原性方法的是 R. 林德(Linder),后来日本、前苏联、德国也制订了本国标准方法。国际标准化组织(ISO)于 1984 年和 1985 年,拟订出铁矿石还原性试验的国际标准方法(ISO4696—84、ISO7215—85),我国参照国际标准制订出 GB13241—91 国家标准试验方法。

① 试验条件,主要有以下几个方面。

反应罐:双壁 $\Phi_内$ 75mm(图 8-6);

试样:粒度 10.0~12.5mm,500g;

还原气体:$CO/N_2 = 30/70$(H_2、CO_2、$H_2O <$ 0.2%,$O_2 < 0.1\%$);

还原温度:900±10℃;

气体流量:15NL/min(NL 为标准状态气体升);

还原时间:180min。

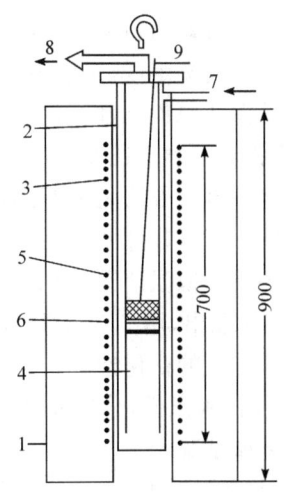

图 8-6 还原管和还原炉的示意图(尺寸单位:mm)
1. 还原炉;2. 还原管;3. 电热元件;
4. 多孔板;5. 试样;6. 高 Al_2O_3 球;
7. 煤气孔入口;8. 煤气出口;9. 热电偶

② 还原度计算，公式为

$$R_t = \left(\frac{0.11W_1}{0.43W_2} + \frac{m_1 - m_t}{m_0 \times 0.43W_2} \times 100 \right) \times 100\% \qquad (8-9)$$

式中：R_t 为还原 t 时间的还原度；m_0 为试样质量，g；m_1 为还原开始前试样质量，g；m_t 为还原 t 时间后试样质量，g；W_1 为试验前试样中 FeO 含量，%；W_2 为试验前试样的全铁含量，%；0.11 为使 FeO 氧化到 Fe_2O_3 时必需的相应氧量的换算系数；0.43 为 TFe 全部氧化成 Fe_2O_3 时需氧量的换算系数。

本标准规定，以 180min 的还原度指数作为考核指标，用 RI 表示。

③ 还原速率指数计算。根据试验数据作还原度 R_t 与还原时间 t 的关系曲线，从曲线读出还原达到 30% 和 60% 时相对应的还原时间。

还原速率指数(RVI)，用原子 O/Fe 达到 0.9(相当于还原度 40%)时的还原速率表示，单位为 %/min，本标准规定还原速率指数 RVI 作为参考指标。计算公式如下：

$$RVI = \left(\frac{dR_t}{dt} \right)_{40} = \frac{33.6}{t_{60} - t_{30}} \qquad (8-10)$$

式中：t_{60} 为还原度达到 60% 时所需时间，min；；t_{40} 为还原度达到 30% 时所需时间，min。

(6) 低温还原粉化性。铁矿石进入高炉炉身上部大约在 500~600℃ 的低温区时，由于热冲击及铁矿石中 Fe_2O_3 还原(Fe_2O_3-Fe_3O_4-FeO)发生晶形转变等因素，导致块状含铁物料的粉化，这将直接影响高炉炉料顺行和炉内气流分布。低温还原粉化性的测定，就是模拟高炉上部条件进行的。

低温还原粉化性能测定有静态法和动态法两种。我国的标准为 GBl3242—91，为铁矿石静态还原后使用冷转鼓的低温粉化试验方法。

这一试验方法是参照国际标准 ISO4694—84 制订的。基本原理是把一定粒度范围的试样，在固定床中 500℃ 温度下，用 CO、CO_2 和 N_2 组成的还原气体进行静态还原。恒温还原 60min 后，试样经冷却，装入转鼓(由 $\Phi 130mm \times 200mm$)，转 300 转后取出，用 6.3、3.15、0.5mm 的方孔筛分级，分别计算各粒级出量，用 RDI 表示铁矿石的粉化性。

① 试验条件，分还原试验条件和转鼓试验条件。

还原试验

反应罐：双壁 $\Phi 75mm$(图 8-6)；

试样：粒度 10.0~12.5 mm，500g；

还原气体：CO：CO_2：N_2 = 20：20：60；

　　　　　$H_2 < 0.2\%$(或 $2.0 \pm 0.5\%$)，$H_2O < 0.2\%$，$O_2 < 0.1\%$；

气体流量：15 NL/min(NL 为标准状态气体升)；

还原温度:500±10℃;

还原时间:60min;

转鼓试验

转鼓:Φ130mm×200mm;

转速:30 r/min;

时间:10 min。

② 试验结果表示。还原粉性 RDI 用质量百分数表示:

还原强度指数 $\quad RDI_{+6.3}=m_{+6.3}/m_0\times100\%$ (8-11)

还原粉化指数 $\quad RDI_{+3.15}=m_{+3.15}/m_0\times100\%$ (8-12)

耐磨指数 $\quad RDI_{-0.5}=m_{-0.5}/m_0\times100\%$ (8-13)

式中:m_0 为还原后转鼓前的试样质量,g;$m_{+6.3}$ 为转鼓后大于6.3mm的出量,g;$m_{+3.15}$ 为转鼓后大于3.15mm的出量,g;$m_{-0.5}$ 为转鼓后小于0.5mm的出量,g。

本标准规定,试验结果评定以 $RDI_{+3.15}$ 的结果为考核指标,$RDI_{+6.3}$、$RDI_{-0.5}$ 只作参考指标。

(7) 还原软化-熔融特性。高炉内软化熔融带的形成及其位置,主要取决于高炉操作条件和炉料的高温性能。而软化熔融带的特性对炉料还原过程和炉料透气性将产生明显的影响。为此,许多国家对铁矿石软熔性的试验方法进行了广泛深入研究。但是,到目前为止,其试验装置、操作方法和评价指标都不尽相同。一般以软化温度及软化区间,熔融带透气性,熔融滴下物的性状作为评价指标。我国目前还没有还原软化-熔融特性的国际标准。

图 8-7 为熔融特性试验装置简图,它是模拟高炉内的高温软熔带,在一定荷

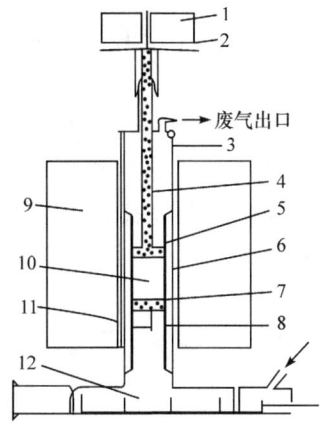

图 8-7 铁矿石熔化特性的试验装置

1. 荷重块;2. 热电偶;3. 氧化铝管;4. 石墨棒;5. 石墨盘;6. 石墨坩埚,Φ48mm;
7. 焦炭(10~15mm);8. 石墨架;9. 塔曼炉;10. 试样;11. 孔(Φ8mm×5mm);12. 试样盒

重和还原气氛下,按一定的升温速度,还原气体自下而上穿过试样层,以试样在加热过程中某收缩值的温度,表示起始软化温度和软化区间。以气体通过料层的压差变化,表示软熔带对透气性影响。当温度升高到 1400~1500℃时,炉料熔化后滴落在下部接收试样盒内,冷却后,熔化产物经破碎分离出金属和熔渣,测定其相应的回收率和化学成分,以此作为评价熔滴特性指标。

各国对铁矿软熔性能的测定方法列于表 8-12。

表 8-12 几种铁矿石荷量软化及熔滴特性测定方法

项 目	国际标准 ISO/DP7992	中 国 马钢钢研所	日 本 神户制钢所	西 德 阿亨大学	英 国 钢铁协会
试样容器/mm	Φ125 耐热炉管	Φ48 带孔石墨坩埚	Φ75 带孔石墨坩埚	Φ60 带孔石墨坩埚	Φ90 带孔石墨坩埚
试样预处理	不预还原	预还原度 60%	不预还原	不预还原	预还原度 60%
质量/g	1200	130	500	400	料高 70mm
粒度/mm	10.0~12.5	10~15	10.0~12.5	7~15	10.0~12.5
还原气 CO/N_2	40/60	30/70	30/70	30/70	40/60
流量/NL/min	85	1、4、6	20	30	60
荷重 $980×10^2$ Pa	0.5	0.5~1.0	0.5	0.6~1.1	0.5
测定项目 评定标准	ΔH、ΔT、ΔP $R=80\%$时 ΔP $R=80\%$时 ΔH	ΔH、ΔT、ΔP $T_{10\%}$、$T_{40\%}$ T_s、T_m、ΔT	ΔH、ΔT、ΔP $T_{10\%}$ T_s、T_m、ΔT	ΔH、ΔT、ΔP T_s、T_m ΔT	ΔH、ΔT、ΔP ΔP-T 曲线 T_s、T_m、ΔT

注:$T_{10\%}$、$T_{40\%}$ 为收缩率 10%、40%时的温度;T_s、T_m 是压差陡升温度及滴落开始温度;ΔT 是软熔区间,ΔP 为压差;ΔH 为形变量,R 为还原度。

(8) 球团膨胀率。国家标准 GB13240:测定步骤分球团矿还原和球团矿体积测定两部分。

采用 GB13241 还原件测定同一装置,同时,为保证球团矿在还原过程处于自由状态,管内分三层放置由不锈钢板制作的试样容器。随机取 10.0~12.5mm 的无裂缝球 18 个,每层 6 个成自由状放在容器上,按还原性测定的条件还原 1h,测定球团还原前后体积的相对变化率。

8.2 烧结工艺

8.2.1 烧结工艺与分类

近代烧结生产是一种抽风烧结过程,将混合料(铁矿粉、燃料、熔剂及返矿)配以适量的水分,混合、制粒后,铺在带式烧结机的炉篦上,点火后用一定负压抽风,使烧结过程自上而下的进行。烧结矿从烧结台车上卸下,经破碎、冷却、整粒筛分,分出成品烧结矿、返矿和铺底料。图8-8所示为现行常用的烧结生产工艺流程。

典型的烧结生产工艺流程可分为8个工序系统：

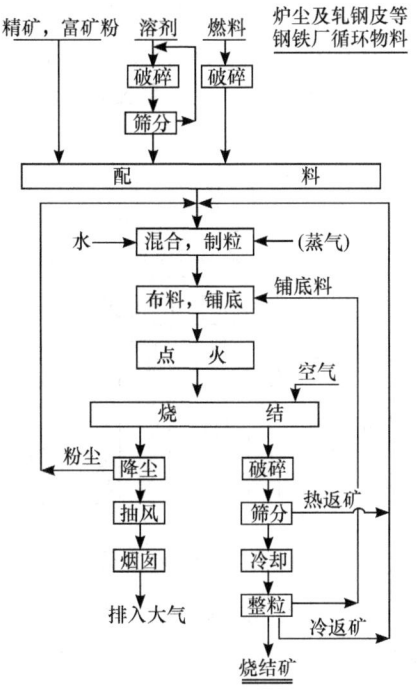

图8-8 烧结生产工艺流程

(1) 受料工序系统。主要包括翻车机系统、受料槽、精矿仓库、熔剂仓库、消燃仓库等，其任务是担负进厂原料的接受、运输和储存。

(2) 原料准备工序系统。包括含铁原料的中和、燃料的破碎、熔剂的破碎和筛分，其任务是为配料工序准备好符合生产要求的原料、熔剂和燃料。

(3) 配料工序系统。包括配料间的矿槽、圆盘给料机、称量设施等；根据规定的烧结矿化学成分和使用的原料种类，通过计算，各原料按计算的质量进行给料，以保证混合料和烧结矿化学成分稳定及燃料量的调整。

(4) 混合、制粒工序系统。主要包括一次混合、二次混合等工序，其任务是加水、润湿混合料，完成混合料混匀，成型过程，为烧结提供透气性良好的制粒小球。

(5) 烧结工序系统。包括铺底料、布料、点火、烧结等。主要任务是将混合料烧结成合格的烧结矿。

(6) 抽风工序系统。包括风箱、集尘管、除尘器、拍风机、烟囱等。

(7) 成品处理工序系统。包括热破碎、热筛分、冷却、冷破碎、冷筛分及成品运输系统。该工序的任务在于分出5~50mm的成品烧结矿，10~20mm铺底料，小于 5mm 冷返矿。

(8) 环保除尘工序系统。主要是用电除尘器系统将烧结机尾部卸矿处、热筛、冷却、返矿及整粒系统各处扬尘点的废气,经过除尘器净化后,废气排入大气,粉尘经过润湿后加入烧结混合料中再烧结,其任务是担负烧结生产的环境保护。

烧结法按照烧结设备和供风方式不同,大致可划分为抽风烧结法、鼓风烧结法、烟气烧结法三类,见图 8-9。

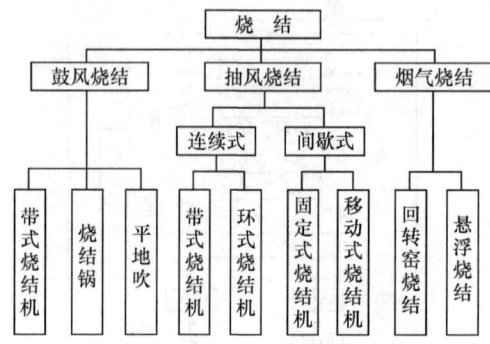

图 8-9 烧结法分类

国内外铁矿粉烧结生产中,广泛采用连续带式抽风烧结机,它具有劳动生产率高,原料适应性强,机械化程度高,劳动条件好,便于实现大型化和自动化特点,见图 8-10。

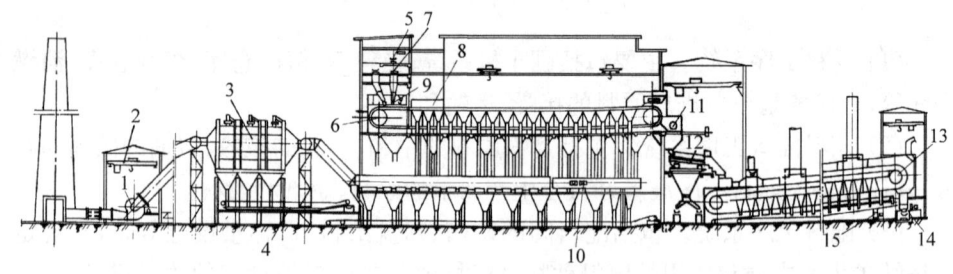

图 8-10 连续带式抽风烧结机系统
1. 离心抽风机;2. 桥式起重机;3. 机头电收尘器;4. 水封拉链机;5. 带式输送机;
6. 烧结机;7. 带式布料器;8. 点火器、保温炉;9. 圆辊给料机;10. 冷风吸入阀;
11. 单辊破碎机;12. 热矿振动筛;13. 鼓风带式冷却机;14. 板式给矿机;15. 冷却鼓风机

间歇式抽风烧结机(盘),具有投资省、建设快、易掌握的优点,但其生产能力低,劳动条件差,在我国一些地方的小型钢铁企业中仍继续在发挥作用。

鼓风烧结法,其特点是炉箅不黏结且不易烧坏、动力消耗少,风机寿命长,特别适合于有色金属硫化矿烧结,但劳动条件应很好维护以防止 SO_2 溢出。

8.2.2 烧结原料准备与配料

1. 烧结原料准备

烧结原料数量大,品种繁多,粒度及化学性质极不均一。为保证获得高产、优质的烧结矿,精心准备烧结原料是十分重要的生产环节。原料准备一般包括:接受、储存、中和混匀、破碎、筛分等作业。图 8-11 是钢铁企业原料厂平面布置示意。

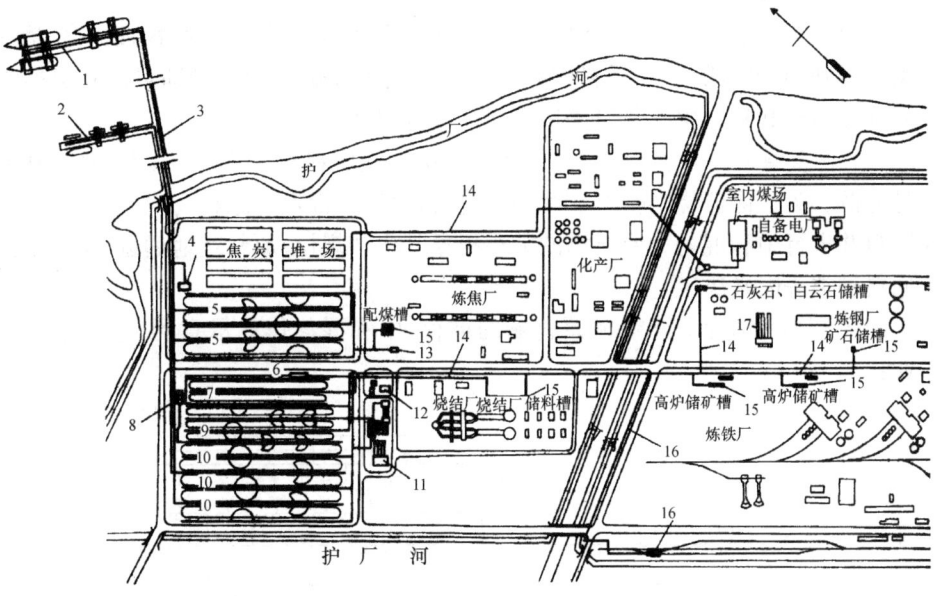

图 8-11　钢铁联合企业原料厂工艺平面布置示意图

1. 主原料码头;2. 副原料码头;3. 码头栈桥;4. 取制样系统;5. 贮煤场;6. 混匀配料槽;
7. 混匀场;8. 汽车受料槽;9. 二次贮矿场;10. 一次贮矿场;11. 整粒车间;12. 原料控制中心;
13. 炼焦煤一次粉碎室;14. 供料系统;15. 用户受料点;16. 烧结矿外运系统;17. 石灰石、白云石焙烧

(1)原料接受、储存及中和。根据烧结厂所用原料来源及生产规模的不同,原料接受方式大致分为四种:

① 处在沿海并主要使用进口原料的大型烧结厂,其所需原料用大型专用货舱运输。因此,应有专门的卸料码头和大型、高效的卸料机,卸下的原料由皮带机运至原料场。卸料机一般为门式,有卷扬滑车、绳索滑车、抓斗滑车和水平牵引式卸料车等。

② 距选矿厂较远的内陆大型烧结厂,可采用翻车机接受精矿、富矿粉和块状石灰石等原料。

③ 中型烧结厂(年产 100 万~200 万吨烧结矿),可采用接受与储存合用的原

料仓库。这种原料仓库的一侧,采用门形刮板、桥形抓斗式或链斗式卸料机,接受全部原料。如果原料数量品种较多时,可根据实际情况,采用受料槽接收数量少和易起灰的原料。

④ 小型烧结厂(年产20万吨以下的烧结厂),对原料的接受可因地制宜,采用简便形式,如用电动手扶拉铲和地沟胶带机联合卸车,电耙造堆,原料棚贮存;或设适当形式的容积配料槽,以解决原料接受与贮存问题。也可以在铁路的一侧挖一条深约2m的地沟,安装皮带机,用电动手扶拉铲直接将原料卸在皮带机上,再转运到配料矿槽或小仓库内。

来自冶金厂的高炉灰、轧钢皮、碎焦及无烟煤、消石灰等辅助原料,以及少量的外来原料则用受料槽接收,受料槽的容积能满足10h烧结用料量即可。受料槽常用螺旋卸料机卸料。生石灰可采用密封罐车或风动运输。

(2) 含铁原料储存、中和混匀。烧结厂用含铁原料种类多、数量大、原料基地远且分散。为了保证烧结生产连续稳定进行,烧结厂都设有原料场或原料仓库,储存原料并进行中和混匀。原料场的大小根据其生产规模、原料基地远近、运输条件及原料种类等因素决定。

图8-12所示为上海宝钢原料场的堆存、中和混匀作业示意图,它包括如下作业:

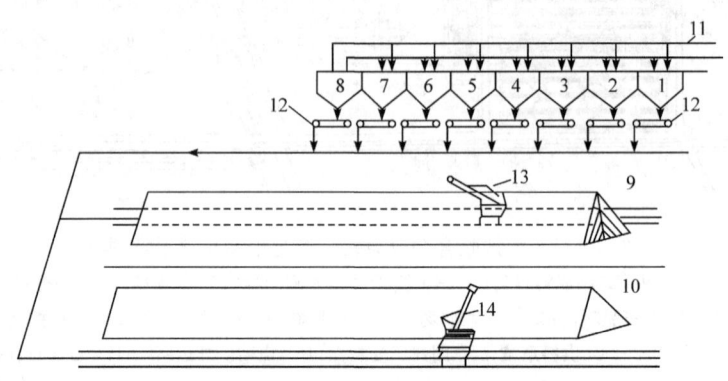

图 8-12 宝钢原料场中和混匀示意图

1~8. 配料槽;9、10. 中和混匀矿堆场;11. 入槽皮带机系统;12. 定量给料装置;13、14. 堆料机

① 设有一次堆料场。各种物料从原料码头卸下后,直接用皮带运往一次料场,按品种、成分不同分别堆放并初步混匀。

② 设有中和料槽。由取料机并通过皮带运输机将一次料场中的各种原料送入中和料槽,起贮存、配料、控制送料量提高混匀作业的效果的作用。

③ 设有混匀料场。通过配料槽进行中和作业的混合料,送往混匀料场,由堆料机沿料场的长度方向进行平铺堆积,堆积层数为25×81(堆料机单程行走次数

×同时切出槽数）。然后沿料堆垂直面，用取样机切取。料堆成对配制，一个在辅堆时，另一堆取样送烧结厂配矿槽。

设置原料场，可以简化烧结厂的储矿设施及给料系统，也取消了单品种料仓，使场地和设备的利用率得到改善。

没有原料场而采用原料仓库的烧结厂，其中和作业则借助于移动漏矿皮带车和桥式起重机抓斗，将来料在指定地段逐层铺放，当铺到一定高度后，再用抓斗自上而下垂直取样，把中和料卸入料斗送往配料室，见图 8-13。

原料中和混匀效果的计算，目前尚无统一的方法。常见的有最大值和最小值比较法，图像法和标准偏差法。

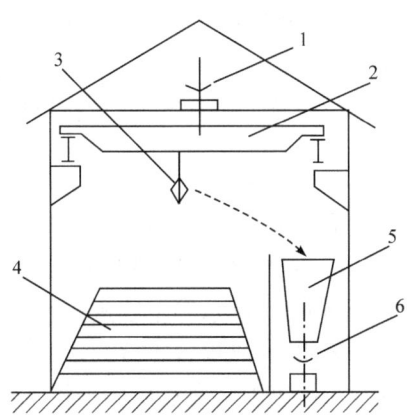

图 8-13 原料仓库平铺截取示意图
1. 漏矿皮带；2. 桥式吊车；3. 抓斗；
4. 中和料堆；5. 卸料斗；6. 运输皮带

一般推荐使用标准偏差法。某种原料的标准差可用式(8-14)进行计算。

$$\delta = \sqrt{\frac{\sum (x_i - \overline{x})^2}{n-1}} \tag{8-14}$$

式中：δ 为标准偏差；x_i 为各次取样分析的数据；$\overline{x}$ 为平均值，$\overline{x} = \frac{1}{n}\sum x_i$；$n$ 为取样分析次数。

中和混匀效率 η 用混匀前与混匀后的标准差之比计算。

$$\eta = \delta_E / \delta_A \tag{8-15}$$

式中：δ_E 为混匀前物料标准偏差；δ_A 为混匀后物料标准偏差。

参与混匀的往往是若干种原料，因此需要计算混匀前各种原料总的标准偏差，一般用式(8-16)表示。

$$\delta_{ER} = \frac{1}{Z}\sqrt{\sum_{i=1}^{k}(Z_i\delta_i)^2} \tag{8-16}$$

式中：Z_i 为某一种原料的布料层数；Z 为料堆布料总层数；i 为对应于 Z_i 层的标准偏差；δ_i 为可变量组分号；k 为不同种类的物料数。

提高中和混匀效果的措施有：(a)增加堆料层数，一般理论堆积层数大致在 500 层左右；(b)合理选择配料组成来调整各种原料在料堆横截面内的位置，减少横向波动。例如把品位相差最大的几种原料组合在一起，避免粒度粗的和水分较大的原料最后入堆；杂副原料、锰矿粉、炉尘等应堆积在料堆横截面中部等措施，都能大大降低混匀料的成分波动;(c)选择混合效率高的取样机;(d)除去端部料也可提高混匀效果。

(3) 熔剂和燃料的破碎、筛分。烧结生产对熔剂和燃料的粒度都有严格要求,一般要求 3～0mm 的含量应大于 85%,而入厂的熔剂和燃料粒度上限大于 40mm,所以都需要在烧结厂内进行破碎与筛分,有关破碎与筛分的流程与设备详见第 2 章。

① 熔剂的破碎与筛分。烧结厂常用石灰石、白云石均需破碎,常用的两种破碎工艺流程为:(a)一段破碎与检查筛分组成闭路流程,筛下为合格产品,筛上物返回与原矿一起破碎;(b)设预先筛分与破碎组成闭路流程,原矿首先经过预先筛分分出合格的细粒级,筛上物进入破碎机破碎后返回与原矿一起进行筛分。目前烧结厂多采用(a)流程破碎熔剂。我国烧结厂的石灰石破碎大多在厂内进行,日本、美国和法国等国则多在矿山进行,破碎后的石灰石转运烧结厂料场。

② 燃料的破碎与筛分。烧结厂所用的固体燃料有碎焦和无烟煤,其破碎流程是根据进厂燃料粒度和性质来确定的。当粒度小于 25mm 时可采用一段四辊破碎机开路破碎流程,如果粒度大于 25mm,应考虑两段开路破碎流程。我国烧结用煤或焦粉的来料都含有相当高的水分(大于 10%),采用筛分作业时,筛孔易堵,降低筛分效率。因此,固体燃料破碎多不设筛分。

四辊破碎机是破碎燃料的常用设备。当给料粒度小于 25mm 时,能一次破碎到 3mm 以下,无需进行检查筛分。当给料粒度大于 25mm 时,常用对辊破碎机作粗碎设备,把固体燃料破碎到 15mm 后,再进入四辊破碎机碎至小于 3mm。

宝钢烧结用固体燃料为干熄焦,其含水低,不堵筛孔。破碎采用设有预先筛分和检查筛分的两段破碎流程。第一段由反击式破碎机与筛子组成闭路;第二段采用棒磨机,可减少过粉碎,但劳动条件较差。

2. 配料

(1) 配料的目的和要求。烧结厂处理的原料种类繁多,且物理化学性质差异也甚大。为使烧结矿的物理性能和化学成分稳定,符合冶炼要求,同时使烧结料具有良好透气性以获得较高的烧结生产率,必须把不同成分的含铁原料、熔剂和燃料等,根据烧结过程的要求和烧结矿质量的要求进行精确的配料。

烧结生产实践证明,配料发生偏差是影响烧结过程正常进行和烧结矿产质量的重要因素。固体燃料配入量波动 $±0.2\%$,会使烧结矿的强度和还原性受到影响,烧结矿的含铁量和碱度波动就会影响高炉炉温和造渣制度,严重时,会引发高炉悬料、崩料现象。因此各国都非常重视烧结矿化学成分的稳定性。我国要求 $TFe±0.5\%～0.1\%$,$CaO/SiO_2 ±0.05～0.10$;日本要求 $TFe±0.3\%～0.4\%$,$CaO/SiO_2 ±0.03$,$FeO±0.1\%$,$SiO_2 ±0.2\%$。

首先根据冶炼对烧结矿化学成分的要求进行配料计算,以保证烧结矿的含铁量、碱度、S 含量、FeO 等主要成分控制在规定范围内,然后选择适当的配料方法和设备,以保证配料的精确性。

(2) 配料方法。配料的精确性在很大程度上取决于所采用的配料方法。目前有两种配料方法,即容积配料法和质量配料法。

① 容积配料。假设物料堆积密度一定的情况下,借助于给料设备控制其容积达到配料所要求的添加比例。为了增加其精确性,经常辅助以质量检查。

该法的优点是设备简单,操作方便,因此我国曾有不少烧结厂采用此法。但由于物料的堆积密度随粒度和湿度等因素的变化而发生波动,致使配料产生较大误差。为了提高容积配料的准确度,各烧结厂采取许多措施,如安装给料圆盘的中心与料仓中心应相吻合;保持料仓的料位在一定高度,且物料应均匀分布,严格控制物料粒度和水分波动等,基本上可满足烧结生产的要求。

由于容积配料法是靠人工调节圆盘给料机闸门开口度的大小来控制料量的、准确度差,且调整时间长,对配料精确度影响大,质量检查的劳动强度亦相当大,难于实现自动配料。因此在质量严格管理的今天,此种配料方法已不能适应技术进步和形势发展的要求。

② 质量配料法。是按原料的质量来配料,它借助于电子皮带秤和调速圆盘,通过自动调节系统来实现。

图 8-14 为质量配料系统控制图,由电子皮带秤给出称量皮带的瞬时料量信号,信号输入圆盘调整系统,调节部分根据给定值和电子皮带秤测量值的偏差,通过自动调节圆盘转速以达到给定的料量。与容积配料比较,质量法易实现自动配料,精确度高。生产实践证明,当负荷 50% 时,质量配料法精确度为 1.0%,而容积配料法为 5%。我国近期新建的大型厂多采用质量配料法。

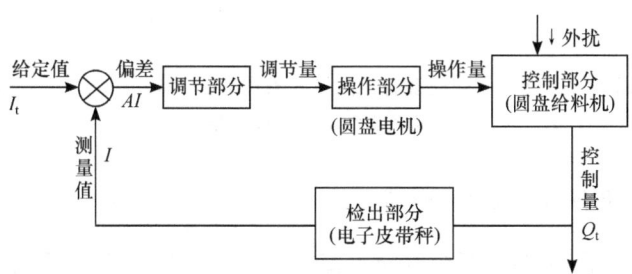

图 8-14 质量配料系统方块图

目前国外已有按化学成分配料法,此法是用 X 射线荧光分析仪对原料进行化学成分分析,根据化学成分确定各种物料的最佳配比。

8.2.3 烧结料的混合与制粒

混合作业的目的有二，一是将配合料中的各组分仔细混匀，从而得到质量较均匀的烧结矿；二是加水润湿和制粒，得到粒度适宜，具有良好透气性的烧结混合料。

混合作业一般采用两段式混合。两段混合是将配合料依次在两台设备上进行。一次混合的主要任务是加水润湿和混匀，使混合料中的水分、粒度及物料中各组分均匀分布，当加入热返矿时，它还可以将混合料预热。二次混合除有继续混匀的作用外，主要任务是制粒，同时还可通入蒸气预热混合料。加强混合过程中的制粒，使细粒物料黏附在核粒子上，形成粒度大小一定的拟似粒子，可改善烧结料层的透气性，获得较高的烧结生产率。

混合作业大都采用圆筒混合机，图 8-15 是二次混合室圆筒混合机配置示意图。

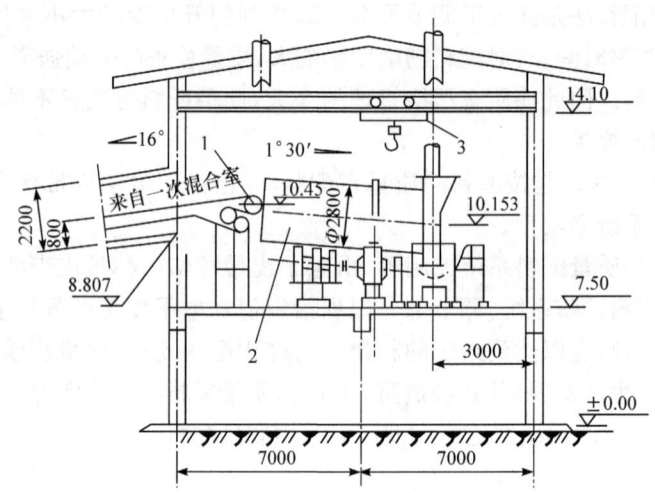

图 8-15　二次混合室圆筒混合机配置示意图(尺寸单位:mm,高程单位:m)
1. 进料皮带；2. 圆筒；3. 偏车

1. 混匀效率和制粒效果的评价

混合作业效果，主要从两个方面来衡量。一方面以混合前后混合料各组分的波动幅度来衡量，通常称为混匀效率。另一方面是对比混合前后混合料粒度组成的变化，谓之制粒效果。

(1) 混匀效率。如同中和料的混匀效率一样，可以使用标准偏差(σ)法。

$$\sigma = \sqrt{\sum_{i=1}^{n}(C_i - \overline{C})^2/(n-1)} \qquad (8-17)$$

式中：C_i 为某个测试项目在所取试样中的含量，%；$\overline{C} = \dfrac{1}{n}\sum\limits_{i=1}^{n} C_i$ 为某一测试项目在此试样的平均含量，%。

混合料的混匀效率，可用(8-18)式表示。

$$\eta = C_{最小}/C_{最大} \tag{8-18}$$

式中：η 为混匀效率；$C_{最大}$ 为 C_i 的最大值；$C_{最小}$ 为 C_i 的最小值。

混匀效率 η 愈接近1，说明混合效果愈好。

此外，混匀效率还可用平均均匀系数 K_0 来表示。

$$K_0 = \left(\sum |C_i - \overline{C}|\right)/(n\overline{C}) \tag{8-19}$$

平均均匀系数，愈接近零，混匀效果愈好。

上述几种方法比较，标准偏差(σ)法充分反映了大的偏差的影响；混匀效率 η 计算简单，但欠准确；平均均匀系数 K_0 是一组试样的所有值均参加计算，因而较全面，但计算复杂。

(2) 制粒效果。制粒效果以混合料的粒度组成来表示，可按式(8-20)求得每一粒级的产率，然后给出粒度特性曲线。

$$B_i = Q_i/Q_0 \tag{8-20}$$

式中：B_i 为某一粒级的产率，%；Q_i 为某一粒级的出量，kg；Q_0 为试样总量，kg。

比较制粒前后某一粒级的产率的增量来评价制粒效果，也可以用制粒前后烧结混合料的平均粒度的增值来表示。

2. 影响混合料制粒的因素

(1) 原料的性质。对烧结料混合制粒过程有影响是矿物的润湿性、粒度与粒度组成和颗粒的形状等。

在混合制粒过程中，依靠颗粒间的毛细水作用，使粒子相互聚集成小球，易润湿的矿物在颗粒间形成的毛细力强、制粒性能好。铁矿物的制粒性能依次是褐铁矿、赤铁矿、磁铁矿，含泥质的铁矿物易成球。

对烧结混合料制粒小球的结构研究表明，球粒一般是由核颗粒和黏附细粒组成，称之为"准颗粒"。"准颗粒"的形成条件与粒度组成有密切关系。早期的研究是以小于 0.2mm 颗粒作为黏附细粒，大于 0.7mm 作为核颗粒。理想的为 1～3mm 作核，0.25～1.0mm 的中间颗粒难于粒化，越少越好。对于铁精矿烧结，配加一定数量的返矿作核颗粒，要求返矿粒度上限最好控制在 5～6mm 以下。

此外，在粒度相同的情况下，多棱角和形状不规则的颗料比球形表面光滑的颗粒易成球，且制粒小球的强度高。

(2) 加水量及加水方式。添加到混合料中的水量对混合料成球及透气性有很大影响，不同混合料适宜加水量也不一样。图 8-16 是有效制粒水与混合料制粒后的平均粒径、透气性之间关系。两种不同的铁精矿在这一制粒区呈现相同规律,确立了有效制粒水与制粒过程的关系,其制粒效果是受水的添加量制约的。

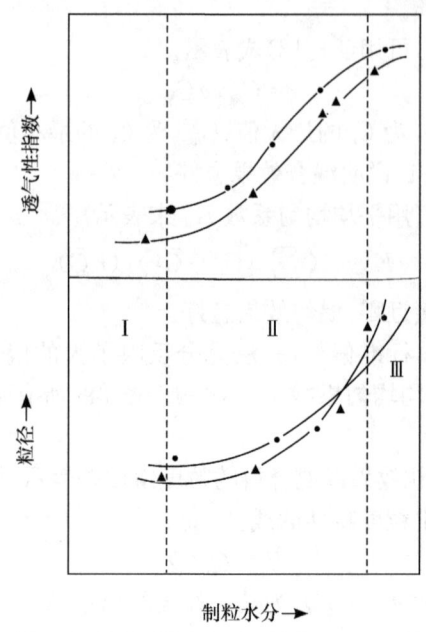

图 8-16 制粒水与粒度、透气性关系

研究表明,细粒粉状物料的制粒,是从粒子被水润湿并形成足够的毛细力后才开始的。水对烧结混合料制粒过程的作用可区分为三个阶段。

在低水量区(Ⅰ),由于添加水被粒子表面吸附,还未能形成一定的毛细力,也就不可能有足够力使散状物料聚集成球粒。烧结料层透气性停留在低水平上,烧结过程无法进行。

随着水量增加,粒子间开始充填毛细水,在毛细力作用下,细粒粉末开始黏附在核粒子上形成黏附层,并不断长大形成准颗粒。这为制粒区(Ⅱ),制粒区所需水量为有效制粒水(混合料总水分去除吸湿水后的剩余部分)。烧结混合料制粒在很大程度上受有效水影响。

当水量继续增加时,过剩的水填满小球粒之间的孔隙,小球粒将会发生变形和兼并,使料层孔隙率下降,透气性恶化,这是烧结不希望的过湿区(Ⅲ)。

加水方式是提高制粒效果的重要措施之一。一次混合的目的在于混匀,应在沿混合机长度方向均匀加水,加水量占总水量的 80%~90%。二次混合的主要作用是强化制粒、加水量仅为 10%~20%。分段加水法能有效提高二次混合作业的制粒效果,通常在给料端用喷射流水,使形成小球核,继而用高压雾状水,加速小球长大,距排料端 1m 左右停止加水,小球粒紧密、坚固。前苏联南方采选公司二次混合采用分段加水后,混合料小于 1.6mm,降低了 17%,透气性提高了 15%。某些烧结厂混合机的加水管改成渐开式,给水时采用高压空气,改善水的雾化,提高了制粒效果。

(3) 混合时间。为了保证烧结料的混匀和制粒效果,混合过程应有足够的时间。20 世纪 70 年代初以前,世界各国的混合制粒时间大部分为 2.5~3.5min,即一次混合 1min,二次混合 1.5~2.5min。国外最近新建厂则大都把混合时间延长至 4.5~5min 或更长,生产实践证明混合制粒时间在 5min 之前效果最明显。但日本釜石厂的混合时间长达 9min。

混合作业大都采用圆筒混合机,其混合时间可按式(8-21)计算。

$$t = L/(60v) \quad (8-21)$$

式中:t 为混合时间,min;L 为混合机长度,m;v 为料流速度,m/s,$v = 2\pi Rn\tan\alpha/60 = 0.105Rn\tan\alpha$。

代入则得

$$t = L/(0.105Rn\tan\alpha) \quad (8-22)$$

式中:R 为圆筒混合机半径,m;n 为圆筒混合机转速,r/min;α 为圆筒混合机倾角。

由式(8-22)可以看出,混合时间与混合机长度、转速和倾角有关。

增加混合机的长度,无疑可延长混合制粒时间,有利于混匀和制粒。与烧结机大型化配套,目前圆筒混合机也向大型化发展,直径已达 4~5m,长度为 21~26m 不等。

混合机转速决定着物料在圆筒内的运动状态。计算表明,混合机的临界转速为 $\dfrac{30}{\sqrt{R}}$ r/min。一次混合机转速为临界转速 0.2~0.3 倍;二次混合机转速为临界转速的 0.25~0.35 倍。混合机的倾角决定着物料在机内停留时间,一次混合机其倾角在 2.5°~4°之间,二次混合机倾角应不大于 2.5°。

(4) 混合机的充填率。充填率是以混合料在圆筒中所占体积来表示。充填率过小时,产量低,且物料相互间作用力小,对混匀制粒不利,充填率过大,在混合时间不变时,能提高产量,但由于料层增厚,物料运动受到限制和破坏,对混匀制粒也不利。一般认为一次混合机的充填率为 15% 左右,而二次混合比一次混合的充填率要低些。

(5) 添加物。生产实践表明,往烧结料中添加生石灰、消石灰、皂土等,能有效提高烧结混合料的制粒效果,改善料层透气性。此外,近期国内外研究有机添加物应用于强化烧结混合料制粒也取得明显效果,包括腐殖酸类、聚丙烯酸酯类、甲基纤维素类等。

8.2.4 混合料烧结

烧结作业是烧结生产工艺的中心环节,是检验并反映上述工艺质量的一个工序,也是烧结生产最终产品的工序。图8-17为带式烧结机和点火器。

图8-17 带式烧结机和点火器

采用带式烧结机抽风烧结时,其工作过程如下:当空台车运行到烧结机头部的布料机下面时,铺底料和烧结混合料依次装在台车上,经过点火器时混合料中的固体燃料被点燃,与此同时,台车下部的真空室开始抽风,使烧结过程自上而下地进行,控制台车速度,保证台车到达机尾时,全部料都已烧结完毕,粉状物料变成块状的烧结矿。当台车从机尾进入弯道时,烧结矿被卸下来。空台车靠自重或尾部星轮驱动,沿下轨道回到烧结机头部,在头部星轮作用下,空台车被提升到上部轨道,又重复布料、点火、烧结、卸矿工艺环节。

1. 布料

(1) 铺底料。首先往烧结台车的链条上铺上一层10~25mm的烧结矿作铺底料,其厚度约30mm。然后再在其上布烧结混合料。表8-13所列指标表明,采用铺底料工艺,烧结机利用系数提高,且质量也有所改善。

表8-13 有铺底料与无铺底料主要烧结技术指标

条件	利用系数/ [t/(m²·h)]	混合料中+2.5mm 含量/%(二混后)	热返矿中-3mm 含量/%	转鼓指数 (+5mm)/%	烧结矿筛分 指数/%	返矿残 碳/%
有铺底料	1.20~1.40	47.0	8.73	80	9.10	0.95
无铺底料	1.14~1.22	36.5	47.0	77~79	11.93	1.28

铺底料的主要作用有：①可防止烧结时燃烧带的高温与箅条直接接触，保护箅条延长使用寿命，而且还可以防止烧结矿粘箅条、减少散料改善环境；②有过滤层作用，可防止细粒粉进入烟道气，减少烟气中的灰尘含量，可延长风机转子使用寿命；③保持有效抽风面积，使气流分布均匀，改善烧结过程的真空制度。

(2) 烧结料布料。烧结混合料布在铺底料的上面，布料时要求烧结混合料的粒度、化学组成及水等沿台车宽度均匀分布，料面平整，并保持料层具有均一的良好的透气性；另一方面，烧结混合料的粒度较粗，在 1～10mm 之间，对于烧结过程而言，布料时产生一定的偏折是有好处的，即沿料层高度其粒度自上而下逐渐变粗，碳的分布自上而下减少，可改善料层的气体动力学特性和热制度，提高烧结矿质量。

布料的好坏，在很大程度上取决于布料装置。典型的烧结机布料系统是由圆辊布料机和反射板经由下料溜槽组成(图 8-18)。由圆辊布料机将下矿漏斗的烧结混合料给到反射板下矿溜槽后进入台车上。给料量通过调节闸门和圆辊转速，粒度偏析主要取决于溜槽倾角，故溜槽倾角是可调的。

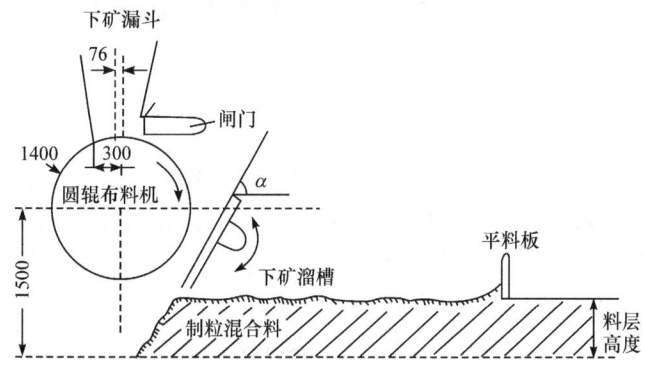

图 8-18 烧结布料装置(尺寸单位：mm)

近年来，国外许多烧结厂对布料技术进行了不少改进，使其满足布料的填充密度及料层结构的合理性、稳定性和化学成分的均匀性。

日本新日铁公司在生产上采用两套新型布料装置。一是该公司君津和广烟厂的条筛和溜槽布料装置，条筛上的棒条横跨烧结机整个宽度，混合料的粗粒从棒条上通过，然后落向箅条，从而形成上细下粗的偏析；另一种是八幡厂的格筛式布料装置(IFF)，筛棒自起点成三层散开，棒间距离逐渐增大，每条筛棒各自作旋转运动，以防止物料堆积在筛面上。这种首先是较大粗颗粒落在箅条上，随后布料的粒度就愈来愈小。

为了改善料层透气性，国内外一些烧结厂采用松料措施，比较普遍的在反射板下边，在料中部的位置上沿水平方向安装一排或多排由 30～40mm 钢管，称之为

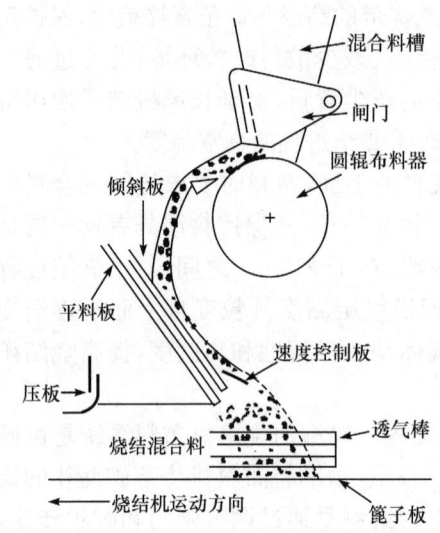

图 8-19 安装透气棒的布料装置

"透气棒"。钢管间距离为 150~200mm，铺料时钢管被埋上，当台车离开布料器时，那些透气棒原来所占的空间被腾空，料层形成一排排透气孔带，改善料层透气性。图 8-19 是装有透气棒的神户加古川烧结厂布料系统设备示意图。

在我国自 1979 年乌鲁木齐钢铁厂成功使用这一技术后，首钢、西林钢铁厂、梅山冶金公司、宝钢等烧结厂先后使用了水平松料器，均取了使料层升高、产量提高、能耗下降的良好效果。如西林钢铁厂，料高从 250mm 增加到 320mm，利用系数从 1.12 提高到 1.35t/(m²·h)，燃料耗下降了 5kg/t$_{烧结矿}$。宝钢应用后，产量增加 3.8%，转鼓强度提高了 2.3%，焦粉降低了 1.04kg/t$_{烧结矿}$。

2. 烧结点火与保温

(1) 点火目的与要求。点火的目的是供给混合料表层以足够的热量，使其中的固体燃料着火燃烧，同时使表层混合料在点火器内的高温烟气作用下干燥、脱碳和烧结，并借助于抽风使烧结过程自上而下进行。点火好坏直接影响烧结过程的正常进行和烧结矿质量。为此，烧结点火应满足如下要求：有足够高的点火温度；有一定的点火时间；适宜的点火负压；点火烟气中氧含量充足；沿台车宽度方向点火要均匀。

(2) 影响点火过程的主要因素。主要有以下 3 方面的影响。

① 点火时间与点火温度的影响。为了点燃混合料中的碳，必须将混合中的碳加热到其燃点以上，因此点火火焰必须向碳提供足够的热量。

$$Q = h \times A(T_g - T_s)t \qquad (8-23)$$

式中：Q 为点火时间内，点火器传递给烧结料表层的热量，kJ；A 为点火面积，m²；h 为传热系数，kJ/(m²·min·℃)；T_g 为火焰温度，℃；T_s 为烧结混合料的原始温度，℃；t 为点火时间，min。

从 (8-23) 式可以看出，为了获得足够的点火热量，有两种途径：一是提高点火温度，二是延长点火时间。

对点火温度与点火时间关系的研究曲线表明，点火温度一定时，相应的点火时间也有一个定值，才能确保表层烧结料有足够热量使烧结过程正常进行。延长点火时间,虽然可使烧结料得到更多热量,这对提高表层烧结矿的强度和成品率有利,但同时也会增加点火燃料消耗。这种办法对料层较薄时有一定的积极作用,现在烧结料层高度有了很大提高,表层烧结矿所占整个烧结料层的比例很小。因此,采用延长点火时间和增设保温段来改善烧结矿质量的方法也就不那么重要了。

若提高点火温度,点火时间可相应缩短,目前国内外研制的许多新型点火器,都是采用集中火焰点火,可以有效地使表层混合料在较短时间内获得足够热量,而且还可以降低点火燃耗。

② 点火强度的影响。所谓点火强度是指单位面积上的混合料在点火过程中所需供给的热量或燃烧的煤气量。

$$J = Q/(60vB) \quad (8-24)$$

式中:J 为点火强度,kJ/m^2;Q 为点火段的供热量,kJ/h;v 为烧结台车的正常速度,m/min;B 为台车宽度,m。

点火强度主要与混合料的性质,通过料层风量和点火器热效率有关。日本普遍用低风箱负压点火,点火强度 $J=42\,000\,kJ/m^2$,最低的川崎公司 $J=27\,000\,kJ/m^2$,我国采用低风箱负压(1960Pa),$J=39\,300\,kJ/m^2$。

料层表面所需热量由点火器供给。点火器的供热强度是指在正常的点火时间范围内,给单位点火面积所提供的热量,它与点火强度的关系式如式(8-25)所示。

$$J_0 = J/t\,[kJ/(m^2 \cdot min)] \quad (8-25)$$

根据测定的结果,点火深度基本上与点火器的供热强度成正比。点火供热强度高,点火料层厚度大,高温区宽,表层烧结矿质量好。但烧结速度减慢。为了把有限的点火热量集中在较窄的范围内,以提高料层表面的燃烧温度,点火器供热强度不宜太高。通常以 $29\,000 \sim 58\,600\,kJ/(m^2 \cdot min)$ 为宜。

③ 烟气含氧量的影响。烟气中含有足够的氧可保证混合料表层的固体燃料充分燃烧,这不但可以提高燃料利用率,而且也可提高表层烧结的质量。假若烟气中的含氧量不足,固体燃料燃烧推迟,一方面会使表层供热不足,另一方面会影响垂直烧结速度,产量下降。根据前苏联经验,当点火烟气中的氧含量为13%时,固体燃料的利用率与混合料在大气中烧结时相同。在氧含量为3%~13%的范围内,点火烟气增加1%的氧,烧结机利用系数提高0.5%,燃料消耗降低 $0.3\,kg/t_{烧结矿}$。根据 $\Phi \cdot$ 卡帕林的计算不同固体燃料单耗的条件下,碳完全燃烧所需的点火烟气中最低氧含量时表明,当燃料单耗 $40\,kg/t_{烧结矿}$ 和成品率为67%时,最低氧含量为8.1%,当燃料单耗为 $67\,kg/t_{烧结矿}$ 和成品率为60%时,点火烟气中的氧含量不应低于12.2%。提高点火烟气中的氧含量的主要措施是:

增加燃烧时的过剩空气量　点火烟气中的含氧量与过剩空气量可用式

(8-26)计算,有

$$Q_2 = 0.21(\alpha-1)L_0/V_n \times 100\% \qquad (8-26)$$

式中:Q_2 为烟气中含氧量,%;α 为过剩空气系数;L_0 为理论燃烧所需空气量,m^3/m^3;V_n 为燃烧产物的体积,m^3/m^3。

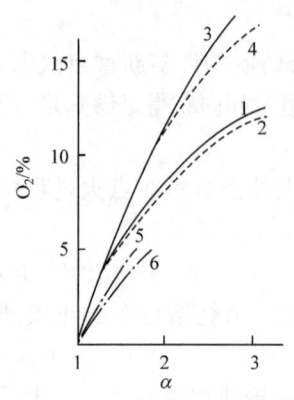

图 8-20 气体燃料燃烧产物含氧量与过剩空气系数的关系
曲线 1~3:天然气;曲线 2~4:焦炉煤气;曲线 5~6:高炉煤气

由(8-26)式可以看出,点火烟气中的含氧量随过剩空气系数的增大而增加,图 8-20 为不同的点火气体燃料的烟气含氧量与过剩空气系数的关系。这些曲线表明,提高过剩空气量使烟气中氧含量增加的办法,只适用于高热值的天然气或焦炉煤气,对低热值的高炉煤气或混合煤气,其过剩空气量要大受限制。

利用预热空气助燃 这不但可节省燃料,而且也是提高烟气氧浓度的方法。前苏联的生产经验表明,利用 300℃ 的冷却机废气助燃点火,可提高氧含量 2%,并可减少天然气或焦炉煤气 17%,高炉煤气 6.6%,降低固体燃耗 0.5~0.7kJ/t$_{烧结矿}$,同时增产 0.6%~0.8%。

采用富氧空气点火 无论对高温热值煤气或热值较低的煤气,富氧点火都是提高烟气氧含量的重要措施,点火烟气中含氧量增加到 9%~10%,氧消耗为 3.5m³/t$_{烧结矿}$时,烧结矿生产率可提高 2.5%~4.5%,固体燃耗可降低 10kJ/t$_{烧结矿}$。但是采用富氧空气费用高,而且氧气供应困难。

(3)点火技术的改进。我国采用厚料层烧结工艺,20 世纪 50 年代所建的烧结机点火器大都使用 DW-I 环缝低压涡流烧嘴,已不能适应了。

自 20 世纪 70 年代后期着手新型点火器研究,点火燃耗大幅度降低。点火耗燃从 20 世纪 70 年代中期每吨烧结矿消耗的 418.7MJ,到 1985 年全国重点企业已降至 242.8MJ。1990 年为 164MJ,武钢 90m² 烧结机的点火燃耗仅为 56MJ。而国外的先进水平每吨烧结矿的燃料单耗已降至 40MJ 以下。日本千叶厂使用线式烧嘴后又创造了点火燃耗 12.5MJ 的先进水平。

近年来国内外烧结点火技术进步表现在:采用高效低燃耗的点火器、选择合理的点火参数、合理组织燃料燃烧。

高效低燃耗点火器的特点:①采用集中火焰直接点火技术,缩短点火器长度,降低点火强度,通常为 29~58.6MJ/(m²·min);②使用高效率的烧嘴,缩短火焰长度,降低炉膛高度(400~500mm),点火器容积缩小,热损失减少;③降低点火风箱的负压,避免冷空气吸入,沿台车宽度方向的温度分布更加均匀。

(4)各种新型点火烧嘴,下面介绍常用的 5 种烧嘴。

① 川崎线形多孔式烧嘴。烧嘴结构简图如图 8-21 所示,属扩散燃烧型烧嘴。它实际上是一根双层套管,内管送煤气,外管送空气,管套上有几百个直径小于 10mm 的喷口,沿台车宽度方向成直线排列。空气与煤气成射流状直角相交,燃烧效率高,火焰长度为 400mm,每吨烧结矿的点火燃耗已降至 18~25MJ。

② 住友多缝式烧嘴。烧嘴结构简图如图 8-22 所示。为两段燃烧多喷口扩散型烧嘴,助燃空气分一次和二次,空气与煤气比可在 0.6~3.0 之间变动,火焰长度为可调节的连续扁平火焰,火焰长度 400mm,烧嘴缝宽度大于 4.5mm,可防止堵塞。燃烧效率高,每吨烧结矿点火燃耗已降至 20~28MJ。

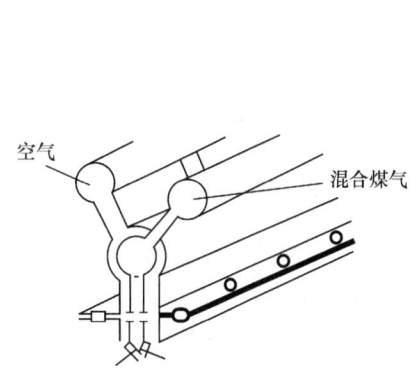
图 8-21 川崎线形多孔式烧嘴

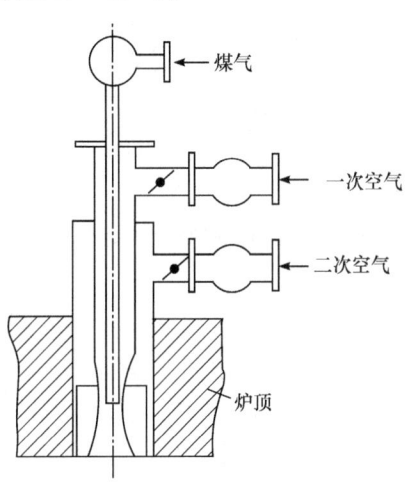
图 8-22 住友多缝式烧嘴

③ 新日铁面燃烧式烧嘴。标准型面燃烧式烧嘴结构见图 8-23,它属预混式烧嘴,烧嘴由预混器和透气性面板组成。焦炉煤气与空气预先在混合器内混合、均压,混合气流经烧嘴和三维交叉的多孔燃烧面板(用陶瓷或合金制作,孔隙率 90%,孔径为 1.8mm)。喷口呈缝隙状,间隙为 6mm,火焰成带状,并在台车料面上均匀分布,火焰短,燃烧效率高,每吨烧结矿的点火燃耗已降至 9~15MJ。

④ 多缝式混合型烧嘴。我国的点火技术借鉴日本先进经验,研制了许多节能型的点火器,比较有代表性的是混合型烧嘴和幕帘式烧嘴。混合型烧嘴的结构简图见图 8-24 所示,在烧嘴轴向安装旋流片,形成强烈的空气旋流,提高了空气与煤气的预混效果,通入二次空气,有利于煤气完全燃烧,使燃烧火焰长度缩短,当改变一次空气和二次空气的比例,可调节火焰长度和火焰温度,与旧式点火器比较可节省煤气 40%。

武钢、重钢、水钢等烧结厂先后采用多缝式混合型烧嘴点火器,它是将十多个小型烧嘴沿烧结机宽度方向等距离密集排列,各个烧嘴喷出口相互连通,形成一个

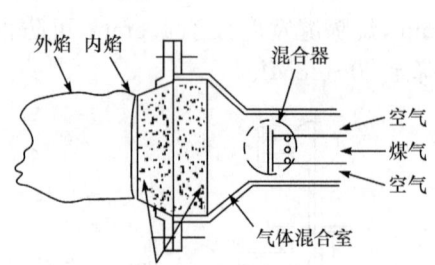 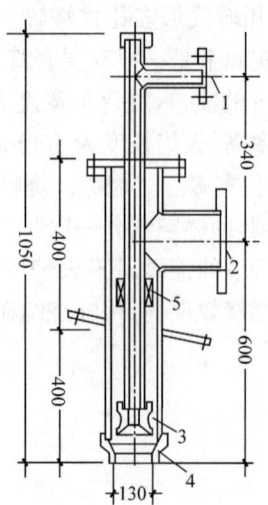

图 8-23　标准型面燃烧式烧嘴　　　　图 8-24　混合型烧嘴(尺寸单位：mm)
　　　　　　　　　　　　　　　　　　　　1. 煤气管；2. 空气管；3. 煤气喷口；
　　　　　　　　　　　　　　　　　　　　　　4. 混合物喷口；5. 空气旋流器

狭长梯形通道，喷出的混合气体成射流扩展，便形成一个均匀的连续喷射流，其断面为一条连续带状火焰。这种烧嘴的混合性能好，燃烧稳定性好，可在很低的空气过剩系数下达到完全燃烧。武钢二烧采用多缝式混合型烧嘴后的点火燃耗为 56MJ/t$_{烧结矿}$。

⑤ 幕帘式烧嘴。这也是一种采用二次混合的外混式烧嘴。点火烧嘴采用一次空气预混，二次空气完全燃烧，火焰长度可借二次空气与一次空气的比例进行调节，控制火焰高温区在料面上。为使火焰均匀地铺在料层上，将烧嘴设计成许多小烧嘴，组成一排火嘴通道，两边各留一条二次风窄缝，形成幕帘式火焰。梅山烧结厂使用幕帘式烧嘴，点火燃料消耗为 83MJ/t$_{烧结矿}$。

3. 烧结

(1) 烧结过程。烧结混合料点火后，在抽入的空气作用下，混合料中的燃料燃烧，随着烧结过程的进行，燃烧带逐渐下移，自上而下完成混合料的烧结。对正在烧结的台车进行解剖，烧结各带及其主要反应如图 8-25 所示。由于冷风从料层上部进入，因此在燃烧带的上部形成烧结矿带，在燃烧带的下部依次为干燥预热带、过湿带和原始料带。

① 烧结矿带，即成矿带。主要反应是液相凝结，矿物析晶，预热空气，此带表层强度较差，其原因是：(a) 烧结温度低。(b) 受空气剧冷作用，表层矿物来不及析晶，玻璃质较多，内应力很大，所以性脆，在烧结机卸矿端被击碎而进入返矿。表层

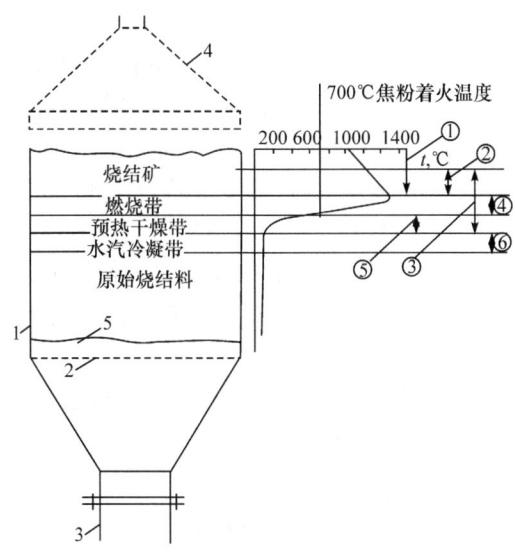

图 8-25 烧结过程的解剖
1. 烧结盘；2. 炉篦；3. 废气出口；4. 煤气点火器；5. 铺底料

厚度一般为 40~50mm,只有在烧结机点火器采取保温措施才能改善其表层强度。近年来由于烧结采用高料层作业,表层所占比例相对减少,它对烧结矿强度总体影响较少,为了节约煤气,已不用保温了。

② 燃烧带,即烧结带。该带是燃料燃烧带,温度可达 1100~1500℃。此处混合料软化、熔融及液相形成。该层厚度为 15~50mm。此带对烧结过程产量及质量影响很大。该带过宽会影响料层透气性,导致产量低;过窄烧结温度低,液相量不足,烧结矿黏结不好,强度低。该层的宽窄受燃料粒度、抽风量的影响。

③ 预热干燥带,主要过程是干燥与预热。该带特点是热交换迅速,由于热交换剧烈,废气温度很快从 1500℃下降到 60~70℃。此带主要反应是水分蒸发,结晶水及石灰石分解,矿石的氧化还原以及固相反应等,该带宽度一般在 20~40mm。

④ 水分冷凝带。即过温带,因为上层高温废气中带入较多的水汽,进入下层冷料时水分析出而形成水分冷凝带。该带影响烧结透气性,破坏已造好的混合料小球,解决的办法是预热混合料。

(2) 烧结主要工艺参数选择。影响烧结过程的工艺因素很多,合理选择烧结工艺参数,与烧结产质量提高有密切联系。下面主要讨论风量、风压、料高及返矿对烧结的影响。

① 风量与负压。国内外烧结生产实践证明,在一定范围内增加单位烧结面积的风量,能有效地提高烧结矿的产质量。目前在烧结风量与负压的选择有如下几

种情况。

大风量高负压烧结 20世纪70年代以来,国外一些烧结厂在不断强化烧结过程的基础上,采用高负压大风量,以满足进一步提高烧结料层厚度的要求。单位烧结面积的风量一般高达 $85\sim 100 m^3/(m^2 \cdot min)$,主风机的抽风负压为 $14.2\sim 17.1 kPa$。有的竟高达 19.6kPa 以上,首钢 $2^\#$、$3^\#$ 烧结机对比试验表明,单位烧结面积风量分别为 80 和 $100 m^3/(m^2 \cdot min)$ 时,烧结机利用系数提高 34%。

一般说在料高一定的条件下,提高负压伴随着风量增加,烧结利用系数提高,但烧结矿强度有所下降。若风量一定,随负压和料层高度的增加,利用系数几乎为一常数,烧结矿强度提高。

根据生产实践和实验室测定结果,烧结风量与负压、垂直烧结速度和单位烧结矿的电耗有关。

$$\Delta p = k_1 Q^{1.8} \tag{8-27}$$

$$v_\perp = k_2 Q^{0.9} \tag{8-28}$$

$$q = k_3 Q^{1.9} \tag{8-29}$$

式中:k_1、k_2、k_3 为与原料性质和操作有关的系数;Δp 为抽风负压,Pa;$v_\perp$ 为垂直烧结速度,mm/min;q 为单位烧结矿电耗,$kW \cdot h/t$;Q 为风量,$m^3/(m^2 \cdot min)$。

上述关系式表明,风量增加,垂直烧结速度也增加。但风量增加采用提高负压的办法是不经济的。因负压与风量 1.8 次方成正比,即提高风机负压后风量增加并不大,而单位烧结矿的电耗则几乎直线上升。

日本和歌山的 $3^\#$ 和 $4^\#$ 烧结机,在原料条件、配料组成和强化措施大体相同,两者的利用系数几乎相等时,采用 14210Pa 风机与 19600Pa 风机相比较,其单位烧结矿的电耗从 $16.3 kW \cdot h/t$ 增加到 $23 kW \cdot h/t$,增加 40%。

此外,高负压大风量还有一些不利因素,负压增加,主风机 Δp-Q 曲线向左移,漏风率增大,对料层压实收缩大,烧结矿气孔率减少,还原性下降。同时高负压风机的噪声大,亦污染环境。因此,采用过高的负压和大风量生产并不是一个理想的方案,对于一般生产,采用多高负压和风量,要根据原料条件、料层厚度、对烧结矿的质量要求、燃料消耗和电力消耗综合进行考虑或通过实验来确定。

低负压大风量烧结 是采用高的单位面积风量和较低的风机负压,在不断强化烧结过程的基础上不断提高烧结料层厚度,其单位烧结面积每分钟的风量为 $80\sim 90 m^3$,负压为 $10\ 290\sim 12\ 250 Pa$。

实施大风量烧结主要靠改善料层透气性,表 8-14 列出首钢烧结厂采用六项提高料层透气性的措施(包括蒸气预热混合料、改进布料、安装松料器、实行铺底料,配加少量粉矿和钢渣,严格控制返矿)后,提高料层高度各工艺参数的变化。当料层高度自 313mm 提高到 426mm 时,其风量和负压没有多大变化,但烧结矿强度增加 0.7%,FeO 下降了 1.68%,槽下筛分 −5mm 由 8.67% 下降到 5.43%,固体燃耗由每吨烧结矿 62.8kg 下降到 55.9kg。这一措施,对于老厂改造,在既定风机能力的条件下,无疑是正确的。

表 8-14 改善料层透气性后风量和负压变化情况

料层高度/mm	风量/(m³/min)	抽风面积/m²	负压/Pa	透气性指数 $P=\dfrac{Q}{A}\left(\dfrac{H}{\Delta p}\right)^{0.6}$
313	5648	75	10699	2285
378	5526	75	10750	2518
426	5344	75	10380	2637

低负压大风量法在强化的基础上提高料层,每吨烧结矿的电耗相差很少。应该指出,增加料层厚度,由于料层总阻力增加,会降低垂直烧结速度。由此,采用此法提高料层高度同时必须改善料层透气性,否则,低负压下就不可能获得较高的生产率。

低负压小风量烧结 这一方法使用较少,我国只有小型烧结厂由于条件限制采用此法。近年西欧和日本由于钢铁不景气而限制钢产量,烧结矿产量亦相应压缩,为降低烧结能耗及成本,并提高烧结矿质量,也采用低负压小风量方法。如日本住友 222m² 的 3# 烧结机改用小风机,单位烧结面积风量由 94m³/(m²·min) 降至 52 m³/(m²·min)。英国雷文斯克雷格 3# 烧结机(252m²,机冷)设计采用 2 台风量为 92.8m³/(m²·min)、负压 13280Pa 的主风机,采用单机操作,每吨烧结矿节电 6.5kW·h。日本广烟 320m² 烧结机厂采用控制主风机转速,由 900r/min,10 500kW 改为 600~900 r/min,2300~7800kW,每吨烧结节电 10kW·h。

从节电角度考虑,采用大面积烧结机,低负压大风量操作,与采用较小面积,高负压大风量烧结方法比较,其产量相同时,电耗较低,此外,在料高一定情况下,低负压小风量操作,可使烧结成品率和机械强度提高,但利用系数会降低,而且大面积烧结机的投资比较高。因此,以过分增加烧结面积以满足低负压小风量烧结也是不适宜的。

统计资料表明,国外自 20 世纪 70 年代中期以后所建烧结厂,单位烧结面积风量为 80~90m³/(m²·min),负压为 10780~12740Pa。

② 料层厚度。改变料层厚度能显著影响烧结生产率、烧结矿质量及固体燃料消耗。生产率随料层厚度的改变有极值特性,这是因为增加料层厚度,一方面使垂直烧结速度降低,另一方面由于烧结矿强度提高而使成品率增加。图 8-26 为负压一定时,生产率与料层厚度的关系。当料层厚度 300mm 以内时,随着料层厚度的增加,生产率有一程度的提高。但当料层厚度达到 350mm 时,再增加料层厚度,生产率则有所降低。因此在一定的风机负压下,就有一个相应适宜的料层厚

度,随着风机负压提高,适宜的料层厚度随之增加。

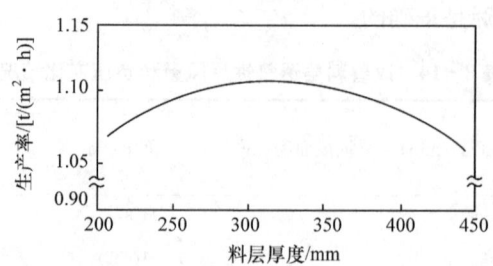

图 8-26 料层厚度与生产率的关系

另外,料层厚度增加,使烧结料层中的蓄热量增加,烧结带在高温区的停留时间延长,烧结矿的形成条件改善,液相的同化和熔体结晶较为充分。而且料层增高后,表层烧结矿的数量相对减少。因此,厚料层烧结可在不增加燃料用量的条件下,烧结矿的强度提高。

对于每一料层高度的烧结混合料,其含碳量有一个相应值,此值应确保碳燃烧时放出的热量满足烧结料烧结要求。随着料层厚度增加蓄热量增加。固体燃料消耗下降,可使烧结过程的温度——热水平沿料层高度的分布较为合理。

但是,随着料层增厚,料层阻力增大,水分冷凝现象加剧。因此,为减少过湿层的影响,厚料层烧结应预热混合料,同时采用低碳低水操作。

③ 返矿平衡。返矿来源为烧结过程中的筛下产物,包括:未烧透和没有烧结的混合料。强度较差在运输过程中产生的小块烧结矿,包括:热返矿、整粒筛分返矿、高炉槽下返矿。返矿的成分和成品烧结矿基本相同,但其 TFe 和 FeO 较低,且含有少量的残碳,它是整个烧结过程中的循环物。

返矿作用为:由于返矿粒度较粗,气孔多,加入混合料中可改善烧结料层透气性。对于细粒精矿烧结来说,返矿可以作为物料的制粒核心,改善烧结混合料的粒度组成,提高垂直烧结速度。同时由于返矿中含有已烧结的低熔点物质,它有助于烧结过程液相的生成。热返矿用于预热混合料,可减轻过湿现象。

返矿平衡,就是烧结生产中产生的所有返矿(R_A)与加入到烧结混合料中的返矿(R_E)相等时,称之为返矿平衡。实际操作上,要完全相等是困难的,一般规定

$$B=R_A/R_E=1\pm0.05 \tag{8-30}$$

返矿操作与返矿平衡的调节操作:(a)返矿不参加配料,产生多少,加入多少。缺点是影响料流的稳定性和燃料配比的稳定性。(b)返矿参与配料,稳定操作。(c)当烧结成品率小幅度变化时,调整返矿配比。(d)当烧结成品率大幅度变化时,应及时调整燃料用量,以调整返矿率。

返矿的质量和数量直接影响烧结的生产质量,应当严格加以控制,正常的烧结

生产过程是在返矿平衡的条件下进行的。烧结机投产后,需要较长时间才能达到返矿平衡($B=1$),如果烧结生产的返矿出量增大,即 $B>1$ 时,则应适当增加烧结料中的燃料用量,以提高烧结矿的强度,减少返矿出量,使之达到平衡,若返矿出量减少,即 $B<1$ 时,则应降低混合料中的配碳可使返矿出量增加。烧结生产一般维持在大致平衡的程度,即 $B=1\pm0.5$。若相当时间仍未达到返矿平衡的要求,则表明烧结过程的目标参数与操作参数之间的关系不相适应,应全面进行调整。

8.2.5 烧结矿处理

1. 处理流程

从烧结机上卸下的烧结饼,都夹带有未烧好的矿粉,且烧结饼块度大,温度高达 600～1000℃,对运输、储存及高炉生产都有不良的影响。因此,需进一步处理。处理流程有热矿和冷矿两种。热矿流程已很少采用了。烧结厂大都采用冷矿流程,它包括破碎、筛分、冷却和整粒。

2. 烧结矿的破碎筛分

生产实践证明,不设置破碎筛分作业时,大块烧结矿不仅堵塞矿槽,而且在冶炼过程中,在高炉的上、中部未能充分还原便进入炉缸,破坏了炉缸的热工制度,造成焦比升高。若不筛除粉末,不仅仅影响烧结矿的冷却,粉末进入高炉内会恶化料柱透气性。引起煤气分布不均,炉况不顺,风压升高,悬料、崩料,高炉产量下降。据统计烧结矿中的粉末每增加 1%,高炉产量下降 6%～8%,焦比升高,大量炉尘吹出会加速炉顶设备的磨损和恶化劳动条件。据鞍钢经验,烧结矿-5mm 的粉末减少 10%,可降低焦比 1.6%,产量增加 7.6%,因此,在烧结机尾设置破碎筛分作业,对烧结厂和炼冶厂都是十分必要的。

目前我国烧结厂普遍采用剪切式单辊破碎机,见图 8-27,它具有的优点有:①破碎过程中的粉化程度小,成品率高;②结构简单、可靠,使用维修方便;③破碎能耗低。

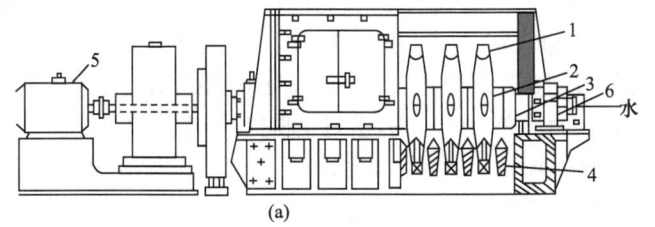
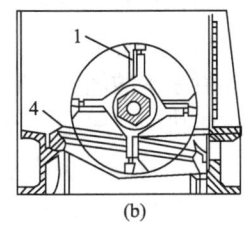

图 8-27 单辊破碎机
1. 破碎齿;2. 轴套;3. 辊轴;4. 箅板;5. 电动机;6. 水管

热烧结矿的筛分,国内多采用筛分效率高的热矿振动筛,这种设备能有效地减少成品烧结矿中的粉尘,可降低冷却过程中的烧结矿层阻力和扬尘。同时,所获得的热返矿可改善烧结混合料的粒度组成和预热混合料,对提高烧结矿的产质量有好处。但热矿筛也有缺点,因在高温下工作,振动筛事故多,降低了烧结机作业率。因此,近年来设计投产的大型烧结机取消了热矿筛,烧结矿自机尾经单辊破碎后直接进入冷却机冷却。

3. 烧结矿的冷却

(1) 冷却意义。将炽热的烧结矿(700～800℃)冷却至 100～150℃,有如下好处:冷烧结矿便于整粒,为高炉冶炼提供粒度均匀的产品,可以强化高炉冶炼,降低焦比,增加产量;冷矿可用胶带机运输和上料,适应高炉大型化的要求;可提高高炉炉顶压力,延长烧结矿仓和高炉炉顶设备的使用寿命,采用鼓风冷却时,有利于冷却废气的余热利用;有利于改善烧结厂和冶炼厂的厂区环境。

(2) 冷却方法。烧结矿的冷却方式主要有鼓风冷却、抽风冷却和机上冷却几种。

抽风冷却采用薄料层($H<500mm$),所需风压相对要低(600～750Pa),冷却机的密封回路简单,而且风机功率小,可以用大风量进行热交换,缩短冷却时间,一般经过 20～30min,烧结矿可冷却到 100℃左右。抽风冷却的缺点在于风机在含尘量较大、气体温度较高的条件下工作,叶片寿命短,且所需冷却面积大,一般冷却面积与烧结面积比为 1.25～1.50,不能适应烧结设备大型化的要求。另外,抽风冷却第一段废气温度较低(约 150～200℃),不便于废热回收利用。

鼓风冷却采用厚料层($H=1500mm$),低转速,冷却时间长约 60min,冷却面积相对较小,冷却面积与烧结面积比为 0.9～1.2。冷却后热废气温度为 300～400℃,较抽风冷却废气温度高,便于废气回收利用。鼓风冷却的缺点是所需风压较高,一般为 2000～5000Pa,因此必须选用密封性能好的密封装置。

抽风冷却与鼓风冷却比较,各有优缺点,但总的看来,鼓风冷却优于抽风冷却,在新建的烧结厂中,抽风冷却已逐渐被取代。

带式冷却机和环式冷却机(图 8-28)是比较成熟的冷却设备,在国内外获得广泛的应用。它们都有较好的冷却效果,两者比较,环式冷机具有占地面积较小,厂房布置紧凑的优点。带式冷却机则在冷却过程中能同时起到运输作用,对于多于两台烧结机的厂房,工艺便于布置,而且布料较均匀,密封结构简单,冷却效果好。

机上冷却是将烧结机延长后,烧结矿直接在烧结机的后半部进行冷却的工艺,其优点是单辊破碎机工作温度低,不需热矿筛和单独的冷却机,可以提高设备作业率,降低设备维修费,便于冷却系统和环境的除尘。国内首钢、武钢烧结厂等已有机上冷却的成功经验。目前,烧结矿冷却方式与设备的研究日趋深入,这一技术经过 20 多年的发展,取得显著的进步,新的冷却技术和设备不断涌现。但不管采用

图 8-28 烧结厂鼓风环式冷却机

什么样的设备,除具有良好的冷却效果外,还应具备如下条件:①冷却能耗低,且应为烧结生产工序能耗的降低创造条件;②有利于废热回收利用;③环境污染要小;④便于检修和操作、占地面积小。

(3) 影响烧结矿冷却的因素。影响烧结矿冷却比较显著的参数有:冷烧比、风量、风压、料层厚度、烧结矿块度及冷却时间等。

冷烧比与冷却方式有关,抽风冷却的冷烧比一般为 1.25~1.50,根据我国太钢、武钢、涟钢的生产实践表明冷烧比可以小于 1.5。鼓风冷却的冷烧比为 0.9~1.20,宝钢的冷烧比为 1.02。对于机上冷却冷烧比为 0.8~1.0,其中褐铁矿、菱铁矿为主要原料时在 0.8 以下。

冷却风量按每吨烧结矿计,鼓风冷却为 2000~2200m³标,抽风冷却为 3500~4800m³标。图 8-29 所示为冷却风量与冷却时间关系,从图中看出,随着单位面积

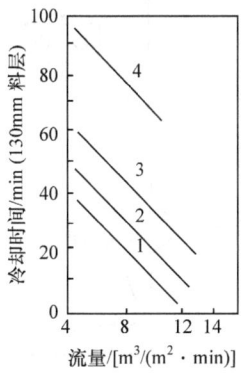

图 8-29 空气流量与冷却时间的关系
1. 9.5mm 的烧结矿;2. 大于 6.3mm 的烧结矿;
3. 大于 3.15mm 的烧结矿;4. 未筛分的烧结矿

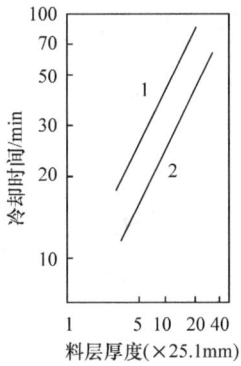

图 8-30 料层厚度与冷却时间的关系
(大于 3mm 的烧结矿):1. 30.48m³/(m²·min);
2. 60.96 m³/(m²·min)

通过风量的增加,冷却速度加快,冷却时间缩短。而同一风量时,大粒的烧结矿冷却较小粒度的烧结矿冷却速度快,未经筛分的烧结矿的冷却速度最慢,所需冷却时间最长,这是料层阻力增大所致。料层厚度也影响烧结矿冷却速度,如图 8-30 所示,随着料层厚度增加,所需冷却时间相应延长。

从冷却风量、料层厚度与冷却时间的关系可以看出,冷却时间加长,每吨烧结矿冷却所需风量减少。因此,适当提高料层,扩大冷却面积,延长冷却时间,虽然基建投资要高一些,但电费随之减少,排出废气的温度有所提高,余热利用价值高,且烧结矿的强度相应改善。

4. 烧结矿的整粒

随着高炉现代化、大型化和节能的需要,对烧结矿的质量要求越来越高。烧结矿整粒技术就是随高炉冶炼技术的发展而逐步发展完善的一项技术。近年来国内新建的烧结厂大都设有整粒系统,一些老厂的改造也增设了较完善的整粒系统。

设有整粒系统的烧结厂,一般烧结矿从冷却机卸出后要经过冷破碎,然后经 2~4 次筛分,分出 -5mm 粒级作返矿,10~20mm(或 15~25mm)作铺底料,其余的为成品烧结矿,成品烧结矿的粒度上限一般不超过 50mm。经过整粒的烧结矿粒度均匀,粉末量少,有利于高炉冶炼指标的改善。如德国萨尔萨吉特公司高炉,使用整粒后的烧结矿入炉,高炉利用系数提高了 18%,每吨生铁焦比降低 20kg,炉顶吹出粉尘减少,延长了炉顶设备的使用寿命。

烧结厂的整粒流程各异,大型烧结厂多采用固定筛和单层振动筛作四段筛分

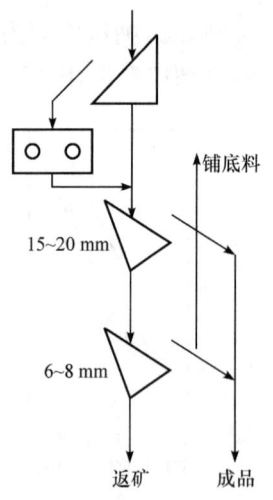

图 8-31 采用单筛作三段筛分的流程

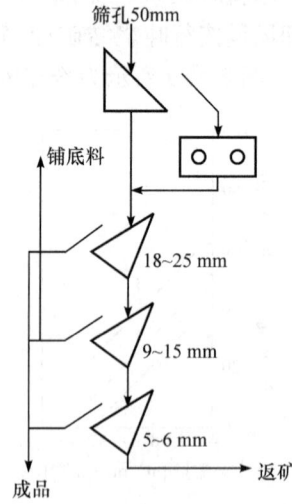

图 8-32 采用固定筛和单层振动筛作四段筛分的流程

的整粒流程,冷破碎为开路流程,每台振动筛分出一种成品烧结矿或铺底料,能较合理控制烧结矿上、下限粒度范围。成品中的粉末少,设备维修方便,总图布置整齐,是一个较为合理的整粒流程,但投资较大。小型烧结厂则多采用单层或双层振动筛作三段筛,图8-31为单层筛分三段整粒流程。

目前,世界各国对烧结矿的整粒都很重视,整粒流程也日臻完善。在众多流程中,图8-32较为合理,不过,由于烧结矿经热破、冷却后,大于50mm粒级的烧结矿很少,不少烧结厂已停止使用50mm筛和冷破碎机。

8.2.6 烧结矿工艺的发展

为了追求更大的经济效益,烧结工艺在不断发展、深化,包括:

(1) 加强烧结理论研究。为更好满足冶炼要求,力求提高烧结矿产品质量,而强化了烧结理论研究工作。一方面探明和掌握造块工艺规律,提高单台烧结机产量;另一方面查明新的条件下造块机理,为冶炼提供优良烧结矿,如自熔性烧结矿、低温烧结、料层透气性与质量传递,烧结矿成矿机理等方面的理论研究。

(2) 改进并寻找新烧结工艺。为实践已研究出的烧结理论,已被证实利用的工艺有:改善原料中和(建立机械化和计算机控制的原料场);改善原料准备工艺(添加生石灰或消石灰,焦粉分加,分层布料,强化制料等);改进烧结技术(厚料层、高负压、高碱度、低燃耗,混合料预热,富氧和热风烧结,偏析布料与保温);强化烧结矿产品整粒。

(3) 强调环境保护和重视综合利用。加强烟尘捕集和回收,重新返回到烧结料中利用,为此,对产生尘源点皆设置新型收尘设备;对热源和噪声采用隔离和防护措施,改善劳动条件等,其中烧结厂余热利用是当前重要课题。

(4) 提高设备自动化和监控水平。产品质量的稳定均一,与生产过程的自控和监控水平有关。国内外已广泛采用了自动配料;对混合料水分,料层透气性与料层厚度,点火温度,烧结终点,烧结矿FeO含量(导磁性法)都采用了自动监控装置。

8.3 球团生产工艺

8.3.1 球团生产工艺概述

1. 球团法生产概述

球团生产主要包括成型与焙烧固结两个环节。成型是采用圆盘造球机或圆筒造球机将铁精矿加工成具有一定粒度和强度的生球。焙烧固结是其生产过程中最复杂的工序,许多物理和化学反应,在此阶段完成,并且对球团矿的冶金性能、如强度、气孔度、还原性等有重大影响。

焙烧球团矿的设备有竖炉、带式焙烧机和链箅机-回转窑三种。不论采用哪一种设备,焙烧球团矿应包括干燥、预热、焙烧、均热和冷却五个过程,见图8-33。对于不同的原料,不同的焙烧设备、每个过程的温度水平、延续时间及气氛均不相同。

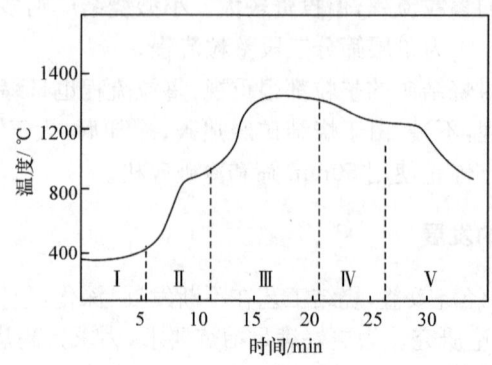

图8-33 球团矿焙烧过程

干燥过程的温度一般为200~400℃,这里进行的主要反应是蒸发生球中的水分,物料中的部分结晶水也可排除。

预热过程的温度水平为900~1000℃。干燥过程中尚未排除的少量水分,在此进一步排除。这一过程中的主要反应是磁铁矿氧化成赤铁矿,碳酸盐矿物分解、硫化物的分解和氧化,以及某些固相反应。

焙烧带的温度一般为1200~1300℃。预热过程中尚未完成的反应,如分解、氧化、脱硫、固相反应等也在此继续进行。这里的主要反应有铁氧化物的结晶和再结晶,晶粒长大,固相反应以及由之而产生的低熔点化合物的熔化,形成部分液相,球团矿体积收缩及结构致密化。

均热带的温度水平应略低于焙烧温度。在此阶段保持一定时间,主要目的是使球团矿内部晶体长大,尽可能使它发育完整,使矿物组成均匀化,消除一部分内部应力。

冷却阶段应将球团矿的温度从1000℃以上冷却到运输皮带可以承受的温度。冷却介质为空气,它的氧势较高,如果球团矿内部尚有未被氧化的磁铁矿,在这里可以再充分氧化。

球团是较为广泛应用的造块工艺之一。与烧结生产工艺相比,球团生产具有下述特点:

(1) 对原料要求严格,而且原料品种较单一。一般用于球团生产的原料都是细磨精矿,比表面积大于1500~1900cm^2/g。水分应低于适宜造球水分,SiO_2不能太高。

(2) 由于生球结构较紧密,且含水分较高,在突然遇高温时会产生破裂甚至爆裂,因此高温焙烧前必须设置干燥和预热工序。

(3) 球团形状一致,粒度均匀,料层透气性好,因此采用带式焙烧机或链箅机-回转窑生产球团矿时,一般可使用低负压风机。

(4) 大多数球团料中不含固体燃料,焙烧球团矿所需要的热量由煤、液体或气体燃料燃烧后的热废气通过料层供热,热废气在球团料层中循环使用,因此热利用率较高。

球团生产的一般工艺流程见图 8-34。

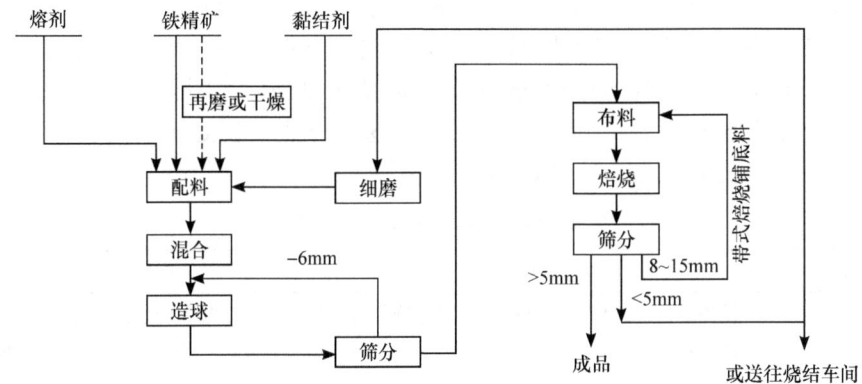

图 8-34 球团生产工艺流程

2. 球团法分类

一般球团法主要根据特殊用途、固结方式和设备划分,见图 8-35。

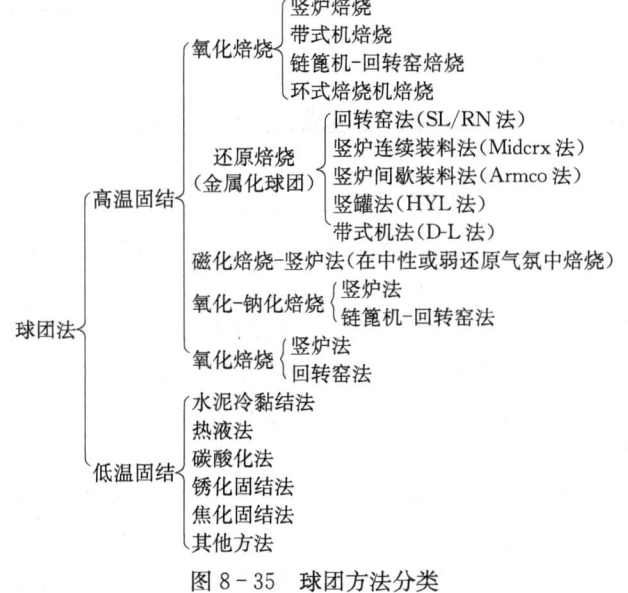

图 8-35 球团方法分类

不同球团方法分别用于不同的目的,如高温氧化焙烧球团生产,主要向高炉炼铁提供炉料;还原焙烧视原矿含铁品位产品金属化程度,可向高炉炼铁或电炉炼钢提供炉料;磁化焙烧则针对弱磁性矿物处理后提高其磁性,然后经磁选工艺获得磁性精矿再造块;钠化焙烧或氯化焙烧用于回收含铁矿物中贵重稀有金属,然后供高炉炼铁。低温固结球团法多用于向小高炉提供炉料。

球团焙烧应用较为普通的方法有竖炉球团法,带式焙烧机球团法和链箅机-回转窑球团法。竖炉球团法是最早发展起来的,曾一度发展很快。但随着钢铁工业的发展,要求球团工艺不仅能处理磁铁矿,而且能处理赤铁矿、褐铁矿及土状赤铁矿等。另外高炉对球团矿的需求量不断增加,要求设备向大型化发展。因此相继发展了带式焙烧机,链箅机-回转窑等方法。这些方法一直处于彼此相互竞争状态,几种方法的主要优缺点见表8-15。

表8-15 三种球团生产方法比较

设备名称	优点	缺点
竖炉	设备简单,对材质无特殊要求,操作维护方便,热效率高。	单机生产能力小,最大年产量50万吨,加热不均匀,一般只适应于焙烧磁铁矿球团。
带式焙烧机	全部工艺过程在一台设备上进行,设备简单、可靠、操作维护方便,热效率高,单机生产能力大,达500万吨/年,适应焙烧各种原料。	需要耐热合金钢较多。
链箅机-回转窑	焙烧设备较简单。焙烧均匀,单机生产能力大,适应各种原料的球团焙烧。	干燥预热、焙烧和冷却需分别在三台设备上进行设备环节多。

8.3.2 球团原料的准备

球团原料具有一定的粒度和粒度组成、适宜的水分及均匀的化学成分是生产优质球团矿的三个重要因素。

国外球团厂一般要求原料的粒度60%以上小于0.044mm或小于0.074mm达90%以上。许多球团厂的原料最佳粒度用比表面积表示。实践证明精矿比表面积为1500~1900cm^2/g,成球性能良好。在大多数情况下都能达到造球的粒度要求,有些精矿粒度比较粗需要再磨。所采用的磨矿设备为圆筒形磨机,多用钢球作介质。国外一些采用富矿粉的球团厂及我国萍乡钢铁厂都设有磨矿工艺。

磨矿方法一般采用湿磨,但如果湿磨矿浆难于过滤时,则采用干式磨矿,例如赤铁矿、褐铁矿或混合矿适宜于干磨。在以外购矿石为主的情况下,采用干式磨矿更为适宜,可保证灵活供矿。磨矿可按开路系统(一次通过磨机)或按闭路系统进行。闭路磨矿几乎全部采用水力旋流器(湿磨)或风力分级机(干磨)进行磨后产物的分级。至于采用闭路还是开路磨矿,这要经过磨矿和造球试验后,再凭经验确定。

图 8-36 为两种磨矿工艺流程。在大多数情况下,就同一种矿石来说,湿式闭路磨矿的电耗最低,干式开路磨矿的电耗最高;从投资方面看,湿式开路磨矿费用最省,干式闭路磨矿所需投资最大。

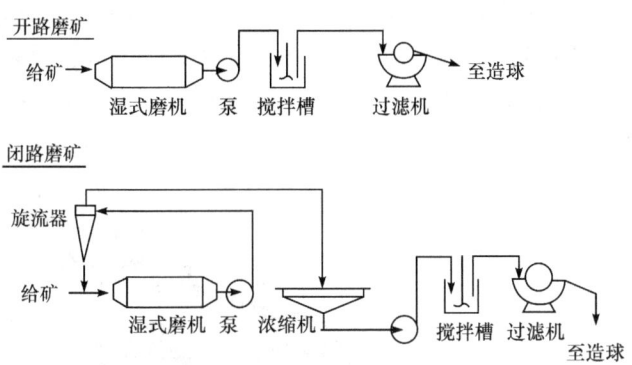

图 8-36　湿式开路磨矿与湿式闭路磨矿对照示意图

水分对造球的成功与否是极为重要的。原料最佳水分与造球物料的物理性质(包括粒度、亲水性、密度、颗粒孔隙率等)、造球机生产率、成球条件有关。一般磁铁矿和赤铁矿适宜水分范围为 7.5%~10.5%,黄铁矿烧渣和焙烧磁选精矿、由于颗粒呈孔隙结构,其水分可达 12%~15%。褐铁矿适宜水分可高达 17%,造球前的原料水分应低于适宜的生球水分。

我国球团原料都在选矿厂脱水后运到球团厂的。但在很多情况下,精矿水分高于适宜的造球水分。因此,还需要进一步干燥。较早建的一些球团厂采用精矿仓库贮存自然脱水。这种方法脱水效果差、占地面积大、投资高,近期设计的球团厂,大多数都采用圆筒干燥机干燥精矿。圆筒干燥机脱水效果好,但对易成球物料,由于干燥过程中易成球或结块,对造球过程有着不良影响。如萍钢褐铁精矿采用圆筒干燥机干燥后还需要再破碎。

除了原料的粒度和水分有要求外,还要求原料化学成分均匀。国外对含铁原料的中和非常重视,许多球团厂都专门设置有现代化原料中和设备。日本一些球团厂精矿粉经过中和后,铁含量昼夜平均波动只有±0.2%~0.3%,法国矿石中和后铁含量昼夜平均波动为±0.4%。矿石中和方法有带卸料小车的固定皮带机和电铲法及堆料机和取料机法。后一种方法中和效果和经济效果都比较好。

8.3.3　配料、混合、造球、筛分和布料设备

球团使用的原料种类较少,故配料、混合工艺都较简单。精矿和熔剂大多数采用圆盘给料机给料和控制下料量,并由皮带秤(或电子皮带秤)按预定配料比称量。

黏结剂的配入量是由精矿皮带秤发出信号,调整黏结剂配料设备的转速来控制的。膨润土配料设备以螺旋给料机为宜,它的优点是封闭性好及可调节生产能力。本钢 16m² 竖炉采用封闭型圆盘给料机(Φ480mm)和螺旋输送机,并通过手动调整圆盘给料机速度来改变给料量。

我国球团配合料大多数采用类似于烧结厂圆筒混合机的一段混合。1987 年本钢 16m² 竖炉球团则采用一段强力混合机,这种混合机混合效果好。鞍钢 200 万吨带式球团车间采用二段混合工艺,第一段采用轮式混合机,第二段采用美国 Litteford 公司设计的 Φ1800mm×5000mm 强力混合机,见图 8-37。

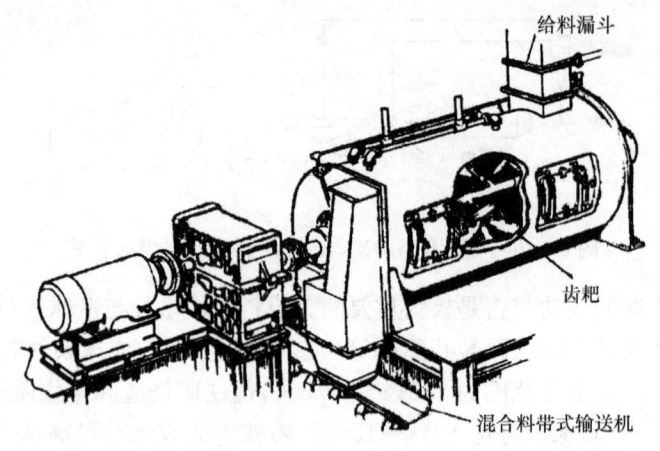

图 8-37 强力混合机

国外球团厂广泛采用皮带轮式混合机混合。这种混合机共有 4~6 个工作轮,第一个工作轮为粉碎轮,用来捣碎混合料中大团块,有 3~5 个工作轮起混合作用。混合机安装在皮带运输机上,叶片与皮带机之间的间隙为 5mm,全部工作轮都在罩壳内。转子转速为 400~750r/min。图 8-38 为 Pekay 型二段四轮式混合机。

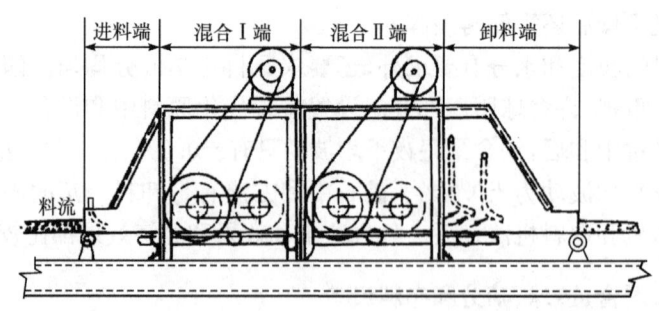

图 8-38 Pekay 型二段四轮式混合机

国外经验认为生产非自熔性球团矿时,采用一段混合工艺是可行的。生产熔剂性球团矿时,必须采用二段或三段混合。如第一段用轮式混合机,第二段用圆筒混合机,第三段再用轮式混合机。第三段轮式混合机可以捣碎二段混合机中形成的母球。

配合料经过混合后进入造球工序。国内外广泛采用圆筒造球机和圆盘造球机。圆筒造球机和圆盘造球机对生球质量并无大的区别,但工艺配置有所不同。圆筒造球机必须与筛分组成闭路流程,将小于要求粒度的小球筛去,并返回造球机内,其循环负荷为100%~200%,最大时可达400%。圆盘造球机由于本身具有分级作用,使得生球粒度较均匀,一般可以不需筛分。但为了提高料层透气性,达到均匀焙烧的目的,现在设计的球团厂均采用筛分分级工艺。究竟选择何种型式的造球机,目前似乎并无选择标准,主要取决于工厂的设计条件和生产厂家的习惯和使用者的爱好。国外60%以上球团厂采用圆筒造球机。我国球团厂均采用圆盘造球机。

图8-39为圆筒造球机工作原理示意,图8-40为圆盘造球机工作原理示意。

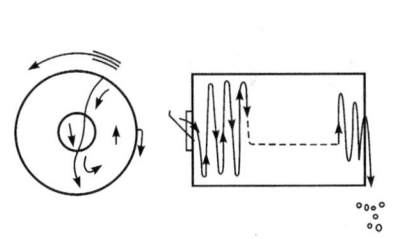

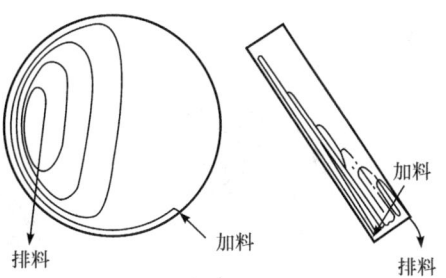

图8-39 圆筒造球机工作示意　　　　图8-40 圆盘造球机工作示意

图8-41为圆筒造球机外观,图8-42为圆盘造球机外观。

图8-41 圆筒造球机与辊式筛分机　　　　图8-42 圆盘造球机

生球通常采用辊式筛分机筛去不合格粒级,并返回造球机内。辊式筛分机的外形见图 8-41,结构与工作方式示意图见图 8-43,它由一组单独传动的旋转辊子组成。通常先用一台大辊隙的辊筛筛除筛上大颗粒不合格粒级,再用一台小辊隙的辊筛筛除筛下小颗粒不合格粒级。

布料一般采用辊式布料机,通常与辊筛合设称辊式筛分布料机。如图 8-43 所示,一组单独传动的旋转辊子构成一个联合系统,按特定的倾斜度从较大的高度向下输送生球。每个生球向下滚动的旋转方向同辊子的旋转方向相对。辊径和辊隙同生球粒度有一定的相互关系。滚到两辊间隙内的生球被后面跟着来的生球顶出,滚过辊子顶面进入下一个辊隙内。同时,生球被横向推开而展开来。这样,生球就分布在辊式布料机的整个宽度上再布给焙烧设备。

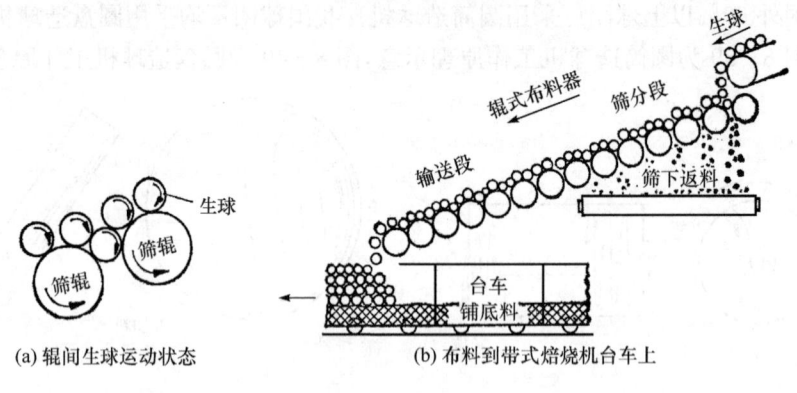

图 8-43 辊式筛分布料机的结构与工作方式示意图

8.3.4 竖炉法焙烧球团矿

1. 概述

竖炉是国外用来焙烧铁矿球团最早的设备。它具有结构简单、材质无特殊要求、投资少、热效率高、操作维修方便等优点,所以自美国伊利公司投产世界上第一座竖炉以来,直到 1960 年竖炉生产的球团矿占全世界球团矿总产量的 70%。但是由于竖炉单炉产量小,对原料适应性差,不能满足现代高炉对熟料的要求,因此在应用和发展上受到限制。20 世纪 70 年代以后,国外除摩洛哥 1972 年扩建一个年产 60 万吨竖炉,1975 年美国米德兰公司为阿根廷建立一个年产 200 万吨竖炉厂外,就再没有建竖炉了,所以竖炉生产的球团矿比例也就随之下降,1971 年下降到 18.1%,1980 年下降到 9% 左右。然而竖炉对于焙烧磁精矿,规模较小的球团厂仍具有一定的优势。

据不完全统计,国外竖炉球团厂共 37 家,计 110 多座竖炉,最高年产量曾达

2700万吨,最大竖炉断面积为 2.5m×6.5m,即 16m² 左右,这种竖炉的各工艺分段及各段内球团停留时间和主要温度分布状况见图 8-44。

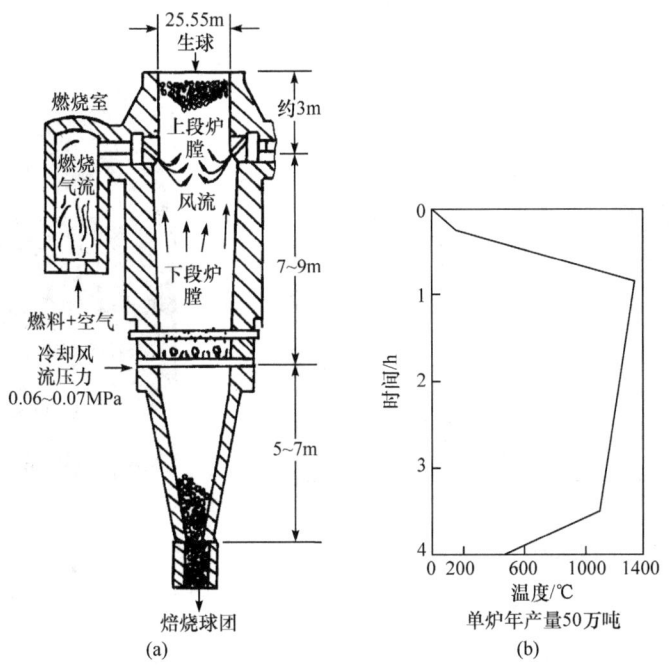

图 8-44 球团竖炉主要尺寸、气流系统(a)与焙烧温度曲线(b)

国外竖炉普遍存在缺点有:①电耗高。根据瑞典 LKAB 分析,每吨球团矿的电耗高达 50kW·h。电耗高的主要原因是竖炉料柱高,气流阻力大,主风机工作压力高。加拿大格里菲什矿的 15.62m² 竖炉,风机压力为 67 247Pa,伊利竖炉主风机压力为 54 936Pa。②国外竖炉球团一般都采用高热值燃料油或天然气体,并只限制于焙烧磁铁精矿球团。③鉴于竖炉本身的料仓式结构,排料时同一料面的球团矿下料速度不均匀,正对排料口中心下料快,而两边相应慢些,使球团矿在炉内停留时间不同,因而使球团矿焙烧固结不均匀。④国外竖炉一般采用横向布料线路布料,布料时间长而不均匀。一座长 6.4m 宽 2.44m 竖炉布料一次要 140s,布料机沿宽度方向要走 8 个来回。

我国竖炉球团起步较晚。1968 年济钢和承钢首先投产 8m² 竖炉。本钢于 1987 年 9 月投产一座 16m² 竖炉,这是目前世界上最大的竖炉。济钢也于 1988 年 1 月又投产了 10m² 竖炉,见图 8-45。这两座竖炉的投产标志我国竖炉技术已进入了大型化发展阶段。到 1989 年为止我国共有 19 座竖炉正常生产,除萍乡钢铁厂原料为褐铁矿外,其余均以磁铁矿为原料。20 世纪 90 年代到 21 世纪初,随着我国小型民营钢铁企业的蓬勃兴起,我国球团竖炉建设也获得了很大发展,图8-46是我国 TCS 球团竖炉外观图。与国外竖炉相比,中国竖炉特点有:炉内架有导风墙、干燥床;采用低真空度风机;低热值的高炉煤气及低焙烧温度操作。

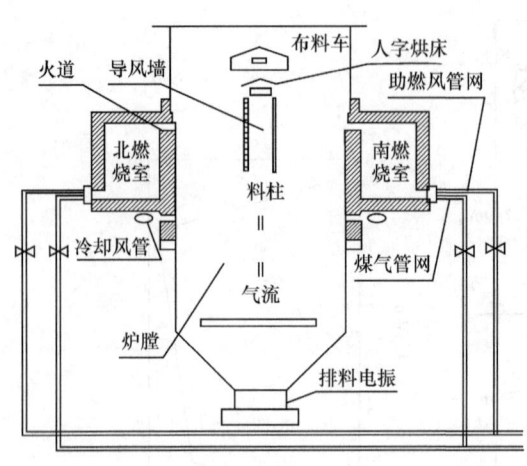

图8-45 济钢球团厂 2# 竖炉工艺模拟图　　图8-46 TCS 球团竖炉外观图

2. 竖炉球团工艺流程

(1) 布料。竖炉是一种按逆流原则工作的热交换设备,其特点是在炉顶通过布料设备将生球装入炉内,球以均匀的速度连续下降,燃烧室的热气体从喷火口进入炉内,热气体自下而上与自上而下的生球进行热交换。生球经过干燥、预热进入焙烧区,在焙烧区进行高温固结反应,然后在炉子下部进行冷却和排出,整个过程是在竖炉内一次完成。由此可知竖炉正常操作的最重要的先决条件,是炉料应具有良好的透气性。为了保证这一点,生球必须松散均匀地布到料柱上面。

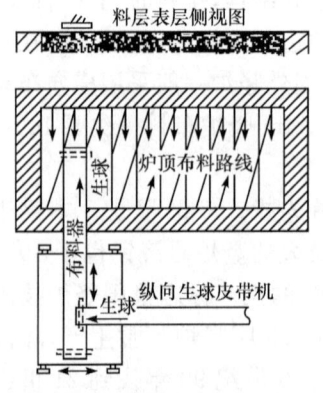

图8-47 横向布料系统示意图

在竖炉发展过程中,研制了专门的布料系统。竖炉早期采用矩形布料。料线贴近炉壁自动布料,料面呈深 V 形,中心低,靠近炉壁处高。从竖炉中测得的等温线图可以看出,这种布料形成的纵向中心线周围的温度达不到球团矿所需要的理想焙烧温度,后来改为横向布料(图8-47)。横向布料生球布成一行行的横向小沟谷。布料机上装有料面探测器,控制行走和布料速度,以便保持料面平坦和控制料面高度。很明显采用这种布料装置的炉内温度和气流分布均得到改善(图8-48)。

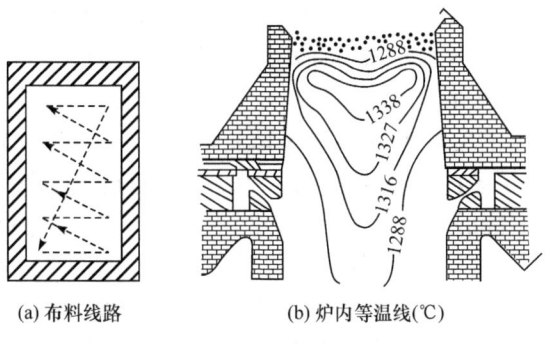

(a) 布料线路　　　　　(b) 炉内等温线(℃)

图 8-48　采用横向布料线路时炉内等温线图

我国竖炉都采用直线布料(图 8-49)。架设在屋脊形干燥床顶部的布料车行走线路与布料线路平行。这种布料装置大大简化了布料设备,提高了设备作业率,缩短了布料时间。但布料车沿着炉口纵向中心线运行,工作环境较差,皮带易烧坏,因此要求加强炉顶排风能力,降低炉顶温度,改善炉顶操作条件。

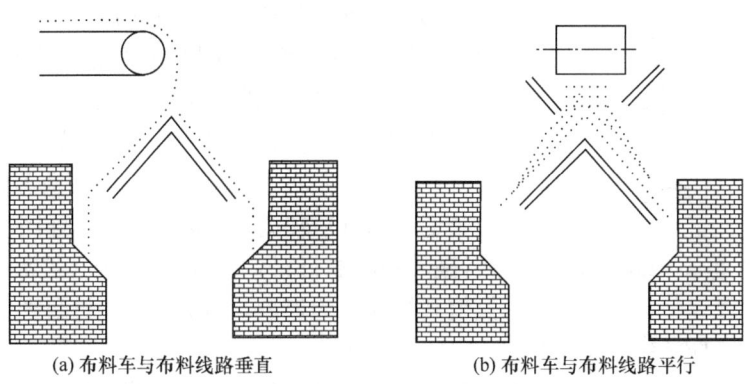

(a) 布料车与布料线路垂直　　　　　(b) 布料车与布料线路平行

图 8-49　竖炉直线布料示意图

(2) 干燥和预热。国外竖炉生球自上往下运动,与预热带上升的热废气发生热交换进行干燥,无专门的干燥设备。生球下降到离料面 120～150mm 深度处,相当于经过了 4～6min 的停留时间,大部分已经干燥,并开始预热,磁铁矿开始氧化。当炉料下降到 500mm 时,便达到最佳焙烧温度,即 1350℃左右。

我国竖炉干燥采用屋脊形干燥床,生球料层约 150～200mm。预热带上升的热废气和从导风墙出来的热废气(330℃左右)在干燥床的下面混合,其混合废气的温度为 550～750℃,穿过干燥床与自干燥床顶部向下滑的生球进行热交换,达到使生球干燥的目的。生球在干燥床上经过 5～6min 后基本上完成了干燥过程到达炉喉。然后按其自然堆角向炉子中心滚动进行再分配,小球和粉末多聚集在炉墙附近(离墙200mm左右),大球由于具有较大的动能,多滚向中心导风墙处。由于靠炉墙的球层较厚,而聚集的又多是小球和粉末,因此基本上抑制了边缘气流的过分发达。相反,由于中心球料低,球比较大,有利于发展中心气流。

竖炉采用干燥床干燥生球,提高了干球质量,防止了湿球入炉产生的变形和彼此黏结的现象,改善了炉内料层的透气性,为炉料顺行创造了条件。另外采用干燥床,扩大了干燥面积,能做到薄料层干燥,热气体均匀穿透生球料层。由于热交换条件的改善,其温度从550～750℃降低到200℃以下,提高了热利用率。除此之外,采用干燥床还可以把干燥工艺段与预热工艺段明显地分开,有利于稳定竖炉操作。

图8-50为我国萍乡钢铁厂焙烧褐铁矿球团竖炉,采用了三层炉箅干燥床。褐铁矿含水分大,热敏感性高,必须相应扩大干燥面积。生球在第一二层干燥炉箅上脱除物理水,第三层炉箅脱除结晶水。

(3) 焙烧。生球经干燥预热后下降到竖炉焙烧段。国外竖炉球团最佳焙烧温度保持在1300～1350℃。我国竖炉球团焙烧温度较低,一般燃烧室温度为1150℃,甚至低到1050℃,竖炉料层温度为1200～1250℃左右。其原因是一方面我国磁精矿品位较低,含SiO_2较高,焙烧温度过高球团会产生黏结,破坏炉况顺行;另一方面是我国竖炉都是采用低热值高炉煤气为燃料。除此之外,与我国竖炉导风墙加干燥床的特有结构也有关。

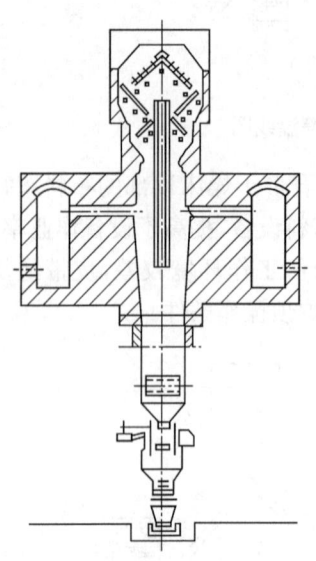

图8-50 设有三层炉箅的竖炉

整个竖炉断面上温度分布均匀是获得质量均匀球团矿的先决条件。温度分布状况又是直接受气流分布所影响的。由于料柱对气流的阻力作用,使燃烧气流从炉墙往料柱中心的穿透深度受到限制,因而也局部地限制了可得到的热量,所以也影响到竖炉断面上温度的均匀分布。因此燃烧室热废气通过火道口进到竖炉内的流速,应尽可能保证竖炉断面温度分布均匀。气流速度愈大,对球层穿透能力就愈强,炉子断面温度也愈均匀。气流速度过小,对球层穿透能力就弱,因而使炉子中心焙烧温度过低,球团矿达不到理想的固结状态。一般燃烧气流速度应为3.7～4.0m/s。但流速过大,会使电耗大,另外还会造成炉料喷出或引起炉料层表面流态化等问题。

气流分布状况是限制竖炉大型化的重要原因,国外竖炉最大宽度限制在2.5m左右。竖炉宽度过大,由于球团对气流产生阻力而导致边缘效应,使得竖炉中心气流较弱,炉子中心易形成"死料柱",当下料速度过快时,"死料柱"成楔状向下伸入焙烧带,其上部则发展成愈来愈厚的湿料层,甚至产生塌料的现象。

除此之外,竖炉内气流性质也是竖炉操作不可忽视的问题,料柱气流中 O_2 含量不得低于 2%～4%,即气流应属氧化气氛,否则铁氧化物会还原生成 FeO,进而会与 SiO_2 生成低熔点的 $2FeO \cdot SiO_2$。

竖炉下部鼓入的冷却风全部穿过焙烧带,一方面既吸收了焙烧带的热量,同时其流量又随料柱阻力的变化而波动,使焙烧带的高度和温度不稳定,干扰甚至破坏焙烧过程;另一方面由于边缘效应,冷却风沿炉墙上升,在火道口与热废气相碰,减弱了热废气的穿透能力,使温度在炉子截面分布不均匀而导致球质量不均匀。我国竖炉内设置有导风墙,大部分冷却风从导风墙导出,减少了经过火道口的冷却风流量,使燃烧室压力显著降低,只有 10 000Pa 左右,与国外同类型竖炉相比要低 1/3～2/3。燃烧室吹出的热气流量增加且稳定,有利于料柱的穿透能力,使燃烧带固定,温度比较均匀稳定。

(4) 冷却。竖炉炉膛大部分用于球团矿的冷却。竖炉下部有一组摆动着的齿辊隔开,齿辊支承着整个料柱,并破碎焙烧带可能黏结的大块,使料柱保持疏松状态。冷却风由齿辊标高处鼓入竖炉内。冷却风的压力和流量应该使之均衡地向上穿过整个料柱,并能将球团矿很好地冷却。排出炉外的球团矿温度可以通过调节冷却风量来控制。

架设有导风墙的竖炉,由于炉中心处料柱高度大大降低,阻力降低,冷却风从炉子两侧送进炉内,由导风墙导出,使得风量在冷却带整个截面分布较均匀,并且在风机压力降低的情况下,鼓入的风量却增加,因而提高了球团矿冷却效果。据有关资料报道,这种竖炉冷却风风压比同类型竖炉低 1/2～1/3,风机电耗大大下降,一般为 30～35kW·h/t 球团矿,比无导风墙竖炉低 30%～40%。

3. 本钢竖炉球团工艺

本钢 16m^2 球团竖炉于 1987 年 9 月建成投产,年产 50 万吨酸性氧化球团矿。该竖炉在设计上较先进,采用微机控制生产,布料和排料部位有工业电视监视;在计量上采用电子皮带秤,以保证配料准确;上料和排料系统用集中控制;在环保方面,炉顶废气采用 90m^2 电除尘器除尘,其他除尘部位均采用布袋除尘,旋风除尘或冲击式除尘器除尘,污水处理后循环使用,基本上不外排放。16m^2 竖炉工艺流程见图 8-51。

(1) 原料及燃料。16m^2 竖炉所用含铁原料为南芬磁铁矿精矿,其粒度小于 200 目(0.075mm)的占 77.6%,H_2O 小于 9%,TFe 67.88%,SiO_2 5%左右。黏结剂采用膨润土,用密封式罐车由火车运至球团车间卸矿栈,然后用气动机输送至配料室贮存使用。竖炉燃料高炉煤气,由管道从高炉输送过来,经加压、预热后送到竖炉。

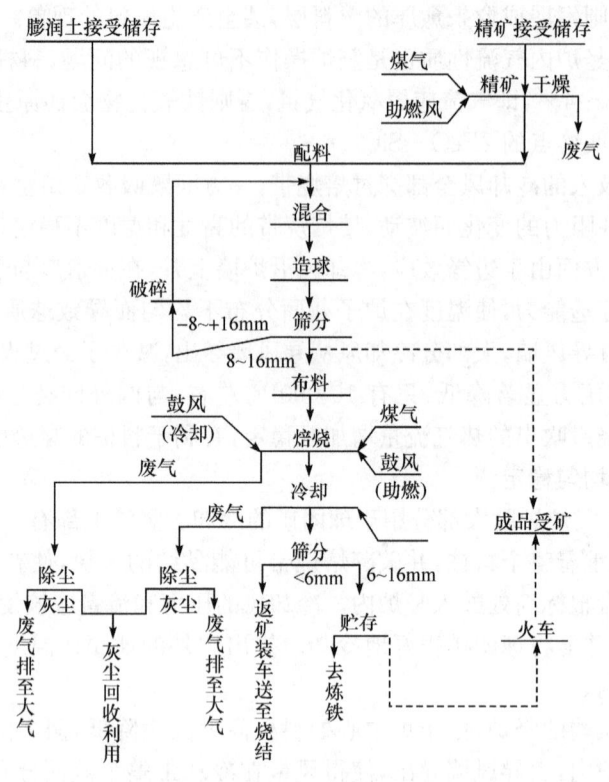

图 8-51 本钢 16m² 球团竖炉生产工艺流程

(2) 配料及混合。采用电子皮带秤自动配料。精矿采用圆盘给料机给料,圆盘给料机采用电磁调速电机传动。圆盘给料机下部安装有一台电子皮带秤,按称量的精矿粉流量自动调节圆盘给料机的速度,达到定量给料的目的。膨润土采用封闭型圆盘给料机(Φ480mm)和螺旋输送机配料。两种原料经自动配料后由胶带运输机送往混合室。混合室配有强力混合机对配合料进行混匀。该设备为澳大利亚产品,设计时考虑了旁路系统,当强力混合机检修时,配合料由犁式卸料器卸入一段轮式混合机中。混合料经轮式混合机混合后再送到造球室造球。

(3) 造球。造球室设有 4 个混合矿槽,每个矿槽下面设有一台 Φ1700mm 的调速圆盘给料机。混合料进造球机前要经 Φ100mm 单辊松料器进行疏松,使混合料松散地布到圆盘造球机料流上,这样有利于母球的长大。造球机为 Φ5500mm 的圆盘造球机,该设备具有下列特点:①圆盘的边高、倾角、转速均可调,因此可根据原料特性调整各参数,使造球过程处于最佳状态;②采用电动回转刮刀刮盘底,电动往复刮刀刮盘边,保证造球机不粘料;③采用盘体挂胶技术,使盘面耐磨及提高摩擦系数,有利于母球滚动。

每台造球机后设置一台移动式辊式筛分机,对生球进行筛分,将小于 8mm 和大于 16mm 的粒级筛出,经双辊生球破碎机破碎后与配合料一起运往混合室。8~16mm 粒级作为合格生球运往焙烧室。生球经筛分后,粒度均匀,提高了炉料透气性,强化了竖炉焙烧。辊式筛分机设计为可移式,其目的是:①当竖炉出现事故不宜往炉内装生球时,可将筛分机移开,生球落入返料系统。②造球时需要清底盘时,可将筛子移开,底料进入返料系统。

(4) 竖炉焙烧。本钢 16m^2 竖炉属导风墙加干燥床结构类型。生球在干燥床上进行干燥,干燥介质由预热带上升的热废气与导风墙导出的冷却带热风混合(混合热风温度为 650℃)后穿过干燥床使生球干燥。因此生球布料采用直线布料设备。布料车单向布料,单向布料可克服双向布料沿炉子长度方向所造成的布料偏折,强化了生球干燥,为竖炉正常生产创造了条件。

本钢竖炉焙烧带截面宽 2.088m,长 7.656m,炉口到齿辊中心线高 12.8m,炉子容积为 190m^3。竖炉工艺参数见表 8-16。竖炉两侧设有两个半圆拱顶矩形燃烧室。每个燃烧室配置 7 号环缝涡流烧嘴 5 个,煤气和助燃空气通过烧嘴进入燃烧室时进行燃烧。每个燃烧室有 22 个喷火口,燃烧室总容积为 86m^3。燃烧室热废气的温度为 1100~1150℃。热废气通过火道口进入竖炉内,炉内焙烧温度为 1200~1250℃。

表 8-16 竖炉炉型参数

项目	干燥段	预热焙烧段	均热段	冷却段
高度/m	1.2	2.60	2.57	3.5
平均截面积/m^2	30.00	16.00	19.14	18.57

球团经过焙烧段焙烧后,在均热段停留一段时间,使其化学反应、重结晶、再结晶完善,然后进入到炉内冷却段进行初步冷却,最后经 Φ570mm 齿辊破碎机排至竖式冷却器。离开竖炉的球团温度为 500~600℃。

竖炉炉顶热废气由 90m^2 卧式电除尘器净化后排至大气中。除尘灰用风力输送到除尘灰矿槽,然后经回转卸料器给到精矿胶带机上运送到配料室精矿槽重新配料。

(5) 球团矿冷却与筛分。竖炉下部设有竖式冷却器,把温度为 500~600℃的球团矿冷却到 100℃左右,再经两台电磁振动给料机均匀地给到胶带机上。

冷却器的冷却过程分为两段,第一段热废气温度约为 350℃,废气量为 5000m$^3_{标}$/h,第一段热废气温度较高,因此,第一段热废气经旋风除尘器除尘后分成两部分,分别引入空气和煤气预热器,两个预热器的预热面积都是 227m^2,可以把空气和煤气预热到 200℃左右。第二段冷却废气温度较低(约 125℃),经除尘后排入大气。

球团矿筛分采用热振动筛,小于 6mm 粒级作返矿,用火车运往烧结车间。大于 6mm 粒级的作成品,成品球团矿首先储存在五个成品矿槽,然后用火车运往高炉。

4. 大冶竖炉球团厂

武钢矿业公司大冶铁矿球团厂拥有 $10m^2$、$8m^2$ 竖炉各一座,$\Phi5500mm$ 的圆盘造球机 2 台,$\Phi6000mm$ 的圆盘造球机 3 台,年产球团矿 70 万吨,见图 8-52。

图 8-52 大冶铁矿竖炉球团厂外观

8.3.5 带式焙烧机法焙烧球团矿

1. 概述

带式焙烧机是一种历史最古老,灵活性最大、使用范围最广的细粒物料造块设备,但用于球团生产却是 20 世纪 50 年代才开始的。由于当时对带式焙烧机的急切需要,这项研究工作在全世界各地几乎是同时而又独立的进行着。60 年代以后得到迅速发展,70 年代生产能力占球团矿总生产能力上升到 56.1%。

图 8-53 是某带式焙烧工艺流程。

带式焙烧机发展如此之快,主要是具有下列特点:

(1) 生球料层较薄(200~400mm),可避免料层压力负荷过大,又可保持料层透气性均匀。

(2) 工艺气流以及料层透气性所产生的任何波动只能影响到一部分料层,而且随着台车水平移动,这些波动很快就消除。

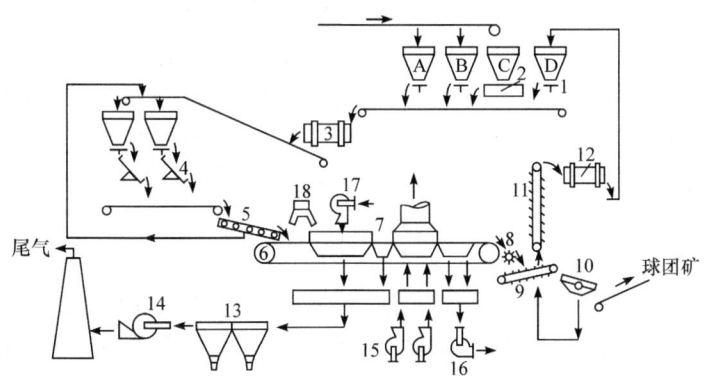

图 8-53 某钢铁公司二烧车间 135m² 带式焙烧工艺流程

A. 精矿；B. 消石灰；C. 煤粉；D. 返矿；1. Φ2200mm 圆盘给矿机；2. Φ250mm 螺旋给矿机；3. Φ2800mm ×7000mm 圆筒混合机；4. Φ5500mm 圆盘造球机；5. 1600mm×3520mm 辊轴筛和辊式布料机；6. 2.5m ×54m 带式焙烧机；7. 焙烧炉；8. Φ1100mm×2550mm 齿式单辊破碎机；9. 链板运输机；10. 2000mm× 6000mm 自定中心振动筛；11. 斗式提升机；12. Φ1500mm×5700mm 双室管磨机；13. 486 管多管除尘器； 14. 抽风机；15. 鼓风冷却风机；16. 抽风冷却风机；17. 助燃风机；18. 边料、底料槽

(3) 可根据原料不同，设计成不同温度、气体流量、速度和流向的各个工艺段，因此带式焙烧机可以用来焙烧各种原料的生球；

(4) 采用热气流循环，利用焙烧球团矿的显热，球团能耗较低；

(5) 可以制造大型带式焙烧机，单机能力大。

带式焙烧机法可分为固体燃料鼓风带式焙烧机法、麦基型带式焙烧机法和鲁尔基-德腊伏型带式焙烧机法。固体燃料鼓风带式焙烧机法由于球团矿质量不能满足用户要求，便停止生产。麦基型与鲁尔基-德腊伏型两者有许多相似之处，下面以鲁尔基-德腊伏型为例介绍带式焙烧机的焙烧流程。

2. 鲁尔基-德腊伏型带式焙烧机法

鲁尔基-德腊伏带式焙烧机工艺首先由德国鲁尔基公司创立的，并在加拿大国际镍公司投产了第一台这样的带式焙烧机，后经鲁尔基-德腊伏修改，至今成为世界上运用最广泛的带式焙烧机法。

(1) 工艺特点。主要表现在：①采用圆盘造球机制备生球；②采用辊式筛分布料机，对生球起筛分和布料作用，并降低生球落差，节省膨润土用量；③采用铺边料和铺底料的方法，以防止拦板、箅条、台车底

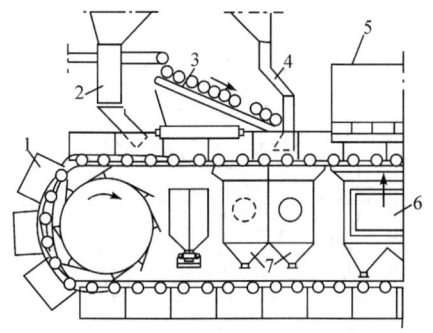

图 8-54 带式焙烧机布料系统示意图

1. 台车；2. 铺底料矿槽；3. 辊式布料机；
4. 铺边料矿槽；5. 鼓风干燥炉罩；6. 风箱；
7. 返料漏斗

架梁过热,见图8-54;④生球采用鼓风和抽风并用的干燥工艺,先由下向上往生球料层鼓入热风,然后向下抽风干燥,避免下层球过湿,而削弱球的结构;⑤为了回收球团矿显热,采用鼓风冷却,冷却风首先经过台车和底料层预热后,再穿过高温球团料层,避免了球团矿冷却速度过快,使球团矿质量得到改善。

(2) 鲁尔基-德腊伏带式焙烧机法工艺类型。鲁尔基-德腊伏带式焙烧机法最主要功能就是能将各种矿石有效地生产球团矿。它可以根据不同的矿石类型采用不同的气体循环方式和换热方式,一般分为如下四种类型:

第一种类型处理赤、磁混合精矿的,见图8-55(a)。该类带式焙烧机采用鼓风循环和抽风循环混合使用,提高热能的利用,利用冷却段热风直接循环换热。

第二种类型[图8-55(b)]是由第一种类型稍加修改后用于处理磁铁矿精矿球团(如美国派勒特诺布球团厂)的,主要修改是炉罩内换热气流全部采用直接循环,取消了炉罩换热风机,将冷却段较冷端气流排入大气。

第三种类型[图8-55(c)]为生产赤铁矿球团工艺。为了适合于生球需要较长干燥和预热时间的特点,增大了焙烧机的面积。同时增加抽风干燥和预热区所需的风量,采用炉罩换热气流全部直接循环,其特点是将抽风预热和抽风均热区的

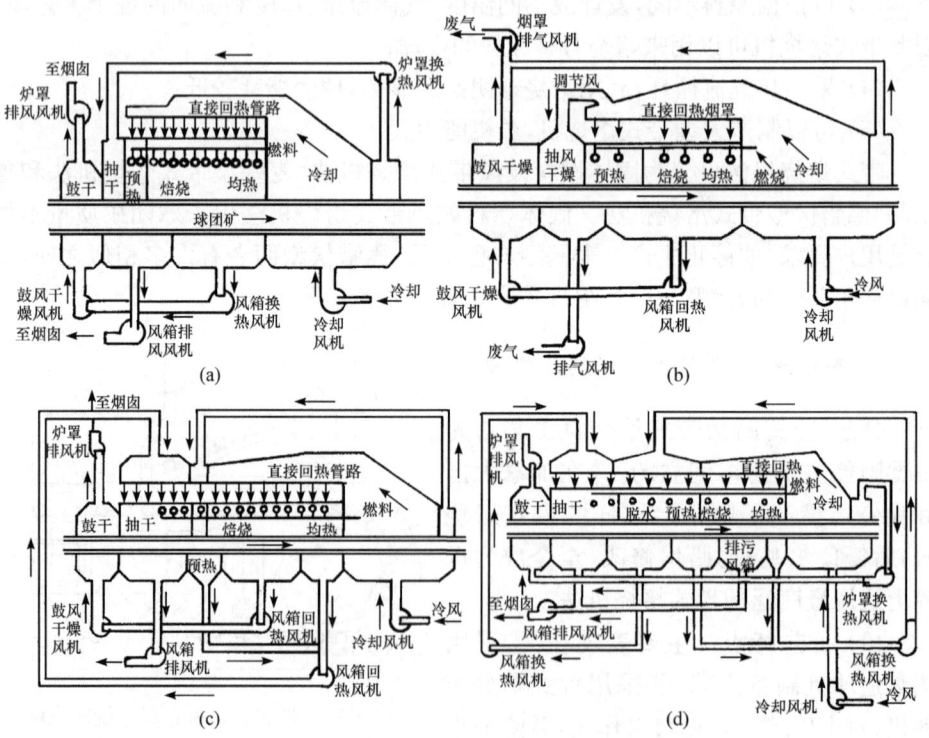

图8-55 鲁尔基-德腊伏带式焙烧机气流循环流程

风箱热风往干燥区循环,这样便弥补了抽风干燥所需加的风量。

第四种类型[见图8-55(d)]为处理含有害元素的铁矿石球团工艺。它可以从高温抽风区排除废气,以消除某些矿物产生的易挥发性污染物对环境的污染,如砷、氟、硫等,也可以处理含有结晶水的矿。

20世纪80年代鲁尔基公司又设计了一种以煤代油的新型带式焙烧机。使用这种焙烧机的方法称为鲁尔基多级燃烧法。该法首先将煤破碎到一定粒度组成,通过一种特制的煤粉分配器在鼓风冷却段两侧用低压空气将煤粉喷入炉内,并借助于从下向上鼓入的冷却风,将煤粉分配到各段中去燃烧。煤粉在带式焙烧机内的燃烧由三种类型组成:固定层燃烧、流态化燃烧和飘飞燃烧。该工艺要求煤粉有合理的粒度组成,煤的灰分熔点要高于球团焙烧温度,至于煤种不限,烟煤、无烟煤、褐煤等均可。这类流程目的在于降低球团矿成本。图8-56为该机构造图,这种流程可使用100%的煤或煤气或油,也可使用这几种燃料以任何一种比例关系在带式焙烧机上焙烧。第一个这样的球团厂建在库德雷穆克铁矿公司。该厂用50%的油和50%的高灰分煤进行燃烧。

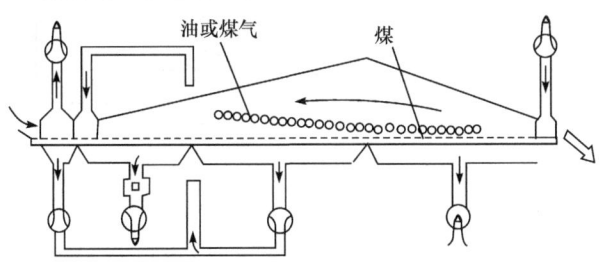

图8-56　全部烧煤或煤气或油的球团焙烧机

3. 鞍钢带式焙烧机球团工艺

鞍山钢铁公司带式球团车间是目前国内最大的球团车间之一,年产200万吨氧化镁酸性球团矿。带式焙烧机面积为321.6m^2,台车宽3.5m。该设备从澳大利亚罗布河球团厂引进,工艺流程见图8-57。

鞍钢带式球团工艺特点是采用美国贝利公司的网络90控制系统,对全厂的设备启动、连锁、所有工艺过程参数及报表等进行分散控制,集中管理;因此自动化程度高;加强原料准备,如精矿进行中和,将部分精矿进行干燥;对菱镁矿粉实行闭路烘干磨矿;加强配料及混合措施;加强生球筛分整粒工序;采用适合鞍钢原燃料特点的焙烧循环流程。

(1) 原料的接受及储存。主要含铁原料为大孤山磁选精矿和烧结总厂自产精矿。除此之外,还有大孤山浮选精矿和张岭磁选精矿。大孤山精矿从大孤山选矿厂用火车运至鞍钢三烧车间,通过翻车机、皮带运输机运至三烧精矿仓库。正常情

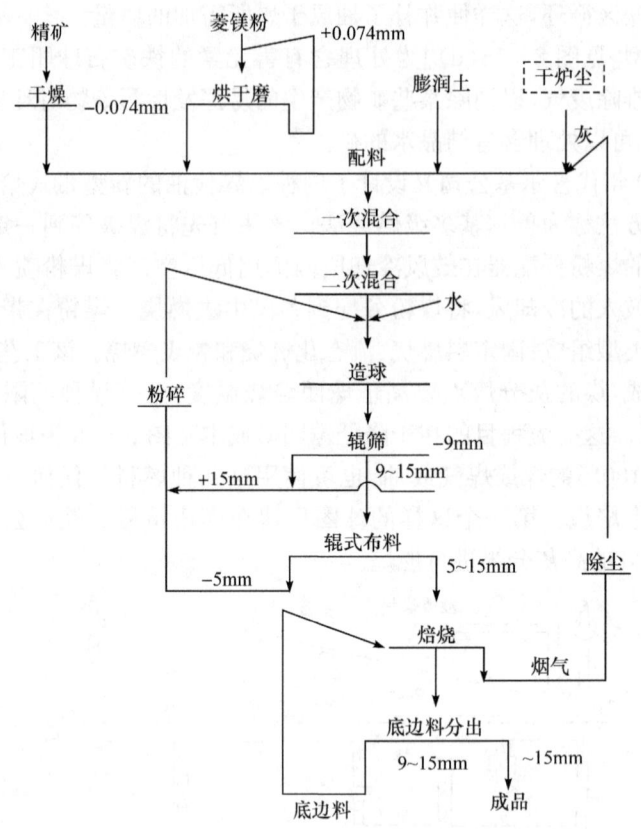

图 8-57 鞍钢球团车间工艺流程图

况下精矿在该精矿仓库储存,使用时用抓斗吊车将精矿抓至矿槽,通过圆盘给料机转交皮带运输机,运至球团车间精矿中和仓。特殊情况下亦可从翻车机室出口转运站用皮带直接运至精矿中和仓库。鞍钢烧结总厂自产精矿用皮带运输机直接运至中和仓库,其他精矿一律与大孤山精矿相同。为了稳定精矿化学成分,球团车间设精矿中和仓库,对入厂精矿进行中和。中和仓库长 192.8m,宽 24m。精矿经过移动漏矿车沿仓库纵向往复布料,用两台 $4m^3$ 起重型桥式抓斗吊车沿料堆横向断面取料,并送到矿槽,通过 $\Phi 2000mm$ 圆盘给矿机交皮带运输机运至精矿干燥车间或直接运至料槽。

菱镁矿由火车运输至烧结总厂受矿槽,再通过皮带运输机运到球团车间料槽。膨润土有吉林刘房子钠型膨润土和辽宁黑山钠型膨润土,都是通过火车运到配料车间附近的膨润土卸料站,再通过压缩空气管道输送到配料室料槽。

(2) 原料准备。大孤山磁选精矿进厂水分最高为 11%,自产精矿为 10.5%。为了保证混合料水分控制在造球最佳范围内,鞍钢采用圆筒干燥机将部分精矿干燥,干燥后可控制混合料水分在 8.5% 左右。圆筒干燥机规格为 Φ3.6m×24m,干燥强度为 35kg/(m^3·h),干燥机产生热介质的燃料为混合煤气,其发热值 7100kJ/m$^3_{标}$,干燥机进口烟气温度为 700℃,出口废气温度 120℃。菱镁粉进厂粒度为 8~0mm,其中 5~0mm 的占 95%,水分为 5%。球团车间设 2 台 Φ2.4m×10m 中卸式烘干磨。从贮矿仓来的菱镁粉通过固定可逆皮带转交称量矿槽,槽下设置定量给料皮带,将料送至烘干磨,已磨物料从磨机中部卸下,提升机将它提升至 Φ5m 选粉机进行分级,大于 0.074mm 部分从磨机另一端进入磨机再磨,小于 0.074mm 部分通过螺旋运输机进入单仓泵,然后用压缩空气送至配料室。

烘干磨燃烧炉使用热值 7100kJ/m$^3_{标}$ 的混合煤气,烘干磨通入 450℃ 热风将物料水分从 6% 烘干到 1% 左右,磨机废气温度 90℃。

(3) 配料。配料采用自动质量配料。精矿通过 Φ2500mm 调速圆盘给料机给到称量漏斗,漏斗下设定量给料皮带机。在正常配料时,称量漏斗保持恒料位,定量给料机按既定配料比配料。当配料比需要变动时,由于定量给料机给料量的变化引起称量漏斗料位变化,这时圆盘给料机自动调节其转速使称量漏斗保持恒料位。膨润土采用定量圆盘给料机给料。菱镁粉配料所用给料装置由叶轮给料机、螺旋给料机及定量给料皮带组成。各种原料按既定配料比和用量进行自动配料。自动配料系统是用美国贝利公司的网络——90 集散型控制系统控制的。

(4) 混合。混合采用二段混合工艺。第一段用轮式混合机,第二段采用 Φ1800mm×5000mm 强力混合机。据介绍该设备具有使物料产生剧烈运动、混匀效果显著的特点,适合于添加膨润土的细磨湿精矿的混合,并可得到均质而无母球的混合料。

(5) 造球。造球机室设有 7 台 Φ6000mm 圆盘造球机。造球机设计台时产量为 65t。造球机特点及造球工艺可参阅本章本钢 16m^2 竖炉造球内容。

(6) 焙烧。具体有以下 3 部分内容。

① 布料。布料系统由集料皮带、摆动皮带、宽皮带及辊式布料机组成。生球经 B=1400mm 的集料皮带转交摆动皮带后均匀地布到 B=3400mm 的宽皮带机上。宽皮带的作用主要保证生球在辊式布料机宽度方向均匀分布,从而保证台车宽度方向料层厚度一致。生球经辊式布料机后,小于 5mm 部分筛出,通过筛下皮带运输机返回造球室混合矿槽,合格生球布到焙烧机上。底料和边料通过电动给料装置布到台车侧板处及炉箅上以保护台车炉箅和侧板。

② 焙烧。焙烧机面积 321.6m^2,台时产量为 262.6t,利用系数 0.817t/m^2 时,总焙烧时间为 38min。焙烧机各工艺段参数见表 8-17。焙烧机气体循环系统见图 8-58。该流程属国外 20 世纪 70 年代常用流程。主要特点是鼓风干燥风源为第二段冷却热风,而不是焙烧均热段热废气。这种风流含尘浓度低,有害气体成分

少，可大大减少环境污染。

表 8-17 焙烧各工艺段参数

工艺段	长度/m	面积/m²	时间/min	风温/℃
鼓风干燥段	13.5	47.25	5.7	150
抽风干燥段	12.0	42.00	5.07	300
预热段	25.5	89.25	10.77	800
焙烧段				1300
均热段	7.5	26.25	3.16	800
第一冷却段	21.0	37.5	8.90	常温
第二冷却段	10.5	36.75	4.4	常温

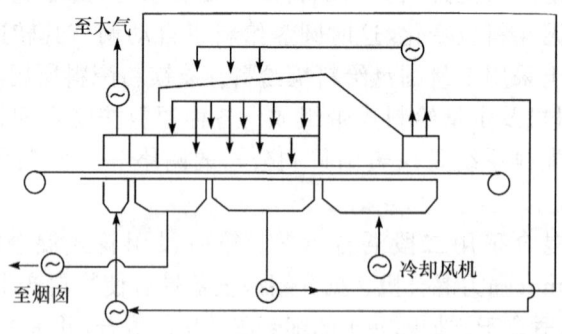

图 8-58 鞍钢球团车间气体循环流程图

焙烧机使用的燃料发热值为 12540kJ/m³标 的混合煤气，使用这种热值煤气，理论燃烧温度低，而球团矿焙烧温度又要求 1300℃，不能过多地加入二次风，因此影响了焙烧气体中的氧含量。为了提高焙烧气体中的氧含量，采取了自吸风的烧嘴，靠煤气通过烧嘴的压力及一部分高压风（称为雾化风）造成的负压，将第一冷却段热风（800℃）吸入到燃烧器内作助燃风。这样理论燃烧温度大幅度提高，可以兑入较多的一冷却段热风作二次助燃风，提高焙烧气体的含氧量（可达 12% 以上），可以满足磁选精矿生球焙烧的要求。同时一冷却段热风又得到充分利用，对降低能耗有利。

为了保护台车，在焙烧段设置一台事故风机，当焙烧机停车时，开动事故风机，通过焙烧段风管鼓入冷风，防止台车塌腰和链条烧坏。

③ 底料、边料分出及成品运输。带式焙烧机都设有铺底料和边料装置。底料的作用为：保护炉箅和台车免受高温烧坏；使气流分布均匀，料层透气性好；在下抽

风时可吸收部分废热,避免废气热损失过大,其潜热在鼓风冷却带可回收;保证下层球团达到焙烧温度,从而保证球团矿质量。边料主要是保护台车两侧边板和防止两侧边板处漏风。

从焙烧机卸下的焙烧球经板式给矿机交皮带运输机,运至边底料分出室,边底料分出室设置2台3m×9.0m冷矿振动筛。从焙烧室至冷矿振动筛共两个系统,其中一个备用。从焙烧球中分出一部分作边、底料,并用皮带运输机运至焙烧室的边、底料矿槽。成品球团矿可直接通过皮带运输机运往高炉矿槽,或卸至烧结矿车通过铁路运往高炉。

8.3.6 链箅机-回转窑法焙烧球团矿

1. 概述

链箅机-回转窑最早用于水泥工业。美国爱里斯-哈默斯公司通过试验证明可以用这种设备生产铁矿球团矿。当这种新的球团工艺一问世就得到世界各钢铁、矿业部门的重视,并获得迅速发展。1980年生产能力为9700多万吨,占总生产能力的33%。

链箅机-回转窑是一种联合机组,包括链箅机、回转窑、冷却机及其附属设备,其流程见图8-59。这种焙烧方法的特点是干燥、预热、焙烧和冷却分别在三台设备上进行;干燥、预热在链箅机上进行,预热后球进入回转窑内焙烧,最后在冷却机上冷却。设有高温回热(无风机)系统的链箅机-回转窑装置见图8-60。

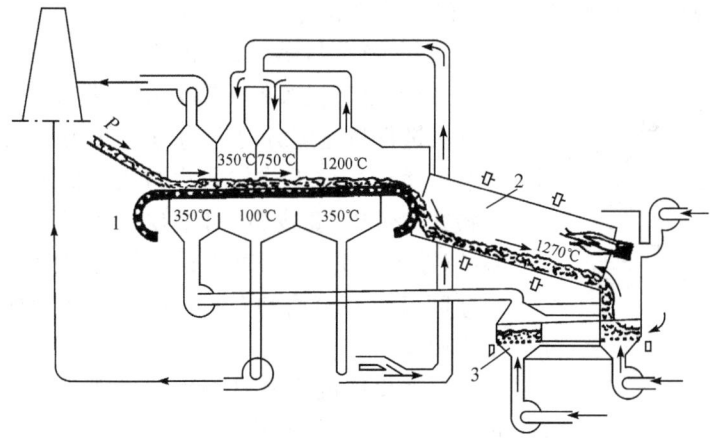

图8-59 链箅机-回转窑工艺流程
1. 链箅机;2. 回转窑;3. 冷却机

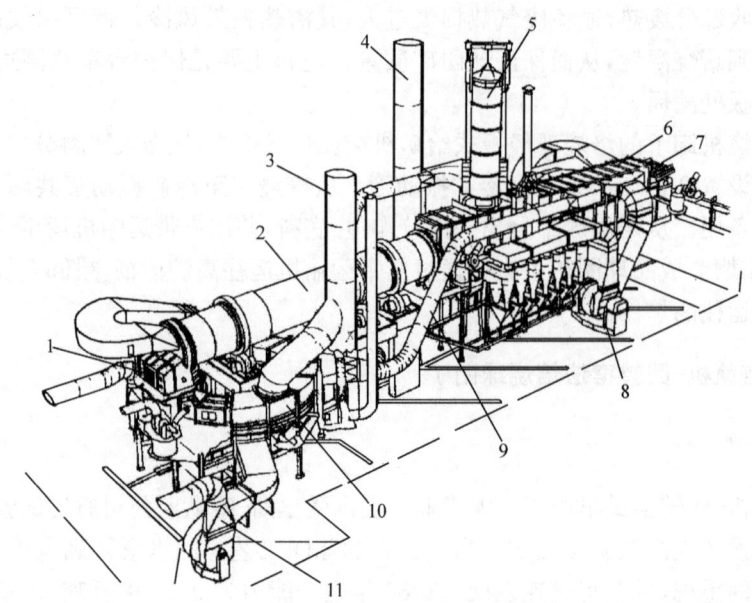

图 8-60 设有高温回热(无风机)系统的链箅机-回转窑装置
1. 燃烧系统；2. 回转窑；3. 回热风烟囱；4. 废气烟囱；5. 窑尾热风放风烟囱；6. 链箅机；
7. 辊式布料机；8. 回热风机；9. 回热系统；10. 环式冷却机；11. 二冷风机

2. 链箅机-回转窑工艺过程

(1) 布料。布料设备有皮带布料器和辊式布料器两种。

① 皮带布料器。20 世纪 60 年代和 70 年代前期，国外的链箅机布料大都采用皮带布料器。为了使生球在链箅机宽度方向上均匀分布，在皮带布料器前需装一摆动式皮带或梭式皮带机。日本加古川厂采用梭式皮带机-宽皮带-可逆皮带布料器的联合布料系统(图 8-61)，将生球按链箅机的宽度(4.7m)和规定厚度(180mm)均匀布料。图 8-62 为梭式皮带机工作原理图。

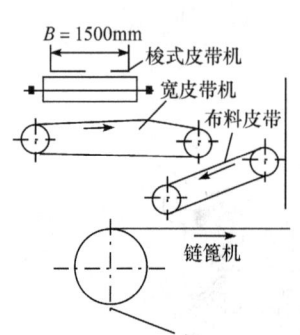

图 8-61 梭式皮带布料系统图

梭式皮带机后退时将生球成斜向料线布到宽皮带上，由宽皮带给到皮带布料器，再由皮带布料器均匀分布到链箅机上。也有采取梭式皮带在前进和后退时都布料，但这样会在宽皮带上现出"Z"字形料线，生球在布料机上出现中间少两边多的现象，因此这种给料工艺不够理想。皮带布料器布料，横向均匀，但纵向会由于生球波动而不够均匀。

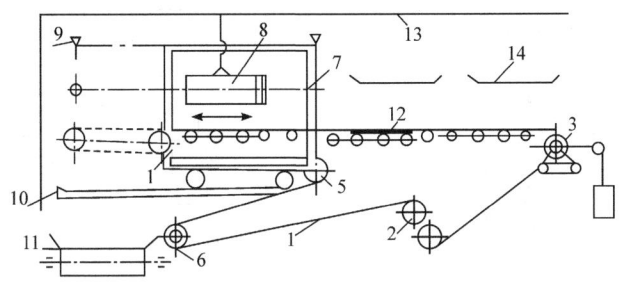

图 8-62 梭式皮带机工作原理

1. 梭式皮带；2. 皮带传动轮；3. 尾轮；4. 头轮；5. 换向轮(移动)；
6. 换向轮(固定)；7. 往复行走小车；8. 往复式油罐；9. 无触点极限开关；
10. 小车轨道；11. 宽皮带机；12. 移动托板；13. 罩；14. 皮带布料器

② 辊式布料器，见图 8-43。辊式布料器一般与梭式皮带机(或摆动式皮带机)、宽皮带组成布料系统。用辊式布料器布料，生球质量获得两方面的改善，其一调整布料辊的间隙，可筛除生球中的矿粉和粒度不符合要求的小球，改善料层透气性；其二，生球由于在布料器上进一步滚动，改善了生球的表面光洁度，提高了生球强度。

(2) 生球干燥和预热。主要有以下 3 方面的内容。

① 链箅机工艺类型及选择。生球利用从回转窑出来的热废气在链箅机上进行鼓风干燥、抽风干燥和抽风预热。干燥预热工艺可按链箅机炉罩分段和风箱分室分类。按链箅机炉罩分段，可分为二段式，即将链箅机分为一段干燥和一段预热；三段式，即将链箅机分为三段，两段干燥和一段预热；四段式，即将链箅机分为四段，一段鼓风干燥，两段抽风干燥和一段预热。按风箱分室又可分为二室式，即干燥段和预热段各有一个抽风室，或者第一干燥段有一个鼓风室，第二干燥段和预热段共用一个抽风室；三室式，即第一和第二干燥段及预热段各有一抽(或鼓)风室。

生球的热敏感性是选择链箅机工艺类型的主要依据。一般赤铁矿精矿和磁铁矿精矿热敏感性不高，常采用二室二段式(图 8-63)。为强化干燥过程，也可用二室三段式(图 8-64)。

当处理热敏感性灵敏的含水土状赤铁矿生球时，为了提供大量热风以适应低温大风干燥，需要另设热风发生炉，将不足的空气加热，送到低温干燥段。这种情况均采用三室三段式，见图 8-65。对于粒度极细(-500 目占 80% 以上)，水分较高的精矿和土状赤铁矿等对热极敏感的生球，允许初始干燥温度很低，需要较长的干燥时间，其干燥预热也有采用三室四段的，见图 8-66。

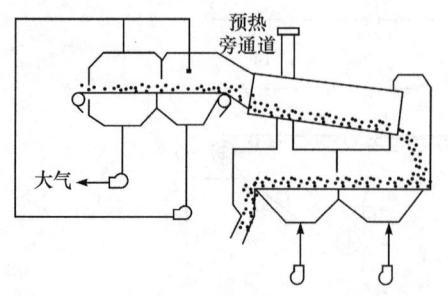 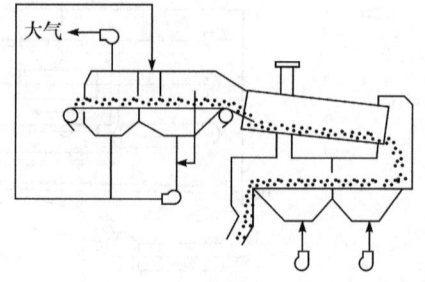

图 8-63　二室二段式链箅机-回转窑示意图　　图 8-64　二室三段式链箅机-回转窑示意图

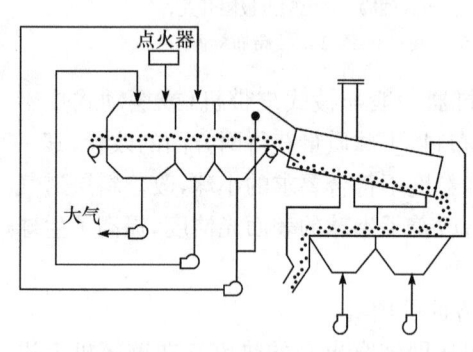 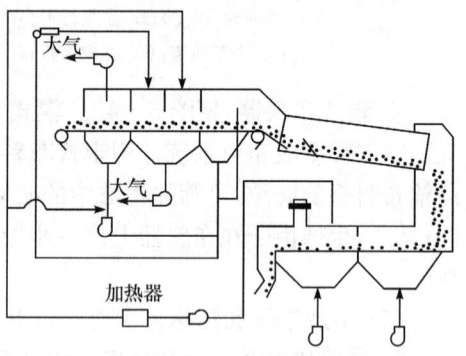

图 8-65　三室三段式链箅机-回转窑示意图　　图 8-66　三室四段式链箅机-回转窑示意图

例如美国的皮奥尼尔厂原料是土状赤铁矿、假象赤铁矿和含水氧化铁矿,生球破裂温度只有140℃。该厂采用全抽风的三室四段式,即三个抽风干燥段和一个抽风预热段。蒂尔登球团厂采用一个鼓风干燥段,两个抽风干燥段和一个预热段。第三干燥段可以由预热段供热,也可以由冷却机的第二冷却段的回热气流供热。由于经过第一、第二干燥段后,干燥温度可提高些,所以第三干燥段用的气流可以通过热风炉再加热。

② 链箅机工艺过程及热工制度。生球布到链箅机上后依次经过干燥段和预热段,脱除各种水分,磁铁矿氧化成赤铁矿,球团具有一定的强度,然后进入回转窑。关于环热球团矿的强度,目前尚无统一标准。日本加古川球团厂要求单球强度为150N;美国爱里斯-哈默斯公司最初要求单球强度为90～120N,经生产实践证明30～40N 球团进入回转窑内也不碎,所以他们不作抗压检测,改为转鼓试验(AC 转鼓)。

从回转窑窑尾出来的废气,其温度达1000～1100℃,通过预热抽风机抽过球层对球团进行加热。如果温度低于规定值,可用辅助热源作补充加热。温度过高或出事故时,可用预热段烟囱调节。由预热段抽出的风流经除尘后,与冷却机低温段的风流混合(如果设置有回流换热体系的话),温度调至250～400℃,送往抽风或鼓风干燥段以干燥生球。

链篦机的热工制度是根据处理的矿石种类不同而不同的。表8-18为不同矿物热敏感性及相应的干燥温度。

表8-18 不同矿物的热敏感性和干燥温度

矿石种类	热敏感性	干燥温度/℃
非洲磁铁精矿	很高	150～250
土状赤铁矿	高	150～250
镜铁矿	中等	250～350
赤、磁精矿及原生矿粉	一般不太敏感	350～450

预热温度一般为1000～1100℃,但矿石种类不同,其预热温度也有所差异。磁铁矿在预热过程中氧化成赤铁矿,同时放出大量热,生成Fe_2O_3连接桥而提高强度。赤铁矿不发生放热反应,需在较高温度下才能提高强度。因此赤铁矿球团预热温度比磁铁矿球团高。

③ 链篦机的主要工艺参数。链篦机处理的矿物不同,其利用系数也不同。利用系数的一般范围为:赤铁矿、褐铁矿为25～30 t/($m^2 \cdot d$),磁铁矿为40～60 t/($m^2 \cdot d$)。链篦机的有效宽度与回转窑内径之比为0.7～0.8,多数接近于0.8,个别为0.9～1.0。

链篦机的有效长度可以根据物料在链篦机上停留时间长短和机速来决定。表8-19为日本加古川一号链篦机各段参数。

表8-19 加古川链篦机各段参数

段别	风箱个数	长度/m	生球停留时间/min	温度/℃	利用系数/[t/($m^2 \cdot d$)]
干燥	8	24.4	6.1	200	
脱水	5	15.25	3.8	350	35.9
预热	7	21.35	5.34	1050	

(3) 回转窑焙烧。预热后的球团在回转窑内焙烧。生球经干燥预热后,由链篦机尾部的铲料板铲下,通过溜槽进入回转窑,物料随回转窑沿周边翻滚的同时,沿轴向前移动。窑头设有燃烧器(烧嘴),由它燃烧燃料供给热量,以保持窑内所需要的焙烧温度;烟气由窑尾排出导入链篦机;球团在翻滚过程中,经1250～1350℃的高温焙烧后,从窑头排料口卸入冷却机。

回转窑生产率不仅与矿石种类、性质有关,也与窑型及工艺参数有关。

目前生产铁矿石球团的回转窑全部为直圆筒形,它与水泥生产和有色金属生产用的回转窑相比,是属短窑范畴的。在铁矿球团生产中,只有生产金属化球团矿,需在窑内有较长的还原时间,窑体才要相对长些。

回转窑参数包括长度、直径、长径比、斜度、转速、物料在窑内停留时间、填充率等。

① 长径比。长径比(L/D)是回转窑的一个很重要的参数。长径比的选择要考虑到原料的性质、球团矿产量、球团矿质量、热耗及整个工艺要求,应保证热耗低、供热能力大,能顺利完成一系列物理化学过程。此外还应提供足够的窑尾废气流量并符合规定的温度要求,以保证链箅机预热顺利进行。生产氧化球团矿时常用的长径比为6.4~7.7。早期曾用过12,近年来,长径比已减小到6.4~6.9。长径比过大,窑尾废气温度低,影响预热,热量容易直接辐射到筒壁,使回转窑壁局部温度过高,粉料及过熔球团黏结于筒壁造成结圈。长径比适当小些,可以增大气体辐射层厚度,改善传热、提高产品质量和减少结圈现象。

② 内径和长度。美国爱里斯-哈默斯公司计算回转窑尺寸的方法是:在回转窑给料处的气流速度设计时取28~38m/s,按此计算出给矿口直径,加上两倍的回转窑球层的厚度,得出回转窑的有效内径。大型回转窑球层厚度取672mm。根据有效内径和选定的长径比即可求出有效长度。

③ 倾斜度、转速及物料在窑内的停留时间。回转窑的倾斜度和转速的确定主要是应保证窑的生产能力和物料的翻滚程度。根据试验及生产实践经验,倾斜度一般为3%~5%,转速一般为0.3~1.0r/min。转速高可以强化物料与气流间的传热,但粉尘带出过多。物料在窑内停留时间必须保证反应过程的完成和提高产量的要求。当窑的长度一定时,物料在窑内停留时间取决于料流的移动速度,而料流的移动速度又跟物料粒度、黏度、自然堆角及回转窑的倾斜度、转速有关。物料在窑内停留时间一般为30~40min。

④ 填充率和利用系数。窑的平均填充率等于窑内物料体积与窑的有效容积之比。国外回转窑的填充率一般在6%~8%。回转窑的利用系数与原料性质有关。磁铁矿热耗低,单位产量高。但是由于大小回转窑内料层厚度都差不多,大窑填充率低,因此长度相应取长些,以便保持适当的焙烧时间。爱里斯-哈默斯认为回转窑利用系数应以回转窑内径的1.5次方乘窑长再除以回转窑的产量来表示更有代表性。

回转窑的热工制度根据矿石性质和产品种类确定,窑内温度一般为1300~1350℃,自熔性球团矿焙烧温度一般为1250℃左右。

回转窑焙烧球团矿的主要缺点是结圈。相比之下,生产酸性球团矿的回转窑,缩圈现象轻。美国大多数厂无结圈问题,仅4~5个,一年可能结圈两次。生产自熔性球团矿的回转窑则较容易结圈。结圈的主要原因是生球质量差,预热球强度不好,粉末多,窑温控制不好造成的。

处理结圈的办法通常有急冷法,调长火焰烧圈法和机械打圈法。急冷法是目前常用的方法。另外,美国、加拿大的一些厂设有处理结圈的炮,但他们不采用直接打炮的方法处理结圈,而是采用降温方法使结圈掉下来,再用炮将掉下的结圈块打碎。此外,当链箅机与回转窑之间的溜槽堵塞时,可用打炮来处理。

(4) 冷却。1200℃左右的球团从回转窑卸到冷却机上进行冷却,使球团最终温度降至100℃左右,以便皮带机运输和回收热量。目前链箅机-回转窑球团厂,除比利时的克拉伯克厂采用带式冷却机外,其余均采用环式冷却机鼓风冷却。日本神户球团厂和加古川球团厂除用环式鼓风冷却机外,还增加了一台简易带式抽风冷却机。

环式冷却机分为高温冷却段(第一冷却段)和低温冷却段(第二冷却段),中间用隔墙分开。料层厚度 500～762mm,冷却时间一段为 26～30min。每吨球团矿的冷却风量一般都在 2000$m^3_{标}$ 以上。

高温冷却段出来的热风温度达 1000～1100℃,作为二次燃烧空气返回窑内利用。过去低温段热风,各厂均作废气排至大气。现在新建的球团厂采用回流换热系统回收低温段热风供给链箅机干燥段使用。据报道,美国蒂尔登球团厂采用这种装置可以降低燃料消耗 $1.672～2.09×10^6$ J/t 球团,还可减少环境污染。

3. 国内链箅机-回转窑球团工艺

(1) 承德钢铁公司链箅机-回转窑球团车间于 1982 年 10 月建成投产,设计能力为年产 20 万吨球团矿,其工艺流程见图 8-67。

① 原料准备。承钢链箅机-回转窑所用含铁原料为本厂所产钒钛磁铁精矿和高炉瓦斯灰。钒钛磁铁精矿由火车直接运到球团车间。

高炉瓦斯灰为本厂高炉副产品,可用来调节精矿水分。先加水润磨,润磨后含水量5%左右,-0.075mm 粒度含量大于 55%。一般配加量为 3%～5%。采用膨润土作黏结剂,由汽车运到球团车间后,人工直接卸到配料仓,膨润土用量为 3%。

回转窑采用的燃料为烟煤,其灰分为 31.7%,灰分熔点高于 1500℃,烟煤挥发分 23.7%,发热值 22104kJ/kg。烟煤由小车运到厂后,经螺旋运输机、提升机送进球磨机。球磨机规格为 Φ1700mm×2500mm。利用回转窑出来的热废气将煤烘干,边烘边磨,磨后经风力分离器分级,粗粒级返回再磨,细粒级经旋风除尘器和布袋除尘器收集,然后经风动运输到回转窑。细磨后煤粉小于 200 目大于 70%。

② 配料、混合及造球。配料采用容积配料,重量检查的方法。各种物料按配

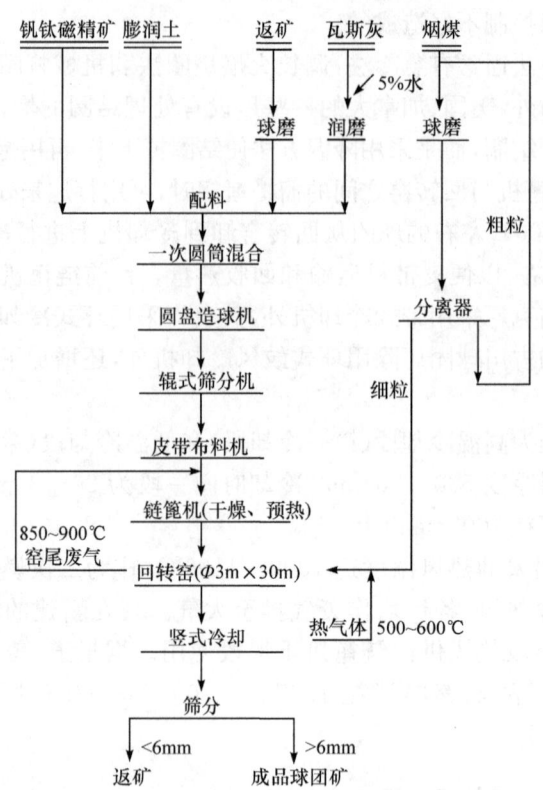

图 8-67 承钢链箅机-回转窑球团工艺流程

料比在配料室集中配料,然后经 $\Phi 2500mm \times 5000mm$,倾角 $3°40'$ 的圆筒混合机混合。造球机室有 6 台 $\Phi 4200mm$ 圆盘造球机,造球机边高 $450 \sim 550mm$,倾角 $45° \sim 50°$,并且可调,有电动刮刀,盘面衬有无釉陶瓷板。这种陶瓷板粗糙耐磨,可以提高生球产量和质量,可提高造球机作业率,降低生产费用。

③ 布料。生球布料采用圆辊筛、往复皮带机和布料皮带机组成的布料线。圆辊筛宽 1116mm,长 2470mm,辊隙 6mm。生球经辊筛筛分后,筛下物返回造球,筛上物卸到往复皮带机上。往复皮带宽 1200mm,长 8000mm,小车移动间距 2500mm,皮带速度 0.5m/s。由于小车速度和皮带相同,所以小车向前进时不布料,向后退时才布料,10s 往复一次。布料皮带宽 2600mm,比链箅机稍宽,其目的是保证链箅机的边缘有一定的厚度,减少边缘效应。

④ 干燥预热。链箅机宽 2.4m,总长 27m,有效抽风面积 $48m^2$,链箅机速度为 $0.571 \sim 2.919m/min$。料层厚度 $120 \sim 150mm$。链箅机选用二室三段式,其热工制度见表 8-20。

表 8-20 链篦机热工制度

工艺段	鼓风干燥	抽风干燥	抽风预热
长度/m	6	9	8.75
温度/℃	80～120	250～270	850～900
停留时间/min	11～13	11～13	7.5～8.7

⑤ 焙烧。回转窑长为 30m，内径为 3m，斜度为 2.5%，充填率为 8%，调节范围 1.82～0.356r/min，窑内衬有 250mm 厚的耐火砖，窑头窑尾为捣打耐火混凝土。球团在回转窑内停留 60～70min，经过 1200～1300℃ 的高温焙烧，由排料端排入竖式冷却器。

回转窑燃料以烟煤为主，高炉煤气为辅。煤粉与一次风经 Φ230mm 混风管混合，经 Φ200mm 喷嘴喷入窑内，在窑内进行燃烧。高炉煤气经 Φ250mm 煤气管进入窑内自燃。竖式冷却器高温段 500～600℃ 热风作为二次风。

⑥ 冷却。焙烧后的球团矿，排入竖式冷却器，冷却器有效容积 47m^3，冷却带总高 5240mm。冷却后的球团矿经电磁振动给料器间歇地排入料车。由料车送到成品受料斗，然后采用自定中心振动筛筛分。筛下物经球磨返回去造球，成品矿由皮带运输机送到成品仓，然后由翻斗车运到料场或高炉。

（2）鞍钢集团弓长岭矿业公司。鞍钢集团弓长岭矿业公司是鞍钢集团的铁料基地之一，属特大型矿山企业，有井采、露采两种开采方式和两个选矿厂，主要采用磁浮联合选别工艺。现具有铁矿石生产能力 800 万吨/a，铁精矿生产规模 380 万吨/a，球团矿生产能力 400 万吨/a。图 8-68 是 2003 年 10 月竣工投产的 200 万吨/a 链篦机-回转窑-环冷机球团矿新工艺生产线球团厂外貌。第二条 200 万吨/a 球团矿生产线于 2004 年 10 月竣工。

图 8-68 鞍钢集团弓长岭矿业公司 200 万吨/a 链篦机-回转窑-环冷机球团厂

(3) 武钢集团矿业公司鄂州球团厂。武钢集团矿业公司鄂州球团厂500万吨球团工程,引进美国技术,采用国际先进的链篦机-回转窑-环冷机工艺,2006年2月建成投产。这是世界上单体规模最大的球团生产线之一、亚洲最大的球团工程,总投资达9.6亿元。其原料以进口铁精矿为主,配以部分国产铁精矿,年生产能力500万吨球团矿。据介绍,鄂州球团厂二期500万吨球团工程已于2006年6月立项,二期工程是武钢集团"十一五"规划的重点工程,包括新建一条500万吨球团生产线和专用铁路复线改造。一、二期工程达产后,连同程潮铁矿120万吨球团厂和大冶铁矿80万吨球团厂,将形成年产1200万吨球团矿的规模。

(4) 江苏沙钢集团240万吨球团厂。2006年5月,江苏沙钢集团240万吨球团项目竣工投产,这是目前国内自行设计、制造和建设投产的最大球团工程之一。该项目选用国内成熟的链篦机-回转窑-环冷机工艺方式。

(5) 柳州钢铁公司烧结球团分厂。广西壮族自治区柳州钢铁公司已形成年产钢650万吨的生产能力。烧结球团分厂建有256m^{2}烧结机。2002年建成投产我国自行设计生产的第一条120万吨/a链篦机-回转窑球团生产线。2005年建成投产一条新的250万吨/a链篦机-回转窑球团生产线。

图8-69是120万吨/a球团生产线工艺流程和设备平面配置图。

4. 国外某球团厂简介

国外某铁矿为富铁矿,铁品位高,采出矿石不必经选矿处理,直接破碎后即可配料进行烧结球团矿生产,其工艺流程设备联系图见图8-70。

8.3.7 球团矿生产发展方向

目前球团矿生产已开始从追求球团矿数量转向提高球团矿质量,降低生产成本和改善工艺,其措施大致从以下几方面着手。

(1) 研究新的添加剂。膨润土无疑是一种有效的黏结剂,既可提高生球强度和爆裂温度,又可在造球过程中控制水分,故为国内外大多数球团厂使用,但其带入碱金属和其他杂质,对还原有不良影响。为此,荷兰恩卡公司研究出一种高效有机黏结剂即佩利多(Peridur)代替膨润土,并已投产供应各国。如美国依利矿山公司球团厂,内陆钢铁公司米诺卡球团厂皆使用,其最佳用量每吨混合料为0.45~0.73kg,且在球团矿高温焙烧时有机质会烧掉,不留残余物。此外其他新型黏结剂的开发各国仍在继续进行。

(2) 改善球团矿质量。为改善球团矿的冶金性能,日本首先从生产酸性球团矿转向生产自熔性球团矿以提高产品还原性能;瑞典研究出添加白云石或橄榄石的球团矿,以提高其还原和软熔性能,达到防膨胀效果,经高炉冶炼证明:这类含镁质球团矿,与普通酸性球团矿相比,生产吨铁的焦比降低40~50kg,效果明显。

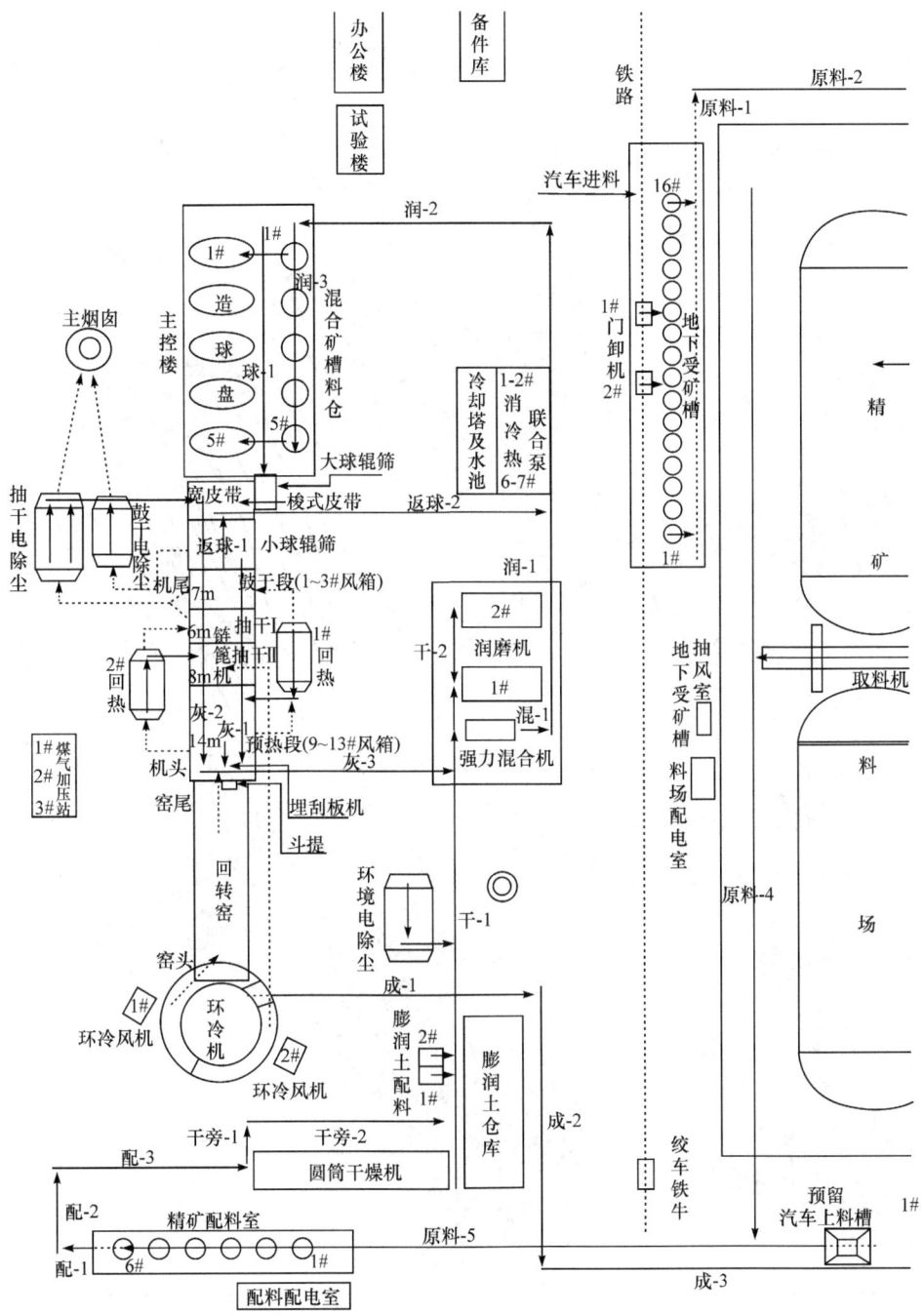

图8-69 柳州钢铁公司烧结球团分厂120万吨/a球团生产线工艺流程和设备平面配置图

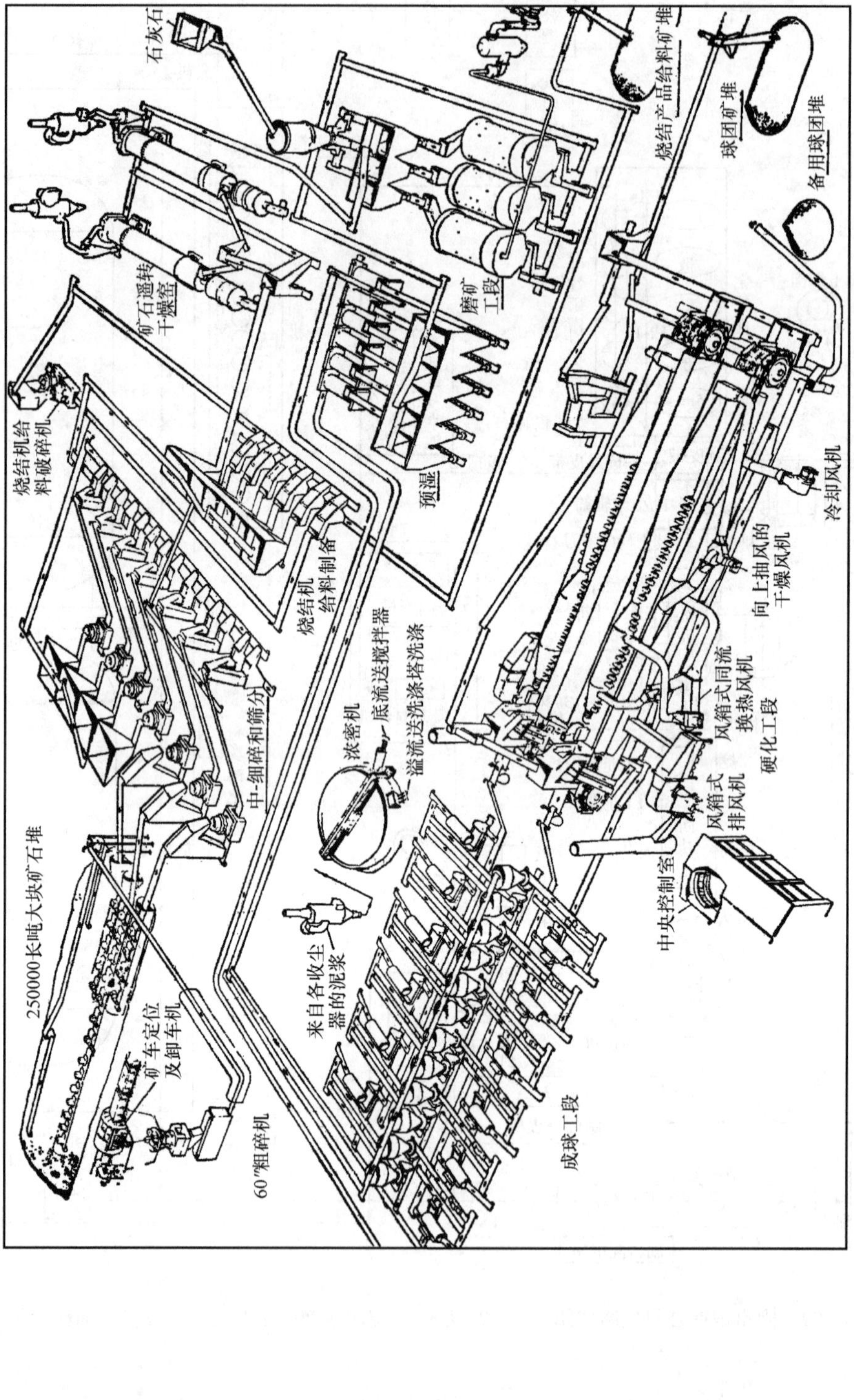

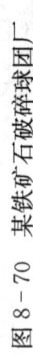

图 8-70 某铁矿石破碎球团厂

(3) 降低球团矿生产成本。主要通过降低动力和燃料的单位消耗来实现。目前,国外新建球团厂都设有余热回收系统,老厂也进行同样改进,目的在于充分回收并利用余热,使成本大大降低。另外,在回热罩内采用喷煤粉提高回流气体温度,降低点火与焙烧带燃油用量亦使成本下降。焙烧球团矿的热源可用喷煤粉燃烧方法代替液体或气体燃料,以降低成本,在美国和日本已取得成功应用。

8.4 其他球团方法和球团矿直接还原

8.4.1 其他球团方法

1. 低温固结球团法

低温固结球团法又称为冷固结球团法,是指铁精矿或其他细粒原料靠配入某种黏结剂的条件下制成生球,然后在专门设备内于 300℃ 以下,经过黏结剂的物理和化学固结而制备球团矿的方法。该法具有生产工艺简单、投资少、节省能源、不需耐热合金材料等优点,这对于不宜用烧结或高温焙烧球团的原料及要求生产能力小的厂家使用具有一定的优势。

目前,在世界上使用较多的是水硬性固结法,热液固结法和碳酸化固结法,其他如水玻璃固结法和有机黏结剂固结法在工业中也有应用。

(1) 水硬性固结球团法。该法主要指采用硅酸盐类(或无石膏的水泥熟料)水泥等水硬性材料作黏结剂,加水后,使之发生结晶硬化和胶体化反应,生成水化硅酸钙和水化铁酸钙凝胶,并且经过一定养护阶段使水化反应逐渐向颗粒内部扩散,凝胶的水分减少,固体颗粒相互靠近,生成具有一定强度的冷固结球团矿。

(2) 热液固结球团法。该法是以石灰和二氧化硅作黏结剂,后者主要存在于铁精矿内。制成的生球装入固结车内,然后推入高压釜中,再通入饱和过热蒸气进行固结处理,蒸气压力达 1.2~1.3MPa,温度约 170℃,常用固结程序是:加热 1.5h,恒温保养 4h,放气 1.5h,共 7h 即可完成。黏结剂成分在高压釜内进行硬化,它们部分地溶解,发生化学反应,并生成含钙的水化硅酸盐凝胶,反应式为

$$Ca(OH)_2 + SiO_2 + 1.5H_2O == CaO \cdot SiO_2 \cdot 2.5H_2O$$

这种凝胶干燥后,变成类似骨架的固体物质,把颗粒黏结在一起成为耐湿热、耐风化、高温热稳定性好的坚实球团。

(3) 碳酸化固结球团法。该法是在球团原料中配入适量消石灰(一般为 15%~20%),在有少量催化剂的条件下造成生球,然后将生球置于低温(50~70℃)和含有较浓的 CO_2 气氛(25%~30%)中,使 $Ca(OH)_2$ 经过碳酸化反应并生成碳酸钙微晶结构,从而使球团得到固结,并具有足够强度。

2. 压团法

压团法是在一定压力下,使含黏结剂的混匀细粒物料在模型中受压后成为具有一定形状、尺寸、密度和强度的团块方法。该法广泛应用于煤炭工业、有色冶金、化工、耐火材料、建材工业等,如型煤、金属镁生产的还原焙烧生球、粉末冶金胚件、建材砌块等。该法因工艺简单,特别适用于生产能力小的细粒(包括粉矿)物料造块。

在矿物原料成型中使用最广的是辊式压团机、冲压式压团机。辊式压团机作用原理和外形见图 8-71,它主要靠两个相向转动的辊轮,使流入两辊间隙时的混合料受压成型。要保证压团效果,可减小两辊间的间距和增大进入间隙混合料密度,即增大压缩比以提高压团产品强度。一般压团压力为 $1000\sim2500\ N/cm^2$,若控制压辊转速和增加两辊增压弹簧时,压力可增大至 $3500\ N/cm^2$ 以上。我国生产的液压型高压对辊压球机压力可远远超出弹簧型,可用于要求压团强度高者。两辊辊面上可开出型槽,型槽数目和大小根据需要设计,其产品可为卵形、枕形或椭圆形,单个团块质量可变动于 $50\sim100g$。

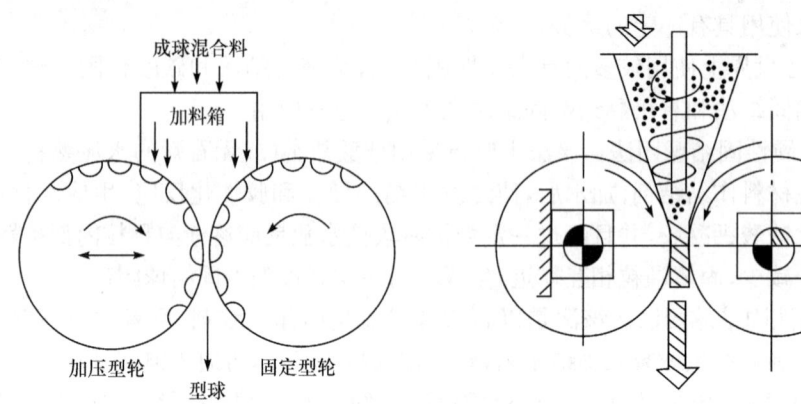

图 8-71 辊式压团机作用原理　　图 8-72 竖螺旋强制加料预压器示意

为进一步提高进料密度,进而提高压团的密度和强度,目前常采用强制加料方式(即预压)。强制加料方式目前皆用螺旋强制设备,见图 8-72。

8.4.2　铁精矿冷固球团回转窑直接还原新工艺

烧结矿和球团矿是高炉炼铁的主要原料。现在和将来高炉仍将是世界上主要的炼铁设备,但高炉炼铁需要使用高品位铁矿石或烧结矿、球团矿,并消耗宝贵的焦炭。

直接还原法是一种非高炉炼铁技术,它是在低于铁的熔点温度以下用非焦炭类还原剂将铁矿石直接制得金属海绵铁,其产品称为直接还原铁(DRI)。大部分的直接还原铁用于代替废钢作为电弧炉炼钢得原料。直接还原铁是一种相对纯净的产品,可提高钢的质量,是电炉冶炼优质钢和特殊钢的理想原料。

生产海绵铁有多种方法。根据我国能源特点,宜采用回转窑煤基直接还原法。我国优质铁矿资源缺乏,只能以氧化球团为主要原料。以往流程在铁精矿造球之后,需经历"高温氧化焙烧-高温直接还原"两步高温过程才能得到海绵铁,通称"二步法",存在着生产流程长,高温设备多、基建投资大、能源消耗多、生产成本高等缺点。

由中南大学资源加工与生物工程学院研究开发的"铁精矿复合黏结剂冷固球团链箅机-回转窑煤基直接还原一步法新工艺",工艺流程图见 8-73。

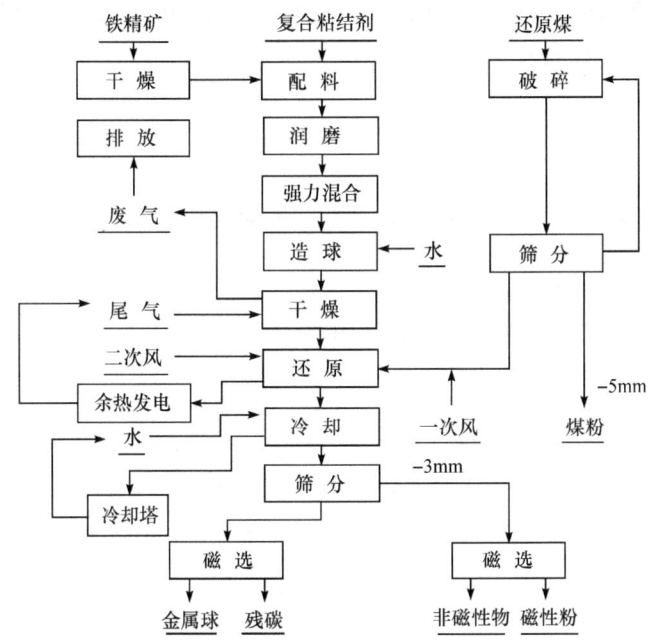

图 8-73 冷固球团直接还原一步法新工艺

采用专门研制的复合黏结剂,将铁精矿冷固结成球作为直接还原炉料,经一步高温直接还原就能得到海绵铁。当 C/Fe 比为 0.45,还原温度 1050℃,高温还原 60min 左右,产品金属化率即可达到 92% 以上,球团无裂纹,无磨损,更无碎片剥落,其还原效果优于采用氧化焙烧球团矿,其主要技术指标是:窑容利用系数为 0.41t/m³·d;产品金属化率为 92.24%,合格率为 94.04%;磁粉率(-3mm)为 10.56%;作业率为 96.01%;合格产品平均含铁为 88.11%,平均含硫为 0.023%;铁回收率为 91.0%;干煤耗为 776kg/t DRI;工厂成本为 806 元/t DRI。

该工艺主要特点:①省掉了高温氧化焙烧过程,一步到位,工艺流程简单,设备投资可减少 30%,设备生产率提高 50%,每吨产品的煤耗可节约 15%,生产成本降低21%以上,节电20%左右;②冷固结球团良好,机械强度完全可满足回转窑生产要求,热稳定性好,还原速度快,还原过程不存在破裂、剥落现象;③产品含铁品位可提高1%~2%;④"复合黏结剂"来源广泛,用量少、价格低、且兼备黏结剂、还原剂、催化剂等多项功能;⑤操作简单,可有效地避免回转窑常见的结圈现象,设备作业率高。

"铁精矿复合黏结剂冷固球团链箅机-回转窑煤基直接还原一步法新工艺"已成功应用于北京威克直接还原材料厂等企业。中南大学研究开发的该项成果,被评为1998年中国高校科技十大进展,获2005年度国家技术发明二等奖。

我国煤炭资源丰富,从国情和长远的发展角度看,用煤的回转窑直接还原铁生产在我国可有一个较大的发展。

习 题

1. 何谓烧结法、球团法、压团法?简述熟料、磁铁矿、赤铁矿的概念。
2. 简述烧结球团在冶炼中意义与作用。
3. 各种造块方法发展趋势如何?
4. 球团法与烧结法的原料准备有什么不同,为什么?
5. 为什么竖炉不能大型化,并且一般只适宜于焙烧磁精矿球团?
6. 为什么说带式焙烧机是一种灵活性最大,使用最广泛的球团焙烧设备?
7. 简述链箅机-回转窑法焙烧球矿工艺过程与设备,评述其特点。
8. 回转窑结圈的原因是什么?在工艺设计和操作上应如何避免回转窑结圈?
9. 直接还原法工艺评述。

参 考 文 献

傅菊英,姜涛,朱德庆. 1996. 烧结球团学. 长沙:中南工业大学出版社
黄培云. 2000. 粉末冶金原理. 北京:冶金工业出版社
黄希古. 2002. 钢铁冶金原理. 北京:冶金工业出版社
梅炽. 1986. 冶金传递过程原理. 长沙:中南工业大学出版社
邱冠周,姜涛. 2001. 冷固结球团直接还原. 长沙:中南大学出版社
王淀佐,邱冠周,胡岳华. 2005. 资源加工学. 北京:科学出版社
习乃文. 1993. 烧结技术. 昆明:云南人民出版社
许晓海. 2000. 耐火材料技术手册. 北京:冶金工业出版社
中国冶金百科全书编辑委员会. 1999. 中国冶金百科全书·冶金建设卷. 北京:冶金工业出版社
中国冶金百科全书编辑委员会. 2001. 中国冶金百科全书·钢铁冶金卷. 北京:冶金工业出版社
E. G. 凯利[新西兰],D. J. 斯波蒂斯伍德[美]. 1991. 选矿导论. 北京:冶金工业出版社

第9章 矿物粉体材料

9.1 粉体物理制备方法与设备

9.1.1 粉体制备概述

粉体(powder)制备工业是一个重要的基础原料工业,粉体制备技术在矿物加工、化学、冶金及材料工业中占有重要地位。自20世纪80年代开始,由于具有优良的特性,超细粉体(superfine powder)及纳米颗粒(nanoparticles)的制备逐渐发展起来,日趋成为各国研究的重点。随着物质的超微细化,其表面电子结构和晶体结构发生变化,产生了块状材料所不具有的表面效应、小尺寸效应、量子效应和宏观量子隧道效应,从而使超细粉体与常规颗粒材料相比较具有一系列优异的物理、化学性质,使之作为一种新材料在宇航、电子、冶金、化学、生物和医学等领域中显示了广阔的应用前景。对矿物进行超微细化处理,通过深加工可获得矿物粉体材料(minerals powder materials)、功能矿物材料。

超细粉体的粒度及其分布是其主要形态特征,在很大程度上决定了颗粒的整体和表面特性,有时这些因素可决定颗粒的最终行为。例如,TiO_2 颗粒粒度为 200nm 时,对可见光的散射率最大,遮盖力最强,广泛用作高档油漆、油墨颜料等。当 TiO_2 粒径减小至 10~60nm,则呈现透明性,具有强紫外吸收能力,可用作高档化妆品、透明涂料等。超细粉体的形态特征还包括内外表面积、粗糙度、体积、表面缺陷、晶体组成及分布等。

超细粉体的性能在很大程度上取决于产物的物理结构和形态,而这些物理性质的差异往往导致产品价格上的重大差异,如几个微米的 Al_2O_3 价格不高于1000元/t,而纳米 Al_2O_3 的价格为20万元/t。球形、粒径为30~50 nm 的 $\alpha\text{-}Fe_2O_3$,其价格为1万元/t,而针形(长100 nm;轴比9~12)为300元/kg。因此对于超细粉体制备过程应将产物的物理形态的定量函数作为主要技术指标。

所有的超细粉体都是通过一定的工艺技术制备出来,粉体的粒径越小,各种超细效应就越突出,制备的技术要求就越高。近20年来,为了得到接近理想的超微细颗粒材料,人们在传统机械粉碎技术基础上采用各种高新技术开发出了多种制备粉体的方法,若按原理分类,可分为物理法和化学法。

按所要求制备的粉体粒径范围,可以选择各种适当的物理制备方法,这些方法可以大致分为两种:一种是机械粉碎法,它是以大块固体为出发原料,将块状物质粉碎;另一种是经反方向由小极限的原子、分子的集合体来合成粉体的方法。机械粉碎法是制备亚微米级颗粒的传统粉碎法的延伸；而反向法（代表性的有蒸发、凝聚、溅射和真空沉积法等）是越过原子簇的领域，由粒径 2～3nm 的极微细颗粒的生长（指颗粒的聚集、结合）形成粉体的一种方法。粉体制备方法的要求为：①表面清洁；②粒径、粒度可控；③容易收集；④稳定易保存；⑤生产性好、产量高。物理法是获得上述特性的较为可靠的技术手段之一。

粉体物理制备的工艺与设备直接影响其粒径与粒度组成、颗粒形状和纯度，甚至表面性质都有特定的要求，多数粉体产品的应用领域不仅对其平均粒径，而且对其粒度分布，如最大颗粒的粒度，60%、90%通过的粒度都有严格的要求，有的产品还要求比表面积数据等。同样对于同一种粉体，不同用途对其粒度组成的要求也不相同。许多领域要求粉体保持其独特的晶形或晶体结构，如硅灰石粉碎产品不管其粒度多细，要求保持其针状结晶，即颗粒的长径比越大越好，晶体石墨需保持其片状结晶。此外，晶形完好的上述粉体产品，价值亦较高。许多粉体的纯度要求较高，如用于电视机显像管的 Al_2O_3 微粉，作润滑剂的石墨乳，用作高级陶瓷、塑料和造纸填料的滑石、高岭土、碳酸钙等，尽量避免杂质的带入。有些应用领域还对其表面物理化学性质，如白度或亮度、亲疏水性、吸附活性、电性、比表面积等有较高要求。

9.1.2 超细粉碎设备

1. 分类与设备选择

要选择合适的工艺设备，首先必须了解超细粉碎工艺设备的性能，包括它的给料粒度、产品细度、处理能力、配套性能、粉碎方式等，表 9-1 列出了各类细磨与超细磨设备的粉碎原理、给料粒度和产品粒度以及适用范围和粉碎方式等。

表 9-1 各类超细粉碎设备的一般工作范围

设备类型	粉碎原理	给料粒度/mm	产品粒径/μm	适用范围	粉碎方式
高速机械冲击式磨机	冲击、摩擦、剪切	<8	3～74	中硬、软	干
气流磨	冲击、碰撞	<2	1～30	中硬、软	干
振动磨	冲击、摩擦、剪切	<6	1～74	硬、中硬、软	干、湿
搅拌磨	冲击、摩擦、剪切	<1	1～74	硬、中硬、软	湿、干
球磨机	冲击、摩擦、研磨	<10	1～100	硬、中硬、软	湿、干
胶体磨	摩擦、剪切、分散	<0.2	1～20	中硬、软	湿
悬辊式磨机	研磨、冲击、挤压	<30	40～125	中硬、软	干
高压磨辊机	挤压	由间隙宽度定	5～125	硬、中硬	干

一般干法粉碎工艺，如高速机械冲击式粉碎机、雷蒙磨等，工艺较简单，投资相对较少，但产品细度不如湿法。湿法粉碎，如搅拌磨、振动磨等，产品粒度细，但工艺相对较复杂，投资较高。具体选用时要依物料性质、产品用途及质量要求和生产规模等而定。例如，高岭土用作塑料、造纸等的填料可选用干法粉碎工艺设备，但

用于造纸涂料时,因对其细度和颗粒形状(片状)的要求较高,一般要选用湿法工艺设备(即剥片工艺设备)。由于许多设备的处理量随物料性质、给料粒度、要求的产品细度等不同而变化,因此,在选用这些设备用于某种物料的超细粉碎时,最好在相同规格的试验设备或样机上进行试验,以确定其在一定给料粒度和产品细度条件下的处理量,或在一定处理量前提下所能达到的产品细度。一般来说,在相同条件下,要求的产品粒度越细,处理量越小;要求的产品粒度越粗,则处理量越大。在选择工艺设备时,既要考虑所能达到的产品细度,也要有一定规模的处理量。

2. 冲击磨

立式冲击磨的外形图见图 9-1。物料由加料仓加入转盘的上方,直接落入高速旋转的转盘,在离心力的作用下与转盘外周边打击轨道的靶料产生高速度的碰撞,物料相互碰撞实现粉碎。粉碎后的物料经上升气流带入涡轮分级机进行分级,合格的物料被分选出来;不合格的物料被抛掷到边壁经二次风冲洗后落入转盘中间,继续进行粉碎。其特点是勿需压缩空气或者磨矿介质,物料相互碰撞实现粉碎,消除了设备的磨损和铁质污染。适用于莫氏硬度 5 以上如碳化硅、刚玉、锆英砂、磨料、耐火材料等高硬度物料的加工。

图 9-1 立式冲击磨

3. 雷蒙磨

雷蒙磨(Raymond mill)又称旋辊式(摆辊式)盘磨机,主要用于非金属矿等物料的磨碎。产品的粒度一般在 0.043~0.038mm 之间。雷蒙磨的外形和结构简图如图 9-2 所示。

物料由机体主侧部通过给料机和溜槽送入机内,磨环 3 固定不动,梅花架 1 由传动装置带动而快速旋转,其上装有 3~5 个磨辊,绕机体中心轴线旋转,由于旋转产生的离心力作用,磨辊向外张开,磨辊在离心力作用下紧紧地滚压在磨环上,由铲刀铲起物料送到磨辊和磨环中间,物料在碾压力的作用下破碎成粉,然后在风机的作用下把成粉的物料吹起来经过分级机,达到细度要求的物料通过分级机,达不到要求的重回磨腔继续研磨,通过分级机的物料进旋风分理器分离收集。排风采用工业滤布隔离排风一次成粉。

雷蒙磨是非金属矿物深加工的重要设备之一,因其性能稳定、适应性强、性价比较高,自传统雷蒙磨引进我国以来,已被普及应用于非金属矿的加工,被大多数的矿物加工企业所熟悉,在国内非金属矿加工行业有着相当大的保有量,是较为理

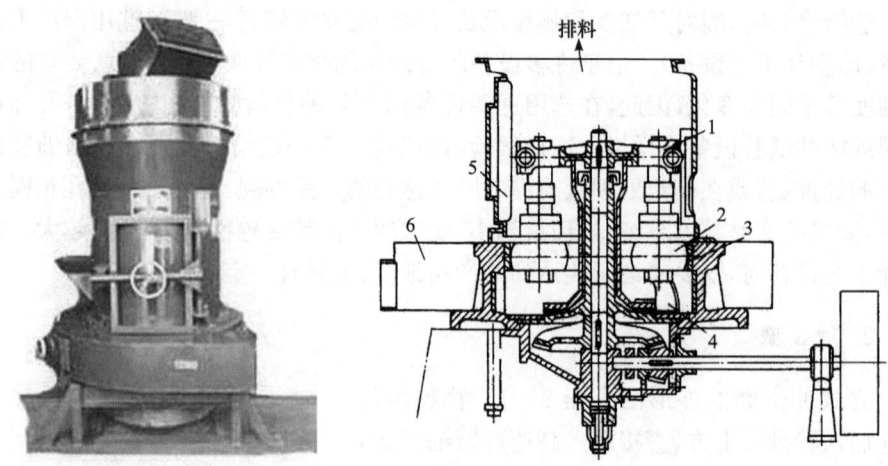

图 9-2 雷蒙磨外形和结构简图
1. 梅花架；2. 磨辊；3. 磨环；4. 铲刀；5. 给料口；6. 送风箱

想的矿物加工设备。

与雷蒙磨工作原理相似的还有柱磨机，但其主要用于预粉磨，见图 2-16。

4. 搅拌磨

粉体机械粉碎法加工中用得较多的设备是搅拌磨（stirring mill），桶式搅拌磨的工作原理如图 9-3。立式螺旋湿式搅拌磨（塔式磨机）的工作原理如图 9-4。

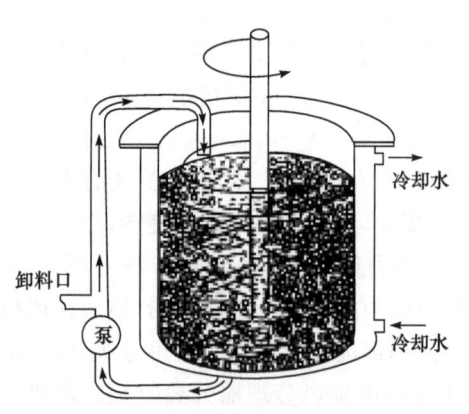

图 9-3 桶式搅拌磨的工作原理

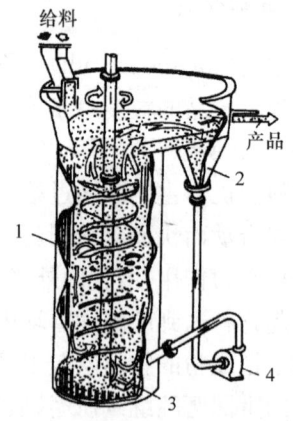

图 9-4 立式螺旋湿式搅拌磨（塔式磨矿机）的工作原理
1. 筒体；2. 分级机；3. 螺旋搅拌器；4. 砂泵

磨筒内设有搅拌器,当其回转时,搅拌叶片端的线速度大约在 3~5m/s 左右,高速搅拌时还要大 4~5 倍。在搅拌器的搅动下,研磨介质与物料作多维循环和自转运动,从而在磨筒内不断地上下、左右相互置换位置产生激烈运动,由磨介重力以及螺旋回转产生的挤压力对物料进行摩擦、冲击、剪切作用而粉碎。由于其综合了动量和冲击力的作用,因此能有效地进行超细粉磨,细度达到亚微米级,而且它的能耗绝大部分用于直接搅动研磨介质,因此能耗比球磨机、振动磨低,从其工作原理可见,搅拌磨除了研磨作用外,尚有搅拌和分散作用,所以它是一种兼具多元性功能的粉磨设备,广泛应用于高性能粉体的机械法加工。

在超细粉体材料生产中,研磨介质通常采用氧化铝球(珠)或氧化锆球(珠)。氧化锆珠的粒径一般为 0.2~2.5mm,密度一般不小于 6.0kg/dm³。近年来我国采用"熔融法"新工艺生产的高耐磨氧化锆陶瓷微珠,内部微晶体结构均匀细致,密度高,韧性好,其耐磨性能比原"烧结法"氧化锆珠高出很多。图 9-5 为氧化锆陶瓷微珠。

图 9-5　氧化锆陶瓷微珠

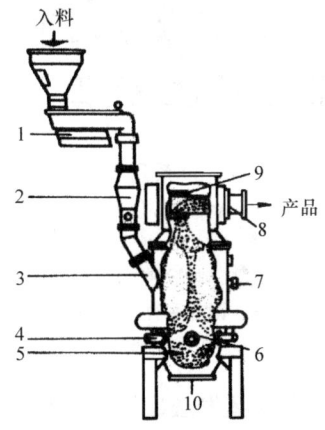

图 9-6　对喷-流化床式气流磨机
1. 振动给料机;2. 翻板阀;3. 入料口;
4. 喷嘴;5. 流化床;6. 粉碎区;7. 料位管;
8. 细粉排出口;9. 转轮分级机;10. 清扫口

5. 对喷-流化床气流磨

对喷-流化床式气流磨(jet mill)的工作原理见图 9-6。

FJM 系列流化床气流磨是武汉理工大学粉体工程研究所研究的新产品。它采用了特殊的对心逆喷射自粉碎原理和气流与物理的特别流动设计,以及高速涡轮分级和自动控制设计,使其在粉碎细度、分级精度、粒度调整、系统控制、防磨损、减少掺杂污染及能耗等方面均有较好指标。该机可用于粉碎莫氏硬度 9 级以上的超硬材料,产品粒度在 2μm 下通过率达 97% 以上。

6. 胶体磨

胶体磨机(colloid mill)是一种高速回转的超细磨磨矿设备。料浆以高速进入由定锥及动锥组成的窄狭空隙内,动锥的旋转与定锥产生机械剪切力使物料磨碎。这种设备可以使固体颗粒匀细化、乳化、分散而制成胶体,故称胶体磨机,可用于涂料、食品、化工、填料、胶体等的超细磨和分散。例如,将颜料分散于液相载体成为涂料,将黏度大的胶体分散为 1μm 以下的微滴,如糖浆、油膏、沥青等。胶体磨机根据其研磨结构的形状分为盘式、锤式、透平式和孔口式等;根据研磨结构的安装方式又分为立式和卧式两大类。常用的盘式胶体磨机有立式和卧式两种。动盘旋转速度为 3000~15000r/min,它与定盘的间隙为 0.02~1mm;间隙大小可根据对产品粒度的要求调节。给料粒度小于 200μm,产品粒度小于 1μm。动盘多为锥形(称动锥),上带凸刃以增加剪切力。图 9-7 中示出了中国制造的 JTM-120 系列立式盘式胶体磨机结构,间隙调节套上有刻度可检查研磨间隙大小。该系列动盘直径为 40~180mm。盘式胶体磨机的优点是无震动,占地面积小,用途广,调节容易;缺点是加工较硬的物料时动盘上凸刃易磨钝,从而降低设备效能。

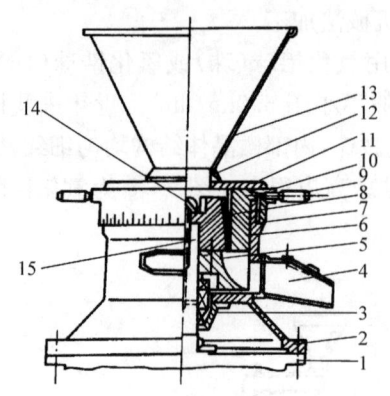

图 9-7 JTM-120 系列立式盘式胶体磨机结构

1. 立式电机;2. 机座;3. 密封盖;4. 排料槽; 5. 圆盘;6、11. 橡胶密封圈;7. 定锥; 8. 转(动)锥;9. 调节手柄;10. 间隙调节套; 12. 垫圈;13. 给料斗;14. 盖形螺母;15. 主轴

9.1.3 气体蒸发法超细粉体制备方法与设备

气体蒸发法是用电弧、高频、激光或等离子体等手段加热原料,使之气化或形成等离子体,然后骤冷,使之凝结成纳米粒子,其粒径可通过改变惰性气体、压力、蒸发速率等加以控制,粒径可达 1~100nm。

1. 电阻加热法

蒸发源采用通常的真空蒸发中所使用的螺旋状纤维或者舟状的电阻加热体,大概形状如图 9-8 所示。因为蒸发原料通常是放在 W、Mo、Ta 等的螺旋状载物台上,所以有两种情况不能使用这种方法进行加热和蒸发:①两种原料——发热体与蒸发原料之间在高温熔融后形成合金;②蒸发原料的蒸发温度高于发热体的软化温度。

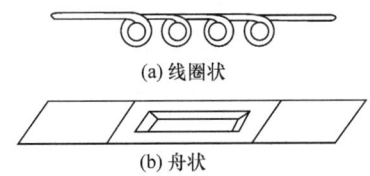

图 9-8　蒸发用电阻加热的发热体

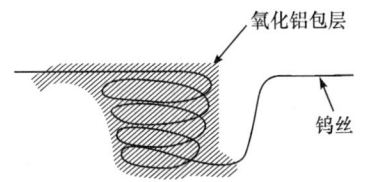

图 9-9　氧化铝包覆蓝框状钨丝发热体

图 9-9 所示的电阻发热体是用 Al_2O_3 等耐火材料将钨丝进行了包覆,所以熔融了的蒸发材料不与高温的发热体直接接触,可以在加热了的氧化铝坩埚中进行比上述 Ag 等金属与更高熔点的 Fe、Ni 等(熔点在 1500℃)金属的蒸发。

虽然发热体的功率在 1.5kW 左右就已经足够,但在多次蒸发中,放上 1~2g 的原料,而蒸发后从容器内壁等处所能回收的超微颗粒也只不过数 10mg。如果需要更多的超微颗粒,只有进行多次蒸发。该方法只是一种应用于超微颗粒研究中的超微颗粒制备方法,对于那些刚刚开展超微颗粒研究工作的人员来说,仍不失为一种有意义的简便方法。

图 9-10 为采用气体蒸发法制备超微颗粒的装置,其具体过程如下,预先将蒸发原料放在钨质的加热用载样台上,像真空沉积那样将蒸发室内抽真空到 $5×10^{-3}$Pa 的高真空,然后将真空排气阀关闭,再由气体导入系统导入 Ar 气或者 He 气等惰性气体,使压力达到适合于蒸发的条件,然后将蒸发用的钨质载样台加热到比蒸发原料的熔点更高的温度,钨质载样台周围开始冒烟,出现与蜡烛火焰的边缘部分相类似的现象,这种烟雾中就含有超微颗粒。

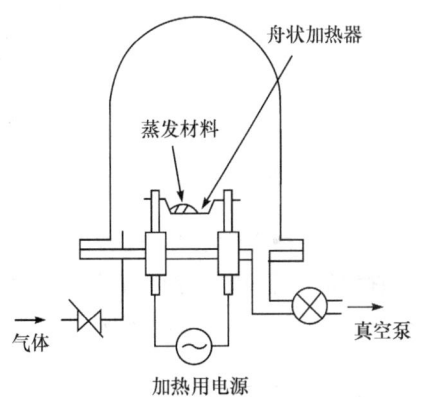

图 9-10　电阻加热气体蒸发法制备超微颗粒的装置

2. 高频感应加热

该方法是 20 世纪 70 年代初由日本真空冶金股份有限公司开发的用于高性能磁带用超微粉制造的一种高效方法。高频感应加热在诸如真空熔融等金属的熔融中应用具有许多优点,该方法熔化金属主要着眼于如下几点:①可以将熔体的蒸发温度保持恒定;②熔体内合金的均匀性好;③可以在长时间内以恒定的功率运转;④在真空熔融中,作为工业化生产规模的加热源,其功率可以达到 MW 级。图 9-11 是采用高频感应加热制备超微颗粒的装置。在小坩埚内放入金属,加热蒸发而形成的超微颗粒,所制备的超微颗粒的粒径可以通过调节蒸发空间的压力和熔体温度来进行控制。这一加热的特征是规模大,超微颗粒的粒度趋于均匀,高频感应加热中,在耐火坩埚内进行金属的熔融和蒸发时,由于电磁波的作用,熔体会发生由坩埚的中心部向上、向下以及向边缘部分的流动,这使熔体表面得到连续搅拌,使温度保持均匀。

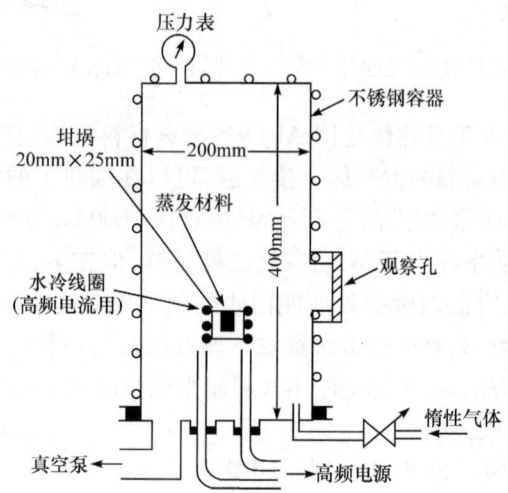

图 9-11 高频感应加热制备超微颗粒的装置

3. 激光束加热

作为一种光学加热方法,近来激光在许多方面得到应用。激光的利用可以说是超微颗粒制备中一种很有特点的方法,它具有如下优点:①加热源可以放在系统外,所以它不受蒸发室的影响;②不论是金属、化合物,还是矿物都可以用它进行熔融和蒸发;③加热源(激光器)不会受蒸发物质的污染等。

利用激光束加热的超微颗粒制备装置的示意图见图 9-12,该装置作为实验用,与电阻加热的情形相同,可以利用真空沉积装置。激光束通入系统内的窗口之材料可采用 Ge 或者 NaCl 单晶板。另外,在蒸发室中用来支撑蒸发材料的耐火材料也只要很小的一块就行了。和田等人在 Ar 气气氛中使用 CO_2 激光束照射市售的 SiC 粉末(α-SiC)进行蒸发。在 Ar 气 1.3kPa 气氛中生成的 SiC 超微颗粒粒径约为 20nm。

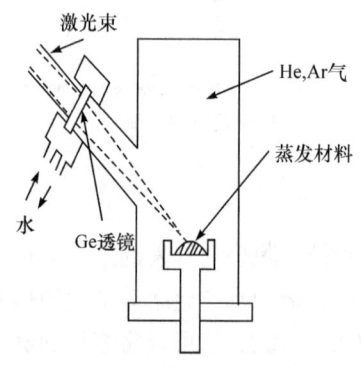

图 9-12 采用激光束加热的气体蒸发法制备超微颗粒的装置

4. 等离子体喷雾加热和电子束加热

等离子体喷雾加热制备超细粉体方法见图 9-13,电子束加热方法见图 9-14。

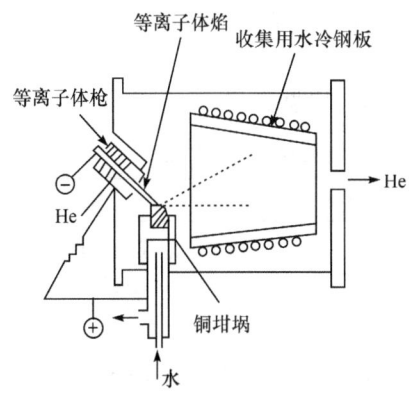

图 9-13 采用等离子体喷雾加热的气体蒸发法制备超微颗粒的装置

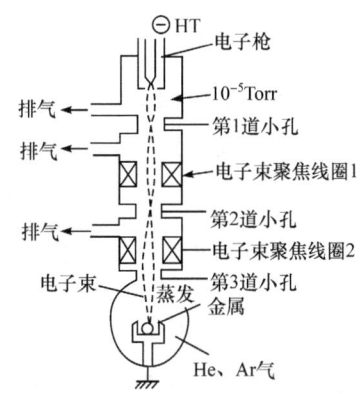

图 9-14 采用电子束加热的气体蒸发法制备超微颗粒的装置

5. 气体蒸发法的新进展

虽然气体蒸发法主要以金属粉体为主,但目前这一方法已延展到制备无机化合物、有机化合物和复合金属超微颗粒。

(1) 氧化物超微颗粒。在混有少量 O_2 气的 Ar 气等惰性气体的气氛中,以两块块状的金属 Al(纯度为 5N)作为电极,使之产生电弧,从而使两块金属的表面熔融,由其表面产生超微颗粒,制备条件是在 40kPa Ar 和 13kPa O_2 的混合气体气氛中使用电弧加热。这种 Al_2O_3 超微颗粒的结晶性非常好,即使将它在 1260℃ 的高温下加热 1h,$\gamma\text{-}Al_2O_3$ 颗粒的形状也基本不发生变化,这表明其高温性能好。如果在这种 $\gamma\text{-}Al_2O_3$ 超微颗粒的表面沉积 Pt 或者 Rh 等的贵重金属原子簇,它作为催化剂载体,很适合于在高温下使用。

(2) 有机化合物超微颗粒。过去,有机化合物或高分子化合物的微细化都是由固体材料的粉碎或者是由胶乳微粒所代表的那样在液相中进行聚合反应等方法来进行的。日本科学家丰玉英树试图用普通的气体蒸发法来制备有机化合物微粒。以块状的有机化合物为原料,在 Ar 气氛中熔融、蒸发,成功地制备出了粒径数 10nm 至数 1nm 的微粒,粒径可以通过调节蒸发时的 Ar 气压力得以控制,其粒度分布也比较窄,有机化合物超微颗粒有一点非常有趣,即使是憎水性的固体状材料,一旦制备成超微颗粒之后,便可以均匀地分散于水中,即表面亲水性增加了。最近,许多医药公司对这一现象非常重视,设法将憎水性的药品制备成溶于水的注射药。

(3) 复合金属超微颗粒。由于用气体中蒸发法来制备各元素间蒸气压差别很大的合金超微颗粒时,蒸发材料是由同一蒸发源蒸发,所以过去一直被认为很难控制其成分。小田正明等人通过改进蒸发原料的供给方法,制备出了 Cu 和 Zn 这一蒸气压相差很大的组合之复合超微颗粒。生成的超微颗粒具有由 2～3nm ZnO 微细晶体包覆在数 10nm 的 Cu 超微颗粒上形成的复合颗粒状态。这种超微颗粒对合成甲醇等具有极好的催化活性和选择催化作用。

各种加热方式所制备的超微颗粒及其特性的对比见表 9-2。

表 9-2 各种加热方式所制备的超微颗粒及其特性的对比

名 称	加热-蒸发法	制备气氛	特 征
电阻加热	电阻加热器的形状为舟状、线状或栏框状,蒸发原料安放在加热器上,加热蒸发。	惰性、还原性 $3\times10^2\sim1\times10^5$ Pa	实验室规模的制作,最为简便,但一次运转的产量只有 n 毫克。
等离子体喷射	将等离子体集束于水冷铜坩埚内的金属原料,进行加热和蒸发。	惰性 $2.6\times10^4\sim1\times10^5$ Pa	适合于研究室规模的产量化(20～30g/混合料)。
高频感应	将耐火材料坩埚内的蒸发原料进行高频感应加热,在坩埚内,具有感应搅拌作用。	惰性 $1.3\times10^2\sim6.5\times10^3$ Pa	粒径容易控制,粒度均匀性好,可以进行大功率、长时间运转。
电子束加热	用一狭缝将高真空的电子束发生室和压力为 1Torr 左右的蒸发室隔开,保持压差,原料以线状供给。	惰性、反应性 1.3×10^2 Pa	可以制备 Ta、W 等高熔点金属以及 TiN、AlN 等高熔点化合物。
激光束加热	连续、高能量密度的线光源(CO_2 激光等)通过 Ge 窗口和透镜在容器内集焦照射在原料上。	惰性 $1.3\times10^3\sim1.3\times10^4$ Pa	蒸发容器的结构简单,除金属外,还可蒸发化合物、矿物等。对 SiC 等金属化合同样有效。
等离子体溅射	以蒸发原料为阳极,在它与环状阳极之间加上直流电压,通过在惰性气体中放电,由熔融阳极表面蒸发。	惰性+还原性混合气,1.3×10^4 Pa	可以进行粒径的控制,粒径均匀。
通电加热	将碳电极压在块状蒸发材料上通上电流,经直接通电加热将蒸发材料表面熔化,上到碳棒后蒸发。	惰性 $5\times10^2\sim5\times10^3$ Pa	除 SiC 外,可制备 Cr、Ti、V、Nb、Ta 和 W 等碳化物超微颗粒。

9.1.4 超细粉体的分级设备

通常制备的粉体有很大部分无法直接使用,其原因是许多应用领域需要窄粒级的粉体,超细分级设备有的与粉碎设备联用,作为粉碎系统的重要组成部分;有的是粉体加工的后续设备。目前使用较为普遍的是干法气流分级,除此之外还有湿法超细分级,主要有水力旋流器和螺旋离心分级。

1. 干法超细分级

(1) 双叶轮离心式风力分级机。图 9-15 是带有双叶轮的离心式风力分级机,广泛地用在干式分选前的分级、干式闭路磨矿以及化工生产中。原料由中空轴 1 给到旋转盘 2 上。借助盘的转动将固体颗粒抛向内壳 5 所包围的空间。在竖轴 1 上还装有叶片 3 和 4,在转动时形成图示方向的循环气流。粗而重的颗粒在到达内壳 5 的内壁后,克服上升气流的阻力落下,由底部内管排出,是为粗粒级产物。细小的颗粒被上升气流带走,进入内壳 5 与外壳 6 之中的环形空间内。由于气流的转向和空间断面的扩大,细颗粒也从气流中脱出落下,由底部孔口排出 5 是为细粒级产物。

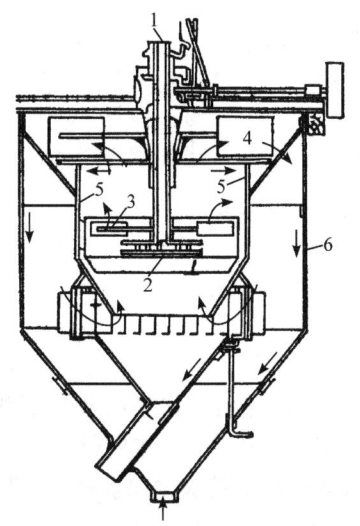
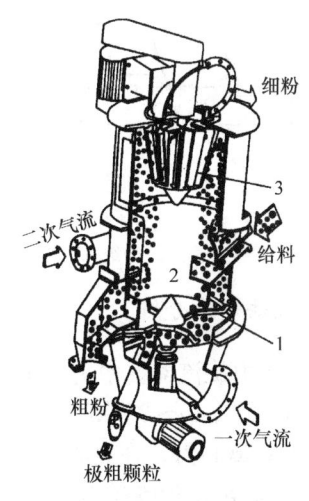

图 9-15 双叶轮离心式风力分级机　　图 9-16 N 型涡轮式空气分级机
1. 中空轴;2. 旋转盘;3、4. 叶片;5. 内壳;6. 外壳　　1. 叶片;2. 流态化床;3. 涡轮

(2) N 型涡轮式空气分级机。结构如图 9-16 所示,上部为分级区,下部为流态化区。物料在插入管下部给入且悬浮在涡轮处进行第一次分级,粗粉下落经二次气流作用进行再分级,然后排出。由上升气流携带流经涡轮的细粉在涡轮导向叶片作用下进行二次分级。这种设备的分离粒度 $d_{50}=20\sim180\mu m$,处理量 $1\sim6t/h$,涡轮转速 2300(最小型)~300(最大型)r/min。

(3) 旋风式分级收尘器。该装置的结构与工作原理与水力旋流器相同,但在干法条件下使用。

图 9-17 旋转叶片分级器

(4) 旋转叶片分级(分析)器。该装置属离心式风力分级机,为雷蒙磨的配套组成部分,见图 9-17。

(5) LHB/Y 型自分流式微粉分级机。参看图 9-18。物料由进料系统进入自分流分级室,与空气充分混合成流态化,在自分流分级区内,大部分粗颗粒被分离;细粉夹带少量粗颗粒被上升气流带入涡轮分级区,在分级轮离心力和风机抽力的作用下,实现粗细粉的二次分离,合格的细粉经分级轮由细粉捕集系统收集,粗颗粒在离心力及重力的作用下沿筒壁下滑,最终一次二次分离的粗粉从分级机下端卸料阀排出。

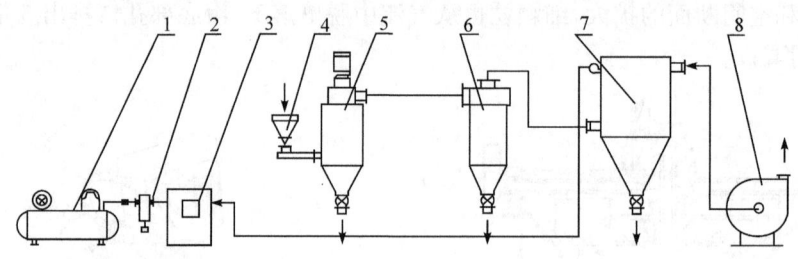

图 9-18 LHB/Y 型自分流式微粉分级机
1. 空气过滤器;2. 过滤除油器;3. 冷干机;4. 进料系统;
5. 分级机主机;6. 旋风收尘器;7. 布袋收尘器;8. 引风机

2. 湿法超细分级

(1) 水力旋流器。水力旋流器的构造和工作原理与旋风式集料收尘器相同,工作时,矿浆以 40~350kPa 的压力从给矿管沿切线方向送入,在内部高速旋转,产生很大的离心力。在离心力和重力的作用下,较粗的颗粒被抛向器壁,作螺旋向下运动,最后由排砂嘴排出,较细的颗粒及大部分水分,形成旋流,沿中心向上至溢流管排出。水力旋流器广泛应用于分级粒度为 0.003~0.25mm 的分级作业或分级粒度小于 15μm 的浓缩或澄清作业,其直径在 Φ10mm~Φ1400mm 之间,用于超细分级或分离时,一般用小直径的水力旋流器。

(2) 卧式离心分级机。卧式离心分级机的结构及工作原理如图 9-19 所示。主要由转鼓、螺旋推料器、差速器、机壳、机座等部分构成。转鼓通过主轴承水平安装在机座上并通过联结与差速器外壳相连,螺旋推料器通过滚动轴承或滑动轴承同心安装在转鼓内并通过花键轴与差速器输出轴相连。转鼓与螺旋推料器之间有微小的径向间隙,在电机的带动下两者同向以不同转速旋转。待分级或分离的悬浮液由中心加料管加入螺旋推料器的推进仓内,加速后,由螺旋上的进料孔进入转鼓内。在离心力的作用下,进入转鼓内的悬浮液很快分成两层,较粗或较重的颗粒沉积在转鼓内壁上形成沉渣层,而含较细或较轻颗粒的液相则形成内环分离液层。沉渣(固体颗粒)被螺旋推料器推送到转鼓小端,在锥段进一步脱水后由转鼓小端的出渣口甩出转鼓,分离液采用溢流方式或向心泵方式排出。

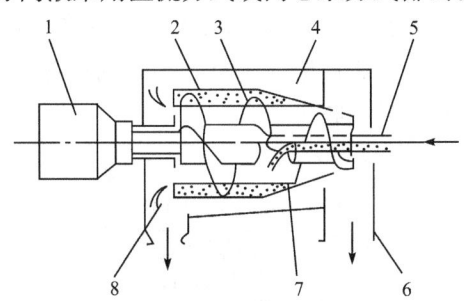

图 9-19 卧式螺旋离心分级机的结构及工作原理
1. 差速器;2. 转鼓;3. 螺旋推料器;4. 机壳;5. 进料管;
6. 排渣口;7. 进料仓;8. 溢流环

卧式螺旋离心分级机具有连续操作、处理能力大、单位产量能耗少、结构紧凑、维修方便等优点。它能够处理固体颗粒粒径 1μm~10mm,固体含量 2%~50%的浆料,广泛应用于化工、食品、医药、轻工、矿物加工和污水处理等工业部门。

9.1.5 超细粉体的集料收尘设备

物料经过超细粉碎和分级获得超细粉体后,还必须将其收集获得产品。常用的集料收尘设备有旋风式集料收尘器和袋式脉冲收尘器。

旋风式集料收尘器的结构和工作原理与水力旋流器相同。如图 9-20,含尘空气以压力沿切线方向送入,在内部高速旋转,产生很大的离心力。在离心力和重

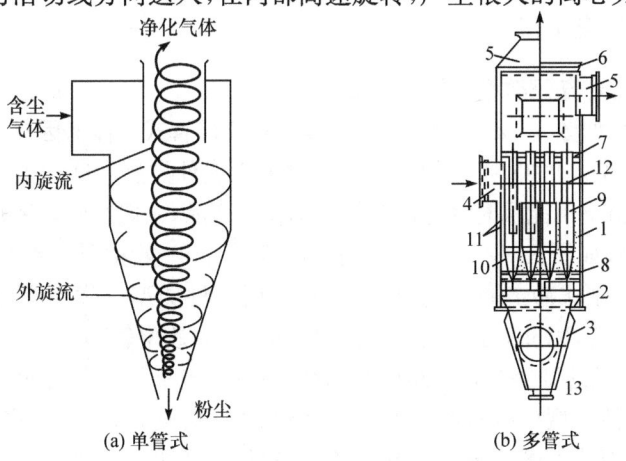

图 9-20 旋风式集料收尘器的工作原理
1. 外壳;2. 支撑部分;3. 灰斗;4. 进气管;5. 排气管;6. 顶盖;7、8. 支撑花板;
9. 旋风子;10. 填料;11. 导向叶片;12. 排气导管;13. 排尘口

力的作用下,粉体颗粒被抛向器壁,作螺旋向下运动,最后由排砂嘴排出,较细的颗粒及大部分水分,形成旋流,沿中心向上至溢流管排出。多管式由多个小直径旋风式收尘器并联组成。

袋式脉冲收尘器采用布袋作为截留收集粉尘的介质。如图 9-21 所示,含尘空气经引风机导入,粉尘被布袋截取。定时以反向风吹布袋,并配合振动布袋,使粉尘下落回收,同时恢复布袋的收尘效率。

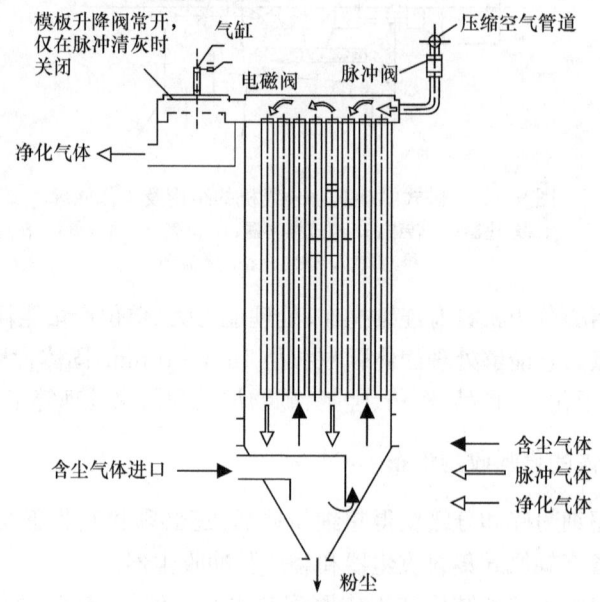

图 9-21　袋式脉冲收尘器的工作原理

9.1.6　超细粉碎工艺类型

超细粉碎的工艺流程类型见图 9-22。

(1) 开路粉碎,如图 9-22(a)所示,一般偏平和循环管式气流磨因具有自行分级性能常采用这种类型。另外,批量超细粉碎也常采用这种类型。这种类型的优点是工艺简单。但是,由于不能及时地分出合格的细粒级产品,一般粉碎效率较低。

(2) 闭路粉碎,如图 9-22(b)所示,采用这种类型一般都是连续粉碎。球磨机、搅拌磨、高速机械式冲击磨机、振动磨等常采用这种类型。优点是能及时地分出合格的细粒级物料,因此,可以减轻颗粒的团聚,粉碎效率较高。

(3) 带预先分级的开路粉碎,如图 9-22(c)所示,当给料中含有较多的合格粒级物料时,采用这种类型可减轻磨机的负荷,降低粉碎能耗,有助于提高作业效率。

(4) 带预先分级的闭路粉碎,如图 9-22(d)所示,如果磨机给料来自前一段粉碎作业,采用这种流程可将给料中的合格粒级物料预先分出,避免了细粒物料"过磨",有助于提高粉碎效率。

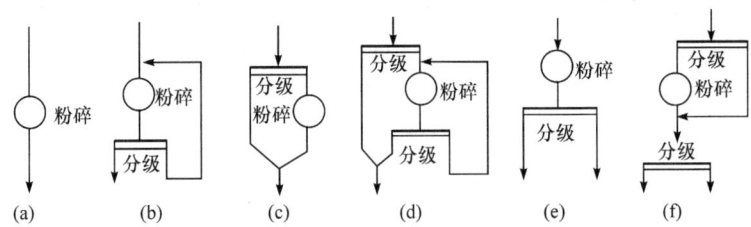

图9-22 超细粉碎的工艺类型

(a)开路粉碎;(b)闭路粉碎;(c)带预先分级的开路粉碎;(d)带预先分级的闭路粉碎;
(e)带最终分级的开路粉碎;(f)带预先分级和最终分级的开路粉碎

(5)带最终分级的开路粉碎,如图9-22(e)所示,这种粉碎流程的特点是可以得到粒度及粒度组成不同的几种粉体产品。

(6)带预先分级和最终分级的开路粉碎,如图9-22(f)所示,这种类型的特点与(5)相同,但由于设置了预先分级作业,可以提高粉碎作业的效率。从粉碎方式来说,粉碎工艺流程可以分为两种,即干法粉碎和湿法粉碎。

粉碎的级数主要取决于原料的粒度和要求的产品粒度,一般来说,粉碎级数愈多,工艺流程也就愈复杂,工程投资也相应增加,因此,在可能的条件下应该尽量采用一级或两级粉碎工艺流程。

图9-23为旋辊式磨机、涡轮式空气分级机和袋式脉冲收尘器构成的超细粉碎工艺生产线。

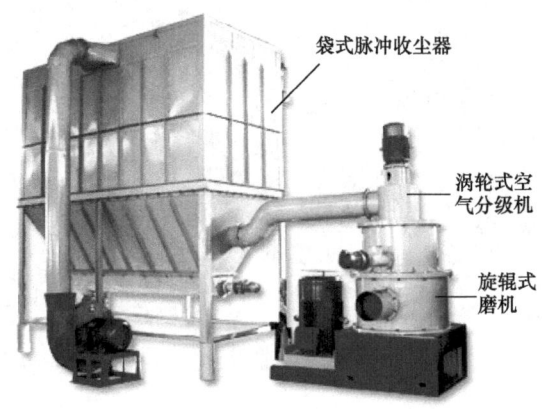

图9-23 超细粉碎工艺生产线

9.1.7 超细粉碎工艺应用

1. 超细方解石粉的生产

新型XC4R780-2414超细雷蒙磨粉机,可对方解石、白云石、滑石、高岭石、重晶石、金红石、萤石等非金属矿物进行超细研磨。流程如图9-24所示，经实际检验，选用进料尺寸为25mm的方解石进行研磨，产品细度调整在1250目（10μm）时，产量可达400kg/h，系统输入功率33kW。

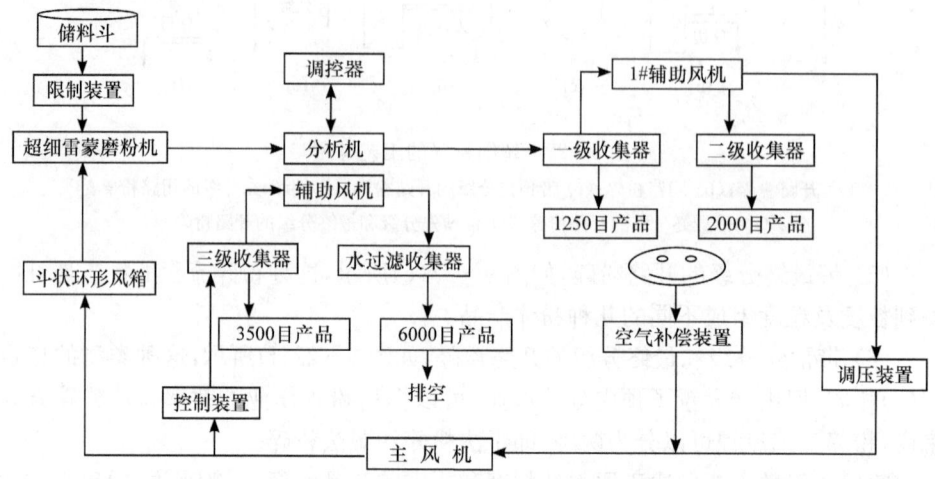

图9-24　XC4R780-2414超细雷蒙磨粉机生产流程图

图9-25是雷蒙磨超细粉碎工艺生产现场。

图9-25　雷蒙磨超细粉碎工艺生产现场

2. 超细滑石粉的生产

滑石是一种具层状构造的含水的镁质硅酸盐矿物，化学式为$Mg_3[Si_4O_{10}](OH)_2$，以氧化物表示为$3MgO·4SiO_2·H_2O$。由于其质软，有很强的滑腻感而得名。滑石具有较高的电绝缘性、绝热性、高熔点和对油类有强烈的吸附性能,因此在工业上有广泛的用途。

广西桂广滑石工业公司和龙广滑石工业公司的年生产能力均为 20 万吨,两公司的矿区均位于广西龙胜县境内,是中国滑石工业的重要生产和出口基地。该矿区滑石储量丰富,属碳酸盐类型,原矿中含滑石大于 70%,伴生矿物为绿泥石,并含少量方解石。公司采用雷蒙磨生产造纸、电缆用滑石粉、药用滑石粉和油毡用滑石粉。此外,两公司建成三条滑石超细粉生产线,主要设备为 FJM680 型气流粉碎机和 WTC315 型涡轮分级机,见图 9-26。入料粒度为 －325 目滑石粉。耗气量 $40m^3/min$。产品细度分别为 1250 目($d_{98} \leqslant 10\mu m$)、2500 目($d_{90} \leqslant 5\mu m$)、7000 目($d_{90} \leqslant 2\mu m$),台时生产能力分别为 545kg/h、240kg/h、140kg/h。

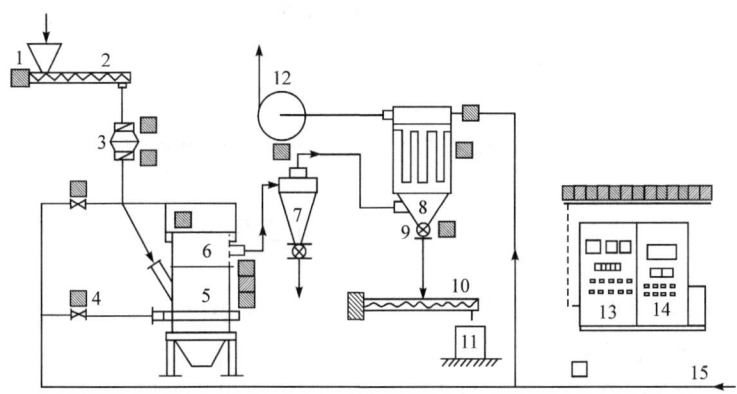

图 9-26 广西桂广、龙广滑石工业公司气流粉碎工艺流程图

1. 料仓;2. 螺旋吸料机;3. 气控双闸板阀;4. 气控流量薄膜阀;5. 气流磨(FJM680 型);6. 变频调节高速涡轮分级机;7. 旋风分离器 WTC-315 型涡轮分级机;8. 脉冲袋式捕集器;9. 15 旋转卸料阀;10. 螺旋输送机;11. 包装机;12. 离心排风机;13. 电气自控柜;14. 气动自控柜;15. 洁净压缩空气

如图 9-27 为某干法连续式超细搅拌磨生产超细滑石粉的生产线,以普通 400 目滑石粉为原料,产品细度 1250 目,产量可达 600kg/h;产品细度 2000 目,产量为 350kg/h。

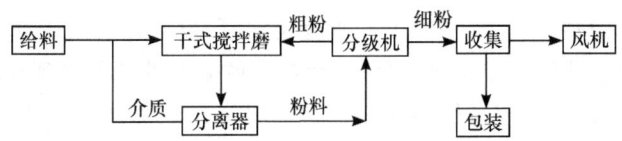

图 9-27 超细滑石粉干式连续超细搅拌磨闭路流程

3. 超细重质碳酸钙粉的生产

湖南省常宁县重钙厂采用长沙矿冶研究院生产的 2 台 JM-800 型立式螺旋

搅拌磨,生产超细重质碳酸钙粉。给料-200目,产品-2μm 85%~90%。图9-28为立式螺旋搅拌磨亚微米级超细重钙粉生产现场。

图9-28 立式螺旋搅拌磨亚微米级超细重钙粉生产现场

9.2 粉体化学合成方法与设备

粉体的化学合成是从物质的原子、离子或分子入手,经过化学反应形成晶核以产生晶粒,并使晶粒在控制之下长大到其尺寸达到要求的大小。按照物质的原始状态分类,粉体化学合成方法可分为气相法、液相法和固相法。粉体化学合成主要用于制备超细粉体及纳米颗粒,其特点是所得粒子性能优良,颗粒粒径小,尺寸分布均匀和颗粒纯度高。

9.2.1 粉体化学合成反应器

1. 反应器的类型

超细粉体化学合成生产中的核心设备是反应器。反应器是实现反应物在反应条件下进行化学反应的设备,反应器的结构与相应技术参数直接影响反应的转化率、选择率、原料利用率。特别对于工业放大问题,反应器形式直接影响到成本价格、产品分离与提纯的困难程度。此外,反应器的安全性还关系到环境保护问题。

按超细粉体化学合成过程中反应物物态划分,可以将相应的反应器分为气相反应器、气固反应器、气液反应器和液相反应器等四类。

(1) 气相反应器。气相反应器用于两种或两种以上气体的化学反应中,一般这类反应器承载温度极高,相应的化学反应过程极快。热管炉加热式反应器、激光诱导式反应器、等离子体加强式反应器都属于此类。通常气相反应器结构比较复杂,涉及原料预热、混气、成核与生长等多个过程,并且还要考虑到流体温度分布、流体速度分布、流体传热、流体与反应器壁热量交接行为等。特别是反应器热量辐射与冷却方式是构成反应器结构的核心问题。

(2) 气固反应器。气固反应器用于气体在固体表面上发生的化学反应。根据固体在反应器中的运动形态,气固反应器可以分为固定床反应器、移动床反应器、流化床反应器等。气固反应器在超细粉体的制备中应用比较普遍,如利用各类金属超细粉体制备相应化合物的气相反应,各类纳米级固体颗粒的氯化、氧化与碳化等反应,以及利用各类超细粉体制备相应的颗粒膜的过程。

(3) 气液反应器。气液反应基本上都是在液相中进行的,可以认为气液反应是化学吸收反应。在气液反应器中,气液反应通常包括气体吸收和在液相中进行化学反应两方面问题,即气液反应不仅是化学吸收,而且还会伴随化学反应并有析出晶体和晶体长大问题。在超细粉体制备中,经常应用气液反应器,例如在室温下采用 $SiCl_4(l)$ 和 $NH_3(g)$ 进行气液反应,使用的就是气液反应器。

(4) 液相反应器。液相反应器是使液相物质之间发生化学反应或物理状态变化的一类反应器。在超细粉体制备的液相法中经常采用液相反应器。如各种沉淀反应、溶胶-凝胶反应、微乳液反应、水热反应、水解反应等。常见的液相反应器一般都是均相反应器,主要有搅拌式液相反应器、搅拌釜式液相反应器和泵循环液相反应器,这里搅拌操作主要是使反应物实现均匀混合,为反应完全创造条件。通常的搅拌器主要有旋桨式、涡轮式和桨式。

2. 反应器的选择与放大

由于化学反应的类型较多,反应条件千差万别,因此要根据具体情况来选择反应器。选择的原则是:①应根据反应物物态及反应类型确定相应的反应器类型;②要使反应器与反应体系化学反应的热力学与动力学数据匹配;③反应器的结构要使优化工艺条件较好地实现,反应器的操作方式要很好地满足反应选择率和产品转化率的要求。此外,选择反应器时还要充分考虑到产率的大小和投资能力等因素。

选择反应器时,最重要的一条是工业放大问题。设备放大以后,流体的流动情况、温度分布、浓度分布都将发生变化,这些变化将在不同程度上影响化学反应能否在最优化条件下进行,最终会影响到产品产率与物性。

9.2.2 气相化学反应法

气相化学反应法制备超细粉体是依靠原料气与反应气进行化学反应,或挥发性金属化合物蒸气在特定气氛下发生化学反应,在保护气体环境下快速冷凝,从而合成目标物质颗粒的方法,也称为气相化学沉积法(chemical vapor deposition,简称CVD)。在气相反应中有单一化学种类的热分解反应和两种以上化学种类气体间的气相反应。气相化学反应法适合于制备各类金属、金属化合物以及非金属化合物纳米颗粒,如各种金属、氯化物、碳化物、硼化物等,制备的超细粉体具有颗粒均匀、纯度高、粒度小、分散性好、化学反应活性高、工艺可控和过程连续等优点。

无论是哪一类气相化学反应,都面临反应器形式与加热方式的选择,其中反应器的结构与相应参数,以及配套的气体处理技术,如配气方式、混气方式、预热方式等对生成超细粉体的性质将产生重要影响。此外,加热方式的选择在气相化学反应中也将起到重要作用。

1. 热管炉加热气相化学反应法及反应器

热管加热技术属于传统式的热工技术,至今仍普遍地应用于化工、材料工程及科学研究的各个领域,其特点是结构简单、成本低廉、适合于工业化生产,特别适用于从实验室技术到工业化生产的放大。

(1) 外混气型热管炉加热气相反应器。如图9-29所示,物料全部按规定方向作定常流动,即物料在系统一端流入,而在另一端流出尾气。由于原料气、反应气及载气在反应器外部预先混合,反应器内部不存在沿流体流动方向的混合,因此当流体通过反应器时,犹如活塞运动一样。为了有效地移走热量,热管反应器的直径应尽量小一些,相应的反应器长径比应尽量大一些。这样可保证反应器径向温度梯度小,轴向中段温度分布趋于均匀,从而为均相反应、均匀成核与生长创造条件。此外,为了保证生成颗粒的快速冷凝,在热管炉反应器出口附近还应设置专用冷水套管,或喷入冷惰性气体。

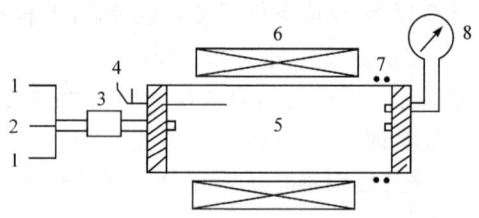

图9-29 外混气型热管式气相反应器结构
1. 反应气;2. 载气;3. 混气室;4. 控温电偶;5. 反应区;6. 管式加热炉;
7. 冷凝水管;8. 压力表

(2) 内混气内预热均匀成核生长气相反应器,见图9-30。主要技术特征为:①在合成反应进行之前,原料气、反应气与载气能够实现均匀化混合,其中的特殊结构会导致相应空间形成湍流与团流,从而强制各路气体均匀混合;②反应成核区的有效反应体积大大缩小,因而局部温度梯度变化不大,使成核反应趋于均匀;③生长区是同轴加热对称式,生长区径向温度趋于均匀,此处混合流体近似活塞流,从而使生成颗粒粒径、形貌、物相趋于均匀。

热管炉加热气相化学反应法是由电炉加热,反应器内温度梯度小,合成的粒子粒度较大,且易团聚和烧结,这是该法合成纳米颗粒最大的局限。

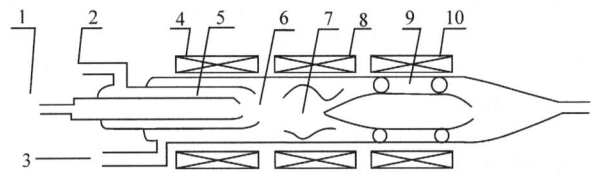

图 9-30 内混气内预热均匀成核生长气相反应器
1. 原料气入口;2. 保护气入口;3. 反应气入口;4. 预热电炉;5. 反应气预热区;
6. 均匀混气区;7. 反应成核区;8. 反应区加热炉;9. 均匀生长区;10. 生长区加热炉

2. 激光诱导气相化学反应法及反应器

激光诱导气相合成法制备超细粉体最初由美国材料与能源研究所(MIT)的 W. R. Cannon 等人在 1978 年提出,目前该技术已相当成熟,采用该法已经制备出各种金属氧化物、碳化物、氮化物等纳米颗粒,其中相当一部分研究成果已经开始走向工业化。

激光法合成纳米颗粒过程中,为了保证反应生成的核粒子快速冷凝,获得超细的颗粒,需要采用冷壁反应室。通常采用的技术是水冷式反应器壁和透明辐射式反应器壁。这样有利于在反应室中构成大的温度梯度分布,加速生成核料子的冷凝,抑制其过分生长。此外,为了防止颗粒碰撞、黏连团聚,甚至烧结,通常在反应器内配备惰性保护气体,使生成的纳米颗粒的粒径得到保护。

(1) 交叉流筒状立式激光气相合成反应器。激光气相法合成超细粉体的技术中,采用的气相反应器通常是筒状立式反应器、管状卧式反应器和球状悬浮式反应器。

图 9-31 给出交叉流筒状立式反应器装置示意图,其中激光束经过受到氩气(或其他惰性气体)保护的窗口入射到反应室,与受氩气保护的反应气流在反应室内发生相互作用,促使反应气体发生化学反应而生成粉末粒子。反应室上部有一管子与过滤器、真空泵相连,在真空泵的作用下,粉末粒子可穿过激光束,并朝着过滤器方向运动。只要过滤器的微孔直径小于粉径,粉末就被搜集在过滤器上,而惰性保护气体则会穿过过滤器,同时起到输运粉粒的作用。在反应室左端部设有水冷的铜块光束终止器,可使激光束终止于铜散热块。

(2) 在图 9-31 所示装置的基础上,日本丰田汽车公司中心研究与开发实验室进行了部分改进形成管状卧式反应器,示于图 9-32,获得了较好的效果。这种装置以连续二氧化碳激光器为能源、用不锈钢材料制造的反应室,长 300mm,直径为 34mm,在反应室的一端设置带有 O 形环状密封垫的硒化锌(ZnSe)窗口,另一端设置水冷的铜块激光束终止器。反应室内的压力为 0.1Pa。应用脉冲二氧化碳激光器的装置如图 9-32 所示。不锈钢反应室长 120mm,直径为 34mm,在反应室端部设置一带 O 形环状密封的氯化铀宙口。混合气体($NH_3/SiCl_4$)为 10^{-3}Pa 的反应室,在高真空管道内安装水银压力计可测量反应室压力。用真空阀保证其密封性。

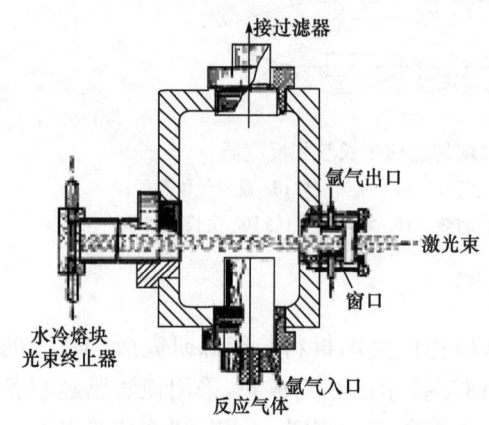
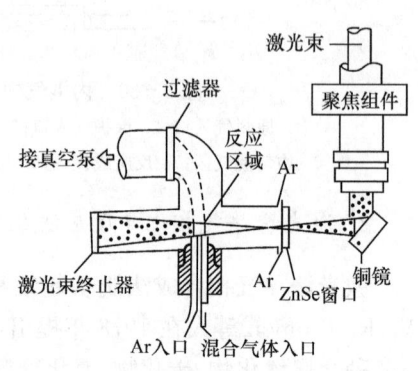

图 9-31 交叉流筒状立式反应器装置　　图 9-32 带有连续 CO_2 激光器的反应器装置

3. 等离子体加强气相化学反应法及反应器

等离子体加强气相化学反应法是利用温度高达 1 万度,含有大量电子、离子及处于激发态的活性粒子的热等离子体条件,使原料气和反应气迅速发生化学反应,经过淬冷、成核、长大等过程形成所需要的颗粒。等离子体加强气相化学反应的实验装置主要由等离子体发生装置、化学反应装置、冷却装置、收集装置及尾气处理装置等几部分组成;根据等离子体热源的产生方式,等离子体气相合成反应器分为直流电弧放电式、高频感应式、直流射频式、微波式等几种。

(1) 直流电弧式等离子体气相反应器。它包括等离子体发生器、高温气相反应器、颗粒冷凝与收集室,典型曲直流电弧等离子体反应器(图 9-33)。这类反应器的主要技术特征是:①等离子体温度极高,有利于高温下的化学反应进行和生成物的形成;②等离子体电弧焰流

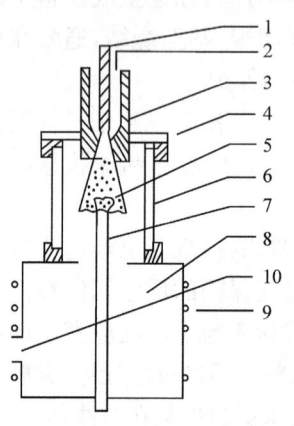

图 9-33 直流等离子体气相合成反应器
1. 发生器;2. 工作气体入口;3. 电弧;
4. 旋流保护气;5. 反应区;6. 水冷石英套管;7. 混合反应气;8. 冷凝沉积室;
9. 水冷器壁;10. 抽气口

分布区域小,温度梯度大,有利于形成极细的颗粒;③反应器中设置了多段冷凝装置,有利于颗粒沉积。但需要指出的是,电弧式等离子体气相反应器中反应体积比较小、产率低,不易形成规模化工业生产。

直流电弧等离子体反应区温度极高、温度梯度很大。理论与实验都证明,随着距等离子体焰流喷口距离增大,温度陡降,沿着等离子体喷射方向,温度变化显著,并且纵向与横向都存在较大的温度梯度,这对于合成极细的颗粒特别有利。

淬冷技术在直流电弧等离子体气相反应器中占重要地位。通常是在等离子体产生的同时喷入同轴流动的冷惰性气体,使其对等离子体热流构成环抱效果,同时还要专门设置水冷套管,其作用是:①惰性保护气体的导入使反应初期形成的颗粒粒径会得到保护;②惰性气体对反应气体可以进行稀释;③对反应器外壁的冷却可以便于等离子体尾焰加速冷却,从而抑制颗粒的过分生长。颗粒收集是通过对反应尾气抽运实现的。在排气口处设置真空泵,生成颗粒随流动气流迅速下降,进入水冷收集室,并附着于收集器内壁上。而反应尾气由排气口导出,进入尾气处理器。

(2) 高频感应等离子体气相反应器。高频感应等离子体气相反应器由灯炬、反应室、扩大沉降室、沉降室、收集室等几个部分组成,如图9-34(a)所示。其中等离子体灯炬配有夹套水冷管,并利用惰性气体及外套多孔气管对灯炬进行保护。反应室结构如图9-34(b)所示。

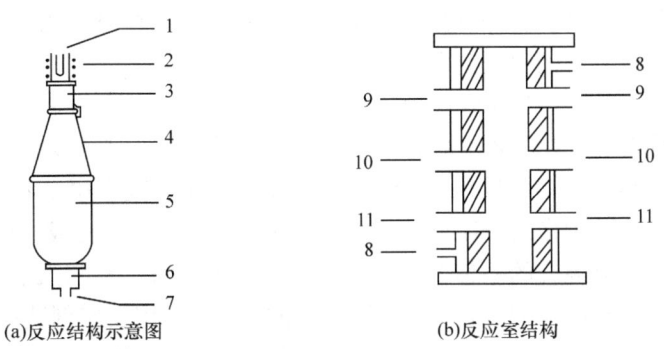

(a)反应结构示意图　　　　　　(b)反应室结构

图9-34　高频感应等离子体气相合成反应器
1. 灯炬;2. 感应线圈;3. 反应室;4. 扩大沉降区;5. 沉降室;6. 收集室;7. 抽气口;
8. 水冷端;9. 保护气与工作气入口;10. 反应气入口;11. 保护气入口

惰性气体分两路流入反应室,一路是工作气体,用于产生高温等离子体;另一路是保护气体,用于对等离子体灯炬保护。混合气体由反应室侧面导入。为了防止反应温度过高引起器壁损坏,反应室内衬以石墨。此外,设置扩大沉降段,使产物气流因膨胀而加速降温,实现生成颗粒的快速冷凝。

此外,还有混合等离子体气相合成反应器和射频等离子体气相合成反应器。
以上四种典型的等离子体气相合成反应器技术,有的已在超细粉体制备中被广泛应用,并取得了长足进步。然而,作为大规模的工业化生产,等离子体技术尚不很成熟,还有许多技术难题需要解决。

9.2.3 气相化学反应工艺技术

以常用的热管炉加热气相化学反应合成纳米颗粒工艺为例。

热管炉加热气相化学反应合成纳米颗粒的过程主要包括原料处理、反应操作参量控制、成核与生长控制、冷凝控制等。

(1) 原料处理。原料处理主要包括纯化与蒸发。为了保证产品的纯度,在合成反应前要对各路反应气与惰性气体进行纯化处理。这样,可以在一定程度上避免高温下某些副反应发生和某些杂质污染,提高产品的纯度。纯化一般是对反应气体与惰性气体中的杂质氧和水分进行技术处理,通常选用各类分子筛、变色硅胶、活性氧化钙、氢氧化钠等高纯化学试剂除去各路气体中的水分,而采用活性炭或各类贵金属作高效气体脱氧剂除去气体中的微量氧。

对于固态原料,为了实现高温下的气相合成反应,还要预制相应的原料气体。通常是在合成反应发生前,先对固态原料进行蒸发处理。原料的蒸发温度一般远低于相应的化学合成反应温度,因此根据不同的要求和条件,可以将蒸发室设在反应器内部或外部。如果将蒸发室设在反应器内部,还需要解决连续性供应固态原料问题,以保证连续化的生产过程,如果将蒸发室设在反应器外部,还要考虑蒸发气在进入反应器之前的保温问题,以及原料气的输运技术。

(2) 预热与混气。对反应气预热处理一般是在反应气混合之前进行,这是反应气均匀化混合的先决条件。在热管炉加热法合成纳米颗粒技术中,要根据需要设计反应气预热区和多层管状反应气预热室,即设计多段多层管状特定反应器。相应的加热器可采用多级分段管式加热炉来实施。混气是在合成反应前对各路反应气体进行均匀化混合的一种处理技术,通过适当的技术,在一定的温度下可以使反应气达到分子级的均匀混合,从而为高温下的均匀成核反应创造条件。为了实现均匀化混气,通常要在反应器内专门设计混气室。根据需要和实验条件,可以选择射流、湍流、搅拌等不同的技术手段使反应体系气体分子达到均匀化混合。

(3) 合成参量控制。气相化学反应合成纳米颗粒的主要合成参量有:反应温度、反应压力和反应气配比以及载气流量等,这些合成参量的变化对相应纳米颗粒的产率与物性都有重要影响。在热管炉加热气相合成纳米颗粒的过程中,一般都采用接触式的热电偶来测量反应区、蒸发区、混气区和预热区的温度值,并配备相应的温控仪。反应区压力控制主要以各路反应气分压的控制为基础,一般在各路气体导入反应器之前,对气体进行稳流、稳压处理,并配备监测仪表测量相应气体分压值,采用气体微调针阀实现对反应气、保护气和载气的精确控制。反应气流量配比通常是以气相反应所需的化学计量比来确定的,根据这一比例要求的各反应气的摩尔比或体积比,换算成相应的气体流量比,从而控制各路反应气的进气流量。

(4) 成核与生长控制。成核与生长是气相化学反应合成纳米颗粒过程中的关键技术。事实上,影响成核的因素很多,如反应温度、反应压力、反应气流速、反应体系的平衡常数与过饱和比。其中,反应压力与反应气流速可以根据反应体系的要求在各路气体导入反应器时进行控制;反应温度也可以通过温控系统按反应要求调节。而反应体系化学平衡常数属于反应设计问题;为了得到纳米颗粒,反应体系的化学平衡常数要大,这是化学热力学的基本问题;另一方面,在均匀的单一气相中产生纳米颗粒晶核,必须是核化速率足够大,相应的过饱和比要大,这又是反应设计中的动力学问题。实际上,过饱和比和平衡常数要根据反应体系实际分压与平衡分压来确定,通常过饱和比与反应体系的平衡常数及反应物分压成比例,一般都要采用大流量的反应气才能保证较高的过饱和比值。

(5) 冷凝控制。冷凝技术是作为控制纳米颗粒凝聚和生长而提出的一项技术。在纳米颗粒制备过程中,产生凝聚的因素很多,例如粒子间的静电力、范德华力、磁力以及颗粒间的化学反应等。作为颗粒制备中的防凝聚和抑制生长技术,主要是在颗粒生长后期采用惰性保护气体稀释反应体系,或采用在颗粒出口端设计冷却系统,如水冷、气冷,使反应器生长区域的外壁得到迅速冷却,或在反应器出口处直接通入冷氮气,从而防止出口气体中纳米颗粒发生凝聚与生长。

(6) 纳米颗粒形态控制。纳米颗粒形态是指颗粒的尺寸、形貌、物相、晶体组成与结构等,这里,反应器的结构与反应器中温度分布、反应气的混合方式、冷却方式等装置条件对生成颗粒的性质会产生重要影响。而在反应器结构参数一定时,生成颗粒的粒径主要由反应条件来控制,在纳米颗粒制备过程中,颗粒的外形和颗粒集合体的形态受到各种因素的影响。一般来说颗粒的外形与颗粒的尺寸有关。当颗粒尺寸在 1~10nm 范围时,粒子呈球状或椭球状;而当颗粒尺寸在 10~100nm 之间时,粒子具有不规则的晶态;对于 100nm 以上的颗粒,粒子通常表现为规则的晶态。因此,控制纳米颗粒形态特征的首要条件是控制颗粒的尺寸;其次,在制备过程中根据需要人为引入杂质或采用表面氧化技术也可以明显改变颗粒的形状。

9.2.4 液相化学反应法

1. 液相化学反应器

依靠液相溶液化学反应制备各类物质的超细粉体是目前实验室和工业上广泛采用的方法。和气相化学反应法相比,液相法具有设备简单、原料容易获得、产率高、化学组成控制准确等特点。液相法主要用于制备氧化物和多元组分物质的超细粉体。

液相反应器技术适合于液相法制备各类超细粉体的反应过程中,如各类沉淀反应、溶胶-凝胶反应、水热合成反应,以及喷雾热解、冷冻干燥操作中的原液配制过程等。液相反应器持液量大,因此溶液中发生化学反应的条件是均相混合。常见的均相反应器是搅拌釜式和泵循环式。液相反应器结构中的关键问题就是搅拌与循环方式。

搅拌釜式反应器主要由釜体、釜盖、搅拌器、减速器及密封装置等组成,图9-35是一种典型的搅拌釜式反应器装置。泵循环式液相反应器是一种连续性反应器。它利用泵使反应物进行强制性循环,并在循环过程中与新鲜的反应物混合。泵可以安装于反应器外,也可以装在反应器内,如图9-36所示。可以看出,液相反应器主要特征就是不同液相之间的均匀混合处理,即搅拌与循环。由于搅拌与循环等操作加速了溶液间的传质、传热,使反应时间大大缩短。

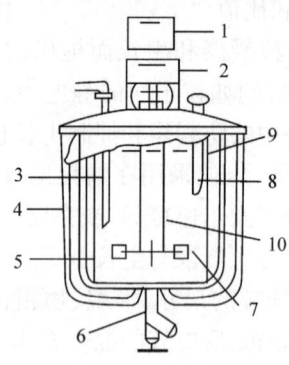

图9-35 搅拌式均相反应器
1. 电机;2. 减速器;3. 料管;4. 夹套;5. 挡板;
6. 排放阀;7. 叶轮;8. 温度计套管;9. 液面;10. 搅拌轴

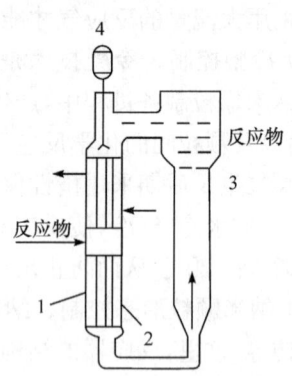

图9-36 泵循环式液相反应器
1. 反应物入口;2. 循环管;3. 产物出口;4. 电机

2. 气液反应器

气液反应基本上是在液相中进行的化学反应,其反应历程包括三个步骤:①气体反应物 A 从主流扩散到气液界面,被液体吸收;②在气液界面的液体一侧存在一反应区,反应气 A 从气液界面向反应区扩散,液体中反应物 B 也向反应区扩散,二者在反应区内发生化学反应;③反应生成物 AB 向液相主流扩散。

在气液反应法制备超细粉体过程中,通常液体为连续相,而气体为分散相,相应的气液反应器有搅拌鼓泡反应器和循环管式气液反应器。图9-37是一种搅拌鼓泡式反应器,这类反应器工作时,气泡被涡轮搅拌器击碎或与液体一起进入涡轮,再从涡轮边缘的切线方向抛出,抛出的气泡冲击器壁和挡板,使气泡高度分散,从而加快了传质和扩散过程。图9-38是一种实用的以 $SiCl_4(l)$ 和 $NH_3(g)$ 为反应原料的气液反应器实例。

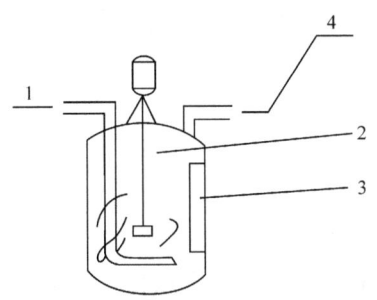
图9-37 搅拌鼓泡式气液反应器
1. 反应气入口；2. 搅拌器；3. 挡板；4. 尾气出口

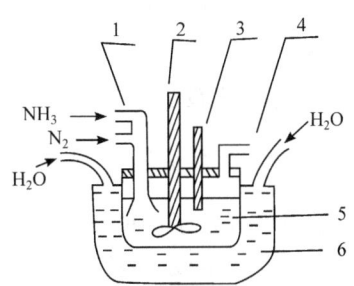
图9-38 $NH_3(g)$-$SiCl_4(l)$气液反应器
1. 进气管；2. 强制搅拌器；3. 温度计；4. 排气管；
5. 原料液体；6. 冷却水

循环管式气液反应器如图9-39所示。在这类反应器中，气液在反应器内作循环流动，加快了气液的流速，有利于气体的分散和气液的充分接触。气液流体在反应器中的流况通常取决于循环比。当循环量远超过净流量时，可用全混流模型描述；反之，用活塞流模型描述。

除了上述以液相为主的气液反应器外，还有以气相为主的气液反应器。在这类反应器中，气体构成连续相，而液体是分散相。常用的有填料塔式和喷雾式气液反应器。其中，喷雾式气液反应器在超细粉体制备中比较常见，如喷雾热解、喷雾焙烧等反应器。图9-40中给出的一种电阻炉加热式喷雾热解气液反应器。在这类反应器中，盐溶液用压缩空气供给喷嘴，在喷嘴部位与压缩空气混合并雾化为原料液滴，液滴载于下行的气流通过外部加热石英管式气液反应器，迅速完成气液化学反应，并热解为超细粉体。

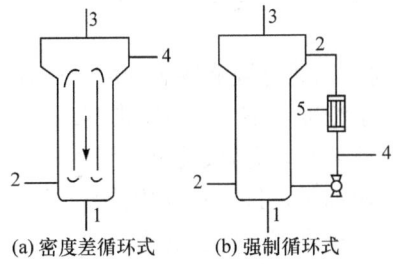
图9-39 循环管式气液反应器
1. 反应气入口；2. 原料液体入口；3. 固气导入口；
4. 产物液体出口；5. 冷却与泵液器

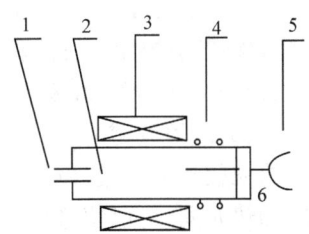
图9-40 电阻加热式喷雾热解反应器
1. 喷嘴；2. 气液反应室；3. 加热电炉；
4. 水冷管；5. 测温电偶；6. 收集罐子

从上述介绍可以看出，气相为主的气液反应器在超细粉体制备中具有多方面的技术优势，主要表现为：①比表面积大，液体雾滴有较大的表面与气体接触；②气体的阻力较小、消耗的动力少；③单位反应器体积的持液量小，有利于阻止液体发泡,减少液相中的副反应;④化学反应速率较快,可以通过液滴扩散速率来控制气液反应过程。

9.2.5 液相化学反应工艺技术

1. 液相化学反应技术

目前已经开发了多种液相技术手段,如沉淀技术、喷雾热解技术、冷冻干燥技术、微乳液技术、溶胶-凝胶技术等。这些技术各有特色,其侧重点和应用面也有所不同。

(1) 沉淀技术。沉淀技术操作主要包括溶液配制、沉淀物生成、沉淀物过滤以及沉淀物的干燥等过程。

① 溶液配制。溶液配制是沉淀法制备超细粉体过程中的第一个操作步骤。通常是将含有制备目标物质盐类的几种溶液混合,或相应物质的盐类配制成水溶液,必要时还可以在混合溶液中加入各种沉淀剂,或向溶液中加入有利于沉淀反应的某些添加剂。例如向含有锆和钇离子的水溶液中添加氢氧化钠、氨水一类含有碱性基因的物质,可使溶液中的离子发生沉淀。沉淀多使用氢氧化物、草酸盐、碳酸盐、硫酸盐。利用金属氯化物、硝酸盐、金属醇盐配制成水溶液,通过水解使含有金属离子的沉淀物生成,从而制各相应的超细粉体技术也被广泛采用。为了实现溶液均匀混合、同步沉淀,配制溶液时可按化学计量比例来调整溶液中金属离子的浓度。

② 沉淀物生成控制。沉淀物生成是沉淀过程中一个关键环节,在沉淀操作中应加以精确控制。对沉淀物生成的控制技术操作主要有:调节溶液酸碱度、向混合液中加入沉淀剂与添加剂、调节沉淀温度与反应体系浓度。影响沉淀的主要参量有:沉淀剂的加入量、溶液的溶解度与酸碱度(pH)、溶液温度、金属离子浓度等。通过调节这些可变参量,可以控制沉淀速率。

③ 沉淀物形态控制。沉淀颗粒的形态控制可以通过调节溶液的溶解度、溶液过饱和度、控制沉淀温度、改变反应液中金属离子浓度和溶液的 pH 来实现。一般而言,沉淀物的溶解度越小,相应的沉淀物粒径就越小,而溶液的过饱和度越小,相应沉淀物的粒径越大。通过对含有沉淀物的溶液加热,可以使沉淀物颗粒长大;调节相应的加热时间,可以使过小的沉淀颗粒消失,提高沉淀颗粒的均匀性。通过控制水解操作参数,可以调整沉淀物颗粒的形状。调节溶液的 pH、混合速率和搅拌速率等反应条件,可以减小或避免沉淀颗粒的团聚,提高其分散性。

④ 沉淀物洗涤与分离。沉淀物生成后,还要对沉淀物进行洗涤和液固分离处理。这里,洗涤操作主要是蒸馏水洗或醇洗。其中水洗操作可以除去沉淀物中的阴离子,而醇洗通常是取代沉淀物中过量水分。从液相下将沉淀物与溶液分离的操作可以采用过滤、分液沉降或有效的离心搅拌液固分离技术。将沉淀物中的结晶水和残余溶剂分离的操作主要是溶剂蒸发、升华、真空干燥等。

⑤ 沉淀物干燥与热分解过程控制。为了得到最终的超细粉体,还要对沉淀物干燥,或在远低于传统陶瓷烧结的温度下对沉淀物进行熔烧。当沉淀物为氧化物时,直接干燥即可制得相应的金属氧化物超细粉体;而当沉淀物是氢氧化物或其他水合物时,就需要进行燃烧,使沉淀物发生热分解反应。沉淀物干燥与后热处理过程中的主要操作参量是处理温度与时间。处理温度与时间不同,最终颗粒化学组成将有所差异,处理温度改变还会影响颗粒的形貌与粒径分布。

(2) 溶胶-凝胶技术。溶胶-凝胶法是物理化学反应方法之一,其制备过程是:先利用含金属阳离子的盐或金属醇盐配成水溶液,反应物在液相下均匀混合并发生水解与缩聚反应,形成稳定的溶胶体系,溶胶再经过陈化或适当的技术处理转变为凝胶,最后对凝胶干燥或热处理,就得到相应粉状物质的超细粉体。溶胶-凝胶技术操作主要包括溶液配制、液相反应控制、溶胶生成过程控制、凝胶化过程控制、凝胶干燥与热处理控制等。

(3) 微乳液技术。微乳液反应法是将金属盐配成溶液,加入一定的沉淀剂形成微乳状液,在较小区域内控制胶粒成核与生长,再将胶粒与溶剂分离与热处理,即得到相应的超细粉体。微乳液反应的主要过程包括溶液配制、微乳胶粒生成、沉淀反应、沉淀物洗涤与分离、热处理等。其中,溶液配制是将金属盐与有机溶剂制成均匀的水溶液,为了获得均匀的乳状液,需要对混合液相体系进行搅拌与振荡处理,直到得到均匀透明的微乳液为止。在沉淀反应过程中,首先要向体系中加入沉淀剂;操作中应控制沉淀剂的涌入速率,并对溶液进行不断的搅拌,使沉淀反应进行完全。对胶粒的分离操作常用的方法是高速离心分离。分离物再经过水洗和醇洗,即得到湿态的产品,最后对产物进行干燥或适当热处理等操作就可得到期望的超细粉体。

(4) 冷冻干燥技术。冷冻干燥是把金属盐或氢氧化物溶液雾化在低温中冷冻固化,在低温低压下升华除去溶剂,经热处理制成相应的超细粉体。冷冻干燥的技术操作主要是原液配制、喷雾冷冻、干燥与热处理等。

(5) 喷雾热解技术。喷雾热解是将金属盐溶液喷入高温气氛中,引起溶剂的蒸发和金属盐热分解,从而立即制得相应物质的超细粉体。一般情况下,喷雾热解的原液是可燃性溶剂,利用其燃烧热分解金属盐而得到金属氧化物超细粉体。喷雾热解的工艺过程主要包括溶液配制、喷雾、热分解反应、颗粒捕集等。首先要配制均匀的金属盐溶液,溶液中一般不能有沉淀物存在,其次要控制液滴的雾化速率,以便得到均匀、微细的液滴。在颗粒制备过程中,热解反应是一项关键技术,控制液滴热解反应过程的主要参量是热解湿度、热解气氛、加热方式等,其中比较常见的几种加热方式是电阻加热、燃气加热和等离子体加热。

2. 液相化学反应工艺举例

(1) 纳米氧化铝粉体的液相化学反应合成

制备高纯度、粒度分布窄、化学组成均匀、单分散的纳米级 Al_2O_3 颗粒，是获得高性能氧化铝陶瓷材料的一个关键步骤。以铝铵矾和碳酸氢铵为原料，用化学法合成尺寸均一、颗粒细小分散的碱式碳酸铝铵前驱沉淀物。在反应物充分混合且过饱和度达到一定程度的基础上，再将沉淀剂雾化加入，有利于得到尺寸均一、细小分散的 $NH_4Al(OH)_2CO_3$ 胶体，经灼烧最终制得平均粒径为 15nm 左右的 Al_2O_3 粉体。

(2) 铁酸锌纳米粉体的水热法化学合成

尖晶石型铁酸盐是重要的催化剂，同时又是重要的磁性材料。因此，有关铁酸盐的制备及性能研究一直是材料科学工作者所重视的课题。传统的固态铁酸盐材料一般是通过将 $\alpha\text{-}Fe_2O_3$ 与其他金属氧化物（或碳酸盐等）在高温条件下的固态化学反应而得，即反应烧结法，而纳米铁酸盐粉体一般均是利用湿法化学方法制备。

分别按化学计量比混合硝酸铁、硝酸锌的水溶液，按化学计量比加入 NaOH 溶液，搅拌均匀，将金属离子完全沉淀。反应方程式如下：

$$Zn^{2+} + Fe^{3+} + 5OH^- = Zn(OH)_2\downarrow + Fe(OH)_3\downarrow$$

然后调节共沉淀化合物浆料的 pH，将其转入高压釜中进行水热合成。在前驱物的最佳 pH 为 11~12，反应温度为 448K，反应时间为 360min，可制得结晶良好、纯度高、分散性好的 $ZnFe_2O_4$ 粉体，TEM 照片及 Scherrer 公式测得晶粒在 10nm 左右。

9.2.6 粉体制备技术的研究与发展

粉体制备技术的研究主要经历了以下几方面的发展。

(1) 超细粉体物质结构与理化性质的研究。人类对客观世界的认识始于宏观物体又溯源于原子、分子等微观粒子，而对于介于其间的超微颗粒却缺乏深入细致的研究，对其深入研究必将发现一些新现象和新规律，开辟一个全新的研究领域。只有深入了解超微颗粒的物性，才能从理论上指导和促进超细颗粒的开发应用。因此开展超细颗粒物质结构与理化性质的研究，无论从基础或从实际应用前景的角度考虑，都具有十分重大的意义。

(2) 超细粉体实用化技术的基础研究。超细颗粒具有很高的表面能和活性等，这些特性是其作为一种新型材料获得应用的前提，要使其高效稳定地发挥效能极为困难，同时超细颗粒之间的相互作用发生变化而导致流动性、分散性、压缩性等粉体特性和普通粉体特性显著不同。因此，要将具有独特性能的超细颗粒转变为一种新型材料，必须确定使其特性稳定化的技术（即每一个微粒或者粒群的控制技术），这包括超细颗粒的氧化还原、烧结等过程。

（3）超细颗粒制备技术的理论研究。超细颗粒的制备是开展其物性以及超细颗粒材料获得应用的前提。超细颗粒本身的特性使得生成它的物理、化学过程及其本身规律具有特殊性，更为重要的是超细粉末制备涉及众多的工程问题。这些工程问题的解决是其实用化的关键。表 9-3 详细地总结了该领域的主要工程问题和研究方向，这些问题的解决是超细粉末实用化的关键。

表 9-3　超细粉末技术涉及的单元操作过程和研究方向

类别	单元操作	产品领域	涉及问题	颗粒特性	研究发展方向
合成	物理合成 蒸发冷凝 溅射	金属粉末	热质传递 成核 生长	粒度及分布	形态控制技术
	液相化学合成 结晶 沉淀	化工产品 药物 食品 农业产品 电子材料 催化剂 化工产品	热力学平衡 反应 成核 生长传质 团聚 破碎 沉降、精制	溶解度、过饱和 表面能 杂质 活化能 粒度 密度	结晶动力学 微观混合 反应器设计原理 颗粒形态预测和控制 杂质/结晶/溶液间作用 混合理论 形态控制技术
	气相化学合成 热化学合成 等离子体 激光 燃烧	化工产品 陶瓷材料 团聚、雾化	反应、凝并 成核、烧结 固体扩散 裂解	表面能 活化能 聚集动力学 粒度、密度 黏度	先进材料合成 颗粒在涡流中合成 气溶胶形成过程表面化学
分离	分级 过滤 浮选			粒度 粒度、密度 表面性质	新型分离技术开发
粉碎	气流粉碎 机械粉碎 研磨	矿石 陶瓷 化工产品	反力特性 流动性 输送性	断面粗糙度 硬度和耐磨性 弹性模量 结构和缺陷	粉碎过程能耗效率提高、能量放大 相变、粒度分布、颗粒破碎特性 高压辊磨 新材料机械力化学
混合	干式混合	矿石 医药 催化剂	整体行为 无序性 随机性	粒度分布 形态、密度 表面能	连续混合装置 非理想混合过程 随机性、无序性和渗透膜性
	分散	医药 催化剂 化工产品	整体行为 无序性 随机性	分散稳定性	黏度、形态与流动特性 悬浮体表面结构和状态与作用力关系 分子构象与颗粒间作用
材料贮存					粉末流动性模拟 颗粒间作用力和静态特性
颗粒表征					高浓度体系在线测量仪、声学测量仪、层析 X 衍射技术、在线图像分析

9.3 矿物粉体材料表面改性

9.3.1 概述

矿物表面改性是矿物深加工的重要方法,指利用各种化学助剂或某些材料,通过物理、化学或物化作用,使矿粒表面特性发生变化,从而赋予矿物以新的机能并提高其使用价值。矿物经表面改性后,在依然保持原有矿物的单一材料性和固体分散相的同时,其矿物基本构造与化学成分一般不发生本质的改变,但在其被利用的主要技术物理与界面性能上则有一个质的飞跃。因此,表面改性后的产品已不再是一种原料,而是可直接应用的一种材料。

表面改性方法有多种。若按原理分类,可分为化学法、机械化学法和物理法等;若按改性工艺性质分类,可分为表面包覆改性、表面化学改性、沉淀反应改性、机械化学改性、辐照处理改性、胶囊化改性等。

包覆,也称覆膜、涂覆或涂层。矿物表面包覆改性是借助黏附力,利用无机或有机改性剂,主要是表面活性剂、水溶性或油溶性高分子化合物及脂肪酸皂等对矿粒表面进行包覆以达到改性的方法。用天然或合成橡胶处理用作填料的高岭土、云母、球土,可提高其表面疏水性,降低颗粒间的内聚力,改善它们在有机基体中的分散性和分散的稳定性,从而提高材料或制品的性能或降低生产成本;用酚醛树脂或呋喃树脂涂覆石英砂表面,可使铸件表面光洁,无需进行机械打磨,并提高其作铸造砂的黏结性能;涂覆呋喃树脂的球形高纯石英砂用于油井钻探,可在石油井孔内经高温固化,在裂隙小形成过滤层,提高滤油性,增加石油产量。

矿物表面化学改性是借助表面化学方法,利用改性剂和矿物表面的某些官能团之间进行化学反应或发生化学吸附,从而使矿物表面有机化而达到表面改性的方法。这是目前应用最广泛的表面改性处理方法,主要用来生产在塑料和橡胶中使用的以补强作用为目的的矿物填料,其次也用于黏结性永磁材料生产等其他行业。

矿物表面沉淀反应改性是利用无机化合物在矿物颗粒表面进行沉淀反应形成一层或多层"包覆"或"包膜",以改善粉体表面性质,如光泽、着色力、遮盖力、保色性、耐候性、耐热性等目的的表面处理方法。矿物表面涂覆 TiO_2、ZrO_2、ZnO 等氧化物的工艺,就是通过沉淀反应改性实现的,其中最典型的实例是云母钛珠光颜料和钛白代用品——各类矿物复合钛白的加工合成。钛珠光云母是通过 TiO_2 在白云母颗粒表面的沉淀反应包覆于云母颗粒表面而制得。

机械化学改性是指超细粉碎及其他强烈机械力作用对粉体表面进行激活,在一定程度上改变粉体表面的晶体结构、化学吸附和反应活性等性能,以及能引发不能和超细粉体表面直接作用的物质与其发生化学反应或化学作用。

在矿物深加工方面,表面改性处理是发展最快的技术。矿物通过表面改性以满足新材料和新技术的需要。表面改性既为提高矿物的使用价值,拓宽应用领域,提供了新的技术手段,同时又对促进有机高分子材料、复合材料等相关工业的发展具有重要的意义。

9.3.2 矿物粉体材料表面改性设备

现有矿物表面改性的大多数设备主要还是借用一些通用化工设备和矿物加工设备,国内外均以高速加热混合搅拌机为主要代表机型。

1. 表面包覆改性设备

包覆处理是对矿物表面进行简单改性处理的一种常用方法。

图 9-41 是包覆处理的示意图。矿物颗粒和改性剂按一定比例混合,由于静

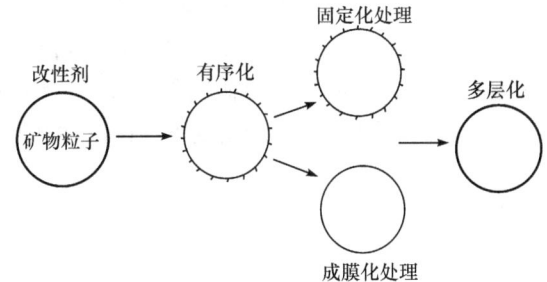

图 9-41 矿物颗粒表面包覆改性示意图

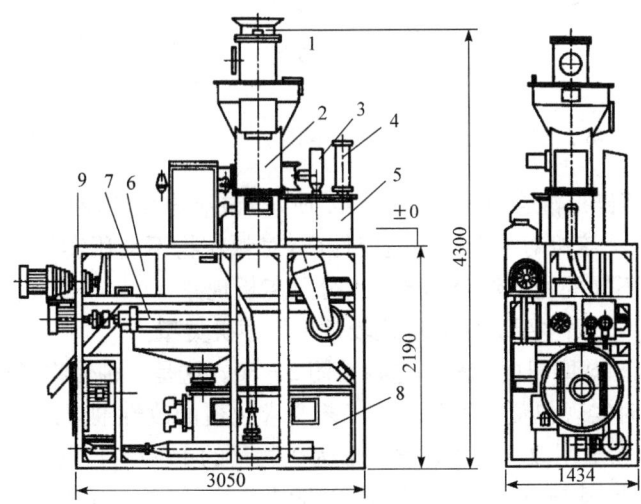

图 9-42 S217 热法树脂砂混砂装置(尺寸单位:mm)
1. 定量器;2. 加热器;3. 树脂定量器;4. 催化剂定量器;5. 叶片式混砂机;
6. 破碎槽;7. 振动筛;8. 沸腾冷却器;9. 机架

电引力或范氏引力的作用,改性剂附着在矿物表面上,形成有序的混合体,然后在机械或其他方式的作用下,改性剂固定或成膜包覆在矿粒表面,进而形成多层包覆。

树脂包覆石英砂表面改性的关键设备是混砂机,图9-42是某铸造机械厂生产的S217型热法树脂砂混砂装置,它由原砂加热装置、混砂机构、破碎机构、振动筛、沸腾冷却器、定量装置以及鼓风系统和控制系统组成。

2. 矿物表面化学改性设备

(1) 混料机。混料机用于矿物预先涂敷处理改性工艺,即在矿物粉体充填料与塑料树脂基料混合之前,先用偶联剂对矿物进行预处理。矿物预先涂敷处理改性工艺,是用偶联剂对塑料用矿物填料进行表面化学改性的方法,即在矿物与树脂基料混合之前,先对矿物进行预处理。混料机处理工艺如图9-43所示,矿物填料和偶联剂不断连续定量地给入混合器中,边混合边反应,最后推出到输送带上。在国外,常用一种 Henschel 型混料机。它具有较高的剪切力,使物料产生一种活化的表面。搅拌速度可按高低进行调节,以避免脆性矿物的破碎。这种混料改性设备对温度和压力无法控制,故只适用于那些涂敷处理精度不高或改性剂便宜的场合。

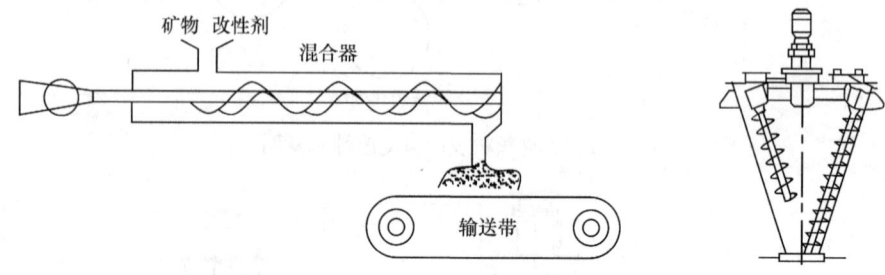

图9-43　混料机改性处理工艺示意图　　　图9-44　双螺旋锥形混合机

(2) 双螺旋锥形混合机。如图9-44所示,该混合机广泛用于粉体-粉体、粉体-液体的混合。该机对混合物料适应性广,对颗粒物不会压实和磨碎,对相对密度悬殊和粒度不同的物料混合不会产生分层离析现象。

(3) 磨机。下面主要介绍4种比较常用的磨机类型。

① 球磨机。球磨机的结构构造参看图2-30。这是一种使物料在干式球磨机内研磨过程同时实现包覆的工艺。该工艺要求包覆的改性剂形态为粉状,且熔点不超过90℃。涂敷用改性剂添加量一般为矿物量的1%左右。这种工艺的最大优点是投资成本低;其缺点:一是磨矿机生产能力会降低(约下降25%),二是因磨矿机内磨矿介质和材板的磨损,会使产品白度下降。因此,用球磨机包覆处理的矿物填料适用于灰色PVC或橡胶等对白度要求不高的产品。

② 钉盘磨机。用于包覆改性的钉盘磨机具有两个相向高速旋转的钉盘,可避

免因物料运动速度低而导致包覆不完全的现象,其包覆度可达 100%。目前用于包覆的钉盘磨机有两个型号,一种是 400kW,产量为 900kg/h;另一种是 630kW,产量为 2000kg/h。

③ 流态化磨机。英国 Atritof 公司可生产这种磨机。用流态化磨机进行表面改性,可提供一种能严格控制温度、压力、表面能及矿物滞留时间的连续过程。磨机系统具有类似于干燥机的功能,加入其中的表面改性剂基质能迅速挥发掉,留下活性成分黏附于矿物表面。这种气态黏附过程的控制是非常精确的,以至于可以同时涂敷两层或三层。

④ 搅拌磨机。搅拌磨机的结构构造参看图 9-3。它主要用于高性能粉体的加工与表面改性。

除此之外,还有撞击流粉碎设备、气流磨、振动磨等。磨机设备往往用于在制粉的同时进行表面改性作业。

(4) 高速加热混合机。高速加热混合机,又称为捏合机,其工作原理如图 9-45 所示。国产 GRH 系列混合机是一种高速加热混合设备,其容积有从 5~500L 多种规格,该机具有速度高、效率高、混合物料均匀、分散性好等优点。它主要由容器盖、混合容器、折流板、搅拌装置、排料装置、驱动电机、机座等部分组成。组合容器是由不锈钢板加工而成的桶式容器,其上有盖密封,盖上设有加料孔,底部后侧有排料孔,并有阀门密闭。

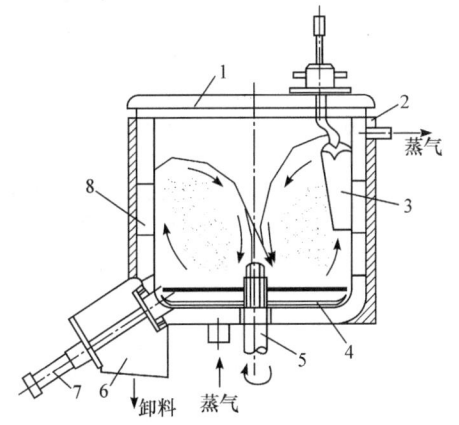

图 9-45 GRH 高速加热混合机工作原理
1. 回转盖;2. 外套;3. 折流板;4. 叶轮;
5. 驱动轴;6. 排料口;7. 排料气缸;8. 夹套

原料从混合容器上部给入,由于搅拌容器高速旋转,物料受离心力作用被抛向器壁下部。物料受到器壁阻挡,由容器底部沿器壁上升,至旋转中心部位时下落,然后再上升,再下落。循环过程中物料本身摩擦产生的热量,和来自外部加热夹套的热量,使得物料温度升高。因此,这种设备除了具有均匀混合的效果外,还可使物料塑化。折流板的作用是使物料产生流态化运动,有利于混合均匀。折流板的断面近似流线形,是使混合料形成漩涡的主要部件。折流板可上下移动,使其在混合室器内保持某一适当位置。折流板由钢板焊接而成,内部形成空腔,腔内装有热电偶,以控制料温。容器桶体可用油浴加热,也可用蒸汽加热。用油加热升温速度慢,但温度较稳定,物料不易结焦;用蒸汽加热升温速度快,但温度不够稳定,物料易在器壁处结焦。一般情况下温度为 100℃,蒸气压力 200kPa。

3. 矿物表面改性设备国内外发展

矿物表面改性设备对矿物表面改性工艺的实施和矿物表面改性的效果起着至关重要的作用,也是目前矿物表面改性技术的薄弱环节。因此,表面改性设备的研制开发是表面改性工艺技术发展的一个主要内容。武汉工业大学和江阴市康盛机械厂联合开发的粉体表面改性装置如图 9-46 所示。

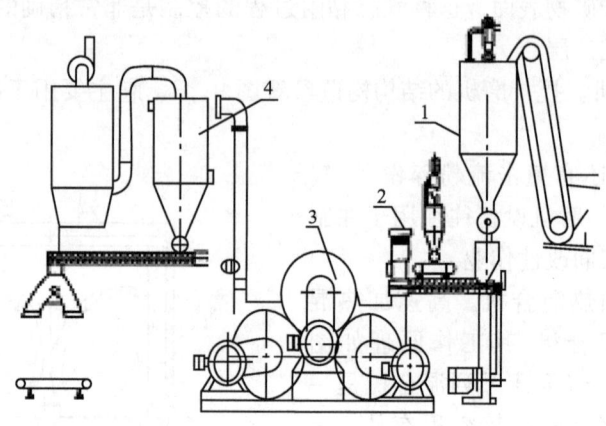

图 9-46 SLG 改性机组结构图
1. 给料及加药系统;2. 加热系统;3. 主机;4. 物料收集及冷却系统

粉体物料由斗式提升机给入料仓中,料仓下部配有双螺旋给料器,通过调节螺旋转速来控制整个机组的处理量。料仓两侧配有自动计量的固体改性剂加药装置,以质量计,同要改性的粉体物料量相匹配,并可根据不同超细粉体,不同用途的改性要求来调整配比,双螺旋结料器的终端配有液体改性剂的自动计量加药装置,以液体流量同要改性的粉体物料相匹配。

由双螺旋给料器终端给入的物料流,随一定量的改性剂进入主机系统。主机由三个改性腔成品字形组成,形成两个运动气流切面,其切面两侧的气流呈相向运动状态,气流以 60~80m/s 的线速度形成一强大的压差,使物料呈雾化状态。当物料给入第一改性腔后,在高速旋转的转子带动下呈流态化状态旋转。在此期间,物料流经过了由负压向正压的转变,并在定子与转子的摩擦过程中进行充分混合和一次改性。旋转的物料流通过第一压力切面被雾化后,在第二改性腔中借助定子、转子及物料之间的摩擦迅速强制改性,在压差及旋转气流的带动下,通过第二压力切面,进入第三改性腔进行三级改性。改性后的物料借助压差和旋转气流,脱离改性区,进入物料冷却收集系统。该机组的改性温度在 60~140℃ 可调。用该机组对高岭土和碳酸钙进行改性,包覆率都在 98% 以上。

由原武汉工业大学北京研究生部非矿所和青岛青矿矿山设备有限公司共同开

发研制成功的 PSC 系列粉体表面改性机,见图 9-47。粉体原料经给料输送系统被送至主机上方的雾化室,在输送过程中,由给料输送机特设的加热装置将粉体加热并干燥,与此同时固体状的改性剂在专用加热容器内也被加热熔化至液体状态后经输送管道送至雾化室。主机由高速旋转的主轴、搅拌棒、冲击锤、中间充满循环导热油的夹层筒体等部分组成。进入主机内的雾化物料在搅拌棒的高速搅拌下,受到了冲击、摩擦、剪切等诸多力的作用使粉体颗粒与改性剂得到更充分接触、混合。改性后的物料经螺旋输送机再由气流输送管道送至成品收集仓。在气流输送过程中,利用输送气流将物料中过高的热量吸收,并经布袋除尘器除尘后排出室外,成品进入收集仓后即可降至可存储的温度。

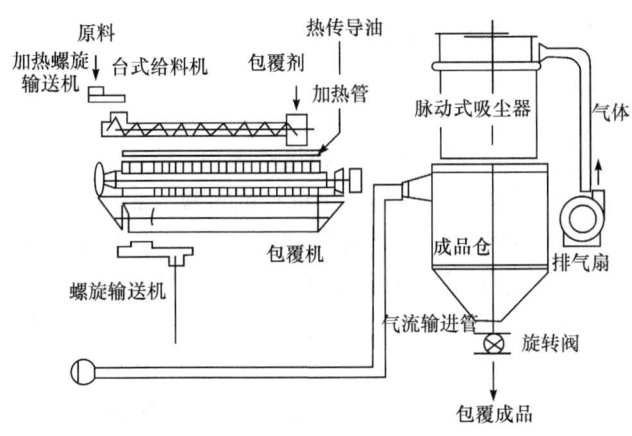

图 9-47 PSC 系列粉体表面改性机

在国外从事表面改性设备开发的公司较多,如日本细川公司 Mechauofusion 系统的压缩摩擦改性机、瑞典的 AGMW 高速混合机、英国 Atritor 的粉碎表面改性处理机、德国 Alpine 的 AM 复合改性机组等。

HYB 系统是由东京理科大学和奈良机械制作所共同开发的用于粉体表面改性处理的设备。该设备主要由高速旋转的转子、走子、循环回路、翼片、夹套、给料和排料装置组成。投入机内的物料在转子、定子等部件的作用下被迅速分散,同时不断受到以冲击力为主的包括颗粒相互间的压缩、摩擦和剪切力等诸多力的作用,在短时间内即可完成包

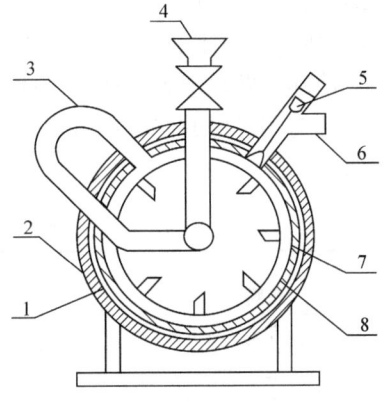

图 9-48 HYB 主机结构及工作原理
1. 定子;2. 夹套;3. 循环回路;4. 投料口;
5. 排料阀;6. 排料口;7. 翼片;8. 转子

覆、成膜或球形化处理。HYB系统可用于粉体物料的包覆改性、胶囊化、包膜及球形化处理,其示意图如图 9-48 所示。

现有矿物表面改性的大多数设备主要还是借用一些通用化工设备,国内外均以高速加热混合搅拌机为主要代表机型,其不足之处在于间歇式生产、处理量小、生产率低、单位能耗高及操作环境差等。国内开发的专用设备较少,国外研究的较多,但设备价格都很昂贵,还不大适合中国国情,应大力发展适应性强、价格适宜的专门的表面改性设备。此外对无机填料而言,粒径微细化、表面活性化、晶体结构复杂化是今后的三大发展方向,将这三种作用复合到同一表面改性设备中也是今后的发展方向。

9.3.3 矿物粉体材料表面改性工艺

1. 表面包覆改性工艺

矿物表面包覆改性工艺可分为冷法和热法两种。

(1) 冷法覆膜。冷法覆膜是在室温下进行的包敷。先将粉状树脂与石英砂混匀,然后加入溶剂(工业酒精、丙酮或糠醛),溶剂加入量根据混砂机是否封闭而定。对于封闭式混砂机,酒精用量为树脂量的 40%～50%;混砂机不能封闭,则为 70%～80%。加入溶剂后继续混合到溶剂挥发完毕,干燥后经破碎和过筛即得覆膜砂产品。这种方法的有机溶剂耗量大,仅用于小规模生产。

(2) 热法覆膜。热法覆膜是将砂子加热后进行的包敷。先将石英砂加热到 140～160℃,而后与树脂在混砂机中混匀,其中树脂用量为石英砂用量的 2%～5%。这时树脂被热砂熔化,包覆在砂粒表面,随温度降低而变黏。此时加入乌洛托品水溶剂,使乌格托品分布在砂粒表面,并使砂急冷(乌洛托品作为催化剂可在壳模形成时使树脂固化)。再加硬脂酸钙(防止结块)混数秒钟后出砂,然后粉碎、过筛、冷却后即得覆膜砂产品。此法效果较好,适合大规模生产,但工艺控制较为复杂,并需用专门的混砂设备。表 9-4 示出精细铸造中用作壳芯的树脂覆膜砂配方实例。

表 9-4 树脂覆膜砂配方

覆膜砂用途	覆膜方法	成分配比						性能	
		石英砂	酚醛树脂	乌洛托品	水:乌洛托品	硬脂酸钙	工业酒精	抗拉强度 /($10^5 M/m^2$)	熔点/℃
铸造砂芯	热法	100	6	1	1:1	0.35	—	>42	100
铸造砂芯	热法	100	6	0.9	1:1	0.25	—	25～35	—
铸造砂芯	冷法	100	6.5	1.3	3:1	0.3	2.6	—	—

影响表面包覆改性的主要工艺因素有颗粒的形状、比表面积、孔隙率、改性剂种类及用量、包覆处理工艺等。

颗粒越细(比表面积越大)的粉体表面涂敷的高聚物量越多,涂层越薄。另外,带孔隙的颗粒,由于毛细管的吸力作用,涂敷材料(即高聚物)进入孔隙中,表面涂敷效果较差,无孔隙的高密度球形颗粒的涂敷效果最好。

对于球形颗粒,涂层的厚度与涂敷层的质量分散系数 x、颗粒(内核)的直径 γ_1、颗粒密度 ρ_1、涂敷层的密度 ρ_2 以及颗粒(内核)的质量分数 $1-x$ 有关,其关系式为

$$t = \left[\frac{x\gamma_1^3 \rho_1}{(1-x)\rho_2} + \gamma_1^3\right]^{\frac{1}{3}} - \gamma_1$$

上述模型只适用于没有孔隙的颗粒,对于有孔隙的颗粒,还要考虑孔隙的影响。

2. 矿物表面化学改性工艺

1) 矿物预先涂敷处理改性工艺

(1) 混料机处理法。混料机处理工艺参看图 9-43。

(2) 流态化床处理法。流态化床是一种空气悬浮系统,可连续对温度和压力进行控制,但该法不能控制物料的表面能,因而无法保证矿物表面是否已得到改性。

(3) 球磨机包覆处理法。这是一种使物料在干式球磨机内研磨过程同时实现包覆的工艺。该工艺要求包覆的改性剂形态为粉状,且熔点不超过 90℃。涂敷用改性剂添加量一般为矿物量的 1% 左右。这种工艺的最大优点是投资成本低,缺点:一是磨矿机生产能力会降低(约下降 25%),二是因磨矿机内磨矿介质和材板的磨损,会使产品白度下降。因此,用球磨机包覆处理的矿物填料适用于灰色 PVC 或橡胶等对白度要求不高的产品。

(4) 钉盘磨机包覆处理法。这种包覆方法是先将涂敷用改性剂加热,使其成为液态(对于常温下本身即为液体的改性剂,如硅烷等,则不需加热),并输送至一个特殊喷嘴,喷洒于待包覆的矿物原料中。再将这些混合料给入下道工序的钉盘磨机内进行连续高速混合。日本细川公司采用钉盘磨机对填料进行包覆的工艺流程如图 9-49 所示。这种用于包覆改性的钉盘磨机称为 Contraplex 系统,它具有两个相向高速旋转的钉盘,可避免像普通钉盘磨机那样因固定钉盘周边物料运动速度低而导致包覆不完全的现象,其包覆度可达 100%。除此之外,Contraplex 钉盘磨机还具有维持产品白度较高、可连续生产等优点,其缺点是投资成本较高。

(5) 流态化磨机处理法。用流态化磨机进行表面改性,可提供一种能严格控制温度、压力、表面能及矿物滞留时间的连续过程。磨机系统具有类似于干燥机的

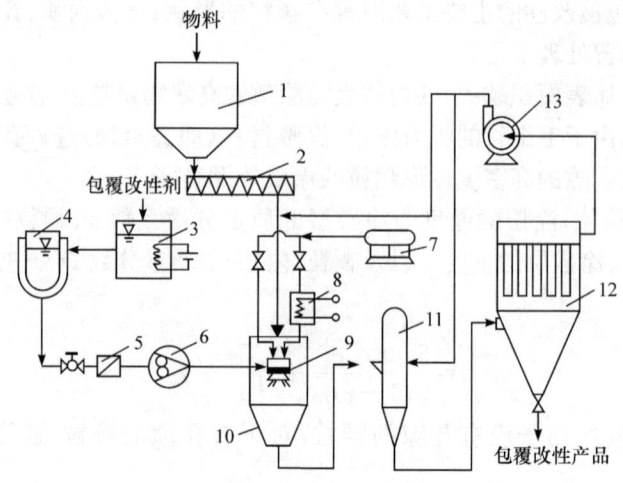

图 9-49 钉盘磨机包覆改性工艺流程
1. 矿粉料仓；2. 定量给料螺旋；3. 改性剂加热熔化桶；4. 改性剂储药桶；5. 过滤器；
6. 齿轮泵；7. 空气压缩机；8. 空气加热器；9. 气液雾化喷嘴；10. 雾化容器；
11. Contraplex 钉盘磨机；12. 产品收集箱；13. 风机

功能，加入其中的表面改性剂基质能迅速挥发掉，留下活性成分黏附于矿物表面。这种气态黏附过程的控制是非常精确的，以至于可以同时涂敷两层或三层。

(6) 高压釜加压涂敷处理。高压釜加压涂敷处理的工艺过程是，将矿物和涂敷材料一起装入高压釜中，以 5～30r/min 转速进行搅拌，升温加压若干分钟。涂敷材料加入量为矿物量的 1%～5%。涂敷完毕，将料排出，送至 27～320T 的窑中干燥 10min 至 48h，这种涂敷改性工艺要求高压釜温度 32～275℃，饱和蒸气压力约 70～700kPa(0.7～7.0kg/cm^2)，且压力容器内装有搅拌装置。据美国专利(USP 4520073)介绍，对碳酸钙、膨胀珍珠岩、石英、云母等进行表面防水处理时，可采用这种高压涂敷处理，所用的憎水性涂敷材料为链烷石蜡、聚二醇、硅氧剂等。

除了用高压釜加压涂敷外，还可采用高压喷射涂敷，如珍珠岩从膨胀炉内排出时(灼热状态)，立即用高压喷射连续涂敷硅树脂。该法渗透性强，涂敷层厚。

2) 整体处理改性工艺

整体处理工艺就是先将基体树脂加入反应器中，再将矿物填料和表面改性剂逐渐定量加入。这种工艺常常是在塑料、橡胶等聚合材料厂内进行。通常所采用的设备是高速加热混合机，国产 GRH 系列混合机构造及工作原理见图 9-39。

对于上述两种改性工艺，即预先涂敷处理工艺和整体处理工艺，都可使矿物改性，从而提高材料性能。但相比之下，一般研究认为，矿物预先处理可使被涂敷矿料更好地与树脂基材反应，效果往往比现场添加改性剂的整体处理工艺好。因为在有树脂存在的情况下，偶联剂受到稀释，而且还可能因树脂的作用而相应结块。

3) 影响表面化学改性的工艺因素

(1) 颗粒的表面性质。颗粒的表面性质,如表面官能团的类型、表面酸碱性、水分含量、比表面积等都会影响表面化学改性的效果。表面官能团的类型影响有机表面改性剂与无机颗粒表面作用力的强弱,能与有机表面改性剂分子中极性基团产生化学键合或化学吸附的无机颗粒表面,表面改性剂在颗粒表面的包覆较牢固;仅依靠物理吸附与无机颗粒表面作用的表面改性剂,与表面的作用力较弱,在颗粒表面包覆不牢固,在一定的条件下(如剪切、搅拌、洗涤)可能脱附。所以,选择表面改性剂也要考虑无机颗粒表面官能团的类型。例如,对含硅酸较多的石英粉、黏土、硅灰石、水铝石等酸性矿物,选用硅烷偶联剂效果较好,对不含游离酸的碳酸钙等碱性矿物填料,用硅烷偶联剂处理效果欠佳,这是因为硅烷偶联剂分子与石英表面官能团的作用较强,而与碳酸钙表面官能团的作用较弱。颗粒表面的酸碱性也对颗粒表面与表面改性剂分子的作用有影响。在用表面改性剂对无机颜料或填料进行表面化学改性处理时,颜料或填料粒子表面与各种官能团相互作用的强弱顺序大致是:当表面呈酸性时(SiO_2等)胺>羧酸>醇>苯酚;当表面呈中性时(Al_2O_3、Fe_2O_3等)羧酸≥胺>苯酚>醇;当表面呈碱性时(MgO、CaO等)羧酸>苯酚>胺>醇。

无机颗粒表面的含水量也对颗粒与某些表面改性剂的作用产生影响,例如单烷氧基型钛酸酯的耐水性较差,不适合于含湿量(吸附水)较高的无机填料或颜料;而单烷氧基焦磷酸酯型和螯合型钛酸酯偶联型则能用于含湿量或吸附水较高的无机矿物填料或颜料,如陶土、滑石粉等。

粉体的比表面积与表面改性剂的用量有直接的关系,一般来说,比表面积越大,达到相同包覆率所需表面改性剂的用量也越大。

(2) 表面改性剂的种类、用量及用法。无机粉体的表面化学改性主要是通过表面改性剂的包覆来实现的,因此,表面改性剂的种类、用量及使用方法将直接影响表面化学改性的效果。表面改性剂种类很多,如硅烷偶联剂、钛酸酯偶联剂、锆铝酸盐偶联剂、有机铬偶联剂、高级脂肪酸及其盐、有机铵盐及其他各种类型表面活性剂、膦酸酯、不饱和有机酸等。因此选择的范围较大,具体选用时要综合考虑粉体的表面性质、改性产品的作用、质量要求、处理工艺以及表面改性剂的成本等因素。

单纯从表面改性剂分子与无机粉体表面作用的角度来考虑,当然是改性剂分子与颗粒表面的作用越强越好。但是,在实际选用时还必须考虑其他因素,如成本、用户要求等,例如,在选择包覆用于电缆绝缘材料填料的煅烧高岭土时,还要考虑表面改性剂的介电性能及体积电阻率。

进行表面化学改性时,表面改性剂的用量与包覆率存在一定的对应关系,一般来说,在开始时,随着用量的增加,粉体表面的包覆量提高较快,但随后增势趋缓,至一定用量后,表面包覆量不再增加,用量过多是不必要的。

表面改性剂的使用方法,包括选择溶剂类型和分散方法以及表面改性剂的混合使用。为了提高包覆(即化学改性)效果并减少表面改性剂(尤其是价格较贵的偶联剂)的用量,必须注意表面改性剂的均匀分散,为此,采用适量溶剂或稀释剂以及乳化、喷雾添加剂等方法提高其分散度。由于粉体表面,尤其是无机矿物填料或颜料表面性质的不均一性,有时混合表面改性剂较单一表面改性剂的效果要好。例如,联合使用钛酸酯偶联剂可降低生产成本。

(3) 工艺设备及操作条件。表面化学改性与工艺设备及操作条件,如设备性能、物料的运动状态或机械对物料的作用方法、反应温度和反应时间等因素相关。要实现表面改性剂在颗粒表面的均匀包覆,必须使颗粒与表面改性剂进行良好分散和充分接触。机械力对颗粒作用的方式和强弱影响颗粒的分散,会对颗粒表面与表面改性剂的接触产生影响。另外,强烈的剪切混合或冲击作用还将导致颗粒的粉碎和比表面积增大,因此,在选择工艺设备时应考虑这些因素。

为达到良好的表面化学改性(或包覆)效果,一定的反应温度和反应时间是必需的。选择温度范围应首先考虑表面改性剂对温度的敏感性,以防止表面改性剂因温度过高而分解、挥发。但温度过低不仅反应时间较长,而且包覆率低。对于通过溶剂溶解的表面改性剂来说,温度过低,溶剂分子难以挥发,也将影响包覆的稳定性。反应时间影响表面改性剂在颗粒表面的包覆量,一般随着时间的延长,开始时包覆量迅速增加,然后逐渐趋缓,到一定时间达到最大值,此后,继续延长反应时间,包覆或吸附量不再增加甚至还有所下降(因强烈机械力作用,如剪切或冲击导致部分解吸附)。

3. 矿物表面沉淀反应改性工艺

(1) 沉淀反应改性原理。矿物表面沉淀反应改性是利用无机化合物在矿物颗粒表面进行沉淀反应形成一层或多层"包覆"或"包膜",以改善粉体表面性质的表面处理方法。通常在分散的粉体水浆液中,加入所需的改性(处理)剂,在适当的pH和温度下,使无机改性剂以氢氧化物或水含氧化物的形式均匀沉淀在颗粒表面,形成一层或多层包覆层,然后经过洗涤、脱水、干燥、焙烧等工序使该包覆层牢固地固定在颗粒表面,从而达到改进粉体表面性能的目的。

这种用作粉体表面沉淀反应改性的无机物一般是金属的氧化物、氢氧化物及其盐类。

(2) 钛珠光云母粉的表面沉淀反应改性工艺。目前世界上生产或制备云母珠光颜料有两种方法。一种是水解涂钛法,另一种是气相反应法。气相反应法是将云母粉置于流态化床中,通入氧气,使其与$TiCl_4$或其他金属盐反应,在云母表面形成氧化钛薄膜。但这种方法尚未形成工业化生产。目前工业上广泛采用的是水解涂钛法。水解涂钛法,就是将钛酸盐加入到云母悬浮液中,在酸性条件下经加热使钛酸盐发生水解,在片状云母表面沉积形成水合二氧化钛薄膜,然后经过滤、洗涤、烘干和煅烧结晶最后形成表面涂覆晶体 TiO_2(锐钛型或金红石型)薄膜的珠光颜料。一般工艺流程如图 9-50 所示。

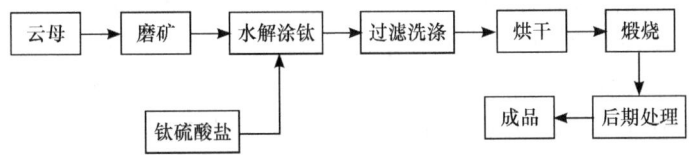

图 9-50　水解涂钛法生产珠光云母粉的工艺流程

影响沉淀反应改性效果的因素比较多,主要有浆液的 pH、浓度、反应温度和反应时间,颗粒的粒度、形状以及后续处理工序(洗涤、脱水、干燥或焙烧)等。其中 pH 及温度因直接影响无机改性剂(如钛盐等)在水溶液中的水解产物,是沉淀反应改性最重要的控制因素。

4. 矿物机械化学表面改性工艺

机械化学法在矿物表面改性中的应用主要有是促进矿物粉体表面化学改性,即将粉体粉磨过程中产生的机械化学作用与矿粒表面化学改性结合起来,充分利用粉磨过程中产生的机械化学效应来强化粉体的表面改性;而表面改性剂又对物料的粉碎起促进作用,矿物超细粉碎与表面改性相得益彰,产生较好的协同效应,使二者合二为一,简化生产工艺,降低生产成本。机械活化能够使粉体表面活性增强甚至产生化学反应,因此将机械活化与表面化学改性结合起来,在超细粉体超细磨的同时实现表面改性是合理的也是可能的。这是一种很有发展前途的改性工艺,目前机械化学表面改性的工艺主要有湿式和干式两种。

(1) 湿法机械化学表面改性工艺。湿法机械化学表面改性是被改性粉体与改性剂在溶液环境下,受到研磨介质的高速冲击、剪切、挤压等作用,粉体表面在粉碎的同时被活化,与介质中的改性剂发生物理化学反应,实现表面改性。粉碎机械化学效应对粉体的表面改性有明显的促进作用。目前尚无专门的湿法机械化学表面改性设备,所用的均是一些湿法研磨设备,如搅拌磨、行星磨、振动磨以及球磨等。

图 9-51 为一种湿法机械化学粉体表面改性工艺流程图。被处理物料和改性剂加入搅拌器中充分搅拌,制成均匀浆料,送入搅拌磨中,在研磨

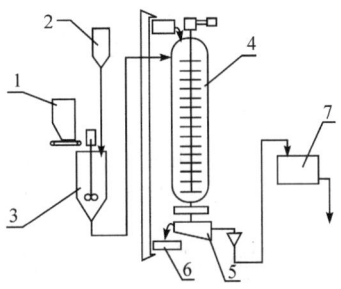

图 9-51　一种湿法粉体表面改性工艺流程图

1. 被处理物料;2. 改性剂;3. 搅拌器;
4. 搅拌磨;5. 研磨介质洗涤;6. 研磨介质干燥;7. 产品储存

过程中,粉体被粉碎的同时进行表面改性。改性完成后由搅拌磨下口排出,接着进行后处理。

超细粉体湿法机械化学表面改性增强了改性剂和物料的混合,使反应机会增多,从而强化了改性效果;改善了粉体的分散性,粉体团聚现象大大降低;使药剂在粉体表面附着均匀,改性产品质量稳定;改性产品粒度较细,扩大了应用范围。不足之处是需要的搅拌作用强,消耗能量大;大部分改性剂都不溶于水,增加了改性的难度;后处理过程需要分离、干燥、分散等步骤,比较繁杂,适用于改性产品以浆料使用的场合。

(2) 干法机械化学表面改性工艺。干法粉磨过程可产生较强的机械化学作用,对超细粉体表面的活化作用强,将其与表面改性工艺结合起来,是一种很好的发展方向,引起了人们的广泛关注。超细粉体干法机械化学表面改性所用的设备有搅拌磨、撞击流粉碎设备、气流磨、振动磨等。

如图 9-52 所示为粉体的撞击流超细粉碎与干法有机化改性一体化工艺。空气压缩机提供的压缩空气经由冷凝冷却器进入缓冲罐,再由干燥器除油除水后进入超细粉体粉碎和表面改性的装置中,被处理的物料由无重力有序混合器将粉体和改性剂均匀混合后经计量加料器加入,在粉体超细加工及表面改性装置中完成加工后进入扩散式旋风分离器收集,袋式过滤器收集更加微细的粉体颗粒。采用该流程用硬脂酸改性重质碳酸钙,通过测定改性粉体的活化指数、红外光谱图及其在液体石蜡中的浓度变化表征后表明,改性粉体的改性效果良好。

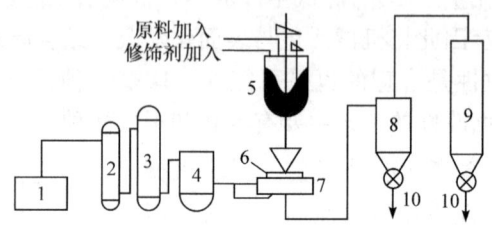

图 9-52　撞击流超细粉碎与表面改性装置流程
1. 空气压缩机;2. 冷凝器;3. 缓冲罐;4. 干燥器;5. 无重力有序混合器;6. 加料器;
7. 超细粉碎与表面改性装置;8. 旋风分离器;9. 袋式过滤器;10. 卸料口

与湿式工艺相比,干式改性后续处理简单,机械化学作用强,但也存在粉尘大,不易磨细等问题。

9.3.4　矿物粉体材料表面改性应用实例

1. 二氧化硅

(1) 超细二氧化硅及其表面改性产品的应用。超细二氧化硅,又称为白炭黑,在橡胶、塑料、胶粘剂、涂料等领域获得广泛的应用。超细二氧化硅在橡胶领域中的用量占总用量的70%，并且在鞋类制品中用量最大。目前，在橡胶领域中随着超细二氧化硅用量的增加，其应用的制品种类也越来越多，可用作制造胶辊、轮胎、补强硅橡胶制备薄膜、垫片等；在塑料领域，可用作聚氯乙烯农用薄膜、塑料投影片、空气过滤器或面具的填充型多孔塑料的介电膜制备；在胶粘剂领域，可用作丙烯酸酯类胶粘剂、电绝缘环氧胶粘剂、聚酯粘胶剂等；在涂料领域，可用作导电涂料、光固化透明或半透明涂料、防雾固化涂料等。近年来随着对超细二氧化硅研究的深入，出现了一些新的应用领域，如在医药行业中用于改变药品的分散性、吸收性以及抗静电性，用于药物的载体；医药物品的消毒包装膜等；在农业中可用于除草剂和杀虫剂，还可用作土壤中污染物的吸收剂；在油墨行业中用于控制印刷油墨的流量，在复印机和激光打印机的墨盒调色中用作分散剂和流量控制剂等。

超细二氧化硅还是一种重要的油漆消光剂、水性涂料改性剂和防沉淀剂，在涂料和油漆行业有重要应用，一般在应用前都要对其进行表面改性，打破或减弱其团聚体，改善其在涂料和油漆中的分散性，增强其与树脂的作用力。电泳漆是水性漆中的重要品种，随着科学技术的进步，电泳漆从阳极电泳(被涂覆件为阳极)，转向阴极电泳(被涂覆件为阴极)，从单组分到双组分，从薄膜型(20μm 左右)到中厚膜型(30μm 以上)，阴极电泳的漆膜较阳极电泳漆膜耐腐蚀性强，而由单组分发展到双组分、由薄膜发展到中厚膜着更进一步提高了防腐性能。然而现代汽车普遍要经历各种恶劣的气候和环境条件，因此对阴极电泳涂料的防腐耐候性提出了更高的要求；同时人们对汽车的外观越来越重视，要求美观、新颖。用超细粉体对阴极电泳漆进行改性可望进一步提高其性能，超细二氧化硅因其独特的防腐性能、耐磨性以及耐候性成为人们的首选，而超细二氧化硅的功能化改性及在阴极电泳漆中的良好分散是该项技术的关键。

(2) 超细二氧化硅的物理表面化学性质。超细二氧化硅的分子式是 $SiO_2 \cdot H_2O$，是一种无定型白色粉末，其晶体结构是以 Si 原子为中心，O 原子为顶点所形成的不太规则的四面体结构。其结构单元是 SiO_2，四个顶点的 O 原子必须与另外的四面体的顶点 Si 经共价键—O—Si—O—连接，这样就有四个方向由于共价键连接而形成一维、二维、三维的线状、球状、链状及空间骨架点体结构，不同的化学环境可使这一发展过程停留在某一状态，形成不同的结晶表面。因此超细二氧化硅表面上的 Si 原子并不是规则排列的，连在 SiO_2 原子上的羟基也不是等距离的，它们参与化学反应时也不是完全等价的。

超细二氧化硅表面上有三种羟基，一是孤立的、未受干扰的自由羟基；二是连生的、彼此形成氢键的缔合羟基；三是双生的，即两个羟基连在一个 Si 原子上的羟基。孤立的和双生的羟基都没有形成氢键。当超细二氧化硅(SiO_2)和湿空气接触时,表面上的 Si 原子就会和水"反应",以保持氧的四面体配位,满足表面 Si 原子的化合价。超细二氧化硅表面对水有相当强的亲和力,水分子可以不可逆或可逆地吸附在其表面上。因此 SiO_2 表面通常是由一层羟基和吸附水覆盖着,前者是以化学键键合到表面 Si 原子上的羟基,也就是化学吸附的水;后者是吸附在表面上的水分子,也就是物理吸附的水。由于其表面吸附的水和羟基都会随着温度的变化而发生变化,因此温度不同,其表面结构是不同的。

二氧化硅表面具有给予和接受质子(或电子)的特性,可以看作是一个多功能的酸和碱,因此其表面的硅醇基可发生不同的化学反应而被攻防化,最易实现的是利用硅醇基团与合适的硅烷偶联剂发生如下反应

$$\equiv Si-OH + X_n R_{4-n} Si \longrightarrow \equiv Si-O-SiX_n R_{4-n} + HX$$

式中:X 为 NH,Cl,OR'(R' 为烷基);R 为芳基、烷基、胺烷基,$n = 1 \sim 3$。

当一个亲电子试剂(D)与二氧化硅表面反应时,可能发生的反应为

$$Si-OH + E \longrightarrow [Si-OE]^- + H^+$$
$$Si-OH + E^+ \longrightarrow Si-OE + H^+$$

(3) 超细二氧化硅表面改性。超细二氧化硅的加入,可显著改善高分子材料的性能,但超细二氧化硅的强亲水性导致了其难以在有机相中润湿和分散。例如未改性的超细二氧化硅在与橡胶配合时相容性差,在配合胶料内对硫化促进剂吸附而迟延硫化,且由于其比表面积大、粒径小,易于团聚,在与橡胶配合时难混入、难分散,这些都影响了其性能的发挥。超细二氧化硅表面改性的目的就是改变超细二氧化硅表面的物化性质,提高其与有机分子的相容性和结合力,改善加工工艺。例如使用偶联剂改性用于橡胶领域的超细二氧化硅可以满足:①改善硫化特性和交联密度;②减轻或消除填充剂-填充剂的相互作用;③在填充剂和聚合物之间引入共价键以改善聚合物-填充剂的相互作用,加强其补强性能。

超细二氧化硅的表面改性,常用的方法是干法改性和湿法改性。早期对超细二氧化硅的改性研究多采用湿法,但随着超微细粒子流化态技术的发展,流化床反应器的操作控制已获得了较多的成功经验,用干法同样可以达到湿法的物料接触状况,而且干法改性装置可以直接连在气相法超细二氧化硅生产装置脱酸工序的前后,既经济又实用。相比之下,湿法所采用的溶剂如苯、甲苯等是有毒物质,产品的分离、提纯困难,成本高、污染严重。目前世界发达国家的疏水超细二氧化硅生产工艺均采用干法,如图 9-53 所示。

(4) 超细二氧化硅表面改性剂。一般来说,只要能够与超细二氧化硅表面羟基发生化学反应的物质均可作为超细二氧化硅的表面改性剂。常用的改性剂有氯硅烷类,如二甲基二氯硅烷(DMDC);胺烷类,如六甲基二硅胺烷(HMDS);醇类如丁醇、直链辛醇等;硅氧烷类偶联剂,如三甲基乙氧基硅烷(TMEO)、乙烯基三乙氧基硅烷(VEO)等;硅氧烷类化合物,如聚二甲基硅氧烷(PDMS)、六甲基二硅氧

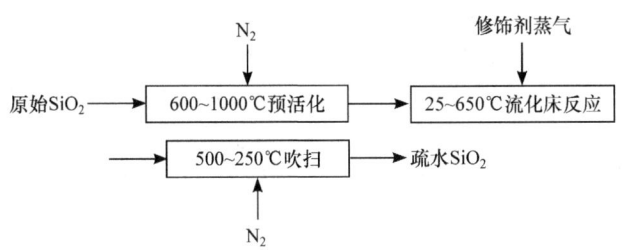

图 9-53 Degussa 公司干法改性超细二氧化硅生产工艺流程

烷(MM)等。胺类、高级脂肪酸等表面活性剂、氢氟酸、聚合物单体、某些聚合物、钛酸酯偶联剂等也可用于超细二氧化硅的表面改性。王卫星等人开发了一种新型改性剂,即硅酸酯偶联剂,这种偶联剂可以以稻壳灰为原料制得,因而其成本较硅烷偶联剂和钛酸酯偶联剂低,有较好的发展前景。

在对超细二氧化硅进行表面改性时改性剂的选择非常关键,改性剂不同,改性效果不同,改性后的超细二氧化硅的应用性能也不同。

研究结果表明,不同改性剂改性超细二氧化硅对 NR/BR 硫化胶物理性能的影响大小顺序为:硅烷类偶联剂＞钛酸酯类偶联剂＞表面活性剂,其原因是硅烷类偶联剂中含有能水解成硅烷醇的基团,硅烷醇与超细二氧化硅表面产生缩合,在硫化时偶联剂中的有机官能团与橡胶发生反应,使橡胶分子与超细二氧化硅之间产生化学结合,从而使超细二氧化硅的补强效果增强;钛酸酯类偶联剂中虽然含有烷氧基,可与超细二氧化硅表面羟基产生化学结合,但其分子链中的有机长链只可与橡胶分子产生缠结和少量的化学结合,从而导致超细二氧化硅在橡胶中的补强效果比硅烷类偶联剂稍差;表面活性剂是靠表面吸附结合在超细二氧化硅上,与超细二氧化硅的结合不如偶联剂强,因此表面活性剂改性超细二氧化硅填充硫化胶的物理性能最差。

2. 二氧化钛

(1) 二氧化钛的用途和表面物理化学性质。二氧化钛的商品名称为钛白粉,是重要的白色颜料,占全世界颜料消耗总量的 50% 以上,白色颜料消耗总量的 80% 以上,主要用于涂料、塑料、造纸工业中;此外还可用作催化剂、化妆品、紫外线吸收剂,制造光敏材料、电子元件、抗静电塑料和记录纸的导电层等。对二氧化钛进行表面改性的目的是为了提高二氧化钛对介质的分散稳定性,增强其光化学稳定性,改进二氧化钛复合体系的质量。

纳米 TiO_2 应用于涂料中,主要是改善传统涂料性能或制备新的功能涂料。但是由于纳米 TiO_2 表面极强的活性,使它们很容易团聚在一起从而形成带有若干弱连接界面的尺寸较大的团聚体,这大大降低甚至消除了纳米颗粒的实际应用效果;同时由于纳米 TiO_2 表面亲水疏油,在有机高分子树脂中难以均匀分散,界面上会出现空隙,当空气中的水分进入空隙中就会引起界面处高聚物的降解、脆化,导致材料性能下降。所以,必须对纳米 TiO_2 进行表面改性。

相对于其他金属氧化物颜料,二氧化钛中 Ti—O 键的极性较大,表面吸附的水因极化发生解离,容易形成羟基。这种表面羟基作为表面活性基团为表面改性提供了方便。二氧化钛的比表面积及其羟基量随处理温度升高而迅速下降。二氧化钛表面呈强极性,对极性溶剂有很好的润湿性能。溶剂的极性越强对其润湿性越好。此外润湿性还与其比表面积和处理温度密切相关。从某种意义上说,二氧化钛属两性氧化物,在不同的环境内可以显酸性或碱性,如二氧化钛用于涂料时,其表面的酸碱性与涂料介质密切相关。二氧化钛经无机表面处理后表面电性发生变化。如经 Al_2O_3 包膜的二氧化钛表面带正电荷,而用 SiO_2 处理的二氧化钛表面带负电荷,经铝硅复合包覆的二氧化钛其表面电性与硅铝的比例有关。二氧化钛具有光化学活性,其光化学活性与粒径关系很大,纳米二氧化钛光化学活性更强。

(2) 二氧化钛表面无机物包覆改性。由于二氧化钛本身有很强的光化学活性,在阳光特别是紫外线照射下,易发生失活、黄变、粉化等现象,影响了其使用性能。采用表面沉淀反应在其表面包覆一层无机物后,不仅能克服上述缺点,而且能提高产品的应用性能,改善其分散性和表面活性,提高抗粉化性、保色性、耐候性和光化学稳定性。

人们很早就对包覆二氧化钛的无机处理剂进行过多方探索。研究表明,铝和硅是二氧化钛两种重要的表面处理剂,目前国外生产的二氧化钛几乎全是用这两种包覆处理的。用三氧化二铝包覆,二氧化钛的抗粉化性和保色性显著提高。

基于沉淀反应的超细二氧化钛表面无机物包覆的方法主要有以下几种。(a)煮沸法:在强烈的加热条件下,处理剂发生水解,沉积在二氧化钛颗粒上。这种方法适应性差,水解不易彻底,速度较慢,过程难以控制,不常用。(b)中和法:分为两类。一类是加碱到酸性浆液中,使处理剂沉淀下来。常用的碱性沉淀剂有氨水、氢氧化钠、碳酸钠等。另一类是加酸到碱性浆液中,使处理剂沉淀下来,酸性沉淀剂包括磷酸、硫酸、硝酸、盐酸。在中和过程中,金属离子水解沉积的同时,加入的酸或碱还与浆液中的阴离子或阳离子生成相应的盐类,因此形成的包覆膜就不是单纯的水合氧化物包膜。(c)碳化法:在含包覆剂的碱性二氧化钛浆液中通入二氧化碳使处理剂沉淀。此法反应缓慢,接触面大。用这种方法使硅、铝共沉积,能形成比中和法更均匀的包膜,产品的光化学稳定性提高得更显著。

目前常用的二氧化钛表面无机物包覆主要工艺包括:

① 二氧化硅包覆二氧化钛。基本方法是在二氧化钛的浆液中加入水溶性的

硅化合物,用酸中和至 pH=8～9,使硅以 Si(OH)$_4$ 的形式沉淀在二氧化钛颗粒的表面,单体形式的 Si(OH)$_4$ 活性很大,它很快缩聚生成聚合硅胶。硅包覆膜主要是相对分子质量低的水含氧化硅的薄膜,具有厚薄均匀、结构致密的特征,并且二氧化钛与二氧化硅之间除了物理包覆外还会形成一定的化学键合。

② 三氧化二铝包覆二氧化钛。基本方法是在二氧化钛的浆液中,加入可溶性的铝盐(如硫酸铝、偏铝酸钠),在均匀搅拌下用酸或碱中和至 pH=9～10,使铝在二氧化钛颗粒表面以氢氧化铝沉淀析出,包覆的三氧化二铝约有 50%～70% 是以 AlOOH 形式存在,其余以无定形水凝胶的形式存在。

③ 混合包覆和两次包覆。在无机物处理中,只采用一种金属水合物或氢氧化物作包覆剂,对二氧化钛抗粉化性与保光性的提高是有限的,例如,单独采用铝,其保光性与抗粉化性不如铝、硅共同包膜的好;单独采用硅,浆液难以过滤,制得的颜料性能不佳,而铝硅合用可以获得显著的效果。混合包覆是指在同一酸性或碱性条件下,用中和法同时将两种以上包覆剂沉积到二氧化钛颗粒表面;两次包覆是指在一种条件下沉积一种以上包覆剂,然后在此条件或另一条件下,第二次再沉积一种以上包覆剂。

(3) 二氧化钛表面有机物包覆改性。主要方法有如下几种。

① 偶联剂法。用各种偶联剂与二氧化钛表面羟基发生作用,使二氧化钛表面有机化。例如硅烷可与二氧化钛表面羟基迅速反应,在粒子表面形成有机膜,见图 9-54。实践证明,在 10nm^2 的二氧化钛表面上吸附两个三甲基硅烷基,就可使该表面转变为亲油表面。常用的偶联剂有硅烷偶联剂、钛酸酯偶联剂等。

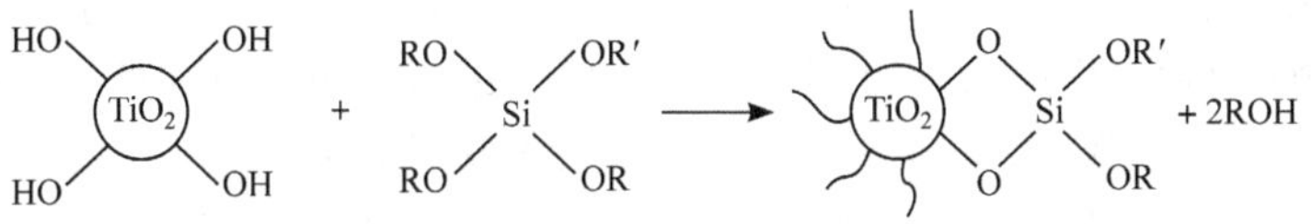

图 9-54 纳米 TiO$_2$ 硅烷表面改性示意图

② 表面活性剂法。表面活性剂在二氧化钛表面的吸附不是均匀吸附,而是吸附在表面活性强的地方。二氧化钛表面的活性点数量和种类都很多,但某一活性点只能吸附某种特定形式的极性基团,因此针对二氧化钛的不同使用功能进行改性是可行的。其中阴离子表面活性剂很少单独对二氧化钛进行表面改性,下面主要介绍阳离子和非离子表面活性剂在二氧化钛表面改性中的应用。有机胺是用于改进二氧化钛在各种油性和水性体系中润湿分散性能的最重要的有机改性剂之一,其中仲胺、叔胺和三乙醇胺的应用尤为广泛。用脂肪酸中和有机胺和酸胺,制得水溶性的低级脂肪酸盐或不溶于水的高级脂肪酸胺盐,这种阳离子表面活性剂能显著改进二氧化钛在油性介质中的分散性。将有机胺类和带活性亚甲基的有机

化合物合用,不但可改进二氧化钛在水性和油性介质中的润湿性,也提高了分散性和分散稳定性。例如将 0.2%～1%不挥发性多元醇与三乙醇胺混合加入二氧化钛中可得到稳定的、低级度、高固体含量的浆液,且受水的硬度影响较小。非离子表面活性剂中,聚氧乙烯型和多元醇型如聚乙二醇等都可用于二氧化钛的表面改性,此外多元酸与三甲基丙基丙醚、三甲基丙基等基醚等复配也可用于二氧化钛的表面改性。

③ 聚合物包覆法。通过各种方法在二氧化钛表面包覆聚合物,以增进其与有机体系的相容性,这种方法包括预处理法和直接包覆法。二氧化钛表面存在自由基和正负离子,具有引发活性,可直接引发单体在其表面聚合,但由于二氧化钛表面呈强极性,有机单体和聚合物不易吸附在其表面上,处理效率较低,一般采用的都是先用偶联剂、表面活性剂、聚合物等进行预处理,降低其表面活性,然后在二氧化钛表面进行聚合物包覆改性。有研究者采用阴离子表面活性剂十二烷基硫酸钠预改性二氧化钛粒子,然后以这样的粒子为核,以甲基丙烯酸甲酯和苯乙烯为单体,用聚合的方法对二氧化钛进行包覆改性,制得了表面包覆良好的二氧化钛—聚合物复合胶囊化粒子。

3. 碳酸钙

(1) 粉体碳酸钙的用途。碳酸钙是一种重要的工业用填料,主要用于橡胶、塑料、涂料、纸张等。作为填料使用的粉体碳酸钙主要有沉淀碳酸钙(又称轻质碳酸钙)和细磨碳酸钙(又称重质碳酸钙)两种。

碳酸钙由于其本身亲水性强,表面张力大,在水中易团聚。特别对于纳米碳酸钙,大的表面积和表面张力使得其在水中和烘干过程中团聚更加严重,极大地影响了其纳米效应的发挥;本身的强亲水性和较大的极性,使得其与高聚物相容性差,直接影响了复合材料的一系列性能;本身呈碱性,在酸性溶液中易分解。这些都使其应用受到较大的限制。因此在使用时常对其进行表面改性。

沉淀碳酸钙是基于化学方法,由石灰石的燃烧、乳化和 CO_2 气体反应生成,由于生成过程在溶液中进行,因而其改性主要采用湿法,在碳酸钙的制备过程中同时完成。细磨碳酸钙的改性有湿法和干法两种,干法一般采用预处理法和整体掺合法。湿法则采用水溶性或对水有良好适应性的表面处理剂进行表面包覆改性。

改性碳酸钙可用于塑料、橡胶、涂料和油墨等,其中作为塑料填充剂占其中的70%以上。主要用于聚氯乙烯塑料和电缆材料的用硬脂酸进行表面处理的胶体碳酸钙或活性碳酸钙产品——白艳华在市场上的应用极为普遍。对塑料来讲,普通碳酸钙只能起填充剂的作用,而加入改性纳米碳酸钙则起到增韧增强作用,对材料的缺口抗冲击强度和双缺口冲击强度的增韧效果十分显著,而且加工性能仍然良好。

（2）碳酸钙表面无机物包覆改性。二氧化硅颗粒表面有硅酸基官能团,与金属表面、纤维、橡胶以及塑料具有亲和性,且链接结构比较发达,能够使高聚物分子和填料粒子表面形成键合作用,具有优良的补强性能。复合粒子与纯 $CaCO_3$ 纳米颗粒的形貌有明显不同,纯 $CaCO_3$ 粒子为立方形,复合纳米粒子大都近乎球形,并且在 $CaCO_3$ 粒子表面形成海绵状包覆层。合成纳米复合粒子时,在 $CaCO_3$ 粒子的浆液中加入硅酸钠和稀硫酸,硅酸钠水解成硅酸,通过溶胶、吸附和凝胶过程,包覆在 $CaCO_3$ 粒子表面上,形成海绵状膜层。如果硅酸的聚合速度适当,可在 $CaCO_3$ 表面上形成比较均匀的 $SiO_2 \cdot nH_2O$ 膜。这种包覆产品代替白炭黑用于三元乙丙橡胶补强填料效果良好。与纯粹的纳米碳酸钙相比,耐酸性能有大幅度提高,并使其在一定程度上具有二氧化硅的性质,表面光滑度、白度、分散性、比表面积、表面活性等都有一定的提高,改善了其在造纸、食品、牙膏、涂料等行业的应用性能。

表 9-5　包膜前后纳米碳酸钙在阳极电泳漆中的应用性能

性能测试	未包覆纳米碳酸钙	包覆纳米碳酸钙
硬度	2H	5～6H
泳透力	70%(180V)	73.2%(180V)
	72%(220V)	80%(220V)
外观	表面平整光滑	表面平整光滑
稳定性	一般	电泳漆槽液稳定性好,熟化 18d 电泳漆膜面便保持平整光滑

表 9-5 为包膜前后纳米碳酸钙在阳极电泳漆中的应用性能。可见,二氧化硅包膜后对纳米碳酸钙性能的改善是明显的。此外,日本白石工业公司采用缩合磷酸(偏磷酸或焦磷酸)对碳酸钙粉末进行表面改性,改性后产品提高了碳酸钙粉末的耐酸性,降低了其表面的 pH,拓宽了碳酸钙的使用范围。

（3）超细碳酸钙表面有机物改性。用于碳酸钙表面改性的低分子有机物有脂肪酸及其盐或酯、钛酸酯偶联剂、铝酸酯偶联剂、膦酸酯及一些表面活性剂,如十二烷基硫酸钠等,其中钛酸酯类偶联剂是处理碳酸钙填料效果最好的改性剂之一。由于碳酸钙表面显碱性不含游离酸,因此一般不用硅烷偶联剂对其进行表面改性,但据报道,使用多组分硅烷偶联剂或钛酸酯偶联剂与硅烷偶联剂复合也能较好地对其进行表面改性。

碳酸钙是一种重要的工业用填料,对不同的行业、不同的应用领域其改性工艺是不同的,选用的表面改性剂也不同。一般地,用于橡胶、塑料的碳酸钙,采用表面活性剂或偶联剂改性,如不饱和脂肪酸、树脂酸、钛酸酯偶联剂等,可使产品的分散性、亲和性、着色性和透明性提高；用于涂料的碳酸钙，采用脂肪酸、磺酸型或硫酸型阴离子表面活性剂改性后具有优良的扩散性、增稠性和涂层可加工性。

一种用于PVC制品方面的超细碳酸钙的表面改性工艺为：所用设备为高速搅拌机、冷混机、强力振动筛分机；所用药剂有复合钛酸酯偶联剂、白油、硬脂酸、氧化聚乙烯蜡(OPE)或聚乙烯蜡(PE)等；基本工艺是将碳酸钙倒入到高速混合机内，高速搅拌使其升温到90℃，敞口让水分蒸发，达到120℃时分两次加入配好的偶联剂和白油混合液，135℃时加入硬脂酸和PE，142℃时出料。出料后立即冷混至常温，筛分，风选，包装得改性产品。该改性产品在软硬质PVC制品中使用时，可在原配方填充料用量的基础上增加10%～30%，经济效益明显。

硬脂酸或硬脂酸盐改性碳酸钙填料（即胶体碳酸钙）有相当好的补强作用，已成功地代替炭黑和白炭黑填料。与炭黑及白炭黑相比，在橡胶制品中，拉伸强度、耐磨性能稍差，但耐屈挠性、回弹性及永久变形性却很好；改性碳酸钙填料可提高塑料制品的耐冲击性能、在涂料工业中能部分代替白色颜料——钛白粉，既降低成本，又缩短研磨分散时间，配制的涂料也符合要求。

与硬脂酸及其盐相比，用钛酸酯偶联剂处理后的碳酸钙，与聚合物分子有更好的相容性，由于钛酸配偶联剂能在碳酸钙分子和聚合物分子之间形成分子架桥，增加了有机高聚物或树脂与碳酸钙之间的相互作用，因而相应提高了热塑性复合材料的力学性能，如冲击强度、拉伸强度、弯曲强度以及伸长率等。用钛硬脂偶联剂处理的碳酸钙填料和未处理的碳酸钙填料或白艳华相比，各项性能均有明显改善。

铝酸酯偶联剂对$CaCO_3$的改性效果与钛酸酯偶联剂相当，优于硬脂酸及其盐。铝酸酯偶联剂价格低廉，颜色浅，不改变改性产品白度，所以也已获得广泛使用。

对超细碳酸钙进行高聚物表面改性时，根据所用改性剂种类的不同，可分为单体改性和聚合物改性。相对分子质量高的聚合物目前用得最多的是水溶性的，包括聚丙烯酸及其盐、聚乙烯醇等。单体包括丙烯酸、苯乙烯、丙烯腈、丙烯酸胺等。相对分子质量低的聚合物包括聚乙烯蜡、聚丙烯蜡、聚氧化乙烯蜡等。

用聚合物对碳酸钙进行表面改性的工艺分为两类：一类是先把单体吸附在碳酸钙粉体表面，然后引发其聚合，从而在其表面形成聚合物包覆层；另一类是将聚合物溶解在适当溶剂中后加入碳酸钙，当聚合物逐渐吸附在碳酸钙表面上时排除溶剂形成包膜。

(4) 超细碳酸钙表面改性工艺。由江苏张家港市轻工机械厂生产BMD-1000微粉改性生产线工艺流程见图9-55。当碳酸钙原矿经过破碎，细磨，分级后，物料由旋转阀送入贮料仓中，贮料仓下面的三通阀可使物料根据要求分流到相应地点。

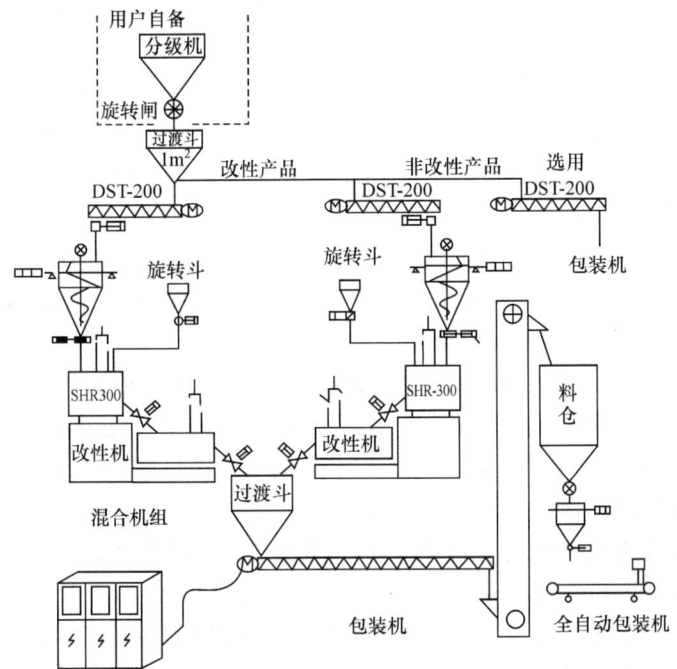

图 9-55　BMD-1000 微粉改性生产线工艺流程

4. 高岭土

高岭土是一种重要的非金属无机矿物，具有很多优良的物理性能、化学性能及机械性能。高岭土的应用领域日益广阔，在陶瓷、电子、造纸、橡胶、塑料、搪瓷、石油化工、涂料、油墨、光学玻璃、玻璃纤维、化纤、砂轮、建筑材料、化肥、农药杀虫剂载体及耐火材料等行业，发挥着重要的作用。

高岭土是指多种含水铝硅酸盐矿物组成的集合体，主要组成矿物高岭石属1∶1型层状硅酸盐矿物，断裂时产生低面和端面两种不同性质的表面。由于表面含有连羟基和含氧基团，因而易于与表面改性剂作用，在其表面形成包覆层。

高岭土处理方法主要有高温煅烧和表面化学改性。对高岭土进行表面改性，主要是基于两种目的，其一，改善其在塑料、橡胶等有机聚合物中的应用性能；其二，提高白度，用于造纸行业。

用于有机聚合物填料高岭土改性的表面改性剂有硅烷偶联剂、有机硅（硅油）、钛酸酯偶联剂和硬脂酸盐等，改性工艺比较简单，一般是将矿物和配制好的药剂一起加入到高速混合机中进行，被处理高岭土的表面性质、颗粒粒度、改性剂的种类和用量以及表面处理时间、温度等是影响最终改性效果的主要因素。

改性高岭土作为有机高聚物的填料可提高高聚物和复合材料的抗冲击、抗拉和抗弯强度等，因此可作为尼龙的增强材料、聚氨酯和聚酯等极性聚合物中的相容填料、橡胶填料、高压电气材料和电绝缘材料（如PVC塑料）的填料。

将高温煅烧后的高岭土在经过表面化学改性后填充橡胶中可起到半补强的效果。表面改性有利于高岭土与胶料的交联，分散效果和硫化效率明显改善，增加了高岭土的添加量，起到提高质量和降低成本的作用，是理想的补强填料。

硅烷偶联剂改性高岭土的研究表明，硅烷在高岭石等黏土表面吸附或反应的形态取决于矿物表面上羟基浓度，对于经过脱其羟基处理（加热至550℃）的高岭土，其硅烷改性产品与非脱羟化的高岭土相比，硬度和模量高，但永久变形、抗拉和抗剪切强度降低。

硅油改性高岭土，主要改进它的疏水性和电绝缘性能。燃烧高岭土（500~800℃）因结构脱羟而成为非晶质的偏高岭石，所以电绝缘性增加。但燃烧产生了表面吸附活性点，在潮湿环境下又吸收水分使电绝缘性降低。采用硅油进行燃烧高岭土的表面改性，硅油易被脱羟的空隙吸收，从而包覆在煅烧土的表面，形成一个分子层厚度的疏水膜，提高了高岭土的疏水性和绝缘性，保证了电线电缆绝缘材料和橡皮在潮湿与水浸入环境下电绝缘性能的稳定。

在高岭土中加入适量的白色颜料，经过充分搅拌后，白色颜料覆盖在高岭土表面，可提高高岭土的白度。所使用的颜料有 TiO_2、$CaSO_4 \cdot 2H_2O$、$CaCO_3$ 和 $CaSiO_3 \cdot H_2O$ 等。

在塑料工业，改性煅烧高岭土加入到PVC塑料电缆中，可提高电缆的体积电阻率，是PVC高压电缆中不可缺少的功能性材料。还可用在大棚塑料薄膜中对红外线起阻隔作用。

在涂料工业，多采用高岭土作体质颜料，这有助于满足人们对涂料性能日益严格的要求如耐久性等、有助于改善涂料体系贮存稳定性、涂膜的涂剧性及抗吸潮性等机械性能、改善颜料的抗浮色和发花性。当要求制备低VOC、高固体涂料，并要求更薄和无疵平滑、光亮的涂膜时，尤其如此。

用铝钛复合偶联剂NDZ—311对高岭土进行表面改性，改性高岭土与未改性高岭土相比，防火性能能有了提高。这是因为，改性过的高岭土，在防火涂料中的分散性得到改善，在涂料成膜阶段，改性的高岭土可均匀地分布在基材表面，能有效地发挥其防火作用。

5. 粉石英

粉石英是呈白色或浅白色的非金属矿物，具有优异的电绝缘性、化学惰性和良好的耐酸腐蚀性。粉石英除在陶瓷、玻纤、耐火材料等领域应用外，还可用作塑料、橡胶、油漆涂料、电绝缘封装材料、环氧树脂等有机高分子材料的填料，以改善材料性能，降低成本。粉石英呈球状颗粒，无各向异性，且表面亲水疏油，因此未改性粉石英不能作为功能性补强填料,仅可作为一般性填料使用。为改善粉石英与有机高分子之间的相容性,必须对其进行表面活化改性。

粉石英经硅烷等改性处理后,可作为橡胶,塑料制品的功能性填料。试验表明,改性粉石英在酚醛树脂、塑料薄膜和环氧树脂中填充,制品强度与未改性粉石英相比明显提高;在 PVC 人造革中加填,其性能与中外合资生产的 EM 多功能填料相似。另外使用改性粉石英还使制品的化学稳定性提高。采用树脂对石英颗粒进行涂覆改性,可加工出用于精细铸造和油井滤油用的高性能矿物材料。

粉石英经超细及活化改性后用于油漆涂料,可降低产品成本、改善其性能指标;活化粉石英可作醇酸调和漆原料,用量达 20%,油漆性能良好。表面改性后的粉石英在天然橡胶和环氧树脂绝缘封装材料中都有良好的应用效果。

6. 云母

(1) 云母钛珠光粉的生产。云母珠光颜料是在已加工的白云母薄片上包覆一层氧化物薄膜而形成,常用的包膜氧化物有 TiO_2、ZrO_2、Fe_2O_3、Li_2O,其中包膜 TiO_2 而形成的云母钛珠光粉在实践上应用最为广泛。

国内外云母钛珠光粉的生产目前广泛采用的是水解涂钛法,将钛酸盐加入到云母悬浮液中,在酸性条件下经加热使钛酸盐发生水解,在片状云母表面沉积形成水合二氧化钛薄膜,然后经过滤、洗涤、烘干和煅烧结晶最后形成表面涂覆晶体 TiO_2(锐钛型或金红石型)薄膜的珠光颜料。一般工艺流程见图 9-44。

除了这种在涂钛表面再涂覆外,近年来还出现了在涂钛水解过程中同时加入能生成 SiO_2、Al_2O_3、ZrO_2、SnO_2 等的盐类,从而形成几种新型云母珠光粉,并具有各种独特的性能或光泽。

(2) 云母增强填料的生产。用于复合材料增强填料的云母主要通过硅烷偶联剂、有机硅、锆铝酸盐和丁二烯等表面改性剂湿磨改性云母粉而获得,氨基硅烷是最有效的表面改性剂,混合使用两种改性剂往往获得更好的改性效果,改性剂的用量是影响处理效果的关键。

改性云母填料主要用于聚乙烯、聚丙烯等塑料和橡胶中。主要改善力学性能,对其他性能也有改善效果,如用于高阻尼减振橡胶可吸收振动,减除噪声;用于聚乙烯塑料可增强对汽油的抗腐蚀性等。

7. 硅灰石、滑石、叶蜡石、石棉和白云石

硅灰石颗粒具有针状构型,长径比大,各向异性强,因而可作为高聚物基复合材料的补强填料。硅灰石表面改性处理有偶联剂反应、聚合物接枝包覆等方法,使用的表面改性剂主要包括硅烷、钛酸酯和锆铝酸盐、硬脂酸和胺类等。

英国 Blne Cirdc 工业矿物公司生产的牌号为 4000C50 和 4000F75 的硅灰石

改性产品分别使用胺硅烷和甲基丙烯含氧硅烷作为改性剂,两种产品均为高效增强填料。力学和热性能试验表明:使用改性产品,各类高聚物基复合材料的刚性与强度得到提高,膨胀系数降低,热扭变性能改善,潮湿条件下物理性能稳定,易于加工。

改性硅灰石作为聚丙烯塑料、PVC 人造革、尼龙和其他工程塑料的填料与高岭土、碳酸钙、滑石、玻璃纤维和未改性硅灰石相比,拉伸强度等力学指标明显改善,特别是在填充尼龙树脂时,对复合材料最敏感的缺口冲击强度的改善最为明显。除作为高聚物基复合材料的填料外,改性或未改性硅灰石粉还可在涂料、橡胶等制品中代替钛白粉作为增白剂和其他助剂使用。

滑石和叶蜡石为天然疏水性层状硅酸盐矿物,经胺、硬脂酸盐及钛酸酯等偶联剂处理后,其表面由弱疏水转变为完全疏水,从而增强了与有机基体的相容性。改性滑石和叶腊石作为高聚物基复合材料的功能性填料能明显提高制品的抗冲击强度和耐磨性等力学性能,并赋于制品阻燃性。

石棉经硅烷偶联剂改性可以用作增强性功能填料。白云石用硅烷、钛酸酯和硬脂酸钠等对表面改性后也可以用作增强性功能填料。

9.3.5 水煤浆生产

水煤浆(coal water slurry)是一种新型深加工能源矿物,是洁净煤技术的重要组成部分。洁净煤技术(clean coal technology,简称为 CCT)的含义是:旨在减少污染和提高效率的煤炭加工、燃烧、转化和污染控制新技术的总称。

煤炭加工是指在原煤投入使用之前,以物理方法为主对其进行加工,这是合理用煤的前提和减少燃煤污染的最经济的途径。主要包括煤炭洗选、型煤、水煤浆制备。常规的物理选煤可除去煤中的 60% 的灰分和 50%~70% 的黄铁矿硫。型煤是具有发展中国家特点的洁净煤技术,与烧散煤相比,可节煤 20%~30%。

水煤浆是 20 世纪 70 年代国际石油危机时兴起的新型煤基液体燃料,它是把洗选后的低灰分精煤加工研磨成微细煤粉,按煤约 70%,水约 30% 的比例和适量(约 1.0%)的化学添加剂配制而成的一种液体洁净燃料。水煤浆的加工过程是将原煤经过洗选、破碎成小于 0.3mm 的微细颗粒,配以适量的化学添加剂(包括分散剂、稳定剂),并经过搅拌等工艺使制成的浆体,具有良好的流动性和稳定性,能保持 3~6 个月不发生沉淀现象。其性能与燃油接近,燃烧效率比粉煤提高 5%~10%,一般 1.8~2.1t 水煤浆可代替 1t 燃料油,同时 SO_2 和 NO_x 排放量减少 20%~30%,具有环保效益。目前我国一些燃油电厂已纷纷改用水煤浆,一般在发电厂就近制备水煤浆。

常用的水煤浆分散剂为亚甲基萘磺酸钠。利用造纸黑液提取的木质素磺酸盐,经改性后也可做成水煤浆的分散剂和稳定剂。从泥炭、植物秸杆中提取的黄腐酸也可做成水煤浆分散剂。非离子型添加剂主要是聚氧乙烯醚。水煤浆稳定剂还可用有机糖类高分子聚合物如羧甲基纤维素。

通常煤颗粒间有较多空隙。为了提高制浆浓度,必须使煤颗粒间空隙要少。使空隙最少的技术称为"级配",是制浆的关键技术之一。其中涉及两项技术:一是要能判定什么样的粒度分布颗粒间空隙少;二是如何根据给定的煤炭性质与粒度组成,制定合理的制浆工艺,选择磨碎设备的类型,设计磨机的结构与运行参数,使之能达到颗粒间空隙少的粒度分布。

如图9-56为某水煤浆生产线示意图。0～30mm的煤通过料仓,经电磁振动给料器均匀定量地泻入大波纹皮带输送机,将煤送入MB1830球磨机,同时在球磨机进料端按所需比例加水、添加剂,与煤一起磨细、混浆,再进入MZL行星磨机进行超细磨。水煤浆由出料装置送入浆池,再泵送至过滤器,滤出的浆液存入储浆池备用。

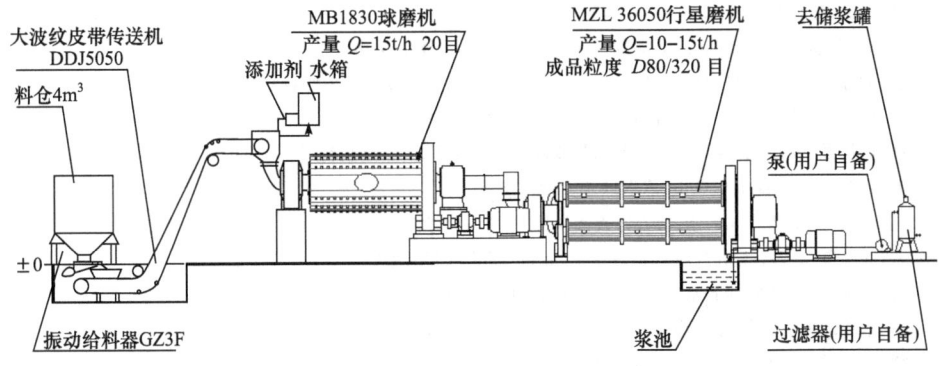

图9-56 水煤浆生产线示意图

北京合鼎动力技术有限责任公司引进德国技术研发的4MZD-1200多功能振动研磨机水煤浆生产线,其箱式结构可以承受10g以上的强力冲击,其可靠性已与球磨机相当。MZD振动磨机用于加工水煤浆,电耗比球磨机低50%。振动磨加工的水煤浆,粒度分布合理,浓度高,黏度低,储存时间长。用煤泥作原料时可不经预磨。

习　题

1. 超细颗粒与纳米颗粒有哪些方面的应用?
2. 粉体的物理制备方法主要有哪些?
3. 简要评述颗粒超细粉碎与分级设备与工艺。
4. 粉体的化学合成方法主要有哪些?

5. 简要评述超细粉体化学合成的工艺与设备。
6. 矿物粉体材料表面改性的方法主要有哪些？
7. 简要评述各种矿物粉体材料表面改性设备的结构与应用范围。
8. 影响矿物粉体材料表面改性的工艺因素主要有哪些？
9. 以超细二氧化硅为例，说明矿物粉体材料表面改性的工艺过程。

参 考 文 献

曹茂盛. 1997. 超微颗粒制备科学与技术. 哈尔滨：哈尔滨出版社
曹茂盛等. 2001. 纳米材料导论. 哈尔滨：哈尔滨出版社
川北公夫. 1991. 粉体工程学. 武汉：武汉工业大学出版社
韩敏芳. 2004. 非金属矿物材料制备与工艺. 北京：化学工业出版社
刘伯元. 2003. 中国非金属矿开发与应用. 北京：冶金工业出版社
刘吉平，廖莉玲. 2003. 无机纳米材料. 北京：科学出版社
卢寿慈. 1999. 粉体加工技术. 北京：中国轻工业出版社
邱冠周，袁明亮，杨华明. 2003. 矿物材料加工学. 长沙：中南大学出版社
瞿秀静，周亚光. 1995. 纳米材料及制备技术. 哈尔滨：哈尔滨工业大学出版社
王淀佐，邱冠周，胡岳华. 2005. 资源加工学. 北京：科学出版社
王世敏，许祖勋，傅晶. 2002. 纳米材料制备技术. 北京：化学工业出版社
魏诗榴. 1990. 超微颗粒学. 广州：华南理工大学出版社
毋伟，陈建峰，卢寿慈. 2004. 超细粉体表面修饰. 北京：化学工业出版社
徐如人，庞文琴. 2002. 无机合成与制备化学. 北京：高等教育出版社
阎鑫等. 2002. 纳米铁酸锌的水热合成. 化学通报，(9)：623～626.
曾凡，胡永军. 1998. 矿物加工颗粒学. 徐州：中国矿业大学出版社
张立德，牟李美. 2001. 纳米材料和纳米结构. 北京：科学出版社
张志琨，崔作林. 2000. 纳米技术与纳米材料. 北京：国防工业出版社
郑水林. 1993. 超细粉碎原理、工艺设备及应用. 北京：中国建材工业出版社
郑水林. 1993. 粉体表面改性. 北京：中国建材工业出版社
中国冶金百科全书编辑委员会. 2000. 中国冶金百科全书·选矿卷. 北京：冶金工业出版社
（日）懒升，尾崎义治著. 1991. 超微颗粒导论. 赵修建，张联盟译. 武汉：武汉工业大学出版社
Newman R. 1995. Optical Properties of Nickel Oxide. Phys. Rev. 114(6)：1507～1511